SCHÄFFER
POESCHEL

Heiko Roehl/Herbert Asselmeyer (Hrsg.)
unter Mitarbeit von Birgit Oelker

Organisationen klug gestalten

Das Handbuch für Organisationsentwicklung und Change Management

2017
Schäffer-Poeschel Verlag Stuttgart

Bibliografische Information der Deutschen Nationalbibliothek
Die Deutsche Nationalbibliothek verzeichnet diese Publikation in der Deutschen Nationalbibliografie; detaillierte bibliografische Daten sind im Internet über <http://dnb.d-nb.de> abrufbar.

Gedruckt auf chlorfrei gebleichtem, säurefreiem und alterungsbeständigem Papier

Print: ISBN 978-3-7910-3677-9 Bestell-Nr. 10163-0001
ePDF: ISBN 978-3-7910-3678-6 Bestell-Nr. 10163-0150

www.schaeffer-poeschel.de
service@schaeffer-poeschel.de

Umschlagentwurf: Goldener Westen, Berlin
Umschlaggestaltung: Kienle gestaltet, Stuttgart
Lektorat: Elke Schindler, Spabrücken
Satz: Claudia Wild, Konstanz
Druck und Bindung: BELTZ Bad Langensalza GmbH, Bad Langensalza
Printed in Germany

Dezember 2016

Schäffer-Poeschel Verlag Stuttgart
Ein Tochterunternehmen der Haufe Gruppe

Inhaltsübersicht

Inhaltsverzeichnis

Zum Geleit

Jedes Jahr war es das Gleiche. Bei der Planung des Semesters im Studiengang »organization studies« mussten wieder aufwendig Leselisten aktualisiert, Texte zusammengestellt, Rechtefragen geklärt und Reader gedruckt werden. Die Quellen stammten aus ganz verschieden Bereichen: Qualität, Strategie, Change Management und anderen, denn wir wollten den postgraduierten Studierenden, die alle bereits mit beiden Beinen in der Praxis standen, eine aktuelle, sowohl breite als auch praxisorientierte Grundlage geben.

Die Idee zu diesem Buch hatten wir im Juni 2014. Ein umfassendes Kompendium zu den wichtigsten Themen organisationaler Gestaltung würde diese Lücke schließen. Unsere Bitte an einige der Dozenten des Studiengangs, Texte beizusteuern, stieß auf große Resonanz. Viele herausragende Exponenten des Feldes kamen dazu. Das Ergebnis halten Sie heute in der Hand: die ganze Welt der Organisationsgestaltung in 44 Beiträgen.

In Zeiten steigender Unsicherheit ist Veränderungsfähigkeit das Gebot der Stunde. Digitalisierung, Globalisierung, Regulation, der Wandel von Werten und Lebensgewohnheiten und viele weitere Umfeldfaktoren zwingen Organisationen aller Art in die Veränderung. Unternehmen müssen effizienter, Konzerne nachhaltiger und Behörden bürgernäher werden. Die Wege der Veränderung sind dabei vielfältig – und sie haben sich in der Vergangenheit fundamental verändert. Noch vor wenigen Jahren war Organisationsentwicklung eine Sonderdisziplin. Die rein fachliche, meist zahlengetriebene Steuerung organisationaler Veränderung stand für viele Jahrzehnte im Vordergrund. Mit dem großflächigen Scheitern großer Reorganisations- und Fusionsprozesse wuchs die Erkenntnis, dass eine kluge Verbindung von Fach- und Prozessberatung die Erfolgschancen im Wandel erhöht. Wird im Wandel Fachexpertise (etwa durch Benchmarks, Branchen-Know-how oder Fachexpertenwissen) mit Wissen um die inneren Bedingungen des sozialen Systems Organisation (etwa durch Beteiligung, Führung, kluge Veränderungsarchitekturen) zusammengeführt, dann kann ein nachhaltig erfolgreicher Wandel für Mensch und Organisation gelingen.

Heute wird eine entsprechende Veränderungskompetenz auf vielen Führungspositionen in Wirtschaft, Politik und Zivilgesellschaft stillschweigend erwartet. Die kluge Gestaltung der Organisation gehört inzwischen zum Standardrepertoire zukunftsorientierter Führung. Klug bedeutet für uns auch, sich in Zeiten von steigender Komplexität und Unsicherheit nicht mit einfachen Antworten zu begnügen: Organisationen sind komplexe Systeme, die verstanden werden wollen.

Unser Dank gilt in erster Linie den Autoren dieses Buches. Sie haben ihr Wissen mit ihren Beiträgen für diesen Band großzügig geteilt.

Berlin, Hildesheim im September 2016

Heiko Roehl Herbert Asselmeyer

1 Was Organisationen sind

Es ist seltsam, wie wenig das Wissen über Organisationen zum Allgemeinwissen gehört. Weite Teile der Bevölkerung leben und arbeiten mit und in Organisationen. Viele machen sich Ziele und Zwecke der Organisation zu eigen, erleiden manchmal klaglos und über Jahre Organisationskulturen und geben sich mit den Unabänderlichkeiten organisationaler Alltage zufrieden.

Organisationen sind elementar für das Funktionieren unserer Gesellschaft. Die globalen Fragen der Zukunft werden in und von Organisationen entschieden. Angesichts dieser Bedeutung der Organisation ist es tatsächlich eigenartig, dass wichtige Erkenntnisse der Organisationswissenschaft und ihrer Praxisfelder einem größeren Publikum weitgehend unbekannt sind.

Dieses Kapitel bietet eine Übersicht über die Grundlagen eines angemessenen Organisationsverständnisses. Stefan Kühl zeichnet den Rahmen mit der Frage danach, was eine Organisation eigentlich ausmacht. Er stellt dar, wie die moderne Gesellschaft die Organisation hervorgebracht hat, wie sie definiert werden sollte und wie wesentlich ihre Bedeutung für das Funktionieren der modernen Welt ist. Organisationen sind kein trivialer Forschungsgegenstand. Ihre Beforschung in den vergangenen Jahrzehnten hat immer wieder gezeigt, dass sie sich – etwa wegen ihrer grundlegenden ›Unvernunft‹ – einfachen Theorien widersetzt. Was wir überhaupt über Organisationen wissen, wo dieses Wissen herkommt und was es für die Praxis der Organisation bedeutet, ist dann das Thema des Beitrags von Rob Wiechern. Und weil unsere moderne Gesellschaft längst zu einer Organisationsgesellschaft geworden ist, existiert eine Vielzahl von Organisationen, die ganz unterschiedliche Zwecke verfolgen. Maja Apelt ordnet diese Fülle mit Bezug auf die wichtigsten Organisationstypologien. Die Gestaltung einer Organisation setzt Wissen über ihren Zustand voraus. Harm Kuper beschreibt in seinem Beitrag auf den Ebenen Organisation und Person gleichermaßen, wie der Stand der Dinge in der Organisation ermittelt werden kann. Ob und wie die Organisation sich tatsächlich entwickelt, hängt von ihren Lernprozessen ab. In seinem Beitrag gibt Harald Geißler Antworten auf die Fragen, warum, wie und auf welchen Ebenen Organisationen eigentlich lernen.

1.1 Organisationen: Mitgliedschaften – Zwecke – Hierarchien[1]

Stefan Kühl

Das Wort ›Organisation‹ führt man schnell im Munde. Alltagssprachlich verwenden wir die Worte »Organisieren« oder »Organisation« dabei häufig, um eine auf einen Zweck ausgerichtete planmäßige Regelung von Vorgängen zu beschreiben (vgl. Mayntz 1963, S. 147). Von »Organisieren« oder »Organisation« wird auch gesprochen, wenn verschiedene, erst mal voneinander unabhängige Handlungen in eine sinnvolle Abfolge gebracht werden und so »vernünftige Ergebnisse« erzielt werden (vgl. Weick 1985, S. 11). Die ›Organisation‹ des Kindergeburtstages für die sechsjährige Martina fällt ganz selbstverständlich in das Ressort der bemühten Mütter und Väter. Von unseren Eltern, Großeltern oder Urgroßeltern wissen wir, dass man in schlechten Zeiten manchmal etwas auf dem schwarzen Markt ›organisieren‹ musste, um zu überleben, während wir uns heute höchstens noch freuen müssen, wenn ein Kollege im überfüllten Biergarten in kürzester Zeit eine Runde Bier ›organisiert‹. Fangen sich die Kicker von Arminia Bielefeld mal wieder zu viele Tore ein, dann beklagen die Kommentatoren, dass sich die Abwehr wieder neu ›organisieren‹ müsse.

In diesem breiten Verständnis von Organisation wird fast immer und überall organisiert: Gesellschaften organisieren ihr Zusammenleben, Familien ihr Zusammenleben, Gruppen ihre Skatabende. Unternehmen organisieren die möglichst profitable Führung des Geschäfts, Protestbewegungen ihre Demonstrationen und Selbstmörder mehr oder minder erfolgreich ihren »langen Weg nach unten« (Hornby 2005). Gesetze, Verkehrsregelungen, Hausordnungen, Gebrauchsanweisungen, Speisekarten, Spielregeln und Notenblätter, all das scheint in unserem Verständnis Ausdruck von Organisation zu sein (vgl. für ein solches Verständnis Hauschildt 1987, S. 4).

Aber dieser Begriff von Organisation ist für vertiefende Analysen ungeeignet, weil damit letztlich nichts anderes bezeichnet wird als eine Ordnung, die dazu genutzt wird, um etwas zu erreichen. Der Begriff gerät so weit, dass letztlich alles erfasst wird, was irgendwie ›strukturartig‹ oder ›regelhaft‹ ist.

---

1 Dieser Artikel basiert auf Ausschnitten aus meinem Buch *Organisationen. Eine sehr kurze Einführung* (Springer VS 2011). Leserinnen und Leser mit einem umfassenden Interesse am Verständnis von Organisationen, seien auf dieses verwiesen.

1.1.1 Ein enger Begriff von Organisation

Wenn man von Organisationen spricht, dann sollte man an eine ganz besondere Form von sozialem Gebilde denken. Einige dieser Gebilde führen das Label ›Organisation‹ bereits in ihrem Namen, um ihre Eigenart zu markieren. Man denke nur an das »O« der United Nations Organization (UNO), der North Atlantic Treaty Organization (NATO), der Organization of Petroleum Exporting Countries (OPEC) oder der Organization for Economic Co-operation und Development (OECD). Andere nutzen nicht das Wort Organisation im Namen, verwenden aber Synonyme. Siehe das heute vielleicht etwas zopfig klingende Wort der ›Anstalt‹, das sich noch bei Organisationen wie der Kreditanstalt für Wiederaufbau oder der ARD Anstalt des öffentlichen Rechts finden lässt. Wer etwas auf sich gibt, schmückt sich eher mit dem modischen Begriff der Agentur. Und so wird dann aus einer Reichsanstalt für Arbeitsvermittlung und Arbeitslosenversicherung eine Agentur für Arbeit.

Andere Organisationen verweisen in ihrem Namen auf den spezifischen Typus ihrer Organisation als Unternehmen, Verwaltung, Kirche, Verein, Partei oder Armee. In Fällen wie der Scientology Church, dem Hamburger Sportverein oder der Rote Armee Fraktion mag dann bei Beobachtern umstritten sein, ob diese die Selbstbeschreibung als Kirche, Verein oder Armee zu Recht führen oder ob es sich nicht eher um Wirtschaftsunternehmen oder kriminelle Vereinigungen handelt, aber den Status als Organisation spricht man diesen Gebilden kaum ab. Die meisten Organisationen verzichten bei ihrer Benennung auf eine irgendwie geartete explizite Bezeichnung als Organisation. Daimler-Benz, France Télécom oder General Electric gehen wohl berechtigterweise davon aus, dass sie schon als Organisation identifiziert werden, ohne dass dies in ihrem Namen angeführt wird.

Natürlich gibt es immer wieder Fälle, bei denen wir uns nicht ganz sicher sind, ob wir es mit einer Organisation zu tun haben: Kann das Ein-Personen-Unternehmen, das sich als Marketingagentur anbietet, bereits als Organisation bezeichnet werden? Verdient das gelegentliche Zusammenkommen von Staaten zur Koordination der Klimapolitik bereits die Definition als Organisation im engeren Sinne? Ist die Universität eines Landes eine eigenständige Organisation oder doch nur eine geografisch zu bestimmende Abteilung eines Wissenschaftsministeriums? Eben diese Grenzfälle schärfen unser Verständnis von Organisationen eigentlich nur noch mehr.

1.1.2 Die Entstehung in der modernen Gesellschaft

Wenn wir dieses präzise Verständnis von Organisationen verwenden, dann sind Organisationen ein Phänomen, das sich erst in den letzten Jahrhunderten ausgebildet hat. Natürlich waren die Errichtung der Pyramiden in Ägypten oder der Aufbau einer umfassenden Wasserwirtschaft im Nildelta beeindruckende Beispiel von »Organisation« aber eben nur im weiten Sinne des Begriffes (vgl. Weber 1976, S. 560 f., 607 f., 613, 640). Klöster wirken mit ihren Aufnahmeritualen, mit ihren Hierarchien und genauen Regelwerken auf den ersten Blick wie Vorläufer von Organisationen, waren aber doch eher Ausdruck vormoderner Gesellschaften (vgl. Treiber/Steinert 1980, S. 53 ff.). Auch der Zusammenschluss der Handwerker einer mittelalterlichen Stadt in Zünften oder Gilden mag uns vielleicht an moderne Organisationen erinnern, aber auch hier haben wir es noch eher mit Organisationen im weiten Sinne zu tun (vgl. dazu Kieser 1989, S. 540 ff.).

Zwar kann man frühe Formen von ›Mitgliedschaft gegen Lohn‹ bereits seit der Antike beobachten. Man denke nur an Söldner, die ihre Kampfkraft dem am besten zahlenden Heeresführer zur Verfügung stellten, oder an Tagelöhner, die ihre Arbeitskraft gegen eine Vergütung anboten (vgl. Aspers/Beckert 2008, S. 229). Bis zur Ausbildung der Moderne waren jedoch andere Formen der Einbindung von Personen dominierend. Sklavenhalter verfügten über Eigentum an der Person des Sklaven. Lehnsherren verpflichteten ihre Leibeigenen zu Abgaben und Frondiensten und setzten diese Leistungen im Notfall mit Gewalt durch. In Zünfte wurde man quasi hineingeboren, und es war selbstverständlich, dass man als Sohn auch den Beruf und damit auch die Zunftmitgliedschaft des Vaters übernahm. Mitglied wurde man nicht qua eigener Entscheidung, sondern durch Geburt.

Ein zentrales Merkmal all dieser Ordnungsformen der Vormoderne ist, dass sie Personen komplett inkludierten (vgl. Prätorius 1984, S. 22 ff.). Stark vereinfacht ausgedrückt: Zum Bau der Pyramiden oder der Wasserkanäle wurden Sklaven eingesetzt, die nicht einfach nach Feierabend nach Hause gehen oder ihre Tätigkeit auf den ägyptischen Baustellen aufkündigen konnten. Der Eintritt in ein Kloster war eine Lebensentscheidung, die zur Folge hatte, dass letztlich alle Aktivitäten im Rahmen einer christlichen Lebensgemeinschaft stattfanden. Zünfte oder Gilden waren nicht vorrangig Einrichtungen zur Absicherung von Monopolen, sondern regulierten auch die kulturellen, politischen und rechtlichen Beziehungen ihrer Mitglieder.

Organisationen entstanden erst in der modernen Gesellschaft mit der Ausbildung bürokratischer Verwaltungen, der Bildung stehender Heere mit Berufssoldaten, der Durchsetzung der Erziehung an Schulen und Universitäten, der Behandlung von Kranken in Spitälern und Krankenhäusern, der Errichtung von Zuchthäusern, der Verlagerung der Produktion in Manufakturen und Fabriken und der Ausbildung von Vereinen, Verbänden, Gewerkschaften und Parteien. Denn erst mit der Entstehung dieser Organisationen wurde es immer mehr zum Regelfall, dass die Mitgliedschaft auf einer bewussten Entscheidung sowohl des Mitglieds als auch der Organisation selbst basierte und gleichzeitig Mitglieder nicht mehr mit allen Rollenbezügen in die Organisation integriert wurden.

Dieser Prozess setzte sich langsam in so unterschiedlichen Bereichen wie der Religion, der Wirtschaft oder der Politik durch. Ab dem 16. Jahrhundert wurden beispielsweise die Zwangsmitgliedschaften in Kirchen, durch die die Untergebenen zur gleichen Religion gezwungen wurden wie ihre Herrscher, zunehmend delegitimiert. Man denke zum Beispiel an die von Zürich ausgehende Täuferbewegung, die eine von Staaten unabhängige Gemeinde von Gläubigen forderte, in der die Mitglieder nicht qua Geburt zu einer Religion zwangsverpflichtet wurden, sondern sich als Erwachsene frei bekennen konnten. Eine ähnliche Entwicklung zeigte sich im Bereich der Wirtschaft. Mit der Ausbildung einer kapitalistischen Wirtschaftsordnung setzte sich in immer mehr Staaten die Gewerbe- und Handelsfreiheit durch, die es den ›Bürgern‹ ermöglichte, verschiedene Arbeitstätigkeiten aufzugreifen. Durch Aufhebung des Zunftzwanges und die Auflösung von feudalen Abhängigkeitsverhältnissen entstanden die Möglichkeit und der Zwang für Arbeiter, ihre Arbeitsleistung auf den sich entwickelnden »Arbeitsmärkten« anzubieten (vgl. Marx 1962, S. 183). Weitgehend parallel entstanden dann auch zunehmende Möglichkeiten, sich als Mitglied Interessenorganisationen wie Vereinen, Parteien oder Gewerkschaften anzuschließen.

Was ist das Besondere von Organisationen wie Unternehmen, Verwaltungen, Universitäten, Schulen, Armeen oder Kirchen? Durch welche Merkmale unterscheiden sie sich von spontanen Interaktionen im Supermarkt, von Gruppen, von Familien oder von Protestbewegungen?

1.1.3 Mitgliedschaft, Zwecke und Hierarchien

Ohne je ein einziges Einführungsbuch über Organisationen gelesen oder einen einzigen Kurs über Organisationen belegt zu haben, scheinen wir zu wissen, wann wir es mit einer Organisation zu tun haben. Wir wissen intuitiv, dass uns der Einberufungsbescheid einer Armee in Kontakt mit einer Organisation bringt, dass wir mit dem Fußballclub Grasshopper Club Zürich eine Organisation mit all ihren Besonderheiten unterstützen, wovon uns auch das gelegentliche Auswechseln des Personals nicht abbringt, und dass wir bei dem Kauf einer Flasche Olivenöl in einem Supermarkt nicht in eine Vertragsbeziehung mit der Verkäuferin, sondern mit einer Organisation namens Aldi, Lidl oder Alnatura eintreten.

Aber selbst wenn wir intuitiv zu wissen scheinen, wann wir es mit einer Organisation zu tun haben, tun wir uns häufig schwer, zu bestimmen, was das Besondere von Organisationen im Vergleich zu anderen Gebilden wie Familien, Gruppen, Protestbewegungen oder auch nur alltäglichen Gesprächen ist. Der deutsche Soziologe Niklas Luhmann nutzt die drei Merkmale Mitgliedschaft, Zwecke und Hierarchien, um die Besonderheit von Organisationen in der modernen Gesellschaft deutlich zu machen.

Die moderne Gesellschaft verzichtet weitgehend darauf, ihre *Mitglieder* auszuschließen. Todesstrafe, Verbannung oder Ausbürgerung gehören nicht mehr zum Standardrepertoire, mit dem Staaten versuchen, ein regelkonformes Verhalten ihrer Bürger sicherzustellen. Ein Staat mag bei Fehlverhalten seine Bürger verurteilen, bestrafen oder ins Gefängnis stecken, aber er kann sie nicht einfach ausschließen. Setzt ein Staat dennoch auf die aus dem Mittelalter bekannten Prinzipien der Tötung und Verbannung, um Aufrührer loszuwerden, setzt er sich sofort dem Vorwurf der Rückständigkeit aus. Man schaue sich nur die heftige Kritik an der Todesstrafe in China, Nordkorea oder den USA an oder die scharfe Verurteilung von Ausbürgerungen durch die DDR, den Iran oder durch Myanmar.

Ein zentrales Merkmal von Organisationen ist dagegen die Entscheidung über Eintritt und Austritt von Personen, also die Bestimmung von *Mitgliedschaften* (vgl. Luhmann 1975, S. 99). Die Organisation kann darüber entscheiden, wer zu einem Unternehmen, einer Verwaltung, einer Partei oder einem Sportverein gehört und wer nicht. Und folgenreicher: Sie kann darüber bestimmen, wer ihr nicht mehr angehören soll, weil er oder sie den Regeln der Organisation nicht mehr folgt (vgl. Luhmann 1964, S. 44 f.). Die Organisation schafft so Grenzen, in denen sich die Mitglieder (und eben nur die Mitglieder) den Regeln der Organisation zu unterwerfen haben, und es hängt permanent die Drohung im Raum, dass das Mitglied die Organisation zu verlassen hat, wenn es die Regeln nicht befolgt (vgl. Luhmann 1964, S. 44 f.).

Moderne Gesellschaften halten sich im Gegensatz zu den Gesellschaften des Altertums oder des Mittelalters zurück, sich übergeordneten *Zwecken* zu verschreiben und von ihren Bürgern zu verlangen, dass sie sich diesen Zwecken unterwerfen. Finden sich überhaupt noch Versuche, Zwecke zum Beispiel in Verfassungen zu beschreiben, dann degenerieren sie in der Regel zu abstrakten Wertformulierungen: Es soll, so die Formulierung in der Präambel der amerikanischen Verfassung, das »allgemeine Wohl« gefördert und »das Glück der Freiheit« bewahrt werden. Oder es soll, wie im Fall der Verfassung der russischen Förderation, das »Wohlergehen und das Gedeihen« des Landes gefördert und die Verantwortung für die » Heimat vor der jetzigen und vor künftigen Generationen« übernommen werden. Diese Propagierung sehr allgemeiner Werte ist in Ordnung, und Politiker pflegen diese in ihren Weihnachts- und Sylvesteransprachen intensiv. Aber wehe, eine Gesellschaft fängt an, sich allzu sehr einem engen Zweckprogramm zu verschreiben. Wir werden misstrauisch, wenn ein Staat offensiv versucht, Zwecke wie »Verwirklichung eines marxistisch-leninistischen Menschheitsideals«, »Verkündigung von Gottes Lehre auf Erden« oder »Verbreitung des Kapitalismus in der Welt« in konkrete Programme zu übersetzen, mit denen dann überprüft werden kann, ob wir in Einklang mit diesen Werten leben oder nicht.

Ganz anders Organisationen. Zwecke spielen hier eine zentrale Rolle: Unternehmen produzieren Güter in Form von Waren und Dienstleistungen, um damit Profite zu erzielen oder – um eine alternative Funktion zu benennen – um die Bedürfnisse der Bevölkerung zu decken. Behörden erbringen öffentliche Dienstleistungen und setzen den von der Politik getroffenen politischen Rahmen für das Gemeinwesen durch. Gefängnisse haben den Zweck, Strafgefangene zu verwahren und – jedenfalls in manchen Ländern – zu resozialisieren. Universitäten haben einerseits den Zweck der fächerspezifischen Wissensvermittlung für junge Erwachsene und betreiben andererseits Forschung.

Organisationen, die völlig auf die Formulierung von Zwecken verzichten, würden sowohl bei den eigenen Mitgliedern als auch bei der externen Umwelt ein Höchstmaß an Irritation hervorrufen (vgl. Luhmann 1973, S. 87 ff.; 1997, S. 826 ff.). Selbst Organisationen, deren Zweck für Außenstehende auf den ersten Blick nicht ersichtlich ist, wie Clubs, Logen oder Burschenschaften, legen viel Wert darauf, sich jedenfalls in ihrer Außendarstellung zu Zwecken wie »Förderung des Gemeinwesens«, »Pflege von guten Sitten« oder der »Unterstützung orientierungsloser Studienanfänger« zu bekennen.

Auch die *Hierarchien* verlieren in der Gesellschaft an Bedeutung (vgl. Luhmann 1997, S. 834). Es gibt in den modernen Gesellschaften keinen Herrscher mehr, der über Befehls- und Anweisungsketten in die verschiedenen Lebensbereiche der Bevölkerung hineinregieren kann. Ob eine These als wissenschaftlich wahr akzeptiert wird, entscheidet nicht eine mit Sanktionsmitteln ausgestattete Instanz. *Wer* ein Land regiert, das wird – jedenfalls in der Demokratie – nicht mehr durch eine allmächtige Institution entschieden. Welche Produkte sich verkaufen, wird nicht hierarchisch entschieden, sondern ist das Ergebnis von Marktprozessen. Ob etwas schön ist oder nicht, kann nicht durch einen omnipotenten Kulturbeauftragten entschieden werden. Wen man liebt, ist nicht das Ergebnis hierarchischer Prozesse.

Wie die Beispiele Irak während der Saddam-Hussein-Ära oder Afghanistan zur Zeit der Taliban zeigen, gelten Staaten, die versuchen, über einen hierarchischen Staatsaufbau in die verschiedenen Lebensbereiche hinein zu regieren, als unmodern oder gar potenziell bösartig. Die Zeiten, in denen Gesellschaften sich ohne Legitimationsprobleme strikt hierarchisch organisieren konnten, sind vorbei. Es gibt keinen König, Kaiser oder Papst mehr, der über Befehls- oder Anweisungsketten die verschiedenen Lebensbereiche der Bevölkerung maßgeblich beeinflussen kann (zur begrenzten Wirksamkeit von Herrschaft siehe bereits Weber 1976, S. 125). Niemand würde heutzutage einen US-Präsidenten, eine Bundeskanzlerin oder den Kommissionspräsidenten der Europäischen Union als Chef oder Chefin akzeptieren. Einzige Ausnahme: Mitarbeiter des Präsidialamtes, des Kanzleramtes oder der EU-Kommission.

Denn im Gegensatz zu den modernen Gesellschaften sind Organisationen über Hierarchien strukturiert. Es fällt Beobachtern auf, dass weite Teile der Gesellschaft ›enthierarchisiert‹ sind, während die Organisationen in Wirtschaft, Wissenschaft, Politik und Kunst hierarchisch strukturierte Systeme geblieben seien. Geleitet vom Traum einer hierarchisch geprägten Gesellschaft, verwies Adolf Hitler in einer Rede vor deutschen Generälen unmittelbar nach der Machtergreifung auf diese Differenz: »Jeder Mensch« wisse, so Hitler, »dass Demokratie im Heer ausgeschlossen sei. [...] Auch in der Wirtschaft sei sie schädlich.« Sein aus heutiger Sicht abstrus erscheinendes Resümee: Angesichts der Dominanz von Hierarchien in Unternehmen, Armeen, Universitäten oder Verwaltungen sei es ein Trugschluss, Demokratie in der Gesellschaft für möglich zu halten. Eine konsequente Durchstrukturierung der gesamten Gesellschaft nach dem »Führerprinzip« sei deswegen notwendig (zitiert nach Enzensberger 2008, S. 119 f.).

Aber mit der Durchsetzung von Demokratie als global akzeptierter Norm können diese Versuche zur Rehierarchisierung der Gesellschaft als weitgehend gescheitert betrachtet werden. Zu hören ist eher die umgekehrte Lesart. Es wird über die »halbierte Demokratie« geklagt, und der Fortbestand von Hierarchien in Unternehmen, Verwaltungen, Krankenhäusern, Universitäten und Schulen wird zum Anlass genommen, eine Demokratisierung dieser Organisationen zu fordern (siehe dazu Kühl 2015).

Aber auch dieser Versuch findet überraschend wenig Anhänger. Selbst für überzeugte Demokraten scheint der Spaß an der Demokratie aufzuhören, wenn es um die interne Strukturierung von Verwaltungen, Unternehmen, Kirchen oder Universitäten geht. Man mag in Unternehmen darüber diskutieren, ob man den Mitarbeitenden mehr Mitspracherechte einräumen will, aber eine Chefin, die ihr Unternehmen als demokratisch strukturiert bezeichnet, würde sich vermutlich nicht nur bei ›ihren‹ Mitarbeitern lächerlich machen. In einer Verwaltung mag darüber gestritten werden, ob man auf die Hierarchieebene der Sachgebietsleiter verzichten kann oder nicht, aber eine Enthierarchisierung der Verwaltung würde ganz selbstverständlich als eine »systemverändernde Forderung außerhalb des grundgesetzlichen Rahmens« bezeichnet werden (Lepper 1972, S. 146).

1.1.4 Autonomie der Entscheidung über Zwecke, Hierarchien und Mitgliedschaften

Das Besondere ist, dass Organisationen über ihre Zwecke, Hierarchien und Mitgliedschaften selbst entscheiden können. Von einer Organisation können wir erst dann reden, wenn ein Unternehmen, eine Verwaltung, eine Universität oder ein Krankenhaus selbst darüber verfügen kann, wer Mitglied wird oder wer nicht. Wenn eine Organisation die Mitgliedschaft genau vorgegeben bekäme, dann schränkte dies ihre Möglichkeiten ein, an ihre Mitglieder Erwartungen zu stellen und diese Erwartungen mit Verweis auf eine drohende Kündigung auch durchzusetzen. Man denke nur an öffentliche Verwaltungen in einigen Entwicklungsländern, die ihre Mitglieder nicht selbst rekrutieren können, sondern nur Personal einer bestimmten Kaste oder einer ausgewählten Großfamilie beschäftigen dürfen und sich dieses Personals auch nicht erledigen können, wenn sie damit unzufrieden sind.

Besonders deutlich wird die *Entscheidungsautonomie* bei Hierarchien. Im Mittelalter war es vielfach noch üblich, dass die Hierarchie beispielsweise eines Gerichts, einer Armee oder einer landwirtschaftlichen Produktionseinheit die Hierarchie der entsprechenden Gesellschaft widerspiegelte. Es war nur schwer vorstellbar, dass der Lehnsherr im Falle eines Krieges einfacher Soldat wurde, während ein Leibeigener die Rolle des Befehlshabers übernahm. In modernen Gesellschaften hat sich diese enge Kopplung zwischen Schichtzugehörigkeit und hierarchischem Rang aufgelöst. Es fällt heutzutage schwer – wie noch bei Marx zu lesen – die organisationsinternen Hierarchien immer auch als Ausdruck eines auf der Differenz von Kapital und Arbeit begründeten gesamtgesellschaftlichen Klassenverhältnisses zu begreifen. Die Chance, Vorstandsvorsitzender eines Unternehmens oder Chef einer Partei zu werden, mögen nach wie vor höher sein, wenn der eigene Vater oder die eigene Mutter bereits Vorstandsvorsitzende oder Parteichefin war, aber letztlich sind es in der Regel eigene Entscheidungen der Organisation, wie sich ihre Hierarchie zusammensetzt.

Ähnlich zentral ist auch die Autonomie bei der Bestimmung von *Zwecken*. Wenn eine Organisation über Zwecke nicht selbst entscheiden kann, sondern diese von außen verordnet bekommt, dann hat sie nur begrenzte Möglichkeiten, eine eigene Identität zu pflegen. Sie wird dann nur als Handlanger einer anderen mächtigeren Organisation wahrgenommen und wird kaum verhindern können, dass der Eindruck entsteht, dass sie lediglich die Abteilung einer größeren Organisation ist. Wenn von der Befreiung von Unternehmen aus einer zentralistischen Produktionsplanung, von der Autonomie von Universitäten durch »Hochschulfreiheitsgesetze« oder von der Verselbstständigung von Schulen gesprochen wird, dann wird damit immer auch markiert, dass diese Organisationen über ihre Zweckausrichtungen selbstständig entscheiden können.

Selbstverständlich sind die Organisationen in ihren Entscheidungen nie völlig frei – schließlich sind sie immer auch Teil der Gesellschaft mit ihren rechtlichen Normierungen, ihren politischen Einschränkungen und ihren wirtschaftlichen Begrenzungen. Ein Unternehmen kann – jedenfalls in der westlichen Welt – nicht einfach entscheiden, aus Effizienzgründen vorrangig Arbeitnehmerinnen und Arbeitnehmer in der Altersklasse von acht bis zwölf Jahren einzustellen. Eine Verwaltung muss damit rechnen, dass nach einer Wahl Spitzenpositionen nicht mehr einzig und allein nach Kriterien von Fachqualifikation besetzt werden, sondern die Zugehörigkeit zu einer bestimmten Partei bei Besetzungen an Bedeutung gewinnt. Eine Unternehmung mag sich entscheiden, vom Geschäft des Objektschutzes zum Geschäft der Schutzgelderpressung zu wechseln, muss aber damit rechnen, dass dieser Zweckwechsel nicht ohne Weiteres von den Strafverfolgungsbehörden akzeptiert wird. Zentral ist jedoch, dass die Organisationen innerhalb der Beschränkungen durch das geltende Recht, durch politische Vorgaben oder durch wirtschaftliche Knappheiten über ihre Zwecke, Hierarchien und Mitgliedschaft selbst disponieren – selbst entscheiden – können.

Literatur

Aspers, P./Beckert, J. (2008): Märkte. In: Maurer, A. (2008) (Hrsg.): Handbuch der Wirtschaftssoziologie. Wiesbaden: VS, S. 225–247.

Enzensberger, H. M. (2008): Hammerstein oder der Eigensinn. Frankfurt a. M.: Suhrkamp.

Hauschildt, J. (1987): Entwicklungslinien der Organisationstheorie. Sitzungen der Jungius-Gesellschaft der Wissenschaft. H. 5/1987. Göttingen.

Hornby, N. (2005): A long way down. Hamburg: Kiepenheuer & Witsch.

Kieser, A. (1989): Organizational, institutional, and societal evolution. Medieval craft guilds and the genesis of formal organizations. In: Administrative Science Quarterly, 34. Jg., S. 540–564.

Kühl, S. (2011): Organisationen. Eine sehr kurze Einführung. Wiesbaden: VS.

Kühl, S. (2015): Wenn die Affen den Zoo regieren. Die Tücken der flachen Hierarchien. Frankfurt a. M.: Campus.

Lepper, M. (1972): Teams in der öffentlichen Verwaltung. In: Die Verwaltung, H. 5/1972, S. 141–172.

Luhmann, N. (1964): Funktionen und Folgen formaler Organisation. Berlin: Duncker & Humblot.

Luhmann, N. (1973): Zweckbegriff und Systemrationalität. Über die Funktion von Zwecken in sozialen Systemen. Frankfurt a. M.: Suhrkamp.

Luhmann, N. (1975): Macht. Stuttgart: UTB.

Luhmann, N. (1997): Die Gesellschaft der Gesellschaft. Frankfurt a. M.: Suhrkamp.

Marx, K. (1962): Das Kapital Erstes Buch. In: Marx-Engels-Werke. Band 23. Berlin: Dietz Verlag, S. 11–955.

Mayntz, R. (1963): Soziologie der Organisation. Reinbek: Rowohlt.

Prätorius, R. (1984): Soziologie der politischen Organisationen. Darmstadt: Wissenschaftliche Buchgesellschaft.

Treiber, H./Steinert, H. (1980): Die Fabrikation des zuverlässigen Menschen. Über die »Wahlverwandtschaft« von Kloster- und Fabrikdisziplin. München: Moos.

Weber, M. (1976): Wirtschaft und Gesellschaft. Grundriß der verstehenden Soziologie. 5. rev. Aufl., Tübingen: Mohr Siebeck (Erstausgabe 1922).

Weick, K. E. (1985): Der Prozeß des Organisierens. Frankfurt a. M.: Suhrkamp.

1.2 Was kann man heute über Organisationen wissen?

Rob Wiechern

1.2.1 Einleitung

Wer wissen will, »was man heute über Organisationen wissen kann«, stößt relativ schnell auf einen auffälligen Widerspruch: So sind nahezu alle Bereiche des modernen (westlichen) Lebens von jeweils auf eben diese Lebensbereiche spezialisierten Organisationen bestimmt: Geburt, Schule, Ausbildung, Studium, Beruf, Urlaub, Konsum, Freizeit, Gesundheit, Glaube, Vermögensbildung. Sogar die sozialen Beziehungen (z. B. über Facebook), die Liebe und/oder die Sexualität (z. B. über Tinder) werden zunehmend ›organisiert‹, und nicht einmal mit dem Tode findet man seine Ruhe vor Organisationen. Hinzu kommen Organisationen, mit denen man nicht direkt in Kontakt kommen möchte, von denen es jedoch gut zu wissen ist, dass es sie gibt (die Feuerwehr, Krankenhäuser oder die Kriminalpolizei). Als Mitglied, als Mitarbeiter, als Kunde, als Antragsteller, als Nutznießer oder als Leidtragender – es ist heute fast unmöglich zu (über-) leben, ohne dabei mit Organisationen in Berührung zu kommen (vgl. Simon 2007, S. 7; Kühl 2011, S. 9 ff.).

1.2.2 Das Wissen der Praxis

Im Vergleich zu der Bedeutung und Verbreitung von Organisationen für und in der modernen Gesellschaft verfügen die meisten Menschen jedoch über vergleichsweise wenig *explizites* Wissen darüber, wie Organisationen entstehen, sich entwickeln und mitunter wieder zugrunde gehen: »Die meisten Ausbildungen bereiten zwar auf konkrete Tätigkeiten in Unternehmen, Verwaltungen, Krankenhäusern oder Kirchen vor, erklären dabei jedoch nur am Rande, wie man sich in den Organisationen zu bewegen hat. Und selbst in Studienfächern wie Soziologie, Betriebswirtschaftslehre oder Psychologie wird man häufig nur in den jeweiligen Spezialisierungskursen darüber informiert, wie Organisationen eigentlich funktionieren« (Kühl 2011, S. 9).

Problematisch ist eine solche ›Organisationslosigkeit‹ für die meisten Menschen freilich nicht; an die Stelle von explizitem Organisationswissen tritt ein implizites, im täglichen Tun bewährtes, intuitives *Erfahrungswissen,* sei dies in Organisationen oder im Umgang mit ihnen. Man lernt schnell, wie man sich im Kindergarten zu verhalten hat, um nicht den Ärger der Erzieher auf sich zu ziehen. Und man lernt schnell, was man in (s)einem Unternehmen besser tun (sagen) und besser lassen (nicht sagen) sollte, strebt man eine steile Karriere an oder möchte doch wenigstens unauffällig und möglichst unbehelligt seiner Tätigkeit nachgehen. Auch ohne explizites Organisationswissen können die meisten Menschen durchaus erfolgreich in und mit Organisationen leben (vgl. Simon 2007, S. 8; Scherer/Marti 2014, S. 15).

Durchaus problematisch ist der Rückgriff allein auf das eigene Praxiswissen hingegen für Führungskräfte, Berater und all diejenigen, deren Kernaufgabe darin besteht, die Beziehungen einer Organisation zu den relevanten Umwelten (Kunden, Geldgeber, Mitarbeiter, staatliche Stellen etc.) wie auch deren interne Strukturen und Prozesse stets aufs Neue so ›zweckmäßig‹ zu beeinflussen, dass ein erfolgreiches Fortbestehen angesichts sich fortlaufend verändernder Rahmenbedingungen möglich wird. Um die Funktionalität ihrer Handlungen und Entscheidungen in Bezug auf die Organisation kritisch überprüfen zu können, sind Führungskräfte, Berater und Organisationsentwickler mit anderen Worten »gut beraten«, ihr implizites Erfahrungswissen um das explizite »Wissen« zu ergänzen, welches die Wissenschaft in Form einer Vielzahl unterschiedlicher *Theorien der Organisation* zur Verfügung stellt (vgl. Simon 2007, S. 8).

1.2.3 Das Wissen der Wissenschaft

Generelle Merkmale von Organisationen

Auf den ersten Blick durchaus überraschend, existiert eine allgemeingültige Definition von Organisationen nicht – zu vielfältig und unterschiedlich sind die theoretischen Zugänge, ihre jeweiligen Annahmen und ihr jeweiliges Erklärungsinteresse. Alternativ kann eine erste Annäherung über charakteristische Merkmale erfolgen, die Organisationen von anderen Formen sozialer Interaktion und Handlungskoordination unterscheiden, etwa spontanen Begegnungen an der Bushaltestelle, Familien, Gruppen, Netzwerken oder auch Gesellschaften. In diesem Sinne bestimmen Kieser und Walgenbach (2010, S. 6, Hervorhebung d. Verf.) Organisationen als »*soziale Gebilde,* die dauerhaft ein *Ziel* verfolgen und eine *formale Struktur* aufweisen, mit deren Hilfe die Aktivitäten der *Mitglieder* auf das verfolgte Ziel ausgerichtet werden sollen«.

Ganz ähnlich verweist auch Kühl (2011, S. 13 ff.) im Rahmen eines Plädoyers für einen »engen Begriff von Organisationen« auf eine Abgrenzung anhand der drei Merkmale *Zwecke* (Ziele), *Hierarchie* (formale Struktur) und *Mitgliedschaft,* die Gegenstand von eigenen *Entscheidungen* einer Organisation sind. So sind Organisationen im Unterschied zu spontanen Trinkgelagen unter Freunden, zu Familien oder auch zu Gesellschaften in der offiziellen Außenkommunikation wie auch in ihrer internen Selbstbeschreibung bemüht, mit ihren Handlungen und

Entscheidungen stets ganz bestimmte *Zwecke* (Ziele) zu verfolgen – etwa Konsumentenbedürfnisse zu befriedigen, Kranke zu heilen, Steuern einzutreiben, oder Wissen zu vermitteln. Überdies sind Organisationen in Wirtschaft, Wissenschaft, Politik oder Kunst allen Forderungen nach »Abflachung«, »Flexibilisierung«, einer stärker »demokratischen Entscheidungsfindung« oder einer »partizipativeren Führung« zum Trotz, stets über *Hierarchien* und *formale Strukturen* organisiert. Schließlich können Organisationen, anders als in Familien, in denen man – ob man will oder nicht – Mitglied qua Geburt ist, über die *Mitgliedschaft* von Personen entscheiden. Durch die Ein- bzw. Austrittsentscheidung bildet eine Organisation die Grenzen, innerhalb derer sich (nur) die Mitglieder den jeweils vorherrschenden Bedingungen, etwa im Hinblick auf die Ziele der Organisation, die Hierarchie oder die Akzeptanz anderer Mitglieder, zu unterwerfen haben.

Die Rationalität von Organisationen

In der Summe wird auf diese Weise ein recht einfaches Bild von Organisationen als *zweckrationalen* sozialen Einheiten entworfen, in denen sich die Rationalität (›Richtigkeit‹) organisationaler Handlungen und Entscheidungen danach bestimmt, inwieweit diese geeignet sind, den jeweiligen Organisationszweck zu erreichen. Ist dieser Zweck erst einmal festgelegt, dann kann, so die Annahme, die gesamte Organisation von diesem Ausgangspunkt aus durchstrukturiert werden: Der Hauptzweck (das Ziel, die Strategie) wird in eine Vielzahl von konsistenten Unter- und Unter-Unterzwecken zerlegt, zu deren arbeitsteiliger Bearbeitung Bereiche, Abteilungen und Stellen geschaffen und geeignete Personen eingestellt werden, denen wiederum die Handlungen, die als Mittel zur Erreichung des Zweckes erforderlich sind, zugewiesen werden können – die Zweck-Mittel-Struktur wird mit dem hierarchischen Aufbau einer Organisation parallel geschaltet. Die Organisation wird auf diese Weise letztlich als monolithischer *Einzelakteur* konzeptualisiert, sodass in der Folge das neoklassische Paradigma der *individuellen Wahlentscheidung* mit den Phasen der Willensbildung und Willensumsetzung auch als konzeptionelles Fundament für die Beschreibung und Erklärung organisationaler, d. h. *sozialer* Handlungen und Entscheidungen herangezogen werden kann (sogenannte »Rational-Aktor-Perspektive«, vgl. Schreyögg 1984, S. 151 ff.). Die Organisation stellt in dieser Perspektive letztlich ein »Organon« (Werkzeug, Instrument) oder eine »triviale Maschine« dar, mit der bestimmte Inputs (Rohstoffe, Maschinen, Arbeitskraft, Kapital etc.) vorhersehbar und ohne eine eigene soziale Dynamik in einen angestrebten Output (Produkte, Dienstleistungen) transformiert werden können (vgl. Kühl 2011, S. 23 ff.).

Ursprünglich zurückgeführt werden kann das zweckrationale Organisationsverständnis auf die zu Beginn des 20. Jahrhunderts angestellten Überlegungen von Max Weber, Frederick W. Taylor und Henri Fayol (vgl. Kühl 2005, S. 113 ff.). Während es Weber (1976) mit seinem Modell der »bürokratischen Organisation« dabei allerdings nicht um ein normatives Idealmodell ging, sondern vielmehr um einen methodisch gedachten Idealtypus zur Analyse empirischer Phänomene, waren die Überlegungen von Taylor (1967) und Fayol (1916) durchaus unmittelbar auf die Verbesserung der Praxis von Unternehmen und Verwaltungen gerichtet (zu den Ursprüngen vgl. Kieser 2014a, S. 43 ff; ebd. 2014b, S. 73 ff.). Die auch mehr als einhundert Jahre später noch immer gegebene Maßgeblichkeit dieser Konzepte für weite Teile der Praxis, der Beratung, und der Organisationswissenschaften, insbesondere für ökonomische und kontingenztheoretische Ansätze, kann unter anderem auf die *Perspektivengleichheit* zurückgeführt werden, die ein zweckrationales Organisationsverständnis ermöglicht: So kann das Management mit dem Verweis auf die langfristigen strategischen Ziele der Organisation seine Optimierungs- und Rationalisierungsvorstellungen begründen; die Aufgabe der Berater besteht darin, stets neue Verfahren und Mittel vorzuschlagen, wie der Organisationszweck ›besser‹ zu erreichen sei. Und Wissenschaftler verstehen es häufig als ihre zentrale Aufgabe, unmittelbar für die Praxis verwertbare Ergebnisse zu produzieren, d. h., Organisationen durch eine wissenschaftlich fundierte Suche nach den »richtigen Mitteln« der Zielerreichung zu unterstützen (vgl. Kühl 2011, S. 28 f.). Dabei verzichtet gerade die an einem zweckrationalen Organisationsverständnis orientierte Wissenschaft darauf, *unterschiedliche* Beobachterreferenzen zu reflektieren und zeichnet letztlich einfach nach, wie die Praxis sich selbst und ihre Umwelt erlebt. Entsprechend sieht auch die Wissenschaft nur, was die Praxis sieht, und sie sieht nicht, was die Praxis nicht sieht (vgl. Nicolai 2000, S. 210).

Die Irrationalität von Organisationen

In der (eigenen) *Praxis* zeigt sich hingegen häufig, dass ein vereinfachtes, zweckrationales, wenn man so will »maschinistisches«, Verständnis von organisationalen Handlungen und Entscheidungen wenig mit der organisationalen Realität gemein hat (vgl. Kühl 2011, S. 29). So scheint es bisweilen völlig unklar, was überhaupt als relevante Umweltentwicklung zu gelten hat, welche strategischen Ziele ›richtig‹ sind, und welche strukturellen Konsequenzen sich daraus für wen ergeben, einschließlich damit typischerweise verbundener Konflikte um Macht, Position und finanzielle Ressourcen. Veränderungs-, Strategie- und Beratungsprozesse scheitern nicht zuletzt deshalb regelmäßig an ihrer Umsetzung, und nach anfänglichen Bemühungen wird lieber alles so gemacht wie zuvor. Entsprechend hat sich auch in weiten Teilen der Organisationswissenschaften ein deutlicher Widerstand gegen das zweckrationale Idealmodell geregt.

So sucht die *verhaltenswissenschaftliche Entscheidungstheorie* (›Entscheidungsprozessforschung‹) zu beschreiben und zu erklären, wie Handlungen und Entscheidungen in Organisationen prozessual *tatsächlich* zustande kommen (vgl.

Berger et al. 2014, S. 118 ff.; Schreyögg 1984, S. 139 ff.; ebd. 1999, S. 396 ff.; grundlegend Cyert/March 1963). Zunächst hatte Herbert Simon (1957) darauf verwiesen, dass der Mensch keineswegs, wie im Rahmen der neoklassischen Theorie angenommen, ein auf Basis vollständiger Informationen und umfassender Analyse rational entscheidender ›Homo oeconomicus‹ sei. Tatsächlich verhalte sich der Mensch in Entscheidungssituationen aufgrund beschränkter Informationsverarbeitungskapazitäten lediglich *begrenzt rational* (»bounded rationality«).

Ausgehend von dieser Feststellung betonen Simon (1957) sowie March und Simon (1958) die Funktion von *organisationalen Strukturen* für das individuelle Entscheidungsverhalten (›strukturalistische Perspektive‹) (vgl. Schreyögg 1984, S. 153 ff.; ebd. 1999, S. 396 f.). Die Funktionalität der explizit formulierten und vorgeschriebenen, *formalen Strukturen* einer Organisation – von Zwecken (Zielen, Strategien) und Arbeitsteilung, Hierarchie und vorgeschriebenen Kommunikationswegen, operativen Verfahren und Entscheidungsprogrammen – liegt demnach in der *Kompensation* einer lediglich begrenzten individuellen Entscheidungsrationalität. Indem die formalen Organisationstrukturen dem individuellen Entscheidungsverhalten als *Entscheidungsprämissen* (»decision premises«) vorausgesetzt sind, tragen sie durch die Formulierung von *Verhaltenserwartungen* dazu bei, die grundlegende Kontingenz (»des-so-aber-auch-anders-möglichseins«) und in der Folge Unsicherheit bezüglich der ›richtigen‹ Entscheidung (Handlung) so ›vorzuprägen‹, dass diese von den handelnden Individuen bewältigt werden kann:

> *»Mitarbeiter in ausführenden Funktionen brauchen nur noch zu prüfen, ob ihre Entscheidungen mit den formalen Vorgaben der Organisation übereinstimmen, und nicht, warum diese Regeln verabschiedet wurden, welche Argumente gegen die Regeln sprechen könnten und welche Alternativen zu den Regel bestehen.«*
>
> (Kühl 2011, S. 100)

Niklas Luhmann hat diese Überlegungen zu einem späteren Zeitpunkt in einer überraschenden Weise ergänzt, indem er *Personen* als eine weitere Form von Struktur bzw. Entscheidungsprämissen definiert hat (vgl. Luhmann 2000, S. 225). Dies folgt der Überlegung, dass es für künftige Handlungen und Entscheidungen einen erheblichen Unterschied macht, mit welchem Typus von Person (Persönlichkeit) eine für bestimmte Entscheidungen zuständige Stelle innerhalb der Organisation besetzt ist. Am deutlichsten wird dies in Bezug auf die Spitze einer Organisation, wenn die Berufung eines neuen Vorstandsvorsitzenden eine erhebliche Unruhe unter den Untergebenen auslöst, bis man sich aneinander gewöhnt hat und weiß, welche Handlungen und Entscheidungen man voneinander zu erwarten hat.

Weiterführend wird angenommen, dass sich in Organisationen infolge der organisationalen Arbeitsteilung und Subsystembildung bereichs- bzw. subsystemspezifische Grundüberzeugungen, Wirklichkeitsvorstellungen, Interessen und Ziele ausbilden. Die Zielbildung auf Gesamtorganisationsebene folgt nach diesem Verständnis dann weniger einem (zweck-) rationalen Entscheidungsprozess auf der Ebene des Topmanagements, denn einem konfliktanfälligen *politischen Verhandlungsprozess,* in dessen Rahmen es im Rückgriff auf verschiedene Machtquellen und politische Verhaltensweisen (Taktiken, Informationsmanipulation, Täuschungsmanöver, Kompromisse etc.) auch um die Verteilung von *Macht* und, eng damit verbunden, organisationalen *Ressourcen* geht (›politische Perspektive‹) (vgl. Schreyögg 1984, S. 177 ff.; ebd. 1999, S. 397; grundlegend Lindblom 1965; Crozier/Friedberg 1979). Entsprechend versteht eine verhaltenswissenschaftliche Perspektive Organisationen nicht als einheitliche, monolithische Rational-Aktoren, sondern als in besonderem Maße heterogene, komplexe und *zielpluralistische Handlungssysteme.*

Interpretative Theorien ergänzen die verhaltenswissenschaftliche Entscheidungstheorie insofern, als dass sie die Entstehung und Veränderung der organisational bzw. subsystemspezifisch geteilten Grundüberzeugungen und Wirklichkeitsauffassungen – d. h. der *informalen Strukturen* einer Organisation – näher untersuchen, die dann zum Ausgangspunkt der zuvor angedeuteten Dynamik organisationaler Entscheidungsprozesse werden (›interpretative Perspektive‹) (vgl. Weik 2014, S. 346 ff.; Schreyögg 1999, S. 397 f.). Nach Auffassung des US-amerikanischen Organisationspsychologen Edgar Schein (1995; 2003) sind die organisational bzw. subsystemspezifisch geteilten, unbewussten und für selbstverständlich gehaltenen kulturellen *Grundannahmen* (»shared basic assumptions«) – die *Organisationskultur im engerem Sinne – das Ergebnis eines sozialen Lernprozesses,* in dessen Rahmen sich diese Grundannahmen wiederholt als erfolgreich erwiesen haben, Probleme externer Umweltanpassung und interner Integration zu bewältigen. Kulturelle Grundüberzeugungen repräsentieren demnach vergangene Erfahrungen und dienen zugleich der Orientierung des zukünftigen Handelns und Entscheidens. Als Ergebnis eines sozialen Lernprozesses und einer ungerichteten *evolutionären Entwicklung* entstehen die kulturellen Grundannahmen quasi wie von selbst und werden selbstverständlich praktiziert, ohne dass ihre Sinnhaftigkeit unter Änderungsdruck gestellt würde. Organisationskulturelle Grundüberzeugungen sind nach diesem Verständnis nicht explizit Gegenstand von Entscheidungen etwa des Topmanagements, auch wenn eine Vielzahl von Managementratgebern immer wieder das Gegenteil zu behaupten sucht (vgl. Simon 2007, S. 96 ff.; Kühl 2011, S. 113 ff.). Entsprechend hat Niklas Luhmann (2000, S. 239 ff.) in diesem Zusammenhang den Begriff der *unentscheidbaren Entscheidungsprämissen* geprägt, um zu verdeutlichen, dass auch die Organisationskultur – in funktionaler Äquivalenz zu den formalen, entscheidbaren Strukturen (Entscheidungsprämissen) einer Organisation – die Unsicherheit und Komplexität organisationaler Handlungen und Entscheidungen reduziert, indem sie diesen als *Prämisse* vorausgesetzt ist und *informale* Verhaltenserwartungen formuliert (»Hier bei XY machen wir das so und nicht so.«) .

Um zu beschreiben, wie sich die formalen und informalen Strukturen einer Organisation *prozessual* über die Zeit verändern (›organisationaler Wandel‹), kann auf das an biologischen Begrifflichkeiten orientierte *Evolutionsmodell* (›Lernmodell‹) des US-amerikanischen Organisationstheoretikers Karl E. Weick (1969, 1995) zurückgegriffen werden. Demnach kommt es in Organisationen in Reaktion auf wahrgenommene Umweltveränderungen (›ökologischer Wandel‹), d. h. Veränderungen, die auf Basis der *bestehenden* Strukturen (›Wissen‹) nicht zufriedenstellend erklärt bzw. bewältigt werden können, ständig zu irgendwelchen entschiedenen Änderungen (›Variationen‹) auf der Ebene der formalen Strukturen (Zwecke, Strategie, Reorganisation, Schaffung neuer Bereiche, Wechsel des Topmanagements etc.) oder zu nicht explizit entschiedenen, spontanen Änderungen auf der Ebene der informalen Strukturen (kulturellen Grundüberzeugungen). Im Anschluss daran werden einige der Strukturvariationen wiederholt aufgegriffen, um die ›Störung‹ zu erklären bzw. zu kompensieren, während (viele) andere ignoriert oder wieder verworfen werden (›Selektion‹). In dem Maße, wie sich die selegierten Erklärungs- und Handlungsvariationen wiederholt als erfolgreich in der Bewältigung von Umweltunsicherheit erweisen und gegen weitere Erfahrung abgesichert werden können, restabilisieren sich diese (›Retention‹) und bilden den Ausgangspunkt für weitere *Lernprozesse,* sodass sich insgesamt ein rekursiver Zusammenhang ergibt (vgl. Simon 2007, S. 60 ff.). In der Konsequenz wird deutlich, warum viele Beratungs- und Veränderungsprojekte (Variationen) in der Praxis so häufig scheitern: Erfolgreiche Veränderung bedarf auch der *Umsetzung* (Selektion) und des Beweises ihrer *pragmatischen Tauglichkeit* (Retention) für das Überleben in der Auseinandersetzung mit den relevanten Umwelten (vgl. Simon 2007, S. 107).

In der Gesamtsicht bleiben die im unmittelbar Vorstehenden skizzierten wissenschaftlichen Perspektiven allerdings unbefriedigend insofern, als dass sie in der Beschreibung der – nach Maßgabe von Zweckrationalität – ›irrationalen‹ Abweichungen vom Idealmodell verbleiben. Dabei belegt jedoch gerade die *Praxis* von Unternehmen, Vereinen, Behörden, Krankenhäusern und Universitäten täglich aufs Neue, dass sie in der Lage ist, ihr Fortbestehen trotz (oder gerade wegen) dieser ›Irrationalität‹ zu gewährleisten.

Die Systemrationalität von Organisationen

Einen Ausweg aus diesem ›Rationalitätsdilemma‹ wagt die *neuere Systemtheorie*, wie sie vor allem von Niklas Luhmann aufbauend (unter anderem) auf die zuvor diskutierten Ansätze geprägt worden ist (vgl. Martens/Ortmann 2014, S. 407 ff.; Wiechern 2016, S. 138 ff.; grundlegend Luhmann 1964; 1973; 2000). In einer systemtheoretischen Perspektive wird zunächst davon ausgegangen, dass Organisationen einen besonderen Typus sozialer Systeme darstellen, deren konstitutive Kernfunktion darin besteht, komplexe Probleme und Unsicherheiten (wenn man so will: Unentscheidbarkeiten) zu bewältigen, die die moderne Gesellschaft im Zuge ihrer Evolution hervorbringt (etwa Knappheiten, ›richtiges‹ Wissen, Recht etc.) (vgl. Luhmann 2000, S. 220 f.; Simon 2007, S. 34; Martens/Ortmann 2014, S. 409). Weiterführend wird angenommen, dass Organisationen zur Sicherung ihres langfristigen Überlebens gezwungen sind, ebendiese Komplexität und Unsicherheit in interne ›Sicherheit‹ zu transformieren, indem sie mithilfe von *Entscheidungen* und Entscheidungsprämissen eine strukturelle (System-) *Grenze* zwischen sich und ihrer Umwelt ziehen, und sich damit selbst in eine vereinfachte, bearbeitbare Handlungssituation versetzen:

> *»Mit dem Begriff der Unsicherheitsabsorption werden Organisationen als soziale Systeme beschrieben, die in einer für sie intransparenten Welt Unsicherheit in Sicherheit transformieren. Damit legt sich die Organisation auf eine Welt fest, die sie selber konstruiert hat und an die sie glaubt, weil sie das Resultat ihrer eigenen Entscheidungsgeschichte ist.«* (Luhmann 2000, S. 215 f.)

Im Rahmen der neueren Systemtheorie sind Organisationen, mit anderen Worten, als in ihrer Operationsweise *geschlossene, autopoietische* (›auf sich selbst Bezug nehmende‹), *selbstorganisierte* Sozialsysteme konzeptualisiert.

Ein solches Verständnis führt auf einen Rationalitätsbegriff, der die Rationalität von organisationalen Handlungen und Entscheidungen nicht, wie im klassischen Rationalmodell angenommen, nach der Richtigkeit, Angemessenheit oder Optimalität im Hinblick auf die Erreichung vorausgesetzter und konsistenter Ziele (Zwecke) bestimmt, sondern nach ihrem Beitrag zum *Selbsterhalt*:

> *»Erst wenn das Überleben gesichert ist, stellt sich die Frage nach darüber hinausgehenden, sachlichen Zielen und der Zweckrationalität des Handelns.«*
> (Simon 2007, S. 32)

Im Unterschied zur Zweckrationalität lässt sich ein solches Verständnis von Rationalität als *Systemrationalität* bezeichnen (vgl. Luhmann 2000, S. 447). Die zuvor beschriebenen Merkmale von Organisationen – die ›rationale‹ Setzung von Zwecken, Hierarchie und Arbeitsteilung, Entscheidungsprogrammen, aber auch ›politische‹ Auseinandersetzungen um Macht und Ressourcen, kulturelle Grundüberzeugungen und die Gestaltung einer ›vereinfachten‹ Handlungsumwelt – sie alle können nach diesem Verständnis als systemrationale Formen der Komplexitätsreduktion und Unsicherheitsabsorption daraufhin beobachtet werden, ob sie *funktional* für das Überleben der Organisation sind. Eine solche, im Verhältnis zur Praxis *inkongruente* wissenschaftliche Beobachterperspektive verschiebt mit anderen Worten den Fokus der Beobachtung von organisationalen Handlungen und Entscheidungen von der Unterscheidung ›rational – irrational‹ auf die Unterscheidung ›funktional – dysfunktional‹ für den Fortbestand einer Organisation.

1.2.4 Schlussbemerkung: Wissen und Nicht-Wissen

In der Gesamtsicht legt die im Vorstehenden lediglich angedeutete Fülle unterschiedlicher wissenschaftlich-theoretischer Zugänge auf das Phänomen ›Organisation‹ es nahe, dass die Wissenschaft eine ganze Menge über Organisationen zu ›wissen‹ scheint. Zugleich wird jedoch deutlich, dass die unterschiedlichen theoretischen Zugänge auf Basis jeweils ganz bestimmter Wissenschaftsverständnisse auch jeweils (nur) ganz bestimmte Aspekte von Organisationen beschreiben, während andere außer Acht gelassen werden. Entsprechend kommen Theorien wie Theoretiker zu je ganz unterschiedlichen Schlüssen darüber, was Organisationen eigentlich ›sind‹ und, damit eng verbunden, wie sie entstehen, wie sie funktionieren, und wie sie sich gezielt verändern lassen (vgl. Scherer/Marti 2014, S. 15 ff.; vgl. auch Burrel/Morgan 1979).

Zugleich kann es sich jedoch, wie eingangs festgestellt, insbesondere für Führung, Organisationsgestaltung und Beratung lohnen, sich jenseits der Unterscheidung von ›richtigen‹ und ›falschen‹ Organisationstheorien durch die Kenntnis unterschiedlicher Perspektiven ein Bild des »ganzen Elefanten« zu verschaffen – in der Summe unterschiedlicher theoretischer Zugänge ergibt sich ein vollständige(re)s Bild (zur Elefantenmetapher vgl. Kieser 1995, S. 1). Führungskräfte, Change Manager und Berater, die unterschiedliche Organisationstheorien zur Hand haben, können auch in der Nichtvorhersagbarkeit von organisationalen Veränderungsprozessen darauf vertrauen, situativ angemessene, *brauchbare* Interventionen ableiten zu können. Wer keinen oder nur (s)einen Ansatz vertritt, muss hingegen hoffen, dass die jeweilige Prozessdynamik zum Ansatz passt (vgl. Groth 2015, S. 23).

Literatur

Berger, U./Bernhard-Mehlich, I./Oertel, S. (2014): Die Verhaltenswissenschaftliche Entscheidungstheorie. In: Kieser, A./Ebers, M. (Hrsg.): Organisationstheorien. 7. Aufl., Stuttgart: Kohlhammer, S. 118–163.

Burrel, G./Morgan, G. (1979): Sociological paradigms and organisational analysis. Elements of the sociology of corporate life. London: Pearson Education.

Crozier, M./Friedberg, E. (1979): Macht und Organisation. Die Zwänge kollektiven Handelns. Königstein/Taunus: Athenäum.

Cyert, R.M./March, J.G. (1963): A behavioral theory of the firm. Englewood Cliffs (NJ): Prentice Hall.

Fayol, H. (1916): Administration industrielle et générale. Paris: Dunod (deutsch 1929: Allgemeine und industrielle Verwaltung. München: Oldenbourg).

Groth, T. (2015): Neue Moden und Mythen des Organisierens. Vortrag, Alumni Tagung Simon, Weber & Friends, Berlin, 08.05.2015.

Kieser, A. (Hrsg.) (1995): Organisationstheorien. 2. überarbeitete Aufl., Stuttgart: Kohlhammer.

Kieser, A. (2014a): Max Webers Analyse der Bürokratie. In: Kieser, A./Ebers, M. (Hrsg.): Organisationstheorien. 7. Aufl., Stuttgart: Kohlhammer, S. 43–72.

Kieser, A. (2014b): Managementlehren. Von Regeln guter Praxis über den Taylorismus zur Human-Relations-Bewegung. In: Kieser, A./Ebers, M. (Hrsg.): Organisationstheorien. 7. Aufl., Stuttgart: Kohlhammer, S. 43–72.

Kieser, A./Walgenbach, P. (2010): Organisation. 6. Aufl., Stuttgart: Schäffer-Poeschel.

Kühl, S. (2005): Testfall Dezentralisierung. Die organisationssoziologische Wendung in der Diskussion über neue Arbeitsformen. In: Faust, M./Funder, M./Moldaschl, M. (Hrsg.): Die ›Organisation‹ der Arbeit. Mering: Hampp. S. 111–144.

Kühl, S. (2011): Organisation. Eine sehr kurze Einführung. Wiesbaden: VS.

Lindblom, C. E. (1965): The intelligence of democracy. New York/London: The Free Press.

Luhmann, N. (1964): Funktionen und Folgen formaler Organisation. Berlin: Duncker & Humblot.

Luhmann, N. (1973): Zweckbegriff und Systemrationalität. Über die Funktion von Zwecken in sozialen Systemen. Frankfurt a. M.: Suhrkamp.

Luhmann, N. (2000): Organisation und Entscheidung. Opladen: Westdeutscher Verlag.

March, J. G./Simon, H. A. (1958): Organizations. New York: Wiley.

Martens, W./Ortmann, G. (2014): Organisationen in Luhmanns Systemtheorie. In: Kieser, A./Ebers, M. (Hrsg.): Organisationstheorien. 7. Aufl., Stuttgart: Kohlhammer, S. 407–440.

Nicolai, A. T. (2000): Die Strategie Industrie. Systemtheoretische Analyse des Zusammenspiels von Wissenschaft, Praxis und Unternehmensberatung. Wiesbaden: Gabler.

Schein, E. H. (1995): Unternehmenskultur. Ein Handbuch für Führungskräfte. Frankfurt a. M.: Campus.

Schein, E. H. (2003): Organisationskultur. The Ed Schein Corporate Culture Survival Guide. Bergisch Gladbach: EHP.

Scherer, A. G./Marti, E. (2014): Wissenschaftstheorie der Organisationstheorie. In: Kieser, A./Ebers, M. (Hrsg.): Organisationstheorien. 7. Aufl., Stuttgart: Kohlhammer, S. 15–42.

Schreyögg, G. (1984): Unternehmensstrategie. Grundfragen einer Theorie strategischer Unternehmensführung. Studienausgabe. Berlin/New York: De Gruyter.

Schreyögg, G. (1999): Strategisches Management. Entwicklungstendenzen und Zukunftsperspektiven. In: Die Unternehmung, 53. Jg., H. 6, S. 387–406.

Simon, F. B. (2007): Einführung in die systemische Organisationstheorie. 1. Aufl., Heidelberg: Carl-Auer Verlag.

Simon, H. A. (1957): Administrative behavior. A study of decision making processes in administrative organizations. New York: Macmillan.

Taylor, F. W. (1967): The principles of scientific management. New York: W. W. Norton & Company (Erstausgabe 1911).

Weber, M. (1976): Wirtschaft und Gesellschaft. Grundriß der verstehenden Soziologie. 5. rev. Aufl., Tübingen: Mohr Siebeck (Erstausgabe 1922)..

Weick, K. E. (1969): The social psychology of organizing. Reading (MA): Addison-Wesley.

Weick, K. E. (1995): Sensemaking in organizations. London: Sage.

Weik, E. (2014): Interpretative Theorien. Sprache, Kommunikation und Organisation. In: Kieser, A./Ebers, M. (Hrsg.): Organisationstheorien. 7. Aufl., Stuttgart: Kohlhammer, S. 346–385.

Wiechern, R. (2016): Strategisches Entscheiden in internationalen Unternehmen. Eine systemtheoretische Perspektive für das Internationale Management. Heidelberg: Carl-Auer.

1.3 Organisationstypologien

Maja Apelt

1.3.1 Einleitung

Unternehmen und Verwaltungen gelten häufig als Prototypen von Organisationen, während andere Organisationen nicht selten als untypische Organisationen, als Spezialfälle oder Abweichungen vom Normalfall gehandelt werden. Dementgegen soll hier gezeigt werden, dass es eine große Bandbreite von Organisationen mit je eigenen Besonderheiten gibt und dass Versuche der Typologisierung der Organisationsvielfalt für das Verständnis der Besonderheiten und die damit einhergehenden Probleme hilfreich sind, obwohl jegliche Typologie empirisch wie theoretisch hochproblematisch ist (vgl. Apelt/Tacke 2012, S. 8 ff.).

1.3.2 Ausgangpunkt von Typologien – die Gemeinsamkeiten aller Organisationen

Renate Mayntz hat darauf aufmerksam gemacht, dass es nur deshalb sinnvoll ist, über Unterschiede zwischen Krankenhäusern, Unternehmen, Verwaltungen und Universitäten nachzudenken, weil man vorab das Gemeinsame feststellt. Denn sie alle können gemeinsam einer bestimmten Art sozialer Systeme, den Organisationen, zugeordnet werden (vgl. Mayntz 1965, S. 100 ff.). Das Gemeinsame liegt dabei in der Möglichkeit, über die Mitgliedschaft zu entscheiden und diese an Bedingungen zu knüpfen.

Dieses Merkmal unterscheidet Organisationen von sozialen Gruppen – Familien oder Freundschaftsbeziehungen –, von Netzwerken, sozialen Bewegungen und Gesellschaften (vgl. Luhmann 1975; Heintz/Tyrell 2015). Bei keinem dieser anderen sozialen Systeme kann – ohne einen Eklat zu provozieren oder mindestens Irritationen hervorzurufen – offen über die Bedingungen der Mitgliedschaft kommuniziert werden (vgl. Kühl 2015). Dies aber gilt nur für die moderne Gesellschaft. In vormodernen genauso wie in postmodernen Gesellschaften verschwimmen dagegen die Grenzen zwischen den Systemen. Die mittelalterlichen Zünfte markieren zum Beispiel den Übergang von vormodernen zu modernen Organisationen. Sie regeln Produktion und Handel für ihre Mitglieder und können dementsprechend als Interessenorganisationen betrachtet werden, aber die Mitgliedschaft ist ständisch geregelt, weder der Eintritt noch der Austritt obliegt der freien Entscheidung. In den spätmodernen Online-Unternehmen wiederum lassen sich

Angestellte und Selbstständige häufig nicht mehr eindeutig voneinander unterscheiden. Während die Sicherheit der Beschäftigung für die Angestellten sinkt, steigen die Ansprüche an die Verfügbarkeit der Selbstständigen. Das Merkmal der formalen Mitgliedschaft wird damit problematisch. Aber auch Parteien und Vereine denken mehr und mehr über Möglichkeiten der Beteiligung auch jenseits fester Mitgliedschaft nach.

1.3.3 Partielle und vollständige Organisationen

Ahrne und Brunsson (2011) versuchen, diesen Wandel mit der Unterscheidung von »partiellen« und »vollständigen« Organisationen zu erfassen. An »vollständige Organisationen« knüpfen sie die Merkmale Mitgliedschaft, Hierarchie, Regeln, Kontrolle, Sanktionen (ebd., S. 86) und für alle anderen organsierten Systeme, in denen nicht alle Merkmale aufzufinden sind, setzen sie den Begriff »partielle Organisation« an. Ihnen zufolge würde für eine Zuordnung zu partiellen Organisationen lediglich ein Merkmal – etwa Hierarchie oder Kontrolle – genügen (ebd.). Die Typologie von partiellen und vollständigen Organisationen greift damit aktuelle gesellschaftliche Veränderungen in und zwischen Organisationen, Netzwerken und Gruppen auf, zugleich aber ebnet sie die Unterschiede innerhalb von Organisationen und die zwischen Organisationen, Netzwerken und Gruppen ein und gerät so in Gefahr, jeglichen Erklärungswert zu verlieren (vgl. Tacke 2015, S. 285 ff.).

1.3.4 Realtypen von Organisationen

Hinter der besonderen Hervorhebung von Unternehmen und Verwaltung – als Organisationen von Wirtschaft und Staat – steht vor allem, dass sie mit Webers Idealtypus der Bürokratie in besonderer Weise identifiziert werden, obwohl Weber (1972, S. 125 ff.) ihn auch auf Armeen, Krankenhäuser oder Parteien bezieht. Für alle diese Organisationen gelten zumindest teilweise diese Merkmale: kontinuierlich regelgebundener Betrieb, klare Verteilung von Zuständigkeiten, das Prinzip der Hierarchie, feste formale Regeln, die Fachqualifikation der Mitarbeiter, fester Lohn oder Gehalt, Disziplin und die Tätigkeit ist einziger oder Hauptberuf.

Darüber hinaus kann man eine erste einfache Unterscheidung zwischen Erwerbs- und Interessenorganisationen treffen: *Arbeits-* oder auch *Erwerbsorganisationen*, so Schimank (2000, S. 306 ff.) sind Organisationen, die »von oben« her gegründet und auf Interessenkomplementarität, das Tauschgeschäft von Arbeitsleistung und Arbeitslohn hin angelegt sind. *Interessenorganisationen* konstituieren sich dagegen über die Zusammenlegung von Ressourcen und die Bündelung von Einfluss als Organisationen »von unten«.

Eine etwas differenziertere Typologie hat Etzioni (1961) vorgelegt, die man als Erweiterung dieses Zweierschemas verstehen kann. Anders als Schimank trägt er der Zwangsmitgliedschaft in Schulen, Gefängnissen und Psychiatrien gesondert Rechnung. Dabei verknüpft er zwei Merkmale miteinander: die Formen des Engagements der Mitglieder – entfremdet, berechnend und moralisch – mit den Mitteln, das Handeln der Mitglieder zu steuern – Zwang, materielle Belohnung und moralische Bindung. Erwerbsorganisationen werden hier als utilitaristisch bezeichnet, sie steuern das Verhalten über materielle Belohnung; die Interessenorganisationen (Kirchen, Parteien) erscheinen hier als normative, die ihre Mitglieder vor allem über ideelle Überzeugungen binden, dazu kommen *Zwangsorganisationen* (Gefängnis, Psychiatrie), deren Mitglieder über physischen Zwang gesteuert werden und der Organisation entfremdet sind.

Erwerbsorganisationen

Für Erwerbsorganisationen ist die bezahlte Mitgliedschaft typisch. Damit geht einher, dass sie einfacher und umfassender als die später zu nennenden Organisationstypen Verhaltenserwartungen formalisieren können und die Bereitschaft, den Verhaltenserwartungen zu entsprechen, sich weitgehend von individuellen Motivlagen löst (vgl. Luhmann 1964, S. 29 ff.). Da sich die Mitglieder nicht notwendig mit den Zwecken der Organisation identifizieren müssen, können die Organisationen vergleichsweise einfach ihren Zweck ändern, ohne den Bestand der Organisation zu gefährden. Zugleich müssen die Organisationen eher als andere mit sogenannten Drückebergern, mit Zurückhaltung in der Arbeitsleistung und Opportunismus umgehen, wie die zahlreichen Publikationen zum Personalmanagement und zur Mitarbeitermotivation belegen.

Das Besondere der *Verwaltung* lässt sich mit Luhmann mit ihrem spezifischen Zweck der »Herstellung bindender Problementscheidungen unter der Voraussetzungen schon reduzierter Komplexität« (Luhmann 2010, S. 152) bestimmen – wobei bei staatlichen Verwaltungen Politik und Recht die Komplexität reduzieren. Damit einhergehend werden Routineprogramme bevorzugt und der Legalität der Entscheidungen wird besondere Bedeutung beigemessen.

Unternehmen zeichnen sich »vor allem hinsichtlich ihrer Refinanzierungsform und ihrer umfassenden Autonomie von anderen Organisationstypen« (Kette 2012, S. 22) aus. Das heißt, Unternehmen können über die eigenen Belange autonom entscheiden, müssen aber im Gegenzug die Mittel, die sie benötigen, »über die Abgabe der von ihnen selbst erstellten Leistungen« (ebd., S. 26) selbst erwirtschaften. Damit einher geht das dritte Merkmal, dass sie eigenständig über den Zweck der Organisation und dessen Änderung entscheiden können. Während also der Zweck von öffentlichen Schulen oder Forschungsinstituten durch die Politik und Verwaltung prinzipiell gesetzt ist, könnte sich eine Privatschule oder ein privates Forschungsinstitut zu einer Weiterbildungseinrichtung oder einem Think Tank umwandeln. Solche Zweckwechsel vollziehen sich in der Regel zur Absicherung der Refinanzierung der Mittel respektive der Profiterwirtschaftung.

Das *Militär* wird wie Verwaltungen vorzugsweise über Steuern finanziert und ist daher auch historisch wichtiger Motor bei der Herausbildung staatlicher Verwaltungen gewesen. Die Besonderheiten der Organisationsstrukturen lassen sich auch hier aus dem Zweck der Organisation, der Ausübung von Makrogewalt und der damit einhergehenden Anforderung, das eigene und das Leben anderer bewusst zu riskieren, ableiten. Dazu gehört die strenge Hierarchie mit Befehl und Gehorsam genauso wie der Umstand, dass militärische Organisationen häufig auf Zwangsmitgliedschaft zurückgegriffen haben (vgl. Apelt 2012, S. 133 ff.).

Der Zweck von *Gefängnissen, Schulen, Psychiatrien* liegt in der Betreuung, Beeinflussung oder Erziehung einer besonderen Personengruppe. Daraus folgt, dass die Organisationen durch zwei gänzlich voneinander geschiedene Mitgliedergruppen charakterisiert sind: dem Personal einerseits und den Insassen, Klienten, Schülern oder Kunden andererseits. Den Beamten oder Angestellten, zumeist Professionsangehörige, steht eine Gruppe gegenüber, die nicht selten über Zwangsmitgliedschaft an die Organisation gebunden sind. Beide Gruppen sind intern entweder gar nicht oder nur rudimentär hierarchisch gegliedert. Ein Wechsel von einer in die andere Gruppe stellt mindestens die Ausnahme dar. Wie Goffman (1973) an diesen Organisationen kritisiert, tendieren sie dazu, die Klienten, Insassen oder Kunden ähnlich zu bearbeitenden Objekten zu behandeln.

Die Aufgaben von *Organisationen der Hilfe* bestehen vor allem darin, die von den bereits genannten Organisationen exkludierten sozialen Probleme – Armut, Behinderung, soziale und psychische Belastungen – zu bearbeiten. Hilfsorganisationen arbeiten dabei typischerweise mit Professionellen und mit Ehrenamtlichen, sind also professionelle Organisationen und/oder freiwillige Assoziationen (Interessenorganisationen, s. u.), abhängig davon, ob sie sich vor allem durch Einnahmen für ihre Dienstleistungen, durch staatliche Zuwendungen oder durch Spenden und Mitgliedschaftsbeiträge finanzieren. (Bode 2012, S. 149 ff.)

Für diese Erwerbsorganisationen hat Mintzberg (1989) eine Typologie der Organisationsstruktur mithilfe von fünf Organisationselementen, dem betrieblichen Kern, der strategischen Spitze, der Mittellinie, der Technostruktur und dem Hilfsstab entwickelt.

Unternehmerorganisationen (ebd., S. 116 ff.) besitzen eine Einfachstruktur, sie bestehen lediglich aus dem operativen Kern und der strategischen Spitze sowie einer schwach oder gar nicht ausgebildeten Mittellinie. Die strategische Spitze führt allein die Aufsicht. Es sind junge, einfache, neue, inhaberzentrierte Organisationen, die dieser Struktur folgen, und so schnell auf Turbulenzen in der Umwelt reagieren können. Sogenannte *Maschinenorganisationen* (ebd., S. 131 ff.) sind hierarchisch, arbeitsteilig differenziert und statusbezogen organisiert. Sie entsprechen damit stark dem Idealtypus der Bürokratie. Die stabilen Umwelten gehen mit einem hohen Grad an Standardisierung einher. Es sind ältere, größere, traditionelle Organisationen. Beispiele sind Unternehmen, Gefängnisse, Verwaltungen (ähnlich Burns/Stalker 1961). *Spartenorganisationen* (vgl. Mintzberg 1989, S. 153 f.) – bei Großkonzernen und Holdings – sind vor allem durch mehrere Divisionen und eine starke Mittellinie gekennzeichnet. Die strategische Spitze steuert die einzelnen Divisionen und übernimmt die Leistungskontrolle. *Profiorganisationen* oder *professionelle Organisationen* (ebd., S. 173) – Krankenhäuser Schulen, Universitäten ärztliche Gemeinschaftspraxen, Anwaltssozietäten, und Forschungsinstitute – sind um den weitgehend autonom und dezentral handelnden operativen Kern herum strukturiert. Der Hilfsstab ist auf die Unterstützung des operativen Kerns ausgerichtet, während die strategische Spitze diesen vor den Zumutungen der Umwelt abschirmt; jedoch scheinen sich die Beziehungen im Zuge von Ökonomisierungsanstrengungen tendenziell zu verdrehen (vgl. auch Klatetzki 2012, S. 165 ff.; Klatetzki/Tacke 2005). *Innovative Organisationen* (Mintzberg 1989, S. 196 ff.) – junge, moderne, kurzlebige Organisationen – sogenannte Adhokratien, wie Start-ups oder forschungsintensive, projektförmig agierende Organisationen, sind darauf ausgerichtet, besonders flexibel auf Umweltturbulenzen reagieren zu können, sie integrieren jeweils die strategische Spitze und den Hilfsstab auf der einen Seite und Linienmanagement und operativen Kern auf der anderen Seite.

Interessenorganisationen

Interessenorganisationen unterscheiden sich von den oben genannten dadurch, dass sie nicht auf bezahlter Arbeit, sondern auf Mitgliedschaftsbeiträgen, unbezahltem Engagement und Spenden beruhen, dass sich die Mitglieder (deshalb) in stärkerer Weise mit den Zwecken der Organisationen identifizieren (müssen) und dass die Organisationen i. d. R. weniger hierarchisch oder basisdemokratisch strukturiert sind (vgl. Knoke/Prensky 1984; Horch 1985). Müller-Jentsch (2008) unterscheidet dabei entlang der Dimensionen lokal/überregional und expressiv oder instrumentell bzw. instrumentell expressiv verschiedene freiwillige Vereinigungen, wobei den Vereinen dabei vor allem die Parteien, Gewerkschaften und Berufsverbände als stärker instrumentell ausgerichtete freiwillige Vereinigung und die Nichtregierungsorganisationen als instrumentell-expressiv gegenüber stehen.

Vereine können als paradigmatisch für Interessenorganisationen angesehen werden. Teilweise werden sie ihrem Zweck und den historischen Wurzeln nach auch als Anti-Organisations-Organisationen bezeichnet, denn in Vereinen organisieren sich Gruppen, um ihre Interessen jenseits Staat, Familie und Erwerbsarbeit artikulieren zu können. Wichtig ist, dass sich dieser Organisationstyp nicht durch die steuerliche Bevorzugung von anderen unterscheidet, sondern durch ihre Organisationsstrukturen. Vereine basieren auf freiwilliger Teilnahme im engeren Sinne, d. h., die Mitglieder binden sich an die Organisation, weil sie sich mit den Zwecken der Organisation identifizieren, und sie erhalten keinen Lohn oder Gehalt, stattdessen leisten sie für die Organisation unbezahlte Arbeit oder zahlen Mitgliedschaftsbeiträge. Damit zusammenhängend sind Vereine demokratisch organisiert, d. h., die Voll- oder Delegiertenversammlung ist zumeist das höchste Organ, das in größeren Organisationen durch eine hierarchische Verwaltungsstruktur – den Vorstand, die Geschäftsstelle und Ähnliches mehr – unterstützt wird. Daraus ergeben sich einige Probleme: Zum einen ist die Formalisierung von Verhaltenserwartungen problematisch, die Mitglieder müssen sich mit dem Zweck, der Struktur der Organisation, ihren Werten oder der jeweiligen Handlung u. Ä. identifizieren, um sich unbezahlt zu engagieren. Damit hängt zusammen, dass eine Änderung der Organisationszwecke zumindest schwierig, wenn nicht unmöglich ist. Wie Schimank darüber hinaus für Sportvereine aufzeigt, unterliegen die Organisationen nicht selten der Tendenz zur Professionalisierung und zur Oligarchie (Schimank 2005; Müller-Jentsch 2008; Horch 1983).

Parteien und andere politische Organisationen sind spezielle (nicht-eingetragene) Vereine, die stärker noch als andere Vereine mit widersprüchlichen Zielen – die Interessen der Mitglieder durchsetzen, Wahlen gewinnen, politische Ziele realisieren – umgehen müssen (Hoebel 2012; Wiesenthal 1993). Solche politischen Organisationen sind insofern zumeist dadurch bestimmt, diese nicht selten gegensätzlichen Ziele zu vermitteln.

Nichtregierungsorganisationen dienen wiederum der Erreichung gemeinsam anerkannter Ziele, sie sind insofern instrumentell und expressiv orientiert, national oder international ausgerichtet. Für sie gilt insbesondere der Widerspruch von Professionalisierung und Partizipation.

1.3.5 Schluss

Deutlich wird, dass es starke strukturelle Unterschiede gibt, vor allem zwischen Arbeits- und Interessenorganisationen, Unternehmen und Vereinen, und dass daran unterschiedliche Problemlagen geknüpft sind. Innerhalb der Arbeitsorganisationen sind wiederum die Unterschiede zwischen Unternehmen und Verwaltungen sowie zwischen diesen und professionellen Organisationen und zu Organisationen der Disziplinierung signifikant. Zugleich können professionelle

Organisationen als Unternehmen oder auch als – zumindest partiell – freiwillige Vereinigungen auftreten.

Diese vorgestellten Typologien sind also *weder* vollständig *noch* auf irgendeine Art und Weise zwingend. Ergänzt werden müsste die Liste durch Gerichte, Polizei, Universitäten, Forschungsinstitute, Museen, Verlage, kriminelle Organisationen und anderes mehr, die alle als eigenständige Typen gefasst werden können. Zugleich ist jede Typologie das Ergebnis einer Unterscheidung, die ein Beobachter vornimmt und die immer andere, darin enthaltene Differenzen überdeckt. Der Typus Hochschule z. B. verdeckt die Unterschiede zwischen privaten und öffentlichen Hochschulen, zwischen Fachhochschulen und Universitäten usw. (vgl. Apelt/Tacke 2012, S. 16 f.)

Zudem sind die Charakterisierungen historisch und kulturell konkret, also durchaus variabel. So z. B. verzichten militärische Organisationen mehr und mehr auf die Zwangsmitgliedschaft und greifen dafür mehr auf kollegiale Koordinationsmuster zurück. Andererseits sind Freiwillige Feuerwehren zwar Vereine als solche aber wesentlich stärker formalisiert als andere Vereine. Zudem gibt es bei Freiwilligen Feuerwehren Überlegungen und Tendenzen der Zwangsmitgliedschaft. Hier also zeigt sich, dass sich immer wieder neue strukturelle Muster und neue Differenzierungen herausbilden.

Zugleich kann beobachtet werden, dass der Ökonomisierungsdruck letztlich mehr oder weniger auf allen Organisationen lastet. Es wird Aufgabe weiterer Studien sein, zu untersuchen, welche Unterschiede sich in den Formen der Ökonomisierung und welche sich in den Reaktionsweisen aufzeigen lassen.

Literatur

Ahrne, G./Brunsson, N. (2011): Organization outside organizations: the significance of partial organization. In: Organization, 18. Jg., H. 1, S. 83–104.

Apelt, M. (2012). Militär. In Apelt, M./Tacke, V. (Hrsg.): Handbuch Organisationstypen. Wiesbaden: VS, S. 133–148.

Apelt, M./Tacke, V. (2012): Einleitung. In: Dies. (Hrsg.): Handbuch Organisationstypen. Wiesbaden: VS, S. 7–20.

Bode, I. (2012): Hilfsorganisationen. In: Apelt, M./Tacke, V. (Hrsg.): Handbuch Organisationstypen. Wiesbaden: VS, S. 149–164.

Burns, T./Stalker, G. M. (1961): The management of innovation. London: Tavistock.

Etzioni, A. (1961): A comparative analysis of complex organizations. On power, involvement and their correlates. New York: The Free Press of Glencoe.

Goffman, E (1973): Asyle. Über die soziale Situation psychiatrischer Patienten und anderer Insassen. Frankfurt a. M.: Suhrkamp.

Heintz, B./Tyrell, H. (Hrsg.) (2015): Interaktion – Organisation – Gesellschaft revisited. Anwendungen, Erweiterungen, Alternativen. In: Sonderband der Zeitschrift für Soziologie. Stuttgart: Lucius.

Hoebel, T. (2012): Politische Organisationen. In: Apelt, M./Tacke, V. (Hrsg.): Handbuch Organisationstypen. Wiesbaden: VS, S. 63–90.

Horch, H.-D. (1983): Strukturbesonderheiten freiwilliger Vereinigungen: Analyse und Untersuchung einer alternativen Form menschlichen Zusammenarbeitens. Frankfurt a. M.: Campus.

Horch, H.-D. (1985): Personalisierung und Ambivalenz. Strukturbesonderheiten freiwilliger Vereinigungen. In: Kölner Zeitschrift für Soziologie und Sozialpsychologie, 37. Jg., H. 3, S. 257–276.

Kette, S. (2012): Das Unternehmen als Organisation. In: Apelt, M./Tacke, V. (Hrsg.): Handbuch Organisationstypen. Wiesbaden: VS, S. 21–42.

Klatetzki, T. (2012): Professionelle Organisationen. In: Apelt, M./Tacke, V. (Hrsg.): Handbuch Organisationstypen. Wiesbaden: VS, S. 165–184.

Klatetzki, T./Tacke, V. (Hrsg.) (2005): Organisation und Profession. Wiesbaden: VS.

Knoke, D./Prensky, D. (1984): What relevance do organization theories have for voluntary associations? In: Social Science Quarterly, 65. Jg., H. 1, S. 3–20.

Kühl, S. (2015): Gruppen, Organisationen, Familien und Bewegungen. Zur Soziologie mitgliedschaftsbasierter Systeme zwischen Interaktion und Gesellschaft. In: Heintz, B./Tyrell, H. (Hrsg.): Interaktion – Organisation – Gesellschaft revisited. Anwendungen, Erweiterungen, Alternativen. Sonderband der Zeitschrift für Soziologie. Stuttgart: Lucius, S. 65–85.

Luhmann, N. (1964): Funktionen und Folgen formaler Organisation. Berlin: Duncker & Humblot.

Luhmann, N. (1975): Interaktion, Organisation, Gesellschaft. In: Ders.: Soziologische Aufklärung 2. Aufsätze zur Theorie der Gesellschaft. Opladen: Westdeutscher Verlag, S. 5–21.

Luhmann, N. (2010): Politische Soziologie. Berlin: Suhrkamp.

Mayntz, R. (1965): The study of organizations. In: Current Sociology, 13. Jg., H. 3, S. 95–119.

Mintzberg, H. (1989): Mintzberg on management. Inside our strange world of organizations. New York: Free Press.

Müller-Jentsch, W. (2008): Der Verein – ein blinder Fleck in der Organisationssoziologie. In: Berliner Journal für Soziologie, 18. Jg., H. 3, S. 476–502.

Schimank, U. (2000): Handeln und Strukturen. Weinheim: Beltz Juventa.

Schimank, U. (2005): Der Vereinssport in der Organisationsgesellschaft. Organisationssoziologische Perspektiven auf ein spannungsreiches Verhältnis. In: Alkemeyer, T./Rigauer, B./Sobiech, G. (Hrsg.): Organisationsentwicklungen und De-Institutionalisierungsprozesse im Sport. Schorndorf: Hofmann, S. 22–44.

Tacke, V. (2015): Perspektiven der Organisationssoziologie. In: Apelt, M./Wilkesmann, U. (Hrsg.): Zur Zukunft der Organisationssoziologie. Wiesbaden: VS, S. 273–292.

Weber, M. (1972): Wirtschaft und Gesellschaft. Grundriss der verstehenden Soziologie. 5. rev. Aufl., Tübingen: Mohr Siebeck (Erstausgabe 1922).

Wiesenthal, H. (1993): Akteurkompetenz im Organisationsdilemma. Grundprobleme strategisch ambitionierter Mitgliederverbände und zwei Techniken ihrer Überwindung. In: Berliner Journal für Soziologie, 3. Jg., H. 1, S. 3–18.

1.4 Wie kann man Aussagen zum Zustand von Organisationen machen?

Harm Kuper

Eine sinnvolle Beantwortung der Frage nach dem Zustand von Organisationen steht zunächst vor der sehr grundlegenden Anforderung, ein Bild oder ein Modell von den relevanten Merkmalen einer Organisation zu konstruieren. Liest man Organisationstheorien in ihrer historischen Entwicklung von hinten her (vgl. für einen Überblick Kieser/Walgenbach 2010), so lässt sich feststellen, dass Angebote einer eindeutigen Identifikation von Organisationsmerkmalen, die für eine solche Modellbildung infrage kommen, kaum noch vorliegen. Immer weniger lassen sich einzelne Merkmale benennen, die zwingend bei der Identifikation und Zustandsbeschreibung einer Organisation auffindbar sein müssen – dazu sind die Variationen von Organisationen zu groß. Entsprechend werden Bestimmungen, in welchen Fällen überhaupt von einer Organisation die Rede sein kann, immer abstrakter. Sehr deutlich wird das in der Organisationstheorie des Soziologen Niklas Luhmann. Er verzichtet in seinem Begriff vollständig auf eine Festlegung konkreter Merkmale oder gar Merkmalsausprägungen von Organisationen. In einer frühen Variante seiner Theorie (vgl. Luhmann 1964) bestimmt Luhmann Organisationen über eine spezifische Form der Beteiligung von Personen; konstitutiv für Organisationen ist demnach eine Beteiligung über *formalisierte Mitgliedschaftsrollen*. Über die Mitgliedschaftsrolle rahmen Organisationen Verhaltenserwartungen an die Beteiligung und sie beurteilen die Aufnahme und den Austritt von Personen anhand eines Mindestmaßes an Konformität des Verhaltens mit diesen Erwartungen. Eine konkrete Gestalt der Organisation impliziert dieser Begriff nicht; er fasst Organisationen als ein System, demgegenüber eine prinzipiell beliebig große Anzahl von Personen Verpflichtungen im Sinne der Mitgliedschaftsrollen eingeht. Getragen von dieser Konstruktion sind dann allerdings im Einzelfall konkrete strukturelle Merkmale der Subordination, der Verteilung von Zuständigkeiten und der kommunikativen Ausgestaltung von Mitgliedschaftsrollen. In einer späteren Variante wird die Theorie vom Rollenkonzept auf das *Konzept der Kommunikationsmedien* umgestellt. Luhmann geht dabei davon aus, dass Organisationen in einem eigenen Medium – dem der Entscheidung – kommunizieren (vgl. Luhmann 2000). Das besondere an einer Kommunikation von Entscheidungen ist die klare Zuordnung von Verantwortungen zu Personen (Wer hat wie entschieden?) und die Möglichkeit der Realisierung konkreter Ordnungen von Entscheidungen aus einem wiederum prinzipiell unbegrenzten Spektrum von Möglichkeiten. Entscheidungen werden durch vier Typen von *Entscheidungsprämissen* vorstrukturiert: Ihrerseits selbst von Entscheidungen abhängig sind Programme

(Was tut eine Organisation wie?), Kommunikationswege (Wie werden Informationen in der Organisation verteilt?) und Personal (Wer trägt die Verantwortung und hat die Kompetenz in welchen Zuständigkeitsbereichen?); zu den Prämissen zählt auch die Organisationskultur (informelle Regeln), die allerdings selbst nicht entscheidbar ist, sondern ›wildwüchsig‹ entsteht.

1.4.1 Kriterien und Modelle für die Funktionalität des Zustands einer Organisation

Beide Konzeptionen von Organisation legen sich hinsichtlich der Frage, welche Zustände eine Organisation annehmen kann, nicht fest. Sie gehen vom Begriff der Organisation als variable Ordnungen von Mitgliedschaftsrollen und Entscheidungen aus. Aber sie zeigen, dass die jeweils realisierten Zustände oder Strukturen daran bemessen werden können, inwieweit es gelingt, die Übereinstimmung von Mitgliedschaftsrollen mit den Verhaltenserwartungen bzw. die Zuverlässigkeit und Kalkulierbarkeit von Entscheidungen zu gewährleisten. In einem abstrakten Sinne sind das die Kriterien, an denen die Funktionalität des Zustands einer Organisation abzulesen ist.

Vor diesem Hintergrund erscheinen Modelle von Organisationen sinnvoll, die hochgradig variabel sind, aber eine Zuordnung von Stellen, auf denen Mitgliedschaftsrollen wahrgenommen werden, und Verantwortlichkeiten erlauben. Sehr leistungsfähig in dieser Hinsicht ist ein *Modell von Mintzberg* (1983), in dem strukturelle Eigenschaften als Konfigurationen der Funktionseinheiten einer Organisation abgebildet werden. Das Modell geht von *fünf Mechanismen* aus, mit denen Prozesse in Organisationen koordiniert werden: Basal ist eine wechselseitige Abstimmung in der Verrichtung von Tätigkeiten. Sie ist auf eine räumlich und zeitlich eng gekoppelte Kooperation angewiesen, in der die beteiligten Personen anwesend sind und mehr oder weniger spontan ihre Kommunikation oder Schritte ihrer Arbeitstätigkeiten arrangieren. Ein zweiter Mechanismus beruht auf Kontrolle und sieht eine deutliche hierarchische Gliederung von Verantwortlichkeiten vor. Kontrolle kann sich sowohl auf Vorgaben zu Zielsetzungen als auch auf eine direkte Überwachung von Arbeitsprozessen beziehen. Die drei weiteren Koordinationsmechanismen bauen sämtlich auf Standardisierung. Variieren können sowohl das Ausmaß als auch die Ansatzpunkte der Standardisierung. Insbesondere für komplexe Arbeiten in professionalisierten Kontexten (beispielsweise in Krankenhäusern oder Bildungseinrichtungen) ist oft eine Standardisierung von Inputs zu beobachten. Vereinheitlicht werden dabei oftmals die Programme einer Organisation. Aber auch die Qualifikationen des Personals, das in der Organisation tätig wird, kann Gegenstand der Standardisierung sein. In Organisationen mit stark technisierten oder bürokratisierten Arbeitsvorgängen findet Standardisierung oft bei den Prozessen statt. Hier sind einzelne Schritte der Arbeitsverrichtung detailliert definiert. Standardisierbar sind auch Outputs einer Organisation, so beispielsweise, wenn bestimmte Normierungen von Produkten vorgeben sind, die passgenau in weitere Produktionsschritte eingefügt werden müssen. Die Konfiguration einer Organisation bestimmt sich nach Mintzberg nun daraus, dass die tatsächlich vorfindlichen Koordinationsmechanismen einen Ort strukturell verankerter Verantwortung finden und gut aufeinander abgestimmt sind. Mintzberg (1983, S. 11) schlägt ein grafisches Modell zur Symbolisierung der jeweiligen Konfiguration von Organisationen vor, das aus folgenden Elementen besteht:

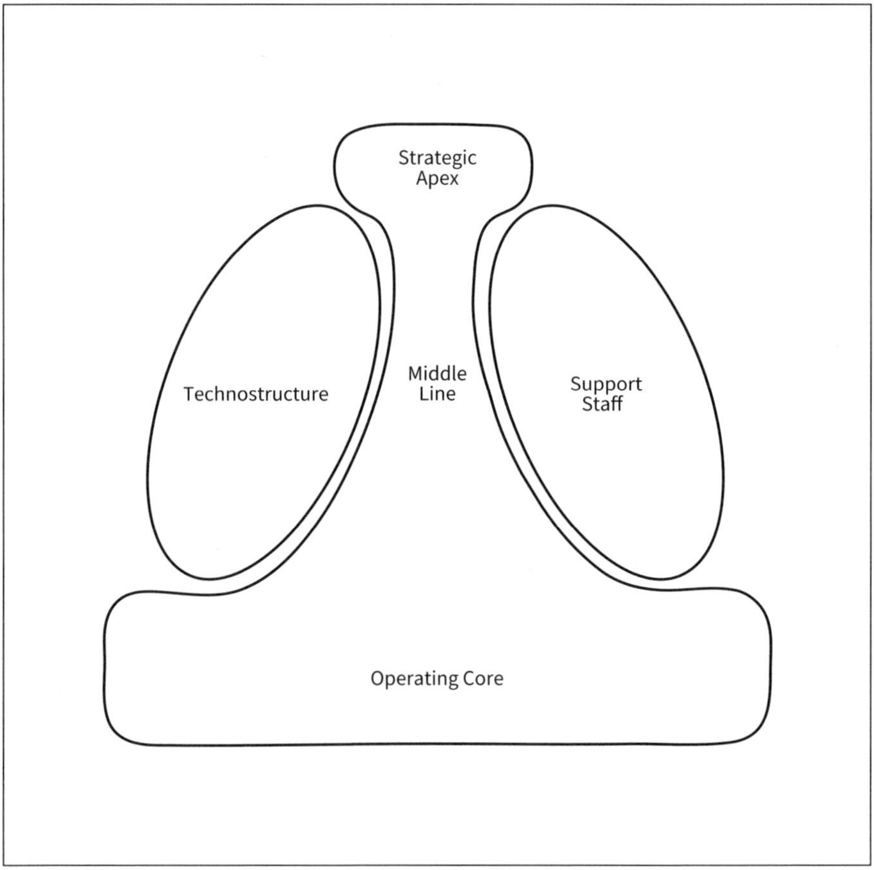

Abb. 1: Modell zur Symbolisierung der jeweiligen Konfiguration von Organisationen (nach Mintzberg 1983, S. 11)

Das *Operating Core* ist der Bereich, in dem die Leistungen einer Organisation erbracht werden; hier arbeiten im Regelfalle Spezialisten, die in der alltäglichen Arbeit auf wechselseitige Abstimmung angewiesen sind. Das *Strategic Apex* ist eine hierarchische Spitze, an der leitende Entscheidungen getroffen werden und die Kontrolle ausübt; insbesondere in größeren Organisationen kann die Koordinationsleitung nur dann erbracht werden, wenn sie über eine *Middle Line* in die Organisation hineingetragen wird. Die *Technostructure* ist ein Bereich der Organisation, in dem Standardisierungen für die Arbeitsprozesse erarbeitet werden. Der *Support Staff* schließlich umfasst Leistungen, die nicht in unmittelbarem Verhältnis zu den strategischen Zielen oder Leistungen einer Organisation stehen, aber im Sinne der Funktionsfähigkeit der Organisation erbracht werden müssen, wie z. B. die Personalverwaltung.

Die grafische Darstellung der Organisation mit diesem Konfigurationsschema erlaubt eine begrifflich und konzeptionell sehr gut gerahmte Diagnose über die Funktionsfähigkeit von Koordinationsleistungen in einer Organisation. In den Grafiken kann der Grad der Entwicklung einzelner Einheiten einer Organisation Berücksichtigung finden: Konkrete Kommunikationswege, personale Stellenstrukturen und Einflussbeziehungen zwischen Mitgliedern einer Organisation lassen sich in die Organisationskonfiguration einzeichnen. Sie geben ein auf die Fragestellung nach dem Zustand einer Organisation hin angepasstes Bild, an dem sich vielfältige Aspekte des Designs einer Organisation beurteilen und diskutieren lassen. So kann die Organisationskonfiguration beispielsweise eine Grundlage für die Behandlung vielfältiger Fragen zur Struktur bieten, von denen die folgenden nur eine kleine Auswahl stellen:

- Nehmen die Organisationsmitglieder die ihren Verantwortungsbereichen zugeschriebenen Aufgaben angemessen wahr, und nutzen sie die ihnen zur Verfügung stehenden Koordinationsmechanismen effektiv?
- Können die unterschiedlichen Koordinationsmechanismen untereinander ungestört zur Wirkung kommen oder schränken sie sich wechselseitig ein?
- Sind Teilaufgaben einer Organisation mit den Koordinationsmechanismen verbunden, die ihnen angemessen sind?
- Sind informelle Netzwerke in einer Organisation hinderlich oder förderlich für das Funktionieren der Koordinationsmechanismen?

1.4.2 Verfahren zur personenbezogenen Organisationsdiagnose

Neben der strukturellen Ordnung einer Organisation ist ihr Zustand auch abhängig von den Eigenschaften ihrer Mitglieder. Die Ausübung einer *Mitgliedschaftsrolle* ist eine voraussetzungsvolle Angelegenheit, die neben einer generellen Motivation in den meisten Fällen auch spezifische Kompetenzen verlangt. Beides ist Gegenstand unterschiedlicher Verfahren der *Organisationsdiagnose*, mit denen Aussagen über Zustände der Mitglieder einer Organisation – sei es im Einzelfall oder in der Gesamtheit – getroffen werden können. Generell werden in der Organisationsdiagnose Information von den Mitgliedern selbst erhoben, wobei zwischen standardisierten und nicht-standardisierten Verfahren der Datenerhebung und Auswertung unterschieden werden kann.

Standardisierte Verfahren werden im Regelfall dann eingesetzt, wenn Aussagen über eine größere Gruppe von Mitgliedern getroffen werden sollen und die Angaben einer einzelnen Person nicht im Vordergrund stehen. Hierzu stehen eine Vielzahl sogenannter Skalen zur Verfügung, die in Fragebögen eingesetzt werden können und statistisch auswertbare Daten über die Ausprägung bestimmter organisationsrelevanter Merkmale liefern. Grundsätzlich werden die Merkmale klassifiziert in Bedingungen der Beteiligung an einer Organisation, das Erleben und das Verhalten in einer Organisation (vgl. Felfe/Liepmann 2008). Zu den relevanten Themen zählen die Gestaltung von Kommunikationsbeziehungen in Organisationen – insbesondere auch unter den Aspekten der Kooperation und der Führung, die Arbeitszufriedenheit und das Stresserleben, die Möglichkeiten zur Übernahme von Verantwortung und zur kreativen Leistung. Tendenziell sind die auf Mitarbeiter bezogenen Fragestellungen, die mit standardisierten Skalen erfasst werden können, unabschließbar. Der Einsatz von Skalen sichert – sofern sie statistisch gesehen brauchbar sind – die Vergleichbarkeit von Ergebnissen aus verschiedenen Befragungen.

Nicht-standardisierte Verfahren kommen mehrheitlich dann zum Einsatz, wenn die Eigenschaften einzelner Organisationsmitglieder Gegenstand von Organisationsdiagnosen sind. Ein prominentes Einsatzgebiet sind *Potenzialanalysen*, in denen die vorhandene Qualifikation oder die qualifikatorischen Entwicklungsmöglichkeiten einer Person festgestellt werden sollen. Die grundlegende Maxime entsprechender Verfahren lautet: Die untersuchte Person wird als Expertin oder Experte ihrer eigenen Kompetenz als Informationsquelle genutzt. Beispielhaft umgesetzt ist diese Ausrichtung in der sogenannten *Critical Incident Technique* (vgl. grundlegend Flanagan 1954). Im Kern dieses Verfahrens stehen Interviews, mit denen Mitglieder einer Organisation in Interviews dazu befragt werden, wie sie Situationen wahrgenommen haben, in denen sie oder auch andere Mitglieder vor besonders schwierigen oder anspruchsvollen – eben kritischen – Aufgaben gestanden haben. Das Interview ist in der Führung so angelegt, dass zunächst eine detaillierte Situationsschilderung erfolgt, aus der hervorgehen sollte, worin genau die Aufgabe bestand und welche Schritte zu ihrer Bewältigung vollzogen wurden. Von dieser Situationsbeschreibung ausgehend, wird in einem anschließenden Teil des Interviews erkundet, welche Verantwortung die Person sich oder anderen für die Bewältigung der Aufgabe oder auch für das Scheitern an der Aufgabe zuschreibt. Aus diesen Schilderungen werden Rückschlüsse über die Kompetenzen einer Person gezogen. Das Verfahren ist in vielfachen Anwendungen fortentwickelt worden und muss sehr situations- und kontextspezifisch gehandhabt werden. Es hat seine Stärken außer in der Potenzialanalyse auch im Rahmen professioneller Lerngemeinschaften und in der strukturierten Kommunikation von Feedback zwischen Experten.

Die hier skizzenhaft umrissenen Ansätze zur Feststellung von Zuständen einer Organisation benötigen in der Anwendung viel Erfahrung und sollten gerade deshalb couragiert angewendet werden, damit die Erfahrung mit der Anwendung wächst.

Literatur

Felfe, J./Liepmann, D. (2008): Organisationsdiagnostik. Göttingen: Hogrefe.

Flanagan, J. C. (1954): The critical incident technique. In: Psychological Bulletin, 51. Jg., H. 4, S. 327–359.

Kieser, A./Walgenbach, P. (2010): Organisation. Stuttgart: Schäffer-Poeschel.

Luhmann, N. (1964): Funktion und Folgen formaler Organisation. Berlin: Duncker & Humblot.

Luhmann, N. (2000): Organisation und Entscheidung. Opladen: Westdeutscher Verlag.

Mintzberg, H. (1983): Designing effective organizations. Englewood Cliffs (NJ): Prentice Hall.

1.5 Umrisse einer integrativen Theorie des Organisationslernens

Harald Geißler

Wenn wir über *Organisationslernen* nachdenken, denken wir über etwas nach, was wir als *Organisation* bezeichnen, und verbinden dieses mit etwas, was wir als *Lernen* bezeichnen. Dabei müssen wir uns darüber im Klaren sein, dass wir das, was wir als Lernen bzw. als Organisation bezeichnen, nicht aus der Wirklichkeit ableiten können, weil weder das, was wir als Lernen bezeichnen, noch das, was für uns eine Organisation ist, direkt beobachtbar, sondern eine *Realitätszuschreibung* ist. Das bedeutet: Wir haben eine bestimmte Vorstellung, was Lernen bzw. eine Organisation ist, beobachten auf dieser Grundlage die Realität bzw. nehmen bestimmte Realitätsphänomene wahr, interpretieren diese mithilfe unserer Vorstellung, die wir über Lernen bzw. Organisationen haben, und kommen zu der Aussage, dass das, was wir gerade beobachten, eine Praxis ist, die wir als Lernen, als Organisation oder als Organisationslernen bezeichnen können. Zu dieser ersten grundlegenden Erkenntnis kommt noch eine zweite hinzu: Denn die persönlichen Vorstellungen, mit denen wir die Realität deuten und ihr bestimmte Merkmale und Eigenschaften zuschreiben, sind immer eingebettet in *kollektiv-kulturelle ideengeschichtliche Vorstellungen*.

Blickt man in diesem Sinne auf den Diskurs über Organisationslernen, fällt zum einen die große Pluralität und zum anderen die Tatsache auf, dass die verschiedenen konzeptionellen Vorstellungen insgesamt nur sehr wenig miteinander verbunden sind (siehe z. B. Dierkes et al. 2001). Der Anspruch dieses Beitrags ist es deshalb, mit Blick auf die Pluralität der vorliegenden Vorstellungen über Organisationslernen drei Idealtypen, nämlich den behavioristischen, den kognitionspsychologischen und den bildungstheoretisch-organisationsethischen Ansatz zu rekonstruieren und diese drei idealtypischen Vorstellungen als die drei Aspekte bzw. Seiten auszuweisen, die Organisationslernen als Ganzes konzeptionell definieren. In diesem Sinne hat Organisationslernen drei Ansprüche zu erfüllen (vgl. Geißler 2000):

- Organisationslernen muss, dem organisationstheoretischen ›Market-based Approach‹ folgend, durch *›operatives Anpassungslernen‹* sicherstellen, dass die Organisation den Ansprüchen des Marktes hinreichend Rechnung trägt. Das entscheidende Mittel und Medium hierfür sind die rechtlich gestützten formalen und organisationskulturell verankerten informellen Organisationsstrukturen und ihre Entwicklung sowie behavioristisch zu reflektierendes Erfahrungslernen.

- So berechtigt es ist, Organisationslernen an den Ansprüchen des Marktes zu orientieren, so schwierig ist dies, weil die Zukunft des Marktes nur unsicher vorhersehbar ist. Aus diesem Grunde muss Organisationslernen sich zusätzlich auch am organisationstheoretischen ›Resource-based Approach‹ orientieren und durch *›strategisches Erschließungslernen‹* Optionen für die Bewertung und Weiterentwicklung der formalen und informellen Organisationsstrukturen entwickeln. Das entscheidende Mittel und Medium hierbei sind das Wissen und Können der Organisationsmitglieder und seine Weiterentwicklung.
- Der dritte Aspekt, der für Organisationslernen konstitutiv ist, bezieht sich auf die Frage, wie es gelingen kann, ethisch gerechtfertigt die Motivation der Organisationsmitglieder für Organisationslernen zu gewinnen. Diese Frage lenkt den Blick auf die erziehungswissenschaftliche Bildungstheorie, die die Praxis des Lernens ethisch reflektiert und anleitet und die konzeptionelle Begründung eines *›normativen Identitätslernens‹* ermöglicht, auf die Überprüfung und Entwicklung der organisationalen Motivationsbasis zielt und dem operativen Anpassungslernen und strategischen Erschließungslernen eine organisationsethisch begründete normative Ausrichtung zu geben vermag.

1.5.1 Organisationslernen als evolutionär erfahrungsbasierte Entwicklung der formalen und informellen Organisationsstrukturen

Ein erster Zugang zum Organisationslernen wird durch die Lernpsychologie des *Behaviorismus* geprägt. Er orientiert sich an der naturwissenschaftlichen Forschung des späten 19. und frühen 20. Jahrhunderts und thematisiert Lernen – wie der Name Behaviorismus schon andeutet – ausschließlich mit Bezug auf beobachtbare *Verhaltensänderungen psychischer Systeme im Umgang mit ihrem Umfeld* (vgl. Zimbardo/Gerrig 2004, S. 244 ff.). Dabei wird davon ausgegangen, dass es nicht möglich und deshalb auch nicht sinnvoll ist, Aussagen über die dem Verhalten zugrunde liegenden intrapsychischen Prozesse zu machen. Die psychischen Systeme werden deshalb als Black Box betrachtet. Diese Verhaltensänderung kann dem Muster der klassischen Konditionierung oder demjenigen der operanten Konditionierung folgen.

Lernen im Sinne der *klassischen Konditionierung* ist der Reflex einer Aufgabe, die sich jedem psychischen System stellt, nämlich auf die vorliegenden Bedingungen seines Umfeldes so zu reagieren, dass wertvolle Chancen gut wahrgenommen werden bzw. dass es nicht zu ernsthaften Gefährdungen kommt. Veränderungen des Umfeldes lösen deshalb Verhaltensänderungen des psychischen Systems aus. Diese können im Einzelnen recht unterschiedlich sein: Denn diese Verhaltensänderung kann sich auf das Glockenzeichen beziehen, das dem Pavlow'schen Hund anzeigt, dass es jetzt Futter gibt, was bei dem Hund einen verstärkten Speichelfluss auslöst (vgl. Zimbardo/Gerrig 2004, S. 246 f). Die Verhaltensänderung kann aber auch darin bestehen, dass das Performance-Feedback, das ein Vorgesetzter seinem Mitarbeiter gibt, bei Letzterem psycho-somatische Stressreaktionen auslöst, die sich darin zeigen, dass er häufiger länger im Büro ist, was unter Umständen zur Folge haben kann, dass er häufiger stressbedingte Fehler macht.

Das *operante Konditionieren* hingegen bezieht sich auf eine andere Aufgabe, die sich jedem psychischen System stellt, nämlich die Aufgabe, zu beobachten, ob bzw. wie weitgehend die Folgen, die das eigene Verhalten im Umfeld bewirkt, den Absichten entspricht, die mit dem Verhalten ursprünglich intendiert waren (vgl. Zimbardo/Gerrig 2004, S. 261 ff.) Operantes Konditionieren wird deshalb auch als Lernen am Erfolg oder kurz als Erfahrungslernen bezeichnet. Dabei wird allerdings davon ausgegangen wird, dass das Umfeld des psychischen Systems dieses Lernen steuert. Zu denken ist dabei an den Dompteur, der durch den gezielten Einsatz von Belohnungen einen Tiger dazu veranlasst, durch einen brennenden Reifen zu springen. Bezogen auf Organisationen bedeutet das, dass sie das Verhalten ihrer Mitarbeitenden, also zum Beispiel ihrer Verkäufer gezielt dadurch steuern können, dass bei Erreichung bestimmter Verkaufszahlen ein finanzieller Bonus gezahlt wird.

Das zuletzt genannte Beispiel macht deutlich: Organisationen können das Verhalten ihrer Mitglieder im Sinne der klassischen und der operanten Konditionierung dadurch steuern, dass sie den Kontext der Mitarbeitenden gezielt gestalten. Besonders wichtig sind dabei die – weitgehend arbeitsrechtlich abgesicherten – *formalen Organisationsstrukturen*, die durch Arbeitsplatzbeschreibungen, Arbeitsablaufregelungen und Vereinbarungen des Leistungsentgelts bestimmt werden. Denn sie konditionieren – im klassischen und operanten Sinne – das Verhalten der Organisationsmitglieder und sind dabei selbst – wie March und Olsen (1976) zeigen – keineswegs das Produkt rationaler Managemententscheidungen, sondern weithin Ausdruck eines sich evolutionär vollziehenden, rational nicht gesteuerten behavioristischen Lernens, das man als »*operatives Anpassungslernen*« bezeichnen kann. Denn der auf dem behavioristischen Ansatz aufbauende evolutionstheoretische Ansatz des Organisationslernens (vgl. Miner et al. 2008) zeigt: Zumindest längerfristig sind nur diejenigen formalen Organisationsstrukturen praktisch wirksam, die in der Interaktion mit dem Organisationsumfeld sich als erfolgreich erweisen und im Innenverhältnis der Organisation von den Organisationsmitgliedern angenommen werden.

Dieser gerade vorgetragene Hinweis lenkt den Blick auf die *informellen Organisationsstrukturen.* Sie werden durch die Organisationskultur (Schein 1985) geprägt und äußern sich in bestimmten kollektiv geteilten Selbstverständlichkeiten bzw. Vorannahmen sowie Deutungs-, Verhaltens- und Interaktionsmustern der Organisationsmitglieder, die bestimmen, wie sie situationsspezifisch mit den formalen Organisationsstrukturen umgehen, d.h., unter welchen Bedingungen sie sie wie genau befolgen, mit welchen Methoden sie sie unterlaufen oder modifizieren und mit wie viel Akzeptanz oder Widerstand sie Veränderung der formalen Strukturen begegnen. Auch diese Strukturen sind das Ergebnis klassischer und operanter Konditionierungsprozesse.

Das entscheidende Merkmal behavioristischer Zugriffe auf Organisationslernen ist, dass es sich nicht aus dem Bewusstsein der Organisationsmitglieder ableitet. In diesem Sinne stellen Starbuck und Hedberg (2001) fest:

> *»Behavioral approaches explain as much behavior as possible without allowing for conscious thought, so learning arises from automatic reactions to performance feedback. Because it is learners' environments that generate this feedback, environments strongly influence what is learned. One advantage of behavioural approaches is that they can explain how effective learning can occur in spite of learners' perceptual errors.«* (Starbuck/Hedberg 2001, S. 327)

Mit diesem zuletzt genannten Hinweis ist gemeint: Auch wenn Organisationsmitglieder nur vage oder teilweise auch fehlerhafte Vorstellungen über ihr Organisationsumfeld haben, stellen die formalen und informellen Organisationsstrukturen sicher, dass sie die einigermaßen richtigen Entscheidungen treffen. Als Beleg hierfür verweisen Starbuck und Hedberg auf eine Fülle verschiedener Studien: So verglichen Lawrence und Lorsch (1967) zum Beispiel die Markteinschätzung, die durchaus erfolgreiche Manager mit Bezug auf den für ihr Unternehmen relevanten Markt vornehmen, mit entsprechenden wissenschaftlichen Marktanalysen und mussten feststellen, dass die Korrelation nahezu Null war.

Was aber ist, wenn Organisationen *bewusst* lernen wollen, d.h., wenn sie das *Wissen* der Organisationsmitglieder für gezielte Verbesserungen der formalen und informellen Organisationsstrukturen nutzen wollen? Diese Frage führt zu dem zweiten – dem kognitionspsychologischen – Ansatz des Organisationslernens.

1.5.2 Organisationslernen als bewusste Entwicklung der organisationalen Wissens- bzw. Kompetenzbasis

Die größte Schwäche der behavioristischen Lerndefinition ist nach Auffassung der Kognitionspsychologen, dass mit ihr plötzliche tief greifende Änderungen im Verhalten von Individuen – und Organisationen –, die nicht auf Umweltstimuli zurückgeführt werden können, nicht erklärt werden können. Sie räumen dem

Lerner deshalb größere Freiheitsmöglichkeiten bei der Steuerung seines Lernens ein und schlagen vor, *Lernen als Anreicherung bzw. Umstrukturierung vorliegender Wissensbestände und -strukturen* zu konzipieren. Die Aufmerksamkeit richtet sich damit nicht mehr auf das Verhalten, sondern auf die kognitiven Prozesse und deren Ergebnisse. Besonders wichtig ist dabei das Gedächtnis mit seinen Inhalten, d. h. vor allem die kognitiven Landkarten (Cognitive Maps) als Grundlage für die Wirklichkeitswahrnehmung und Interpretation sowie das darauf aufbauende Handeln.

Kognitionspsychologische Lerntheorien gehen der Frage nach, wie man Lernkontexte optimal strukturieren kann, um Lernenden Wissen zu vermitteln. Unter dieser Frage richten sie ihr Interesse vor allem auf das *Gedächtnis* und thematisieren Lernen mit Bezug auf drei Fragen, nämlich wie Lernende Erfahrungen als Informationen in ihr Gedächtnis *aufnehmen* (encode), wie sie sie dort *speichern* (store) und wie sie sie bei Bedarf *aufsuchen und nutzen* (retrieve) (vgl. Slavin 2000).

Besonders erwähnenswert ist dabei das *konnektionistische Gedächtnismodell.* Sein Grundgedanke ist, dass sich im Prozess des Lernens mentale Knotenpunkte entwickeln, die verschiedene Wissenselemente und -bereiche miteinander verbinden. Nach diesem Modell sind deklaratives und prozedurales Wissen durch Verbindungen zwischen den einzelnen Elementen verknüpft (vgl. Smolensky 1999). Es wird davon ausgegangen, dass interkonnektionistisch parallele simultan stattfindende Prozesse erfolgen. Auf diese Weise entsteht ein *hierarchisch strukturiertes Netzwerk* mit hierarchisch über- und untergeordneten Knotenpunkten, dessen Struktur Ähnlichkeiten mit der Struktur von Computern hat. Entscheidend sind dabei die Verbindungen zwischen den Knotenpunkten und nicht so sehr der jeweilige Inhalt der Knotenpunkte.

> *»In connectionist models the key to knowledge representation lies in the connections among nodes, not in the nodes themselves. Activation of one node may prompt activation of another, connected node, a phenomenon called spreading activation. Thus activation spreads simultaneously across many interconnections in the network. Our useful knowledge resides in the connections among nodes.«*
>
> (Sternberg/Williams 2002, S. 282)

Insgesamt haben kognitive Lerntheorien den Diskurs über Organisationslernen stark beeinflusst. Denn es fällt leicht, das Konzept des Gedächtnisses und der intrapsychischen Wissensstrukturen auf dasjenige intraorganisationaler Wissensstrukturen zu übertragen (siehe z. B. Lehner 2000). Wegweisend war dabei der Vorschlag von Duncan und Weiss (1979), organisationales Wissen als dasjenige Wissen der Organisationsmitglieder auszuweisen, das drei Eigenschaften hat: Es ist ein Wissen, das erstens zwischen den Organisationsmitgliedern kommuniziert wird, zweitens auf der Basis von Konsens in die kognitiven Netze der Einzelnen integrierbar ist und drittens genutzt wird, um Aufgaben der Organisation zu bewältigen.

Dieser Anregung folgend, haben Probst et al. (1997) Organisationslernen als *Wissensmanagement* entfaltet und ein Modell entwickelt, das aus einem äußeren und einem inneren Steuerungskreislauf besteht. Der äußere Steuerungskreislauf besteht aus zwei wechselseitig aufeinander bezogenen Operationen, nämlich aus der Identifizierung von strategischen und operativen Wissenszielen und aus der Wissensbewertung bzw. Bewertung der Steuerung dieses Wissens. Diese erfolgt im Rahmen eines inneren Steuerungskreises mit Bezug auf folgende sechs Einzelaktivitäten:

- *Identifikation des* in der Organisation an verschiedenen Stellen (d.h. Personen, Gruppen, Dokumenten u. Ä.) *vorliegenden Wissens* mit dem Ziel der Erstellung organisationaler Wissenslandkarten
- *Wissenserwerb,* d.h. Erwerb von Wissen anderer Firmen, von Stakeholder-Wissen, von Wissen externer Wissensträger (z.B. durch Rekrutierung von Spezialisten) und Erwerb von Wissensprodukten (wie z.B. Software, Patenten u.a.m.)
- *Wissensentwicklung* z.B. durch die selbstkritische Auswertung von Projekten
- eine mit Blick auf die unterschiedlichen Zielgruppen bedarfsgerechte *Wissensteilung und -verteilung,* bei der die modernen Medien – auch im Rahmen von Trainings und Workshops – eine zunehmend wichtige Rolle spielen
- *Wissensnutzung,* die ebenfalls heute nicht mehr ohne die Hilfe der modernen Medien sinnvoll gemanagt werden kann
- *Wissensbewahrung*

Das zweite Modell des Organisationslernens, das in diesem Abschnitt etwas detaillierter vorgestellt werden soll, wurde von Nonaka und Takeuchi (1997) entwickelt. Denn es zeigt auf, wie sich der kognitionspsychologische Ansatz des Organisationslernens mit dem behavioristisch-evolutionären Ansatz verbinden lässt.

Grundlage hierfür ist die Erweiterung des Wissensbegriffs, indem zwei Wissensformen unterschieden werden, nämlich *implizites und explizites Wissen,* also Wissen, das explizit in Worte und Sätze oder auch Abbildungen gefasst und entsprechend kommuniziert werden kann, und Wissen, das nicht explizit kommuniziert wird und sich nur indirekt zeigt, nämlich im Handeln und Erleben der Einzelnen. Diese beiden Formen des Wissens lassen sich auch mit dem Begriff der *Kompetenz* abbilden.

Mit Bezug auf die Unterscheidung in explizites und implizites Wissen wird der Gedanke einer *doppelten Wissens- bzw. Kompetenztransformation* möglich. Denn implizites Wissen, d. h. praktisches Können, lässt sich durch *Externalisation* in explizites Wissen transformieren und explizites Wissen durch *Internalisation* in praktisches Können. Zu diesen beiden Transformationen kommen noch zwei weitere Prozesse hinzu, nämlich die *Sozialisation*, d. h. die unbewusste bzw. vorbewusste Weiterentwicklung praktischen Könnens durch praktisches Handeln und Erfahrung, und die *Kombination*, d. h. die Weiterentwicklung expliziten Wissens durch explizite Wissensvermittlung und intentionale Wissensaneignung.

Organisationslernen vollzieht sich damit in einem Kreislauf, der aus folgenden vier Segmenten besteht:

- Als Ausgangspunkt des Modells soll hier die *Sozialisation* gewählt werden, d. h. das behavioristisch erklärbare Erfahrungslernen am Arbeitsplatz, indem der Einzelne andere bei ihren Tätigkeiten beobachtet und imitiert und auf diese Weise sich an die formalen und informellen Organisationsstrukturen – mit allen ihren Stärken und Schwächen – anpasst.
- Diese Schwächen können erkannt werden, wenn problematisches implizites Wissen *externalisiert* wird. Aber auch wenn diese Schwächen weniger stark ausgeprägt sind, ist es sinnvoll, implizites Wissen in explizites Wissen umzuwandeln, erstens, um es anderen verfügbar zu machen, zweitens, um neue innovative Verbindungen im Bereich des impliziten Wissens anzuregen und drittens, um den nächsten Schritt vorzubereiten, nämlich denjenigen der
- *Kombination* expliziten Wissens. Dies ist ein Prozess der systematischen Weitergabe expliziten Wissens zum Beispiel im Rahmen von Managementinformationssystemen oder auch betrieblichen Schulungen und Trainings. – An dieser Stelle bietet es sich an, auf das von Probst et al. (1997) entwickelte Modell des Wissensmanagements zurückzugreifen.
- Der letzte Schritt in diesem Kreislaufprozess schließlich ist die *Internalisierung*, d. h. die Umwandlung expliziten Wissens in implizites Wissen dadurch, dass neue Erkenntnisse in Handlungen umgesetzt und so erprobt werden.

Zusammenfassend wird damit deutlich: Mithilfe der von Probst et al. sowie Nonaka und Takeuchi entwickelten Modelle des Organisationslernens wird es möglich, Optionen zum einen für die reflektierte Überprüfung der Qualität der vorliegenden formalen und informellen Organisationsstrukturen und zum anderen für ihre Weiterentwicklung zu entwerfen. Diese Form des Organisationslernens nenne ich *strategisches Erschließungslernen*. In diesem Sinne kann die entscheidende Schwäche des sich am Behaviorismus orientierenden ›operativen Anpassungslernens‹ durch die Kognitionspsychologie des ›strategischen Erschließungslernens‹ kompensiert werden. Das aber heißt nicht, dass Letzteres Ersterem in jeder Hinsicht überlegen ist, sodass man behavioristische Theorien des Organisationslernens als obsolet erklären kann. Denn – wie im letzten Abschnitt betont – kognitionspsychologische Theorien des Organisationslernens können nicht erklären, warum Organisationen auch dann gut funktionieren und erfolgreich sind, wenn das Wissen wichtiger organisationaler Entscheider offensichtlich defizitär ist.

Zu dieser Schwäche kommt noch eine zweite hinzu. Denn kognitionspsychologische Theorien des Organisationslernens können nicht die Frage beantworten, wie der Prozess und die Ergebnisse strategischen Erschließungslernens ethisch zu bewerten sind.

Diese Frage führt zum dritten – dem bildungstheoretisch-organisationsethischen – Ansatz des Organisationslernens.

1.5.3 Organisationslernen als bildungstheoretisch-organisationsethisch reflektierte Überprüfung und Entwicklung der organisationalen Motivationsbasis

Die ethische Dimension individuellen Lernens ist – im Gegensatz zum psychologischen Diskurs – für den erziehungswissenschaftlichen Diskurs traditionell grundlegend. Seine Wurzeln liegen in der geistesgeschichtlichen Epoche der Aufklärung und der sie leitenden Frage, wie es möglich ist, eine humanere Gesellschaft zu entwickeln. Diese Frage lenkte den Blick der Aufklärungsphilosophen auf die Natur des Menschen und die Erkenntnis, dass diese sozusagen aus zwei Schichten besteht, wobei die äußere Schicht sich auf die – behavioristisch erklärbare – gesellschaftliche Prägung bezieht und die darunter liegende Schicht sich dadurch auszeichnet, dass die Bestimmung des Menschen nicht determiniert ist wie bei einem Tier oder einer Pflanze, sondern dass er *sich in Freiheit selbst bestimmen kann und muss* (vgl. Benner 1991, S. 86).

Voraussetzung dafür ist jedoch zweierlei, nämlich erstens, dass der Einzelne seine Freiheitsmöglichkeiten wahrnimmt, und zweitens, dass er die Freiheitsmöglichkeiten der anderen anerkennt und gemeinsam mit ihnen sich auf den Weg zu einer humanen Gesellschaft macht. Das dabei leitende ethische Prinzip ist der von Kant formulierte *kategorische Imperativ*, den anderen niemals als Mittel für die Verfolgung eigener Ziele zu benutzen, sondern den anderen immer als letztlichen Zweck zu betrachten, d. h., mit ihm so umzugehen, dass die dabei zur Geltung gebrachten Prinzipien zur Grundlage eines allgemeinen Sittengesetzes werden können, also ethische Allgemeingültigkeit beanspruchen können (vgl. Benner 1991, S. 95 ff.).

Diese Verschränkung der eigenen Freiheits- und Selbstbestimmungsmöglichkeiten mit denjenigen der anderen hat zu zwei wesentlichen Erkenntnissen geführt. Die erste besteht darin, dass die normative Ausrichtung, an der sich zum einen das Lernen der Einzelnen und zum anderen das Management von Organisationen zu orientieren hat, nicht material bestimmt werden kann, sondern *prozedural* im *herrschaftsfreien Diskurs* aller Beteiligten und Betroffenen entwickelt werden muss (vgl. Apel 1988; Habermas 1991). Die darauf aufbauende zweite Erkenntnis ist, dass der herrschaftsfreie Diskurs eine kontrafaktische Idee ist und dass die Frage, wie es möglich ist, dass sich Gemeinschaften bzw. Organisationen in Richtung auf diese Idee entwickeln, den Blick auf die Praxis eines *Lernens* lenkt, das auf die Idee der *Bildung* ausgerichtet sein muss. Diese Idee zeichnet sich durch zwei Prinzipien aus, nämlich durch die Vorannahme, dass jeder Mensch *bildsam* ist, d. h., sich durch selbstbestimmtes Lernen entwickeln und entfalten kann, und zum anderen durch das Gebot, andere zu einem solchen Lernen durch die *Aufforderung zur Selbsttätigkeit* systematisch anzuregen und zu fördern (vgl. Benner 1991).

Diese beiden Erkenntnisse verbinden sich in dem von Argyris und Schön (1978) entwickelten Modell des »*double-loop learning*«. Es bezieht sich auf einen *problemlösenden Lerndialog*, der auf der Suspendierung asymmetrischer Machtausübung beruht und auf die problemlösende Potenzialentfaltung des Einzelnen und der Gemeinschaft, in die er eingebunden ist, zielt (siehe auch Geißler 1995, S. 76 ff.). Die zentralen Merkmale dieses Lerndialogs sind für Argyris und Schön (1978, S. 137) »valid information, free and informed choice, and internal commitment to the choice and constant monitoring of the implementation«. In diesem Sinne stellen sie für »double-loop learning« vier Kommunikationsforderungen auf, nämlich:

> *»Design situations or encounters where participants can be origins and experience high personal causation«*
> *»Task is controlled jointly.«*
> *»Protection of self is a joint enterprise and oriented toward growth.«*
> *»Bilateral protection of others.«* (Argyris/Schön 1978, S. 137)

Diese Merkmale weisen double-loop learning als ein Kommunikationsformat aus, das man als *wechselseitiges Coaching* bezeichnen kann. Denn es beschreibt einen Prozess, bei dem die Kommunikationspartner situationsspezifisch wechselseitig zwei komplementäre Rollen wahrnehmen, nämlich zum einen die Rolle des *Coachs*, der die anderen bei ihrer Problembearbeitung unterstützt, und zum anderen die Rolle des *Klienten*, der sich von den anderen beraten und unterstützen lässt.

Dieses Modell eines wechselseitigen Coachings ist konzeptionell auf die kontrafaktische Idee des herrschaftsfreien Diskurses ausgerichtet. Im Gegensatz zu der zum Beispiel von Peter Ulrich (1986) begründeten Organisationsethik setzt es diesen für organisationsethisches Handeln aber nicht voraus, sondern weist pragmatisch den Weg, wie organisationale Problemlösungsgemeinschaften sich – durch ›*normatives Identitätslernen*‹ – dem Ideal des herrschaftsfreien Diskurses annähern können und wie auf diese Weise Organisationslernen nicht nur konzeptionell, sondern auch pragmatisch begründet werden kann.

Soviel zur konzeptionellen Begründung normativen Identitätslernens. An welchen empirisch überprüfbaren Merkmalen aber ist eine solche Praxis zu erkennen?

Diese Frage lässt sich im Rückgriff auf empirische Arbeiten zur Erfassung und Analyse von Coaching-Prozessen beantworten. Mit Bezug auf sie wird es möglich, für »double-loop learning« bzw. wechselseitiges Coaching ein »Phantombild« zu rekonstruieren, dessen zentrales Merkmal wechselseitig tief greifende *Wertschätzung* und *Achtsamkeit* ist (vgl. Cavanagh/Spence 2013). Diese zeigt sich im Einzelnen in Folgendem (vgl. Geißler 2009):

- Die Kommunikationspartner wechseln situationssensibel zwischen einem Kommunikationsverhalten, das zum einen bestimmt wird durch Fragen und inhaltlich strukturierende Zusammenfassungen des Gehörten und zum anderen dadurch, dass die gestellten Fragen dadurch beantwortet werden, dass die Kommunikationsteilnehmer fallspezifisches Wissen liefern und sich durch Selbstoffenbarungen persönlich zu erkennen geben.
- Die Kommunikationspartner achten darauf, Analysen, d. h. Erklärungen und Deutungen, hinreichend mit Bezug auf Einzelfakten und -phänomene zu begründen und Bewertungen sowie Handlungsempfehlungen nachvollziehbar aus vorgelegten Analyseergebnissen abzuleiten.
- Jeder Kommunikationspartner thematisiert seine Kommunikationsbeiträge nicht nur von seinem eigenen Betrachtungsstandpunkt aus, sondern auch von den Standpunkten der anderen Kommunikationspartner sowie nicht anwesender Dritter.
- Um der Tatsache gerecht zu werden, dass persönliche Sichtweisen sich im Laufe der Zeit oft verändern, thematisieren die Kommunikationspartner ihre Beiträge nicht nur vom zeitlichen Standpunkt der Gegenwart aus, sondern auch von einem in der Vergangenheit oder der Zukunft liegenden Standpunkt.
- Die Inhalte, die die Kommunikationspartner thematisieren, beziehen sich zum einen auf die Aufgabe bzw. Problematik, die sich ihnen stellt, und zum anderen metakommunikativ auf ihre eigene Kommunikationspraxis.
- In diesem Rahmen thematisieren die Kommunikationspartner vorrangig sich selbst und nicht andere als verantwortliches Handlungssubjekt.

- Sie achten darauf, in angemessener Weise ihre Ziele, die dabei zu beachtenden äußeren und internen Handlungsbedingungen, die zielführenden Handlungen bzw. Entscheidungen ebenso zu thematisieren wie deren zu erwartende Folgen.
- Und das, was sie besprechen, beziehen sie problemlösungsbezogen vorrangig auf das, was mit Blick auf die Vergangenheit, Gegenwart und Zukunft sowie mit Bezug auf Faktisches und auf Mögliches als positiv zu bewerten ist.

Dieses ›Phantombild‹ und der hinter ihm stehende konzeptionelle Begründungszusammenhang machen deutlich, dass die Methode des wechselseitigen Coachens von Organisationsmitgliedern in gemeinsamen Problemlösungsprozessen etwas Spezifisches im Blick hat, nämlich die für ›operatives Anpassungslernen‹ und ›strategisches Erschließungslernen‹ notwendige bildungstheoretisch begründete Ansprache und Entwicklung der Motivation des Einzelnen und der Gemeinschaft, in die er eingebunden ist. Mit anderen Worten: *Normatives Identitätslernen* zielt auf die bildungstheoretisch-organisationsethisch überprüfte Entwicklung der organisationalen Motivationsbasis für operatives Anpassungslernen und strategisches Erschließungslernen.

1.5.4 Zusammenfassung und Ausblick

Die Überlegungen dieses Beitrags haben zu der Erkenntnis geführt, dass sich drei idealtypische Zugänge zum Organisationslernen rekonstruieren lassen und dass diese grundsätzlich gleichwertig sind und sich gegenseitig ergänzen.

Ein erster – behavioristisch begründeter – Zugriff auf Organisationslernen bietet sich mit Verweis auf die Tatsache an, dass Organisationen komplexe Gebilde in komplexen Umwelten sind, die sich nur wenig rational steuern lassen und sich deshalb im Wesentlichen evolutionär entwickeln. Diese Ausgangssituation lenkt den Blick auf die formalen und informellen Organisationsstrukturen und ihre Entwicklung durch ›operatives Anpassungslernen‹. Will man dieses bewusst steuern, indem man das Wissen der Organisationsmitglieder gezielt nutzt und entwickelt, muss man sich für kognitionspsychologische Ansätze öffnen und operationales Anpassungslernen durch ›strategisches Erschließungslernen‹ ergänzen. In seinem Mittelpunkt steht die Überprüfung und Entwicklung der Wissens- bzw. Kompetenzbasis der Organisation. Diese kann operatives Anpassungslernen allerdings nur ergänzen und anreichern, nicht aber ersetzen. Und schließlich ist noch eine dritte Form des Organisationslernens notwendig, nämlich das ›normative Identitätslernen‹. Seine Leistung besteht darin, die für jede Managementpraxis und insbesondere für operatives Anpassungslernen und strategisches Erschließungslernen essenziell notwendige organisationale Motivationsbasis ethisch zu reflektieren und bildungstheoretisch begründet zu pflegen und weiterzuentwickeln.

Zusammenfassend kann man deshalb sagen: Organisationslernen muss als Einheit und Differenz von operativem Anpassungslernen, strategischem Erschließungslernen und normativem Identitätslernen konzipiert und praktiziert werden. Diese Erkenntnis wurde in diesem Beitrag im Wesentlichen mit *konzeptionellen* Argumenten begründet. Für eine *evidenzbasierte* integrative Theorie des Organisationslernens hingegen konnten nur erste Hinweise vorgetragen werden, indem, ausgehend von empirischen Arbeiten zur Erfassung und Analyse von Coaching-Prozessen, ein ›Phantombild‹ der Kommunikation rekonstruiert wurde, die für normatives Identitätslernen zentral ist.

Es bleibt deshalb eine Aufgabe zukünftiger Arbeiten, zu klären, wie und wie weitgehend sich dieses Phantombild in unterschiedlichen organisationalen Aufgaben- und Interaktionsfeldern empirisch nachweisen lässt.

Literatur

Apel, K.-O. (1988): Diskurs und Verantwortung. Frankfurt a. M.: Suhrkamp.

Argyris, C./Schön, D. A. (1978): Organizational learning: a theory of action perspective. Reading (MA): Addison-Wesley.

Benner, D. (1991): Allgemeine Pädagogik. 2. Aufl., Weinheim: Beltz.

Cavanagh, M. J./Spence, G. B. (2013): Mindfulness in coaching: philosophy, psychology or just a usefull skill? In: Passmore, J./Peterson, D. B./Freire, T. (Hrsg.): The Wiley-Blackwell handbook of the psychology of coaching and mentoring. New York: Wiley-Blackwell, S. 112–134.

Dierkes, M./Berthoin Antal, A./Child, J./Nonaka, J. (Hrsg.) (2001): Handbook of organizational learning & knowledge. Oxford: Oxford University Press.

Duncan, R./Weiss, A. (1979): Organizational learning: implications for organizational design. In: Research in Organizational Behavior, 1. Jg., S. 75–123.

Geißler, H. (1995): Grundlagen des Organisationslernens. 2. Aufl., Weinheim: Deutscher Studienverlag.

Geißler, H. (2000): Organisationspädagogik. München: Vahlen.

Geißler, H. (2009): Die inhaltsanalytische »Vermessung« von Coachingprozessen. In: Birgmeier, B. R. (Hrsg.): Coachingwissen. Wiesbaden: VS, S. 93–125.

Habermas, J. (1991): Erläuterungen zur Diskursethik. In: Ders.: Erläuterungen zur Diskursethik. Frankfurt a. M.: Suhrkamp, S. 119–226.

Lawrence, P. R./Lorsch, J. W. (1967): Organization and environment. Boston (MA): Harvard Business School, Division of Research.

Lehner, F. (2000): Organizational Memory. Konzepte und Systeme für das organisationale Lernen und das Wissensmanagement. München: Hanser.

March J. G./Olsen, J. P. (1976): Ambiguity and choice in organizations. Bergen: Universitetsforlaget.

Miner, A. S./Chiuchta, M. P./Gong, Y. (2008): Organizational routines and organizational learning. In: Becker, M. (Hrsg.): Handbook of organizational routines. Cheltenham: Edward Elgar, S. 152–186.

Nonaka, J./Takeuchi, H. (1997): Die Organisation des Wissens. Wie japanische Unternehmen eine brachliegende Ressource nutzbar machen. Frankfurt a. M.: Campus.

Probst, G./Raub, S./Romhardt, K. (1997): Wissen managen. Wiesbaden: Gabler.

Schein, E. (1985): Organizational culture and leadership. San Francisco (CA): Jossey-Bass.

Slavin, R. E. (2000): Educational psychology: theory and practice. 6. Aufl., Boston (MA): Pearson.

Smolensky, P. (1999): Grammar-based connectionist approaches to language. In: Cognitive Science, 23. Jg., H. 4, S. 589–613.

Starbuck, W. H./Hedberg, B. (2001): How organizations learn from success and failure. In: Dierkes, M./Berthoin Antal, A./Child, J./Nonaka, J. (Hrsg.): Handbook of organizational learning & knowledge. Oxford: Oxford University Press, S. 327–350.

Sternberg, R. J./Williams, W. M. (2002): Educational psychology. Boston (MA): Allyn and Bacon.

Ulrich, P. (1986): Transformation der ökonomischen Vernunft. Bern: Haupt.

Zimbardo, P. G./Gerrig, R. J. (2004): Psychologie. 16. aktualisierte Aufl., Hallbergmoos: Pearson Studium.

2 Was Veränderungen auslöst und wie sie gestaltet werden

Auf Veränderung ist Verlass. Sie begleitet das Leben jeder Organisation. Manchmal als Wandel des Umfeldes, der Kunden oder der Gesellschaft. Ein anderes Mal als Impuls aus der Innenwelt, durch eine neue Geschäftsführung oder eine sich wandelnde Organisationskultur. Der erste Schritt in der zukunftsorientierten Gestaltung der Organisation ist ein angemessenes Verständnis der Veränderungen, mit denen sich eine Organisation auseinanderzusetzen hat.

Angesichts einer sich tatsächlich immer radikaler wandelnden Welt, in der politische, technologische, soziale und viele andere Umfeldaspekte die Organisation herausfordern, ist es überlebenswichtig, diese Veränderungen in produktives strategisch motiviertes Handeln zu übersetzen. Dabei geht es heute nicht mehr nur um die immer wiederkehrende Anpassung der Organisation an sich verändernde Verhältnisse, sondern um das vorausschauende Mitgestalten der Veränderung.

Doris Wilhelmer beschreibt in ihrem Beitrag zur Corporate Foresight, wie Veränderungsimpulse aus dem Umfeld der Organisation so rechtzeitig identifiziert werden können, dass sie im strategischen Handeln umsetzbar werden. Dass das selten gelingt und Organisationen oft von externen Entwicklungen überrascht werden, ist Ausgangspunkt des Textes von Fabian Bahm, Eckard Minx und Heiko Roehl mit der Frage, warum Organisationen untergehen. Der wichtigste Grund für das Scheitern der Organisationen ist, Veränderungen nicht angemessen einzuschätzen und entsprechend beherzt zu reagieren.

Drohen besonders radikale Veränderungen im Umfeld der Organisation, dann können ganz unterschiedliche Bewältigungsstrategien der Organisation zum Tragen kommen. Torsten Bergt widmet seinen Beitrag der Frage eines produktiven Umgangs mit solchen Veränderungen. Schließlich hängt die Widerstands- und Anpassungsfähigkeit der Organisation auch davon ab, wie die Wirklichkeit wahrgenommen wird und welche Erwartungen das auslöst. Hans Geißlinger beschreibt die Entwicklung der Wahrnehmung von Wirklichkeit als einen wichtigen Beitrag zur Veränderung von Führungs- und Organisationskultur.

2.1 Corporate Foresight – Zukunft gemeinsam gestalten

Doris Wilhelmer

Die beste Art, Zukunft vorherzusagen ist, sie gemeinsam zu gestalten. Entscheidungsträger von Organisationen müssen sich einerseits der prinzipiellen Unplanbarkeit stellen und andererseits ihre Organisationen auf eine erfolgreiche Zukunft hin ausrichten. Der partizipative Corporate-Foresight-Prozess bietet einen neutralen Transformations- und Kreativitätsraum jenseits eindeutiger Zukunftsfestlegungen. In Ko-Kreation erleben und verstehen Stakeholder Wechselwirkungen des Gesamtsystems in neuartiger Weise und entscheiden die Umsetzung zukunftsorientierter Handlungsänderungen in ihren Arbeitskontexten weit bevor offizielle Entscheidungen für die Realisierung der Ergebnisse getroffen worden sind.

2.1.1 Problemstellung

Die großen Herausforderungen unserer Zeit können von einzelnen Organisationen nicht mehr bewältigt werden: Wie kann das ökologische System weltweit so stabilisiert werden, dass Umweltkatastrophen wieder besser ausbalancierbar werden? Wie kann die Lebensqualität[2] im europäischen Raum vor dem Hintergrund der geopolitischen Neuordnung und des demografischen Wandels erhalten bleiben? Die Auswirkungen des Klimawandels und die globalen Veränderungen der Wirtschafts-, Finanz-, Politik-, Sozial-, Gesundheits- und Bildungssysteme stellen neben technologischen Innovationen Entscheidungsträger vor immer komplexere Fragestellungen.

Achtzehn europäische und amerikanische Unternehmen[3] wurden in einer europäischen Studie 2003 (vgl. Becker 2002) zu aktuellen Herausforderungen befragt. Alle sehen – mit Blick auf die rasch fortschreitende Globalisierung.(vgl. ebd., S. 25) – ihr Umfeld als hoch dynamisch und Wettbewerbs–intensiv an. Sie erleben sich als von Innovation getrieben und geben an, dass Kostensenkungsprogramme für das Garantieren des eigenen Überlebens nicht mehr reichen. Entsprechend suchen sie mittelfristigen Erfolg im Entwickeln und Launchen innovativer und qualitativer Produkte im Premium Marktsegment.

---

2 Lebensqualität in Bezug auf Gesundheit, Wohnen, Arbeit, Lernen, Freizeit, Infrastruktur, öffentlichen Raum, Sicherheit.

3 Unternehmen aus der Automotive-, Energie-, Elektronik-, Telekommunikations-, IKT-, Chemie- und pharmazeutischen Industrie sowie den Sektoren Transport, Verbrauchsgüter, Banken und Versicherungen.

Unternehmen mit längeren Produktlebenszyklen (z. B. Automotive, Pharmazie, Chemie) brauchen Zukunftsvisionen und realitätsnahe Strategien, um Risiken wie z. B. hohe Entwicklungskosten in neue Technologien und Umstellungen von Produktionssystemen realistisch eingrenzen zu können. Innovationsführer der schnelllebigen IKT, Elektronik und Telekommunikationsbranchen hingegen brauchen vielfältige Bilder möglicher Zukünfte, um sich nicht von Innovationen des Wettbewerbs überraschen lassen zu müssen, sondern Innovationen selber treiben und damit ihre Technologieführerschaft am Markt halten bzw. ausbauen zu können.

Was alle Unternehmen gleichermaßen versuchen, ist, in ihrem hoch volatilen Umfeld einen intelligenten und proaktiven Umgang mit der prinzipiellen Unvorhersehbarkeit von Zukunft zu finden und dabei gleichzeitig konsequent die Bedürfnisse und sich rasch wandelnden Lebensbedingungen und -stile ihrer gegenwärtigen und künftigen Kunden einzubeziehen.

Das aber erfordert das Erweitern des Blickes von Technologie- und Markttrends hin zu sozialen, gesellschaftlichen, regionalen und ökologischen Veränderungen der nächsten Jahrzehnte. Technologie wird heute nicht mehr als ausschließlicher ›Treiber von Wandel‹ gesehen, sondern gilt selbst als ›Getriebene‹ aktueller, turbulenter Umwälzungen in allen Bereichen der Welt. Chesbrough (2003) und von Hippel (2005) charakterisieren diese neue Realität der Vernetzung von Wirtschaft, Politik, Wissenschaft, Non-Profit-Unternehmen etc. als »Open Innovation« und »User Innovation«: In den Grauzonen der Schnittstellen von Disziplinen, Sektoren und Gesellschaftssystemen entstehen Innovationsmilieus für Unternehmen abseits traditioneller Paradigmen und Regulationen.

2.1.2 Was verstehen wir unter Foresight?

Wichtig ist, ›Forecast‹ von ›Foresight‹ unterscheiden zu können: Forecasts bauen auf quantitativen Informationsquellen der letzten 10 bis 30 Jahre auf und extrapolieren Trends der Vergangenheit in die Zukunft. Forecasts wollen Zukunft vorhersagen.

Demgegenüber postuliert Peter F. Drucker (2003), der beste Weg, Zukunft vorherzuzusehen, wäre, diese aktiv zu gestalten. Entscheidungsträger von Organisationen müssen sich einerseits der prinzipiellen Unplanbarkeit stellen und andererseits ihre Organisationen auf eine erfolgreiche Zukunft hin ausrichten. Ein kluger Umgang mit dieser Paradoxie ist gefragt, und hier setzt der *Corporate Foresight* an, indem er Planungsnotwendigkeit und Unplanbarkeit in Balance hält:

Foresight-Prozesse ermöglichen das Entwickeln zukunftsorientierter Entscheidungen auf Basis vielfältiger Informationen und Perspektiven: »Methodische

Zugänge wie Visionen, Wild Cards, Szenarien, Roadmaps etc. erlauben es, die Balance zwischen Planungsnotwendigkeit und Unplanbarkeit von Prozess und Ergebnis im Fluss zu halten. Entscheidungen, die beides nicht integrieren, werden schnell von eben der Realität, die sie zu erfassen vorgeben, überholt« (Wilhelmer 2013, S. 2). Drei zentrale Elemente des Corporate Foresight helfen dabei beim ›bewussten Navigieren‹ durch das Ungewisse:

1. Zukunftsgestaltung statt Vorhersage
2. Einbindung und Mobilisierung wichtiger Stakeholder und Experten/-innen
3. langfristige Planungshorizonte

Im Corporate Foresight entsteht Zukunft in Ko-Kreation: Die Methoden des Corporate Foresight wecken das kreative Potenzial aller Beteiligten und schaffen im Prozess gemeinsame Orientierung. Die dabei entstehenden Bilder einer erstrebenswerten Zukunft dienen dem Entscheiden und Handeln in der Gegenwart und erhöhen für alle die Wahrscheinlichkeit einer besseren Zukunft.

Corporate Foresight ermöglicht Transformation und Aufbruchstimmung in Unternehmen: In Ko-Kreation erleben und verstehen Entscheidungsträger die Wechselwirkungen im Gesamtsystem und erarbeiten mit kreativen und analytischen Methoden eine gemeinsame Zukunftsausrichtung. Der kraftvolle Prozess mündet in die unmittelbare Umsetzung durch Einzelne, noch bevor das Topmanagement die Ergebnisse offiziell flächenweit kommunizieren konnte (vgl. Wilhelmer 2013, S. 3). Diese Umsetzungskraft treibt den zukunftsorientierten Wandel von innen heraus an.

Corporate Foresight hilft beim Überwinden von Macht- und Grabenkämpfen: Bei der gemeinsamen Reise in eine 25 bis 50 Jahre in der Zukunft liegende Situation sehen sich viele Entscheidungsträger mit der Begrenztheit ihrer eigenen beruflichen Laufbahn konfrontiert: Neue Akteure gestalten dann ›ihr‹ Unternehmen. Und gerade dieser Blickwinkel auf das Ausklingen des (Berufs-) Lebens und über den individuellen Tod hinaus, öffnet neue Perspektiven auf eine nachhaltige Entwicklung der eigenen Organisation in einer nachhaltigen Gesellschaft. Und dieser neue Blick ist es dann auch, der unmittelbar den aktuellen Erlebens- und Gestaltungsspielraum über aktuelle Aufgaben und Rollennotwendigkeiten hinaus erweitert und einen neuen Freiraum für zukunftsorientierte, mutige Lösungen schafft: Wer kennt nicht die beglückende Erfahrung, wie sich unser von den täglich zu lösenden Problemen eng gewordener Blick plötzlich zu weiten beginnt, das Herz für etwas zentral Wichtiges aufgeht und Ideen ›zu sprudeln‹ anfangen. In solchen Sternstunden kann die Welt wieder unbefangen und vorurteilslos betrachtet und gewissermaßen neu erschaffen werden – so als wäre ein alter Vorhang beiseite gezogen. Der Kopf wird frei, und auf der inneren Bühne wachsen Fantasie und Engagement (vgl. Wilhelmer 2013, S. 7).

Corporate Foresight macht Zukunftswissen aus Wissenschaft, Wirtschaft und Gesellschaft zugänglich: Corporate Foresight konzentriert und mobilisiert zukunftsrelevantes, ziel- und aufgabenbezogenes Wissen unterschiedlichster Disziplinen und Branchen in einem gemeinsamen Problemlösungsprozess und hilft Unternehmen dabei, angemessen und proaktiv mit Risiken umgehen zu können (vgl. Becker 2002, S. 7 f.).

2.1.3 Wozu Foresight?

Vergangenheit und Zukunft sind keine Realitäten sondern Konstruktionsprinzipien unserer Sprache: Wir Menschen können uns prinzipiell nur in der Gegenwart aufhalten. Alle Beschreibungen mit Blick auf Vergangenheit oder Zukunft konstruieren wir aus aktuellen Rollen und Kontexten heraus. In der Hirnforschung ist längst anerkannt, dass unser autobiografisches Gedächtnis in der Regel aus ›Fehlerinnerungen‹ besteht.

Menschen, Organisationen und Gesellschaften koordinieren sich über innere Bilder und das Erzählen tradierter Geschichten (Mythen, Publikationen etc.). Turbulente, gesellschaftliche Umbruchsituationen erhöhen die Ansprüche an Organisationen und brauchen kraftvolle innere Bilder, die bei Mitarbeitenden und Entscheidungsträgern Engagement, Eigenverantwortlichkeit und Zuversicht stärken. Noch vor strategischen Zielen eine gemeinsame *Vision* zu entwickeln, versucht laut Helmut Willke (1998) nicht, Linientreue herzustellen oder durch Gruppendruck eine Verhaltensänderung von außen zu erzwingen.

> *»Leitend ist vielmehr die Erkenntnis: Wenn eine echte Vision vorhanden ist, dann wachsen Menschen über sich selbst hinaus. Sie lernen dann aus eigenem Antrieb und nicht, weil man es ihnen aufträgt.«* (Wilhelmer 2013, S. 3)

Von dem Bild einer gemeinsam entwickelten, wünschenswerten Zukunft auf die aktuelle Gegenwart der Organisation zurückschauen zu können, ist Basis für ›Backwards‹-Szenarien, in die zukunftsrelevante Roadmaps und Aktionspläne eingebettet werden können. Wenn klar wird, was für alle relevanten Beteiligten und Entscheidungsträger eine wünschenswerte Zukunft ist, dann erschließen sich die notwendigen Handlungen wie von alleine und mobilisieren eine erhebliche Umsetzungsenergie.

Der zentrale Nutzen des Corporate Foresight ist, dass mit wenig Kraftaufwand radikale Veränderungen eingeschwungener mentaler Modelle und Handlungsmuster in der Organisation möglich werden.

2.1.4 Beispielhafte Methoden

Entscheidungsträger bekommen für das Navigieren durch Ungewissheit flexible Koordinationssysteme und einen Instrumentenkoffer in die Hand, um Zukunft NEU denken zu können. Für Ian Miles ist Foresight ein konzeptueller Rahmen für das Verknüpfen und Integrieren zukunftsorientierter Methoden zur Unterstützung informierter Entscheidungsfindungsprozesse (Miles 2008) in einem hochkomplexen Umfeld.

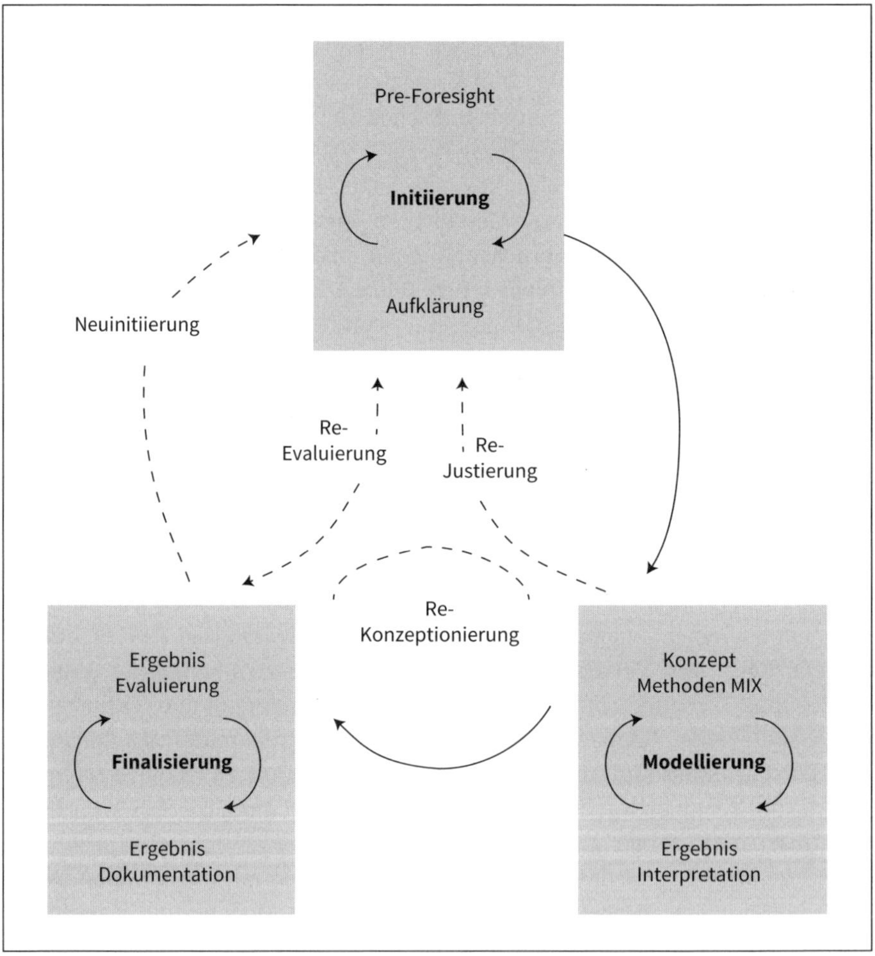

Abb. 1: Zirkulärer Prozess (Wilhelmer/Nagel 2013, S. 27)

Der zeitliche Ablauf des Corporate Foresight besteht aus drei Phasen:
- Der *Pre*-Foresight leistet die Ziel- und Themenklärung sowie die Konzeption des Gesamtprozesses.
- Der *Main*-Foresight baut auf Analyse verschiedenster Themenbereiche und explorativen und normativen Zukunftsbildern auf und entwickelt backwards Szenarien. Innovationsmonitoring und Umsetzungsplanung sind weitere Teilschritte.
- Der *Post*-Foresight führt zum Vereinbaren von Handlungsempfehlungen und evaluiert die Umsetzungsrelevanz des Gesamtprozesses.

Sind die grundlegende Ausrichtung, die damit verbundenen Ziele und die betroffenen Themenfelder eingegrenzt, dann gilt es, im Rahmen des *Pre-Foresight* folgende Entscheidungen zu treffen:
- Welcher Zeithorizont wird gewählt? Strategieentwicklung fokussiert auf drei bis fünf Jahre, Corporate Foresight auf ca. 25 bis 50 Jahre.
- Wird der Fokus primär auf Markt und Technologie beschränkt oder werden soziale, politische, wirtschaftliche, ökologische und ökonomische Entwicklungen einbezogen?
- Werden Informationen primär aus internen oder externen Quellen oder aus einer Kombination zwischen beiden gewonnen? Welche formalen Quellen (z.B. Patent- und Publikationsanalyse, Marktberichte) und welche internen und externen Personennetzwerke werden als Informationsquellen genutzt?
- Unternehmen wie British Telecom, Company B, Company C, IBM, BASF, DaimlerChrysler, Decathlon, Volvo, Philips, Eni, EdF, Ericsson bauen konsequent auf externe Quellen auf, um ihr strategisches Gesamtbild abzurunden: Corporate Foresight Prozesse bieten einen guten Rahmen, um neue interne und externe Kooperationen aufzubauen oder neue Ideen für Produkte zu entwickeln. Empfehlungen des Corporate Foresight können auch für das Prioritäten setzen von internen Forschungsprogrammen oder Entscheidungen (z.B. Lufthansa) verwendet werden (Becker 2002).

Um Entscheidungsträgern den Planungsprozess zu erleichtern, ordnen Wilhelmer und Nagel (2013) die Foresight Methoden den drei Hauptphasen zu (ebd., S.27). Dabei werden die von Popper 2008a erstmals kategorisierten Foresight-Methoden weiter ergänzt und im Detail in Form von »Handlungsleitfäden« näher beschrieben.

Mit Popper unterscheiden wir bei den *Foresight-Methoden*
1. die auf das Heben von Expertise abzielenden Methoden wie Expert Panels, Interviews, Roadmapping, Szenarien, Key Critical Technologies etc.,

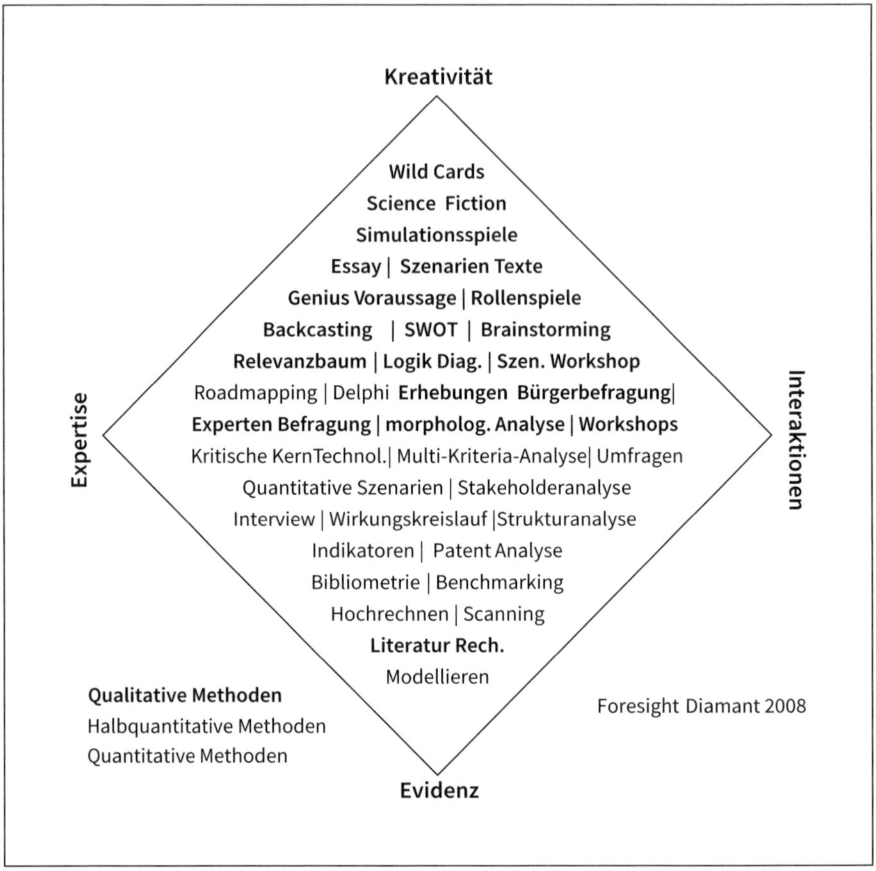

Abb. 2: Foresight Methoden (vgl. Popper 2008b)

2. evidenzbasierte Methoden wie Publikations-, Patent-, Markt- und Trendanalysen, Agentensimulationen, bibliometrische Verfahren und Benchmarking etc.,
3. Interaktion-orientierte Methoden wie Zukunftskonferenzen, Open Space, World Cafe, Bürger Panels etc. sowie
4. Kreativität fördernde Interventionen wie Science Fictioning, Wild Cards, Simulationen, Playback Theater, Malerei, Gaming etc. (vgl Georghiou et al. 2008).

Corporate-Foresight-Prozesse werden als Projekte für Zeiträume von ca. 8 bis 24 Monaten konzipiert. Projektauftraggeber, Projektleitung, Projektsteuerungsteam und Projektteam setzen sich – je nach Zielsetzung und inhaltlicher Ausrichtung – aus dem Topmanagement, Topspezialisten unterschiedlicher Organisationsein-

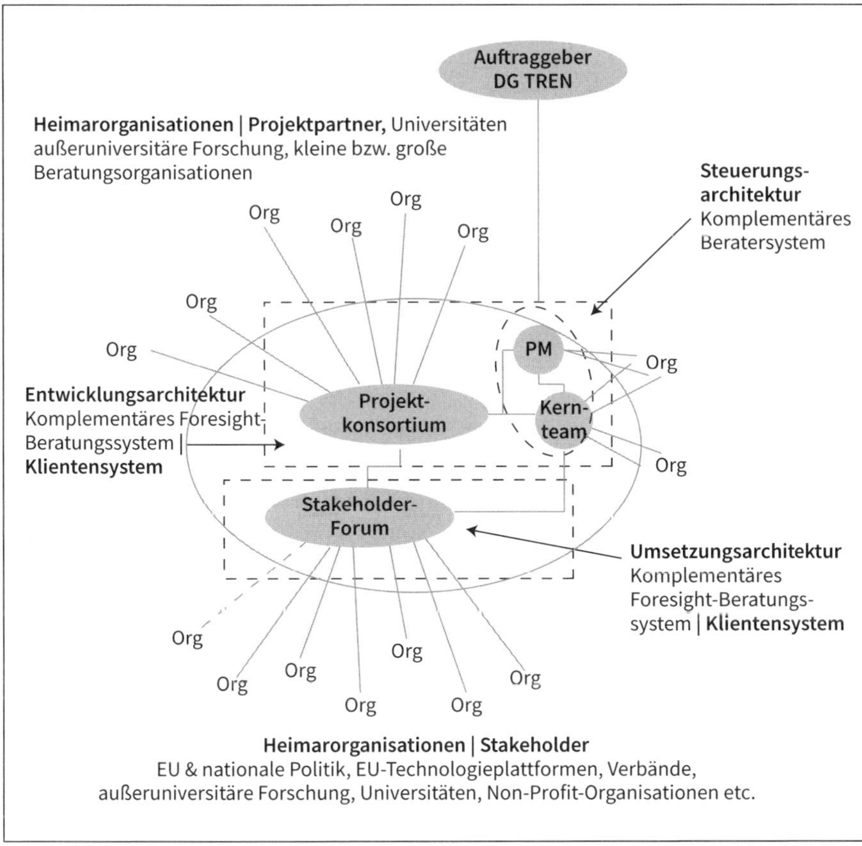

Abb. 3: Projektarchitektur (Wilhelmer/Nagel 2013, S. 42)

heiten und wichtiger Schaltstellen des Unternehmens zusammen. Innerhalb der Projektorganisation kooperieren alle Mitglieder auf Augenhöhe und entwickeln trotz ihrer hohen Spezialisierung ein gemeinsames Verständnis von Zielsetzung und Gesamtprozess.

Ergänzend zu den oben genannten Projektfunktionen wird zu jedem relevanten Meilenstein ein Stakeholder Forum mit relevanten Vertretern interner und externer Netzwerke einberufen. Alle Stakeholder werden vor jedem Forum mithilfe kurzer Management Summaries über Zwischenergebnisse informiert und entwickeln mit den Mitgliedern des Foresight-Projektes Ist-Analysen, Visionen, Szenarien, Roadmaps, Produkt/Dienstleistung/Prozessideen und Umsetzungspläne.

2.1.5 CASES – Fallvignetten

Um den Corporate Foresight nachvollziehbar zu machen, werden in der Folge zwei bereits im *Hernsteiner* 2014 beschriebene Fallvignetten kurz skizziert (vgl. o. V. 2014).

Fallvignette (1)

Ein forschungsintensiver Technologieentwickler in Österreich nahm nach starken Turbulenzen im Management einen neuen, profitverantwortlichen Department-Leiter für Forschung und Entwicklung (F&E) auf. Die Turbulenzen hatten zu einer starken Fluktuation in den einzelnen Abteilungen (ca. 120 Mitarbeitende) und zum Abgang zentraler Führungskräfte des mittleren Managements geführt. Darüber hinaus war ein langjähriger, allseits akzeptierter Abteilungsleiter überraschend an einer schweren Krankheit gestorben.

Die Zielvorgaben an den neuen Department-Leiter und sein krisengeschütteltes Managementteam waren im Rahmen einer vorangegangenen Unternehmensstrategie für die nächsten vier Jahre bereits festgelegt worden. Damit sah sich das neue Führungsteam vor die Herausforderung gestellt, ehrgeizige Department-Ziele mit einem Minimum an Gestaltungsspielraum erfüllen zu müssen. Resignation und Misserfolg machten sich breit.

Der vom Department-Leiter beauftragte Foresight-Prozess zielte in der Folge darauf ab, durch gemeinsames Entwickeln einer attraktiven Zukunft 2035 (Trends, Treiber, Science Fiction, Szenarien, qualitative und quantitative Vision) Begeisterung und Neugierde im Team der Führungskräfte und Forscher zu wecken. Die Vision wurde mit Blick auf technologische Exzellenz als Quelle für radikale Innovationen hinterfragt und Ideen zu völlig neuartigen Themen anhand einer ›Technology-Map‹ internationaler Forschungstrends auf ihre Plausibilität hin überprüft. Eine Timeline-Arbeit ermöglichte dann das Eingrenzen vielversprechender Forschungsthemen, für die Machbarkeitsstudien sowie ein Innovationstag zur Ideengenerierung geplant wurden.

Mit diesem Schritt erreichte der Department-Leiter einerseits das Hineinwachsen seiner neuen Führungsmannschaft in ihre Rollen und andererseits einen Energieschub und Aufbruchsstimmung bei allen Mitarbeitenden des krisengeschüttelten Bereichs. Durch die Konzentration der Aufmerksamkeit auf das Umfeld mit erwarteten Trends und Herausforderungen gelang es ihm, alle Mitarbeitenden an ihre sinnstiftende Kernaufgabe (Lösen gesellschaftlicher Problemstellungen) zu erinnern. Zugleich ermöglichte die Langfristperspektive erstmals, völlig neuartige Lösungsideen anzudenken und dabei Begeisterung und Gestaltungswillen für künftige Forschungsprogramme auszulösen.

Fallvignette (2)
Ein forschungsintensives, skandinavisches Industrieunternehmen beauftragte einen Corporate Foresight, um eine Forschungs- und Innovationsstrategie als Input für die neue Unternehmensstrategie zu erarbeiten. Einbezogen waren alle in zehn Ländern stationierten F&E- und Innovationsbereiche. Die regelmäßigen F&E- und Innovationstreffen in Finnland wurden als struktureller Rahmen für den Prozess genutzt und zeitlich marginal erweitert. In einem ersten Schritt gelang es, das vorhandene Wissen über sich abzeichnende soziale, ökonomische, ökologische, technologische und politische Langfristentwicklungen in den unterschiedlichen Ländern (Asien, Amerika, Europa und Afrika) in ›Städteszenarien 2050‹ einfließen zu lassen. Die unterschiedlichen Szenarien des Lebens in Städten im Jahr 2050 wurden in Alltagsabläufe übersetzt und als Sketches gespielt. Dabei machte der fiktive Alltag der Menschen in 2050 völlig neuartige Anforderungen an Mobilitätstechnologien in Städten sichtbar, die als Ziele reformuliert und auf einer Zeitlinie verortet wurden. Die gemeinsame Vision als Forschungsbereich 2050 rückte in der Folge vorhandene Kernkompetenzen ins Zentrum und bildete die Basis für eine Ideengenerierung von technischen Produkt- und Dienstleistungsinnovationen. Neben ausformulierten Roadmaps fanden auch mit Begeisterung entwickelte erste technische Skizzen ihren Weg in die Ergebnisdokumentationen. Eine gemeinsame strategische Ausrichtung, neue Projektideen und Zuversicht in die eigenen Stärken charakterisierten den Abschluss des Prozesses, der ca. neun Monate lang dauerte und in den auch externe Zulieferer und Kunden einbezogen waren.

2.1.6 Resümee

Corporate Foresights werden oft als Frühwarnsysteme oder Impulsgeber für Unternehmens-, Forschungs- und Innovationsstrategieprozesse genutzt. Dabei dienen sie als Katalysatoren und Übersetzer zwischen externen Veränderungen und internen Planungs- und Steuerungsnotwendigkeiten. (Top)Manager, Spezialisten und Change Agents müssen künftige soziale Vorteile technologischer, sozialer und wissenschaftlicher Entwicklungen rasch identifizieren und Verständnis wecken für den Einsatz der Technologien, damit diese durch künftige Anwender bei ihren Entscheidungen gedanklich vorweggenommen werden können.

Corporate-Foresight-Prozesse dienen Unternehmen als Frühwarnsysteme: Sie ermöglichen das rasche Identifizieren künftiger Gefahren und Chancen. Werden z. B. unerwartete Entwicklungen mit stark negativen Auswirkungen als Ausgangspunkt für Szenarien gewählt, dann lassen sich daraus Maßnahmenbündel ableiten, die ein Unternehmen in Krisensituationen resilienter werden lassen. So gaben einige der in der EU-Studie befragten Unternehmen (British Telecom, Procter & Gamble) an, möglichst frühzeitig künftige Stolpersteine für ihr Unternehmen zu identifizieren, um dafür Gegenstrategien erarbeiten zu können. Diese wären ein wichtiger Bestandteil ihrer Unternehmensstrategie und der daraus resultierenden Entscheidungsprozesse. Unternehmen wie BASF, IBM, Ericsson, ENI, Decathlon (vgl Becker 2002, S. 24) gehen von der Notwendigkeit aus, dass »breit in die Zukunft hinein zu schauen und das Unternehmen zu beraten, was heute zu tun ist, eine wichtige Aufgabe des Corporate Foresight darstellt« (ebd.). Diese Informationen werden für Entscheidungsprozesse aufbereitet.

Corporate Foresight dient zudem als Katalysator und Stimulator von Innovationsprozessen: Unternehmen wie Volvo, IBM, Deutsche Bahn u. a. füttern die Visionen und Szenarien ihrer Corporate-Foresight-Prozesse direkt in interne Strategieentwicklungsprozesse ein. Bei DaimlerChrysler und Philips sowie Decathlon werden Corporate-Foresight-Prozesse oft zum Stimulieren interner Innovationsprozesse genutzt. Sie bieten einen guten Rahmen, um neue interne und externe Kooperationen aufzubauen oder neue Ideen für Produkte, Dienstleistungen und Prozesse zu entwickeln. Darüber hinaus werden Corporate Foresights auch für das Prioritäten setzen bei F&E-Entscheidungen (z. B. bei Lufthansa) verwendet.

Literatur

Becker, P. (2002): Corporate foresight in Europe: a first overview. Working Paper. RTD K-2 Scientific and technological foresight. Office for Official Publications of the European Communities, Belgium 2003 © European Communities. Luxembourg.

Chesbrough, H. (2003): Open innovation. The new imperative for creating and profiting from technology. Boston (MA): Harvard Business Review Press.

Drucker, P. F. (2003): Managing in the next society. New York: Griffin.

Georghiou, L./Harper, J./Keenan, M.P./Miles, I.D./Popper, R. (2008): The handbook of technology foresight – concepts and practice. London: Edward Elgar.

Hippel, E (2005): Democratizing innovation: the evolving phenomenon of user innovation. MIT Press. http://mit.edu/evhippel/www/democ.htm (Abrufdatum: 20.04.2016).

Miles, I. (2008): Foresight methodology. In: Georghiou, L./Harper, J. C./Keenan, M./Miles, I./Popper, R. (Hrsg.): The handbook of technology foresight: concepts and practice. Northhampton (MA): Edward Elgar Publishing.

o. V. (2014): Sie haben alles schon einmal gehört? Fallbeispiele – Das Unternehmen von der Zukunft her gestalten. http://www.hernstein.at/Wissenswert/Newsletter/140317-Newsletter-Ausgabe-2_14/Das-Unternehmen-von-der-Zukunft-her-gestalten/Fallbeispiele-Das-Unternehmen-von-der-Zukunft-her-gestalten/ (Abrufdatum: 20.04.2016).

Popper, R. (2008): How are foresight methods selected? In: Foresight, 10. Jg., H. 6, S. 62–89.

Popper, R. (2008b): Foresight methodology. In: Georghious, L./Cassingena Harper, J./Keenan, M./Miles, I./Popper R. E. (Hrsg.): The handbook of technology foresight, concepts and practice. Northampton (MA): Edward Elgar Publishing.

Wilhelmer, D. (2013): Zukunft entsteht in Co-Creation. In: ChangeX.

Wilhelmer, D./Nagel, R. (2013): Foresight Management Handbuch. Das Gestalten von Open Innovation. Heidelberg: Carl-Auer.

Willke, H. (1998): Systemisches Wissensmanagement. Stuttgart: Lucius und Lucius 1998.

2.2 Warum Organisationen untergehen

Eckard Minx, Heiko Roehl, Fabian Bahm

Seit Menschen wirtschaften, stellen sie sich die Frage, was eine Unternehmung langfristig überleben lässt – oder was die Bedingungen sind, unter denen sie vom Markt verschwindet: Gelingt es, den Blick bereits dann für diejenigen kritischen Bedingungen zu öffnen, wenn das Unternehmen noch leidlich erfolgreich wirtschaftet? Sind Ressourcen in Form von Zeit, finanziellen Mitteln und vor allem Aufmerksamkeit für die Gestaltung und Beeinflussung dieser Bedingungen vorhanden?

2.2.1 Das Scheitern der Organisation

Organisationen sterben nicht einfach. Sie können zwar aus eigenem Unvermögen vom Markt verschwinden, werden aber oft aufgekauft, in größere Zusammenschlüsse gebracht oder neu aufgestellt. Der Untergang bedeutet somit nicht immer, auf ewig zu verschwinden. Gleichwohl verlieren die Unternehmen dadurch meist ihre Eigenständigkeit und damit die Gestaltungshoheit über die Verwirklichung der eigenen Zukunft.

Die Suche nach den wesentlichen Misserfolgsfaktoren der Organisation beschäftigt Forschung und Praxis seit Jahrzehnten. Dies gilt, obwohl die Forschungsaufwände zu den Erfolgsfaktoren insbesondere in der Betriebswirtschaft diejenigen zu den Misserfolgsfaktoren um ein Vielfaches übersteigen. Dabei ist die Suche nach den Misserfolgsfaktoren für die Zukunftssicherung der Organisationen mindestens ebenso relevant. Für die Steuerung und Führung von Organisationen ist es essenziell zu wissen, was den Untergang herbeiführen kann.

> *»Das Vermeiden von existenziellen Fehlern kann nicht in der Praxis durch Trial und Error geübt werden. Der erste existenzielle Fehler beendet die Versuchsreihe auf Dauer. Es müssen also auch die Geschichten des Scheiterns ausgegraben werden, von denen ansonsten kein Überlebender mehr erzählt: Nicht um Risikoscheu und Ängstlichkeit zu erzeugen. Wohl aber, um dem mutigen Helden die notwendige Furcht vor dem Unbeherrschbaren zu vermitteln.«* (Kormann 2008, S. 34)

Ein umfassendes Verständnis der Misserfolgsfaktoren einer Organisation geht über die in verschiedenen Codizes festgelegten Sorgfaltspflichten des Unternehmers zur regelmäßigen Überwachung von Unternehmensrisiken weit hinaus. Unserer Erfahrung nach sollte dieses Verständnis gleichermaßen an tieferen, in der Regel nicht unmittelbar zugänglichen, kulturell überformten Bewusstseins- oder Wissensschichten der Organisation ansetzen als im herkömmlichen betriebswirtschaftlichen Instrumentarium vorgesehen ist. Denn Letzteres verengt den Blick oft auf vermeintlich aussagekräftige Frühwarnsignale, die in der Praxis zwar relevant, aber oft nicht essenziell sind.

2.2.2 Wenn nicht sein kann, was nicht sein darf

Dass in VUCA-Zeiten Lebensbedrohung und Sterbegefahr für Organisationen allgegenwärtig sind, ist eine Binsenweisheit. Allzu gerne wird in diesem Zusammenhang eine lange Liste der Unternehmen von AOL über Escada und Kodak bis hin zu Woolworth zitiert, die es nicht geschafft haben. Aus der Innenperspektive ist der Untergang hingegen immer eine unwahrscheinliche Perspektive. Je erfolgreicher die Organisation in der Vergangenheit gewirtschaftet hat, desto eher wird die Option eines großflächigen Scheiterns in den strategischen Steuerungs- und Planungsprozessen verworfen. Die Gründe für diese gefährliche Vernachlässigung relevanter Ausschnitte möglicher Wirklichkeiten sind vielfältig.

Die Bewertung der Relevanz langfristiger Überlebensfähigkeit und die daraus folgenden Handlungsstrategien werden immer auch davon abhängen, ob eine Organisation manager- oder inhabergeführt ist, ob es sich um ein Familienunternehmen in dritter oder vierter Generation oder um eine Aktiengesellschaft mit hohem Streubesitzanteil handelt. Das, was aus Sicht der handelnden und entscheidenden Akteure und Kollektive, die die Deutungshoheit über das haben, was in der Organisation als wahr und wirklich gelten darf, relevant ist, zählt. So haben Organisationen differenzierte Mechanismen, um sich gegen die Vorstellung eines eigenen Scheiterns zu schützen. Ob letztlich ein produktiver Modus der Beschäftigung mit organisationaler Zukunft verhindert oder ermöglicht wird, hängt von der Fähigkeit der Organisation und ihrer Mitglieder ab, relevante Signale im Umfeld der Organisation rechtzeitig zu detektieren und sie so zu deuten, dass sie handlungsrelevant werden.

2.2.3 Die Organisationsebene: Signale erkennen und deuten

Es ist erstaunlich, wie viele Fälle des Scheiterns auf die internen Kommunikations-, Führungs- und Steuerungsprozesse zurückgeführt werden können. Probst und Raisch (2004) stellen bei der Analyse von über 100 Krisenfällen fest, dass ernsthafte Probleme häufig nicht erst am Ende des natürlichen Lebenszyklus auftauchen, sondern vielmehr in der Blüte des Lebens. So unterschiedlich die einzelnen Fälle sind, es gibt eine einheitliche Logik des Niedergangs. Der Absturz war in allen Fällen hausgemacht und alles andere als unvermeidbar. Es lässt sich eine Vielzahl von Mustern des Scheiterns konturieren:

1. Ermüdung/Burn-out der Organisation (ca. 70 % der Fälle) mit den Ursachen:
   a) überzogener Wachstumspfad
   b) unkontrollierter Wandel (und dadurch Aufbau zu schnell wachsender Komplexität)
   c) autokratische Herrschaftsstrukturen
   d) überzogene Erfolgskultur, verbunden mit geringer Loyalität der Mitarbeitenden
2. Syndrom des vorschnellen Alterns (ca. 30 % der Fälle) resultierend aus:
   a) zu zögerliches Zuwenden zum grundlegenden Wandel (langes ›Blättern in Fotoalben‹ der Vergangenheit)
   b) schwaches Führungspersonal
   c) mangelnde Erfolgskultur, verbunden mit einer auf Bequemlichkeit und Loyalität zielenden Vertrauenskultur

Elementar für den hausgemachten Untergang ist ein Management, das wichtige Signale ignoriert oder falsch deutet – nämlich in den meisten Fällen so, dass Annahmen, die in der Vergangenheit Erfolg garantierten, getätigt werden.

Als wirksames Gegenmittel empfehlen Probst und Raisch (2004) so auch ein gesundes, moderates Wachstum, eine starke Unternehmensführung und vor allem: eine Kultur der Offenheit für Veränderung und Neues. Es geht also um eine Balance zwischen nachhaltigem Wachstum, Anpassung ohne Zerstörung, (nichtautokratischer) Macht und einer Kultur, die Innovation im Sinne einer »Pfadklugheit« (Sloterdijk 2013) möglich macht.

Laut Collins (2009) ist institutioneller Niedergang wie eine Krankheit zu betrachten: schwerer zu erkennen aber leichter zu heilen in einer frühen Phase; leichter zu erkennen aber schwerer zu heilen in späteren Stadien. Eine Organisation kann nach außen hin stark aussehen, aber bereits im Innern krank sein, gefährlich nahe vor dem steilen Fall. Er schlägt ein *Fünf-Phasen-Modell* vor, das anhand von Indikatoren und Mustern eine Verortung ermöglicht:

1. aus dem Erfolg geborene Hybris
2. unbeschränktes Streben nach mehr (vom Selben)
3. Leugnung von Risiko und Gefährdung
4. Suche nach Rettung/Erlösung
5. Kapitulation in Irrelevanz oder Tod

Mit einer *Roadmap of Decline* können Organisationen selbst in Phase 4 noch umsteuern und gestärkt hervorgehen. Anhand der zweiteiligen Leitfrage »Was passierte bis zu dem Punkt, an dem der Niedergang sichtbar wurde, und was tat die Firma zu Beginn des Niedergangs?« wurden aus einem Datensatz von 6.000 Jahren kombinierter Firmengeschichte ehemals erfolgreiche Firmen identifiziert, die abgestürzt sind.

2.2.4 Die Personenebene: Erfolg macht blind

Personenbezogene Faktoren spielen bei der Suche nach den Misserfolgsfaktoren eine wesentliche Rolle. Bereits früher hat sich Collins mit führungsbezogenen Persönlichkeitsmerkmalen von Führungspersönlichkeiten beschäftigt. Hierzu gehören für ihn etwa Demut, ein kreatives Bedürfnis, etwas Außergewöhnliches zu schaffen, aber auch ein gewisser Stoizismus und die Zurückstellung des Eigeninteresses im Handeln (Collins 2001). Offensichtlich ist für die personenbezogenen Faktoren des Untergangs der zurückliegende Erfolg von Organisation und Person wichtig. So beschreibt Arie de Geus (2011) zutreffend, dass Manager blind sind für die wirklich wichtigen (manchmal gefährlichen) Veränderungen in- und außerhalb des Unternehmens. Wir alle lassen uns gerne täuschen

- von langlebigem Erfolg,
- der trügerischen Metapher von den vermeintlichen Naturgesetzen der Unternehmensführung,
- der Illusion, über die einzig wahren Erklärungen zu verfügen.

Auch für Gary Hamel gilt, dass Erfolg Entscheidungen über (jahre- oder jahrzehntealte) Richtlinien zementiert. So werden aus strategischen Entscheidungen Glaubensbekenntnisse. So verstellen defensives Denken und Glaubensbekenntnisse den Blick auf das, was dem Unternehmen wirklich helfen würde (Hamel 2012). Die weit verbreitete Erkenntnis, dass unser Denken anfällig ist für systematische Fehler und Verzerrungen, ist nicht zuletzt das Verdienst von Daniel Kahneman. Drei Beispiele aus seinem reichhaltigen Fundus kognitiver Unzulänglichkeiten helfen beim Verständnis des Denkens, das in den Untergang führen kann (vgl. Kahneman 2012):

- Die *Optimismus-Verzerrung* spielt immer dann eine Rolle, wenn Personen oder Institutionen freiwillig erhebliche Risiken eingehen. Risiken werden von risikofreudigen Akteuren unterschätzt und sie bemühen sich nicht hinlänglich, die Höhe der Risiken herauszufinden. Optimistische Unternehmer halten sich oftmals für besonnen, auch wenn sie dies nicht sind. Der Glaube an den zukünftigen Erfolg fördert eine positive Stimmung, die bei der Beschaffung von Finanzmitteln hilft, die Arbeitsmoral der Beschäftigten hebt und die Erfolgschancen der Firma erhöht. (vgl. ebd., S. 315 f.)

- *Vernachlässigung der Konkurrenz:* Konzentration auf das, was wir tun können und wollen. Die Pläne und Fertigkeiten von anderen werden vernachlässigt. Diese kognitive Verzerrung begünstigt eine Berücksichtigung der nur aktuell verfügbaren Informationen. Zusätzlich findet eine Konzentration auf die kausale Rolle von Fähigkeiten statt, und zwar sowohl auf die Erklärung vergangener Ereignisse wie auch auf die Vorhersage der Zukunft. Dabei wird die Rolle des Zufalls vernachlässigt, und wir werden anfällig für die Illusion der Kontrolle. Wir konzentrieren uns auf das, was wir wissen, und vernachlässigen das, was wir nicht wissen, sodass wir die Richtigkeit unserer Überzeugungen überschätzen. (vgl. ebd., S. 320 ff.)
- *Selbstüberschätzung:* Wir stützen uns auf Informationen, die uns spontan einfallen und konstruieren eine kohärente Geschichte, in der der Schätzwert sinnvoll erscheint. Die System-1-Merkmale, die dazu führen, können zwar abgeschwächt, aber nicht überwunden werden. Das Haupthindernis besteht darin, dass der subjektive Grad des Überzeugtseins von der Kohärenz der Geschichte bestimmt wird, die man konstruiert hat, nicht von der Güte und Menge der Informationen, die sie stützen. (vgl. ebd. S. 323 ff.)

Es kommt also darauf an, den kognitiven Schwächen von Individuen (hier: zu mächtige Entscheidungsträger bzw. zu stark zentralisierte Entscheidungsmacht und Deutungshoheit) mit klug gestalteten organisationalen Prozessen/Routinen zu begegnen, um deren potenziell nachteilige Auswirkungen auf das Fortbestehen der Organisation zu kompensieren und echten Mehrwert für die positive Gestaltung von Zukunft zu generieren. »Organisationen mögen Optimismus besser zähmen können als Einzelpersonen« (ebd., S. 326). Als Beispiel führt Kahneman die »Prä-Mortem-Methode« von Gary Klein an, deren Vorteile in der Überwindung von Gruppendenken und einer Lenkung der Fantasie in eine dringend benötigte Richtung liegen.

> *»In dem Maße, wie sich ein Team auf eine Entscheidung einigt [...] werden öffentlich geäußerte Zweifel an der Vorteilhaftigkeit der geplanten Maßnahme allmählich unterdrückt und schließlich sogar als Ausdruck fehlender Loyalität gegenüber Team und seinen Anführern behandelt.«* (ebd., S. 326 f.)

2.2.5 Konsequenzen

Es sind also sowohl organisationale als auch personelle Faktoren, die den Weg in den Abgrund bahnen und die eng ineinander greifen müssen, damit sowohl das System Organisation als auch die beteiligten Menschen das Unweigerliche übersehen: die Zeichen, die – wären sie zur rechten Zeit gedeutet worden – den Untergang verhindert hätten. Wer die Zeichen der Zeit (und das sind diejenigen, die wir heute verstehen müssen) nicht rechtzeitig zu deuten vermag, der steht schneller als jemals zuvor vor dem Aus.

Letztlich sprechen wir uns dafür aus, die organisationale Aufmerksamkeit auf die Schaffung, Sicherung und kontinuierliche Verbesserung von Diskursqualität zu richten. Im Mittelpunkt sollte dabei die Erkundung von organisationsspezifischen Rahmenbedingungen und Erfolgsfaktoren stehen, mittels derer vorhandene Hindernisse abgebaut und eine kulturelle Verankerung erreicht werden kann. Besonderes Augenmerk ist dabei auf das in obigem Beispiel bereits anklingende und weiter unten nochmals angeführte Phänomen der Undiskutierbarkeit, sowie das Undiskutierbarmachen dieser Undiskutierbarkeit (vgl. Argyris 1980).

Es könnte eine gewisse Irritationsaffinität entwickelt werden, eine Integration der Außensicht durch einen permanenten, systematisch strukturierten, gesteuerten, aber durchlässigen und lernfähigen Selbstkonfrontationsmodus mit ›dem Anderen/Fremden‹. Solche Modi sind bislang in Organisationen und ihren innewohnenden persönlichen und kollektiven Entscheidungssystemen kaum beheimatet oder veranlagt. Oder es sind Ansätze eines Sensoriums zwar vorhanden, deren Potenziale jedoch aufgrund vorherrschender Organisationsmuster nicht zugänglich oder verwertbar. Ein wichtiges Beispiel liefern Weick und Sutcliffe (2010) mit ihren Beschreibungen zu *High Reliability Organizations.*

Die wirkmächtigsten Kernprobleme beim Aufbau derartiger Kompetenzen verorten wir im Umgang mit Unsicherheit. Konkret geht es dabei um die Frage, wie die mangelnde Bereitschaft von Organisationen zum Eingeständnis, permanenter Unsicherheit ausgesetzt zu sein, zugunsten produktiver Umgangsformen überwunden werden kann. Wir sprechen uns dafür aus, der systematischen Beschäftigung mit Unsicherheit einen Rahmen und Raum zu geben. Bei der Gestaltung dieses Rahmens/Raums bedarf es der Klarheit über den Nutzen der Auseinandersetzung mit Unsicherheit. So kann diese vom Angsterzeuger zum Motivator und Ermöglicher zukunftsorientierter Entwicklungsprozesse in Organisationen werden. Der Rahmen/Raum benötigt einerseits eine Verankerung im Bestehenden, andererseits einen ›Betreiber‹.

Grundvoraussetzung eines solchen Raums ist die bewusste Entkopplung individueller von organisationaler Unsicherheit. Dies bedingt einen Tabubruch insofern, als dass das Eingeständnis, mit permanenter Unsicherheit konfrontiert zu sein und dieses in organisationalen Mehrwehrt (bzw. organisationale Salutogenese) übersetzen zu können, nicht nur als Stärke, sondern als essenzielle, überlebensnotwendige organisationale Kompetenz begriffen wird.

Die moderative Gestaltung der zumindest teilweisen Loslösung von der (Selbst-) Identifikation als ›Experte‹ wird hierbei zur wichtigsten Management-Aufgabe. Kahneman (2012, S. 324 f.) illustriert anschaulich, dass der Erfolg von ›Experten‹ auf Selbstüberschätzung und Selbstsicherheit zurückzuführen ist, die eine Offenlegung von Unsicherheit eben nicht zulässt. Kluge Organisationsgestaltung muss also für Räume sorgen, in denen den immanenten Schwächen vorherrschender Muster und Mechanismen bewusst begegnet werden kann und Diskutierbarkeit im Sinne von Argyris geschaffen wird. In einem komplementären Prozess können dann andersartige Informationen aufgenommen, Wissen generiert und in produktiven Mehrwert für die Lebensverlängerung der Organisation umgemünzt werden. Das bewusste Erarbeiten und Konstruieren einer alternativen ›kohärenten Geschichte der Organisation‹ –basierend auf der Erkenntnis, dass man hinsichtlich der ›Wertlosigkeit der eigenen Vorhersagen‹ bislang unwissend war – könnte hierbei als Treiber fungieren. Dabei sollte versucht werden, ein Maximum an ›neuartigen‹ Informationsquellen für sich zu erschließen und aufzunehmen.

Dieser Prozess muss von der Organisation hart erarbeitet werden, ist er doch in den meisten Fällen ein bewusster Gegenentwurf und somit Konkurrenz zu den ›kohärenten Geschichten‹ der realitätsreflektierenden und -bestimmenden Führungspersönlichkeiten und des organisationalen Feldes. Dies bringt immense Herausforderungen an die handelnden Führungssysteme und die persönlichen Eigenschaften von individuellen Führungskräften mit sich.

In der unternehmerischen Praxis existieren die Organe kollektiven Interpretierens der Unternehmensumfelder seit vielen Jahrzehnten unter Stichworten wie Zukunftsanalytik, Frühwarnsystem oder auch strategische Vorausschau. Gute Zukunfts- und Umfeldanalytik folgt nicht den immer wieder vermeintlichen Trends (die dann in der Rückschau eben doch keine sind), sondern erkennt die Komplexität der Entwicklungen an. Es gelingt ihr, »Zufälle in Strukturgewinn umzuwandeln«, also mit Themen und Fragestellungen experimentell umzugehen. Hierbei wird nicht Zukunft im Sinne von »alles Möglichem« verstanden, sondern als Spezielles, das man selbst gestaltet. Zukunft kann durch Experimente im Unternehmen immer wieder neu erfunden werden. (Minx/Roehl 2014)

Literatur

Argyris, C. (1980): Making the undiscussable and its undiscussability discussable. In: Public Administration Review, 40. Jg., H. 3, S. 205–213.
Collins, J. (2001): Good to great: why some companies make the leap and others don't. New York: HarperCollins.
Collins, J. (2009): How the mighty fall: a primer on the warning signs. In: Businessweek, 14.05.2009. http://www.jimcollins.com/books/how-the-mighty-fall.html (Abrufdatum: 13.09.2016).
De Geus, A. (2011): The living company: growth, learning and longevity in business. London: Nicholas Brealey Publishing.
Hamel, G. (2012): Worauf es jetzt ankommt! Erfolgreich in Zeiten kompromisslosen Wandels, brutalen Wettbewerbs und unaufhaltsamer Innovation. Weinheim: Wiley-VCH.
Kahneman, D. (2012): Schnelles Denken, langsames Denken. 14. Aufl., München: Siedler.
Kormann, H. (2008): Gibt es so etwas wie typisch mittelständische Strategie? Schriftenreihe des Kirsten Baus Instituts für Familienstrategie. Heft 1, Stuttgart.
Minx, E./Roehl, H. (2014): Organversagen. Warum Organisationen untergehen. In: OrganisationsEntwicklung, H. 2/14, S. 49–51.
Probst, G./Raisch, S. (2004): Die Logik des Niedergangs. In: Harvard Business Manager, März 2004, S. 37–45.
Sloterdijk, P. (2013): Im Glückskreis mit Matthäus. Rede zum Wirtschaftsbuchpreis 2013. In: Handelsblatt, Nr. 196 vom 11.10.2013, S. 50.
Weick, K./Sutcliffe, C. (2010): Das Unerwartete managen: Wie Unternehmen aus Extremsituationen lernen. Stuttgart: Schäffer-Poeschel.

2.3 Wie können radikale Veränderungen bewältigt werden?

Torsten Bergt

Organisationen verändern sich – und dies ständig (vgl. Schreyögg/Noss 2000). In der Regel fällt dieser Wandel nicht auf. Man spricht dann von einem kontinuierlichen oder inkrementellen Wandel (vgl. Weick/Quinn 1999). Es sind evolutionäre Anpassungen der Organisation, Feineinstellungen hinsichtlich ihrer Produkte und Prozesse (vgl. Greenwood/Hinings 1996). Bedingt durch neue Technologien, veränderte Marktbedingungen, institutionelle Zwänge, Katastrophen (man denke an Fukushima und die Auswirkungen auf die Energiebranche), einen Wechsel in der Organisationsführung, einbrechende Ressourcen, eine Verschiebung der Organisationskultur oder der in der Organisation herrschenden Machtgefälle kann es jedoch dazu kommen, dass organisationale Veränderungen hervortreten, welche die gesamte Aufmerksamkeit der Organisation binden (überblicksartig: Amis et al. 2004).

Die zeitlich oft längeren Phasen des inkrementellen Wandels werden durch Phasen heftiger Eruptionen unterbrochen. Man spricht in diesem Fall von einem episodischen oder diskontinuierlichen Wandel (vgl. Weick/Quinn 1999). Es handelt sich um einen radikalen Wandel, der die Organisation hinsichtlich ihrer strukturellen Grundmuster (Archetypen) transformiert (vgl. Greenwood/Hinings 2006). Der Wechsel von einem inkrementellen zu einem radikalen Wandel muss aber nicht immer auf große Umwälzungen in der Organisation oder der Umwelt der Organisation zurückzuführen sein. So haben Plowman et al. (2007) am Beispiel einer amerikanischen Kirchengemeinde sehr ausführlich beschrieben, wie auch kleine Veränderungen zu einem (kontinuierlichen) radikalen Wandel führen können.

Anschaulich und sehr früh wurde das Hereinbrechen eines radikalen Wandels in die Organisation durch Lary Greiner (1972) skizziert, der in einer idealisierten Form davon ausging, dass der kontinuierliche Wandel nach einer gewissen Entwicklungsphase durch einen radikalen, die Organisation transformierenden Wandel unterbrochen wird. In Greiners abstrakter *Lebenskurve organisationalen Wandels* folgt auf die Phase des radikalen Wandels erneut eine längere Phase kontinuierlichen Wandels, bis es wiederholt zu einem radikalen Bruch kommt. Er ging also von einem sich wiederholenden Muster aus. Tushman und Romanelli (1985) beschrieben dieses Muster später als das *interpunktierte Gleichgewichtsmodell* der Organisation. Dieser Wechsel im Ausmaß organisationalen Wandels (inkrementell/radikal) scheint sich, nimmt man die Beobachtungen von Hartmut Rosa (2005) ernst, unentwegt zu beschleunigen. Dies legt die Vermutung nahe, dass Organisationen jeglicher Fasson ihre diversen Herausforderungen – von der Marktpositionierung bis zum Personalmanagement – immer stärker unter der Perspektive einer sich stetig verändernden und damit unsicheren Umwelt meistern müssen (vgl. Greenwood/Hinings 1996; Farjoun/Starbuck 2007).

2.3.1 Organisationale Krisen resultieren aus Anpassungsfehlern

Doch ein erfolgreicher Umgang mit dem Wandel ist nach wie vor die Seltenheit (vgl. Beer/Nohria 2000). Bereits Greiner markierte die Phase radikalen Wandels als organisationale Krise (vgl. Greiner 1972). An dieser Beobachtung hat sich seitdem nicht viel geändert. Denn entweder verpassen die Organisationen die Anpassung an ihre veränderte Umwelt, wie im Fall von Kodak (»vom Wandel überrollt«, o.V. 2013) und dem Weltbild-Verlag (»Man hätte schneller umstellen und vor allem die Kostenstruktur deutlicher anpassen müssen.« Giersberg 2014), oder die Organisationen versäumen es, die Folgen ihres eigenen Wandels zu beobachten und ihre Strukturen dahingehend umzustellen. Das zeigen insbesondere die Studien zu radikalen Wandlungsprozessen aufgrund von organisationalem Wachstum (vgl. Bergt 2013) – man denke beispielsweise an die Katastrophe des TQM-Weltmeisters Toyota (»Klemmendes Gaspedal«, Germis 2010). Die Organisation hat zwar die Veränderungen in ihrer Umwelt im Blick und reagiert auch auf diese, ignoriert jedoch die oft latenten Veränderungen ihrer selbst, die nicht selten erst mit zeitlichen Verzögerungen eintreten und dann unerwünschte Auswirkungen offenbaren (vgl. Senge 2006).

Die organisationale Krise resultiert aus *Anpassungsfehlern* (vgl. Weick/Quinn 1999). Dies lässt sich darauf zurückführen, dass die Organisation auf Signale, die auf eine notwendige Anpassung hinweisen, nicht reagiert oder diese überhaupt nicht wahrnimmt. Ratschläge, den organisationalen Wandel zu planen, indem die Umwelt der Organisation sowie die gesellschaftlichen Veränderungen analysiert und mögliche Zukunftszustände antizipiert werden (Stichwort: Zukunftswerkstatt, Balanced Scorecard etc.), lösen sich immer mehr als ein unmögliches und unpassendes Unterfangen auf (vgl. Luhmann 2006, S. 347, Starbuck 2004), ja führen sogar dazu, dass sich die Organisation in ein illusioniertes Geflecht aus falscher Sicherheit verheddert. Zu komplex sind die Verhältnisse, zu sprunghaft die Entwicklungen, sodass Prognosen und Strategien immer mit vielen Unbekannten rechnen müssen (vgl. Taleb 2008). Organisationaler Wandel geschieht oft, ohne dass dieser geplant wurde und ohne dass allen Mitgliedern der Organisation klar wäre, wohin die Reise gehen soll (vgl. Plowman et al. 2007).

2.3.2 Organisationaler Wandel verstärkt den Zeitdruck

Organisationaler Wandel impliziert organisationalen Stress und damit einen Anstieg der Arbeitsbelastung innerhalb der Organisation. Es entstehen neue Strukturen und Prozesse, Altes muss vergessen und neue Zusammenhänge müssen eingeübt werden. Die Zeit wird spürbar knapp und dies vor allem auf der Führungsebene der Organisation (vgl. Akademie-Studie 2009, S. 14). Die Zeitknappheit und die Arbeitsbelastung werden durch die Folgen des Wandlungs- und Veränderungsprozesses potenziert. Generell herrscht in Organisationen ein *Dringlichkeitsimperativ.* Entschleunigung (gerade in Zeiten organisationalen Wandels) scheint aus ökonomischen Gesichtspunkten (Zeit ist Geld) »moralisch verboten« zu sein (vgl. Luhmann 1975, S. 200 ff.).

Die Konsequenzen von Entscheidungen unter Zeitknappheit wurden sehr anschaulich von dem Psychologen und Wirtschafts-Nobelpreisträger Daniel Kahneman aufgezeigt. Unter Zeitdruck erfolgt ein Rückgriff auf bekannte und eingeübte kognitive Heuristiken, deren Anwendung nicht weiter reflektiert wird. Oder in der Sprache von Daniel Kahneman, das kognitive System 1 (schnelles, automatisches, emotionales, stereotypisierendes und unbewusstes Denken) löst System 2 (langsames, anstrengendes, logisches, berechnendes und bewusstes Denken) ab (vgl. Kahneman 2012). Kurz gesagt bedeutet dies, dass Organisationen unter zunehmendem Veränderungsstress und Zeitdruck (sprich in Phasen radikalen Wandels) ihr Denken einstellen. Einfache und schnelle Lösungswege werden vorgezogen, komplexere Zusammenhänge bleiben unreflektiert. Diedrich Dörner und Frederick Vester haben dieses Verhalten und dessen Konsequenzen anhand verschiedener Beispiele anschaulich dargelegt (vgl. Dörner 2005; Vester 2003). In der Organisation werden zwar Alarmsignale produziert – Mitarbeiter zeigen ihre Überlastung an und nicht selten folgt die (innere) Kündigung, Prozesse laufen nicht mehr rund und nicht selten resultieren daraus nicht-intendierte Effekte – Fehler und damit Unzufriedenheit nehmen zu. Kaum aber wird darüber kommuniziert, geschweige denn etwas gelernt – diese Signale werden entweder nicht wahrgenommen, fehlinterpretiert oder ökonomischen Interessen untergeordnet. Die Folge ist ein reaktives und unreflektiertes Handeln, welches direkt in die organisationale Krise führt.

2.3.3 Problemfelder und Hinweise zu ihrer Lösung

Zusammenfassend lassen sich folgende Problemfelder im Kontext radikalen Wandels benennen: a) die Wahrscheinlichkeit, dass Phasen radikalen Wandels eintreten nimmt zu, b) Organisationen nehmen Alarmsignale aus ihrer Umwelt nicht wahr oder ignorieren sie und versäumen dadurch eine Anpassung an ihre Umwelt, c) Organisationen verpassen die Anpassung an sich selbst, indem sie ihre eigenen Strukturen und deren Veränderungen nicht im Blick haben, d) strategische Planungen und Zukunftsprognosen schaffen eine trügerische Sicherheit und e) Organisationen geraten durch einen (radikalen) Wandel unter Stress und Zeitdruck, was ein reaktives und unreflektiertes Verhalten zur Folge hat.

Um diese Probleme zu vermeiden oder zu reduzieren, sollen hier fünf Hinweise gegeben werden, die dazu beitragen können, einen intelligenten Umgang mit radikalen Wandlungsprozessen zu schaffen. Diese umfassen 1) eine Umstellung von einer reaktiven zu einer proaktiven Haltung, 2) eine Abkehr vom Wunsch, Sicherheit zu schaffen hin zu einem Umgang mit Unsicherheit, 3) von der Beobachtung der Umwelt zu einer Beobachtung der Organisation in einer Umwelt, 4) von der Identifikation von Risiken zu einer Identifikation von Fragilität und 5) von großen Lösungen zu kleinen Experimenten.

1: Die Umstellung von einer reaktiven zu einer proaktiven Haltung

Proaktiv meint nicht Planung oder Zukunftsprognosen, sondern das Management eines kontinuierlichen Wandels, indem mögliche Veränderungen (neue Technologien, neue Führungskräfte, abwandernde Kunden etc.) mit folgenden Fragestellungen durchdacht werden: a) Wie lassen sich solche Veränderungen frühzeitig erkennen (Alarmsignale wahrnehmen)? b) Wie würde das schlimmste Szenario aussehen? c) Wie muss die Organisation gestaltet sein, um mit diesen Veränderungen erfolgreich umzugehen? Es geht darum, den radikalen Wandel einzukalkulieren und durch kleinere Veränderungen vorwegzunehmen. Weick und Quinn (1999) haben gezeigt, dass ein radikaler Wandel eher erfolgreich ist, wenn dieser auf einem zuvor erfolgten inkrementellen Wandel beruht.

2: Umlenkung der Aufmerksamkeit auf Schaffung von Sicherheit zu einem Umgang mit Unsicherheit

Farjourn und Starbuck (2005) raten, skeptisch gegenüber Informationen zu sein, die Sicherheit vermitteln, da Sicherheit ein recht instabiles trügerisches Konstrukt ist. Unsicherheit zu eliminieren kann dazu führen, dass die Effektivität von Entscheidungen reduziert wird (vgl. Bazermann 1994). Letztlich lässt sich Unsicherheit nicht kontrollieren, aber es lässt sich der Umgang mit ihr üben (vgl. Grote 2007). Wie dies funktionieren kann, wurde ausführlich im Kontext der High Reliability Organizations gezeigt (vgl. Weick/Sutcliffe 2007) und durch Konzepte wie dem der Dynamic Safety Capability weiterentwickelt (vgl. Griffin et al. 2015).

3: Von der Beobachtung der Umwelt zu einer Beobachtung der Organisation in einer Umwelt

Die Beobachtung der Umwelt sollte nicht eingestellt werden. Organisationen sollten sich nur bewusst sein, dass sie immer mit selbstgeschaffenen Interpretationen über ihre Umwelt agieren (vgl. Daft/Weick 1984). Organisationaler Wandel aufgrund von wahrgenommenen Veränderungen in der Umwelt der Organisation, beruht demnach immer auf Veränderungen aufgrund von Interpretationsleistungen der Organisation. Um den Wandel zu verstehen, muss man die Funktionsweise der organisationalen Interpretation verstehen. Manager sollten sich immer ihrer Rolle als Interpreten bewusst sein, denn ihre Deutungsweise kann kollektiv wirksam und zur dominierenden Logik werden (vgl. Prahalad/Bettis 1986). Wandel kann kommunikativ verstärkt, aber auch beruhigt werden. So konnte Elden Wiebe (2010) aufschlussreich zeigen, wie Manager, die den gleichen Veränderungsprozessen ausgesetzt waren, diese auf je unterschiedliche Art und Weise interpretierten und damit unterschiedliche Anschlüsse (un)möglich machten.

4: Von der Identifikation von Risiken zu einer Identifikation von Fragilität

Taleb rät, fragile Elemente der Organisation, Bereiche, die bei radikalen Veränderungen zusammenbrechen würden, zu identifizieren und zu versuchen, diese gegen einen radikalen Wandel zu immunisieren, indem die Bereiche stabilisiert werden oder besser noch, indem sie antifragil gestaltet werden (vgl. Taleb 2013). Also so, dass ein radikaler Wandel der Organisation oder von Bereichen der Organisation nicht schadet, sondern dass die Organisation dadurch eher stärker wird (man denke z. B. an technische Innovationen). So lässt sich beispielsweise danach fragen, was passiert, wenn Produkte, Prozeduren, Personal etc. verändert werden. Und weiter lässt sich fragen, ab welchem Ausschlag der Veränderungsamplitude Teile der Organisation oder die gesamte Organisation zusammenbrechen würden.

5: Von großen Lösungen zu kleinen Experimenten

Große Lösungen haben meist Auswirkungen auf die gesamte Organisation, was bedeutet, dass ein Scheitern der großen Lösung auch ein Scheitern der gesamten Organisation zur Folge haben kann. Auch hier lässt sich von Taleb (2013) lernen, der eine 80-20-Strategie empfiehlt. Für den organisationalen Wandel bedeutet dies, dass 80 % der Organisation stabil bleiben sollten, und 20 % einem Wandlungsprozess unterzogen werden. So lässt sich ein Ausgleich zwischen Risiko und Gewinn schaffen. Erinnern kann man in diesem Zusammenhang an Harold Garfinkel (1963), der gezeigt hat, wie sich durch kontrolliert erzeugte Störungen (kleine Experimente), Erwartungsstrukturen sichtbar machen lassen.

Literatur

Amis, J./Slack, T.; Hinings C. R. (2004): The pace, sequence, and linearity of radical change. In: The Academy of Management Journal, 47. Jg., H. 1, S. 15–39.

Bazerman, M. H. (1994). Judgment in managerial decision making. 3. Aufl., New York: John Wiley.

Beer, M./Nohria, N. (2000): Cracking the code of change. In: Harvard Business Review, Mai/Juni 2000, S. 133–141.

Bergt, T. (2013): Schnell wachsende Organisationen. Zur Mannigfaltigkeit einer begrifflichen Einheit. München: Grin.

Daft, R./Weick, K. E. (1984): Toward a model of organizations as interpretation systems. In: Academy of Management Review, 9. Jg., H. 2, S. 284–295.

Die Akademie für Führungskräfte (2009): Führungsrollen – Beruf und Berufung deutscher Manager. Akademie-Studie 2009. https://akademie-web.s3.amazonaws.com/akademie/studien/Akademie-Studie-2009.pdf (Abrufdatum: 20.08.2015).

Dörner, D. (2005): Die Logik des Misslingens. 4. Aufl., Reinbek: Rowohlt.

Farjoun, M./Starbuck, W. H. (2005): Lessons from the Columbia disaster. In: Starbuck, W. H./Farjoun, M. (Hrsg.). Organization at the limit. Hoboken (NJ):Blackwell Publishing, S. 349–363.

Farjoun, M./Starbuck, W. H. (2007): Organizing at and beyond the limits. In: Organization Studies, 28. Jg., H. 4, S. 541–566.

Garfinkel, H. (1963): A conception of, and experiments with, »trust« as a condition of stable concerted actions. In: Harvey, O. J. (Hrsg.): Motivation and social interaction. New York: Ronald Press, S. 187–238.

Germis, C. (2010): Toyota – Im Innersten erschüttert. In: Frankfurter Allgemeine Wirtschaft vom 27.02.2010. http://www.faz.net/aktuell/wirtschaft/unternehmen/toyota-im-innersten-erschuettert-1581886.html (Abrufdatum: 09.08.2014).

Giersberg, G. (2014): Katholischer Weltbild-Verlag ist insolvent. In: Frankfurter Allgemeine Wirtschaft vom 10.01.2014. http://www.faz.net/aktuell/wirtschaft/unternehmen/pleite-katholischer-weltbild-verlag-ist-insolvent-12745909.html (Abrufdatum: 09.08.2014).

Greiner, L. E. (1972): Evolution and revolution as organizations grow. In: Harvard Business Review, Juli/August 1972.

Greenwood, R./Hinings, C. R. (1996): Understanding radical organizational change: bringing together the old and the new institutionalism. In: The Academy of Management Review, 21. Jg., H. 4, S. 1022–1054.

Greenwood, R./Hinings, C. R. (2006): Radical organizational change. In: Clegg, S. R./Hardy, C./Lawrence, T. B./Nord, W. R. (Hrsg.): The Sage handbook of organization studies. London: Sage, S. 814–842.

Griffin, M. A./Cordery, J./Soo, C. (2015): Dynamic safety capability: how organizations proactively change core safety systems. In: Organizational Psychology Review, Juli 2015, S. 1–25.

Grote, G. (2007): Understanding and assessing safety culture through the lens of organizational management of uncertainty. In: Safety Science, 45. Jg., H. 6, S. 637–652.

Kahneman, D. (2012): Schnelles Denken, langsames Denken. 23. Aufl., München: Siedler.

Luhmann, N. (1975): Die Knappheit der Zeit und die Vordringlichkeit des Befristeten. In: Ders.: Politische Planung. Aufsätze zur Soziologie von Politik und Verwaltung. 2. Aufl., Opladen: Westdeutscher Verlag, S. 143–164.

Luhmann, N. (2006): Organisation und Entscheidung. 2. Aufl., Wiesbaden: VS.

Meyer, J. W.; Rowan, B. (1977): Institutionalized organizations. Formal structures as myth and ceremony. In: American Journal of Sociology, 83. Jg., H. 2, S. 340363.

o. V. (2013): Kodak kommt durch Patentverkauf aus den roten Zahlen. In: Frankfurter Allgemeine vom 30.04.2013. http://www.faz.net/aktuell/wirtschaft/fotopionier-kodak-kommt-durch-patentverkauf-aus-den-roten-zahlen-12167764.html (Abrufdatum: 09.08.2014).

Plowman, D. A./Baker, L. T./Beck, T. E./Kulkarni, M./Solansky, S. T./Travis, D. V. (2007): Radical Change Accidentally: the emergence and amplification of small change. In: Academy of Management Journal, 50. Jg., H. 3, S. 515–543.

Prahalad, C. K./Bettis, R. A. (1986): The dominant logic: A new linkage between diversity and performance. In: Strategic Management Journal, 7. Jg., H. 6, S. 485–501.

Rosa, H. (2005): Beschleunigung. Die Veränderung der Zeitstrukturen in der Moderne. Frankfurt a. M.: Suhrkamp.

Schreyögg, G./Noss, C. (2000): Von der Episode zum fortwährenden Prozeß. Wege jenseits der Gleichgewichtslogik im Organisatorischen Wandel. In: Schreyögg, G./Conrad, P. (Hrsg.): Organisatorischer Wandel und Transformation – Managementforschung, Bd. 10. Wiesbaden: Gabler, S. 33–62.

Senge, P. M. (2006): The fifth discipline. The art & practice of the learning organization. New York: Doubleday.

Starbuck, W. H. (2004): Vita contemplativa: Why I stopped trying to understand the real world. In: Organization Studies. 25. Jg., H. 7, S. 1233–1254.

Taleb, N. N. (2008): Der Schwarze Schwan: Die Macht höchst unwahrscheinlicher Ereignisse. München: Carl Hanser.

Taleb, N. N. (2013): Antifragilität: Anleitung für eine Welt, die wir nicht verstehen. München: Albrecht Knaus.

Tushman, M. L./Romanelli, E. (1985): Organizational evolution: a metamorphosis model of convergence and reorientation. In: Research in organizational behavior, 7. Jg., S. 171–222.

Vester, F. (2003): Die Kunst vernetzt zu denken. Ideen und Werkzeuge für einen neuen Umgang mit Komplexität. 3. Aufl., München: dtv.

Weick, K. E./Quinn, R. E. (1999): Organizational change and development. In: Annual Review of Psychology, 50. Jg., S. 361–386.
Weick, K. E./Sutcliffe, K. M. (2007): Managing the unexpected. Resilient performance in an age of uncertainty. 2. Aufl., San Francisco (CA): Jossey Bass.
Wiebe, E. (2010): Temporal sensemaking: managers' use of time to frame organizational change. In: Hernes, T./Maitlis, S. (Hrsg.): Process, Sensemaking, and Organizing. Oxford: Oxford University Press.

2.4 Wahrnehmung entwickeln, Erwartungen verändern – ein Überfall auf die Macht des Faktischen

Hans Geißlinger

»Wenn du ein Schiff bauen willst«, schreibt Antoine de Saint-Exupéry (1948), »so trommle nicht Männer zusammen um Holz zu beschaffen, Aufgaben zu vergeben und die Arbeit einzuteilen, sondern lehre die Männer die Sehnsucht nach dem weiten, endlosen Meer.« Stellen wir uns vor, Saint-Exupéry würde, um sein Vorhaben zu realisieren, folgendermaßen vorgehen: Sein Ziel ist klar, er will ein Schiff. Dafür braucht er eine Mannschaft. Diese versammelt er im Kongresssaal eines Hotels und wirft mit dem Beamer folgenden Text an die Wand: »Mehr Sehnsucht nach dem Meer!« Er liest den Text nochmal für alle hörbar laut vor. Anschließend erklärt er den Männern, was unter dem Begriff »Sehnsucht« zu verstehen ist, und dann folgt eine Diskussion in kleinen Arbeitsgruppen. Eigenartigerweise zählt dieses Verfahren zur Herstellung von Begeisterung nach wie vor zur beliebtesten Methode bei der Einleitung innerbetrieblicher Veränderungsprozesse.

2.4.1 Vom Sprachspiel zum Handlungsraum

Holz entzündet sich nicht dadurch,
dass jemand das Wort Feuer
auf ein Stück Papier schreibt und daneben legt.

In der Regel sind wir dermaßen der Magie der Sprache erlegen, dass wir denken, die Schöpfung eines Slogans würde ausreichen, um seine Bedeutung in die Wirklichkeit zu holen. Folgerichtig wird in Unternehmen eine Menge an Zeit und Manpower in sogenannte Wortfindungsprozesse investiert: Konferenzen, Sitzungen, Workshops, die dazu dienen, die richtigen Botschaften zu ermitteln und diese in entsprechende Begriffe und Slogans zu kleiden. Dieses Verfahren mag seine Berechtigung haben, wenn es um die Darstellung und Vermittlung von Erklärungszusammenhängen geht. Wer aber davon ausgeht, dass die Einleitung kultureller Veränderungsprozesse etwas mit der Vermittlung von Einsichten zu tun hat, ignoriert, dass das elementare Interesse sozialer Systeme – egal ob es sich dabei um Individuen oder Gruppen handelt – auf die Erhaltung ihres Zustandes und nicht auf seinen Wandel zielt. »Aus dieser Perspektive erweist sich die Orientierung auf ›Einsicht‹ oder andere Verfahren zur Bewusstmachung von Problemursachen als kontraproduktiv, denn sie führt zunächst aller Regel nach dazu, den Widerstand gegen die geforderte Veränderung zu verstärken.« (Watzlawick 1977)

Es wäre geradezu abenteuerlich zu denken, man müsse Führungskräfte einfach nur ›informieren‹ und schon wären diese in der Lage wie auch Willens, die geforderten kulturellen Parameter zu internalisieren und umzusetzen. Die Bestandteile eines kulturellen Körpers reagieren nicht auf die Weitergabe von Informationen, wohl aber auf eine neue, ungewohnte Umgebung, d. h. auf das Generieren neuer Erfahrungen. Mit anderen Worten: Einstellungen, Verhalten und Werte lassen sich nicht einfach lernen, sie müssen *in Erfahrung gebracht* werden.

Durch die regelhafte Wiederholung von Handlungen ermöglichen Organisationen eine Verstetigung des Erfahrenen und schaffen damit Erwartungssicherheit. Erwartungen, die auf Erfahrung fußen, können, wenn sie eintreffen, nicht mehr überraschen. Nur die Durchbrechung des Erwartungshorizontes stiftet neue Erfahrung. Ereignisse durchbrechen den Erwartungshorizont und setzen eine Differenz. Es bedarf also zunächst eines Ereignisses, einer Intervention, eines Spiel- und Handlungsraums, in dessen Zentrum eine Aufgabenstellung steht, deren Bewältigung nach all dem an Verhalten und Einstellungen verlangt, was auch verändert werden soll – eine Art Zeitmaschine, die antizipatorisch und auf spielerische Weise auf das Kommende greift und es erfahrbar macht.
Diese Parallelwirklichkeit auf Zeit sollte

a) …handlungsorientiert sein, d. h. eine Aufgabenstellung beinhalten, die in jeweils verschiedener Weise neue Lösungen provoziert indem sie das aktive wie auch das emotionale Element zur Geltung bringt.
b) …kontextfern sein, d. h. jenseits des Erwarteten liegen. Da die in Organisationen gewachsenen Kulturen dort auch immer wieder ihre Bestätigung erfahren, bedarf es der Entführung in einen anderen, einen fremden Kontext, einen Kontext jenseits der Gewiss- und Gewohnheiten; es bedarf eines Spielraums auf Zeit, der die bisherigen Ordnungen ins Rutschen bringt.
c) …irritieren, d. h. jenseits der Routinen liegen. Entgegen vorweg gewussten, standardisierten Abläufen gilt es, bereits im Vorfeld einen Einstieg zu entwickeln der den prospektiven Erwartungen entgegenläuft. Was geht hier vor? Die Mitarbeiter interpretieren, vermuten und tauschen sich aus. Die Relevanz des Vorhabens steigt und weil irgendwann jeder weiß, dass er nicht die geringste Ahnung hat von dem, was kommt, stellt er sich mehr und mehr auf alles Mögliche ein. Mit anderen Worten: Er öffnet sich.
d) …offen sein und deshalb herausfordernd, d. h., man muss auch scheitern *können*. Schließlich hat nur das, was scheitern kann, wenn es denn gelingt, auch einen Wert.

Wir haben es mit einem Spielraum tun. Nehmen wir beispielsweise ein Fußballspiel. Hier ist definiert, wann es anfängt und wann aufhört. Das Feld selbst hat seine räumliche Begrenzung, und die Art und Weise wie man sich auf ihm ver-

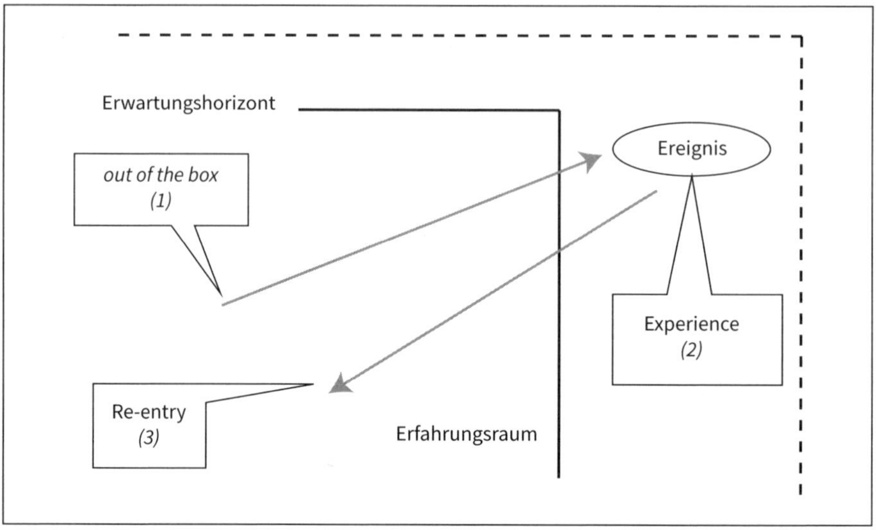

Abb. 1: Ein Spiel mit Grenzen und über Grenzen hinweg: von der Innenseite der Unterscheidung zur Außenseite (1), über die Transformation (2) zur Integration des Fremden, d. h. zur neuen Grenzziehung (3).

hält, ist durch Regeln definiert. Trotzdem bleibt der Prozess offen, man kann verlieren oder gewinnen, und deshalb wird das Spielgeschehen ernst genommen, heilig ernst. Ein Fußballfan wird vermutlich über ein Tor seines Lieblingsvereins weitaus mehr begeistert sein als über eine Lohnerhöhung. Warum? Weil die Distanz des Spiels zur Wirklichkeit es dem Spielenden erlaubt, sich voll und ganz, d. h. emotional, damit zu identifizieren.

Fassen wir zusammen: Kulturen basieren auf erworbenen Erfahrungen, sie zu verändern setzt andere, neue Erfahrungen voraus – Erfahrungen mit hoher emotionaler Kopplung. Man muss experimentieren und sich ausprobieren können, in eine Situation versetzt werden, die es nötig macht, unter den geforderten neuen Prämissen zu handeln, sich abzusprechen, neu aufzustellen, andere davon zu überzeugen, einen Geschmack von dem auf die Zunge zu bekommen, um was es in Zukunft gehen könnte.

2.4.2 Blip! An Assault on Reality

Im Folgenden geht es um die Implementierung einer neuen Führungskultur im Rahmen eines internationalen Unternehmens. Bei dem Kulturveränderungsprozess standen zunächst acht Führungsprinzipien im Fokus. Da es sich bei unserem Beispiel um ein international operierendes Unternehmen handelt, haben wir es mit

Think customer	☞	*zuhören, Empathie*
Act lean	☞	*hinterfragen und Wirkung erhöhen*
Deliver results	☞	*klare Kriterien entwickeln*
Shape the future	☞	*Möglichkeitsräume öffnen*
Expand potentials	☞	*Talente entdecken und fördern*
Select the best	☞	*bewerten und auswählen*
Work across boundaries	☞	*kein Silodenken, out of the box*
Take ownership	☞	*Verantwortung übernehmen, entscheiden*

Abb. 2: Leadership Principles

großen kulturellen Unterschieden zu tun. Unterschiede, die berücksichtigt, im besten Sinne integriert werden sollen, ohne dabei ihre Differenzen aufzuheben. Es brauchte ein das gesamte Unternehmen überspannendes gemeinsames kulturelles Dach, das den kulturellen Unterschieden auch Raum ließ, sie als Chance und nicht als Hindernis begriff und sie wertschätzend in das große Ganze integrierte. In diesem Sinne bedurfte es einer gemeinsamen Herausforderung, einer für alle drei Teams, Regionen und Standorte gleichen Aufgabe mit gleicher Zeit und Zielvorgabe. Die Verschiedenheit ihrer Bewältigung sollte in der Unterschiedlichkeit der drei kulturellen Kontexte liegen, innerhalb derer das Vorhaben zu verwirklichen war.

2.4.3 Die Idee

Empathie, Verantwortung, Herausforderung und Begeisterung sind kulturell abhängige Werte, Kompetenzen und Einstellungen, die nur im Umgang mit anderen Menschen erlebt und damit erfahrbar werden. Sie entfalten ihr Potenzial, wenn ein Vorhaben ansteht, dessen Verwirklichung den Dialog mit anderen Menschen, besser noch deren Überzeugung zur Voraussetzung hat. Erforderlich ist also ein Vorhaben, das nach Gemeinschaft verlangt, um bewältigt werden zu können. Die Sehnsucht nach Gemeinschaft zählt zu einer Conditio sine qua non des menschlichen Daseins. So manchem postmodernen Siedler zeigt sich die eigene Einsamkeit im nächtlichen Blick durch sein Fenster auf ein tausendfach flimmerndes Lichtermeer, das ihm die Existenz der vielen anderen zurückspiegelt. Was wäre, wenn einer dieser steinernen, vieläugigen Zellverbände sich plötzlich darüber bewusst werden würde, eine Gemeinschaft zu sein, und dies in Form eines Zeichens zum Ausdruck brächte? Denken wir uns die Fassade eines Hauses als

Stück Papier, auf dem sich vermittels der Fenster (Pixel) etwas schreiben lässt. Ist es möglich, die Bewohner eines Hochhauses dafür zu gewinnen, auf ihrer Fassade für eine Nacht ein kollektives Lichtbild zu setzen und dies an einer langen Tafel gemeinsam mit ihnen zu feiern? Drei Vertreter aus den Regionen Asia-Pacific, Americas und Europe werden in einem ehemaligen Zisterzienserkloster in der Nähe von Zürich in das Vorhaben eingeweiht.

2.4.4 Die Mission

Jeder Kontinent schlägt drei Gebäude vor, die in ihrer Architektur dem Land nicht völlig fremd sind, es im besten Fall widerspiegeln, möglichst viele Fenster besitzen und in ihrer Größe und Lage dem entsprechen, was das jeweilige (noch zu konstituierende) Team sich zutraut. Darüber hinaus sollte jedes dieser Gebäude an einem Platz oder einer Straße liegen, auf dem oder in der man mit den Bewohnern des Hauses abends ein gemeinsames Fest veranstalten kann.

Die Vorschläge werden ins Intranet gestellt und untereinander sichtbar gemacht. Damit lässt sich bereits der Grad der Herausforderung erkennen, den die einzelnen Teams sich setzen, d. h., was man sich eventuell zumutet bzw. zutraut und was nicht.

Die eigentlichen Interventionen werden von einem 40-köpfigen Team innerhalb von 36 Stunden durchgeführt; das Endergebnis von einem Architekturfotografen festgehalten. Für das anschließende Fest mit den Bewohnern hat jedes Team 5.000 EUR zur Verfügung.

2.4.5 Die Prozessarchitektur

Erster Schritt: Drei Teams à drei Personen aus drei Regionen treffen sich für zwei Tage in einem ehemaligen Kloster.

Zweiter Schritt: Jedes der drei Teams nimmt weitere sieben Personen aus seiner Region hinzu. Die damit entstandenen drei Zehner-Teams beginnen mit der Vorrecherche, d. h., der Suche nach den passenden Häusern, den Bedingungen etc. Sie nehmen aber keinen Kontakt zu den Bewohnern auf.

Dritter Schritt: Für die eigentliche Intervention kommen jeweils weitere dreißig Personen hinzu. Damit haben wir drei Teams à 40 Personen. Ihr Handlungszeitraum ist auf 36 Stunden begrenzt.

Vierter Schritt: Nach den drei Interventionen treffen sich 140 Leute zum Erfahrungsaustausch in Köln – die 120 Teilnehmer der drei Interventionen plus 20 weitere Führungskräfte aus dem Headquarter.

2.4.6 Spielraum und Aufgabenstellung

Um die Bewohner eines Hauses für das Vorhaben zu gewinnen, braucht es Überzeugungskraft, man muss zuhören, verstehen, mitdenken und Beziehungen aufbauen – *think customer.* Es bedarf einer Kommunikation und Koordination, die den Anforderungen und dem engen Zeitraum gerecht wird – *act lean.* Das Vorhaben kann gelingen, es kann aber auch scheitern. Das zu erreichende Ziel ist klar definiert – *deliver results.* Die Aufgabenstellung liegt außerhalb des Bekannten und Gewohnten. Hier sind Fantasie und Kreativität gefragt – *shape the future.* Es bilden sich Teams, die weniger auf Disziplin basieren, dafür aber mehr auf Einstellung und Haltung gegenüber dem gemeinsamen Vorhaben – *select the best.* Die Zusammensetzung der Teams erfolgt quer zur Hierarchie und Funktion – *work across boundaries.* Was traut sich das Team zu, für was entscheidet es sich? Das Vorhaben setzt Führungskraft voraus und verlangt danach, Probleme mit Lösungen zu begegnen. Gefragt sind Durchhaltevermögen und Mut, Initiative und Gestaltungskraft und vor allem Verantwortungsbewusstsein. Schließlich muss jeder Teilnehmer zu jeder Zeit das Große und Ganze im Auge behalten, für sich und das Team.

Summa summarum: Strategisch zu inszenieren heißt, mit Reizen zu arbeiten, die bestehenden Ordnungsmuster durch Interventionen vorübergehend außer Kraft zu setzen und nach neuen zu verlangen. Damit tritt eine andere, zweite Wirklichkeit in Erscheinung, eine Parallelwirklichkeit, die es noch nicht gibt und doch irgendwie schon: Ein Trainingsplatz zur Bewältigung zukünftiger Möglichkeiten.

Literatur

Saint-Exupéry, A. de (1948): La citadelle. Deutsch (1959): Die Stadt in der Wüste. Düsseldorf: Karl Rauch.

Watzlawick, P. (1977): Die Möglichkeit des Andersseins – Zur Technik der therapeutischen Kommunikation. Bern: Hans Huber.

Abb. 3: P E A C E (zum Konflikt in der Ukraine); ausgewähltes Gebäude für Blip Europe: Sporthochschule Köln; Zahl der Fenster auf der für Blip genutzten Fassade: 100 (fotografiert von Sabine Wild)

Abb. 4: G O L (Tor; die Intervention fand kurz vor der Fußballweltmeisterschaft statt), ausgewähltes Gebäude für BLIP Americas: Edificio Racy, Sao Paulo; Zahl der Fenster auf der für Blip genutzten Fassade: 400 (fotografiert von Pedro Vannucchi)

Abb. 5: 1 0 (die Zahl steht in China für Perfektion); ausgewähltes Gebäude für BLIP Asia-Pacific: BinJiang Village, Building No. 11; Zahl der Fenster auf der für Blip genutzten Fassade: 224 (fotografiert von Stoneay Zhang)

3 Wie kluge Strategien entwickelt werden können

Unsere komplexer werdende Welt widersetzt sich einfacher Planbarkeit. Die Halbwertszeit strategischer Pläne nimmt kontinuierlich ab, denn kaum ist ein zukunftsorientiertes Vorgehen entschieden, wird es durch kaum vorhersehbare Veränderung auch schon obsolet. Trotzdem müssen sich Organisationen in ihren unübersichtlichen Umfeldern irgendwie orientieren. Ziele müssen gesetzt und Zwecke verwirklicht werden.

Dieses Dilemma führte die klassische linear kausal orientierte strategische Planung bereits in den frühen 1990er-Jahren in eine tiefe Krise. Seitdem hat sich vielerorts ein neues, systemischeres Strategieverständnis durchgesetzt, das auf der Vorstellung basiert, dass die Vorhersagbarkeit zukünftiger Entwicklungen eingeschränkt ist. Die Gestaltung des Weges von der alten, bekannten Welt in die neue, unbekannte Welt vollzieht sich nach diesem Verständnis schrittweise, lernend und vor allem: reflektierend. So lässt es sich auch im Unplanbaren trefflich navigieren. Was aber zeichnet kluge Strategien aus, die in Zeiten exponentiell steigender Unsicherheit Erfolg versprechend sind? Und wie könnte eine kluge strategische Praxis aussehen?

Die Beiträge in diesem Kapitel zeichnen den Rahmen für ein grundlegend neues Strategieverständnis. Fredmund Malik bereitet mit seinem Beitrag den Weg für diesen Abschnitt. Er erklärt, warum vor dem Hintergrund einer fundamentalen Veränderung von Wirtschaft und Gesellschaft Navigationsprinzipien für das Meistern von Komplexität noch nie so notwendig waren wie heute. Auch Hans Wüthrich plädiert für ein neues Strategieverständnis. In seinem Beitrag werden die praktischen Anforderungen an eine kluge Strategieentwicklung deutlich: Die Navigation im Unplanbaren bedeutet in der Praxis vor allem, auszuprobieren und Fehler zuzulassen.

Dass die strategische Entwicklung der Organisation immer vor dem Hintergrund systemischer Selbstorganisation stattfindet, beschreibt Christiane Schiersmann zutreffend in ihrem Beitrag. Die strategisch motivierte Veränderung der Organisation sollte ihrer Auffassung nach immer die generischen Prinzipien der

Selbstorganisationsprozesse im Auge behalten. Wie ein kluger Strategieprozess aufgebaut und organisiert wird, ist Gegenstand des Beitrags von Reinhard Nagel. Er dokumentiert in seinem Text zur Architektur komplexitätsadäquater Strategieprozesse, wie bedeutsam die Einbettung der Strategieentwicklung in den größeren Kreis eines reflexiven Strategieprozesses ist, der die Veränderungspraxis gleich mitdenkt. Tatsächlich ist die Entwicklung der Strategie selbst nur ein erster Schritt im Gesamtprozess der klugen Gestaltung der Organisation.

3.1 Was sind kluge Strategien? Master Controls für die Komplexität des Unbekannten

Fredmund Malik

Kluge Strategien sind Vorgehensweisen für das Steuern und Gestalten von Organisationen, mit denen die großen Herausforderungen der Zeit zuverlässig gemeistert werden können. Unter den heutigen Bedingungen braucht man dafür eine höhere Intelligenz des Navigierens und Organisierens als herkömmliches Management bieten kann. In diesem Sinne kluge Strategien gehen daher über die bisherigen, primär finanziell ausgerichteten Planungen weit hinaus.

Sie entwickeln sich weiter zu den Navigationsprinzipien für das Meistern von Komplexität. Die wissenschaftlichen Grundlagen dafür sind über die Wirtschaftswissenschaften hinaus die drei Bereiche Systemik, Kybernetik und Bionik, die ich unter dem Begriff der Komplexitätswissenschaften zusammenfasse. Komplexität ist der Rohstoff für Intelligenz und Kreativität. Sie darf nicht mit Kompliziertheit verwechselt werden. Kompliziertheit soll reduziert, Komplexität aber erhöht werden.

3.1.1 Navigieren im Unbekannten

Navigieren ist die Kunst des *Kybernetes,* griechisch »der Steuermann«. Im einfachen Fall heißt dies: Den Standort feststellen, das Ziel festlegen und den Weg dorthin steuern. Die höhere Form des Navigierens ist jedoch die Fähigkeit, sich im Unbekannten zurechtzufinden – wo die Standorte, Ziele und Wege ungewiss sind. Kluge Strategien sind daher die Prinzipien des Denkens und Handelns zur Beherrschung von Ungewissheit, von sich selbst antreibender Dynamik und globalem Wandel. Sie gelten sowohl für die Ebene der Geschäftsstrategien als auch für die Ebene der Gestaltung und Lenkung des Gesamtunternehmens, seiner Organisation und seiner Managementprozesse. In Zeiten des Umbruchs werden solche Strategien am besten verstanden als die institutionellen Master Controls.

Herkömmliche Denkweisen und Methoden der Führung leisten das allerdings immer weniger, denn ihre Ursprünge und Prinzipien liegen tief im vorigen Jahrhundert. Daher braucht man ein neues, zeitgemäßes Führungs- und Strategieverständnis und auch entsprechend neue Instrumente. Diese neuen Denkweisen sind eine Revolution des bisherigen Verständnisses von Management, Organisation und Strategie. Wo es früher in Zeiten großer Umbrüche primär um revolutionären Wandel durch Maschinen ging, so stehen wir heute vor einem revolutionären Wandel der Managementpraxis, vor einem radikal neuen Funktionieren der gesellschaftlichen Organisationen, ihrer Managementprozesse auf allen Stufen, ihrer Strategie und ihrer Methoden – wozu auch die kybernetische Selbstregulierung und -organisation gehören.

3.1.2 Die »Große Transformation21« in eine Neue Welt

Hauptgrund für die nötige Neuausrichtung des modernen Strategieverständnisses sind die immensen Herausforderungen des tief greifenden Wandels, den ich seit 1997 die *»Große Transformation21«* nenne (vgl. Malik 1997; 2008; 2011). Es ist die wahrscheinlich größte und fundamentalste Umwandlung von Wirtschaft und Gesellschaft, die es in der Geschichte je gab. Haupttreiber dieser Transformation sind die Demografie, die Ökologie, Wissenschaft und Technologie, die Ökonomie der Verschuldung und in Summe die aus der globalen Vernetzung dieser Treiber resultierende Komplexität.

Diese Transformation ist der Übergang von der Alten Welt, wie wir sie kennen, zu einer Neuen Welt, die wir noch nicht kennen. Die wachsende Zahl der scheinbar zusammenhanglosen Krisen kann am besten verstanden werden als die Geburtswehen dieser Neuen Welt. In dieser wird fast alles anders sein als bisher: *Was* wir tun, *wie* wir es tun, *warum* wir es tun, und als Folge ebenso *wer* wir sind.

3.1.3 Das unerbittliche Gesetz des Wandels

Kluge Strategien nutzen das Grundmuster erfolgreicher Unternehmen und Organisationen. Es lautet: *Sei dem Wandel stets voraus!* Sie selbst führen den Wandel aktiv herbei, statt wie so viele zu warten, bis er passiert. Sie nutzen die Kräfte dieses unerbittlichen Gesetzes der Wirtschaft für den Aufbruch in eine neue Leistungsdimension, statt sich dagegen zu stemmen. Damit behalten sie die Initiative in der eigenen Hand und bestimmen selbst die Spielregeln. Der Wandel ist dann kein Müssen, sondern ein Wollen. Das Unternehmen wächst über sich und seine bisherigen Grenzen hinaus und substituiert sich selbst. Sein Leitsatz ist: *Tun wir es nicht, dann tun es andere, denn geschehen wird es so oder so …*

Daher müssen intelligente Strategien gerade wegen der hohen Ungewissheit langfristig ausgerichtet sein, und prinzipiell nach vorne offene Zeithorizonte haben. Sie müssen auf die unternehmenspolitische Maxime gestützt sein: *Entscheide immer so, dass Deine Entscheidungen zeitlich unbegrenzt gelten – bis sich etwas ändert.*

3.1.4 Karte für Einblick, Durchblick und Überblick

Change als solcher ist nichts Außergewöhnliches, sondern geschieht ständig. Die heutigen Herausforderungen entsprechen jedoch dem speziellen Typ des Wandels durch Substitution – durch »kreative Zerstörung«, wie Joseph Schumpeter diesen historisch regelmäßig wiederkehrenden Vorgang nannte: Etwas Bisheriges wird irreversibel ersetzt durch etwas Neues. So war es vor gut 200 Jahren, als die Agrargesellschaft durch die Industriegesellschaft verdrängt wurde, vor 100 Jahren als das Auto das Pferdefuhrwerk ersetzte und vor etwas mehr als zehn Jahren bei der Substitution der chemiebasierten Fotografie durch die digitale Bilderzeugung.

Das Grundgesetz des substituierenden Wandels (Abb. 1) lautet: *Was immer existiert, es wird ersetzt werden.* Irgendwann geht die Kurve B als Grundlage unserer bisherigen Existenz zu Ende und wird abgelöst durch die Kurve A neuer Existenzgrundlagen – nicht weil das Alte schlecht geworden wäre, sondern weil das Neue besser ist. Zwischen den beiden Kurven ist die Turbulenzzone der Umschichtung von Ressourcen und der Umorientierung von Menschen auf neues Wissen und auf den Wandel: Die Transition von Altbekanntem (B) zu Neuem (A). Das ist eine Zone langer Instabilität, von Unberechenbarkeit und mit hohen Risiken. Diese Komplexität zu meistern, erfordert Strategien mit höchster Intelligenz sowie neue Führungs- und Steuerungssysteme und ein neues *Management of Change.*

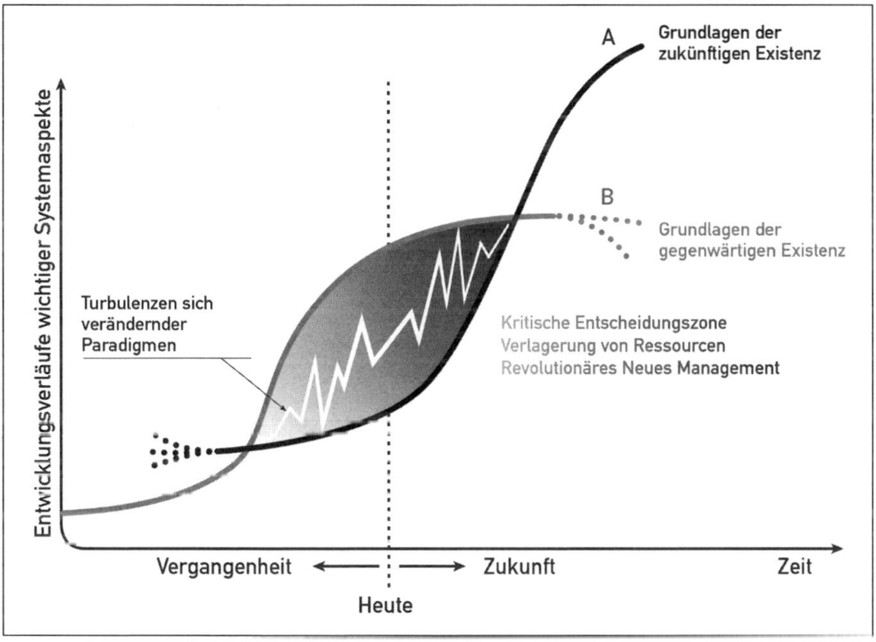

Abb. 1: Die »Große Transformation21«

3.1.5 Systematische Irreführung durch bisherige Informationssysteme

Kennt man den ganzen Substitutionsverlauf, so weiß man, was zu jedem Zeitpunkt die richtigen Entscheidungen gewesen wären. Steht man aber im Hier und Jetzt (Abb. 2) und kennt das Muster nicht, dann erhält man mit den bisherigen Führungs- und Navigationsinstrumenten systematisch die falschen Steuerungssignale. Im herkömmlichen Denkrahmen kann man dies aber nicht einmal erahnen. Im Heute sagen uns die Signale, dass wir mit dem Gewohnten weitermachen sollen. Falls man die Tendenz zur Veränderung überhaupt bemerkt und ernst nimmt, mahnen uns die alten Navigationssysteme, diesen Kurs lieber nicht einzuschlagen. Erst wenn es bereits zu spät ist, schlagen die alten Systeme Alarm.

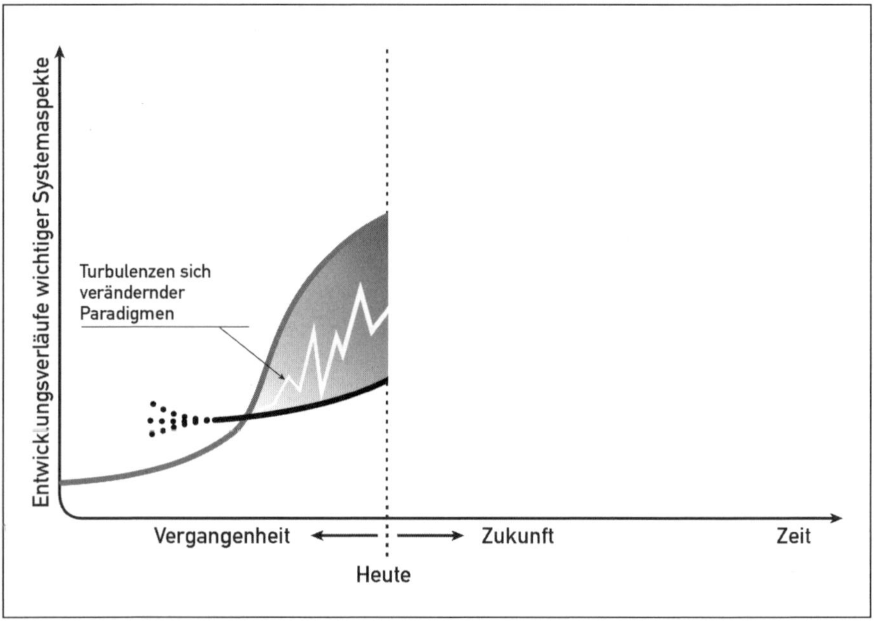

Abb. 2: Navigieren im Unbekannten

3.1.6 Nicht nur eine, sondern drei Strategien sind nötig

Um die »Große Transformation21« zu meistern, genügt nur eine Strategie nicht, sondern man braucht deren drei. Die erste Strategie ist nötig, um das Bestehende zu nutzen, solange wir es noch brauchen, denn von dort kommen die Cashflows früherer Investitionen. Die zweite Strategie braucht man, um das Neue rechtzeitig aufzubauen, damit man sie hat, sobald man sie braucht. Und die dritte Strategie ist erforderlich für den Übergang von Bestehendem zu Neuem.

3.1.7 Leadership für das Neue

Nicht nur drei verschiedene Strategien sind nötig, sondern damit auch drei verschiedene Anwendungen von Management und Governance. Klar wird anhand dessen auch, wo echte Leadership gebraucht wird: Leadership ist nötig für den Mut, in eine unbekannte Zukunft aufzubrechen, obwohl alle Anzeichen dafür sprechen, in der Vergangenheit zu bleiben.

Es gibt Organisationen, die solch einen Wandel schon mehrfach gut überstanden haben, maßgeblich dadurch, dass sie ihn eben selbst herbeiführten. Dazu gehören bisher zum Beispiel Siemens, Bosch und General Electric. Nicht dazu gehört hingegen Kodak, denn nichts ist unnützer als die weltbeste Firma in Fotochemie, wenn die substituierende Technologie digital ist. Über Nacht war das vorher Wertvollste von Kodak – das Wissen seiner Top-Fachleute – ein Abschreibungsposten geworden. Aber noch mehr: Nicht nur waren die Chemiker ›nutzlos‹ geworden, sondern sie leisteten darüber hinaus auch noch den größten aktiven Widerstand gegen die Digitalisierung und das damalige Change Management.

3.1.8 Strategie allein genügt nicht

Um die ganze Komplexität zu meistern, würden selbst die intelligentesten Strategien und Strategiesysteme allein nicht genügen. Daher müssen diese in zwei weitere Systemebenen eingebettet sein. Die erste Ebene sind die übergeordneten Intelligenz-Systeme der Corporate oder Organizational Policy und Governance, und die zweite Ebene sind die untergeordneten Executive Operations Systems. Aus der übergeordneten Ebene bekommt die Strategie ihre Grundorientierung durch die obersten Werte und Grundsätze für das richtige Funktionieren der Organisation, ob Wirtschaftsunternehmen oder andere Organisationen. Dies sind die Konstanten im ständigen Wandel.

Die oberste Orientierungsgröße hierfür ist der Zweck des Unternehmens: Zuerst kommt der Kundennutzen, damit nachhaltige Gewinne möglich werden und Shareholder Value überhaupt erst entstehen kann. Hier finden sich auch die Corporate Mission sowie die sechs Central Performance Controls in der Reihenfolge: Marktstellung, Innovationsleistung, Produktivitäten, Attraktivität für die richtigen Mitarbeiter, Cashflow & Liquidität und das Gewinnerfordernis. Dazu gehören ebenso die Heuristiken für die Logik des Gelingens, wie zum Beispiel: Erweitere mit jeder Handlung stets das Spektrum Deiner Optionen. Oder: Zuerst erprobe etwas, bevor Du damit systemweit gehst. Oder: Halte Dir Rückzugsmöglichkeiten offen.

Die zweite Einbettungs-Ebene für die Strategiesysteme sind die operativen Steuerungssysteme. Deren Zweck ist die rasche und wirksame Anpassung der Strategien an sich ständig ändernde Umstände. Das geschieht nach den kybernetischen Prinzipien des ›Real Time Controls‹ und der ›Zentralen Koordination von Dezentraliät‹.

Wie anfangs erwähnt, ist die Entwicklung und Anwendung solcher Systeme mit dem auf den Wirtschaftswissenschaften beruhenden Managementverständnis nicht mehr ausreichend. Es muss neu fundiert und ergänzt werden durch die drei Komplexitätswissenschaften Systemik, Kybernetik und Bionik. Systemik verstehe ich als die Lehre von den Ganzheiten; Kybernetik sehe ich als die Lehre vom Funktionieren, und Bionik ist die Lehre vom Übertragen evolutionär entstandener Lösungen auf gesellschaftliche Organisationen.

Literatur

Malik, F. (2011, 2013): Strategie – Navigieren in der Komplexität der Neuen Welt. Band 3 der Reihe »Management: Komplexität meistern«. Frankfurt a. M.: Campus.

Malik, F. (1997, 2002, 2103): Die Richtige Corporate Governance: Mit wirksamer Unternehmensaufsicht Komplexität meistern. Frankfurt a. M.: Campus.

Malik, F. (2008, 2013): Unternehmenspolitik und Corporate Governance: Wie Organisationen sich selbst organisieren. Frankfurt a. M.: Campus.

Schumpeter, J. (1911, 2006): Theorie der wirtschaftlichen Entwicklung. Leipzig: Duncker & Humblot.

3.2 Wie sich Strategie aus praktischem Tun konturiert – Impulse für die intelligente Planung des Unplanbaren

Hans A. Wüthrich

Organisationen sind Sicherheitsproduzenten. Von ihren Strategien wird erwartet, dass sie Orientierung vermitteln und zur Stabilität beitragen. Aufwendige Strategiedokumente, erarbeitet durch Expertenstäbe und starre Rhythmen zur Strategieentwicklung erweisen sich aber in der Unsicherheitsgesellschaft zunehmend als problematisch. Dieser Beitrag postuliert den Übergang von der Planungs- zur Experimentallogik. Dazu erforderlich sind ein ›anderes‹ Strategieverständnis und eine radikal ›andere‹ Führungshaltung.

Strategie wird heute mehrheitlich als ein prospektiver, aus einer analytischen Denkleistung resultierender Plan gesehen, den es anschließend in der Organisation umzusetzen gilt. Je größer aber die Unsicherheiten werden, desto mehr stößt dieses klassische Verständnis von Strategie an seine Grenzen.

3.2.1 Prospektive Strategien erweisen sich mehr und mehr als dysfunktional

»Je planmäßiger Menschen vorgehen, desto wirksamer trifft sie der Zufall.«
(Friedrich Dürrenmatt)

Unternehmen, Parteien, Gewerkschaften und Sportler, alle orientieren sich heute an Strategien. Sie sollen helfen, sich auf das Wesentliche zu fokussieren, damit Komplexität zu reduzieren und Sicherheit zu schaffen. Aus den USA kommend, hatte sich Mitte der 1960iger-Jahre das an den Erfahrungen der Kriegsführung orientierte Konzept auch in den Führungsetagen europäischer Firmen rasch etabliert. In der Wissenschaft dokumentiert die Anzahl der jährlich veröffentlichten Publikationen die große Popularität der Thematik (siehe Abb. 1). Der Stellenwert in der Praxis wird durch die von Bain & Company jährlich erhobene Führungskräftebefragung zu den eingesetzten Methoden belegt. Hier nimmt die strategische Planung stets einen Spitzenplatz ein (vgl. Bain & Company 2011, S. 12). Die Erfahrung lehrt uns jedoch, dass Popularität nicht zwingend ein verlässlicher Indikator für Nutzen und Relevanz ist. Dies gilt auch für den an Glanz verlierenden Ansatz des ›strategischen Managements‹. Die plausible Grundidee besteht darin, das eigene Denken und Handeln an übergeordneten Zielen auszurichten und sich nicht von vordergründigen Dringlichkeiten ablenken zu lassen. Im klassischen Verständnis geht man davon aus, dass Zukunft vorhersehbar ist und Strategien – im Sinne einer Leitplanke für eine geplante Unternehmensentwicklung – mit analytischen und systematischen Methoden prospektiv formulierbar sind. Den Kern von Geschäftsstrategien bilden die aufzubauenden strategischen Wettbewerbsvorteile und Alleinstellungsmerkmale. Aufgabe des Managements ist, den Strategieprozess zu organisieren, datenbasierte Strategien zu entwickeln und deren Umsetzung zu überwachen. Im Kontext zunehmender Ungewissheit und Dynamik erweisen sich die in starren Rhythmen entwickelten Strategien aber zunehmend als kritisch (vgl. Wüthrich 2009, S. 40 ff.). Denn mit linear-kausalem Denken lässt sich eine nicht-lineare Zukunft nicht durchdringen. Je ausgeprägter die Unsicherheit, desto weniger vermögen Strategien Orientierung zu geben und desto mehr begrenzen sie die unternehmerische Agilität. Der Detaillierungsgrad der Pläne ist nicht selten ein Indikator für die Angst vor Ungewissheit. Die paradoxe Herausforderung, mit der Führungskräfte heute vermehrt konfrontiert sind, lautet: *Planung für das Unplanbare!*

Abb. 1: Anzahl wissenschaftlicher Publikationen im Bereich Strategische Führung[7] (eigene Darstellung basierend auf Scopus Datenbank für Journalbeiträge 2013)

4 Die Zahl der jährlichen Veröffentlichungen basiert auf Journalbeiträgen der Scopus Datenbank bei denen die Begriffe »Strategic Management«, »Strategic Planning« und »Business Strategy« entweder im Titel oder im Abstract auftauchen. Zum Stichwort »Strategy« wurden im Zeitablauf die nachfolgende Anzahl wissenschaftlicher Publikationen veröffentlicht: 1970: 298; 1980: 2.858; 1990: 10.437; 2000: 35.621; 2010: 106.520 und 2013: 132.398. Quelle: www.scoups.com

3.2.2 Navigation im Unplanbaren erfordert ein ›anderes‹ Strategieverständnis

»Die Zukunft soll man nicht voraussehen wollen, sondern möglich machen.«
(Antoine de Saint-Exupéry)

Der Blick in die Praxis zeigt, dass wirksame Strategien mehrheitlich eine Kombination von vorsätzlichem Tun einerseits und spontan genutzten Opportunitäten andererseits darstellen. Je ungewisser das Umfeld, desto größer der emergente, zufallsbedingte und sich spontan im Gehen in die Zukunft konturierende Teil einer Strategie. Der intelligente Umgang mit Unsicherheit bedingt deshalb den bewussten Übergang von der Planungs- zur Experimentallogik. Wie aus der Abbildung 2 erkennbar, unterscheiden sich die beiden Ansätze fundamental. Die *Experimentallogik* geht von der Prämisse aus, dass Zukunft immer weniger analytisch vorhersehbar ist und es lediglich darum gehen kann, sich auf Zukunft vorzubereiten und sie möglich zu machen. Sie unterstellt, dass idealtypische strategische Lösungen nicht gefunden werden können und Organisation deshalb als Prototyp zu verstehen ist. Zudem impliziert sie, dass das Topmanagement nicht alleine für die Strategie die Verantwortung trägt, sondern alle Mitglieder der Organisation als Treiber strategischer Initiativen zu befähigen sind. Prioritäres Ziel strategischer Handlungen ist nicht nur, die Wettbewerbsfähigkeit zu stärken, sondern die Lernfähigkeit und Resilienz zu erhöhen, d. h., die Belastbarkeit einer Organisation durch und ihre Elastizität gegenüber Störungen zu steigern (vgl. Finke 2014, S. 27). Entscheidend ist auch der Unterschied im methodischen Vorgehen: Strategieproduktion wird nicht als ein sequenziell analytischer Prozess mit den generischen Stufen Analyse, Optionengenerierung und Optionenbewertung, Strategieformulierung und -umsetzung verstanden, sondern vielmehr als ein inkrementeller Suchprozess gestaltet. Die Basis dazu bilden strategische Initiativen, die aus der Belegschaft der Organisation resultieren. Den Erfolg versprechenden Vorhaben teilt das Management Ressourcen zu und testet diese. Aufgabe des Managements ist es, an den Gelingensvoraussetzungen zu arbeiten, dass Initiativen spontan entstehen und die im Kollektiv vorhandenen Ideen und Potenziale genutzt werden können. Dazu ist eine Kultur erforderlich, die produktives Scheitern zulässt und rechtfertigungsfreie Räume bietet. Diese entziehen sich der Logik der Organisation und geben Mitarbeitenden die Freiräume, gefahrlos Dinge auszuprobieren.

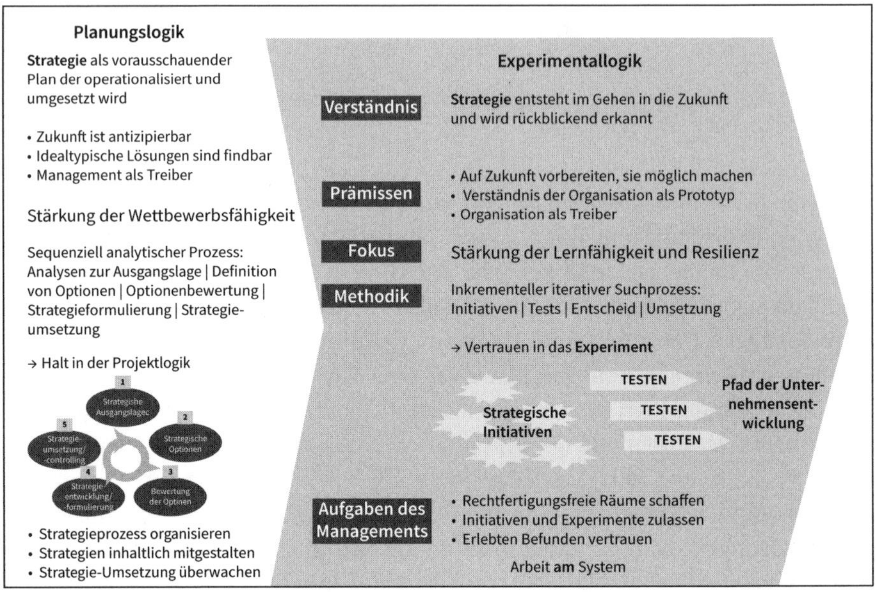

Abb. 2: Konturen der Experimentallogik

3.2.3 Experimentallogik bedingt eine ›andere‹ (Führungs-) Haltung

Heutige Organisationen sind hochprofessionell ausgelegt und lassen deshalb wenig Zufälle und Überraschendes zu. Mittels Strukturen, Prozessen und Strategien wird versucht, Effizienz, Ordnung und Stabilität zu erreichen. Was wir beobachten können ist u. a. die Folge der nachfolgenden Annahmen, von denen sich Führungskräfte oft leiten lassen.

1. *Führung muss und kann die zunehmende Komplexität reduzieren.* Die Komplexitätsforschung zeigt, dass sich diese jedoch nur punktuell vermindern lässt und jede Reduktion an anderer Stelle eine neue Form der Komplexität hervorruft. Komplexität ist also wie Wasser. Sie lässt sich nicht komprimieren. Bereits 1956 hat William Ross Ashby das *Gesetz der erforderlichen Varietät* formuliert. Dieses besagt, dass der zunehmenden Außenvarietät eines Systems nur mit einer adäquaten Binnenvarietät zu begegnen ist (vgl. Ashby 1956).
2. *Systeme sind misstrauensorientiert auszulegen.* Der Grund dafür liegt in einem negativen Menschenbild. Man geht davon aus, dass Mitarbeitende mehrheitlich nicht in der Lage sind, sich selbst zu organisieren und Eigenverantwortung zu übernehmen. Sie müssen durch Anreize extrinsisch motiviert und von ihren Defiziten befreit werden. Sie wollen geführt, eingestuft und beurteilt werden.

3. *Führung muss die Dinge im Griff haben.* Im Sinne der Arbeit *im* System liegt der Fokus vieler Führungskräfte auf der Systemperfektionierung. Mithilfe von Strategien, Projekten und Direktiven wird die Effizienz der Organisation als Sicherheitsproduzent erhöht und die Kontrolle sichergestellt.

Diese tief verfestigten Führungsmuster (vgl. Wüthrich et al. 2008; Kaduk et al. 2013) gilt es zu überwinden, wenn der postulierte Übergang von der Planungs- zur Experimentallogik gelingen soll. Notwendig ist eine Kultur, die Potenzialentfaltung fördert und strategische, die Varietät erhöhende Initiativen provoziert. Nur wenn Organisationen von einem mündigen Menschenbild ausgehen, werden sie die Verantwortung für diese Initiativen konsequent ihren Mitarbeitenden übertragen. Dies wiederum bedingt Führungskräfte, die primär *am* System arbeiten, d. h., ihre Aufmerksamkeit auf die Potenzialentfaltung und das Gewinnen und Halten von Talenten legen. Es sind dazu keine neuen Instrumente und Tools erforderlich, sondern eine ›andere‹ *Führungshaltung.* Eine Haltung der Bescheidenheit, die die Vorläufigkeit des Wissens ernst nimmt, Kontrollverlust als Chance sieht und das ergebnisoffene Experimentieren und Herumprobieren als Nukleus einer strategischen Unternehmensführung kultiviert. *Denn nicht alles, was ausprobiert wurde, funktioniert – aber alles, was funktioniert, wurde ausprobiert.*

3.2.4 Ausprobieren und Fehler zulassen – die Antwort auf das Unplanbare

Wie Ashby theoretisch gezeigt hat, können wir dem Unsicheren und Ungewissen nur durch Varietät sinnvoll begegnen. Im Kontext der Unternehmensführung stellen Initiativen und Experimente ein mächtiges Mittel zur Varietätserhöhung dar. Aus ihnen resultiert eine große Anzahl von Ideen, die es schnell in die Organisation zu tragen und auszuprobieren gilt. Auf das bekannte Prozedere der analytischen Chancenabschätzung wird dabei bewusst verzichtet. Vertraut wird den durch reale Experimente provozierten und beobachtbaren Befunden und nicht der Analyse oder Intuition. Dabei wird primär auf Ideen gesetzt und die Rentabilität des Businesscase ist zweitrangig. Der Mehrwert dieses Vorgehens wird auch aus den nachfolgenden Überlegungen sichtbar: Zahlen können eine ökonomische Realität nur begrenzt abbilden. Es besteht die Gefahr, dass insbesondere große und radikale Ideen und Optionen durch Analysen ausgesiebt und verhindert werden. Neues kann aber nur entstehen, wenn die dominante Organisationslogik missachtet wird und auch Kontraintuitives, d. h. dem antrainierten Menschenverstand Widersprechendes, zugelassen wird.

Mit dem Motto »start many, try cheap, fail early« (zit. n. Sprenger 2012, S. 208) bringt Google die Philosophie auf den Punkt. Eine fehlertolerante, auf die Potenzialentfaltung fokussierte Unternehmenskultur ist Garant für die Zahl und Qualität strategischer Initiativen. Methoden zur Unterstützung und Förderung der Produktion von Initiativen können sein: die Einführung von Kreativ- und Auszeiten, firmeninterne und -übergreifende Hospitationen, der Einbezug von Kunden und Dritten in den Prozess der Ideengenerierung oder das temporäre Außerkraftsetzen von Regeln. Vielleicht wegweisend dazu die Aussage von Volkmar Denner, CEO von Bosch: »*Wir haben mehr als die Hälfte der Zentralanweisungen ersatzlos gestrichen*« (zit. n. Buchenau 2015, S. 22). Vielleicht ist es auch nur wichtig, innerhalb von Organisationen den Stillen und Unscheinbaren eine Stimme zu geben. Denn für neue, andersartige Lösungen benötigen Unternehmen zwingend auch die individuelle Intelligenz. Und so macht es Sinn, gezielt Räume zu schaffen, in denen auch die von Einzelnen im Stillen entwickelten Ideen eine Bühne erhalten. Ideen werden nur geäußert und getestet, wenn in Organisationen eine *Atmosphäre des produktiven Scheiterns* herrscht. In unserer erfolgszentrierten Gesellschaft stellt Scheitern ein Tabu dar, und so begleitet die Angst vor dem Versagen nicht nur Führungskräfte sondern ganze Organisationen. Diese Angst wiederum hält davon ab, ergebnisoffene Vorhaben zu wagen und die so wichtigen neuen Erfahrungen zu sammeln. Darum ist ein differenzierter Blick auf das Scheitern wichtig. Im organisationalen Kontext besitzt Scheitern unterschiedliche Qualitäten. In Anlehnung an Edmondson (vgl. Edmondson 2011, S. 50) lassen sich drei Kategorien unterscheiden: *Tadelnswertes, dummes Scheitern* kann die Folge von Fehlverhalten, Unachtsamkeit, Unfähigkeit oder inadäquaten Prozessen sein. Wenn Mitarbeitende mit Aufgaben konfrontiert werden, die sich als zu schwierig erweisen, oder Maßnahmen, die logisch erschienen, aber aufgrund mangelnder Vorhersehbarkeit zukünftiger Entwicklungen Ungewohntes produzieren, handelt es sich um das *komplexitätsbedingte, unvermeidbare Scheitern*. Und von *lobenswertem, intelligentem Scheitern* sprechen wir, wenn Experimente zu unerwünschten Ergebnissen führen oder der Hypothesentest fehlschlägt. Die postulierte Experimentallogik bedingt die Akzeptanz des unvermeidbaren und intelligenten Scheiterns. Führung muss deshalb der Organisation und deren Mitarbeitenden die Angst vor dem Scheitern nehmen. Denn für eine strategische Unternehmensentwicklung ist Scheitern alternativlos (vgl. Alexy et al. 2014).

Zum Abschluss drei Reflexionsfragen als Angebot für den Leser und die Leserin:

- Mit welcher »Strategie« begegnet meine Organisation der steigenden Ungewissheit?
- Gebe ich als Führungskraft dem Zufall genügend Chancen?
- Vertraue ich der Planung oder bin ich bereit für ergebnisoffene Experimente?

Literatur

Alexy, N./Schaller, Ph. D./Wüthrich, H.A. (2014): Scheitern im Experiment – Die Basis jeder lebendigen Unternehmensentwicklung. In: zfo, 83. Jg., H. 5, S. 284–290.

Ashby, W. R. (1956): An introduction to Cybernetics. London: Chapman & Hall.

Bain & Company (2011): Bain & Company: Die 10 weltweit am häufigsten eingesetzten Managementtechniken. In: Innovator's Guide Switzerland. http://innovators-guide.ch/2013/09/bain/ (Abrufdatum: 30.01.2015).

Buchenau, M. (2015): Denners Drehmoment, In: Handelsblatt, Nr. 22 vom 02.02.2015, S. 22.

Edmondson, A.C. (2011): Strategies for learning from failure. In: Harvard Business Review, 89. Jg., H. 4, S. 48–55.

Finke, P. (2014): Nachhaltigkeit und Krisen in kulturellen Systemen, in: Schaffer, A./Lang, E. (Hrsg.): Systeme in der Krise im Fokus von Resilienz und Nachhaltigkeit. Marburg, S. 2549.

Kaduk, S./Osmetz, D./Wüthrich, H.A./Hammer, D. (2013): Musterbrecher – Die Kunst, das Spiel zu drehen. 3. Aufl., Hamburg: Murmann.

Sprenger, (2012): Radikal führen, Frankfurt a. M.: Campus

Wüthrich, H.A. (2009): Reinvent Strategy – die intelligente Planung des Unplanbaren. In: io new management Nr. 12, S. 40–43.

Wüthrich, H.A./Osmetz, D./Kaduk, S. (2008): Musterbrecher: Führung neu leben. 3. Aufl., Wiesbaden: Gabler.

3.3 Veränderungsprozesse von Organisationen als selbstorganisierte Problemlöseprozesse

Christiane Schiersmann

3.3.1 Einleitung

Bei Organisationen handelt es sich um komplexe und nicht direkt steuerbare Systeme. Dies lässt es sinnvoll erscheinen, für deren Analyse und Gestaltung einen systemischen Ansatz zugrunde zu legen, der nach Mustern bzw. Regeln sucht, statt nach linear-kausalen Begründungen. Nun kann nicht von *der* Systemtheorie gesprochen werden, vielmehr existiert inzwischen eine Vielzahl von Ansätzen nebeneinander (vgl. näher dazu: Schiersmann 2016). Im Folgenden wird auf zwei theoretisch und empirisch fundierte systemische Metatheorien zurückgegriffen, die miteinander verknüpft werden: auf die *Problemlösetheorie* mit ihrem Phasenmodell für die Bearbeitung komplexer Anliegen einerseits und die *Synergetik* als Theorie der Selbstorganisation andererseits. Aus beiden Bezugstheorien lassen sich Wirkprinzipien bzw. Erfolgsfaktoren für einen gelungenen organisationalen Veränderungsprozess ableiten, dessen Ziel in der Stärkung der Problemlöse- und Selbstorganisationsfähigkeit von Organisationen zu sehen ist. Die Gestaltung dieses Prozesses können (interne und externe) Prozessberater übernehmen, aber auch Leitungskräfte.

3.3.2 Konzeptionelle Verortung

Problemlösetheorie

Veränderungsstrategien erfordern eine Vorstellung davon, in welche inhaltlichen und zeitlichen Schritte sich der komplexe Prozess heuristisch strukturieren lässt. Nahezu alle Ansätze organisationaler Veränderung weisen dementsprechend ein mehr oder weniger explizites *Phasenschema* auf (vgl. z.B. König/Volmer 2012, S.67ff., Königswieser/Exner 2004). Es ist demzufolge naheliegend, sich der theoretisch begründeten und empirisch fundierten Problemlösetheorie zu bedienen (vgl. Dörner 2012; Dörner et. al. 1999; Ulrich/Probst 1991; Schiersmann/Thiel 2014).

Dörner (1976) definiert ein Problem durch drei Merkmale: einen unerwünschten Ausgangszustand (= die »Ist-Situation«/der Problembereich), eine gewünschte Veränderung als Ziel (= »Soll-Zustand«/Zielbereich) und eine Wegstrecke, die unter Einsatz unterschiedlicher Mittel und Methoden zurückgelegt werden muss.

Dabei ist bei organisationalen Veränderungsprozessen häufig von einem ›dialektischen‹ Problemtypus auszugehen, bei dem zu Beginn weder das Ziel ganz klar noch die notwendigen Methoden auf dem Weg dahin hinreichend bekannt sind. Folgende *Phasen* lassen sich identifizieren (vgl. ausführlicher dazu: Schiersmann/Thiel 2014, S. 65 ff.):

- die Problemerkundung und eine mehr oder weniger intensive Analyse der Ausgangssituation,
- die Zielklärung,
- die Ideensammlung und Strukturierung möglicher Veränderungsschritte, Lösungswege bzw. Maßnahmen zur Zielerreichung,
- die Planung der Umsetzung,
- die Umsetzung und Kontrolle der Durchführung sowie
- die Evaluation, Reflexion und der Transfer von Ergebnissen.

Es handelt sich bei diesem Phasenmodell jedoch nicht um eine normativ vorgegebene, auch nicht unbedingt um eine zeitliche, sondern eine logische Abfolge. Das Phasenschema ist somit nicht starr aufzufassen, es wird nicht zwingend sequenziell durchlaufen. So kann statt mit einer ausführlichen Diagnose auch mit der Zielklärung begonnen werden oder mit einer Sammlung von konkreten Lösungsschritten in Form eines Brainstorming. Häufig ist ein »vielfältiges Hin- und Herspringen zwischen diesen verschiedenen Stationen« (Dörner 2007, S. 73) erforderlich. Die Komplexität dieser Wechselwirkungen und Vorgehensweisen macht das Systemische aus.

Theorie der Selbstorganisation (Synergetik)

Auch wenn ein nicht normativ, sondern systemisch konzipiertes Phasenschema für eine vorläufige Planung unverzichtbar ist, so ist doch unstrittig, dass die realen Veränderungsprozesse nicht linear, sondern sprunghaft verlaufen. Um dies angemessen abbilden zu können, wird auf die Theorie der Selbstorganisation, die *Synergetik*, rekurriert. Die auf den Physiker Hermann Haken (vgl. u. a. Haken 1984) zurückgehende Synergetik ist in der Lage, diesen Prozess zu beschreiben und zu erklären (vgl. ausführlicher dazu: Haken/Schiepek 2010; Thiel/Schiersmann 2012; Schiersmann/Thiel 2014; Beisel 1996). Sie fokussiert den *Prozess* von Veränderungen, im Verständnis dieser Theorie den Prozess der *Selbstorganisation*. Im Zentrum der Betrachtung steht die Entstehung und Veränderung von Mustern, z. B. Übergänge von Unordnung zu Ordnung oder von einer alten zu einer neuen Ordnung, d. h. von selbstorganisierenden Prozessen bzw. selbstorganisierter Ordnungsbildung.

In einem selbstorganisierenden System geht es um das wechselseitige, kreiskausale Zusammenwirken vieler Elemente und Prozesse. Es wird zwischen einer mikroskopischen und einer makroskopischen Ebene unterschieden. Das System auf der *mikroskopischen Ebene* besteht aus sehr vielen Komponenten und deren Beziehungen, z. B. psychische Dimensionen einer Person oder Mitglieder einer Organisation. Bei hinreichender intrasystemischer Vernetzung zwischen den Elementen auf der mikroskopischen Ebene kann sich ein *makroskopisches Muster* herausbilden. Dabei organisieren sich die einzelnen Teile durch kreiskausale Prozesse der positiven Rückkoppelung bzw. Selbstverstärkung minimaler Anfangsunterschiede selbst. Auf diese Weise bildet sich eine (neue) ›Ordnung‹, ein (verändertes) Muster. Ein solches Muster bindet dann die Einzelelemente ein, wobei sich deren Freiheitsgrade drastisch reduzieren. Es liegt somit nicht nur eine kreiskausale Wirkung zwischen den Elementen des Systems vor, sondern auch zwischen der Mikro- und der Makroebene (vgl. Haken/Schiepek 2010, S. 134). Dabei bildet jedes komplexe System eine ihm eigene Ordnung aus, ein ihm eigenes Zusammenspiel der Kräfte.

In diesem Zusammenhang spielt der Begriff des *Attraktors* eine Rolle. Unter einem Attraktor wird ein über den zeitlichen Verlauf stabiles dynamisches Muster mehr oder weniger komplexer Gestalt verstanden (vgl. Haken/Schiepek 2010, S. 28). Als Beispiel aus der menschlichen Interaktion kann der Klatsch-Rhythmus angeführt werden: Nach einem Konzert entsteht zunächst ein Chaos an vielfältigen Klatsch-Rhythmen, aus dem sich dann jedoch in der Regel – eher plötzlich – ein gemeinsamer Rhythmus entwickelt, ohne dass jemand steuernd Einfluss genommen hätte (vgl. näher zu dem Beispiel Kriz 2004). Dieser Rhythmus, dieses Muster, wird zum Attraktor. Attraktoren in Humansystemen sind dynamisch und können stabilisiert oder destabilisiert werden, was eine Voraussetzung für eine Musterveränderung darstellt (vgl. Haken/Schiepek 2010, S. 437).

Selbstorganisation setzt eine systeminterne Energieaktivierung (Energetisierung) voraus. Einflussgrößen, die diese inneren Wechselwirkungen der Elemente des Systems aktivieren und modulieren, werden als *Kontrollparameter* bezeichnet. Ein bestehendes Muster kann so destabilisiert werden. Sobald die dadurch ausgelösten Schwingungen kritische Werte annehmen, kann sich das Systemverhalten schlagartig ändern, und es entstehen neue Muster (vgl. Haken/Schiepek 2010, S. 80). In physikalischen Systemen stellt z. B. die Veränderung der Energiezufuhr, wie Licht oder Wärme, einen Kontrollparameter dar. Für soziale Systeme wird die *Motivation* als Kontrollparameter hervorgehoben, in der organisationsbezogenen Beratung z. B. das gemeinsame Interesse der Beschäftigten an einer optimalen Kommunikationskultur. Auch die für einen angestrebten Veränderungsprozess vorhandenen Ressourcen können Kontrollparameter darstellen. Wichtig ist, dass jedes soziale System seine spezifischen Kontrollparameter herausbildet, das System wählt aus, mit welcher Art von Anregung es etwas anfangen kann. In komplexen Systemen können mehrere Kontrollparameter gleichzeitig auftreten – ebenso wie mehrere Muster.

Lösen sich entstandene Muster wieder auf oder gehen sie in andere Muster über, so lassen sie das System nicht im gleichen Zustand zurück. Damit ist der Sachverhalt angesprochen, dass jedes System eine *geronnene Systemgeschichte* aufweist. In Organisationen schlägt sich die geronnene Systemgeschichte z. B. in Leitbildern oder Qualitätshandbüchern nieder. Die Lerngeschichte des Systems stellt den Kontext für die Bildung neuer Muster und Attraktoren sowie systemspezifischer Kontrollparameter dar. Folglich beeinflussen nicht nur Kontrollparameter systeminterne Muster, sondern bereits bestehende Muster umgekehrt auch Kontrollparameter, indem das System gegenüber bestimmten Reizen besonders sensibel oder unempfindlich ist.

Auch (aktuelle) *systeminterne und -externe Randbedingungen* beeinflussen die Selbstorganisationsprozesse und wirken als Begrenzungen auf die aktuelle Systemdynamik. So wird z. B. die Tatsache, dass die neuronale Plastizität des menschlichen Gehirns nicht beliebig ist, sondern von den bisherigen Erfahrungen begrenzt wird, als systeminterne Randbedingung gesehen. Mit systemexternen Randbedingungen ist gemeint, dass übergeordnete Systeme die Muster eines Systems beeinflussen. In der organisationsbezogenen Beratung könnte das z. B. die Organisationsstruktur eines Betriebes sein, die eine Teamentwicklung fördert oder behindert.

Muster eines Systems stehen zudem in Wechselwirkung mit der *Umwelt*. Sie beeinflussen auf der einen Seite die Umwelt, auf der anderen Seite wirkt die Umwelt auf das jeweilige System stimulierend – aber ebenso Grenzen ziehend. Auch die Umwelt besteht im Wesentlichen aus selbstorganisierenden Systemen unterschiedlichster Art, mit denen das betrachtete System interagiert. Damit wird deutlich, dass durch den Fokus auf die Selbstorganisation keineswegs die (fremd-) organisierenden Einflüsse biologischer, organisationaler oder gesellschaftlicher Art ignoriert werden.

3.3.3 Prozessphasen und generische Prinzipien als Bezugspunkte für die Gestaltung von Veränderungsprozessen

Haken und Schiepek (2010) haben aus der Synergetik, der Gehirnforschung, der Chaostheorie und den Befunden der Psychotherapieforschung sogenannte *generische Prinzipien* (generisch = erzeugend) für die Förderung selbstorganisierender Entwicklungen abgeleitet. Diese stellen eine allgemeine Orientierung für jede Intervention bzw. jede Gestaltung von Ordnungswandel dar – sei es Beratung, Therapie, Coaching, Organisationsentwicklung oder Lernen allgemein (vgl. Haken/Schiepek 2010, S. 628). Diese generischen Prinzipien werden in der Tabelle (Abb. 1) überblicksartig erläutert (vgl. Näheres dazu bei Schiersmann/Thiel 2012b), wobei gegenüber der Darstellung von Haken/Schiepek (2010, S. 436 ff. und S. 628 ff.; Schiepek et al. 2013, S. 39 ff.) einige Modifikationen vorgenommen wurden. Diese resultieren daraus, dass die generischen Prinzipien in Verbindung mit dem erläuterten Phasenmodell gebracht werden.

Selbstorganisation fördernde (Wirk-) Prinzipien zur Gestaltung der Veränderungsprozesse von Organisationen

1. Stabilitätsbedingungen für Veränderungsprozesse schaffen	Die Bearbeitung von Problemen/Anliegen geht mit Verunsicherungen einher. Daher müssen stabile Rahmenbedingungen für den Veränderungsprozess geschaffen und strukturelle und emotionale Sicherheit gewährleistet werden (z. B. durch Transparenz des Vorgehens).
2. Resonanz beachten / **Synchronisation** herstellen	Die angewandten Methoden und Verfahren sollten zur aktuellen Aufnahmebereitschaft und zum jeweiligen kognitiv-emotionalen Zustand der Beteiligten passen. Interventionen, die damit nicht kongruent sind, haben nur eine geringe Chance, verstanden und aufgegriffen zu werden, weil das System dafür keine Antennen hat.
3. Das **System** und dessen **Muster** identifizieren	Das System, auf das sich der Veränderungsprozess bezieht, ist festzulegen. Die Muster dieses Systems sind zu identifizieren (z. B. durch eine Systemmodellierung).
4. **Ziele** entwickeln / Sinnbezug herstellen	Visionen und Ziele des Lern- bzw. Veränderungsprozesses müssen von den Mitgliedern der jeweiligen Organisation als sinnvoll und stimmig erlebt werden (z. B. durch Partizipation der Mitarbeitenden bei Planungsprozessen).
5. Energetisierung ermöglichen / Kontrollparameter identifizieren	Selbstorganisation setzt eine energetische Aktivierung des jeweiligen Systems voraus. Es geht um die Herstellung motivationsfördernder Bedingungen, um die Aktivierung von Ressourcen, um die Herausarbeitung der emotionalen und motivationalen Bedeutung von Zielen und Anliegen der Ratsuchenden (z. B. durch Großgruppenverfahren).
6. Destabilisierung / Fluktuationsverstärkung anregen	Im Laufe des Prozesses sollten neue Perspektiven und Erfahrungsmöglichkeiten eröffnet werden. Bestehende Muster der Kognition, der Emotion und des Verhaltens (K-E-V-Muster) werden destabilisiert (z. B. durch die Frage nach Ausnahmen, Rollenspiele, Herausarbeiten alternativer Lösungswege und Planung der Umsetzung).

7. Symmetriebrechung unterstützen	Wenn in einem System, das sich im Zustand kritischer Instabilität befindet, zwei oder mehrere Attraktoren mit gleicher oder ähnlicher Wahrscheinlichkeit realisiert werden können (›Symmetrie‹), ist die Vorhersagbarkeit der weiteren Entwicklung gering. In dieser Phase ist es wichtig, sinnvolle Hilfestellungen zur Symmetriebrechung zu geben (z. B. Start von Pilotprojekten).
8. Re-Stabilisierung sichern	Neue, positiv bewertete Kognitions-, Emotions-, oder Verhaltensmuster gilt es zu verstärken und zu stabilisieren (z. B. durch Wiederholung, Variation, Transfer). Es geht darum, das neue Muster in die Unternehmensstruktur und -kultur zu integrieren und für Nachhaltigkeit zu sorgen.

Abb. 1: Selbstorganisation fördernde (Wirk-) Prinzipien zur Gestaltung der Veränderungsprozesse von Organisationen (in Anlehnung an Haken/Schiepek 2010, S. 436 ff. und Thiel/Schiersmann 2012, S. 232 ff.)

Die gleichzeitige Orientierung an dem skizzierten Phasenmodell sowie an diesen Prinzipien kann das Handeln in Veränderungsprozessen begründen, organisieren und vereinfachen (vgl. Haken/Schiepek 2010, S. 436). Zumindest zwei der generischen Prinzipien sind für den ganzen Prozess von zentraler Bedeutung, während den übrigen in unterschiedlichen Phasen des Prozesses ein unterschiedlich

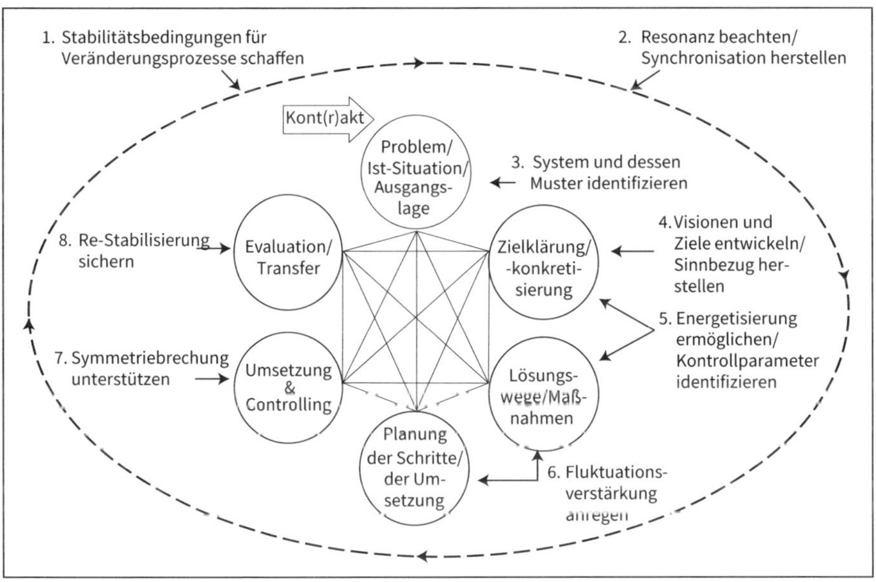

Abb. 2: Korrespondenz von Wirkprinzipien und Phasen (in Anlehnung an: Schiersmann/Thiel 2012b, S. 55)

großes Gewicht zugeschrieben werden kann. Das wird in der Abbildung 2 erläutert. Dabei ist das Verhältnis zwischen den generischen Prinzipien, Phasen und angewandten Methoden mehrdeutig: ein Prinzip bzw. eine Phase kann mittels verschiedener Methoden gestaltet werden, und eine Methode kann der Umsetzung mehrerer Prinzipien bzw. Phasen dienen.

3.3.4 Fazit

Der integrierte Ansatz von systemisch orientierter Problemlösepsychologie und Synergetik hat sich als ein geeignetes Konzept für die Bearbeitung komplexer Problemlagen von Organisationen erwiesen. Beide theoretischen Bezugspunkte eignen sich darüber hinaus auch als Reflexionskriterien für die Akteure der Veränderungsprozesse sowie als Analysekriterien für Forschung. Die Theorie der Synergetik, die ursprünglich aus der Physik kommt, wurde im Bereich der sozialen Systeme zunächst vorrangig auf den Bereich der Psychotherapie transferiert. Die Anwendung auf organisationale Veränderungsprozesse ist noch vergleichsweise jung. Gleichwohl liegen erste empirische Studien vor (vgl. Schiersmann/Thiel 2014; Thiel/Schiersmann 2012a; Beisel 1996; Haken/Schiepek 2010, S. 585 ff.).

Literatur

Beisel, R. (1996): Synergetik und Organisationsentwicklung. Eine Synthese auf der Basis einer Fallstudie aus der Automobilindustrie. 2. Aufl., Mering: Rainer Hampp.

Dörner, D. (1976): Problemlösen als Informationsverarbeitung. Stuttgart: Kohlhammer.

Dörner, D. (2007): Die Logik des Misslingens: Strategisches Denken in komplexen Situationen. 6. Aufl., Reinbek: Rowohlt.

Dörner, D. (2012): Emotion und Handeln. In: Badke-Schaub, P./Hofinger, G./Lauche, K. (Hrsg.): Human Factors. Psychologie sicheren Handelns in Risikobranchen. Berlin/Heidelberg: Springer, S. 101–119.

Dörner, D./Schaub, H./Strohschneider, S. (1999): Komplexes Problemlösen – Königsweg der Theoretischen Psychologie? In: Psychologische Rundschau, 50. Jg., H. 4, S. 198–205.

Haken, H. (1984): Erfolgsgeheimnisse der Natur. Synergetik: Die Lehre vom Zusammenwirken. Frankfurt a. M.: Ullstein.

Haken, H./Schiepek, G. (2010): Synergetik in der Psychologie. Selbstorganisation verstehen und gestalten. 2. korrigierte Aufl., Göttingen: Hogrefe.

König, E./Volmer, G. (2012): Systemisches Coaching. Handbuch für Führungskräfte, Berater und Trainer. 2. Aufl., Weinheim: Beltz.

Königswieser, R./Exner, A. (2004): Systemische Intervention. Architekturen und Designs für Berater und Veränderungsmanager. 8. Aufl., Stuttgart: Schäffer-Poeschel.

Kriz, J. (2004): Beobachtung von Ordnungsbildungen in der Psychologie: Sinnattraktoren in der Seriellen Reproduktion. In: Moser, S. (Hrsg.) (2004): Konstruktivistisch Forschen. Methodologie, Methoden, Beispiele. Wiesbaden: VS, S. 43–66.

Schiepek, G./Eckert, H./Kravanja, B. (2013): Grundlagen systemischer Therapie und Beratung. Psychotherapie als Förderung von Selbstorganisationsprozessen. Göttingen: Hogrefe.

Schiersmann, C. (2016): Systemische Zugänge. In: Gieseke, W./Nittel, D. (Hrsg.): Handbuch Pädagogische Beratung über die Lebensspanne. Weinheim: Beltz Juventa.

Schiersmann, C./Thiel, H.-U. (2012a): Beratung als Förderung von Selbstorganisationsprozessen. Göttingen: Vandenhoeck & Ruprecht.

Schiersmann, C./Thiel, H.-U. (2012b): Beratung als Förderung von Selbstorganisationsprozessen – eine Theorie jenseits von »Schulen« und »Formaten«. In: Schiersmann, Ch./Thiel, H.-U. (Hrsg.) (2012): Beratung als Förderung von Selbstorganisationsprozessen. Göttingen: Vandenhoeck & Ruprecht, S. 14–78.

Schiersmann, C./Thiel, H.-U. (2014): Organisationsentwicklung: Prinzipien und Strategien von Veränderungsprozessen. 4. Aufl., Wiesbaden: Springer VS.

Thiel, H.-U. (2003): Phasen des Beratungsprozesses. In: Krause, C./Fittkau, B./Fuhr, R./Thiel, H.-U. (Hrsg.) (2003): Pädagogische Beratung. Grundlagen und Praxisanwendung. Stuttgart: UTB, S. 73–84.

Thiel, H.-U./Schiersmann, C. (2012): Selbstorganisation fördernde Wirkprinzipien und Erfolgsfaktoren in der Organisationsentwicklung – zwei Fallstudien im Vergleich. In: Schiersmann, C./Thiel, H.-U. (Hrsg.) (2012): Beratung als Förderung von Selbstorganisationsprozessen. Göttingen: Vandenhoeck & Ruprecht, S. 226–301.

Ulrich, H./Probst, G. (1991): Anleitung zum ganzheitlichen Denken und Handeln: ein Brevier für Führungskräfte. 3. Aufl., Bern: Haupt.

3.4 Anregungen zur Architektur eines Strategieprozesses

Reinhart Nagel

3.4.1 Strategie als Set von Entscheidungsprämissen

Trotz oder vielleicht gerade wegen der großen Popularität dieses Begriffs und seiner breiten Anwendung sowohl in der Unternehmenspraxis als auch in der Managementliteratur hat sich bis heute keine allgemeinverbindliche Definition von ›Strategie‹ durchgesetzt. Als ›strategisch‹ werden oft solche Themen bezeichnet, die für die Entwicklung des Unternehmens von besonderer Relevanz sind.

Für mich besteht die *Strategie* eines Unternehmens aus geschäftspolitischen Festlegungen, die den alltäglichen operativen Entscheidungen einer Organisation einen Orientierungsrahmen geben (vgl. Luhmann 2000, S. 222 f.). Diese strategischen Entscheidungsprämissen legen den Spielraum fest, innerhalb dessen die Mitglieder und Subsysteme frei entscheiden können.

Es wird ein Zukunftsbild einer Welt kreiert, in der sich das Unternehmen in fünf oder zehn Jahren bewähren soll. Strategie löst so die Organisation von den Mustern der Vergangenheit und von den aktuellen Tagesproblemen. Die Vergangenheit verliert ihre prägende Kraft, indem die Orientierung an einer wünschenswerten Zukunft in den Vordergrund tritt. Künftige Handlungsmöglichkeiten werden aufgezeigt und so eine die Komplexität reduzierende Orientierung auf die Zukunft konstruiert. Eine Organisation stellt so die eingefahrenen Routinen und liebgewordenen Erfolgsmuster der Vergangenheit infrage (vgl. Baecker 2003, S. 177).

Dabei werden die folgenden Leitfragen gestellt und in einem Strategieprozess beantwortet: Wer wollen wir als Organisation sein? Was ist uns als Organisation wichtig? Was ist unsere künftige Identität, die wir anstreben? Mit welchen Aufgaben beschäftigen wir uns? Wie schaffen wir nachhaltig Nutzen für unsere Stakeholder? Woran wollen wir uns messen lassen und wie erreichen wir dieses Zukunftsbild?

Abb. 1: Elemente eines Zukunftsbildes (Diese Darstellung wurde im Leistungsfeld Strategie der osb international konzipiert. Ausführlicher wird sie demnächst von Dietl (2017) publiziert.)

3.4.2 Die ›Strategieschleife‹ als Prozessarchitektur zur Entwicklung einer Strategie

Das Tagesgeschäft der meisten Führungskräfte ist von operativen Aufgaben und Herausforderungen geprägt. Besprechungen mit Mitarbeitern und Kunden, unerwartete Termine, Kriseninterventionen, das Bearbeiten von Mails verschlingen Energie und Aufmerksamkeit. Für grundsätzlichere unternehmerische Fragestellungen, die über den Tag hinausreichen, fehlen daher oft die Zeit und die Freiräume (vgl. dazu Nagel 2009).

Strategieentwicklung in dem oben skizzierten systemischen Prozessmuster wird von den Entscheidungsträgern zusätzlich zu ihrer operativen Verantwortung betrieben. Das heißt, das Führungsteam (ergänzt um wichtige Schlüsselpersonen aus der Organisation bzw. von außen) muss sich ausreichend Zeitreserven für Klausuren, Projektarbeit etc. schaffen, um diesen gemeinsamen Nachdenk- und Entscheidungsprozess in einem überschaubaren Zeitraum hinzubekommen.

Angesichts der Sogwirkung des operativen Alltagsgeschäfts plädieren wir für eine bewusste strategische Auszeit zur Überprüfung und Nachbesserung der strategischen Positionierung des eigenen Unternehmens. Also ein gezieltes Nachdenken im Sinne der berühmten Frage von Peter Drucker: »Tun wir die richtigen Dinge?«

Die ›*Strategieschleife*‹ ist eine konkrete Wegbeschreibung für einen rekursiven Überprüfungsprozess. Sie ist ein ›roter Faden‹ für die einzelnen Arbeitsschritte und ihre logische Abfolge. Diese vorgeschlagene Architektur von in sich schlüssigen Schritten hat neben einer inhaltlichen Logik auch den Zweck, die unvermeidliche Komplexität der Strategiearbeit besser zu verstehen und dadurch leichter bearbeitbar zu machen. Viele in der Praxis gleichzeitig vorkommende Prozesse und Fragestellungen werden durch diese Darstellungsform entzerrt. Führungskräfte empfinden sie meist als entlastend, weil sie eine Energie- und Aufmerksamkeitsfokussierung für einzelne Fragestellungen zulässt, ohne den komplexen Such- und Entscheidungsprozess zu stark zu vereinfachen.

In der konkreten Praxis finden die Arbeitsschritte allerdings selten linear und exakt in dieser zeitlichen Abfolge statt. Wie in einer Pendelbewegung werden manchmal logisch später folgende Schritte vorab angedacht. So macht es zum Beispiel häufig große Mühe, unterschiedliche strategische Optionen durchzuspielen, ohne die damit verbundenen persönlichen Karrierechancen und organisatorischen Konsequenzen mit zu bedenken. Andererseits ist es oft auch in einem schon fortgeschrittenen Prozessstadium erforderlich, frühere Überlegungen im Lichte neuer Erkenntnisse und Einsichten noch einmal vertieft zu durchdenken.

Die Schleifenform symbolisiert das Auftauchen aus dem operativen Fluss des Tagesgeschäfts in eine strategische Perspektive, aus der man bestimmte Zusammenhänge anders beobachten und leichter neue Ansätze entwickeln kann als in den Zwängen des Alltags. Die Schleifenform verdeutlicht auch, dass man wieder in den operativen Fluss einschwenken muss. Sie ist der Versuch, die eingeschliffenen Tagesroutinen im Sinne der definierten Strategie zu beeinflussen und strategiekonform umzulenken.

Der ›rote Faden‹ dieser Reflexionsschleife umfasst die folgenden einzelnen Schritte:

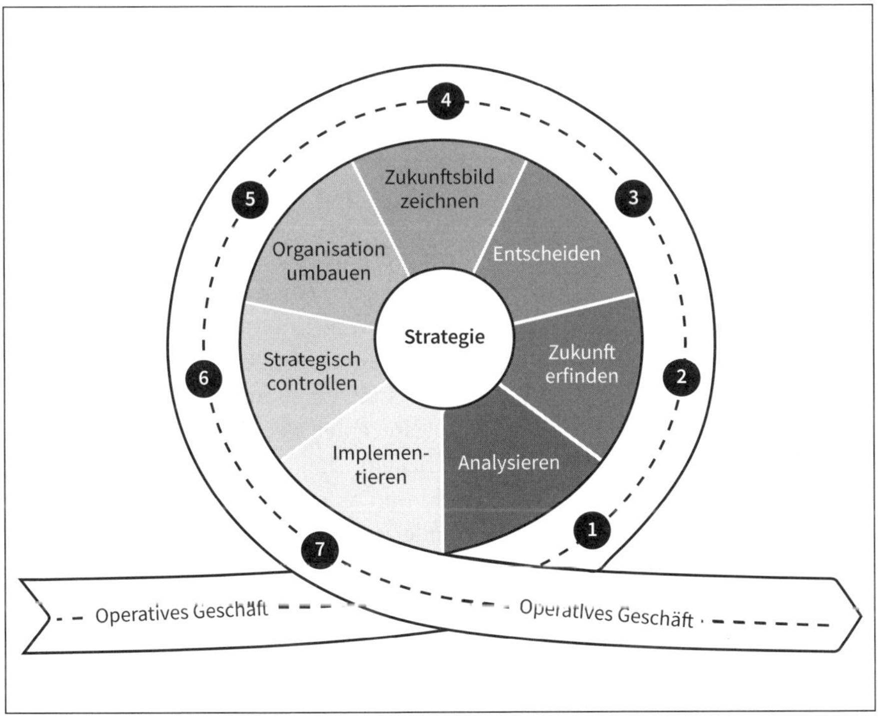

Abb. 2: Die Strategieschleife (adaptiert nach Nagel/Wimmer 2014)

Strategische Analyse

Strategiearbeit beginnt mit konsequentem Hinterfragen!

Welche Vorstellungen herrschen im Unternehmen und zwischen den Führungskräften zu Märkten, Kunden, Technologien und dem Geschäftsmodell? Zur Beantwortung dieser Fragen helfen bewährte Werkzeuge des strategischen Managements, wie beispielsweise Umfeld-, Stakeholder- und Wettbewerbsanalyse oder die Auseinandersetzung mit technologischen Entwicklungen und nicht zuletzt mit den Bedürfnissen der Kunden.

Der tiefere Sinn der Analysephase besteht darin, das Strategieteam jenem Maß an Beunruhigung auszusetzen, das dazu führt, dass neue Impulse und Informationen zugelassen und besprechbar gemacht werden. Denn gerade wenn es um die wesentlichen Existenzfragen des Unternehmens geht, kann dies emotional belastend sein. Deshalb ist ein Strategieprozess stets in Gefahr, sich selbst zu beruhigen und sich mit erheblichem Aufwand die eigenen eingefahrenen Sichtweisen zu bestätigen. Für eine substanzielle Auseinandersetzung ist es aber unabdingbar, das eigene Geschäft radikal zu hinterfragen. Bildlich gesprochen geht es darum, die kollektive Sehkraft zu stärken, indem die bisherige Brille abgenommen und auf ihre Passung überprüft wird. Gegebenenfalls müssen auch die Gläser ausgetauscht werden. Ziel dieser Phase ist es, die wichtigsten Chancen und Risiken zu kennen, mit denen das Unternehmen in der Zukunft konfrontiert sein wird. Ein gemeinsames realistisches Bild der internen Ressourcen und Rahmenbedingungen vervollständigt die Einschätzungen.

Alternativen zum Status quo entwickeln

Neue Zukunftsentwürfe entwickeln – der wichtigste Schritt in der Strategiearbeit!
Nur wer seine Grundannahmen kritisch überprüft, erhält den Stoff, mit dem sich in einem kreativen Akt mögliche neue Bilder vom Unternehmen entwerfen lassen. Bilder, die sich vom Status Quo deutlich unterscheiden.

Es ist für eine Organisation allerdings – wie schon ausgeführt – nicht leicht, sich von den Erfahrungen und den Erfolgsrezepten der Vergangenheit zu lösen und vollkommen neue Optionen zu entwickeln. Die besondere Herausforderung dieses Schritts besteht daher darin, »nicht durch den Rückspiegel in die Zukunft zu schauen« (Hamel/Prahalad 1997), sondern die Chancen der Zukunft zu adressieren. Die *Entwicklung von Optionen* ist der eigentlich kreative Akt im Strategieprozess. Da sind unternehmerische Intuition und strategischer Weitblick gefordert. In diesem Prozessschritt müssen Optionen entstehen, die einerseits für sich plausibel sind und die sich dennoch deutlich voneinander unterscheiden.

Die Entwicklung von Alternativen wird abgeschlossen, indem die verschiedenen strategischen Optionen zu unterschiedlichen aber in sich schlüssigen Zukunftsbildern gebündelt werden. Erfolgreich ist diese zweite Phase, wenn es gelingt, verschiedene realistische strategische Optionen auszuarbeiten, die so keinem der Beteiligten bekannt waren. Dies ist ein anspruchsvolles Ziel, das in der Regel nur dann erreicht wird, wenn die Grundannahmen der Organisation sowohl emotional als auch intellektuell radikal hinterfragt worden sind.

Entscheidungen treffen

Den Spannungsbogen zwischen analytischer Vernunft und unternehmerischer Vision halten!
In diesem Schritt werden die in der zweiten Phase entstandenen Optionen abgewogen und bewertet. Dafür ist es ratsam, diese soweit im Detail auszugestalten, dass der Investitionsaufwand und die erwarteten Ertragspotenziale abschätzbar sind, um die unternehmerischen Implikationen beurteilen zu können.

Wenn es in den vorangegangenen Prozessschritten gelungen ist, das in solchen Diskussionen unvermeidbare Konfliktpotenzial konstruktiv zu wenden bzw. zu nutzen, dann kann im Entscheidungsfindungsprozess ein erhebliches Energiepotenzial für die weitere Unternehmensentwicklung entstehen. Voraussetzung für diesen Schubkrafteffekt ist ein schwer beschreibbares Gefühl der Stimmigkeit, das sich bei allen am Entscheidungsprozess Beteiligten einstellt, wenn das gemeinsam entwickelte inhaltliche Ergebnis als für das Unternehmen passend empfunden wird.

Unternehmensstrategie gestalten

Den Weg in die Zukunft aufzeigen!

Durch die intensive Diskussion im vorhergegangenen Schritt über alternativ mögliche Geschäftsmodelle entsteht meist eine solide Basis, auf der ein Zukunftsbild formuliert werden kann. Dieses Zukunftsbild steckt einen Rahmen ab, der wie Leitplanken eine Orientierung für die künftige Unternehmensentwicklung gibt. Es ist ein Bindeglied zwischen dem Heute und dem Morgen. Es verknüpft die kurzfristigen mit den langfristigen Zeithorizonten.

Ist das Zukunftsbild gezeichnet, geht es weiter darum, gemeinsam ein Konzept für die Umsetzung zu erarbeiten. An welchen Stellhebeln müssen wir jetzt und in den kommenden Jahren ansetzen, um das Unternehmen insgesamt in die angestrebte Richtung zu entwickeln? Hier entsteht auch ein ›*Masterplan*‹, eine Beschreibung des gemeinsamen Weges in die Zukunft. Das Implementierungskonzept zeigt dem Unternehmen, welche Kompetenzen es in Vorwegnahme der Zukunft bereits heute entwickeln muss, um in der künftigen Wettbewerbsauseinandersetzung erfolgreich bestehen zu können.

Das Organisationsdesign anpassen

Die Organisation bei laufendem Motor umbauen!

Mit dem fünften Schritt beginnt die *Umsetzungsphase*. Eine neue Strategie soll die Leistungsfähigkeit des Unternehmens verbessern und dessen Potenzial erhöhen. Deshalb müssen auch die Strukturen und Prozesse im Unternehmen überdacht werden. Oft bedingt das Wettbewerbsumfeld, dass die Binnenstruktur und -prozesse des Unternehmens umzubauen sind. Daher ist in dieser Phase zu prüfen, ob die eigenen Organisationsverhältnisse und die etablierten Geschäftsprozesse mit den Entwicklungszielen des Zukunftsbildes noch zusammenpassen.

Strategisches Controlling überprüfen und gestalten

Steuerungssysteme auf die Strategie ausrichten!

Ist das Fundament für die Zukunftsausrichtung und für die notwendigen Veränderungen gelegt, geht es im sechsten Schritt darum, systematisch zu beobachten, ob die strategische Kurskorrektur den »operativen Fluss des Geschehens« tatsächlich in die gewünschte Richtung lenkt. Mit dem Aufbau bzw. der Adaptierung des Steuerungssystems wird es möglich, Abweichungen frühzeitig zu erkennen und gegenzusteuern.

Es gilt, die bestehende Governance zu überprüfen und anzupassen. Wichtig ist, dass mit den Steuerungsinstrumenten und -strukturen notwendige Veränderungsimpulse erkannt und an das operative Geschäft gegeben werden können.

Strategie implementieren

Strategie(umsetzung) zum Alltagsgeschäft machen!

Die Implementierung einer Strategie kann nicht allein durch ihre Verkündung durch die Unternehmensführung gewährleistet werden. Nur wenn der Umsetzungsprozess mit den organisationsinternen Besonderheiten so aufmerksam geplant und gesteuert wird, wie die inhaltlich-strategischen Fragen, kann der Strategieprozess die gewünschte Steuerungswirkung entfalten. Eine sorgfältig geplante und entsprechend vorangetriebene Implementierung ist daher für eine erfolgreiche Strategiearbeit im Unternehmen unabdingbar.

Literatur

Baecker, D. (2003): Organisation und Management. Frankfurt a. M.: Suhrkamp.

Dietl, W.: Strategieentwicklung für Unternehmensfunktionen: Operative Bereiche und Funktionen strategisch ausrichten. Stuttgart: Schäffer-Poeschel (erscheint voraussichtlich 2017).

Hamel, G./Prahalad, C. K. (1997): Wettlauf um die Zukunft. Wie Sie mit bahnbrechenden Strategien die Kontrolle über Ihre Branche gewinnen und die Märkte von morgen schaffen. Wien: Wirtschaftsverlag Ueberreuter.

Luhmann, N. (2000): Organisation und Entscheidung. Opladen: Westdeutscher Verlag.

Nagel, R. (2014): Lust auf Strategie. 2. Aufl., Stuttgart: Schäffer-Poeschel.

Nagel, R./Wimmer, R. (2014): Systemische Strategieentwicklung. Modelle und Instrumente für Berater und Entscheider. 6. Aufl., Stuttgart: Schäffer-Poeschel.

4 Wie Abläufe geplant und mit Störungen umgangen werden kann

Organisationen wurden erfunden, um mit geeigneten Mitarbeitern auf adäquate und verlässliche Weise Zwecke zu verfolgen bzw. Ziele zu erreichen. Da liegt die Annahme nahe, dass eine ausgefeilte Planung Ausdruck der bewussten Wahl der Mittel und der optimalen Vorgehensweise zur Zielerreichung ist. Wer sich intensiv mit Planung auseinandersetzt, kann sich des Eindrucks nicht erwehren, dabei immer hin und her zu pendeln zwischen Überhöhung der ›Zweckrationalität‹ – mit Rückgriff auf Max Weber (1976, S. 13): »Zweckrational handelt, wer sein Handeln nach Zweck, Mitteln und Nebenfolgen orientiert, und dabei sowohl die Mittel gegen die Zwecke, wie die Zwecke gegen die Nebenfolgen, wie endlich auch die verschiedenen Zwecke gegeneinander rational abwägt« und ›Plan-Nutzlosigkeit ob der unberechenbaren Lebenswirklichkeit‹ – mit Rückgriff auf Alfred Schütz sinngemäß: Weil die Praxis der Lebenswelt viel zu komplex und vielfältig ist, um Handlungen nach allgemeinen Schemata auszurichten, kann man nur unter Nutzung von Einzelrationalitäten situativ begründet handeln und entscheiden (vgl. Schiemann 2002). Mit Klugheit und Gelassenheit arbeiten wir an der Auflösung dieses scheinbaren Widerspruchs, nicht selten mit Rückgriff auf die Ballade von der Unzulänglichkeit menschlichen Planens, nämlich der *Dreigroschenoper,* eines der erfolgreichsten Theaterstücke aller Zeiten von Bertolt Brecht, der vor genau 60 Jahren verstarb:

Ja, mach nur einen Plan!
Sei nur ein großes Licht!
Und mach dann noch 'nen zweiten Plan
Gehn tun sie beide nicht.
Denn für dieses Leben
Ist der Mensch nicht schlecht genug
Doch sein höhres Streben
Ist ein schöner Zug.

Ja, renn nur nach dem Glück
Doch renne nicht zu sehr
Denn alle rennen nach dem Glück
Das Glück rennt hinterher.
Denn für dieses Leben
Ist der Mensch nicht anspruchslos genug.
Drum ist all sein Streben
Nur ein Selbstbetrug.

Warum ist nicht alles planbar? Und warum muss Veränderung dennoch gut geplant werden? Was kommt nach dem Plan? Welche Haltung hilft bei der Erkenntnis, dass ein Plan bereits bei Erstellung hinfällig ist? Welche Kraft erwächst aus Störungen? Wie kann man scheinbare Störungen zu Promotoren des Wandels machen?

Die Organisationsstrukturen und -abläufe sind heute vielfältig gestaltet – zunehmend lassen sich projekt- und clusterförmige Strukturen erkennen, insbesondere wenn es darum geht, Veränderung zu realisieren und den Herausforderungen des Wandels zu begegnen. Den Vorzügen solch flexibler und dynamischer Arbeitsstrukturen stehen die Bewältigung von Krisen und Störungen, die sich aus diesen Arbeitsformen ergeben, gegenüber.

Vor diesem Hintergrund beginnt dieses Kapitel mit einem Aufschlag von Alexander Gutbrod, der aus einem Technologie-Unternehmen heraus mit einer Antithese zur Komplexität einsteigt und die unterschiedlichen Gestaltungsformen von Abläufen skizziert. Projektmanagement hat sich als Gestaltungselement durchgesetzt – und bewegt sich zwischen Glorifizierung und Verriss. Für gut definierbare Probleme mag sich klassisches Projektmanagement eignen, aber dafür wird es eigentlich nicht gebraucht. Wie man im ›Projektmanagement zukünftigen Typs‹ dank organisationaler Lernreife die paradoxe Situation auflösen kann, dass man sich von linearen Planungskonzepten verabschieden und eine suchende, improvisierende und erforschende Praxis entfalten muss, wird von Herbert Asselmeyer dargelegt. Für Gelassenheit in Konflikten plädiert Wilfried Kerntke und erläutert, warum Konflikte vor dem Hintergrund organisationaler Ziele entstehen (müssen) und warum sie kein Privateigentum sind, sondern Stakeholder-Teilhabe zu organisationaler Vernunft und Lösung beiträgt. Roland Eckert schließt das Kapitel mit einem Blick auf zukünftige Organisationsstrukturen. Er verweist auf agile Organisationsmodelle für bessere Anpassungs- und Innovationsfähigkeit und stellt dazu zwei mögliche Modelle und Vorgehenskonzepte vor.

Literatur

Brecht B. (1968): Die Dreigroschenoper. Frankfurt: Suhrkamp.

Schiemann, G. (2002): Rationalität und Erfahrung. Ansatz einer Neubeschreibung von Alfred Schütz' Konzeption der Erkenntnisstile. In: Karafyllis, N./Schmidt, J. (Hrsg.): Zugänge zur Rationalität der Zukunft. Stuttgart: Metzler, S. 73–84.

Weber, M. (1976): Wirtschaft und Gesellschaft [1921], 5. Aufl., Tübingen: Mohr Siebeck.

4.1 Von der (Un-) Disziplinierheit geplanter Abläufe

Alexander Gutbrod

4.1.1 Einleitung

Ein kleiner Seitenhieb vorweg muss erlaubt sein: Die Annahme, die Organisationswelt werde komplexer, ist eine These, die durchaus hinterfragt werden kann. Die Diagnose Komplexität wirkt häufig unvermittelt in den Raum gestellt und dient als Argumentationsgrundlage dafür, unsicheren und volatilen Bedingungen durch geeignete Maßnahmen – wie z. B. Change-Kompetenz oder Agilität – zu begegnen. Eine differenzierte Betrachtungsweise sollte der Begriffsbildung genauer auf den Grund gehen und auch den Gegenstand der Standardisierung im Blick haben. Prozesse, Tools, rechtliche Rahmenbedingungen, Ausbildungsstandards, Handelsabkommen etc. – die Welt des Organisationsgestalters wird nicht komplexer, sondern bewegt sich Richtung Standards und Berechenbarkeit – so lautet die Gegenthese.

Ein Zusammenhang der beiden Begriffswelten ist dann gegeben, wenn sich darstellen lässt, wie es mittels Standardisierung gelingt, Komplexität zu reduzieren und so den Aufbau sekundärer Komplexität (vgl. Luhmann 2000, S. 222) zu ermöglichen. Am Beispiel der Automobilindustrie soll in diesem Artikel aufgezeigt werden, wie Standardisierung in den Unternehmensabläufen für immer weitreichendere Optionen bei der Produktion und der Produkttechnologie sorgt.

4.1.2 Was ist Komplexität?

Welcher Sichtweise auch immer man Glauben schenkt, ein vorsichtiger Umgang mit Begriffen scheint angeraten zu sein. Jürgen Kaube hat in einem lesenswerten Artikel in der FAZ vom 13.07.2015 einen sensibleren Umgang mit schnellen Diagnosen und laxer Begriffsbildung gefordert. Kaube stellt dar, wie sehr beispielsweise die Massenmedien bei der permanenten Produktion von Neuigkeiten weglassen, was sich alles nicht ändert oder gleichbleibt. Wir lebten in einer Gesellschaft, die eine Präferenz für Diskontinuität zu haben scheint, was sich nicht nur bei den Massenmedien ablesen lässt, sondern auch etwa in den Sozialwissenschaften zu bestaunen ist. Die Rede vom Ende der ›Arbeitsgesellschaft‹ nahm mit der Diagnose Fahrt auf, wir lebten in einer ›Angestelltengesellschaft‹, die dann um Begriffe wie postindustrielle Gesellschaft – Wissensgesellschaft – Organisationsgesellschaft – Informationsgesellschaft – Risikogesellschaft angefüllt worden ist. Der Faden wird aktuell weitergesponnen: ›Netzwerk Gesellschaft‹ oder ›digitalisierte Gesellschaft‹ sind die derzeit geläufigen Begriffe. Circa alle fünf Jahre eine neue Gesellschaft – man kann Zweifel haben, ob man daraus jetzt erkennen kann, in welcher Gesellschaft wir leben. Aber so viel scheint unklar: Dass wir in einer durch Komplexität gekennzeichneten Welt lebten, in der sich alles ständig ändert. Vor diesem Hintergrund soll also zumindest im akademischen, aber auch operativen Kontext ein souveräner Umgang mit Trendbegriffen vorgeschlagen werden.

Die Diagnose ›Komplexität‹ ist nun nicht einfach eine Erfindung von Beratern oder Produkt der Informationserzeugung von Journalisten und publikationssüchtigen Wissenschaftlern. Ein sachlicher Zugang zur Begriffsbildung und des akademischen Erkenntnisprozesses dazu liegt in der allgemeinen Systemtheorie sowie im Besonderen bei der soziologischen Systemtheorie.

Komplexität ist durch Anzahl und Art der Elemente eines Systems und deren Beziehung untereinander bestimmbar. Komplexe Prozesse weisen eine Eigendynamik aus und sind für einen Beobachter intransparent. Heinz von Foerster hat diese Definition am Beispiel nicht-trivialer Systeme erläutert. Danach sind *nicht-triviale Systeme* dadurch gekennzeichnet, dass der Output einer Aktion nicht durch den Input berechenbar definiert ist. (vgl. Foerster 1993, S. 244 ff.) In der Übersetzung auf ein Organisationsthema formuliert: Das Treffen von Entscheidungen ist kein Prozess, bei dem ein optimaler Satz an Input-Informationen einen definierten Prozess der Informationsverarbeitung durchläuft, der zu einem messbar ›guten‹ Output an Entscheidungen führt. Es gibt in Bezug auf die Rationalität einer Entscheidung begrenzende Faktoren. Die Qualität der Input-Information ist schwer definierbar; der Prozess der Informationsverarbeitung ist in sozialen System nicht so ohne Weiteres technisierbar.

Natürlich läuft ein Technologiedefizit immer mit. Die Schwierigkeit, eine erfolgssichere Kausalverbindung zwischen einer Ausgangssituation und einem gewünschten Endzustand zu definieren, betrifft wesentliche Aspekte der Unternehmensentwicklung und Beratung (vgl. Kühl 2008, S. 9).

Die Diagnose Komplexität ist jedoch zu pauschal, wenn Sie nicht die Argumentation der Standardisierung/Technisierung reflektiert.

Nach meiner Auffassung besteht die Führungs- und Organisationsaufgabe auch nicht darin, auf eine diffuse Art Komplexität zu bewältigen, sondern darin, die Gestaltung von Standards und Technologie als die entscheidende Managementaufgabe zu begreifen.

4.1.3 Unternehmensabläufe I – undisziplinierte Abläufe doch irgendwie managen

Um den Titel dieses Textes aufzugreifen: es lässt sich plausibel eine Undiszipliniertheit von Abläufen eines Unternehmens darstellen. Die Eingangsgrößen der technischen und kommerziellen Spezifikation etwa in der Automobilindustrie reichen häufig nicht aus, um daraus eine exakte Definition der Zielgrößen in Bezug auf technische Funktionalität, Termine und Kosten abzuleiten. Im Verlauf des Produktenstehungsprozesses sind Kompetenzen nötig im Umgang mit Agilität und Änderungsmanagement. Darunter sollte jedoch nicht verstanden werden, dass man nun *auf Agilität umstellt*, um der komplexen Welt gerecht zu werden (vgl. zum Beispiel das Interview mit Heinz Erretkamps in F & E manager, o. V. 2014). Der Eindruck drängt sich auf: Frontloading ist out/Agilität ist in. Ein Trendbegriff ersetzt den anderen. Tatsächlich bedeutet ›agiles Entwickeln‹ eine enorme Steigerung der Kontrollmechanismen in den Prozessen, um anhand schneller Feedbacks Korrekturen sofort umsetzen zu können. Daily Stand-ups, eine extensive Anwendung iterativer Problemlösungstechniken, feingranulare Verfolgung des Reifegrades von Prozessen und Technologien – dem Problem der Unbestimmtheit wird durch eine Ausweitung bekannter Kontrolltechniken entgegnet.

Eine andere Frage bei der Diskussion um Agilität ist die Anpassungsfähigkeit nicht nur im Prozess der Produktentstehung, sondern die Anpassung der Zielgrößen in Bezug auf das Machbare zu einem definierten Termin. Es ist mehr als ein Wortspiel an dieser Stelle, beim Umgang mit Agilität auf das *AGIL-Schema* von Talcott Parsons hinzuweisen (vgl. Parsons 1951), um das Thema Anpassungsfähigkeit eines Systems und Integration von Änderungen zu verstehen. (Urheber dieses Wortspieles ist mein Kollege Björn Thies).

Danach muss ein System vier Funktionen erfüllen, um seine Existenz zu bewahren:

1. **A**daptation (Anpassung)
→ die Fähigkeit eines Systems, an sich verändernde Bedingungen sich anzupassen
2. **G**oal Attainment (Zielverfolgung)
→ die Fähigkeit eines Systems, Ziele zu definieren und zu verfolgen
3. **I**ntegration (Eingliederung)
→ die Fähigkeit eines Systems, Kohäsion (Zusammenhalt) und Inklusion herzustellen und abzusichern
4. **L**atency bzw. Latent Pattern Maintenance (Aufrechterhaltung)
→ die Fähigkeit eines Systems, Wertmuster und Strukturen aufrechtzuerhalten

---

Der Clou des AGIL-Schemas nach Parsons besteht darin, dass die vier Aspekte des Schemas zusammenwirken müssen, wenn von einer Systemerhaltung gesprochen werden soll.

Übersetzt auf das Beispiel Automobilindustrie und funktionierender Agilität lautet die Anforderung also, ein Zielsystem zwischen Erstausrüster (OEM) und Zulieferkette zu managen. Die Integration von Anpassungen (Änderungen) über Organisationsgrenzen hinweg ist höchst anspruchsvoll. Das Problem, dass Autos zu definierten Terminen vom Band rollen und dann funktionieren müssen, bestimmt das Tagesgeschäft. Entsprechend kontrovers kann man verhandeln, wie viel Agilität und Änderungen bearbeitbar sind, und wer das Qualitätsrisiko in konkreten Geschäftsbeziehungen trägt. Eine fundierte Behandlung tatsächlicher oder vermeintlich komplexer Abläufe sowie die Integration von Änderungen lässt sich plausibler über die Anforderungen eines AGIL-Schema verorten als sich ad hoc auf agile Methoden zu stürzen.

4.1.4 Unternehmensabläufe II – disziplinierte Abläufe gestalten

Wie kann es gelingen, ein anpassungsfähiges Zielsystem zu erzeugen, das Änderungen professionell integriert?

Wir erleben derzeit eine Standardisierung im Knotenpunkt der direkten Wertschöpfungsprozesse. IT, Logistik, workflowbasierte Prozessabläufe greifen ineinander und steigern nicht nur die Berechenbarkeit einzelner Prozessschritte und -abfolgen. Potenziell lassen sich verschiedenste Datenobjekte miteinander vernetzen – vormals komplexe System werden verknüpft. Der berechenbare Austausch an Informationen integriert verschiedene Datenträger und ermöglicht so im Produktentstehungsprozess eine extreme Steigerung an exakten Produkt- und Produktionsdaten. Die IT-basierte Produkttechnologie ermöglicht autonome Fahrfunktionen, den Austausch von Daten zwischen Autos sowie zwischen Autos und anderen Trägern der Datenverarbeitung. Standards und Technisierung modernisieren die Optionen der Produktion sowie der Mobilität.

Wesentlicher Treiber dieser Modernisierung ist nun nicht nur die Technologieentwicklung selber. Es entstehen institutionelle Kerne, die mittels der Definition von technischen Spezifikationen, Sicherheitsanforderungen oder Datensicherheit die Technologieentwicklung prägen und vordefinieren. Als Beispiel für solch einen institutionellen Kern sei die *AUTOSAR Initiative* (www.autosar.org) genannt, die zum Ziel hat, Hersteller- und Zulieferer-übergreifend, eine einheitliche Softwarearchitektur für sogenannte Embedded Software zu konfigurieren. Dies ermöglicht den Austausch und die Integration verschiedenster Softwarekomponenten im Fahrzeug und damit einen Technologieschub verschiedener Anwendungen der Fahrzeugsteuerung. Das Motto der Initiative lautet: Zusammenarbeit bei Standards – Wettbewerb bei der Umsetzung.

Man muss nicht nur auf IT-basierte Technologien schauen. Auch soziale Regelwerke oder gesetzliche Rahmenbedingungen tragen zu Kohäsion und Strukturierungsanforderungen des AGIL-Schemas bei. Es ist ein Zeichen für die Bedeutung und Aktualität des Themas, dass der 69. Deutsche Betriebswirtschafter-Tag der Schmalenbach Gesellschaft e. V. am 23./24. September 2015 sich dem Thema Regulierung widmete (vgl. Brandt et al. 2015).

4.1.5 Was ist nun die Managementaufgabe?

Es ist eine spannende Aufgabe, die dargestellten Aspekte der Gestaltung von Unternehmensabläufen und den Umgang mit Komplexität durch Standardisierung so in den Rahmen eines Management-Modells einzuordnen, dass daraus Fragestellungen und Handlungsempfehlungen für das Management ablesbar werden. Der Management-Rahmen ist leider nicht so einfach auf eine systematische Art und Weise zu konstruieren. Man kann durchaus ein Technologiedefizit bei der Evolution der Managementmodelle konstatieren, wie der ad-hoc-Umgang mit dem Thema Komplexität oder Agilität zeigt. Der Transfer von Theorie-Ressourcen zu dem Thema etwa aus der Soziologie der Wirtschaftswissenschaften in die Praxis scheint kompliziert bzw. durch »Wechselwirkungslosigkeit« (vgl. Kaube 2000, S. 254 ff.) geprägt. Die Blaupause einer soziologischen Theorie, die Normen, Rollen, Rahmen, Systeme (vgl. etwa Baecker 2010) auf Aspekte einer klugen Organisationsgestaltung überträgt, kann noch verfeinert werden. Das AGIL-Schema nach Talcott Parsons liefert allerdings Hinweise/Fragestellungen, die sich operativ ausprägen lassen:

Wie entstehen Standards in Unternehmen und Netzwerken? Wie werden sie legitimiert? Wie sehen Migrationskonzepte aus, die laterale Strukturen in einen funktionierenden Standard überführen? Wie greifen Ablauf- und Aufbauorganisation ineinander in der Form, dass Entscheidungen getroffen werden, zum Agilitätskonzept, zur IT Strategie, zum Prozessmanagement etc.?

Akteure, Organisationen und Netzwerke, die die Gestaltung von Technologiestandards, Prozessen, IT-Systemen, institutionellen Regulativen als Managementaufgabe begreifen, sind Antreiber wettbewerbsfähiger Unternehmen, Produkte und Dienstleistungen.

Literatur

Baecker, D. (2010): Handeln im Netzwerk: Zur Problemstellung der Soziologie. In: Fuhse, J./Mützel, S. (Hrsg.): Relationale Soziologie. Zur kulturellen Wende der Netzwerkforschung. Wiesbaden: VS, S. 233–256.

Brandt, W./Krause, S./Wagenhofer, A./Weber, M. (2015): Regulierung – Fluch oder Segen? FAZ vom 31.08.2015, S. 16.

Kaube, J. (2000): Wechselwirkungslosigkeit: Anmerkungen zum Verhältnis von Systemtheorie und Wirtschaftswissenschaft. In: Berg, H. d./Schmidt, J. F. K. (Hrsg.): Rezeption und Reflexion: zur Resonanz der Systemtheorie Niklas Luhmanns außerhalb der Soziologie. Frankfurt am Main: Suhrkamp, S. 254–266.

Kaube, J. (2015): Wie man die Gegenwart erfasst: Wie soll der Journalismus in Zeiten des digitalen Überangebots mit Neuigkeiten umgehen? Dankesrede anlässlich der Verleihung des Ludwig-Börne-Preises. FAZ vom 13.07.2015.

Kühl, S. (2008): Das Evaluations-Dilemma der Beratung: Evaluation zwischen Ansprüchen von Lernen und Legitimation. http://www.uni-bielefeld.de/soz/forschung/orgsoz/Stefan_Kuehl/pdf/Das-Evaluations-Dilemma4-Kap-4-02042008.pdf (Abrufdatum: 08.06.2016).

Luhmann, N. (2000): Organisation und Entscheidung. Opladen: Westdeutscher Verlag.

Parsons, T. (1951): The Social System. London: Routledge.

o. V, (2014): Scrum like it hot! Interview mit Heinz Erretkamps. In: Der F&E manager, H. 01/ 2014, S. 6–11.

Heinz von Foerster (1993): Wissen und Gewissen – Versuch einer Brücke. Autorisierte Übersetzung aus dem Amerikanischen von Wolfram Karl Köck. Frankfurt a. M.: Suhrkamp.

4.2 Projektmanagement zukünftigen Typs

Herbert Asselmeyer

In Organisationen entsteht immer häufiger die irritierende Situation, dass das ›Alte‹ (bisherige Produkte, Prozesse etc.) nicht mehr uneingeschränkt gilt, das ›Neue‹ (alternative Produkte etc.) aber noch nicht greifbar ist, sondern erst entdeckt/entwickelt werden muss. Das Kompositum Projekt-Management fungiert in Organisationen sozusagen als kommunikativer STOPP-Befehl, um die alltägliche Routine (»Wir machen das immer so.«) zu unterbrechen und die Aufmerksamkeit auf einen alternativen Bearbeitungsmodus zu lenken (»Hier stehen wir vor einer Herausforderung – wie wir das schaffen, müssen wir herausfinden.«). Angesichts der anhaltend bevorzugten Methodik Projektmanagement sowie mit Blick auf öffentlichkeitswirksame Diskussionen über gescheiterte Großprojekte, verwundert es nicht, dass mittlerweile eine fast unübersehbare Flut von erfahrungsorientierter Projektliteratur vorliegt, anhand der sowohl der Mythos (›Machbarkeit durch Projekte‹) als auch die ernüchternde Realität (›Projektmanagement als großes Missverständnis‹) erschlossen werden kann. Darüber hinaus existiert auch reichlich wissenschaftliches Material, um der »Logik des Mißlingens« (Dörner 1989) bzw. den (Miss-) Erfolgsfaktoren von Projekten durch erfolgskritische Evaluationsstudien immer besser »auf die Spur« zu kommen (Gottert 2016, S. 73). Aber es liegen auch z. B. systemtheoretisch begründete Anregungen vor, das zukünftige Projektmanagement präziser zu fassen und weiter zu denken (vgl. Grossmann/Scala 2011; Kühl 2016), wobei die organisationale Lernreife eine große Rolle spielt (vgl. Ebner et al. 2008).

4.2.1 Projektmanagement als Instrument

Zu den verbreitetsten Instrumenten, in Organisationen in Phasen des »zwischen nicht mehr und noch nicht« (Roehl 2014) die Kommunikation anzuregen und zu strukturieren, gehört das Projektmanagement. Hierdurch entsteht konzeptionell ein zeitlich befristeter und prozessual angeleiteter Rahmen, um die Aufmerksamkeit von Mitarbeitenden weg von Problemen gezielt hin auf Projekte zu lenken, also dadurch die Kommunikation zur Entwicklung, Erprobung und Evaluation von alternativen Produkten/Prozessen/Dienstleistungen anzuregen.

Pikant für unser Thema ist dabei, dass das Scheitern ein Projekt-Merkmal per definitionem ist: Nach einschlägigen Managementdefinitionen geht es in einem ›*Projekt*‹ um eine bewusst zeitlich begrenzte Herausforderung, bei der ein definiertes Ziel mit manchmal durchaus widersprüchlichen Teilzielen erreicht werden soll oder ein Problem gelöst werden muss, bei dem die zu bewältigende Thematik nicht nur komplex ist, sondern Lösungen unbekannt und Lösungswege vielfältig sein können. Erschwert kann eine bereichs-/fachübergreifende Zusammenarbeit oder auch mit Externen dadurch werden, dass diese aufgrund anderer Herkunftskulturen und organisationsspezifischer Sachlogiken anders denken, handeln und entscheiden. Alle diese Merkmale bedingen sich nicht nur wechselseitig, sondern erfolgen unter Zeit- und Handlungsdruck.

Einer der wichtigsten Grundgedanken der Projektarbeit ist, dass das notwendige Wissenspotenzial für die Bewältigung neuer Aufgaben in den Organisationen zumeist schon vorhanden ist, diese Ressourcen jedoch oft nicht erkannt und genutzt werden. Organisationsentwicklung bedeutet demnach auch, bereits vorhandenes Wissens- und Erfahrungspotenzial aufzudecken, weiterzuentwickeln, auf neue Weise miteinander zu verknüpfen und neue Arbeitszusammenhänge zu kreieren.

Im Hinblick auf die obigen Ausführungen lassen sich die besonderen *Vorteile der Projektarbeit* wie folgt zusammenfassen:

Vorteile der Projektarbeit

1. Der Wissenstransfer vom Einzelnen in Richtung Organisation wird gefördert bzw. erst ermöglicht, denn durch die Arbeit in Projekten erhalten die Mitarbeitenden die Gelegenheit, ihr Wissen und ihre Fähigkeiten losgelöst von bisherigen Strukturen, Vorgaben, Einschränkungen etc. einzubringen.
2. Teamlernen wird gefördert.
3. Bestehende Strukturen können verändert werden, da Projekte auch als Test-Laboratorien fungieren, in denen neue Organisationsformen (z. B. veränderte Führungsmodelle) entwickelt, getestet und ggf. implementiert werden können.
4. Neue Werte und Orientierungen (Visionen) in Organisationen können entstehen, z. B. indem die Erfahrungen, die in den Projekten gemacht wurden, auf die ganze Organisation übertragen werden.
5. Die Arbeit in und von Projekten fördert die Fähigkeit zum systemischen Denken sowie die Vernetzung einzelner Bereiche innerhalb der Organisation.

Welchen entscheidenden Beitrag die Projektarbeit zur Überwindung der Lernbehinderungen innerhalb von Organisationen und hinsichtlich der Merkmale Lernender Organisationen leisten kann, ist unübersehbar.

4.2.2 Bedeutung des Projektmanagements

Projektmanagement kann man sich in Organisationen genauso wenig wegdenken wie Teamarbeit: Jenseits glorifizierender Mythen und ernüchternder Realitäten haftet dem Projektmanagement etwas Faszinierendes an, weshalb sich viele Mitarbeitende und Führungskräfte – trotz allem immer wieder – darauf einlassen. Ausschlaggebende Faktoren sind:

- ›individueller Reiz‹ durch mehr Selbstentwicklung (Herausforderung bewältigen, Selbstfindung, Sinnhaftigkeit, Mitbestimmung, Idealismus, Kompetenzerwerb)
- ›sozialer Reiz‹ durch mehr Bedürfnisbefriedigung (Erleben von Mitgliedschaft in einer Gruppe, Gemeinsamkeiten teilen, Partizipation ermöglichen, Anerkennung erhalten, Funktionen/Macht einnehmen, positives Image im Sinne von ›Gutes tun‹)
- ›Charme der Sachlichkeit‹ (relativ hohe Klarheit/Strukturierung und Transparenz von Zielen, Aufgaben, Prozessen und zugewiesenen Kompetenzen; Abwechslung vom Alltag durch Mitwirkung an Innovationen, Entdecken von/Andocken an Visionen; Beitrag zur Professionalisierung; Schaffung von Mehrwert durch Optimierung mit den erhofften Folgen Kostensenkung, Zeitgewinn, Qualitätszuwachs, Professionalisierung u. a.)
- ›inhärente Ablauflogik‹ (Projektmanagement wird assoziiert mit Handlungsorientierung und -motivation bis zur Zielerreichung/Problemlösung: Eine Gruppe sorgt für ein relativ transparentes Vorgehen mit vereinbarten Phasen, Maßnahmen, Terminen und Berichtspflichten. Bei der Verrichtung aufeinander beziehbarer Tätigkeiten entsteht Motivation, mit Abweichungen und Schwierigkeiten umzugehen; dabei vollzogene Umwege, erfahrene Überraschungen und Frustrationen werden als projektzugehörig und gleichwohl sinnstiftend erlebt, weil der Umgang mit Neuartigem mit Lernen verbunden werden kann. Die Projektkommunikation verhindert nicht nur, dass zu schnell eine erstbeste Idee durchgesetzt wird, sondern darüber hinaus werden auch verschiedene Lern- und Arbeitsstile angesprochen. Die Hoffnung besteht darin, hierdurch geschickt Energien von Mitarbeitenden über einen definierten Zeitraum aufrechterhalten zu können) (vgl. Kästner et al. 2012, S. 31 f.).

Projektmanagement kann sozusagen ganz allgemein als Rahmen-Metaphorik mit einer gewissen »Spontan-Plausibilität« (Kühl 2016, S. 2) verstanden werden, um damit positiv besetzte Imageaspekte transportieren zu wollen. Beispielsweise geht es in Projekten in der Regel um die Gestaltung von Zukunft (Präfix Pro- vermittelt ein Dafürsein/Dabeisein), um ein ganzheitliches Tun (Zusammenhang von Vision, Plan, Durchführung, Führen, Managen, Monitoring, Evaluation), und

das Projektmanagement scheint dazu das bewährte zweckrationale Vorgehensmodell zu sein (eindeutige Steuerungs- und Prozessschritte, bewusste Bewältigung der Spannung zwischen Altem und Neuem in der Organisation). Diese Tendenz wird nicht zuletzt dadurch befördert, dass in zahlreichen Organisationstypen (z. B. Schule, Hochschule, Politik, Kirche u. a.) die projektförmige Organisation quasi zur selbstverständlichen Organisationsform avanciert.
Demgegenüber wissen Projekt-Erfahrene aber auch, dass nicht nur die inflationäre Begriffsverwendung (Projekte können alles mögliche sein) wenig hilfreich ist, sondern dass mit Projekten bewusst und kalkuliert ›viel Unklarheit‹ verbunden ist (Ziele, Aufwand, Mittel, ...), dass die Erbringung enormer Anstrengungen erwartet wird (Mehrfachbelastungen, Zunahme von Stress und Arbeitsverdichtung; Ertragen fehlender Unterstützung; Bewältigung von frustrierenden Erfahrungen, Kompetenzdefiziten und Selbstzweifeln) und schwer aushaltbare Zumutungen unausweichlich sind (organisationale Paradoxien, Projektziel-gefährdende Trägheiten und Hemmnisse; Ressourcenmangel; ausbleibender Fortschritt; fehlende Nachhaltigkeit oder auch der Umgang mit kritischen Ereignissen und Krisen (vgl. Neubauer 1999; Reiter 2003)). Projekte können nicht nur aus sachlogischen Gründen scheitern (vgl. Voirol/Schendzielorz 2014; Rückert John 2014), sondern auch aus mikropolitischen Intentionen missbraucht und zum Scheitern ›verurteilt‹ werden (vgl. Neuberger 2006; Ortmann 2013; Gottert 2016).

Dazu beizutragen, eine abgewogene und fachlich begründbare Perspektive für das zukünftige Projektmanagement zu gewinnen, wird auch mit diesem Beitrag verfolgt. Dabei wird Kühl (2016) zugestimmt, dass ein Hauptproblem in Organisationen im mechanistischen Denkmodell begründet liegt: Das einfache Schema Zweck-Mittel befördere die Logik, Projekte seien grundsätzlich ein adäquates Instrument, genau definierte Ziele mit festgelegten Prozessschritten und vorher kalkulierten Mitteln erfolgreich erreichen zu können. Dagegen spricht, dass sich Organisationen als immer wieder widersprüchlich und unberechenbar erweisen, was auch durch ein aufwendig durchgeplantes Projektmanagement nicht verhindert werden kann. Ein Ausweg wird darin gesehen, einen ›klugen Zugang‹ zu diesem Gegenstand Projektmanagement zu gewinnen.

4.2.3 Präzisierung des Projektverständnisses

Es kann unterstellt werden, dass sich (Projekt-) Management-Konzepte seit 1945 in Wechselwirkung mit den allgemeinen Entwicklungsetappen wirtschaftlichen, technologischen und sozialen Wandels entwickelt haben. Simon (2002, S. 14) postuliert drei Perioden, nämlich die »stabilen Wachstums« (1945 bis 1975), die des »Wettbewerbs« (1975 bis 1995) und seit 1995 die Periode des »Hyperwettbewerbs«. Korrespondierend hierzu habe sich die Intention des Projektmanagements vom Planungs- hin zum Überwachungs- und schließlich zum Prozesssteuerungs-Instrument entwickelt (vgl. Hedeman et al. 2006, S. 13). Insbesondere mit zunehmendem technologischen Fortschritt und der breiten Verfügung über Kleinrechner und Personalcomputer entfalteten sich Techniken zur Effizienzsteigerung und des Controllings von Projektmanagement. Wenngleich sich vor diesem Hintergrund Projektmanagement-Konzepte entsprechend weiterentwickelt haben, basierte der Mythos von Projektmanagement auf der Unterstellung einer zweckrationalen Machbarkeit/Steuerbarkeit von Projekten.

Ein Projekt ist nach DIN-Norm 69901 ein »Vorhaben, das im Wesentlichen durch Einmaligkeit der Bedingungen in ihrer Gesamtheit gekennzeichnet ist wie zum Beispiel Zielvorgabe, zeitliche, finanzielle, personelle und andere Begrenzung, Abgrenzung gegenüber anderen Vorhaben und projektspezifische Organisation« (Fisch/Beck 2001, S. 3).

Bezieht man sich auf die Synopse zu aktuellen Projektmanagement-Definitionen von Gottert (2016, S. 113), charakterisieren sechs *Merkmale* das gegenwärtige Projektverständnis: 1. Ziel-/Ergebnis-Orientierung; 2. Einmaligkeit und Neuartigkeit; 3. temporäre Organisationsform Projekt; 4. Limitierung der Mittel; 5. Umgang mit Komplexität und Unsicherheit und 6. zeitliche Begrenzung. In der neueren Organisationsforschung wird zur grundlegenden Bestimmung des Projekt-Besonderen vor allem der Aspekt der Einmaligkeit (Luhmann 2000, S. 272) hervorgehoben und – nach einer systemtheoretisch begründeten Anregung von Kühl (2016, S. 9 ff.) – ein Projekt im Blick auf drei Entscheidungs-Prämissen in Organisationen differenziert (Kühl 2016, S. 7 ff.):

1. *Entscheidungen über Programme einer Organisation:* Relativ eindeutige Wenn-dann-Programme mit Zeitbezug (Kriterium: Vorhersagbarkeit, ob ein Mitglied richtig oder falsch gehandelt hat und ob Ziele erreicht wurden oder nicht). Hierzu sind nun zwei Aspekte Projekt-entscheidend, nämlich erstens, ob die Mitglieder zur Erreichung der Ziele Freiheiten über Wege und Mittel haben (Zweckprogramm) oder nicht (Konditionalprogramm und ferner ob das Projekt zur Lösung ›gut definierbarer Probleme‹ fungiert – dann handelt es sich eigentlich *nicht* um ein Projekt!) oder an schlecht definierbaren Probleme ansetzt (unklare Ziele, begrenzte Information, konkurrierende Interpretationen, Unkenntnis über Handlungsoptionen) (Kühl 2016, S. 9).
2. *Entscheidungen über Kommunikationswege:* Hier geht es um die Gestaltung von Kommunikation im Sinne der Passung mit der herkömmlichen Organisa-

tionsform und deren Hierarchie für eine Sondersituation, z. B. zur Regelung von Rechten/Pflichten, Kompetenzen und Machtbefugnissen für ein besonderes Entwicklungsvorhaben, beispielsweise eine Innovation parallel zu bestehenden Produkten/Angeboten).

3. *Entscheidungen über Personal-Konfigurationen:* Dieses Projekt-Kriterium akzentuiert die hohe Personal-abhängige Bedeutung von Entscheidungen in Organisationen, d. h., die Stellschraube für einen Projektverlauf und das Gelingen wird in der Besetzung der Projektmitglieder und -leitungen gesehen und durch entsprechende Besetzungen deren erwartetes Entscheidungsverhalten symbolisiert. Vor diesem Hintergrund sind Schulungen von Projektgruppen und Projektleitungen geradezu konsequent. Ob für Projekte Organisationsmitglieder vom Hauptamt freigestellt, teilabgeordnet oder zum ›Da-auch-noch-mitmachen‹ eingesetzt werden, ob dafür neues Personal befristet eingestellt oder mit dem Projekt eine Bewährungsprüfung zur Karriereentwicklung verbunden ist und jemand für eine spätere Höherentwicklung ›zwischengeparkt‹ wird, oder ob gar durch eine immer wieder neu kontraktierte Projektbeschäftigung ein Dauerarbeitsverhältnis umgangen werden soll, ist von Projekt-Intentionen und Organisationsinteressen und häufig nicht zuletzt von arbeitsrechtlichen Fragen abhängig.

Für ein aufgeklärtes Projektverständnis ist – mit Rückgriff auf Kühl 2016 – von Bedeutung, wie sich Projekte mit den relevanten Organisationsmerkmalen in Einklang bringen lassen: Im Blick auf die *formale Organisationsstruktur* finden Projekte ihre Verankerung z. B. in strategischen Entwicklungsplänen, operativen Projektmanagement-Plänen und den diesbezüglich offiziell vernetzten Kommunikationen (Berichtspflichten, Besprechungen, Projektevaluationen). Im Blick auf *informale Strukturen* funktionieren Projekte häufig mit einem hohen Grad an Intransparenz und auch an Nichtnachvollziehbarkeit ›unkonventioneller‹ Lösungswege, die bisweilen unter Nutzung ›brauchbarer Illegalität‹ verfolgt werden. Nicht zuletzt geht es bei Projekten auch um Schönfärberei, z. B. von Ergebnissen, und die Attribution von Erfolgen und Misserfolgen. Schließlich geht es noch um die *Schauseite von Organisationen*, um nach außen eine Fassade aufzubauen, mit der eine Organisation als erfolgreich problemlösend und innovativ wahrgenommen werden soll. Zusammengefasst wird – nach dieser systemtheoretischen Diktion – bei einem Projekt davon ausgegangen, dass es den Charakter der Einmaligkeit hat, dass das Projektziel formalstrukturell verankert ist und dass dafür Entscheidungen über Zweck-Programme, Kommunikationswege und Personalkonfigurationen getroffen werden. Es wird in Rechnung gestellt, dass in Projekten die Schauseite und das Informelle eine große Bedeutung haben (ebd., S. 17 ff.).

4.2.4 Projektmanagement neuen Typs

Zur Bedeutung organisationaler Lernreife

Wenn angenommen wird, dass traditionelle Ansätze der Veränderung mittels planbarer Projekte an Erfolgs-und Erklärungsgrenzen kommen, weil die Nicht-Durchschaubarkeit und Nicht-Steuerbarkeit von sozialen Systemen anerkannt wird, kommt es darauf an, alternative Orientierungs-Konzepte zu gewinnen, die dazu beitragen, die Selbststeuerung und -reflexion in Organisationen anzuregen. Vor dem Hintergrund der Aktionsforschung und der Handlungstheorie heben Ebner, Heimerl und Schüttelkopf die große Bedeutung der Wechselwirkung von Lernreife und Fehlerkultur von Organisationen hervor (vgl. Ebner et al. 2008, S. 14). Diese beiden Aspekte seien Querschnittsthemen für Führungskräfte und Personalentwickler, für Strategie- und Kulturentwicklung. *Lernreife* wird als Merkmal organisationalen Lernens definiert, als Fähigkeit und Bereitschaft, zu lernen. Insbesondere sollen Potenziale einzelner Mitarbeiter stimuliert werden, Veränderungen der Organisationsumwelt wahrzunehmen und darauf adäquat antworten zu wollen. Hohe Lernreife wird indiziert durch das Wollen und Können einer Organisation, Lernprozesse zu ermöglichen, die sowohl die historisch eingespielten Lernmechanismen reflektieren helfen als auch zur Schärfung der Wahrnehmungsfähigkeit für zukünftige Veränderungsnotwendigkeiten beitragen (ebd., S. 59). Gemessen wird Lernreife in folgenden Dimensionen mittels der dafür vorgesehen Instrumente: 1. Grad der Umweltsensibilität (U), 2. Umgang mit Wissen (W), 3. Art der Fehlerbearbeitung (F), 4. Entwicklungsstand der Führung und des Kooperationsniveaus in Führungsteams (FG), 5. Grad fachübergreifender und projektgebundener Zusammenarbeit (Z), 6. Grad der Selbstreflexion (S), 7. Innovationsförderndes Personalmanagement (I), 8. Problemzuschreibung und Problembearbeitung (P) (zur Erläuterung dieses Modells vgl. Ebner 2008, S. 99).

Es dürfte einleuchten, dass dieses Wissen in einer Organisation über den Grad erreichter Lernreife vor allem über die projektbezogenen Lessons Learned wächst (vgl. Sommer 2004). Dieser Lernreife-Aspekt wird deshalb so ausführlich herangezogen, weil im Folgenden ein Vorschlag folgt, der eine Projektstrategie akzentuiert, bei der es nicht nur auf individuelle, teamorientierte oder organisationale Intelligenz ankommt, sondern auf die Mobilisierung von Netzwerkintelligenz, die zwar mit einem erheblichen Maß an organisations-interner Instabilität verbunden sein dürfte, die aber am ehesten verspricht, den Problemlösungen der Zukunft und entsprechenden Projekterfordernissen zu entsprechen (vgl. Kruse 2004).

Projekte im Sinne Praxis-entwickelnder Forschung

Es wächst die Einsicht, dass nicht nur Komplexität und Dynamik, Ambivalenz, Widersprüchlichkeit und Konfliktträchtigkeit zu den Wesensmerkmalen von Organisationen gehören, sondern vor allem das ›Unbekanntsein der Zukunft‹ (vgl. Asselmeyer 2010). Diese Tatsache kann überfordern und durch herkömmliche organisationsinterne Projekte in der Regel auch nicht aufgefangen werden. Es wird in diesem Zusammenhang unterstellt, dass jene Organisationen in Zukunft erfolgreich sein werden, denen es gelingt, mit dieser Unklarheit und Ungewissheit umzugehen, die sich also nicht auf die Exploitation beschränken (Motto: Mehr desselben wie bisher: das Bestehende ausbeuten), sondern die offensive Exploration betreiben (vgl. March 1991; O'Reilly III/Tushman 2008). Für diesen Projekt-Typus gilt, dass er nicht nur auf den Import von Anregungen aus der Umwelt zielt, sondern auf die gemeinsame Erforschung von Problemlösungen. Organisationale Probleme erfordern immer häufiger transdisziplinäre Forschung und Entwicklung, wenn zuhandenes Wissen begrenzt und die Problemdiagnose nicht eindeutig ist sowie Zukunftsperspektiven unklar sind, gleichwohl für die Organisation die Existenz auf dem Spiel steht (vgl. Funtowicz/Ravetz 1993). In Projekten kann bewusst und betont eine transdisziplinäre Kooperation zwischen Akteuren unterschiedlichen Typs verfolgt werden. *Transdisziplinarität* folgt dem Prinzip integrativer Forschung (vgl. Mittelstraß 2003) und betont ein methodisches Vorgehen, das wissenschaftliches Wissen und praktisches Wissen verbindet. Transdisziplinäre Forschung geht bewusst von Problemstellungen aus und eignet sich daher für Projektkonstellationen, in denen es auf ›mehr Systemwissen‹ (Was ist wichtig? Was wissen wir genau? Was beeinflusst unsere Zukunft?), ›mehr Zielwissen‹ (Pro/Contra von Zieloperationalisierungen) und um ›mehr Transformationswissen‹ geht (Was ist gestaltbar/veränderbar?). In diesem Sinne transdisziplinäre Projekte erzielen die bestmögliche Erfassung von Problemen in ihrer relevanten Komplexität und suchen danach, vielfältige Sichtweisen aus verschiedenen Ressourcen der Wissensgesellschaft angemessen zu berücksichtigen. Diese Anregungen werden mit dem Ziel genutzt, Problemlösungen zu erarbeiten, die am Gemeinwohl orientiert sind und im Organisationsinteresse liegen. Ein transdisziplinäres Forschungs- und Entwicklungsprojekt wird dann in drei Phasen untergliedert:

1. Problemidentifikation und -strukturierung
2. Problembearbeitung
3. In-Wert-Setzung bzw. transdisziplinäre Integration

Eine mit einem Anspruch »Praxis-entwickelnder Forschung« (developmental research) verquickte Projektstrategie steht inmitten einer teilweise aufgeregten Entgrenzungs-Debatte: Entgrenzung ist kein rein technischer Vorgang – es ist die Bereitschaft und die Folge einer Ablösung von ideologischer Binnenmoral – nämlich der Ideologie, dass die Kooperation zwischen Forschung einerseits und Organisations-/Wirtschaftsinteressen andererseits die Wissenschaft einseitig determiniere und unverantwortlich abhängig mache (vgl. Asselmeyer 2004). Wir erachten eine solche projektförmige Kooperation als eine chancenreiche Lern-, Arbeits- und Problemlösegemeinschaft, mehr noch, als umfassende Wertegemeinschaft, die die Grenzen von Innen und Außen zwar ein wenig verschwimmen lässt, aber im Bewusstsein, dass Konvergenz in unterschiedlichsten Lebensbereichen normal ist und dass man die Zusammenarbeit reflektieren und beenden kann.

Die beschriebene Entwicklung berührt ein neues dynamisches Verhältnis zwischen Gesellschaft und Wissenschaft. Die immer enger werdende Interaktion zwischen diesen beiden Bereichen – so die Schlussfolgerung – ist Indikator für das Auftauchen einer neuen Art von Wissenschaft: einer kontextualisierten beziehungsweise kontext-sensitiven Wissenschaft (ebd.). Gibbons et al. diagnostizierten 1994 eine neue Art der *Wissensproduktion: »Mode 2«* (Merkmale: hierarchiearm, problembasiert, heterogene Kompetenzen) vs. »Mode 1« (akademisch, hierarchisch, grenzziehend, Praxisdistanz, Subjektdistanz). Für Projekte ist der ›Mode 2‹-Modus eine produktive Orientierung bei der zeitlich befristeten Konfiguration von Projekten, in denen es darauf ankommt, die Zusammenarbeit zwischen Personen aus der Praxis und der Wissenschaft zur Lösung spezieller Probleme zusammenzuführen.

Die Debatte über solche neue Formen der Wissenschaft ist kontrovers, weil diese »new production of knowledge«, diese kognitiv interferierende Wissensproduktion aus herkömmlicher Forschersicht immer noch als ›das ist keine Wissenschaft‹ abgelehnt wird (vgl. Frederichs 1999, S. 16). Gleichwohl zeigen jüngere Entwicklungen, dass hierzu eine sachliche Auseinandersetzung möglich ist. Für diese Art von transdisziplinären Projekten ist eine wissenschaftliche Denkrichtung und Haltung beschrieben, mit der die als defizitär empfundenen disziplinären Merkmale der traditionellen Wissenschaft fruchtbar gewendet werden können: Das Originelle daran ist der durchgängige transdisziplinäre Fokus. Beförderte der interdisziplinäre Blick schon die Einsicht, dass die quer zu den Disziplinen liegenden Probleme aus den Kompetenzbereichen der arbeitsteilig organisierten Wissenschaft herausfallen, wird die Aufmerksamkeit nun darauf gelenkt, dass es nicht nur um die Zusammenführung mehrerer Disziplinen geht, sondern vor allem um deren Erneuerung und Rekombination der disziplinären Errungenschaften im Lichte neuer Fragestellungen, die sich innerhalb einer problemrelevanten Praxis ergeben (vgl. Asselmeyer 2004).

Transdisziplinarität charakterisiert wesentlich die ›new production of knowledge‹. So unterscheidet sich die erwähnte ›Mode 2‹-Forschung von herkömmlicher Wissenschaft dadurch, dass sich ›Mode 2‹ flexibel organisiert im jeweiligen Problem- und Projektkontext abspielt, dass dort auf vielfältige Wissensbestände zurückgegriffen wird und das Denken und Handeln in Netzwerken sowie die zeitlich befristete, gleichwohl konsequente Beteiligung von Problembetroffenen konstitutiv sind. Ob ein so tief gehender Wandel der Wissenschaft erfolgt, dass die traditionelle Wissenschaft in ›Mode 2‹ aufgehen werde, soll hier nicht behauptet werden. Aber eine hierdurch geförderte Bezugnahme von Wissenschaft auf die Problemdiskussion in der Gesellschaft wird grundsätzlich bejaht. Zu fragen bleibt allerdings, wie mit akademischen Qualitätsstandards umgegangen wird. Ideen hierzu sind die permanente Reflexion (Peer Reviewing) sowie die Interaktion mit ›Mode 1‹ (ebd.).

Projekte fungieren nach dem Prinzip »Involvieren der Mitarbeiter in Entwicklungsprozesse« und finden statt in temporären, interaktiven und offenen Netzwerken, in denen Akteure aus unterschiedlichsten sozialen Bereichen einbezogen sind sowie heterogene Wissensformen und »verteilte« Wissensbestände miteinander verknüpft werden (ebd.). In Projekten mit dem Anspruch Praxis-entwickelnder Forschung geht es um die Bejahung des Konzepts einer »shared community«, wie Brown und Duguid (2000) es einmal nennen, also einer eng gesponnenen Gemeinsamkeit des Diskurses, des Wissens, der Praxis und des Vertrauens. In einer »Ökologie des Wissens«, einer »knowledge ecology« (ebd.), geht es um Wissen von hoher Qualität und beträchtlicher Breite und Vielfalt. Vor allem aber gehört dazu ein gegenseitiges Vertrauen, um ›der jeweils anderen Seite‹ mit Unbefangenheit, Respekt und Neugier zu begegnen.

4.2.5 Zusammenfassung

Ein wichtiges Ergebnis der gegenwärtigen Projektmanagement-Debatte kann darin gesehen werden, die Grenzen klassischer Projektmanagement-Steuerungsansätze, die sich für ›gut definierbare Probleme‹ eigenen, durch eine alternative, nämlich systemtheoretisch gerahmte Sichtweise zu überwinden, die den komplexen Wechselwirkungen und dynamischen Entwicklungen eines Systems, das mehr ist als die Summe der Einzelteile, gerecht wird (vgl. Königswieser/Hillebrand 2011, S. 26). Dazu gehört auch, sich Unbestimmbarkeit und Unvorhersagbarkeit einzugestehen (Baecker 1999, S. 15) und »Erfolg oder Misserfolg (nicht) auf wenige erfolgsbestimmende Variablen zurückführen« zu können (Kühl/Moldaschl 2010, S. 10). Ein Ausweg für das künftige Projektmanagement, welches sich auch für die Bearbeitung schlecht definierbarer Probleme eignen soll, wird darin gesehen, die erwähnte zweckrationale Verengung zugunsten einer sozusagen experimentierfreudigen Haltung zu überwinden: »Man muss handeln, obwohl man nicht zweckrational im klassischen Sinne handeln kann« (Kühl 2016, S. 36). Hierzu gehört die Einsicht, Unklarheiten und Abweichungen als ›Projekt-dazugehörig‹ zu deuten und sich von unerwarteten Verläufen nicht lähmen zu lassen, sondern die Bereitschaft und Fähigkeit zu entwickeln, projektrelevante Entscheidungen prozessbegleitend mitzureflektieren, gegebenenfalls nach- und neu zu justieren, notfalls auch zu hinterfragen. Klarzustellen ist, dass eine die ›Kontingenz berücksichtigende Haltung‹ nicht Beliebigkeit befördern soll, sondern damit umzugehen, dass Prozesse grundsätzlich so oder auch anders verlaufen können. Als Reaktion der Projektverantwortlichen und -mitarbeitenden mag das wie eine Provokation klingen, wenn die gegenwärtige Organisationsforschung ein lineares Durchplanen als Ausdruck unrealistischer Machbarkeitsfantasien diskreditiert und stattdessen ein »situations-abhängiges Durchwurschteln« (Lindblom 1959) als adäquate Strategie betrachtet, um handlungsfähig zu bleiben. Das ›wachstums-orientierte‹ Vorgehen in kleinen, überschaubaren und daher leicht revidierbaren Schritten, am Prinzip der dauernden Fehlerkorrektur orientiert, wird in der Organisationsforschung als *Inkrementalismus* bezeichnet. Mit einem solchen Verständnis avanciert Projektmanagement zu einer Problemlösungsstrategie: »Problemlösen ist das, was man tut, wenn man nicht weiß, was man tun soll« (Wheatley 1984, S. 1). Im Rahmen dieser Strategie verständigen sich die Projektbeteiligten vor allem über den Projektrahmen, und im Idealfall erweist sich die Projektgruppe als eine Gemeinschaft im Sinne praxisentwickelnder Forschung, die tentative Suchstrategien verfolgt, um auf intelligente Weise Puzzleteile so zusammenzufügen, dass daraus ein sinnvolles Projektergebnis entsteht. Eine solche Projektgemeinschaft des Vertrauens, der Neugier und des Interesses nutzt intelligent zuhandene Ressourcen und Kompetenzen.

Projekte können helfen, den Prozess der Kommunikation über die Gestaltung und Veränderung in und von Organisationen zu intensivieren und zu beschleunigen. Projekte, die eingebettet sind in eine komplexe Organisationsentwicklung und -beratung, zielen darauf, »langfristige, nachhaltige Lern- und Erneuerungsprozesse zu initiieren und zu begleiten, um Systeme überlebensfähiger, erfolgreicher und effizienter zu machen« (Königswieser/Hillebrand 2004, S. 20). In Projekten, die an schlecht definierten Problemen ansetzen, gibt es viele konstruierte Wahrheiten und nicht eine, es geht um Thesen und nicht um unveränderliche Gesetze, es geht nicht um ›richtig oder falsch‹ und ›schuldig oder unschuldig‹, sondern um hilfreich, nützlich oder anschlussfähig. Es gibt nicht nur lineare, sondern vor allem vielfältige Wechselbeziehungen und Feedback-Wirkungen. In Projekten sollten weniger Fremdsteuerung und mehr Selbstorganisation mobilisiert werden. Es zählt nicht nur der messbare Unterschied, sondern die Veränderung und Unterscheidung vom vorhergehenden Zustand (statt Widerspruchsfreiheit geht es um die Integration von Widerspruch). Der Projektführer, Macher und Manipulierer hat ausgedient – die Impulsgeber, die Bastler und Gärtner sind gefragt, unterstützt von Befähigern und Coaches. Das entsprechende Methodenrepertoire zielt nicht auf Befehl und Gehorsam, Instruktion und Anordnung, sondern auf Zuhören, Fragen, Dialog, Diskussion, Reflexion und das Lernen des Lernens (vgl. Königswieser/Hilleband 2004, S. 28).

Natürlich muss der Einwand gesehen werden, dass diese Form des Projektmanagements herkömmliche Erwartungen an Klarheit und eindeutigen Ergebnissen/Empfehlungen enttäuschen wird. Handlungssicherheit entsteht nur dadurch, dass riskante/aufwendige Operationen in Projekten simuliert/erprobt werden müssen, um unerwünschte Effekte zu erkennen und Nebenwirkungen zu entdecken, bevor sie ›in die Fläche‹ gebracht werden. Diese Strategien korrespondieren mit den Strategien des Simultaneous Engineering, der Prototypenentwicklung, des Szenario-Management oder auch des agilen Projektmanagements (vgl. Kühl 2016, S. 45).

So sehr man die Bedenken teilen kann, dass Projektmanagement auch nur eine Methode von vielen ist, so sehr lässt sich dagegenhalten, dass es momentan keine bessere, meint integrativere Formel für Energie und Motivation für Organisationsentwicklung gibt. Viele Vorhaben müssen und können durch die Mitarbeitenden selbst (re-) organisiert werden – sie sind die ›Helden des Geschehens‹, sie erarbeiten ihre Lösungen, und das stiftet Sinn und macht zufrieden. Lernen ist dabei eine zentrale Kategorie, die Subjekte mobilisiert, über Lernkompetenzen zu reflektieren und Anstrengungen auf sich zu nehmen und nicht zuletzt das Lernen weiter zu lernen. Projekte können dazu eine exzellente Gelegenheit sein.

Literatur

Asselmeyer, H. (2004): Unsere Philosophie von Weiterbildung und Organisationsberatung. http://www.organization-studies.de/unsere-philosophie-weiterbildung-und-organisationsberatung (Abrufdatum: 31.07.2016).

Asselmeyer, H. (2010): Organisationspädagogik, Transdisziplinarität. http://www.organization-studies.de/studium/profil/organisationspaedagogik/ (Abrufdatum: 31.07.2016).

Baecker, D. (1999): Organisation als System. Frankfurt a. M.: Suhrkamp.

Brown, J. S.; Duguid, P. (2000): The social life of information. Boston: Harvard Business School Press.

Dörner, D. (1989): Die Logik des Mißlingens. Strategisches Denken in komplexen Situationen. 10. Aufl., Berlin: Rowohlt.

Ebner, G. (2008): Erfolgsfaktor Lernreife. In: Ebner, G./Heimerl, P./Schüttelkopf, E. M. (Hrsg.): Fehler – Lernen – Unternehmen. Wie Sie die Fehlerkultur und Lernreife ihrer Organisation wahrnehmen und gestalten. Frankfurt a. M.: Peter Lang, S. 43–150.

Ebner, G./Heimerl, P./Schüttelkopf, E. M. (2008): Fehler – Lernen – Unternehmen. Wie sie die Fehlerkultur und Lernreife ihrer Organisation wahrnehmen und gestalten. Frankfurt a. M.: Peter Lang.

Fisch, R./Beck, D. (2001): Zusammenarbeit in Projektgruppen: Eine sozialwissenschaftliche Perspektive. In: Fisch, R./Beck, D./Englich, B. (2001): Projektgruppen in Organisationen. Göttingen: Hogrefe, S. 3–17.

Fisch, R./Beck, D./Englich, B. (2001): Projektgruppen in Organisationen. Göttingen: Hogrefe.

Frederichs, G. (1999): Der Wandel der Wissenschaft. In: TA-Datenbank-Nachrichten, 8. Jg., Nr. 3/4, S. 16–25. http://www.tatup-journal.de/downloads/1999/tadn993_fred99a.pdf (Abrufdatum: 31.07.2016).

Funtowicz, S. O./Ravetz, J. R. (1993): Science for the post-normal age. In: Futures 25, September 1993, S. 739–755.

Gibbons M./Limoges, C./Nowotny, H./Schwartzman S./Scott, P./Trow, M. (1994): New production of knowledge: dynamics of science and research in contemporary societies. London: Sage.

Gottert, C.: (2016): Faktor K. Notwendigkeit und Bedingung eines auf komplexitätsadäquate Kommunikationsstrukturen ausgerichteten Next-Generation-Projektansatzes. Dissertation, Universität Hildesheim (FB I).

Grossmann, R./Scala, K. (2011): Gesundheit durch Projekte fördern. München: Juventa.

Hedeman, B./van Heemst, G. V./Fredriksz, H. (2006): Projektmanagement auf der Grundlage von PRINCE2. Zaltbommel: Van Haren Publishing.

Kästner, R./Koolmann, S./Möller, T. (Hg.) (2012): Projektmanagement im Not For Profit-Sektor. Handbuch für gemeinnützige Organisationen. Nürnberg: Deutsche Gesellschaft für Projektmanagement (GPM).

Königswieser, R./Hillebrand, M. (2004): Einführung in die systemische Organisationsberatung. Heidelberg: Carl-Auer.

Königswieser, R./Hillebrand, M. (2011): Einführung in die systemische Organisationsberatung. 6. Aufl., Heidelberg: Carl-Auer.

Kühl, S./Moldaschl, M. (2010): Organisation, Intervention, Reflexivität. In: Kühl, S./Moldaschl, M.: Organisation und Intervention. Mering: Rainer Hampp, S. 7–30.

Kühl, S. (2016): Projekte führen. Eine organisationstheoretisch informierte Handreichung. Wiesbaden: Springer.

Kruse, P. (2004): Next Practice. Erfolgreiches Management von Instabilität. Veränderung durch Vernetzung. Offenbach: Gabal.

Lindblom, C. E. (1959): The science of »muddling through«. In: Public Administration Review, 19. Jg., H. 2, S. 79–88.

Luhmann, N. (2000): Organisation und Entscheidung. Opladen: Westdeutscher Verlag.

March, J. G. (1991): Exploration and exploitation in organizational learning. In: Organization Science, 2. Jg., Nr. 1, S. 71–87.

Mittelstraß, J. (2003): Transdisziplinarität – wissenschaftliche Zukunft und institutionelle Wirklichkeit. In: Konstanzer Universitätsreden 214. Konstanz: Universitätsverlag.

Neubauer, M. (1999): Krisenmanagement in Projekt. Handeln, wenn Probleme eskalieren. Berlin: Springer.

Neuberger, O. (2006): Mikropolitik und Moral in Organisationen. 2. Aufl., Stuttgart: Lucius & Lucius.

O'Reilly III, C. A./Tushman, M. L. (2008): Ambidexterity as a dynamic capability: Resolving the innovator's dilemma. In: Research in Organizational Behavior, 28. Jg., S. 185–206.

Ortmann, G. (2013): Noch nicht/nicht mehr – Zur Temporalform von Paradoxien des Organisierens. In: Koch, J./Sydow, J. (Hrsg.): Organisation von Temporalität und Temporärem, Managementforschung 23. Wiesbaden: Springer Gabler, S. 3–48.

Reiter, W. (2003): Die nackte Wahrheit über Projektmanagement. Zürich: Orell Füssli.

Roehl, H. (2014): Zwischen nicht mehr und noch nicht. Organisationale Routine als Grundlage des Wandels. In: Kaiser, S./Kozica, A./Lipowsky, U.: Zukunftsfähige Unternehmensführung zwischen Stabilität und Wandel. Zfbf (Schmalenbachs Zeitschrift für betriebswirtschaftliche Forschung. Sonderheft 68/14). Karlsruhe: Handelsblatt Fachmedien, S. 41–51.

Rückert-John, J. (2014): Lernen durch Scheitern. Potenziale riskanter Veränderungsprozesse. In: John, R./Langhof, A. (Hrsg.): Scheitern – Ein Desiderat der Moderne? Wiesbaden: Springer VS, S. 197–214.

Simon, W. (2002): Moderne Management-Konzepte. Strategiemodelle, Führungsinstrumente, Managementtools. Offenbach: Gabal.

Sommer, M. D. (2004): Das Instrument der Lesson Learned. München: Grin.

Voirol, O./Schendzielorz, C. (2014): Verpflichtet zum Erfolg – Verdammt zum Scheitern. In: John, R./Langhof, A. (Hrsg.): Scheitern – Ein Desidrat der Moderne? Wiesbaden: Springer VS, S. 25–45.

Wheatley, G. H. (1984): Problem solving in school mathematics. MEPS Technical Report 84.01, West Lafayette, Indiana, Purdue University, School of Mathematics and Science Center, S. 1.

4.3 Konflikt und organisationale Vernunft – ein Plädoyer für Gelassenheit

Wilfried Kerntke

Organisation ist Konflikt: Arbeitsteilung, und daraus folgend Hierarchie, gehören zu den Konstituenten einer Organisation. Sie dienen unter anderem dazu, den inneren Konflikt aufzuheben, der in der Arbeit für die Ziele der Organisation unausweichlich entsteht. Es ist der in jeder Organisation angelegte interne Konflikt um den Einsatz von Zeit und anderen Ressourcen für die unterschiedlichen Teilaufgaben, die eine Organisation für das Erreichen ihrer Ziele bearbeiten muss. Arbeitsteilung und Hierarchie heben diesen Konflikt auf eine andere Ebene, sie räumen ihn nicht prinzipiell aus. *Leiten* heißt, die auf das Parkett von Hierarchie geschobenen Zielkonflikte zu bearbeiten, ständig. Die in der Grundkonstellation angelegten Widersprüche werden nicht ständig sichtbar, und sie werden nicht ständig ausgetragen. Dafür ist mit *Entscheidungsprämissen* vorgesorgt. Das Ergebnis der Entscheidungen mag dabei offen sein – der Algorithmus, nach dem verfahren wird, ist es nicht. Die Entscheidungsprämissen sind zum Teil als Regeln festgeschrieben, zum Teil sind sie für die Beteiligten ›selbstredend‹ evident. Konflikte aber stellen die Prämissen, nach denen entschieden werden soll, infrage und fordern damit neue Entscheidungswege. Konfliktmanagement stellt neue Entscheidungswege zur Verfügung. In jeder Organisation kommen wesentliche – aber durchaus nicht alle – Innovationen auf dem Weg über Konflikte zustande.

Prinzipiell ist jeder Konflikt in der Organisation ein Eigentum der Organisation. Seine Behandlung ist Teil der Agenda der Organisation.

In einem meist stummen, aber doch massiven Widerspruch zu diesem Satz, behaupten oft die Protagonisten eines Konflikts, unterstützt von ihren Vorgesetzten sowie von der begleitenden professionellen Konfliktarbeit, das Privateigentum am Konflikt. *Konfliktarbeit* als ›Kunst des Verstehens‹ beugt sich diesem Impuls zur Privatisierung, der ein Bedürfnis der Hauptpersonen zeigt. Er wird unterstützt vom *partizipatorischen Imperativ:* »Die Beteiligten sind die besten Experten ihres Konfliktes. Die von ihnen selbst erarbeiteten Lösungen haben eine besonders hohe Qualität, und sie werden von den Beteiligten aufgrund ihrer Teilhabe an der Erarbeitung besser umgesetzt«. Letztlich handelt es sich hier um einen nicht beweisbaren Glaubenssatz. Mediatoren haben große Kunstfertigkeit darin entwickelt, sich so zu verhalten, dass der Glaubenssatz als wahr erscheint.

Sie stehen damit in den besten Traditionen der klientenzentrierten Beratung – und sie erreichen beachtliche Erfolge. Die folgenden Ausführungen wollen das nicht schmälern und schon gar nicht ersetzen, sondern ergänzen.

4.3.1 ›Zaungäste‹ werden zu Stakeholdern des Konflikts und mischen sich ein

Das Bedürfnisgetriebene der Mediation greift in Organisationen zu kurz. Es berücksichtigt wichtige Schutzinteressen der Protagonisten eines Konflikts, doch es konfligiert immer wieder mit wichtigen Interessen der Organisation. Die Bedürfnisse und auch die Interessen der Protagonisten eines Konflikts decken sich nicht zwangsläufig mit denen der Organisation. Die Maximen und Glaubenssätze der Mediation werden dadurch nicht entwertet. Sie müssen flankiert werden durch starke Verfahren zur Berücksichtigung der organisationalen Interessen.

Die entsprechenden Verfahren und Vorgehensweisen sind in der konzeptionellen und beratungspraktischen Auseinandersetzung mit der *Stakeholder-Theorie* entwickelt worden. Wir sind dafür abgerückt von der Gedankenkonstruktion, es gebe, als zentrale Einheiten jedes Konfliktgeschehens, Konfliktparteien. Vielmehr arbeiten wir mit dem *Modell der abgestuften Teilhabe* am Konfliktgeschehen und von deren Konsequenzen für die Konfliktbehandlung. Der Parteienbegriff ist juristisch sinnvoll – im Konfliktmanagement aber verschließt er den Blick auf Zwischenformen und die darin enthaltenen Ressourcen.

Konflikte in Organisationen spielen sozusagen auf einer Bühne, und die Bühne kann auch von den billigen Plätzen aus so eingesehen werden, dass man in etwa mitbekommt, was geschieht – oder zumindest mitbekommt, *dass* da etwas Merkwürdiges geschieht. Die Zaungäste des Geschehens finden es meist interessant. Viele von ihnen reden gerne darüber – im Pausenraum, an der Bushaltestelle; meist nicht gerade konstruktiv. Einige der Zaungäste des Konflikts entdecken, dass ihre Interessen tangiert werden. Von da an schauen sie mit noch mehr Aufmerksamkeit zu, und sie machen sich Gedanken. Sie entwickeln auch Wünsche in Bezug auf den Ausgang des Konflikts. Sie sind *Stakeholder des Konflikts.* Sie haben Einsätze im Spiel, die sie, je nach Ausgang des Geschehens, gewinnen oder verlieren könnten. Werden diese Stakeholder lange ignoriert, so kündigen sie der Organisation die Loyalität auf – oder sie beginnen, sich ins Konfliktgeschehen einzumischen. Sie nehmen ihr Schicksal selbst in die Hand, bekämpfen diejenigen, die ihnen im Weg stehen, gehen Allianzen ein, schrecken auch vor derben Maßnahmen immer weniger zurück. Von da an sind sie von den Protagonisten des Konflikts nur noch im historischen Rückblick zu unterscheiden, nicht mehr aber an den aktuellen Phänomenen.

4.3.2 Stakeholder bringen organisationale Vernunft in die Konfliktbehandlung

Für die Praxis der Konfliktbehandlung ist es hinderlich, wenn die Zahl der Protagonisten allzu sehr zunimmt. Das spricht für ein frühes Handeln, nämlich solange die Stakeholder sich noch nicht einmischen. Wir möchten nicht, dass die Zahl derer, mit denen intensiv fürsorglich gearbeitet werden muss, allzu groß wird. Die Stakeholder als solche sind für die Interessen der Organisation in anderer Weise wichtig. Noch nicht im Strudel der Konfliktdynamik, kennen sie doch Interessen, die mit dem Konflikt zusammenhängen. Diese Interessen, indem sie Teil des Arbeitslebens der Stakeholder sind, betrachten wir nicht auf die Person (und deren Eigenarten) bezogen: Es sind Interessen, die in der Organisation und damit für die Organisation einen Belang haben. Sie sind ein Teil des Gewebes, aus dem die organisationale Vernunft besteht.

Wir arbeiten außer mit den Protagonisten auch mit den Stakeholdern des Konflikts, um auf diese Weise wesentliche Interessen der Organisation einzubeziehen. Stakeholder bringen organisationale Vernunft in die Konfliktbehandlung ein.

Die Behandlung des Konflikts im Sinne der darin zur Entscheidung gestellten Interessen ist Teil der Agenda der Organisation. Zur Ökonomie des organisationalen Handelns gehört, dass Aufgaben möglichst kompetent und dabei ressourcenschonend bearbeitet werden. Die ressourcenschonende Erarbeitung von Lösungen, welche ein breites Spektrum der Interessen in der Organisation berücksichtigen, können die Stakeholder des Konfliktes leisten. Die Protagonisten des Konflikts haben zum Teil durch die Konfliktdynamik das Vermögen eingebüßt, nach den Interessen der Organisation zu entscheiden. Es ist untergegangen in den Wogen des persönlichen Dramas, das die Protagonisten im Konflikt erleiden. In der Mediation wird daran gearbeitet, das persönliche Drama zu einem guten Ende zu bringen und die Entscheidungsfähigkeit der Beteiligten im Sinne der Organisation wieder herzustellen.

Konfliktmanagement in Organisationen muss beidem gerecht werden: Es muss das persönliche Drama der Protagonisten so bearbeiten, dass deren Fähigkeit zur Zusammenarbeit wieder hergestellt wird. Und es muss Settings bereitstellen für eine schlanke Beteiligung der Stakeholder an der Erarbeitung von Lösungen unter organisationalen Aspekten.

4.3.3 Wichtig sind geeignete Settings für den Einbezug von Stakeholdern

Eine Vielzahl unterschiedlicher Settings ist möglich. Sie müssen mit den Protagonisten abgesprochen werden, weil sie oft dem Bedürfnis der Protagonisten nach Schutz und Privatisierung des Konfliktes nicht entsprechen. Deshalb ist ein *gutes Vertrauensverhältnis* des Konfliktbehandlers mit den Protagonisten grundlegend. Es lässt sich durch kein noch so luzides Konzept oder keine ausgefeilte Prozedur ersetzen. Nur das fundierte Vertrauensverhältnis gibt den Konfliktbehandlern den notwendigen Spielraum für einen auf die Interessen der Organisation gerichteten Einbezug der Stakeholder.

Drei *Grundtypen des Einbezugs von Stakeholdern* stehen zur Verfügung, um deren Zugang zur organisationalen Vernunft für die Konfliktbehandlung nutzbar zu machen.

a) Wir können die Stakeholder für einen kurzen Arbeitsabschnitt zu den Protagonisten holen, damit sie spontan und unvorbereitet Resonanz zu der Tatsache geben, dass die Protagonisten begonnen haben, ihr Problem zu bearbeiten. »Wenn Sie das hören – was geht Ihnen da durch den Kopf, was möchten Sie den Protagonisten mitgeben, worauf kommt es Ihnen an, worauf sollen die Protagonisten achten?« Die Stakeholder zeigen dabei ein unterschiedliches Profil. Unter mediatorischer Anleitung aber sind ihre Beiträge durchweg konstruktiv – bis hin zum Angebot (oft zunächst als Forderung verkleidet), sich auch im weiteren Verlauf für die gute Sache einzubringen. In diesem ersten Setting bewirkt der Einbezug der Stakeholder vor allem eine Stärkung der Protagonisten für die Konfliktarbeit, dies durch die Mahnung an ihr Kerngeschäft: Die Arbeit und die Gestaltung der Arbeitsbeziehungen.

b) Einmal eingeführt, können einzelne oder mehrere gut profilierte Stakeholder immer wieder zur Abrundung einzelner Etappen der Mediation beigezogen werden, insbesondere wenn es um die Prüfung unterschiedlicher Lösungsoptionen und der dafür verfügbaren Ressourcen geht. Wir prüfen die mit den Protagonisten erarbeiteten möglichen Lösungen mit denen, die zu ihrer Umsetzung beitragen können. Hier, wie auch in a), handelt es sich um einen leichthändig konsultativen Einbezug: Die Protagonisten holen Resonanz für ihre Pläne ein und bedenken bei der Weiterarbeit, was sie von den Stakeholdern gehört haben.

c) Nach wie vor konsultativ, und doch mit mehr Gewicht und Eigenständigkeit, zeigt sich der Einbezug im folgenden Setting: Die Stakeholder mit den am besten geeigneten Ressourcen werden nach dem Initialtreffen (wie in a) zusammengefasst in einer Arbeitsgruppe. Diese entwickelt, entlang den beteiligten Interessen, Lösungsvorschläge, welche anschließend den Protagonisten präsentiert werden. Letztlich entscheiden die Protagonisten – gelegentlich auch unterstützt von der ihnen übergeordneten Leitungsebene (sofern es eine solche gibt – in der Mehrzahl der von uns behandelten Fälle handelt es sich bei den Protagonisten bereits um die Entscheider). Die Protagonisten zeigen sich hier als Auftraggeber für eine Lösungssuche entlang der starken Linie, dass wichtige Aufgaben in der Organisation von denen getan werden sollten, die dafür besonders geeignet sind.

Wir folgen stets dem Grundsatz, dass niemand in seiner Position geschwächt werden darf. Das heißt unter anderem, dass Einladungen an die Stakeholder – sei es für eine kurze Versammlung wie in a), sei es zur Resonanz auf Lösungsoptionen wie in b), und vor allem für die Einrichtung einer Arbeitsgruppe wie in c), nur von den Protagonisten auszusprechen sind. Dafür müssen wir diese deutlich an der Hand nehmen. Konkret bringt das zum Beispiel mit sich, die Protagonisten in ihrer schriftlichen Kommunikation mit den Stakeholdern unauffällig zu unterstützen.

Die Lösungen für die organisationalen Aspekte des Konfliktes von denjenigen erarbeiten zu lassen, die dazu am besten in der Lage sind, bringt keine dramatische Wende ins Geschehen. Es bringt einen stärkeren Anteil Organisationsentwicklung.

Es ist vielleicht die Abkehr von einem allzu engen Mediatoren-Credo. Und es ist ein selbstverständlicher Gebrauch dessen, was Organisationsentwicklung schon längst kann. Für die Integration beider Aspekte bedarf es allerdings besonderer Umsicht.

4.3.4 Stakeholder müssen frühzeitig einbezogen werden, um wirksam zu werden

Die Stakeholder als Träger der organisationalen Vernunft können nur zeitlich begrenzt wirksam werden. Überlässt man sie zu lange sich selbst, dann mischen sie sich als Protagonisten ins Geschehen ein und geraten in den vernunftmindernden Strudel der Konfliktdynamik.

Eine harte Grenze haben wir in einer Organisation kennengelernt, deren zwei Geschäftsführer einander bereits sieben Jahre lang bekriegt hatten. Die Führungskräfte direkt unter den Geschäftsführern, als Stakeholder eingeladen, waren nicht bereit, zu sprechen. Nach Jahren zwischen den Fronten hatten sie keinerlei Vertrauen, dass mit ihren Äußerungen anders als ausbeuterisch parteilich umgegangen würde. Wir haben diesen Vermittlungsauftrag zurückgegeben, denn es gab keine Ressourcen mehr für eine Verbesserung in der Organisation. Wenn die Stakeholder nicht mehr bereit sind, sich in die Konfliktbehandlung einzubringen, gibt es kaum noch Hoffnung für ein Wiedererstarken der organisationalen Vernunft.

Die organisationale Vernunft, die Systemintelligenz, ist ein vielschichtiges Gewebe. Nicht alle seiner Fäden lassen sich identifizieren und in ihrem Verlauf verfolgen. Die Stakeholder von Konflikten aber leisten einen deutlichen Beitrag; diesen nutzen wir für die Gestaltung der Organisation.

Im *Systemdesign für Konfliktmanagement* wird das aufgenommen. Systemdesign bedeutet die dauerhafte Aktivierung der Kräfte in der Organisation, welche das System gegen Krisen stabilisieren, und ihm zugleich Flexibilität für wichtige Neuerungen geben. Auch in der Behandlung des einzelnen Konflikts wird beides deutlich.

4.4 Wie gestaltet man zukunftsfähige Organisationsstrukturen?

Roland Eckert

Der technische Fortschritt und die Digitalisierung haben zu einer zunehmenden Hyper-Dynamisierung des Wettbewerbs geführt (vgl. Eckert 2014). So wird der klassische Preis-Qualitäts-Wettbewerb zunehmend um einen Innovationswettbewerb ergänzt bzw. von diesem sogar verdrängt. Bestehende Wettbewerbsvorteile werden immer schneller vom Wettbewerb angegriffen und aufgehoben. Wettbewerbsvorteile sind zunehmend zeitlich begrenzt (vgl. McGrath 2013). Anstelle von Effizienz, Stabilität und Gleichgewicht geht es mehr und mehr um Dynamik und Agilität (vgl. Eckert 2014). Daraus folgt dann aber auch zwingend die Frage, wie zukunftsfähige Organisationsstrukturen bzw. zukunftsfähige Organisationsmodelle im dynamischen Wettbewerb gestaltet werden müssen.

4.4.1 Der Hyperwettbewerb fordert agile Organisationsmodelle

Die klassischen *hierarchischen Organisationsmodelle* sind in stabilen und planbaren Märkten durchaus vorteilhaft. Hier bieten Spezialisierung und Effizienz eine klare organisatorische Wettbewerbsdifferenzierung. Um diese zu erreichen, werden die Prozesse in Aktivitäten zerlegt und den verschiedenen spezialisierten Funktionsbereichen mit klaren Rollen, Verantwortlichkeiten, Zuständigkeiten zugeordnet sowie die entsprechenden Management- und Entscheidungsroutinen (Governance-Modell) gestaltet. Die Weisungs-, Entscheidungs- und Berichtswege sind vertikal (Top-down/Bottom-up) ausgerichtet. Die notwendige funktions- bzw. bereichsübergreifende Koordination erfolgt durch eine zentrale Planung und Kontrolle, welche sicherstellt, dass trotz der Spezialisierung eine gemeinsame Zielorientierung gewährleistet ist. Planung und Kontrolle sind hierbei eng miteinander verbunden und von der Ausführung getrennt. Diese formale Trennung führt zur Notwendigkeit eines erfahrenen und aktiven mittleren Managements, welches die Verbindung wieder herstellt.

Die Planbarkeit von Märkten – eine wesentliche Prämisse für effiziente hierarchische Organisationsmodelle – wird jedoch im Hyperwettbewerb zunehmend infrage gestellt. Damit geraten die bislang erfolgreichen hierarchischen Organisationsmodelle zunehmend in die Kritik, da eine schnelle Umsetzung von dynamischen und/oder unvorhersehbaren Veränderungen im Markt- und Branchenumfeld in hierarchischen Organisationen nur schwierig möglich erscheint. Dies ist auch einer der Gründe, warum sich in hierarchischen Organisationen häufig sogenannte *Schattenorganisationen* ausbilden (vgl. Rotzinger/Stoffel 2015, S. 46 f.).

Gleichzeitig werden aber auch neue agile Organisationsmodelle gefordert. Eine *agile Organisation* (z. B. Korn 2014, S. 118) zeichnet sich durch eine schnelle Anpassungsfähigkeit an die sich schnell ändernden Umwelt- und Marktbedingungen aus. Zusätzlich ist eine agile Organisation durch die Fähigkeit gekennzeichnet, bekannte und neue Lösungsmöglichkeiten flexibel im Rahmen dieser Reaktion einsetzen zu können. Letztendlich stellt auch eine erhöhte Innovationsfähigkeit (Produkte, Prozesse, operative Geschäftsmodelle) durch eine schnellere Reaktion auf veränderte Kundenanforderungen ein weiteres Kennzeichen dar.

Anstelle von Effizienz müssen agile Unternehmen somit die schnelle *Anpassungsfähigkeit* und *Reaktionsfähigkeit* in den Mittelpunkt stellen, ohne jedoch die betriebliche Effektivität[5] und Effizienz (wesentlich) einzuschränken. Dies bedeutet aus der Managementperspektive, dass agile Unternehmen ein anpassungs- und reaktionsfähiges Geschäftsmodell sowie ein adaptives Organisations- und Governance-Modell besitzen müssen. Insbesondere muss damit aber auch zunehmend eine verbesserte funktionsübergreifende Zusammenarbeit sichergestellt werden, welche über die bekannte Projektarbeit hinausgeht. Diese Zusammenarbeit muss so gestaltet sein, dass die verschiedenen Organisationseinheiten und Teams ›miteinander funktionieren‹ bzw. ›hoch interkompatibel‹ sind. Eine *hohe Interkompatibilität* setzt netzwerkartige Informationsverbindungen zwischen Teams und zwischen Organisationseinheiten voraus, welche einen schnellen und direkten Austausch von Informationen ermöglichen. Durch diesen erhöhten Informationsaustausch wird die Informationsbasis und damit auch eine gemeinsame Sicht auf die aktuellen Situationen verbessert (vgl. Hayes/Alberts 2011).

Die Umsetzung von Interkompatibilität muss auf allen vier Ebenen im Unternehmen erfolgen. Auf der physikalischen Ebene muss der Informationsaustausch zwischen den Netzwerkmitgliedern durch ein entsprechendes IT-System technisch möglich gemacht werden. Auf der Informationsebene müssen die relevanten Informationen den Netzwerkmitgliedern permanent zur Verfügung stehen (d. h. pull anstatt push). Auf der kognitiven Ebene muss ein gemeinsames Verständnis zwischen den Netzwerkmitgliedern auf der Basis der Informationen und deren unterschiedlichen Interpretationsmöglichkeiten geschaffen werden. Auf der sozialen Ebene muss letztendlich eine gemeinsame und zielorientierte Zusammenarbeit erfolgen.

---

5 Der Begriff der Effektivität beschreibt nach Porter (1997, S. 3), eine vergleichbare Tätigkeit besser auszuführen als die Konkurrenz.

4.4.2 Holacracy und Parallelorganisation – zwei Wege zur agilen Organisation

Vor dem Hintergrund dieser vielfältigen Anforderungen zeichnen sich insbesondere zwei Möglichkeiten ab, um die geforderte Interkompatibilität und damit die Agilität von Unternehmen zu steigern. Zum einen kann man die bestehenden hierarchischen Strukturen durch ein agiles Governance-Modell ergänzen oder ersetzen, zum anderen kann man versuchen, die hierarchische Organisationsstruktur durch eine parallele agile Netzwerkorganisation zu ergänzen. Im erstgenannten Fall kann man an die Überlegungen der Holacracy/Soziokratie anschließen, im zweitgenannten Fall geht es um den Aufbau einer agilen Parallelorganisation (Gomez et al. 2007, S. 113).

Bei der *Holacracy/Soziokratie* wird ein hierarchisches Organisationsmodell durch ein selbst-organisierendes Governance-Modell ergänzt, welches die Verantwortlichkeiten, Zuständigkeiten sowie die Management- und Entscheidungsroutinen in und zwischen verschiedenen Teams oder Untereinheiten regelt. Im Mittelpunkt stehen anstelle von Aktivitäten zunächst die Services (Leistungen), welche für andere Teams oder Organisationseinheiten erbracht werden bzw. für die eigene Service-Erbringung von anderen Teams oder Organisationseinheiten benötigt werden. Die notwendige Koordination erfolgt in taktischen Meetings und Steuerungs-Meetings. Durch die Selbstorganisation in den Einheiten (inkl. Planung und Kontrolle) kann die Organisation innerhalb der definierten Grenzen insgesamt schneller auf Veränderungen reagieren. In der Holacracy/Soziokratie wird somit ein bestehendes hierarchisch-arbeitsteiliges Organisationsmodell durch ein funktionsinternes und funktionsübergreifendes Governance-Modell zu einem internen hybriden Organisationsmodell weiterentwickelt, welches eine effiziente hierarchische Struktur mit der Selbstorganisation in Teams verbindet (vgl. Robertson 2007, Mitterer 2014). Beispiele für derartige hybride Organisationsmodelle finden sich derzeit insbesondere in kleinen und mittelständischen Unternehmen.

In der ›*Parallelorganisation*‹ bleibt das bestehende effiziente hierarchische Organisationsmodell weitgehend unverändert. Die Anpassung an die veränderten Marktbedingungen erfolgt durch eine parallele Netzwerkorganisation. Somit werden regelmäßig eigenständige Organisationseinheiten aufgebaut, um die Realisierung von Marktmöglichkeiten und die zugehörigen Entscheidungsprozesse zu beschleunigen. Damit verbindet das Modell der Parallelorganisation die vorhandenen hierarchischen Strukturen mit den netzwerkartig organisierten Strukturen eines Start-up-Unternehmens (vgl. Kotter 2012, S. 23 ff.). Alibaba, ein bekanntes chinesisches Online-Handelsunternehmen, agiert seit Jahren auf diese Weise. So hat Alibaba die anfangs vorhandene E-Commerce-Plattform für kleine Export-Unternehmen durch eine Online-Shopping-Plattform, einen Bezahldienst, einen Online-B2C-Marktpatz, eine internationale Verbraucherwebseite und weitere Einheiten ergänzt (vgl. Reeves et al. 2016, S. 50).

4.4.3 Die erfolgreiche Umgestaltung erfordert je spezifische Vorgehenskonzepte

Agile hybride Organisationsmodelle können somit auf unterschiedlichen Wegen erreicht werden, welche jedoch auch unterschiedlicher Vorgehenskonzepte bedürfen. So kann die Umsetzung von *Holacracy* als langfristige Unternehmenstransformation angesehen werden. Es geht nicht um den »großen Sprung nach vorne«, sondern vielmehr um die konsequente Realisierung von kleinen und zielgerichteten Schritten (vgl. Eckert 2014, S. 254).

Obwohl die Holacracy die Verlagerung von Planungs- und Entscheidungskompetenzen auf die verschiedenen hierarchischen Ebenen zum Ziel hat, wird die Umgestaltung im Allgemeinen von einer *zentralen Vision* ausgehen. Auch die Programmkoordination wird zunächst zentral erfolgen. Im Mittelpunkt der Umsetzung steht ein »diszipliniertes Experimentieren« in den einzelnen Bereichen (vgl. Eckert 2014, S. 254 f.). In der Unternehmenspraxis bietet es sich an, mit einem *Pilotbereich* zu beginnen, wie es beispielsweise bei Zalando im Bereich Content Creation geschah (vgl. Yumusaklar 2015, S. 56). Hier entscheiden selbstständige Teams, wie die Aufgaben zur Leistungserbringung intern verteilt und gestaltet werden. Erste Ergebnisse zeigen, dass die Bearbeitungszeiten deutlich reduziert wurden und die Mitarbeitermotivation gesteigert werden konnte.

Die Mobilisierung der beteiligten Mitarbeitenden im Pilotbereich muss durch die nachhaltige Bedeutung des Programms als Antwort auf die Herausforderungen der Zukunft verdeutlicht werden. Die Mitarbeitenden außerhalb des Pilotbereichs werden durch die Erfolge des Pilotbereichs auf bevorstehende Veränderungen vorbereitet und motiviert. Die weitere Fortführung des Programms stellt ein kontinuierliches, bereichsübergreifendes Lernen in den Mittelpunkt (vgl. Eckert 2014, S. 254).

Bei Alibaba hingegen zeigt sich eine alternative Vorgehensweise bei der Gestaltung eines hybriden Organisationsmodells, welches Kotter (2012, S. 27) als »parallele Systeme« beschreibt. Hier wird die bestehende hierarchische Organisation um eine parallele Netzwerksorganisation ergänzt. Durch ein getrenntes agiles Netzwerk werden auch hier die Entscheidungsprozesse mit Bezug auf die neue Marktmöglichkeit beschleunigt. Bei Alibaba können die z. B. einzelne Geschäftsbereiche jederzeit einen Organisationsentwicklungsprozess initiieren, wenn sie ein neues und relevantes Marktpotenzial erkennen (vgl. Reeves et al. 2016, S. 58).

Der Aufbau einer *Parallelorganisation* benötigt jedoch eine *besondere Unternehmenskultur,* bei der die Mitarbeiter Veränderungen kontinuierlich erwarten und auch akzeptieren. So ist bei Alibaba »embrace change« (»den Wandel begrüßen«) seit der Unternehmensgründung ein wesentliches kulturelles Kernelement. Zusätzlich steht auch hier das Experimentieren mit neuen Geschäfts- und Organisationsmodellen im Mittelpunkt.

Der Aufbau von Parallelorganisationen scheint durch die formale Trennung zunächst einfach. Dabei darf jedoch nicht übersehen werden, dass Hierarchie und Netzwerk so miteinander verbunden werden müssen, dass ein permanenter Austausch von Informationen und Aktivitäten gewährleistet ist. Häufig geschieht dies dadurch, dass Mitarbeitende der hierarchischen Organisation auch Rollen, Verantwortlichkeiten und Zuständigkeiten in der Netzwerkorganisation ergebnisverantwortlich übernehmen.

Im Gegensatz zu Transformationsprogrammen geht es beim Aufbau von parallelen Netzwerkorganisationen um schnelle Optimierungsprogramme mit einem starken Fokus auf eine Einbindung der Mitarbeitenden (vgl. Eckert 2014, S. 253 f.). Das Ziel der Programme ist die Veränderung der strategischen Positionierung und Differenzierung eines Unternehmens. Um dies zu erreichen, erfolgt hier zunächst eine zentrale Planung unter Einbindung ausgewählter Mitarbeiter. Die Umsetzung der Parallelorganisation erfolgt dezentral. Die Mobilisierung der Mitarbeitenden kann durch quantitative und qualitative Zielvorgaben erfolgen.

4.4.4 Fazit

Die kurzen Überlegungen haben gezeigt, dass sich agile Organisationen durch hybride Organisationsmodelle auszeichnen. Die Umsetzung von hybriden Organisationen kann durch die Gestaltung einer entsprechenden Service-orientierten Governance-Struktur und/oder durch den Aufbau von Parallelorganisationen erfolgen. Grundsätzlich müssen sich Unternehmen im digitalen Hyperwettbewerb über die Gestaltung und Umsetzung beider Organisationsmodelle vor dem Hintergrund der eigenen strategischen Zielsetzungen umfassend Gedanken machen.

Literatur

Eckert, R. (2014): Business Model Prototyping. Geschäftsmodellentwicklung im Hyperwettbewerb. Strategische Überlegenheit als Ziel. Wiesbaden: Gabler.

Eschenbach, R./Horak, C./Meyer, M./Schober, C. (2015): Management der Nonprofit-Organisation – Bewährte Instrumente im praktischen Einsatz. 3. Aufl., Stuttgart: Schäffer-Poeschel.

Gomez, P./Probst, G./Raisch, S. (2007): Strukturen für nachhaltiges Wachstum. In: Raisch, S./Probst, G./Gomez, P. (2007): Wege zum Wachstum. Wie Sie nachhaltigen Unternehmenserfolg erzielen. Wiesbaden: Gabler, S. 110–123.

Hayes, R. E./Alberts, D. S. (2011): Understanding command and control (The future of command and control). Kindle Edition, September 2011.

Korn, H.-P. (2014): Das »agile« Vorgehen: Neuer Wein in alte Schläuche – oder ein »Déjà-vu«?, in 37. WI-MAW Rundbrief des GI-Fachausschusses »Management der Anwendungsentwicklung«. April 2014, S. 17–38.

Kotter, J. (2012): Die Kraft der zwei Systeme. In: Harvard Business Manager, Dezember 2012, S. 22–36.

McGrath, R. G. (2013): The end of competitive advantage: how to keep your strategy moving as fast as your business. Boston: Harvard Business Review.

Mitterer, G. (2014): Holacracy – ein Fleischwolf für organisationale Entscheidungsprozesse. In: Eschenbach, R./Horak, C./Meyer, M./Schober, C. (2015): Management der Nonprofit-Organisation – Bewährte Instrumente im praktischen Einsatz. 3. Aufl., Stuttgart: Schäffer-Poeschel, S. 426–433.

Porter, M. (1997): Nur Strategie sichert auf Dauer hohe Erträge. In: Harvard Business Manager, 03/1997, S. 2–17.

Raisch, S./Probst, G./Gomez, P. (2007): Wege zum Wachstum. Wie Sie nachhaltigen Unternehmenserfolg erzielen. Wiesbaden: Gabler.

Reeves, M./Zeng, M./Venjara, A. (2016): Das sich selbst optimierende Unternehmen. In: Harvard Business Manager, Sonderheft Change Management, S. 50–59.

Robertson, B. J. (2007): Leading-Edge Organisation: Einführung in HolacracyTM. http://integralesleben.org/fileadmin/user_upload/images/DIA/Info-Material_Seminare/Leading_Edge_Organisation_-_Holacracy_2007-06__deutsch_01.pdf (Abrufdatum: 22.07.2016).

Rotzinger, J./Stoffel M. (2015): Gelebte Demokratie. In: Harvard Business Manager, 07/2015, S. 42–50.

Yumusaklar, T. (2015): Wie autonome Teams den Erfolg steigern. In: Harvard Business Manager, 03/2015, S. 64–69.

5 Wie Innovation gefördert werden kann

Die Liste der innovationsverhindernden Faktoren in Organisationen ist lang. Sie umfasst sowohl kulturelle als auch strukturelle und personale Aspekte: Toxische Unternehmenskulturen, eine überspezialisierte Aufbauorganisation oder auch Kompetenzmangel und vieles andere können die Entfaltung von Innovation nachhaltig hemmen.

Das Neue braucht eine gewisse Freiheit, um sich entfalten zu können. Innovationen entstehen in den Zwischenräumen der etablierten Organisation, dort, wo das Neue entstehen darf und nicht von den Routinen der Organisation verhindert wird. Sie gedeihen jenseits der etablierten, abgesteckten Terrains der Organisation: In Begegnungen zwischen Menschen, in der Kooperation zwischen Organisationseinheiten oder auch zwischen Organisationen beim gemeinsamen Experimentieren in Innovationsnetzwerken.

Die innovationsförderliche Gestaltung der Organisation kann an ganz unterschiedlichen Punkten ansetzen. Gleichzeitig sollte sie aber die Gesamtorganisation im Auge behalten. Transdisziplinäre Teams, angemessen lateral gestaltete aufbauorganisatorische Lösungen, dezentrale Verantwortung oder auch fehlertolerante Organisationskulturen, mit entsprechenden Anreizsystemen etwa, gehören zu den Kontexten, die Innovationen begünstigen. In diesem Kapitel nähern wir uns dem Thema aus ganz unterschiedlichen Perspektiven.

Lutz Engelke eröffnet das Feld mit seinem Beitrag zu den grundlegenden Bedingungen einer Ökologie der Innovation in der Organisation. Innovation wird hier als kollektive Reise ins Unbekannte verstanden, die sich in drei wesentlichen Schritten vollzieht. Verlässt man die Perspektive der Einzelorganisation und schaut auf die Organisationsnetzwerke in den Informationstechnologien, die in den vergangenen Jahren eine nie dagewesene Innovationskraft entfaltet haben, so erscheint die Frage berechtigt, was eigentlich die Bedingungen sind, unter denen Innovation zwischen Organisationen produktiv gestaltet werden kann. Jens Aderhold spürt den Erfolgsbedingungen von Innovationsnetzwerken in ihrer ganzen postmodernen Unübersichtlichkeit nach. Wird Innovation hingegen als das Ergebnis sozialer Kollaboration und Ko-Kreation verstanden, dann lohnt ein vertiefter Blick auf die mannigfaltigen Möglichkeiten digitaler Unterstützung von vernetzten Innovationsprozessen. Birgit Gebhard beschreibt die erheblichen Potenziale der Modellierung und Förderung von Wissensarbeit, Social Collaboration und Netzwerk im digitalen Zeitalter – und die damit einhergehenden disruptiven Folgen für das soziale System Organisation. Ganz konkret beschreibt dann Peter Flume, wie Innovation und Wandel für die Mitglieder der Organisation gestaltet werden können. Am Beispiel des interaktiven Unternehmenstheaters zeigt er, wie Inszenierungen helfen können, ein tieferes, erlebnisbasiertes Verständnis von Innovation und Veränderung der Organisation zu erlangen.

5.1 Zur Ökologie von Kreativität, Innovation und Organisation – ein Reisebericht

Lutz Engelke

Lassen Sie uns für einen kurzen Augenblick über das Verhältnis von einem Haus und seinen Bewohnern nachdenken. Jedem ist klar: Es ist nicht das Haus das wohnt, es ist der Mensch, der in einem Haus wohnt. Und dennoch üben das Haus, seine Materialität, sein Design, das Licht und seine Möbel einen großen Einfluss auf den emotionalen Haushalt seiner Bewohner aus.

Ganz ähnlich verhält es sich mit dem Verhältnis Organisation und Mensch. Es ist nicht die Organisation, die denkt oder kreativ ist – es ist der Mensch, der denkt, kreativ ist und am Ende die Organisation verändert. Und dennoch übt die Organisation durch Hierarchie, Struktur, Kommunikationsformen und andere Faktoren einen großen emotionalen und inspirierenden Einfluss auf die Motivation und Kreativität von Menschen aus. Immerhin ›wohnt‹ man fast täglich zwischen acht und zwölf Stunden in einer Organisation. Es sind also sowohl die Menschen, die die Organisationen verändern als auch die Organisationen, die Menschen verändern.

Führt man in diesen Dualismus Mensch/Organisation den Anspruch ein, dass Organisationen durch Kreativität und Innovationsinitiativen Wachstum fördern und das Überleben von Unternehmen sichern sollten, wird es unübersichtlich. Dabei sind Innovationsfähigkeit und Kreativitätsmanagement Begriffe, die das Herz jeder Organisation berühren. Nur sehr wenige Unternehmen überleben ohne diese wichtigen Funktionen. Dennoch scheint die Frage, ob man Kreativität überhaupt managen kann, um Innovationen hervorzubringen, so komplex wie eine Mondlandung.

5.1.1 Auftakt

Die folgende kleine Reiseskizze unternimmt deshalb den Versuch, nach Orten und Prozessen der *Kreativität* im Schatten der Organisation zu suchen. Weit vor jeder Systemtheorie wusste bereits Michelangelo, dass »der größte Künstler nichts ersinnen kann, was nicht der Marmor unter seiner Fläche längst enthält. Und nur die Hand, die ganz dem Geist gehorcht, enthüllt das Bild im Stein.« (Thode 1920, S. 217) Für Michelangelo war also die Idee der zu schaffenden Skulptur bereits im Stein enthalten. Er musste sie lediglich mit seinen Händen sichtbar werden lassen. Ein Gedanke, der damit spielt, dass die zukünftige Welt mit all ihren Bestandteilen bereits im Heute angelegt ist. Es sind lediglich die eigene Wahrnehmung, die eigenen Fähigkeiten oder Fantasie verantwortlich für ihre Sichtbarkeit. Übertragen auf das 21. Jahrhundert und in dreidimensionalen Big-Data-Netzwerken gedacht, bedeuten Innovation und Kreativität, Dinge so zu verbinden, wie sie noch nie verbunden waren, um das darin liegende Wissen frei zu legen, sichtbar zu machen und für das Netzwerk mit einem neuen Drall erneut zu aktivieren. So entsteht Neues.

Ein dritter Ort, durch Kreativität entstanden, kann eine wunderbare Erkenntnis oder Erfahrung sein, aber auch neue Orte der Arbeit und Organisation oder im schlimmsten Fall eine Firma, die im Sinne Beuys, in ihrem inneren Kern eine ›soziale Skulptur‹ ist.

5.1.2 Kreativität ermöglichen: Picasso lächelt

Ein Satz von Picasso hellt die Szene auf, der auf einfache Weise die Komplexität von Innovation und Kreativität beschreibt, die jedem künstlerischen und innovativen Kontext innewohnt: »Wenn du ein Kind bist, möchtest du unbedingt so malen wie ein Erwachsener, wenn du dann erwachsen bist, hast du vollständig verlernt zu malen wie ein Kind.«

Spricht man vor diesem Hintergrund über kreative Organisation oder Inkubations-Prozesse, die Organisationen zu einem Innovations- oder Energieschub verhelfen sollen, dann zeigt der Satz vieles: Ein Kind nimmt seine Umgebungsrealität im Spiel permanent auseinander und setzt sie nach seinen ureigenen Imaginationsimpulsen wieder völlig neu zusammen. Hat man einen Gegenstand erst einmal auseinandergenommen und wieder neu zusammengesetzt, dann weiß man, wie er von innen aussieht. Je mehr ich weiß, umso mehr kann ich vernetzen und je mehr ich vernetzen kann, umso mehr kann ich überraschen. Kreativität ist in diesem Sinne ein gigantischer Bewusstseinsunfall, in dem Dinge zusammengebracht werden, die eigentlich nicht zusammengehören. Anders und neu kombiniert erzeigt Kreativität immer wieder eine neue Realität.

Der kritische und die gegenwärtige Realität gefährdende Impuls, der im Spiel des Kindes steckt, bedeutet: Ich überprüfe die bestehende Realität und füge ihr etwas Neues, Anderes, Überraschendes hinzu. Beim Menschen geht diesem Impuls der spielerische Anteil im Laufe der Persönlichkeitsentwicklung verloren. Auch in Organisationen verringert sich der Anteil kreativer Handlungen, wenn der Rahmen für ihre Entfaltung nicht bewusst gestaltet wird. Viele Anteile der ursprünglichen, naiven Kreativität von uns allen sind im Laufe der Persönlichkeitsentwicklung, durch Erziehung und Ausbildung verschüttet, lebensenergetisch umgelenkt oder durch Ängste, Fehler im ›wirklichen Leben‹ zu machen, eingeschüchtert worden – oft, ohne dass wir es merken.

Die Entdeckungslust, die Neugierde, der Flirt mit Ideen und die Auseinandersetzung mit grundsätzlichen Themen wird oft überdeckt von der Ideologie der

Effizienz, Rationalität und von logischen kognitiven Prozessen (vgl. Isaacson 2011). Kurz – von einer ökonomisierten Vorstellung von Kompetenz und Wissen und den ökonomischen Zwängen selbst. Und sobald die Ökonomie das Spiel dominiert, entsteht eine andere Kombinatorik von Wissen, eine neue Vernetzung und Logik. Warum aber verweigern sich die meisten Organisationen diesem Spiel und seinen möglichen Konsequenzen?

5.1.3 Spurensuche: Tiefenschichten der Organisation

Das ökonomische Argument ist oft der wichtigste *Kreativitätskiller* in Gruppen, es ist aber auch Impulsgeber für Planung, Zeit und Zielmarke. Die Ökonomie ist nicht der einzige Grund, warum sich Unternehmen nicht mehr Kreativität leisten. Spiele dieser Art sind nur schwer steuerbar und sie können für Unternehmen gefährlich werden, insbesondere, wenn grundsätzliche Themen berührt sind. Oft scheint die kreative Lösung den Beteiligten undenkbar, weil mit ihr sicher geglaubte Routinen und Prozessketten zerstört werden könnten. Denn in komplexen Organisation entsteht durch ökonomische Treiber im Stile der ›unsichtbaren Hand‹ sehr schnell der Wunsch, das Unternehmen möglichst linear, rational und hierarchisch begrenzt zu entwickeln. Dahinter verbirgt sich das Denken einer veralteten Betriebswirtschaft und die Illusion, Organisationen seien ausschließlich rational steuerbar.

Organisationen bilden den Raum, in dem sich oft eher zufällig die unbewussten Anteile unterschiedlicher Eigenschaften von Mitarbeitern wie Kreativität, Lebensneugierde, Konfliktfähigkeit, Antriebskräfte wie Liebes-, Hilfs- oder Kommunikationsfähigkeit versammeln. Diese unbewussten Anteile des Individuums bilden sich als Summenspiel in der Organisation ab, in Form von bestimmten Mustern, Ritualen, Energien, Hemmungen, Aggressionen, Verdrängungen und Ängsten. Dieses unternehmenskulturelle Gewebe bildet die tägliche Hintergrundturbulenz in einem Unternehmen. In der Gestaltung von Innovation und Kreativität geht es darum, diese verschütteten Anteile des Unternehmens konstruktiv zu aktivieren. Das kann ungeahnte Kräfte freisetzen, die – methodisch und strategisch begleitet – dem Unternehmen in seiner innovativen und kreativen Ausrichtung sehr nützen können. Frei flottierend verhindern sie eher Innovation.

Doch wie macht man das, ohne das ganze Gebäude zum Einsturz zu bringen? An dieser Stelle lohnt ein kleiner Ausflug in die Entstehungsgeschichte der *Gestalttheorie*, die den Menschen als ganzheitlichen Organismus im Denken, Fühlen und Handeln begreift. Sie sagt auch, ganz ähnlich wie in Michelangelos Eingangszitat: Alles ist an der Oberfläche bereits sichtbar, was auf tiefer liegende Konfliktlagen erinnert. Man muss nur die Zeichen zu deuten wissen.

Kurt Goldstein, von dem Fritz Perls wesentliche Anregungen zu seinen neuartigen Therapiemodellen bereits in den 1940er-Jahren bekam, vertrat in einer seiner Kernthesen zu ersten gestalttheoretischen Überlegungen »dass das Verhalten aller biologischen Organismen von den Gesetzmäßigkeiten der sogenannten ›Figur-Grund-Bildung‹ in ihrer subjektiven Wahrnehmung determiniert sind.« (Walker 1996, S. 133). Das heißt, jeder hat ein Bedürfnis-Bild, eine Selbst-Narration, eine Ich-Vision, einen idealen Zustand von sich selbst. Entsteht eine Differenz dazu, muss entweder ein Problem gelöst werden oder ein aktuelles Bedürfnis befriedigt werden. *Wahrnehmung* ist also ein aktives Eingreifen und ständiges vergleichen von Grundprämissen, die, sobald eine Differenz auftaucht, zu einem unmittelbaren Handeln führen.

Diese Hintergrundfolie bildet die Einheit von Denken, Fühlen und Handeln im Individuum, die uns allen als Urmuster mitgegeben wurde. Dieses Urmuster und diese Einheit sind wesentliche Treiber und Gradmesser für unsere Zufriedenheit und Motivation. Perls nennt dies die »Ökologie des Gesamtsystems« Mensch (Perls 1974, S. 156). Dieses Muster der Einheit von Denken, Fühlen und Handeln lässt sich bis zu einem gewissen Grad auch auf Unternehmenssysteme übertragen. Die unbewussten Anteile, die abgespaltenen, die traumatisierten Anteile einer Unternehmenskultur stehen direkt neben effizienten, rationalen und kognitiven Prozessen. Die Koexistenz beider erzeugt das Spannungsfeld Organisation.

5.1.4 Die Ökologie eines kreativen Klimas

Im positiven Idealfall bedeutet dies für ein Unternehmen: Die Mitarbeitenden haben subjektiv das Gefühl, sie können sich mit ihrer ganzen Persönlichkeit in das Unternehmen einbringen, sie sind in einem hohen Maße kongruent mit sich selbst und dem Handlungsrahmen, der ihnen durch das Unternehmen gegeben wird. Wird die Ökologie dieses Gesamtsystems nicht berücksichtigt, ist mit unerwünschten Rückkopplungsprozessen zu rechnen.

In diesem Zusammenhang ist der Begriff des *›Mikrotraumas‹* sehr gut geeignet, den Begriff der Ökologie eines psychischen Netzwerkes anschaulich und organisatorisch zu beschreiben. Mikrotraumata sind all die kleinen Geschichten, die jeder kennt in einem Unternehmen. Sie sind gekoppelt an den Erzählstoff der Organisation und jedes Unternehmens, wenn die Mitarbeiter abends in ihrem vertrauten Kreis sich die Geschichten des Alltags erzählen, das, was genervt und verletzt hat und wie blöd der Vorgesetzte oder die Chefin wieder war. Unsichtbar, nicht wirklich spürbar zunächst, wird dieses Mikrotrauma im Individuum subjektiv erlebt, und dennoch entsteht in der Organisation als Ganzes ein Klima aus Skepsis, Zurückhaltung, Vorsicht und fehlender Offenheit, was in der Summe zu einem Vertrauensverlust in der gesamten Organisation führt. Das Mikrotrauma wird zum Monster und Gegner der Organisation, weil es sich solidarisiert und im anderen wiedererkennt. Ist eine Organisation dort angekommen, dann ist meist schon das kreative Klima gekippt. Kreativität und Innovationsfähigkeit sind eng an diese Zustände gekoppelt. Es zeigt sich in Motivation und Haltung der Menschen und letztlich im ökonomisch verwertbaren Output an neuen Ideen für das Unternehmen.

Das bedeutet im schlechtesten Fall, dass es sich für das System als besser darstellt, fehlerfrei im alten System weitermachen, als durch das Neue, das Andere zu irritieren und möglichweise falsche Aufmerksamkeit zu erregen. So wird die vermeintliche ›Neutralität‹ des Einzelnen im System zu einer Geste des Wegduckens. Die meisten Unternehmen haben eine große Bereitschaft, die Struktur für das wenig kreative Mittelmaß möglichst groß zu halten, weil Veränderung so am besten zu vermeiden ist. Die potenziellen Helden sind im Dickicht des Mittelmaßes versteckt.

5.1.5 Explore – Play – Transform

So wie der Mensch eine Einheit und ein Organismus aus Denken, Fühlen und Handeln ist, so nimmt eine Organisation kreative und unkreative Anteile ihrer Mitglieder in ihre Struktur auf. Es gilt, die Kreativität zu ermöglichen (vgl. Bateson 1983). Wie kann man aber an den Eingangssatz von Picasso in seiner eigenen Organisation erinnern, ohne gleich Panik zu verbreiten? Oder anders gefragt: Wie lässt sich erwachsen und professionell sein, ohne das Kind im Inneren zu vergessen? Sollen sich die unbewussten Ressourcen der Mitarbeitenden entfalten, dann hilft eindeutige Kommunikation, das Vorleben der Kreativität und die Ausrichtung der Unternehmenskultur auf allen Kanälen. Tanzen ist ausdrücklich erlaubt, Ideen sind willkommen, Fehler dürfen gemacht werden, man darf übers Ziel hinaus schießen. Das Verrückte wird wichtig, das Normale stellt sich von allein ein. Und die Kommunikation in alle Richtungen ist dabei ein wesentlicher Schlüssel (vgl. Isaacson 2011).

Kreativität und Innovation realisieren sich in der Unternehmensbilanz allerdings nicht nur aus einer Idee heraus, sondern auch durch eine konkrete methodische Umsetzung. Als erste Annäherung an die Methodenfrage lässt sich ein einfaches *Modell in drei Schritten* destillieren, das sich in vielen Kreativitätsansätzen bis hin zu ausgefeilten Design-Thinking-Methodiken wiederfindet und den Raum für Kreativität überhaupt erst bereitet.

Es ist methodisch in drei Schritten aufgebaut: Den Ausgangspunkt bildet das Explorieren, das in eine Phase des Spiels mündet und die Grundlage der Transformation darstellt: *Explore – Play – Transform*. Die drei Schritte sind aufgebaut wie eine Reise. Alle kreativen Teams durchlaufen diesen Prozess. Um sich auf dieser Reise zu orientieren, wird eigenes Kartenmaterial entwickelt, das bereits Teil des Prozesses wird. Die Entwicklung der Navigation wird so zum Prozess der Lösungen (vgl. Kreativitäts-Methode TRIAD Berlin; o. V. 2014) Im Folgenden wird die methodische Grundform anhand der Arbeit eines Kreativteams verdeutlicht.

Explore-Phase

Für jede neue Aufgabenstellung geht das Team zunächst auf eine Expedition, um Erfahrungen zu entwickeln, die einen ersten Überblick zu dem neuen Themenfeld ergeben. Die Wege sind bewusst weit gesteckt, das gesammelte Material zum Teil abwegig. Es beschreibt das Assoziationsfeld, in dem eine Erkenntnis oder nur Wahrnehmung entstehen kann. In dieser Phase wird das Feld bereitet. Nach dieser Phase gibt es eine erste innere Struktur und Matrix der Aufgabe. Die ökonomischen Parameter sind bekannt, um eine Skalierung möglicher Lösungen gleich von Anbeginn an im Blick zu haben.

Play-Phase

Wenn durch die Explore-Phase das Themenfeld sichtbar geworden ist, sollte man nicht direkt kognitiv damit zu arbeiten beginnen. Es ist ratsam, wieder zurückzugehen in den scheinbar naiven, kindlichen Spielmodus. Man schaut sich an, was jetzt passiert, wenn die Dinge in anderer Weise kombiniert, dekonstruiert oder neu vernetzt werden. Konkurrierende Teams helfen, Vielfalt zu generieren. Dann beginnt das eigentliche Prototyping, das versuchsweise Erarbeiten erster Lösungen. Entlang vieler Einzelprobleme und Einzellösungen entstehen hierbei vorweggenommen wie in einem Mikrokosmos die Phasen Explore, Play und Transform. Eine erste Gestalt, eine Form, eine Erzählung entsteht, die die anfängliche abstrakte Aufgabe allen sichtbar vor Augen führt.

Transform-Phase

Nun folgt die Phase ›Transform‹, in der das Systemfeld, der rationale und ökonomische Anteil der eigentlichen Aufgabe in den Blick genommen wird. Die Spieloptionen sind nun ausgereizt, sodass ausgewählt und entschieden werden muss, um die Dinge in eine praktische Wirklichkeit zu überführen. Jede Entscheidung bedeutet, eine andere Option hinter sich zu lassen. Darin liegt oft ein Trennungsprozess, der schmerzlich ist. Das markiert den Eintritt in einen wichtigen Lernvorgang: Von großartigen Ideen und Entwürfen Abschied zu nehmen, erfordert oft viel Mut. In der Phase Transform wird aus Fantasie Realität. Dadurch, dass man sich in der Transform-Phase für eine Idee entschieden hat, entsteht so etwas wie eine Anreicherung von Sinnfragmenten. Plötzlich entsteht eine Art Grundformel, ein Grundnarrativ. Mit der Zeit gruppieren sich immer mehr Aspekte, Ideen und Dinge um diese Formel herum, sie lassen sich aus ihr ableiten. Plötzlich ergeben die Teile einen Sinn und vieles, was in der Explore-Phase noch eher am Rande lag, wird plötzlich wichtig und Teil einer funktionierenden Gesamtsicht. Das Wissen ist immer schon da, es muss eben nur sichtbar gemacht werden. Hier schließt sich der Kreis zu Michelangelo.

5.1.6 Kreativprozesse als Spiegel der Organisation

Kreativprozesse spiegeln Veränderungsprozesse in Organisationen wider. Die Unsicherheit zu Beginn des Prozesses, die Suche nach einem gangbaren Weg, die begrenzte Menge an verfügbarem Wissen, Zeitdruck und die zu bewältigende hohe Komplexität: Diese Bedingungen gelten für die Gestaltung des organisationalen Wandels wie für Kreativprozesse gleichermaßen. Hier sind weitere übereinstimmende Aspekte:

- Auch die Ambiguität zwischen Angst und Faszination gilt für beide Prozesse. Sie will verstanden und zielorientiert gestaltet sein.
- Kritische Selbstreflektion ist ein Erfolgsfaktor für beide Prozesse. Das Arbeitsteam sollte sich permanent hinterfragen, ob es noch auf dem gewollten Weg ist, die Navigationsinstrumente müssen zu allen Zeiten kritisch überprüfbar bleiben, die Landkarten werden permanent neu geschrieben – auch hier gilt: »Die Karte ist nicht das Gebiet.« (Korzybski 1995, S. 58)
- Kreativität und Innovationen brauchen ›weiße Räume‹, die das andere Denken unterstützen. Oft sind das viel weniger komplizierte Arrangements, als angenommen wird. Menschen, die wirklich kreativ sind, können überall kreativ sein. Die besten Ideen, die unsere Welt verändert haben, sind in Garagen entstanden.
- Der größte Feind von Innovation und Kreativität ist die Organisation selbst. Sie weigert sich, Zeit zu finden und Routinen abzuschaffen. Dort, wo das Ziel im Weg steht, entsteht – zumeist von Wenigen erkannt – ein Weg, der selbst das Ziel ist.

»Mehr Fantasie wagen«, sollte das Credo jeder Organisation sein. Und bei der Frage, was Arbeit eigentlich ausmacht, sollte man darüber nachdenken, was uns im Kern wieder anschlussfähig macht an die ursprünglichen Imaginationsräume im Sinne Picassos. So gesehen kann Arbeit auch die Verlängerung von Kindheit sein.

Literatur

Bateson, G. (1983): Ökologie des Geistes: antropologische, psycholgische und epistemologische Perspektiven. Frankfurt a. M.: Suhrkamp.

Isaacson, W. (2011): Steve Jobs: Die autorisierte Biografie des Apple-Gründers. München: C. Bertelsmann.

Korzybski, A. (1995): Science and sanity: an introduction to non-Aristotelian systems and general semantics. Pasadena (CA): Institute of General Semantics.

Perls, F. (1974): Gestalttherapie in Aktion. Stuttgart: Ernst Klett.

o. V. (2014): Kreativitäts-Methode TRIAD Berlin: Explore – Play – Transform. https://www.triad.de/de/unternehmen/methodik/ (Abrufdatum: 27.04.2016).

Thode, H. (1920): Michelangelo und das Ende der Renaissance, Berlin: Grote'sche Verlagsbuchhandlung.

5.2 Herausforderungen von Innovationsnetzwerken verstehen, moderieren und managen

Jens Aderhold

5.2.1 Warum Netzwerke?

In nahezu allen gesellschaftlichen Feldern lässt sich ein Trend hin zu *sozialer Netzwerkbildung* beobachten. Diese fluiden, störungsanfälligen, dezentralen, auf Vertrauen beruhenden sozialen Gebilde werden nicht nur von der Wissenschaft neu- oder wieder entdeckt. Ob im Internet, in der Politik, in der Öffentlichkeit oder verstärkt innerhalb von Forschungs-, Entwicklungs- und Innovationsprozessen – in Netzwerken vermutet man eine verheißungsvolle Bearbeitungs- und Lösungsstrategie im Kontext komplexer und dynamischer Umfeldbedingungen (vgl. Aderhold 2016).

Nicht ganz unschuldig an diesem Eindruck sind einschlägige Vorbilder, wie beispielsweise die Silicon-Valley-Region, die nun schon über mehrere Jahrzehnte hinweg Vorsprünge im Gründungsgeschehen sowie bei der Entwicklung von Innovationen und ihrer globalen Vermarktung etablieren und ausbauen konnte (vgl. Keese 2014).

Eine naheliegende Frage wäre nun, was kann man von diesen und anderen Vorbildern lernen und was wäre zu übernehmen (vgl. Lee et al. 2000). Zu nennen ist zunächst wohl das äußerst risikofreudige, fehlertolerante Innovationsklima, bei dem selbst wiederholte Rückschläge toleriert werden. Hinzu kommen ein liberales Insolvenzrecht sowie ein offenes Geschäftsklima, welches sich dadurch auszeichnet, dass selbst wichtige Informationen bereitwillig mitgeteilt und ausgetauscht werden. Zudem beeindruckt, dass man bei Auswahlprozessen nicht unbedingt auf ›gute Bekannte‹ setzt, sondern die Türen für neue Talente und interessante Experten offen bleiben.

Obwohl viele dieser erfolgreichen Elemente identifiziert werden konnten, gelingt ein Transfer in unseren kulturellen Kontext bisher nur unzureichend. Die Gründe hierfür liegen zunächst im Beharrungsvermögen kulturell verankerter Selbstverständnisse. Wir ziehen die übersichtliche Welt der modernen Organisation der Unordnung des postmodernen Netzwerkes vor. Vertraut wird nur dem, den man sehr gut kennt, ansonsten setzt man lieber auf Misstrauen oder auf Zertifikate und Zeugnisse. Besonders problematisch wirkt zudem eine in vielen Bereichen anzutreffende institutionelle Konformität, die Inspiration, unbequeme Fragen, wirkliches Querdenken sowie innovative Ansätze nur selten zulässt. Hinzu kommt – und dieser Aspekt wird uns im Folgenden beschäftigen, dass Aufbau, Konstituierung und Weiterentwicklung sozialer Netzwerke für sich genommen sehr voraussetzungsreich ausfallen.

An diesen Problembezügen setzen wir an, indem wir ausgewählte Voraussetzungen sozialer Netzwerke näher in Augenschein nehmen wollen. Es geht mithin um spezifische Anforderungen, mit denen zu rechnen ist, sofern man sich auf Netzwerkarbeit einlässt und schließlich um hiermit verbundene Folgerungen hinsichtlich Beratung, Moderation und Management.

5.2.2 Handlungsanforderungen postmoderner Netzwerkpraxis

Netzwerke fungieren unter modernen Bedingungen als *Vermittler* zwischen gesellschaftlicher Erreichbarkeit und interaktiv hergestellter Zugänglichkeit (vgl. Aderhold 2004; 2010). Sie sind offen und wirken systemübergreifend. Das netzwerkbildende Medium ist Potenzialität im Sinne aktivierbarer Kontakte. Beim Management von Netzwerken geht es folglich darum, die Stimulierung und den Erhalt von Potenzialitäten voranzubringen, zunächst, indem Akquise und Pflege von kompetenten Akteuren, die verweisungs- und anschlusspotent sind, ins Zentrum rücken. Es geht hierbei vor allem um Aktivitäten, die darauf abzielen, interessante Akteure und die von ihnen verwalteten Kontaktstrukturen für das eigene Anliegen zugänglich zu machen, d. h., die Personen selbst, ihre Kontakte für das neu zu etablierende Netzwerk zu öffnen und zu motivieren.

Lässt man sich nun auf Netzwerkarbeit ein, wird man mit einer wesentlich höheren Dynamik und Unsicherheit konfrontiert als dies in normalen organisationalen Umfeldern der Fall ist. Das bedeutet, Netzwerkakteure müssen sich mit einer neuen Qualität von Problemen auseinandersetzen. Die Problemkomplexität steigt vor allem dadurch, weil die Netzwerkpraxis systematisch dilemmatische Konstellationen produziert (vgl. Huxham/Beech 2003).

Eine Entscheidung, ein Problem im Netzwerk auf eine bestimmte Art zu bearbeiten oder zu lösen, hält prinzipiell Risiken des Scheiterns der Kooperationsziele, der vereinbarten Aufgaben und des gesamten Netzverbundes bereit. Man ist gezwungen, zwischen zwei gleichermaßen ›unangenehmen‹ Alternativen zu wählen. Einmal gefundene Lösungen im Netzwerkkontext sind zudem bestenfalls von kurzer Dauer. Mit jeder Entscheidung zur Bewältigung eines Problems produziert man unausweichlich ein neues, ein mit der gefundenen Lösung verknüpftes Problem, das für den Fortbestand des Netzwerkes fatale Folgen haben kann (vgl. Duschek et al. 2005). Es ist folglich immer im Vorfeld und auch während der Netzwerkarbeit zu prüfen, ob diese gewählte Struktur auch zu den verfolgten Zielen passt.

5.2.3 Probleme und Dilemmata

Die heraufziehende und zuweilen euphorisch begrüßte Netzwerkgesellschaft bringt folglich nicht nur Vorteile mit sich. Bei aller Begeisterung beobachten wir im Netzwerkalltag erhebliche Schwierigkeiten, Leistungen zu koordinieren, Ressourcen für bestimmte Zwecke zu bündeln und, ab einer bestimmten Größe, die Komplexität einer Aufgabe zu bewältigen. Wir wollen nun einige, für uns wesentliche solcher *Dilemma-Konstellationen* kurz umreißen.

Vertrauensdilemma

Das Initiieren, das Aufrechterhalten sowie die Pflege von Netzwerkbeziehungen gleichen einer Investition in eine risikoreiche und vor allem intransparente Zukunft. Insbesondere in Startphasen ist der Aufbau von Vertrauen schwierig und riskant. Die Euphorie ist zunächst groß. Man trifft auf breite Zustimmung und rhetorische Unterstützung. Interesse und Engagement werden in Aussicht gestellt.

Damit eine Kooperation in Gang kommt bzw. (fort-) gesetzt werden kann, bedarf es gegenseitiger Vertrauensbeweise. Es geht z. B. um die Preisgabe kritischer Informationen. Allerdings geraten hier die Teilnehmer und das komplette Netzwerk in eine problematische Situation. Geben die Netzwerkakteure sensible Daten weiter, gefährden sie sich selbst, allerdings stärken sie damit die Entwicklungsfähigkeit des Netzwerkes. Halten sie stattdessen wichtige Informationen zurück, schützen sie zwar ihre eigene Position, gefährden aber das Netzwerk. Es ist nahezu beliebig, welche Strategie man wählt. Es wird gleichzeitig etwas gefährdet und etwas gefördert.

Besitzdilemma

Ein weiteres Problem entsteht durch das Herausbilden unterschiedlicher Gruppen und einer hiermit in Verbindung stehenden Trennung von Kern- und Peripherieakteuren. Das kann produktiv sein, weil erst auf diese Weise Entscheidungsfähigkeit hergestellt wird. Problematisch wird es aber dann, wenn etwa der Kern überlastet ist und sich der ›Rand‹ über mangelnde Partizipation beklagt. So problematisch dies also sein kann, so unvermeidlich ist es auch. Start- und Revitalisierungsphasen in Netzwerken sind auf Initiativhandlungen angewiesen. Entsprechend startet mit der Initiative auch die Binnendifferenzierung.

Das Dilemma besteht nun darin, dass Differenzierung grundsätzlich in Kauf genommen werden muss, wenn überhaupt ein Netzwerk handlungsfähig und produktiv werden soll. Ohne Initiative gibt es kein Netzwerk, aber mit der Initiative kommen sofort auch Komplexität, Überlastung und Rivalität.

Dilemma von Offenheit und Schließung

Netzwerke bieten für Innovationsprozesse eine bedeutsame Infrastruktur, wobei diese die Innovation selbst maßgeblich beeinflusst und verändert. Zunächst ist es so, dass sich der entstandene Verbund mit dem Projekt der Fortentwicklung einer bestimmten Innovation identifiziert. Der inhaltlich strukturierte Suchraum wird dabei stark eingegrenzt. Man reduziert das Störpotenzial, indem Grenzen nach außen gezogen werden. Der notwendige Prozess der Schließung führt nun zu einem Doppeleffekt. Einerseits ist nur so ein hohes Maß an Leistungs- und Durchsetzungsfähigkeit möglich. Andererseits wird der Übergang zur Durchsetzung der Innovation erschwert. Denn der Übergang von der Funktionsreife zur kommerziellen Verwendung erfordert in den meisten Fällen einen Wechsel der Träger-Netzwerke oder das komplizierte Verbinden dieser Trägerstrukturen. Die Aufgabe besteht nun darin, den Ausgangsverbund für kommerzielle Interessen zu öffnen, was meist bedeutet, neue Akteure und Netzwerke mit ins ›Boot‹ nehmen zu müssen. Die erforderliche Schließung wird untergraben oder alte Netzwerke werden verdrängt oder gar vollständig abgelöst.

Dilemma der Konfliktbearbeitung

Die Liste von Problemen und Dilemmata ließe sich leicht verlängern (siehe hierzu Duschek et al. 2005). An dieser Stelle soll es um eine Folgerung gehen. Netzwerke sind grundsätzlich konfliktnahe Sozialgebilde. Das muss nicht heißen, dass Konflikte permanent auftreten oder gar eskalieren müssen. Denn die sachbezogene Zusammenarbeit wird allzu häufig mit einem Schleier latenter Beziehungskonflikte überzogen. Sobald beispielsweise Beziehungskonflikte aktiv werden, steht zunächst die Frage im Raum, ob diese überhaupt thematisiert und offensiv bearbeitet werden sollen. Problematisch wird es, weil in allen möglichen Bearbeitungsvarianten systematisch ein Verschärfungs- und ein Beruhigungspotenzial (Verdrängung) eingebaut ist, wobei beide Varianten riskant für das Netzwerk sind.

Man kann Konflikte ignorieren bzw. nicht thematisieren. Konflikte bleiben weiter präsent und unbearbeitet. Andererseits kann ein Ignorieren auch eine Eskalation vermeiden und eine produktive Abkühlung bewirken. Entscheidet man sich für eine offensive Bewältigungsstrategie, kann das eine Klärung herbeirufen. Aber auch eine Eskalation ist möglich.

Für Akteure, die sich auf Netzwerkarbeit einlassen, aber auch für Berater und Moderatoren ist es also wichtig zu wissen, dass Dilemmata sich nicht einfach beiseiteschieben oder gar beseitigen lassen. Sie können höchstens be- und verarbeitet werden. Zudem schlagen sie nach einem scheinbar gelösten Zustand früher oder später als Problemstellung wieder durch.

Wie kann nun in ein Netzwerkmanagement eine *Dilemma-Bewältigungskompetenz* eingefügt werden? Es ist davon auszugehen, dass das Management um eine zusätzliche Komponente ergänzt werden muss, die insbesondere für die Diagnose und die Oszillation zwischen den Dilemmata benötigt wird (mehr hierzu siehe Aderhold et al. 2005). Moderation und zum Teil auch Mediation werden zu einem funktionalen Bestandteil des Netzwerkmanagements, wenn nicht gar zu einer eigenständigen, parallel zum Management stehenden Steuerungs- und Beratungsfunktion. Diese Funktion kann prinzipiell nicht (mehr) autoritär – wie in Organisationen – eingesetzt werden, da es keinen Schalter in einer Hierarchie gibt, der die Notwendigkeit von Moderation feststellt oder als aufgelöst erklärt. Vielmehr muss dafür gesorgt werden, dass die Funktion mit dem Netzwerk selbst emergiert und prinzipiell besetzt wird, unabhängig davon, wie bewusst bzw. explizit diese Besetzung erfolgt.

Literatur

Aderhold, J. (2004): Form und Funktion sozialer Netzwerke in Wirtschaft und Gesellschaft. Beziehungsgeflechte als Vermittler zwischen Erreichbarkeit und Zugänglichkeit. Wiesbaden: VS.

Aderhold, J. (2010): Soziale Bewegungen und Netzwerke. In: Stegbauer, C./Häußling, R. (Hrsg.): Handbuch Netzwerkforschung. Wiesbaden: VS, S. 739–745.

Aderhold, J. (2016): The secret revolution through social innovations. Reflections and action concepts for the change of organization, network and society (im Erscheinen).

Aderhold, J./Wetzel, R./Meyer, M. (Hrsg.) (2005): Modernes Netzwerkmanagement: Anforderungen – Methoden – Anwendungsfelder. Wiesbaden: Gabler.

Duschek, S./Wetzel, R./Aderhold, J. (2005): Probleme mit dem Netzwerk und Probleme mit dem Management. Ein neu justierter Blick auf relevante Dilemmata und auf Konsequenzen für die Steuerung. In: Aderhold, J./Wetzel, R./Meyer, M. (Hrsg.): Modernes Netzwerkmanagement: Anforderungen – Methoden – Anwendungsfelder. Wiesbaden: Gabler, S. 143–164.

Huxham, C./Beech, N. (2003): Contrary prescriptions: Recognizing good practice trensions in management. In: Organization Studies, 24. Jg., H. 1, S. 69–93.

Keese, C. (2014): Silicon Valley: Was aus dem mächtigsten Tal der Welt auf uns zukommt. München: Knaus.

Lee, C. M./Miller, W. F./Gong Hancock, M./Rowen, H. S. (Hrsg.) (2000): The Silicon Valley edge. A habitat for innovation and entrepreneurship. Stanford: Stanford University Press.

5.3 Wie gelingt es in virtueller Zusammenarbeit, innovativ zu arbeiten?

Birgit Gebhardt

Vor dem Hintergrund einer noch überwiegend klassischen Organisation von Arbeit darf eine virtuelle Zusammenarbeit schon an sich als innovativ gelten. Die Transparenz von Information und Kommunikation ist für eine innovative Zusammenarbeit quasi Grundvoraussetzung aber in Organisationen keineswegs selbstverständlich.

5.3.1 Vorteile, Voraussetzungen und Veränderungen durch Social Collaboration

Die Tatsache, dass sich der Nutzwert von Netzwerken virtuell viel besser erfahren lässt, weil Informationen sofort verfügbar und Absender erkennbar sind, bringt *Social-Collaboration-Plattformen* auf die Agenden der Unternehmen. Sie sind derzeit noch meist ein Testkanal, über den Mitarbeiter ihre freizügigen Kommunikationsweisen aus den sozialen Medien in die Businesssysteme einspeisen.

Nützlich für eine innovative Zusammenarbeit werden die Microblogging-Plattformen erst, wenn sie auch wirklich zum gemeinsamen Arbeiten verwendet werden. Das heißt, wenn sie das *einzige* Instrument sind, das die Arbeitsunterlagen und den Projektfortschritt samt aller nötigen Informationen abbildet bzw. so einfach wie bei einer Google-Suche aus anderen Quellen und Programmen zusammenführt. 64 % der Unternehmen rechnen mit einer Zunahme der virtuellen Teamarbeit (vgl. Schmergal/Borghardt 2012). Das entspricht der Entwicklung, Expertenwissen ortsunabhängiger und abteilungsübergreifender zusammenzuschalten.

Voraussetzungen für die vernetzte Arbeitskultur

Drei wesentliche Voraussetzungen für die vernetzte Arbeitskultur kann eine Social-Collaboration-Plattform bieten:

- aktuelle, gebündelte Informationstransparenz
- Abbildung der Arbeitsprozesse
- zeit- und ortsunabhängige Mitwirkungsmöglichkeit

Plattformen wie Jive, Yammer, Sharepoint, Communote etc., bilden die interne Wissens- wie Projektentwicklung anhand der geposteten Beiträge ab, dokumentieren die eingesetzten Methoden und ermöglichen eine multi-mediale Dokumentation und Informationssammlung. Während die Plattform als gemeinsame Schnittstelle für die Projektarbeit verwendet wird, bleiben die vielfältigen Beiträge in dieser Wissensdatenbank gespeichert: hinterlegt per Schlagwort oder per Volltextsuche auffindbar.

Es werden die hier abgebildeten Vorteile des Social Networking sein, die in den Organisationen die Silostrukturen unterwandern und langfristig aufbrechen werden:

Social Media Prinzipien

Zeit	>	schnell
Ablauf	>	transparent
Kontakt	>	direkt
Nutzung	>	offen
Fokus	>	inhaltsgetrieben
Bindung	>	sozial
Handling	>	einfach

Abb. 1: Social-Media-Prinzipien als Richtschnur der internen Neuorganisation von Kommunikation. Schaubild aus der New Work Order Studie (Gebhardt/Häupl 2012)

5.3.2 Informationshoheit neu gedacht

Die Social-Collaboration-Plattformen zwingen der Zusammenarbeit ein *neues Verständnis von Informationshoheit* auf: Informationen bedeuten künftig nur noch Macht, wenn sie im System hinterlegt oder innerhalb des Netzwerkens digital erfasst werden können. Wichtig ist der persönliche Absender oder Empfänger der Information, was auf Mitarbeiterebene bedeutet, dass das Wissen unweigerlich mit dem Mitarbeiter als Individuum verknüpft bleiben muss. Anonymisierte Daten sind weder für die Mitarbeitenden motivierend, die ihr Wissen frei zur Verfügung stellen, noch für die Kunden, die Produkte und Dienstleistungen individuell zugeschnitten wünschen.

Leider werden die Vorteile dieser freizügigen Wissensweitergabe derzeit von Bedenken seitens des Arbeitsschutzes und der Sicherheitstechnik überschattet. So richtig manche Vorbehalte sein mögen, so unverhältnismäßig erscheinen sie gegenüber einer Kommunikation, die außerhalb der Firewalls längst die der Kunden spiegelt. Besonders für die Digital Natives ist es nur schwer verständlich, warum sich Wissen im Unternehmen nicht so einfach wie mit einer Google Suche finden lässt. Schaut man sich die Produktivitätsrechnung an, sparen sozial

Zeitersparnis durch Social Technologies am Beispiel einer durchschnittlichen Arbeitswoche			
Tätigkeiten des Wissensarbeiters	Klassischer Zeitaufwand	Zeitgewinn durch Social Technology	Produktivitäts- steigerung
Schreiben und Lesen von Emails	28%	7.0-8.0%	25-30%
Informationen suchen und zusammentragen	19%	5.5-6.5%	30-35%
Interne Kommunikation und Kollaboration	14%	3.5-5.0%	25-35%
Funktionsspezifische Aufgaben	39%	4.0-6.0%	10-1%
Total	100%	20-25%	20-25%

Abb. 2: Zeitersparnis durch Web-2.0-Kommunikation und Wissensaneignung via sozialer Netzwerke, Business-Plattformen, Chats, Wikis und anderer Web-2.0-Tools innerhalb einer durchschnittlichen Arbeitswoche (McKinsey Global Institute 2012

vernetzte Wissensarbeiter bis zu 25 % kostbarer Zeit – und schonen ihre Nerven (vgl. Abb. 2).

»Share and win«, »teilen und gewinnen«: Diese den Nutzern sozialer Netzwerke bekannte Aufforderung scheint für Unternehmen einen tieferen Sinn zu erhalten. 65 % der von McKinsey befragten Unternehmen glauben, dass die Investition in soziale virtuelle Kommunikationstechnologien in den nächsten drei Jahren stark zunehmen wird (vgl. McKinsey 2012).

5.3.3 Digital kommunizieren, vernetzt wirtschaften

Die digitale Kommunikation ist Voraussetzung für das vernetzte Wirtschaften. In den Produktionshallen der sogenannten Industrie 4.0 kommunizieren Mensch, Maschine und Roboter von der Zu- bis zur Auslieferung transparent. Sensoren und Datenströme sichern die Effizienz der Prozesse. Auch auf den digitalen Marktplätzen kommunizieren Datenströme zwischen Individuen, Handelsplattformen und Social Communities, bilden Kundenbedürfnisse ab und erzeugen permanent lokalisierbare Informationen für die Warenwirtschaft. So ist es Teil dieser Logik, dass alle Mitarbeiter im Unternehmen endlich virtuell zusammenarbeiten.

Neu und insofern weiter innovativ ist dabei die Tatsache, dass durch fortschreitende Big-Data-Analysen die einfachen Kundenwünsche und standardisierten Arbeitsprozesse von intelligenten Softwares und Algorithmen ausgewertet und in die Warenwirtschaft eingepflegt werden. Für die humanen Wissensarbeiter bleiben die schwierigen und komplexen Problemstellungen übrig, deren Lösung nach neuen Methoden, einem besseren Kundenverständnis und einem größeren Radius an Expertise verlangen.

Das bedeutet, dass sich der Wissensarbeiter nicht mehr auf Standards, Strukturen, Routinen und Grenzen verlassen kann. Und das wiederum heißt, dass er in den meisten Organisationen eigentlich nicht mehr arbeiten kann, denn ihre Modelle unterliegen einer Struktur innerhalb derer innerbetriebliche Abläufe fixiert und standardisiert werden. *Innovative Wissensarbeit* in einer vernetzten Arbeitswelt verlangt nach einer ganz anderen Arbeitsweise wie die folgende Abbildung verdeutlicht:

klassische Arbeitsweise	innovative Zusammenarbeit
fremdbestimmt	selbstbestimmt
per Druck und Sanktionen	intrinsisch motiviert
in homogenen Abteilungen	in heterogenen Teams
Kompetenzen inhouse abdecken	extern vernetzte Kompetenzteams
umfassende Projektplanung	schrittweise Problemlösung
nach vorgegebener Methode	in kreativer Lösungsfindung
in getrennten Abteilungen	im offenen Expertenaustausch
Unternehmens-zentriert	Kunden-zentriert

Abb. 3: Unterschiede in der Arbeitsweise zwischen klassisch sozialisierten Mitarbeitern und vernetzt operierenden Teams

5.3.4 Die kreativen Arbeitsfelder der humanen Wissensarbeit

Schnelle Anpassungsfähigkeit, kreatives Denken, Kontextwissen und soziale Kompetenz werden die maßgeblichen Qualifikationen sein, mit denen sich Wissensarbeiter neu definieren und von intelligenter Software abgrenzen können. Es gibt bereits Studiengänge wie Cultural Engineering, die interdisziplinäres Denken und Empathie im Lehrplan führen. Methoden wie Achtsamkeitstrainings für eine sensiblere Erfassung des Umfelds und Design Thinking setzen auf empathische Fähigkeiten. Eine ausgeprägte Empfindsamkeit für das Umfeld ist die Fähigkeit, die man auf unsicherem Terrain braucht und die der Mensch den Softwareprogrammen voraushat. Beim *Design Thinking* arbeiten Menschen unterschiedlicher

Disziplinen zusammen, weil man annimmt, dass komplexe Fragestellungen besser gelöst werden können, wenn das Kundenproblem aus verschiedenen Blickwinkeln betrachtet wird. Im Dialog können die Bedürfnisse und Interessen breiter antizipiert und die Lösung durch mehrmaliges Evaluieren am Ende bedarfsgerechter entwickelt werden. Unterschiedliche Meinungen lassen sich in virtuellen Expertenteams leichter gewinnen und auch branchenübergreifend zusammenschalten. Tatsächlich ist es für die Zusammenarbeit zwar konfliktreicher, für die Innovationskultur aber zuträglich, wenn Menschen sich an unterschiedlichen Sichtweisen reiben und die eigene Meinung immer wieder hinterfragen.

Die Annahme, dass ein kreativer Prozess komplett konstruiert werden kann, erscheint allerdings gewagt. Dev Patnaik, CEO und Gründer der Strategieberatung Jump Associates meint, es käme vielmehr darauf an, empathische Menschen mit der Fähigkeit zu hybridem Denken an die richtigen Stellen der Organisation zu setzen, und stellt dem Design Thinking die Fähigkeit des »*Hybrid Thinking*« entgegen. Wichtiger noch als die Bildung interdisziplinärer Teams sei es, Mitglieder zu rekrutieren, die zu interdisziplinärem Denken in einer Person fähig sind. Häufig sind das Designer oder Kreative aus Agenturen, die branchenübergreifend arbeiten. Und es ist anzunehmen, dass sich die künftige Arbeitsweise der Wissensarbeiter den Tätigkeiten und Methoden der Kreativen angleichen wird.

5.3.5 Building Information Modeling – Wissen speichernde Software

Schaut man sich an, wie Designer und Architekten aktuell arbeiten, stellt man fest, dass sie im Grunde als Vorreiter der virtuellen Kollaboration gelten können. Schon Ende der 1980er-Jahre ließen sich die Entwürfe der organischen Formen des Architekten Frank O. Gehry dank digitaler Schnittstellen konstruieren, weil die Modelle gescannt und am Computer in Pläne übertragen wurden, die gleichzeitig Grundlage der Konstruktionspläne für die Fachplaner waren. Dieses Stadium zeigt sich in den übrigen Branchen eigentlich erst seit ein paar Jahren, wo Mitarbeiter erst beginnen, gemeinsam an einem Dokument zu arbeiten.

Die Architekten und Ingenieure haben den Schritt des Computer Aided Designs (CAD) bereits verlassen und modellieren ihre Entwürfe neuerdings im *Building-Information-Modeling-Verfahren.* Hier lässt sich die Gebäudeplanung, -ausführung und -bewirtschaftung durch Software so optimieren, dass jeder getätigte Strich im Plan mit den Informationen für alle Gewerke hinterlegt ist. Jeder Fachplaner kann seine Informationen im Kontext erkennen, eingeben und das Bauprojekt gemeinschaftlich ausarbeiten. Kosten lassen sich in dem 3-D-Modell theoretisch genauso hinterlegen, wie DIN-Normen, Brandschutzaspekte und Informationen zur Unterhaltung des späteren Gebäudes. Architekten und Fachplaner arbeiten den Entwurf bis zur Fertigstellung gemeinsam aus und alle Änderungen werden inklusive ihrer Autoren in den Plänen dokumentiert.

5.3.6 Algorithmen, Apps und Wissen vernetzende Softwares

Intelligente Unterstützungen seitens der Software sind ebenfalls Vorteile, die sich nur bei der virtuellen Arbeit bemerkbar machen. So lassen sich nicht nur Änderungen und Absender nachvollziehen, sondern auch Rahmenbedingungen, Umfeldveränderungen oder andere Parameter. Berücksichtigt man die derzeit noch limitiert verbreiteten und mäßig ästhetischen visuellen Darstellungen, darf hier künftig mit personalisierten Informationen und vereinfachten Kontextabbildungen gerechnet werden.

Marktbeobachtungen, Erfolgsmessungen und Teilbilanzen, die heute noch von Management und Controlling erstellt werden, können durch intelligente Softwares aus vernetzten System- und Umfelddaten viel schneller und objektiver in anschauliche Infografiken übersetzt – und die entsprechenden Verantwortlichen auch gleich in Quasi Echtzeit informiert werden. Mit der neu gewonnenen Transparenz von Zusammenhängen, die diese anwenderbezogenen Darstellungen als Erfolgskurven, Prognosen oder Rückverfolgungen leisten, könnten Mitarbeitende ganz unterschiedlicher Ebenen ihre Handlungserfolge und -konsequenzen überblicken und erhielten damit die Voraussetzungen, um unternehmerisch denken und handeln zu können.

Als mittelständisch geführtes Dienstleistungsunternehmen bedient sich z. B. das Nürnberger Tagungshotel Schindlerhof solcher vernetzten Kommunikation und transparenten Datenauswertung. Hier können die Angestellten via App ihr persönliches Zutun zum Erfolg ihres Arbeitsbereiches einsehen und durch Eigeninitiative messbar verbessern. Offen gelegte Umsatzzahlen fordern jeden Mitarbeiter auf, unternehmerisch zu denken und zu handeln. Jeden Tag sehen die Mitarbeitenden welche Umsätze in welchem Leistungsbereich erzielt wurden – und was noch an Umsatz benötigt wird, um das gemeinsam gesteckte Ziel zu erreichen. Vernetzte Tools wie die Balanced Scorecard legen Zahlen offen und ermöglichen auf Teamebene Vergleich und Wettbewerb. Die verknüpften und individuell ausgespielten Daten setzen ihr eigenes Handeln in Relation und erhöhen die Motivation.

5.3.7 Wissen vermittelnde Softwares

Maßgeschneiderte Informationen können sich auch entsprechend der Lernkurve des jeweiligen Mitarbeiters adaptiv auffächern. *Head-up-Displays* lassen Werkarbeiter ihre Handlungskonsequenz erkennen oder leiten sie zur Handlung an. Per *Augmented-Reality-Brille* werden Konstruktionsabfolgen bis auf das Detail einzelner Handgriffe abgebildet, die der Mitarbeiter entsprechend dem Video am realen Werkstück nachvollzieht. Dies ermöglicht nicht nur eine individuellere Ausbildung mit adaptiven Lerninhalten. Die Möglichkeit, Ideen und Konsequenzen innerhalb der Lösungsfindung zu visualisieren, erleichtert eine Zusammenarbeit, die sich bisher auf die Sprache und Vorstellungskraft der Teilnehmenden beschränken musste.

Eine transparente Informationspolitik sowie durchlässige und agile Prozesse, die dem eigenen Handeln direktes Feedback zur Seite stellen, sind zur Selbsteinordnung wichtig. Ob dies der Algorithmus oder die Führungsperson leistet, spielt am Ende keine Rolle. Die direkte Information an die bzw. zwischen den Verantwortlichen ist im vernetzten Unternehmen wichtiger als die verantwortliche Position.

5.3.8 Die Logik der Vernetzung

Verglichen mit einer hierarchischen Organisation folgen die Aktivitäten im Netz keiner strukturellen Vorgabe oder Hierarchie. Seine Struktur bestimmen Verbindungsknoten, die variieren. Gestaltgebend sind nur die aktiven Teilnehmer, die es verbindet. Für die Funktion des Netzwerkens wäre es unvorteilhaft, die Akteure

Organisation	**bisher**		**künftig**
Kontext	Industrialisierung	>	Digitalisierung
Markt	Massenmarkt	>	volatile Märkte
Fokus	Fertigungstiefe, Auslastung	>	Kundenwünsche, flexible Allianzen
Struktur	Hierarchie	>	Netz
Richtung	Top-down	>	kreuz und quer
Zweck	Aufgabenverteilung	>	Synergien zusammenführen
Bild	Verwaltungsapparat	>	lebendiger Organismus
Hindernisse	Bürokratie, Eitelkeiten	>	unklare Strukturen, Verantwortlichkeiten
Gefahren	Stillstand	>	Stress durch permanente Veränderung
Existenz	Abhängigkeiten, Befugnisse	>	Talente und Kompetenzen
Ideal	alle eingliedern, mitnehmen	>	sich individuell entwickeln, emanzipieren

Abb. 4: Diametral neu. Eine Vielzahl der bisher geschätzten Qualitäten von Organisation und Führung steht den neuen Ansprüchen an Kommunikation, Mitarbeiterführung und Kundennähe konträr gegenüber (Gebhardt/Häupl 2014)

über Repräsentanten (Führungskräfte) abzubilden oder gar individuelle Absender zu anonymisieren. Dem Netz geben die Aktivitäten der Teilnehmer die Struktur, die sich durch die nächste Aktivität bereits verstärken, auflösen und anders bilden kann. Das Netz ist ohne vorgegebenes Raster schneller als die Organisation mit Struktur. Es lebt durch frei knüpfbare Verbindungen und grenzenlose Erweiterungen. Die Organisation lebt durch kaskadenartige Kommunikation, die entlang vorgegebener Entscheidungsstufen oder informell und versteckt verläuft – immer auf die Organisation (das Unternehmen) begrenzt.

So ist es am Ende die intuitiv gelebte Unternehmenskultur und ihre Beweglichkeit, die das Innovationspotenzial eines Unternehmens bestimmt. Und die ist dank sozialer Medien wie Microblogging oder nachvollziehbaren Activity Streams auf Social Collaboration Plattformen abbildbar, denn die soziale und virtuelle Zusammenarbeit bildet zentrale Inhalte, geteilte Werte und proaktives Engagement im Unternehmen vor aller Augen ab.

Literatur

Gebhardt, B. (2014): Trend Consulting: New Work Order Vertiefungsstudie – Organisationen im Wandel. Im Auftrag von bso Verband Büro-, Sitz- und Objektmöbel e. V. http://www.birgit-gebhardt.com/new-work-order/New_Work_Order_Organistionen_im_Wandel.pdf (Abrufdatum: 26.07.2016).

Gebhardt, B./Häupl, F. (2012): New Work Order Studie – Aufbruch in eine neue Arbeitskultur. Im Auftrag von bso Verband Büro-, Sitz- und Objektmöbel e. V.

McKinsey Global Institute (Hrsg.) (2012): The social economy. Unlocking value and productivity through social technologies.

Bughin, J./Hung Byers, A./Chui, M. (2011): How social technologies are extending the organization. In: McKinsey Quarterly November 2011.

Schmergal, C./Borghardt, L. (2012): So funktioniert das Management per Smartphone. In: Wirtschaftswoche vom 24.02.2012. http://www.wiwo.de/erfolg/management/unternehmensfuehrung-so-funktioniert-das-management-per-smartphone/6215646.html (Abrufdatum: 24.02.2012).

5.4 Wie können Innovationen so inszeniert werden, dass Veränderung wirklich stattfindet?

Peter Flume

Bitte folgen Sie mir bei einem kleinen Gedankenspiel. Stellen Sie sich einmal ein Unternehmen vor, in dem die Hierarchien sehr flach sind. Ein Unternehmen, in dem womöglich die Chefs demokratisch durch ihre Mitarbeitenden gewählt werden. Denken Sie sich ein Unternehmen, in dem die Mitarbeiter ihre individuellen Interessen gleich hoch, wenn nicht gar höher gewichten wie die Interessen des Unternehmens. Ein Unternehmen, in dem es normal ist, dass die Kinder bei Bedarf mit an den Arbeitsplatz gebracht werden, ein Unternehmen, das Arbeitsplätze für große ›Kinder‹ einrichtet: anregend, individuell und verspielt. Ein Unternehmen, in dem Freizeit und Beruf ineinander zu gleiten scheinen und bei dem das Individuum und seine Belange mehr und mehr Gewicht bekommen. Diese Belange tendieren dazu, die Unternehmensabläufe, -konzepte und die Personalführungsmaßnahmen zu dominieren.

Das ist doch fast schon Normalität, werden Sie jetzt vielleicht sagen. Da brauche ich keine Gedankenspiele zu machen, sondern schaue mir Unternehmen wie Google, Apple oder hier im Mittelstand Haufe-Umantis an. Das, was Sie da anführen, ist Realität.

An dieser Stelle können wir das Spiel abbrechen. Denn Sie haben Recht. Die Folge ist jedoch, dass Change-Prozesse in Unternehmen einem tief greifenden Wandel unterworfen sind. Es kommt mehr und mehr darauf an, den gesamten Veränderungsprozess so anzulegen und zu begleiten, dass der Einzelne ein so hohes Interesse daran entwickelt, den Prozess mitzugestalten, dass geplante Veränderungen auch in einem überschaubaren Zeitfenster umgesetzt werden können.

An dieser Stelle kommt nun als eine kreative, durchaus auch verspielte, aber in jedem Fall stark beteiligende Wirkung *Unternehmenstheater* ins Spiel. Über die fiktionale Welt des Theaters lassen sich kommunikative Prozesse im Rahmen eines Veränderungsprozesses so gestalten, dass die Mitarbeitenden beteiligt werden, sie den Prozess aktiv vorantreiben und sich durch die emotionale Wirkung des Theaters stärker gebunden fühlen als dies mit klassischen Methoden alleine möglich wäre. Hinzu kommt, dass der entgrenzende Raum der Bühne Möglichkeiten bietet, Dinge aus sicherer Distanz zu erleben, die der Einzelne in seinem persönlichen Alltag nicht erleben möchte. Diese klassische Wirkung des Theaters hilft damit den Zuschauern, ihre Kompetenzen zu erweitern, ohne ernsthaft in der ›Gefahr‹ gewesen zu sein, die der Held auf der Bühne erlebt hat.

Woher aber bekommt das Theater die Berechtigung, sich als Gestaltungselement für Veränderungsprozesse in Unternehmen zu begreifen? Dazu empfiehlt es sich zunächst einmal, einen Blick auf die Heldenreisezu werfen, die als Inszenierungskonzept eine überraschende Ähnlichkeit mit klassischen Konzepten des ›Change‹ aufweist und anschließend eine Methode des Unternehmenstheaters, das Change-Theater, mit ›Change‹ und Heldenreise in Verbindung zu bringen.

5.4.1 Die Heldenreise

Ruf des Abenteuers

Menschen sind bereit, sich auf eine ›Reise‹ zu begeben, wenn es ›zwingende‹ Anlässe dazu gibt. Geschichtlich betrachtet waren diese oft klimatische Veränderungen, wirtschaftliche oder politische Notwendigkeiten. Die Völkerwanderungen sind ein Beispiel dafür und heute ganz aktuell wieder verstärkt zu beobachten. Das heißt, Menschen sind bereit, sich auf Veränderungen einzulassen, wenn der Druck von außen so stark wird, dass Veränderung unvermeidlich ist. Sich auf ein Abenteuer wie eine ›*Heldenreise*‹ einzulassen, fordert darüber hinaus jedoch auch, dass die Aussicht auf den ›Heldenlohn‹ so attraktiv ist, dass dafür auch Unannehmlichkeiten und Risiken in Kauf genommen werden. Auch hierfür gibt es in der Geschichte zahlreiche Beispiele. Beispielhaft zu nennen, da damit gleich der Bogen zur Betrachtung von Prozessen in Unternehmen geschlagen werden kann, sind hier u. a. die Reisen des Marco Polo und die des aus Bourges stammenden Kaufmanns Jaques Coeurs. Letzterer startete seine Handelsreisen in den Orient, weil er erkannte, dass mit einer direkten Einfuhr von Waren die italienischen Vermittler umgangen und der Gewinn maximiert werden konnte. Die Risiken, die mit diesen Unternehmungen verknüpft waren, standen für die Unternehmer in einem positiven Verhältnis zu den möglichen Erträgen. Und wenn man den Wahlspruch von Coeur »dem Mutigen ist nichts unmöglich« aufgreift, wird deutlich, dass hier ein ›Held‹ mit einer starken Persönlichkeit gefordert war, um das Unternehmen erfolgreich abzuschließen.

Diese initialen Faktoren für den Beginn einer Heldenreise lassen sich auf heutige Unternehmen leicht übertragen und finden sich auch in der entsprechenden Managementliteratur als *Auslöser für Change-Prozesse* wieder. Vor allem findet sich dabei der äußere Druck durch den Markt. Denken Sie nur an die Veränderungen, die in Deutschlands produzierenden Betrieben durch die Billigproduktionsstandorte in Osteuropa und Asien ausgelöst wurden und noch werden. Oder die Veränderungen, die mit der zunehmenden Digitalisierung einhergehen, die mit Industrie 4.0 anstehen.

Da dieser Druck aber bei den Mitarbeitern irgendwann als permanent gegeben wahrgenommen wird, taugt er nur noch bedingt als Auslöser für den ›Aufbruch‹ zur Heldenreise. Gewohnheit macht keine Helden. Vereinzelt steuern Unternehmen dem entgegen und üben dann eine große Anziehungskraft auf potenzielle Mitarbeiter aus, indem sie ihre Produkte mit einem ›magischen‹ Reiz versehen, der sowohl ideell als auch materiell dazu taugt, die Rahmenbedingungen für Veränderungen und Innovationen zu schaffen. Als Beispiel seien hier Führungsfiguren wie Steve Jobs oder Elon Musk, der Gründer von Tesla, genannt.

Das Konzept der Heldenreise fasst beide Faktoren im sogenannten *Ruf des Abenteuers* zusammen. In Change-Modellen wird der Veränderungsdruck in der Regel als äußeres Element an den Anfang des Change-Prozesses gestellt, die Visionsphase folgt dann separat und wird aus dem Druck abgeleitet. An anderer Stelle sollte sicher die Frage gestellt und weiter verfolgt werden, ob wirklich visionäre Strategien und ›Abenteuer‹ überhaupt noch möglich sind, wenn äußerer Druck vor die Vision gestellt wird. Aber das steht jetzt auf einem anderen Blatt.

Der Held und seine Gefolgsleute

Im Konzept der Heldenreise tritt nun der *Held* in Erscheinung. Hierbei ist interessanterweise ein Phänomen zu beobachten, welches auch für Veränderungsprozesse in der Umsetzung eine wesentliche Rolle spielt: Meist ist der Held nicht sonderlich begeistert davon, plötzlich in der Heldenrolle zu sein. Somit haben wir auch hier die Nähe zu einer wesentlichen Phase auf der emotionalen Seite des Veränderungsprozesses im Unternehmen: die Verweigerung. Und während im Unternehmen hier die Top-Führungskräfte gefordert sind, die ›Helden‹ für die Umsetzung der Veränderung zu gewinnen, findet sich in der Heldenreise der Mentor bzw. der weise Alte.

Wenn Sie sich jetzt in diesem Zusammenhang an Managementliteratur mit dem Titel »Die Führungskraft als Coach« erinnert fühlen, so ist dies für mich nicht überraschend. Der Unterschied ist hierbei jedoch darin zu sehen, dass der *Mentor* der Heldenreise wesentlich aktiver agiert als es viele coachende Führungskräfte im Alltag tun. Die Mentoren sind bereit, für den Erfolg der Mission Hand anzulegen, während viele Führungskräfte, die sich das Coaching-Prinzip auf die Fahne geschrieben haben, im Vergleich zurückhaltend und passiv, vornehmlich politisch agieren. Welche Führungskraft handelt wie Obi-Wan Kenobi und ist bereit, als Mentor für die Sache zu sterben und den Luke Skywalker des Unternehmens den Erfolg verbuchen zu lassen?

Folgen wir der Heldenreise weiter, so sehen wir eine Abfolge, die wiederum den Phasen Reengeneering und Commitment im Veränderungsprozess im Unternehmen entspricht. Während im Unternehmen erste Pilotprojekte aufgesetzt werden, kommt es im ›*Abenteuer*‹ zu den ersten ›Kämpfen mit den Widersachern‹. Wenn im Unternehmen dann die Frage auftaucht, wie die Masse der Mitarbeitenden nun informiert, gewonnen und somit aktiv ins Boot geholt werden kann, stellt der ›Held‹ der Reise nun sein Team für die entscheidende ›Schlacht‹ zusammen.

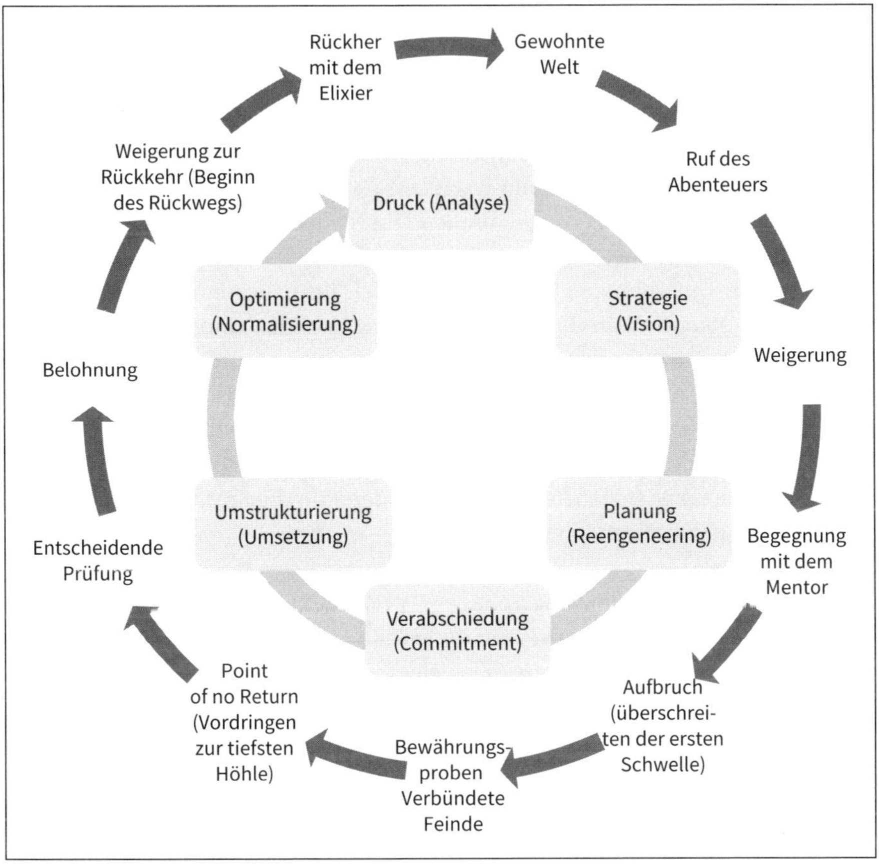

Abb. 1: Heldenreise (nach Vogler 1999, S. 56)

Hierbei ist es wesentlich, zu erkennen, dass der Point of no Return noch nicht erreicht ist, obwohl bis dahin schon intensiv in der Situation und im Prozess agiert wird. Das heißt, es besteht immer noch die Möglichkeit, dass sich der Held zurückzieht und das Abenteuer abgebrochen wird. Selbstverständlich finden sich hier in der Heldenliteratur wenige Beispiele für einen Abbruch, nachdem die Situation und der Held erst einmal etabliert wurden. Und dennoch sollte sich jeder Verantwortliche in einem Veränderungsprozess darüber bewusst sein, dass ein Projekt abgebrochen werden kann, solange der Point of no Return noch nicht erreicht wurde. Es gibt zahlreiche Management-Beispiele, die deutlich machen, welche fatalen Folgen ein bedingungsloses Festhalten an einem aussichtslosen Projekt haben kann. Denken Sie nur an IT-Projekte, die schon so manches Unternehmen an die Grenzen des Leistbaren getrieben haben, wenn nicht sogar darüber hinaus.

Erlauben Sie mir hier noch einen Exkurs. Die *Zusammenstellung von schlagkräftigen Teams* ist in Heldenreise und Veränderungsprozess ein zentraler Führungsaspekt, den Sie unbedingt aus Sicht der Heldenreise betrachten sollten. In den großen Erzählungen stellt der Held sein Team zusammen. Ergänzt wird dies häufig durch Freiwillige, die sich ihm anbieten und sich für die anstehende Herausforderung als Bereicherung erweisen. Gegenüber Personen, die ins Team aufgrund einer Anweisung aufgenommen wurden, bestehen in den Geschichten stets extreme Vorbehalte, die sich meist auch in der Rolle des Spitzels oder Spions bestätigen. In Unternehmen ist das Prinzip der Teamzusammenstellung häufig ein anderes: Hier wird das Team per Anweisung gebildet. Und wenn ich dann in meinen Seminaren höre, dass dies häufig nach Zeitressourcen und nicht nach Kompetenz und persönlicher Eignung geschieht, ferner der ›Held‹ oft nicht einmal Mitspracherecht bei der Teamzusammenstellung hat, dann wundert es nicht, dass diese Teams oft die eigentliche Schlacht scheuen, die Umsetzung so lange wie möglich vor sich her schieben und wenn sie denn ›in die Schlacht getragen werden‹, nur mit halber Kraft kämpfen.

Das Ende des Abenteuers

In Erzählungen und Spielfilmen wird der größte Teil der Story auf die Phasen vor der entscheidenden Bewährungsprobe gelegt. Denn hier ist das Risiko des Scheiterns am größten. Ist der *Point of no Return* jedoch erst einmal überschritten, geht es relativ schnell. Die entscheidenden Begegnungen werden in Szene gesetzt, den einen oder anderen Verlust gibt es zu beklagen, aber ganz im Zeichen eines ›Happy End‹ wird die Schlacht gewonnen, die Belohnung errungen.

In Unternehmensprozessen ist in dieser Phase sicherlich auch noch ein Scheitern möglich, und in der Praxis geschieht dies auch. Doch sollte sich die Untersuchung eines gescheiterten Prozesses in erster Linie auf die Phasen vor dem Point of no Return konzentrieren. Denn hier ist in der Regel die Ursache für den ›Untergang‹ zu finden, selten in der ›Schlacht‹ selber.

Betrachten wir aber die Veränderungsprozesse weiter aus der Perspektive der Mitarbeitenden, so ergibt sich der Eindruck, dass, wie anfangs erwähnt, ein Veränderungsprozess den anderen ablöst, bevor der erste wirklich zu Ende gebracht wird. Es wird dann lapidar davon gesprochen, dass sich das »Rad immer schneller dreht«. Betrachten wir jedoch die Heldenreise, so ist die entscheidende Schlacht nur möglich, wenn auch eine realistische Aussicht darauf besteht, eine Belohnung zu erhalten. Das heißt: Egal, was die Mitarbeiter ursprünglich motiviert hat, sich zu engagieren: Bleibt die Belohnung aus, so sinkt die Motivation permanent ab. Nie endende Veränderungsprozesse sollten somit dringend vermieden werden, auch wenn der Eindruck entstehen könnte, dass der Held gerne weitere Schlachten feiern möchte, wenn Sie sich die Heldenreise im Schaubild nochmals ansehen. Dem ist mitnichten so. Die Weigerung zur Rückkehr ist schlicht das Bedürfnis danach, den Erfolg so lange wie möglich auszukosten, bevor wieder der normale Alltag in einer jetzt veränderten Welt beginnt. Auch diesen Aspekt gilt es bei der Planung von Veränderungsprozessen zu berücksichtigen, sodass eine ausreichende Zeit gegeben wird, im neuen Zustand anzukommen und diesen auch zu etablieren.

Zwischenfazit
Die Heldenreise als Analogie auf klassische Change-Prozesse anzuwenden, hilft Führungskräften dabei, die Mitarbeiter zu involvieren und sich auf einer individuellen Motivationsebene deren Engagement zu sichern.

5.4.2 Unternehmenstheater als Unterstützungsstool

Es ist naheliegend, aufbauend auf den voranstehenden Überlegungen nach einem ›Change Tool‹ zu suchen, welches bereits die Elemente der Heldenreise beinhaltet. Unternehmenstheater in seinen vielfältigen Formen bietet sich hier besonders an.

Unternehmenstheater ist nach Schreyögg (vgl. Schreyögg/Dabitz 1999, S. 3 ff.) sinngemäß dadurch definiert, dass im Unternehmenskontext ein Theaterstück auf die Bühne gebracht wird, welches sich formal der Symbolsprache bedient, durch Profi-Schauspieler umgesetzt wird und dass Themen aus dem beauftragenden Unternehmen behandelt werden. Zur Symbolsprache gehören dabei z. B. die eindeutige Trennung zwischen Zuschauerraum und Bühne und die Integration von Ritualen wie Eintrittskarten und Programmheften sowie das Einlassritual in den »verbotenen Ort« (Mikunda 1998, S. 116 ff.).

Die Inszenierung

Hierbei bezieht sich Schreyögg aber in erster Linie auf Inszenierungen, die keine aktive Beteiligung des Publikums am Theatergeschehen erfordern, sondern den Zuschauer zunächst in einer passiven, wahrnehmenden Haltung verharren lassen. Die Wirkung kommt hauptsächlich dadurch zustande, dass die Zuschauer ein Geschehen auf der Bühne erleben, welches sie emotional anrührt, da die nüchternen Inhalte aus der Unternehmenswelt in eine erregende, provozierende oder auch nachdenklich stimmende Sprache übersetzt und auf der Bühne lebendig gemacht werden. Diese Art von Unternehmenstheater folgt also in direkter Linie dem griechischen Drama, welches unter anderem dazu diente, den damaligen Alltag in einer entgrenzenden kathartischen Form zu bearbeiten.

Übertragen auf die Heldenreise und auch auf Change-Prozesse passt diese Art der Theaterarbeit insbesondere zur Phase ›Ruf des Abenteuers‹, zum Projekt-Kick-off. Sensibilisieren und Notwendigkeiten zur Veränderung zu verdeutlichen, ist die Stärke dieser Methode. Gleichwohl kann das auf die Bühne gebrachte Theaterstück in sich eine ganze Heldenreise umfassen und somit die Mitarbeiter das Abenteuer ›Change‹ aus dem geschützten Zuschauerraum erleben und fühlen lassen.

Auch am Ende der Heldenreise, wenn die Helden/Mitarbeiter nach überstandenem Abenteuer zusammensitzen und feiernd sich nochmals die inzwischen verklärt überzeichneten Geschichten aus dem vergangenen Abenteuer erzählen, bietet sich im Change-Prozess die Inszenierung als Methode an. In der Welt des Theaters lässt sich so rückblickend ein Blick auf die Erlebnisse werfen, der die Beteiligten in einem besonders positiven Licht erscheinen lässt. Das Motiv der rückblickenden Heldenerzählung, bei der der Held immer stärker, die Feinde immer furchteinflößender und der finale Triumph umso wertvoller wird, findet sich hier wieder. Mitarbeiter in einem Unternehmen erleben eine solche Abschlussinszenierung daher als Wertschätzung und als offiziellen Schlusspunkt des Veränderungsprozesses. Der Weg zurück in den Alltag wird ihnen dadurch erleichtert und die Bereitschaft, sich auf zukünftige Veränderungen einzulassen, wird unterstützt.

Die interaktiven Theatervarianten

Weitaus näher an der Heldenreise sind interaktive Varianten des Unternehmenstheaters wie die *Themenorientierte Improvisation* (TOI) (vgl. Berg et al. 2002), das daraus abgeleitete *Change-Theater* (vgl. Flume et al. 2007, S. 223 ff.) sowie das *Forumtheater nach Boal* (vgl Boal 1999). Diesen Methoden ist gemeinsam, dass auf der Bühne die Heldenreise miterlebt wird und durch die geforderte Einflussnahme des Publikums auf das Bühnengeschehen die Mitarbeitenden zum Team des Helden werden. Dies trägt damit insbesondere der eingangs formulierten Beobachtung Rechnung, dass sich Unternehmen derzeit immer mehr demokratisieren und die Mitarbeitenden zunehmend eine stärkere Beteiligung an den Entscheidungsprozessen einfordern. Doch werfen wir zunächst einmal einen Blick auf die typischen Phasen, die im Rahmen der drei vorgenannten Methoden sichtbar werden.

In der *ersten Phase* wird die IST-Situation, und damit die Situation, die den Veränderungsdruck auslöst, abgebildet. Dies geschieht beim Forumtheater dadurch, dass dem Publikum ein vorab erarbeitetes Stück vorgespielt wird, welches die aktuelle Situation des Unternehmens in der Regel metaphorisch abbildet. Die Zuschauer bleiben dabei zunächst wie im klassischen Theater in einer passiven Haltung.

Bei der TOI und dem Change-Theater werden die Zuschauer hingegen bereits hier ›demokratisch‹ beteiligt, indem sie über Zurufe die angebotenen Szenen auf der Bühne zuspitzen und auf ihre tatsächliche Situation hin präzisieren. Bei der TOI wird dies in der Regel wie beim Forumtheater häufig innerhalb eines metaphorischen Bildes, beispielsweise einer Schiffsfahrt (vgl. Berg et al. 2002, S. 63 ff.) geschehen, beim Change-Theater hingegen werden ganz konkrete Situationen aus dem Unternehmen auf die Bühne gebracht.

Die beiden letztgenannten Methoden sind damit der Heldenreise besonders nahe. Denn einerseits wird der Ruf des Abenteuers auf der Bühne erlebbar, andererseits bietet die Interaktion mit den Akteuren auf der Bühne auch die Chance, den Widerstand gegen die Veränderung zu artikulieren. Letzteres ist beim reinen Forumtheater nicht vorgesehen. Außerdem können bereits in dieser Phase erste kleinere ›Bewährungsproben‹ stattfinden, was übersetzt bedeutet, dass die Mitarbeiter den Spielern auf der Bühne erste kleine Veränderungen vorschlagen, die andeuten, dass ein Weg aus dem IST zu einem SOLL möglich ist.

Bei allen Methoden endet diese Phase, sobald die Teilnehmenden beginnen, ernsthaft Verantwortung zu übernehmen und die Situation zu verändern. Das bedeutet, dass dem stellvertretenden ›Helden‹ auf der Bühne (Schauspieler) nun ein Team (die Mitarbeiter) zur Seite steht, welches ihn dabei unterstützt, die gesehenen und erlebten Herausforderungen zu meistern. Der Point of no Return ist erreicht.

In der *zweiten Phase* findet die eigentliche Prüfung statt. Dazu wird im Forumtheater das ursprüngliche Stück wiederholt, die Zuschauer greifen direkt ein (»Ich will auf die Bühne!« (Flume et al. 2001, S. 147)), regen Veränderungen an, spulen vor und zurück, so lange, bis das Ergebnis auf der Bühne den SOLL-Vorstellungen entspricht.

Beim Change-Theater und bei der TOI werden hier in der Regel zunächst Kleingruppenphasen vorgeschaltet, in denen sich die einzelnen Mitarbeiter intensiver mit den Protagonisten und deren Herausforderungen auseinandersetzen und verschiedene Lösungsvarianten erarbeiten. Anschließend werden die zu Anfang etablierten Szenen der ersten Phase in einer Art Replay erneut auf die Bühne gebracht und mit den erarbeiteten Veränderungen in das gewünschte SOLL überführt. Da dies naturgemäß nicht immer reibungslos gelingt, besteht wie im Forumtheater die Möglichkeit, seitens des Publikums erneut einzugreifen und Korrekturen vorzunehmen.

Diese Phase wird abgeschlossen, sobald das Bühnengeschehen den gewünschten SOLL-Zustand aus Sicht der Teilnehmenden erreicht hat. Die entscheidende Prüfung ist damit für den Helden (Schauspieler) und sein Team (Mitarbeiter) bestanden. Für den im Hintergrund stehenden realen Change-Prozess ist über dieses erfolgreiche ›Abenteuer‹ ein emotionales Commitment der Mitarbeitenden erreicht, am realen Change-Prozess unterstützend mitzuwirken. Somit wird über das interaktive Theater das Team geformt, welches den Helden bei der Umsetzung des Change-Prozesses unterstützt.

Um jetzt jedoch konkret zu werden und mit diesem durch das gemeinsam erlebte ›Abenteuer‹ gereiften Team auch im Alltag konkrete Change-Maßnahmen umzusetzen, fehlt noch ein letzter Schritt. In der Heldenreise erhält der Held den Heldenlohn, der ihm dann auch in seinem Alltag hilft: das ›Elixier‹. Damit tritt er die letzte Etappe der Heldenreise an und kehrt in der *dritten Phase* in den Alltag zurück. Für den realen Change-Prozess sind konkrete Handlungspläne und abgestimmte Maßnahmen das ›Elixier‹. Daher wird speziell im Change-Theater, aber auch in der TOI, vereinzelt sogar beim Forumtheater eine erneute Gruppenphase nachgeschaltet, in der die Teilnehmer aus dem Bühnenerlebnis heraus Ableitungen treffen, die als konkrete Maßnahmenpakete mit in den realen Change-Prozess genommen werden.

Zwischenfazit

Unternehmenstheater in den interaktiven Varianten bildet die Heldenreise und den Change-Prozess nach. Dadurch lassen sich ganz im Sinne des klassischen Theaters für die betroffenen und mitwirkenden Mitarbeiter die verschiedenen Rollen, die der Change-Prozess im Alltag braucht, in den verschiedenen Phasen in einem geschützten Raum erleben. Die Herausforderungen des realen Change werden in dem spielerischen Bühnenabenteuer im geschützten Raum bearbeitet, neue Ideen und Perspektiven entstehen und es können sich neue Rollen ausformen. Nicht selten ist es daher, dass sich nach einer solchen Veranstaltung neue Schlüsselfiguren auf Mitarbeiterseite herauskristallieren, die Verantwortung im Prozess übernehmen, sich engagieren und damit ihre eigenen Interessen hinter die Change-Interessen stellen. Der ›Ruf des Abenteuers‹, die Aussicht auf Belohnung ist attraktiver geworden und unterstützt die Bereitschaft, aktiv zu handeln. Und nicht zuletzt wird das Bedürfnis nach ›Demokratie‹ und Beteiligung durch diese Methode befriedigt, was der generellen Akzeptanz der Veränderung gut tut.

5.4.3 Schlussbetrachtung

Erinnern Sie sich jetzt bitte nochmals an das Gedankenspiel am Anfang meiner Ausführungen: die zunehmende Demokratisierung und die hoch gewichteten individuellen Interessen der Mitarbeiter. Veränderungen in diesem Umfeld immer wieder auf- und umzusetzen stellt für die Führungskräfte in den Unternehmen, ob ganz an der Spitze oder in einzelnen Einheiten, eine große Herausforderung dar. Es ist leichter, die Mitarbeitenden an ihre individuellen Interessen zu verlieren, als sie für die oft anstrengenden Veränderungsprozesse im Unternehmen zu gewinnen.

Ein grundlegendes Wissen über die archaischen Muster der Heldenreise hilft den Führungskräften jedoch, Veränderungsprozesse zumindest so anzulegen, dass die Mitarbeitenden sich durch den Prozess angezogen fühlen oder, um es ein wenig abschwächend zu formulieren, zumindest nicht abgestoßen werden.

Der darüber hinausgehende Einsatz von theatralen Inszenierungsmethoden, die bereits die Prinzipien der Heldenreise in sich tragen, verstärkt die Attraktivität von Veränderungsprozessen für den einzelnen Mitarbeiter soweit, dass ein emotionales Commitment erzielt wird, den Veränderungsprozess mitzutragen. Je interaktiver die Methoden dabei angelegt sind, desto stärker wird dieses Commitment ausfallen, da die Mitarbeitenden Teil des heldenhaft wirkenden Teams werden und Entscheidungen mitgestalten.

Und um mit einem letzten Gedankenspiel zu enden: Hätten Sie 1997 gedacht, dass ein Roman über einen jungen Zauberer so ein Welterfolg bei Lesern jeder Altersstufe werden könnte wie es *Harry Potter* wurde? Nein? Dann schauen Sie sich einmal mit dem Blick auf die Heldenreise die Harry-Potter-Bücher an. Ich bin sicher, spätestens jetzt wird es Sie nicht mehr überraschen, warum ich so überzeugt davon bin, dass auch im Change die Heldenreise und die Methoden des Unternehmenstheaters Erfolg versprechende Konzepte darstellen.

Literatur

Boal, A. (1999): Der Regenbogen der Wünsche. Methoden aus Theater und Therapie. Seelze: Kallmeyersche Verlagsbuchhandlung.

Flume, P. (2007): Die Weiterentwicklung der TOI: Changetheater. In: Ameln, F. v./Kramer, J. (2007): Organisationen in Bewegung bringen. Heidelberg: Springer, S. 223–226.

Flume, P./Hirschfeld K./Hoffmann C. (2001): Unternehmenstheater in der Praxis. Veränderungsprozesse mit Theater gestalten – ein Sachroman. Wiesbaden: Gabler.

Flume, P./Tilemann, F./Wehner, R. (Hrsg.) (2002): Unternehmenstheater interaktiv. Themenorientierte Improvisation (TOI) in der Personal und Organisationsentwicklung. Weinheim: Beltz.

Forschungsprojekt Innovationsdramaturgie nach dem Heldenprinzip®, November 2009 Oktober 2013. http://heldenprinzip.de/forschung.html (Abrufdatum: 26.04.2016).

Mikunda, C. (1998): Der verbotene Ort oder Die inszenierte Verführung: Unwiderstehliches Marketing durch strategische Dramaturgie. 3. Aufl., Düsseldorf: Econ.

Schreyögg, G./Dabitz, R. (1999) (Hrsg.): Unternehmenstheater: Formen – Erfahrungen – erfolgreicher Einsatz. Wiesbaden: Gabler.

Vogler, C. (1999): Die Odyssee des Drehbuchschreibers – Über die mythologischen Grundmuster des amerikanischen Erfolgskinos. 3. Aufl., Frankfurt a. M.: Zweitausendeins.

6 Warum es Führung in Veränderung braucht

Was Führung für eine anspruchsvolle Aufgabe ist, wird einem schon klar, wenn man sich mit der Etymologie dieses Wortes beschäftigt: Ein Fuhrmann fungiert mit reichlich Geschick, Erfahrung und Nervenstärke als vermittelnde Kraft zwischen Pferd(en) und Wagen – ihm gelingt es, »etwas fahren zu machen« (DUDEN 2013), was sich ›Nicht-Führungskräfte‹ gar nicht zutrauen würden. Führung heute in Organisationen hat nichts von dem nahezu antithetischen Charakter verloren: In einem »simplen Organisationsverständnis«, so Stefan Kühl, kann »jeder Zweck, jeder Unterzweck und jeder Unter-Unterzweck mit einer Position in der Hierarchie korreliert werden. Die Zweck-Mittel-Struktur wird letztlich mit dem hierarchischen Aufbau gleichgeschaltet […]. Die Führung definiert, auf welche Weise die Organisation ihre Zwecke erreichen will. Die Handlungen, die als Mittel zur Erreichung des Zwecks erforderlich sind, werden dann den Untergebenen als Aufgabe zugewiesen« (2016, S. 28). Erfahrene Führungskräfte können angesichts der Vermittlungsproblematik zwischen individuellem Wollen und organisationalem Sollen nur mit einem ›Wenn das mal so einfach wäre‹ schmunzeln.

In diesem Kapitel geht es uns darum, Führung als Funktion begreifen zu lernen, der es nicht (mehr nur) darum geht, einem linear vorgedachten Programm zu folgen und einen Soll-Ist-Abgleich im Auge zu behalten, sondern die darauf zielt, die ›Lebensfähigkeit einer Organisation‹ zu verbessern, z. B. sich von Unerwartetem nicht lähmen zu lassen und weiterführende Kommunikation organisieren zu können. Mit Rückgriff auf die neuere Führungsforschung geht es um die Fähigkeit, an organisatorischen Arrangements zu arbeiten, die auf originelle Weise Unterstützung mobilisieren und Lernfähigkeit ausbauen helfen.

Welche Rollen haben Führungskräfte heute? Warum kann man mentalen Wandel nicht verordnen? Was macht ›Leadership‹ anders als ›Management‹ in einer Veränderungssituation? Was kommt nach dem Ende der Hierarchie? Wie kann Leadership zwischen ›Führung‹ und ›Beratung‹ gelingen und den notwendigen Wandel initiieren?

Das Thema Führung gehört zum klassischen Bestand der Organisationsforschung. Es besitzt auch heute noch große Aktualität, wenngleich sich die Akzente verändert haben (vgl. die systemtheoretischen Überlegungen zur Kontextsteuerung, das Wiederaufleben des Charisma-Konzepts, die diversen Ansätze zur symbolischen Führung oder auch die Überlegungen hinsichtlich von Substituten für Führung). Führung und Beratung stehen in einem komplementären Verhältnis – dieses Buchkapitel möge zu einem vertieften Verständnis dieser professionellen Handlungsform verhelfen.

Rudolf Wimmer beginnt mit einer differenzierten Betrachtung des gegenwärtigen Wandels in Organisationen und unserer Gesellschaft und erläutert, warum die Führung des Wandels den Wandel der Führung bedingt. Die Diskussion um verschiedene Modelle und Ansätze in der Führungsforschung bringt Erwin Wagner zu leitenden Fragen zusammen. Alexander Gruber blickt auf den Führungseinfluss durch Handeln jenseits von Hierarchien – er betrachtet die Wechselbeziehungen von Führenden und Mitarbeitenden. Es ist bekannt, dass zahlreiche Veränderungsprojekte scheitern – Martina Eberl betrachtet deshalb die Steuerung strategischer Projekte und deren Scheitern unter dem Aspekt möglicher Ursachen in der Führung – ein Paradigmenwechsel im Umgang mit Erwartungen an Führung ist ihr Plädoyer. Das Verhältnis von Führung und Beratung greift Frank E.P. Dievernich auf, indem er analysiert, welche Funktionen die Beratung für Führung hat und wie diese für das Gestalten nutzbar gemacht werden kann.

Literatur

DUDEN (2013): Das Herkunftswörterbuch. Etymologie der deutschen Sprache. Berlin: Duden.

Kühl, S. (2016): Projekte führen. Eine kurze organisationstheoretisch informierte Handreichung. Wiesbaden: Springer VS.

6.1 Führung und Change Management als Grundlage einer dauerhaften Wettbewerbsfähigkeit

Rudolf Wimmer

6.1.1 Musterwechsel in den Wettbewerbsauseinandersetzungen

Wir leben in ausgesprochen unruhigen Zeiten. Unsere Gesellschaft ist auf globaler Ebene mit einer Reihe von problemverschärfenden Entwicklungen konfrontiert, die diese Unruhe und Instabilität wohl auf Dauer stellen. Schon seit geraumer Zeit lassen da zum Beispiel einige nicht zu übersehende Begleiterscheinungen des Globalisierungsprozesses die Welt nicht mehr zur Ruhe kommen: Gemeint sind etwa neuartige Formen politisch-militärischer Konflikte und ihre Folgen (Migrationswellen, ubiquitär auftretender Terrorismus, das Neuaufflammen des kalten Krieges, die Desintegration der Europäischen Union und das Erstarken rechtspopulistischer Bewegungen etc.); die enormen weltwirtschaftlichen Verflechtungen und die damit verknüpften globalen Krisenanfälligkeiten (Chinas Wachstum schwächelt, und der Rest der entwickelten Welt zittert; die Finanzmärkte sind trotz heftiger Regulierungsversuche nach wie vor nicht wieder in Balance; an ganz unterschiedlichen Ungleichgewichten im Euroraum droht die Währungsunion zu zerbrechen etc.). Da werden die ökologischen Herausforderungen immer drängender: Die großen Metropolen der Schwellenländer ersticken in ihrem Smog (Peking, Neu Delhi, Mumbai, Mexico City etc.); der Klimawandel beschleunigt sich und zeigt seine ersten, nun nicht mehr zu leugnenden irreversiblen Auswirkungen; nachhaltige Formen des Wirtschaftens, wie z. B. die Umstellung auf erneuerbare Energien, kommen nur sehr schleppend voran. Da sind schließlich die weitreichenden Umwälzungen, die der Prozess der Digitalisierung angestoßen hat.

Die Digitalisierung verändert viele Bereiche grundlegend

Der Siegeszug der computer- und internetbasierten Kommunikationsmöglichkeiten stellt nicht nur die Geschäftsgrundlagen in einer Reihe von Branchen (im Handel, im Verlagswesen, im Medienbereich, im Finanzsektor etc.) total auf den Kopf. Die *Digitalisierung* zeitigt wohl in allen gesellschaftlichen Bereichen weitreichende Konsequenzen. Sie setzt Veränderungen in Gang, die uns in eine »nächste Gesellschaft« führen, wie dies Dirk Baecker im Anschluss an einen Begriff von Peter Drucker diagnostiziert hat (vgl. Baecker 2007).

Diese Triebkräfte des gesellschaftlichen Wandels beschäftigen nun schon seit geraumer Zeit das politische Geschehen und den öffentlichen Diskurs. Was allerdings bei den Entscheidungsträgern erst Schritt für Schritt ins Bewusstsein tritt, sind die weitreichenden Konsequenzen, die dieser Wandel vor allem für Wirtschaftsorganisationen und ihre Zukunftsfähigkeit besitzt. Unter der Hand ändern sich gerade die bestimmenden Rahmenbedingungen für ein erfolgreiches Agieren von Unternehmen in Wirtschaft und Gesellschaft. Ihre zentralen strategischen Herausforderungen verschieben sich. Mit Blick auf die Wettbewerbsdynamik ist etwa zu beobachten, wie das aktuelle Digitalisierungsgeschehen vielen etablierten und lange Zeit erfolgreich praktizierten Geschäftsmodellen den Boden entzieht. Für die Kunden tauchen ganz neue, zumeist ungewöhnliche Angebote und Problemlösungen auf, die auf den inzwischen zur Selbstverständlichkeit gewordenen neuen Kommunikationsmedien und den damit verbundenen Datenverarbeitungspotenzialen beruhen. Die Verlagerung des ›Point of Sale‹ ins Internet transformiert gerade den Handel in einer Geschwindigkeit, die noch vor fünf Jahren komplett undenkbar gewesen wäre. Der internetbasierte Umsatz explodiert geradezu, während der klassische Versandhandel und der stationäre Einzelhandel stagnieren bzw. sogar schrumpfen.

Die *sozialen Medien* und die dadurch neu etablierten Nutzungsgewohnheiten verändern die gesamte Medienlandschaft, Print, Radio und Fernsehen gleichermaßen, nicht zuletzt auch deshalb, weil die damit verbundenen Umschichtungen in den Anzeigenmärkten die Geschäftsgrundlage dieser Medien so radikal infrage stellen. Sowohl die Generierung von Nachrichten und Unterhaltung wie auch deren Verbreitung suchen sich neue Kanäle, in denen vor allem die Interaktivität dieser Austauschprozesse ganz neue Formen an medialer Wirklichkeitskonstruktion entstehen lässt; wir stecken mitten in einem fundamentalen Strukturwandel dessen, was wir landläufig als Öffentlichkeit bezeichnen, einem Wandel, wie er mit einer vergleichbaren Reichweite für den Beginn der Neuzeit eingehend beschrieben wurde (vgl. zu Letzterem Habermas 1962). Ähnliche Umwälzungen finden in der Touristikbranche mit ihren ›Booking-Portalen‹ statt, im Buchhandel, in der Musikindustrie, bei ganz vielen Logistikdienstleistungen.

Weitreichende Veränderungen stehen dem gesamten Finanzsektor und der Versicherungsbranche bevor. Erwartbar sind ähnliche Umwälzungen weiterer Sektoren durch all das, was mit den selbstfahrenden Autos in Verbindung mit neuen Antriebssystemen auf uns zukommt. Wir werden uns schon in naher Zukunft auf ganz neue Lösungen unseres Mobilitätsbedarfs einstellen müssen (mit noch unabsehbaren Konsequenzen für die gesamte Automobilindustrie). Diese Liste an heftig in Bewegung befindlichen Branchen und Industriezweigen lässt sich zweifelsohne noch verlängern. Man kann und muss natürlich in ähnlicher Weise all das noch in Betracht ziehen, was im Moment gerade unter dem Stichwort *Industrie 4.0* abgeht und durch eine Neukombination von enorm gesteigerter und zur Selbstkoordination fähiger technischer Intelligenz und einer dazu komplementär passenden menschlichen bzw. organisationalen Intelligenz in den Entwicklungs- und Herstellprozessen der Unternehmen ermöglicht wird.

Anstelle von Produkten oder Dienstleistungen konkurrieren Geschäftsmodelle
Was diesen Entwicklungen unter Wettbewerbsgesichtspunkten zugrunde liegt, ist fast immer der Umstand, dass auf solchen Märkten jetzt nicht mehr nur ganz bestimmte Produkte und Dienstleistungen gegeneinander antreten, sondern unterschiedliche Geschäftsmodelle. Diese differenzieren sich in der Regel durch neue Kundennutzenprofile und durch neue Formen, wie durch solche Leistungen überhaupt noch Geld verdient werden kann. Dabei kommen die heute besonders ernst zu nehmenden Mitbewerber, die gerade diese Märkte aufmischen, nicht aus dem traditionellen Wettbewerbsumfeld. Es sind die Amazons, Alibabas und Googles dieser Welt, die zurzeit ganz *neue Wettbewerbsräume* aufstoßen und bislang bestehende Branchengrenzen auflösen (vgl. Schmidt/Cohen 2014). Die Digitalisierung transformiert auf diese Weise weite Bereiche der bestehenden Unternehmenslandschaft. Es entstehen einige sehr große, beunruhigend machtvolle *Internetunternehmen*, die es in der notwendigen Geschwindigkeit hinbekommen, ihr Leistungsangebot im globalen Maßstab zu skalieren. Daneben wird sich eine Vielzahl von Spezialisten herauskristallisieren, die in genau definierten Nischen fokussiert auf ganz bestimmte Kundenbedarfe operieren. Niemand ist heute bereits in der Lage, im Detail die Konfiguration dieser künftigen Unternehmenslandschaft zu beschreiben.

Globalisierung bringt neue Herausforderungen der strategischen Positionierung
Was wir aber sagen können, ist, dass ein Großteil dieser Veränderungen einen exponentiellen Verlauf nimmt. Dies bedeutet, dass die Chancenpotenziale in diesen neuen Wettbewerbsräumen in einer Phase verteilt werden, in der die Reichweite der Veränderungen noch gar nicht sichtbar ist.

Vielleicht nicht ganz so offensichtlich sind die *Transformationswirkungen*, die von den aktuellen Effekten der Globalisierung bzw. von den drängenden ökologischen Herausforderungen ausgehen. Sie sind aber im Endeffekt nicht minder weitreichend. In Deutschland ist das am Beispiel der Energiewende ganz wunderbar zu beobachten. Die großen Energieversorger hatten sich in der Vergangenheit ihre Reviere wechselseitig fein säuberlich abgesteckt, sie setzten auf ihre tradierten, lange Zeit ausgesprochen ertragsstarken Geschäftskonzepte und auf die damit verbundenen Wachstumsmöglichkeiten. In der Zwischenzeit kämpfen sie alle ums Überleben, weil sich die wirtschaftlichen Rahmenbedingungen in einem Ausmaß geändert haben, auf das sie in keiner Hinsicht angemessen vorbereitet waren. Vergleichbar disruptive Entwicklungen – angestoßen von den Erfordernissen ökologischer Problemstellungen – sind in anderen Feldern erwartbar.

Die *Globalisierung* und mit ihr verbunden die Wachstumsdynamik in den Schwellenländern hat es vielen Unternehmen der entwickelten Welt in den zurückliegenden zwei Jahrzehnten ermöglicht, sich neue Märkte zu erschließen und damit der Wettbewerbsintensität und Wachstumsschwäche in den eigenen Heimmärkten ein Stück auszuweichen. Die Bedeutung Chinas für die besonders exportstarke deutsche Wirtschaft ist dafür ein besonders gutes Beispiel. Inzwischen sind diese Regionen selbst in erheblichen wirtschaftlichen und zumeist auch politischen Turbulenzen, außerdem sind in denselben eine Vielzahl wettbewerbsstarker Unternehmen entstanden, die nicht nur ihre Heimmärkte adäquat versorgen können, sondern jetzt auch auf die sogenannten reifen Märkte drängen. China ist längst nicht mehr die verlängerte Werkbank des Westens. Man muss kein Prophet sein, um davon auszugehen, dass sich die Wettbewerbsintensität in allen weltwirtschaftlich relevanten Märkten weiter erhöhen wird.

Die verstärkten Konsolidierungsbemühungen in vielen Branchen und Wirtschaftssektoren sind ein ernst zu nehmender Indikator für diese These. Das verzweifelte Ringen um tragfähige Wachstumspotenziale wird sich in Zukunft nicht abschwächen. Die Suche nach dem befreienden »Blue Ocean« (die bekannte Strategieempfehlung von Kim und Mauborgne 2005) entpuppt sich längst als illusionäre Form unternehmerischer Selbstberuhigung. Es wird kein Weg an der zentralen Frage vorbeiführen: Welches Ausmaß, vor allem aber welche Art von Wachstum (auf der Ebene der Unternehmen wie auch auf gesamtwirtschaftlicher Ebene) passt noch in unsere Zeit? Unbegrenztes quantitatives Wachstum als unhinterfragte Prämisse allen wirtschaftlichen Handelns hat sichtlich ausgedient. Da wird schon die Begrenztheit unserer natürlichen Ressourcen ein Umdenken erzwingen. Aber was ist die Alternative dazu? Wir stehen hier vor ganz neuen Herausforderungen der strategischen Positionierung von Unternehmen, d. h. der tiefer gehenden Sinnstiftung unternehmerischen Handelns über die unmittelbare Gewinnerzielung hinaus (vgl. Nagel/Wimmer 2014; 2015). Mit dieser Strategiefrage sind natürlich zentrale Fragen der Organisationsgestaltung verbunden, gemeint ist damit angesichts der angesprochenen Entwicklungen die Suche nach antwortfähigen Organisationsdesigns, verbunden mit Fragen nach einem Führungsverständnis bzw. nach einer Führungspraxis, die für diese neuartigen Organisationsverhältnisse die erforderliche Steuerbarkeit aufrechterhält.

6.1.2 In welche Richtung verändert sich das Organisieren von Unternehmen?

Schon in den zurückliegenden Jahrzehnten haben Unternehmen unterschiedliche Varianten der Gestaltung ihres Organisationsdesigns ausprobiert. Die Frage nach dem ›richtigen‹ organisationalen Aufgestelltsein ist zu einer wichtigen Führungsaufgabe geworden, stets eng verknüpft mit wesentlichen strategischen Positionierungsentscheidungen. Die klassischen Ordnungsprinzipien der Hierarchie stehen so längst zur Disposition. Die einleitend geschilderten Triebkräfte des gesellschaftlichen Wandels in Richtung einer ›nächsten Gesellschaft‹ bringen in diese Suche nach einem nachhaltig wettbewerbsfähigen Organisationsdesign ein zusätzlich dynamisierendes Element. Allerdings ist diese Rückkoppelung von veränderten Umweltbedingungen in das Innere von Organisationen kein Automatismus. Die unterschiedlichen Formen der Binnendifferenzierung von Organisationen (etwa funktional oder nach Geschäftsfeldern, entlang von Prozessen oder projektorientiert) sind stets eine organisationale Antwort auf die organisationsintern zur Kenntnis genommenen Gegebenheiten in den relevanten Umwelten. Das, was an Veränderungsimpulsen von außen aufgegriffen wird, hängt grundsätzlich davon ab, wie die Entscheidungsträger im Inneren den eigenen Handlungsbedarf konstruieren, d. h., ob sie diesen überhaupt erkennen bzw. wie weitreichend und wie dringlich sie diesen einschätzen. In der Art und Weise, wie Unternehmen im Moment die aktuellen Entwicklungen in der Gestaltung ihrer Binnenverhältnisse aufgreifen, lassen sich mit aller Vorsicht einige interessante Tendenzen ausmachen.

Der enorme Druck, der zurzeit auf vielen etablierten Geschäftsmodellen lastet, regt dazu an, in einer anderen Art wie bisher ganz konsequent vom Kunden her zu denken und sich zu fragen, welche aktuellen bzw. künftigen Nutzenpotenziale gilt es durch das eigene Leistungsangebot beim Kunden (und zwar möglichst maßgeschneidert und individualisiert) zu treffen.

Die heute bereits gegebenen Möglichkeiten der Verarbeitung unglaublicher Mengen an Kundendaten (Stichwort Big Data) erlauben es, ganz neue Dimensionen einer proaktiven, personalisierten Kundenorientierung zu realisieren. Die Kunden erhalten auf diesem Wege laufend konsequent individualisierte Angebote, die eine intime Kenntnis ihrer verborgensten Wünsche signalisieren. Mit Blick auf die Märkte schafft diese Orientierung allerdings keine stabilen Erwartungen mehr. Man kann als Unternehmen wahrscheinlich noch weniger sicher sein als früher, ob man mit dem eigenen Leistungsspektrum bei den Kunden dauerhaft landet. Es geht um eine unternehmerische Haltung, die grundsätzlich mit einer offenen Zukunft rechnet. Diese Haltung stimuliert Arbeitsweisen, wie sie üblicherweise von erfolgreichen Start-ups praktiziert werden (vgl. Bhidé 2003). Deren Agilität im Herausfinden ungedeckter Kundenbedarfe, deren Geschwindigkeit im

Entwickeln innovativer Lösungen, deren Fähigkeit, mit den Kunden und externen Kooperationspartnern gemeinsam zu lernen und Neues anzustoßen, wird nun allgemein als wichtig erkannt. Viele Unternehmen sind gerade dabei, zu registrieren, dass ihre überkommenen Strukturen und Prozesse die jetzt anstehenden Innovationserfordernisse beim besten Willen nicht decken können. Solche Einsichten regen neue Innovationspraktiken an (unternehmenseigene Inkubatoren, ›Innovation Labs‹, Corporate-Venturing-Aktivitäten, gezielte ›Open-Innovation‹-Projekte, die die Entwicklung des Neuen von der Idee bis zum ›Prototyping‹ externalisieren). Das Bemerkenswerte an all diesen Bemühungen, die vielfach noch einen stark experimentierenden Charakter haben, ist der Umstand, dass Organisationslösungen gesucht werden, die ungewöhnliche Räume des kooperativen Miteinanders entstehen lassen, in denen sich neben und weitgehend unabhängig und ungestört von den Routineprozessen des etablierten Organisationsgeschehens etwas Neues entwickeln kann.

Hinter solchen Organisationslösungen, die absolut konträre Formen des Organisierens nebeneinander stellen und in der Steuerung nur lose miteinander verknüpfen, steht zunehmend die Einsicht, dass die historisch gewachsenen Organisationsverhältnisse mit ihren auf Effizienz getrimmten Routinen und Kooperationspraktiken für das anstehende Ringen um zukunftsfähige Geschäftsmodelle schlicht nicht antwortfähig sind. Dafür braucht es in irgendeiner Form organisationale Alternativwelten, in denen die erhofften Innovationen eine Chance bekommen (Kotter (2015) spricht in diesem Zusammenhang von einem »dualen Betriebssystem«). Eine zentrale Frage ist dann, wie sich diese Welten klug miteinander verbinden lassen, welche Führungskonzepte und Entscheidungsmechanismen dafür sorgen, dass an gezielten Stellen wechselseitige Befruchtung erwartbar wird und dass sich das in solche Organisationslösungen unweigerlich eingebaute Behinderungspotenzial in Grenzen hält. Vor dem Hintergrund dieser organisationalen Grunddilemmata ist es nicht überraschend, dass wir in der Praxis auf eine wachsende Heterogenität beobachtbarer Organisationsformen stoßen, in denen heute bereits Wertschöpfung passiert (unterschiedlich lose gekoppelte Unternehmensnetzwerke, zeitlich begrenzte, projektbezogene Kooperationsmuster, festere Kerne, an die fallweise unterschiedlich ausgeprägte Partnerschaften andocken etc.). Diese Heterogenität und Vielfalt wird in Zukunft zweifelsohne noch zunehmen. Sie zeigt außerdem, wie die Wettbewerbsauseinandersetzungen ganz kreative Formen an Gleichzeitigkeit von Kooperation und Konkurrenz erforderlich machen und die Bedeutung etablierter Organisationsgrenzen zwar nicht aufheben, aber merkbar relativieren. Unterm Strich kann man sagen, dass die beobachtbaren Antwortversuche etablierter Unternehmen auf die sich ändernden wirtschaftlichen und gesellschaftlichen Herausforderungen diese zusehends mit der beunruhigenden Erfahrung versorgen, dass sie mit den vertrauten Change-Management-Routinen nicht weit genug springen. Zusehends merkt man, dass die jetzt angestrebten Formen des agilen, kooperativen Miteinanders nicht durch lautstarke Ansagen von oben und durch einige Restrukturierungsmaßnahmen ins Leben gerufen werden können. Es braucht einen deutlich tiefer gehenden Kulturwandel, verbunden mit einer anderen Art von Führung, die diesen Wandel glaubwürdig begleiten und tragen kann.

6.1.3 Das Geschäft von Führung neu denken

Über Führung wird an sehr vielen Stellen zurzeit neu nachgedacht. Dass die tradierten, den alten Organisationswelten entstammenden mentalen Modelle nicht mehr greifen, darüber besteht in den einschlägigen Diskussionsforen eigentlich kein Zweifel mehr. Langsam verbreitet sich die Einsicht, dass die populären heroisierenden Konzepte (ob unter dem Titel ›Leadership‹ oder ›Management promoted‹, sei dahingestellt) letztlich dem Komplexitätsgrad der aktuellen Herausforderungen nicht gerecht werden und nur zur (Selbst-) Überforderung der jeweiligen Akteure beitragen. Empirische Studien belegen ein ums andere Mal das Erfordernis, sowohl das Führungsverständnis wie auch die Führungspraxis in Unternehmen grundlegend weiterzuentwickeln (vgl. etwa Leipprand et al. 2012; Gebhardt et al. 2015). Gleichzeitig verstärken sich die Initiativen und Beispiele – nicht zuletzt auch animiert durch aktuelle Vorbilder aus der Internetwirtschaft, die konsequent auf teamförmige Kooperationsstrukturen setzen und meinen, komplett auf hierarchische Ebenenunterschiede und auf Führung und Management verzichten zu können (im Moment besonders prominent die Arbeit von Laloux 2015, vgl. auch Sattelberger 2015). Gary Hamel hat schon 2011 am Beispiel der kalifornischen Firma Morningstar in seinem Artikel *Let's fire all the Managers* zu zeigen versucht, dass im erfolgreichen Unternehmen der Zukunft die Funktion Manager bzw. Führungskraft zur Gänze entbehrlich ist, weil sich die erforderlichen Abstimmungs- und Entscheidungsnotwendigkeiten am besten in kollegialer Selbstorganisation bewältigen lassen.

Wir teilen diese radikale Verzichtbarkeitsthese nicht. Sehr wohl aber gehen wir von der Annahme aus, dass der durch die gesellschaftliche Evolution inzwischen angestoßene Komplexitätsgrad von Organisationen und ihr Eingebettetsein in immer vielfältigere, übergreifende Wertschöpfungsnetzwerke eine ganz neue Qualität an Steuerungserfordernissen hat entstehen lassen. Um diesem Bedarf gerecht zu werden, braucht es tatsächlich eine Weiterentwicklung des Führungs- und Managementverständnisses und andere damit korrespondierende Führungsprozesse (ausführlicher dazu Wimmer 2012a).

Führung als ›Organizational Capability‹

Ein wichtiger Schritt im Umbau dieses Verständnisses besteht darin, Führung als eine in Organisationen regelmäßig ausdifferenzierte Funktion zu begreifen, die darauf spezialisiert ist, die Organisation mit Blick auf ihre Überlebens- und Zukunftsfähigkeit laufend mit den erforderlichen Entwicklungsimpulsen zu versehen und die dafür notwendigen Entscheidungen herbeizuführen (vgl. Baecker 2009; 2011). Führung als eine ›Organizational Capability‹ zu begreifen, impliziert somit einen ganz entscheidenden Perspektivenwechsel. Damit wird die heroische Tradition, die Führung primär als eine Eigenschaft von Personen gesehen hat, die den Rest der Organisation als Instrument zur Realisierung ihrer Ziele herrichten, verlassen. Überwunden wird damit auch die weitverbreitete Vorstellung von einem grundlegenden Gegensatz von Fremdsteuerung durch Führungskräfte und Manager auf der einen Seite und der Selbstorganisation gleichberechtigter Mitarbeiter auf der anderen Seite. Versteht man Führung in einem funktionalen Sinne, dann gilt es danach zu fragen, welche Funktionen genau damit gemeint sind, die im Unterschied zum operativen Geschehen auf die Funktionstüchtigkeit und Leistungsfähigkeit des jeweiligen sozialen Ganzen (Abteilung, Bereich, Gesamtorganisation, übergreifendes Wertschöpfungsnetzwerk) ausgerichtet sind und wie diese Funktionen dann auf die unterschiedlichen Beschäftigtengruppen in den alltäglichen Entscheidungsprozessen verteilt sind (vgl. Wimmer 2009). Nur in einem gut durchdachten Zusammenspiel dieser funktionalen Aufgabendimensionen zwischen allen Beteiligten kann man dem heutigen Komplexitätsgrad von Organisationen noch gerecht werden. Die genaue Ausprägung der Art und Weise, wie diese Führungsaufgaben auf Führungskräfte und Mitarbeitende in den einzelnen Organisationseinheiten sowie in der Organisation als Ganzes verteilt werden und welche Führungsebenen es dafür braucht, hängt letztlich von dem Organisationsdesign ab, das man zur Aufrechterhaltung der eigenen Antwortfähigkeit gegenüber den relevanten Umwelten gefunden hat. Genau in diesem Sinne sind Führung und Organisation zwei Seiten ein und derselben Medaille. Führung gestaltet und spiegelt in ihren eigenen Strukturen und Prozessen die spezifische Art des Organisiertseins von Organisationen. Genau diese Art des Organisiertseins ist heute um vieles vielfältiger, in sich widersprüchlicher, d. h. mit einer Vielzahl von eingebauten Zielkonflikten ausgestattet, als dass man mit den einfachen Antworten der klassischen Hierarchie zurande käme. Natürlich braucht es auf allen Funktionsebenen Verantwortungsträger, die bereit und in der Lage sind, dem jeweiligen Aufgabenprofil von Führung persönlich gerecht zu werden. Hier kommen die Eignungen und das Kompetenzniveau der Individuen ins Spiel, hier braucht es geeignete, die Veränderungen der Organisation begleitende Qualifizierungs- und Unterstützungsmaßnahmen. Ein absolut zentraler Aspekt dieser persönlichen Seite der Verantwortungsträger ist deren innere Haltung, die darin zum Ausdruck kommt, dass sie ihr Führungsengagement konsequent in den Dienst der Realisierung des Daseinszwecks der Organisation stellen. Führung so verstanden, ist eine Dienstleistung am System Organisation, in deren Zentrum das »Sensemaking« des Ganzen steht (vgl. Weick 1995; 2009). Sie bietet keine Gelegenheit und keine Aufforderung, die eigenen heroischen Größenvorstellungen auf der Bühne der Organisation zu verwirklichen.

Agilität erfordert eine neue Philosophie der Unternehmenssteuerung

Zum anderen geht es neben dieser prinzipiellen Haltungsfrage um einen konsequenten *Umbau der Steuerungsphilosophie.* Je komplexer die Verhältnisse werden, umso weniger greifen Vorstellungen, man könnte alles im Griff und unter Kontrolle haben, man könnte klare, kausal determinierte Einflussprozesse gestalten. Das übliche Setzen auf Effizienzgewinne durch Routinisierung und Standardisierung verliert geschäftspolitisch an Bedeutung. Das Ermöglichen von organisationaler Flexibilität, von Agilität und Geschwindigkeit, das Fördern eines Innovationen stimulierenden Umfelds, braucht eine Steuerungspraxis, die im Sinne eines evolutionären, kybernetischen Prozessverständnisses auf Versuch und Irrtum, d. h. auf ein revolvierendes Lernen setzt. Diese Praxis gewinnt ihre Sicherheit nicht aus der Vorstellung exakter Planbarkeit des organisationalen Geschehens. Sie rechnet ständig mit Überraschungen, mit zufällig sich ergebenden Chancen und Bedrohungen, mit Turbulenzen, die einen laufenden Aktualisierungsprozess einmal getroffener Annahmen erzwingen.

> *»Turbulenz ist ein Begriff für Rückkoppelungen, denen man nicht mehr ansieht, wo sie herkommen. Nicht mehr Planung, wie im Fall stabiler Märkte, sondern Anpassungsfähigkeit an Überraschungen ist daher die Devise.«*
>
> (Baecker 2003, S. 20)

Vor diesem Hintergrund wird die menschliche Fähigkeit, gezielt Wissen um den großen Anteil von Nichtwissen, der in alle heutigen Entscheidungssituationen eingebaut ist, zu generieren und damit professionell umzugehen, zu einer entscheidenden Ressource. Gerade für diesen gezielten Umgang mit den größer werdenden Risiken gewinnen kooperative, teamförmige Muster der Unsicherheitsbearbeitung, die konsequent auf die Einbindung verteilter Intelligenz setzen, an Bedeutung. Genau vor diesem Hintergrund zeigen gut funktionierende Managementteams heute ihren tieferen Sinn. Dies verdeutlicht, warum die unternehmerische Dimension, diese Art von eigenständiger Verantwortungs- und Risikoübernahme, heutzutage gerade auch in bestehenden Organisationen und nicht nur in

Start-ups so gefragt ist und entsprechende Arbeitsformen allenthalben gefördert werden.

Es ist eine weitverbreitete Illusion zu glauben, diese komplexitätsadäquaten Formen von Arbeitsorganisationen und Entscheidungsfindung entstehen gleichsam naturwüchsig. Ganz im Gegenteil. Ihr Aufbau und ihre nachhaltige Verstetigung ist eine hochanspruchsvolle Angelegenheit, die auf gute Führung angewiesen ist, allerdings auf eine Führungspraxis, die in dem hier angedeuteten Sinne sowohl als ›Organizational Capability‹ wie auch als Kompetenz- und Persönlichkeitsprofil der verantwortlichen Entscheidungsträger weiterzuentwickeln ist. Zu diesem evolutionären Steuerungsverständnis zählt auch eine besondere *Achtsamkeit* der Führungsverantwortlichen für das Kommunikationsgeschehen in Organisationen. Führung ist unabdingbar ein soziales Phänomen. Sie realisiert sich alltäglich in dafür geeigneten Kommunikationsstrukturen und Prozessen, die in einem zirkulären Wechselspiel die Möglichkeiten von Führung begrenzen, die durch die Art und Weise der Führung aber auch laufend geformt werden. Gerade der Einzug der computerbasierten Kommunikationsformen in das organisationale Miteinander ist ein guter Anlass dafür, diese Medien in ein passendes Zusammenspiel mit den auf Mündlichkeit setzenden Face-to-Face-Kommunikationsformaten zu bringen. Die neuen Medien besitzen organisationsintern eine erhebliche Sprengkraft. Sie überwinden räumliche und zeitliche Begrenzungen – eine wesentliche Voraussetzung für die sich beschleunigenden Internationalisierungsprozesse. Sie ermöglichen ganz neue Vernetzungsformen, organisationsintern wie auch im Verhältnis zu externen Partnern. Sie stellen damit die hierarchiestützenden, äußerst selektiven Kontaktformen der klassischen Berichtswege total auf den Kopf. Letztlich machen sie Problemlösungswissen potenziell für jedermann zugänglich, ein Umstand, der neue Beteiligungserwartungen an die Generierung und Pflege dieses Wissens erzeugt und gleichzeitig neue Regelungen für die Nutzung dieses Wissens erzwingt. Mit all dem entstehen ganz eigene Diszipliniertheitserwartungen an alle Beteiligten am organisationsinternen Kommunikationsgeschehen, es sind dies Erwartungen, die sich erst langsam konkretisieren und gerade deshalb noch ein erhebliches Konfliktpotenzial in sich bergen.

Erfolgreiche Führung braucht Reflexion und kybernetische Steuerung

Versteht man Führung als Organisationsfunktion in diesem ›postheroischen‹ Sinne, dann ist die Achtsamkeit für die Leistungsfähigkeit dieses organisationsinternen Kommunikationsgeschehens, die laufende Überprüfung der etablierten Gesprächskreise, der Meetingstrukturen, der ad hoc gebildeten Taskforces, der sich gerade festigenden organisationsinternen Nutzungsgewohnheiten neuer Medien etc. eine wesentliche Dimension der Einflussgestaltung. Über diese Dimension erfolgt die organisationale Bündelung von kollektiver Aufmerksamkeit. Darüber wird sichergestellt, dass laufend Entscheidungen zustande kommen, die auch für Nichtanwesende Bindungswirkungen erzeugen. Nur über geeignete Kommunikationsleistungen schaffen es Organisationen, die angestrebten Koordinationseffekte über eine Vielzahl von Subeinheiten und über eine große Zahl von Beschäftigten zu erzeugen. Da Führung selbst nur als eine ganz spezifische Dimension dieses Kommunikationsgeschehens wirksam wird, hat sie sinnvollerweise ihr eigenes Tun immer auch als *Gegenstand der Beobachtung und begleitenden Reflexion* im Blick. Da Führung ohnehin in Organisationen stets ein besonders exponiertes Geschehen darstellt, nicht zuletzt deshalb, weil sie prinzipiell als Zurechnungsadresse für Ungelöstes fungiert, ist diese Selbstbeobachtungszumutung allerdings ziemlich voraussetzungsvoll. Es war gerade einer der Vorteile des klassischen Führungsverständnisses, dass man qua Hierarchie diese Zumutung weit von sich weisen konnte. Das mit dieser Vermeidungshaltung verbundene Reflexionsdefizit von Führung schafft allerdings in der Zwischenzeit ein Ausmaß an Folgeproblemen, das die Leistungsfähigkeit der betroffenen Organisationen inzwischen ernsthaft gefährdet, wie man an den aktuellen Problemen des VW-Konzerns gut studieren kann. Heute sind ein gekonnter Umgang mit dieser Zumutung der kritischen Selbstthematisierung und die konsequente Nutzung des darin verborgenen Steuerungspotenzials geradezu die entscheidende Voraussetzung gelingender Führungsprozesse. Warum ist das so? Üblicherweise gehen Führungskräfte davon aus, dass die Resonanz auf ihr Eingreifen bei ihren Mitarbeitenden und im kollegialen Umfeld ausschließlich mit diesen selbst, d. h. mit deren Einstellungen und Interessenlagen, zu tun hat. Sie haben selten im Blick, dass diese Resonanzen (Zustimmung oder Ablehnung, kooperative Unterstützung oder Kooperationsverweigerung) selbst Ausdruck zuvor bereits mit dieser Führungskraft gemachter Erfahrungen sind. Führung interveniert genau besehen immer in ein Feld, das durch vorangegangene Führungserfahrungen bereits geprägt ist, d. h., sie stößt in ihrem Tun auf sich selbst, auf Bedingungen, die sie selbst mit geschaffen hat. Die umgekehrte Einflussbeziehung gilt natürlich genauso. Das Verhalten von Führungskräften ist immer schon mitgeprägt von den vorangegangenen Erfahrungen in ihrem jeweiligen Umfeld und den damit grundgelegten und verfestigten Erwartungen. Genau besehen sind die Wirkungsverhältnisse des Führungsgeschehens zirkulärer Natur. Es handelt sich um wechselseitige Beeinflussungsprozesse, die keiner der beteiligten Akteure einseitig unter Kontrolle hat.

Deshalb verfügen erfolgreiche Führungskräfte über ein *zutiefst kybernetisches Steuerungsverständnis*. Sie wissen um die Wirkungen der eigenen Person in ihrem Umfeld und kalkulieren diese Wirkungen in den von ihnen gesetzten Maßnahmen stets mit ein. Sie haben feine Antennen dafür, wie sie von den anderen in ihrem Verantwortungsbereich beobachtet werden. Sie rechnen mit dieser besonderen Art des Beobachtetwerdens und arbeiten in ihrem Führungshandeln bewusst mit dieser Form der Aufmerksamkeitsenergie ihrer Leute. Führungskräfte sind also Spezialisten im Beobachten von Beobachtungen und im Gestalten der damit verbundenen sozialen Dynamiken. Für diese besondere Ausprägung sozialer Kompetenz braucht es ein elaboriertes Maß an ständig mitlaufender Selbstbeobachtung und Selbstreflexion. Man setzt einen Impuls und beobachtet sehr sorgfältig die ausgelösten Resonanzen. Die dabei gewonnenen Einschätzungen sind dann die Basis für weitere Impulse, mit denen dann wieder genauso verfahren wird. Nur wer ständig eine realitätsgerechte Einschätzung der eigenen Wirkungen in seinen verschiedenen sozialen Bezügen erzeugen und damit relativ nüchtern operieren kann, ist auf Dauer in der Lage, die erhofften Wirkungen in gemeinsamer Kooperation entstehen zu lassen. Dies bedeutet, dass die mitlaufende persönliche Selbstreflexion von Führungskräften primär nicht dazu dient, das eigene Verhalten an die Erwartungen des Umfeldes anzupassen.

Der tiefere Sinn dieser Reflexionsqualität liegt darin, realitätsgerechte Informationen des eigenen Beobachtetwerdens zu gewinnen, um auf Basis solcher Feedbackprozesse die Wirksamkeit des Führungsgeschehens insgesamt laufend weiterzuentwickeln.

6.1.4 Veränderungsmüde Organisationen: Wie gewinnt Change Management wieder an Glaubwürdigkeit?

Ein erheblicher Teil unserer Organisationen steckt zurzeit in einem schwer zu lösenden Dilemma. Sie haben in den zurückliegenden Jahren eine Reihe von weitreichenden und sehr ehrgeizig angelegten Veränderungsvorhaben ›durchgestanden‹. Mal ging es um ein neues Organisationsdesign, mal um Effizienzprogramme mit dramatischen Personalkürzungen, mal um das Verdauen von M&A-Aktivitäten. Immer wieder wurden umfangreiche Projekte gestartet, von externen Beratern mit hohem Aufwand unterstützt, um schon nach kurzer Zeit diese Initiativen wieder versickern zu lassen, um dann nach einer Weile mit einem neuen Change-Vorhaben zu starten.

Gerade weil so viele unserer Organisationen in den zurückliegenden Jahren in periodischen, immer kürzer werdenden Abständen mit Veränderungs- und Reformvorhaben überzogen worden sind und die damit verfolgten Ziele in aller Regel nur in einem ganz bescheidenen Ausmaß realisiert worden sind, werden von den Betroffenen neue Veränderungsinitiativen zusehends kritischer beobachtet und mit größer werdender innerer Reserviertheit aufgenommen. Inzwischen haben Organisationen in aller Regel ›gelernt‹, mit den Veränderungszumutungen ihrer jeweiligen (häufig wechselnden) Spitzen so umzugehen, dass sich die Reichweite des Wandels de facto in Grenzen hält. Die Mittubereitschaft wesentlicher Teile der Beschäftigten ist zweifelsohne im Sinken. In weiten Bereichen unserer Gesellschaft ist eine zunehmende Veränderungsmüdigkeit, so etwas wie organisationale Erschöpfung, zu beobachten.

Gleichzeitig ist unübersehbar, dass der gesellschaftliche Druck auf die Leistungsfähigkeit von Organisationen – und dies gilt nicht nur für Unternehmen in der Wirtschaft – weiter zunimmt. Deswegen steigen die Herausforderungen für all jene, die sich vor die Notwendigkeit radikaler Eingriffe in die bestehenden organisationalen Verhältnisse gestellt sehen und die sich nicht nur mit großen Ankündigungen und Scheinaktivitäten zufriedengeben wollen.

Entscheidend für das Gelingen ist die innere Haltung der Führungskräfte

Eine unverzichtbare Voraussetzung für das ernsthafte Gelingen weitreichender Veränderungsvorhaben ist eine ganz bestimmte *innere Haltung* der Topverantwortlichen, die sich in ihrem Tun, in ihrem Entscheidungsverhalten, in ihrem kommunikativen Auftreten nach innen wie nach außen glaubwürdig vermittelt. Diese hier angesprochene Haltung zeigt sich unter anderem von Beginn an in der Ernsthaftigkeit der organisationsinternen Auseinandersetzung mit der entscheidenden *Frage des Wozu der Veränderung*. Was sind die eigentlichen Triebkräfte, die es unvermeidlich machen, eine so weitreichende Organisationsveränderung in Gang zu setzen? Welche aktuelle oder künftig erwartbare ›Not‹ unseres Unternehmens gilt es mit dermaßen einschneidenden Schritten zu ›wenden‹? Nur wenn die Topentscheidungsträger von der inneren Überzeugung getragen werden, dass es um das Abwenden einer existenziellen Gefährdung der Organisation als solcher geht, wird es ihnen gelingen, im Rest der Organisation die erforderliche Überzeugung, bezogen auf die Unausweichlichkeit der Veränderung, also den oft zitierten ›Sense of Urgency‹, glaubwürdig entstehen zu lassen. Nur wenn es den Verantwortlichen gelingt, dafür Sorge zu tragen, dass die Veränderungsinitiative in weiten Teilen der Organisation gerade nicht (wie üblich) ganz bestimmten Partikularinteressen zugeschrieben wird (z. B. dem Selbstdarstellungsbedürfnis bzw. dem Profilierungszwang eines neuen Topmanagements, dem unterschwelligen Machtkampf im obersten Führungsteam, den Renditeerwartungen eines Teils der Shareholder etc.), erst dann, wenn das nicht der Fall ist, entsteht eine Chance, dass sich die Organisation aus ihrem eingeschwungenen Zustand heraus bewegt. Dieses In-Bewegung-Kommen braucht die im Kommunikationsgeschehen glaubwürdig erlebbare Haltung der Führung, dass es ihr bei ihren Vorhaben um die Bewältigung ernsthafter, gut benennbarer Gefährdungslagen geht, die die Leistungsfähigkeit des Systems aktuell bzw. in Zukunft nachhaltig bedrohen. Natürlich gehört zu dieser Haltung auch die Vermittlung des Zutrauens in ein Zukunftsbild, auf das es sich lohnt, gemeinsam hinzuarbeiten und das es rechtfertigt, die schwerwiegenden Veränderungszumutungen auf sich zu nehmen. Nur wenn sich diese Haltung der Führung in der Startphase eines weitreichenden Veränderungsvorhabens glaubwürdig in die Organisation hinein vermittelt, erhöht sich die Wahrscheinlichkeit, dass die für das Gelingen solcher Prozesse unerlässliche kollektive Zusatzenergie auf einer breiteren Basis in der Organisation mobilisiert werden kann.

Die Führung des Wandels bedingt den Wandel der Führung

Eine weitere Erfolgsvoraussetzung für Veränderungsvorhaben hat unmittelbar mit dem Thema Führung selbst zu tun. In den meisten Fällen kommen Unternehmen in die heikle Situation eines radikalen Umbaus nur deshalb, weil es in der Vergangenheit versäumt worden ist, wichtige Entwicklungsimpulse rechtzeitig aufzugreifen und, daraus abgeleitet, die entsprechenden Veränderungen anzustoßen. Die schonungslose Reflexion des eigenen Anteils, der dem jeweiligen Führungssystem an den gerade anstehenden Veränderungsnotwendigkeiten zukommt, ist keineswegs eine Selbstverständlichkeit. Ganz im Gegenteil, dieser Anteil sitzt regelmäßig im blinden Fleck der verantwortlichen Akteure. Spürt man organisationsintern, dass die Führung sich selbst bei einem Veränderungsvorhaben ausklammert, dann hat das für die allgemeine Akzeptanz desselben desaströse Folgen.

Absolut erfolgskritisch ist deshalb die praktisch erlebbare Haltung, dass die relevanten Führungsverantwortlichen mit dem Change bei sich selbst beginnen.

Dies kann personelle Veränderungen an der Spitze bedeuten, die Restaurierung der Arbeitsfähigkeit des Topmanagementteams, das Ausräumen nachhaltiger Kooperationsstörungen in demselben etc. Letztlich bedeutet dies aber in jedem Fall die Sicherstellung des Umstandes, dass die relevanten Schlüsselspieler auf den einzelnen Hierarchieebenen in Bezug auf die wesentlichen Dimensionen des Veränderungsvorhabens an einem Strang ziehen, den Leuten gegenüber mit aufeinander abgestimmten Botschaften kommunizieren, und dass sie in ihrem praktisch gezeigten Verhalten tagtäglich unter Beweis stellen, dass ihnen jetzt die Überlebenssicherung des Ganzen, das erfolgreiche Vorantreiben der Veränderung, das wichtigste Anliegen ist. Das glaubwürdige Signal der Führungsverantwortlichen, dass sie den wesentlichen Veränderungsbedarf sich selbst betreffend verstanden haben und daraus beobachtbare Konsequenzen ziehen, wirkt für den Rest der Organisation als ungeheurer Türöffner, um sich seinerseits auf den Weg zu machen und sich aus der Komfortzone zu bewegen. Ein solches Signal hat bei den betroffenen Führungskräften eine innere Einstellung und eine Kultur des Miteinanders zur Voraussetzung, in der Selbstreflexion und Selbstveränderung zum selbstverständlichen Repertoire professionellen Agierens zählen. Bedauerlicherweise ist dieses professionelle Selbstverständnis gerade an der Spitze jener Unternehmen, die häufiger mit radikalen Umbauten überzogen werden, eher selten zu beobachten.

Change gelingt nur mit einer guten Balance zwischen Vorgaben und Partizipation

Eine gute Balance zwischen autoritativen Setzungen bzw. Vorgaben von oben und der gezielten Partizipation Betroffener auf unterschiedlichen Hierarchieebenen ist eine weitere Erfolgsvoraussetzung von anspruchsvollen Veränderungsinitiativen. Auch diese Balance resultiert letztlich aus einer Haltungsfrage, die sich im Leadership-Verständnis der wichtigsten Entscheidungsträger einer Organisation spiegelt. Die wirksame Steuerung besonders anspruchsvoller und komplexer Veränderungsvorhaben verlangt bei den Verantwortlichen eine gemeinsam geteilte Vorstellung davon, in welchen Schritten (Phasen), d. h. in welcher zeitlichen Dynamik, ein solcher Prozess gesamthaft zu bewältigen ist. Diese unerlässliche Vorstellungskraft einer geeigneten Dramaturgie erzeugt für die einzelnen Abschnitte (›Akte‹) des Prozesses ganz bestimmte, vorrangig zu bearbeitende Aufgabenstellungen und *Entscheidungslasten*. Es zählt zur besonderen Kunst des Veränderungsmanagements, zu wissen, welche dieser Entscheidungslasten zu welchem Zeitpunkt im kleinsten Kreis an der Spitze zu bewältigen sind und für welche Themenfelder es auf einer breiteren Basis die Beteiligung der betroffenen Funktionsinhaber zu mobilisieren gilt, um die im Unternehmen verteilte Intelligenz für tragfähige Lösungen gezielt auszuschöpfen und außerdem die Identifikation für die gefundenen Lösungen bei den Betroffenen zu stärken. Das Finden der hier angesprochenen Balance in den einzelnen Abschnitten des Gesamtprozesses ist eine höchst anspruchsvolle Angelegenheit. Ihr liegt eine Haltung bzw. ein Rollenverständnis des Topmanagements zugrunde, das auf die evolutionäre Kraft einer klug konzipierten Prozessarchitektur vertraut. Es ist dies eine Haltung, die nicht davon ausgeht, in jedem Moment (weil in der Sache perfekt geplant) alles im Griff und unter Kontrolle haben zu müssen. Viele Aspekte der neu angestrebten Organisationsverhältnisse entstehen erst beim Gehen, sie kristallisieren sich über gemeinsame Suchbewegungen heraus, die mit viel Achtsamkeit das Einschätzungsvermögen und das Erfahrungspotenzial ganz unterschiedlicher Funktionsträger zu nutzen wissen. Dieses fundamentale Prozessvertrauen, das absolut Sinn macht, wenn die entscheidenden Weichenstellungen in den Anfangsphasen eines Change-Prozesses gut gesetzt worden sind, kann bei den Verantwortlichen nicht immer als gegeben vorausgesetzt werden. Die Fähigkeit zu diesem Vertrauen wurzelt in einer Haltung, die es nicht scheut, wenn erforderlich, in die Verantwortung eines Alleinentscheiders zu gehen, die aber auch von einem tiefen Zutrauen in die Lösungskraft einer gezielten Beteiligung betroffener Funktionsträger getragen wird. Dieses Oszillieren-Können zwischen ganz unterschiedlichen Intensitätsgraden von Partizipation im Zuge eines Change-Prozesses erzeugt nur dann die gewünschten Resultate, wenn es gelingt, in einer höchst transparenten Kommunikation für diese Entscheidungsmuster in der Mannschaft vollstes Verständnis zu erzeugen. Die in dieser Kommunikation mobilisierten Begründungen gewinnen ihre Überzeugungskraft aus dem, was das Voranschreiten des Veränderungsprozesses für dessen Gelingen jeweils gerade braucht und aus einer glaubwürdigen Sensibilität für all das, was dieses Voranschreiten bei den unterschiedlichen Beschäftigungsgruppen jeweils an emotionalen Verarbeitungsnotwendigkeiten auslöst. Wenn die Beschäftigten in solchen Prozessen die Sicherheit gewinnen, dass ihre Sorgen wie auch ihre Beitragsmöglichkeiten bei den Entscheidungsträgern gut mitgedacht werden und dass die unvermeidlich eingebauten Konflikte und Interessengegensätze fair ausgetragen werden, dann reduziert sich das ansonsten so gerne als universelles Erklärungsprinzip hochstilisierte Widerstandspotenzial ganz erheblich.

Aufgabe gelingender Beratung ist Stärkung des Zusammenspiels der Führungskräfte

Eine sinnvolle Arbeitsteilung und ein fruchtbares Zusammenspiel zwischen den Führungsverantwortlichen einerseits und ihren internen wie externen Beratungsdienstleistern können mithelfen, das große Unsicherheitspotenzial solcher Prozesse konstruktiv zu bearbeiten. Weitreichende Organisationsumbauten sind in der Regel Anlässe, bei denen sich die verantwortlichen Entscheidungsträger gerne Berater zu ihrer Unterstützung an ihre Seite holen. Die spezifische Funktion, die der *Beratung* in Veränderungsvorhaben jeweils zukommt, wie auch die mit dieser Funktion einhergehenden Kooperationsformen mit den Linienführungskräften spiegeln stets ganz charakteristische Grundhaltungen der beteiligten Akteure wider. Für ein nachhaltiges Gelingen eines anspruchsvollen Veränderungsvorhabens ist es aus meiner Sicht zweifelsohne günstig, wenn die wichtigsten Führungsverantwortlichen nicht dazu neigen, wesentliche Entscheidungslasten an die beigezogenen Unterstützer (oft sogenannte Change Manager) zu delegieren. Im Organisationsalltag ist allerdings diese Verantwortungsverschiebung schon aus emotionalen Gründen häufig eine naheliegende Option. Denn gerade das Auslagern besonders unangenehmer Entscheidungen an die beigezogenen Berater wird nur zu gerne praktiziert, um den Unmut der Organisation nicht auf sich zu ziehen. So sehr dieses Verlagern wichtiger Entscheidungsmaterien für das jeweilige Topmanagement zunächst entlastend wirken mag, auf Sicht schwächt diese Tendenz die Glaubwürdigkeit der Führung in der eigenen Organisation und treibt den Rest der betroffenen Mannschaft (inklusive des Mittelmanagements) zu einer fatalen Scheinkooperation in allen relevanten Fragen des Veränderungsvorhabens. Gerade vor diesem Hintergrund lässt sich die These gut begründen, dass in der Aufgabenteilung zwischen Management und Beratung und in den damit einhergehenden Kooperationsmustern der eigentliche Kern des jeweiligen professionellen Selbstverständnisses, die spezifische Grundhaltung der Akteure im Umgang mit organisationalen Veränderungsvorhaben ganz unmissverständlich zum Ausdruck kommt.

Wenn Beratung daran interessiert ist, die Antwortfähigkeit von Unternehmen auf längere Sicht ernsthaft zu stärken, dann gilt es, anspruchsvolle Veränderungsvorhaben, wie sie jetzt im Kontext der Digitalisierung allenthalben anstehen, dafür zu nutzen, um den Führungszusammenhang in personeller Hinsicht wie auch mit Blick auf die Kooperationsqualität der beteiligten Akteure deutlich zu ›empowern‹. Paradoxerweise wird diese Entwicklungsaufgabe umso wichtiger, je flacher die Hierarchien werden, je breiter also wichtige Verantwortlichkeiten organisationsintern verteilt sind. Diese Abflachung hat in Verbindung mit der größer werdenden Aufgabenvielfalt zur Konsequenz, dass für tragfähige Weichenstellungen in der Unternehmensentwicklung eine wachsende Anzahl von Aspekten, die von ganz unterschiedlichen Führungskräften und Leistungsträgern in der Organisation verantwortet werden, Berücksichtigung finden müssen. Dieser wachsende horizontale Abstimmungsbedarf, der sachlich in den von der Organisation auszutarierenden Zielkonflikten begründet liegt, überfordert in den meisten Fällen im Zusammenspiel mit der gestiegenen Unsicherheit die eingespielte Führungspraxis und die dieser Praxis zugrunde liegenden mentalen Modelle. Alle etwas weiterreichenden Veränderungsinitiativen mobilisieren unweigerlich dieses subtile Netzwerk wechselseitiger Abhängigkeiten von Funktionsträgern, die in ihren eigenen Erfolgsbedingungen auf die verlässliche Aufgabenerfüllung der jeweils anderen angewiesen sind. Jede etwas tief greifende Veränderung berührt die bisherige Aufgabenidentität der Subeinheiten, die Logik der organisationsinternen Arbeitsteilung und damit auch die Formen und Regeln ihres Zusammenspiels. Damit wird immer auch in das Rollenprofil der Stelleninhaber, d. h. in ihr erprobtes Einflusspotenzial, in ihr bisheriges Beziehungsnetz und in den sozialen Status innerhalb desselben eingegriffen. Die mit dem Komplexitätsgrad heutiger Organisationen verbundenen internen Abhängigkeiten schaffen auf vertikaler wie auf horizontaler Ebene ein wechselseitiges Einfluss- und Sanktionspotenzial zwischen den relevanten Leistungsträgern einer Organisation, dem mit dem üblichen heroischen Machtgehabe von Topmanagern nicht angemessen beizukommen ist.

Erfolgreiches Change Management erfordert Transparenz schaffende Aushandlungsprozesse

Die Gefahr, dass Change-Prozesse heutzutage den Anlass bieten, die vielfach organisationsintern breit verteilten Einflusschancen dafür zu nutzen, verdeckte persönliche Interessenlagen zu optimieren, ist nicht von der Hand zu weisen. In jedem Fall wird es in der Zurechnung von Handlungsmotiven immer schwieriger, im Einzelnen zwischen der Sorge um die künftige Leistungsfähigkeit des sozialen Ganzen und der nackten Verfolgung persönlicher Interessen zu unterscheiden. Deshalb liegt die zentrale Herausforderung des Change Managements heute im *klugen Umgang mit der Konfliktdynamik* innerhalb des organisationsinternen Netzwerks erfolgskritischer Entscheidungsträger. Diese Aufgabe ist aber im Kern ein nicht delegierbares Leadership-Thema. Auf der Grundlage einer sorgfältig vergemeinschafteten strategischen Ausrichtung gilt es, bei als notwendig erkannten Veränderungsschritten in den genannten Führungsnetzwerken einen Transparenz schaffenden Aushandlungsprozess zu steuern, der die Gelegenheit schafft, die involvierten Konfliktlagen offen bearbeitbar zu machen. Nur in solchen ernsthaft geführten Aushandlungsprozessen wird die heute so erfolgskritische Bearbeitung der Paradoxie zwischen der Steigerung der Effizienz schon eingespielter Routinen einerseits und dem permanenten Wandel grundlegender Strukturen und Prozesse andererseits sinnvoll möglich. Ansonsten kommt es zu der bekannten Spaltung, derzufolge sich die Spitze für den Wandel zuständig fühlt und die Ebenen darunter für die Funktionstüchtigkeit des Status quo. Deshalb hat das Change Management in erster Linie bei der Stärkung und funktionalen Ertüchtigung des Führungssystems (gemeint ist die Kooperations- und Kommunikationsqualität der Führungsverantwortlichen in vertikaler und horizontaler Hinsicht) anzusetzen und nicht bei der Kompensation seiner Mängel.

Literatur

Baecker, D. (2003): Organisation und Management. Frankfurt a. M.: Suhrkamp.

Baecker, D. (2007): Studien zur nächsten Gesellschaft. Frankfurt a. M.: Suhrkamp.

Baecker, D. (2009): Die Sache mit der Führung. Wien: Picus.

Baecker, D. (2011): Organisation und Störung. Frankfurt a. M.: Suhrkamp.

Bhidé, A. V. (2003): The origin und evolution of new businesses. Oxford: Oxford University Press.

Gebhardt, B./Hofmann, J./Roehl, H. (2015): Zukunftsfähige Führung. Die Gestaltung von Führungskompetenzen und Führungssystemen. Gütersloh: Bertelsmann Stiftung.

Habermas, J. (1962): Strukturwandel der Öffentlichkeit. Untersuchungen zu einer Kategorie der bürgerlichen Gesellschaft. Neuwied: Luchterhand.

Hamel, G. (2011): First, let's fire all the managers. In: Harvard Business Review, 89. Jg., H. 12, S. 48–60.

Kim, W. C./Mauborgne, R. (2005): Blue ocean strategy. How to create uncontested market space and make the competition irrelevant. Boston (MA): Harvard Business School Press.

Kotter, J. P. (2015): Accelerate. Strategischen Herausforderungen schnell, agil und kreativ begegnen. München: Vahlen

Laloux, F. (2015): Reinventing Organizations. Ein illustrer Leitfaden zur Gestaltung sinnstiftender Formen der Zusammenarbeit. München: Vahlen.

Leipprand, T./Allmendinger, J./Baumanns, M./Ritter, J. (2012): Jeder für sich und keiner fürs Ganze? Warum wir ein neues Führungsverständnis in Politik, Wirtschaft, Wissenschaft und Gesellschaft brauchen. Berlin: Stiftung Neue Verantwortung e. V.

Nagel, R./Wimmer, R. (2014): Systemische Strategieentwicklung. Modelle und Instrumente für Berater und Entscheider. 6. Aufl., Stuttgart: Schäffer-Poeschel.

Nagel, R./Wimmer, R. (2015): Einführung in die systemische Strategieentwicklung. Heidelberg: Carl-Auer.

Sattelberger, T./Welpe, I./Boes, A. (2015): Das demokratische Unternehmen. Neue Arbeits- und Führungskulturen im Zeitalter digitaler Wirtschaft. Freiburg: Haufe Lexware.

Schmidt, E./Cohen, J. (2014): The new digital age. Reshaping the future of people, nations and business. London: Penguin Random House.

Weick, K. E. (1995): Sensemaking in organizations. Thousand Oaks (CA): Sage.

Weick, K., E. (2009): Making sense of the organization. Vol. 2: The inpermanent organization. Chichester: John Wiley & Sons.

Wimmer, R. (2009): Führung und Organisation – zwei Seiten ein und derselben Medaille. In: Revue für postheroisches Management, Heft 4, S. 20–33.

Wimmer, R. (2012a): Die neuere Systemtheorie und ihre Implikationen für das Verständnis von Organisation, Führung und Management. In: Rüegg-Stürm, J./Bieger, Th. (Hrsg.): Unternehmerisches Management. Herausforderungen und Perspektiven. Bern: Haupt, S. 7–65.

Wimmer, R. (2012 b): Wider den Veränderungsoptimismus. Zu den Möglichkeiten und Grenzen einer radikalen Transformation von Organisationen. In: Ders.: Organisation und Beratung. 2. Aufl., Heidelberg: Carl-Auer, S. 173–207.

6.2 Was macht Führung (›Leadership‹) in Organisationen so besonders?

Erwin Wagner

Die Frage ist: Weshalb, wofür und wie sollte man sich mit dem Thema Führung in Organisationen – meistens in Unternehmen – auseinandersetzen? Was ist daran besonders? Wer sollte das tun (und vielleicht auch: wann und wie oft)? Der folgende Beitrag plädiert dafür, dass zumindest Menschen, die selbst eine ›Führungsrolle‹ innehaben (oder wahrnehmen) und die in Organisationen (wozu nahezu alle Unternehmen zählen), dies zumindest dann tun sollten, wenn sie sich mit ihrer Rolle und Aufgabe beschäftigen. Das gilt natürlich fraglos auch für solche Menschen, die zum Themenbereich Organisation weiterbildend studieren und in der Regel über eigene Führungserfahrungen verfügen.

6.2.1 Was weiß die Wissenschaft zum Thema ›Leadership‹ (Führung)?

Womit soll man sich auseinandersetzen, wenn man etwas dazulernen möchte? Soll man vor allem zur Kenntnis nehmen und zu verstehen versuchen, was die ›Wissenschaft‹ zu dem fraglichen Thema zu sagen hat? Im Feld Führung (meist eher als Leadership thematisiert) oder auch Management erscheint das nicht unbedingt sehr anregend. Zunächst sei eine lange und intensiv diskutierte Frage aufgenommen, nämlich die, ob und wie sich Führung (Leadership) und Management unterscheiden. Manche gehen von einem Unterschied aus (so etwa Grint 2010 und Hendry 2013). Andere halten diesen eher für unbedeutend (so etwa Drucker 1995 oder auch Malik 2014. In der Regel wird Leadership von Management dadurch unterschieden, dass Führung immer dann benötigt würde, wenn es um *neue* Ziele, Strategien, *mutige* Entscheidungen usw. gehe, wohingegen Management sich eher mit den ›*normalen*‹ Steuerungs- und Organisierungshandlungen zu befassen (oder auch: zu begnügen) habe. Man macht also einen qualitativen Unterschied im Hinblick auf die Anforderungen des ›Führungshandelns‹. Angesichts von Beobachtungen, die zunehmend auf Dezentralität, Entscheidungen ›vor Ort‹ und schnelles Agieren fokussieren, scheint diese Unterscheidung nicht besonders sinnvoll – auf jeden Fall nicht auf mittlere Sicht. Hier wird daher nicht in dieser Weise unterschieden.

Es geht also um *Führung*. Nur, was soll damit bezeichnet werden? In seiner prägnanten Übersicht weist Grint (2010, S. 3) darauf hin, dass hier in der Wissenschaft bis heute kein Konsens festzustellen ist und dass dies nicht zuletzt daran liege, dass eben fundamental unklar sei, ob man damit primär eine Position, eine

Person, ein Ergebnis oder einen Prozess bezeichnen möchte. Zudem macht der Autor deutlich, dass die Leitvorstellungen zum Thema »Führen« auch in Wissenschaft und Forschung zumindest teilweise den jeweils in Markt und Gesellschaft vorherrschenden Grundüberzeugungen folgen, was sich historisch und konkret gerade als eher erfolgreich oder notwendig gezeigt habe.

Was man an Forschung zum Thema finden kann, ist sehr viel und fokussiert meist eher auf ›Management‹. Blessin und Wick geben dazu in ihrem 2013 erschienen Sammelwerk eine gute Übersicht. Was ergibt sich letztlich daraus? Es gibt viele und sehr verschiedene Ansätze, sich theoretisch wie forschungspraktisch diesem Thema zuzuwenden – und: Man landet am Ende häufig eher in Dilemmata als in klaren ›Ansagen‹, was denn nun wie zu tun und zu begründen sei. Das sind für Menschen, die lernen wollen, was Führung denn nun sei, wann man sie brauche und wie man sie am besten mache, keine besonders anregenden Antworten.

Woran orientieren sich Führungspersonen praktisch?

In vielen Beobachtungsstudien, die Studierende des Studiengangs »organization studies« in den letzten Jahren angefertigt haben, zeigt sich vor allem, dass sie (und auch andere Personen mit Führungsaufgaben) sich in der Praxis des ›Führens‹ in erster Linie an eigenen Überzeugungen (und Werten) als auch an relativ einfachen Konzepten orientieren. Manche davon haben ihren Ursprung durchaus auch in wissenschaftlicher Forschung (wie etwa das Konzept der ›Führungsstile‹, die sich aus Forschungen von und in der Folge von Kurt Lewin herleiten). Allerdings werden sie im praktischen Tun natürlich vereinfacht, verallgemeinert und in der Zuordnung nicht so genau genommen. Als die Forschung dann einzusehen genötigt war, dass Führungsstile ihre möglicherweise positive Wirkung nur dann entfachen können, wenn sie passen – als also die ›situative Führung‹ entdeckt bzw. konzipiert worden ist –, haben Führungs*stile* in der Wissenschaft an Überzeugungskraft deutlich eingebüßt.

Im praktischen Handeln scheinen sie gleichwohl – ebenso wie einschlägige Beobachtungs- und Testverfahren – auch heute noch relativ populär zu sein. Welche Funktion erfüllen sie? Sie erlauben offenbar, in einem Terrain, in dem wissenschaftliche Klarheit sich ausgesprochen schwer tut, eine (zumindest vermeintlich) nützliche Orientierung zu bieten. Was kann getan werden, wenn man (nicht nur aus akademischer Sicht) solche Vereinfachungen als nicht hilfreich ansieht? Man kann die Reflexion über die eigenen Deutungen, Erklärungen, Folgerungen und deren Wirkungen anstoßen und nähren und man kann andere Konzepte und Modelle anbieten, erläutern und vielleicht an die Stelle der allzu vereinfachenden setzen.

Was soll konkretes Führungshandeln unterstützen und verbessern?
Eine große Hilfe ist dabei das Konzept, das Fredmund Malik mehrfach in unterschiedlicher Form publiziert und propagiert hat (und das hier in einer eigenen Darstellungsform illustriert wird):

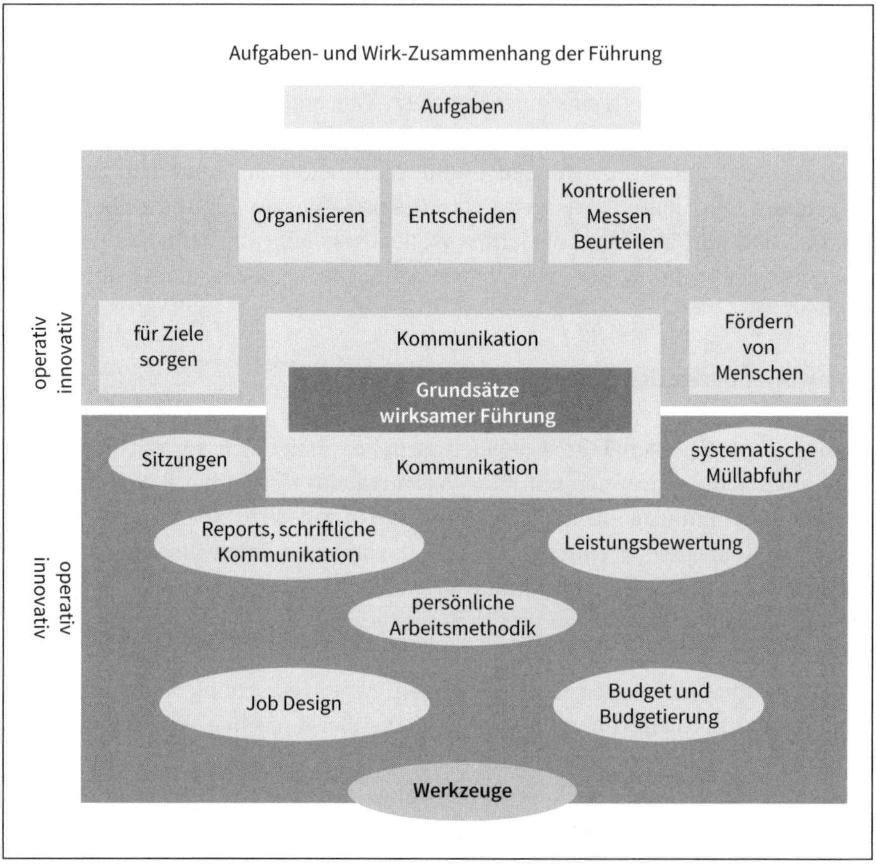

Abb. 1: Führungssystem nach Fredmund Malik (Gesamt-Übersicht; nach Malik 2014)

Worum geht es dabei? Malik betont, dass es sich bei Führung und Management in erster Linie um handwerkliches Können handle, welches man lernen und das daher auch von relativ vielen professionell gemacht werden könne. Das klingt für Lernende natürlich vielversprechend. Im Mittelpunkt des Konzepts stehen bestimmte Aufgaben (siehe oben), die Führungskräfte in den Unternehmen (Organisationen), in denen sie tätig sind, zu leisten haben. Sie können sich dafür bestimmter Werkzeuge bedienen, die in der Regel zugänglich oder auch üblich sind (siehe oben).

Das alles wäre indes zu eng, wenn es nicht auf die sogenannten *Grundsätze wirksamer Führung* bezogen würde, die in der folgenden Abbildung zusammengefasst werden. Diese ›Grundsätze‹ beziehen sich darauf, vor allem Resultate zu erzielen, Beiträge ›zum Ganzen‹ zu leisten (also nicht primär für die eigenen Interessen- und Einflussareale), sich auf Weniges zu konzentrieren (was die Wirksamkeit fördert), Stärken zu nutzen (und nicht erfolglos an ›Schwächen herumzudoktern‹), Vertrauen zu investieren (ähnlich auch Sprenger 2002) und grundlegend positiv zu denken (also Lösungen gegenüber Problemen zu bevorzugen):

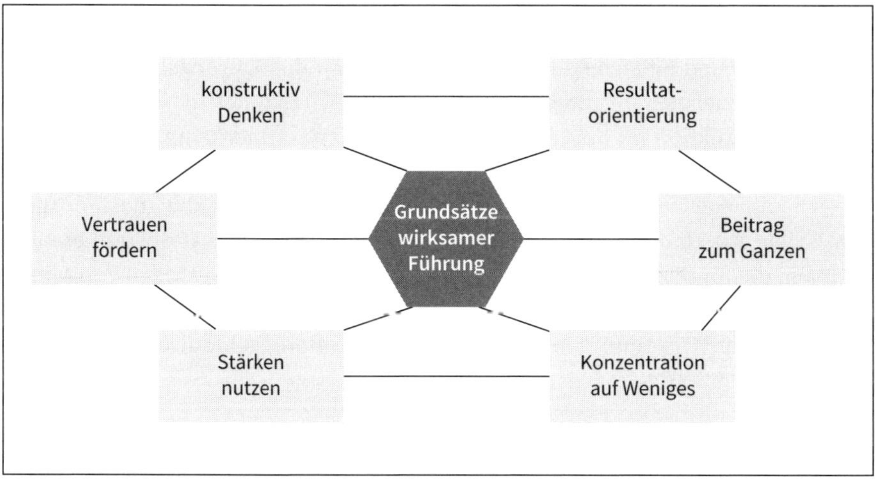

Abb. 2: Führungssystem nach Fredmund Malik (Grundsätze wirksamer Führung; nach Malik 2014)

Damit findet dieses Konzept eine ethische Gründung. Diese wird allerdings nicht in einer allgemeinen (und damit schwer festzulegenden) Ethik begründet, sondern in (im Übrigen forschungsbasierten) Einsichten, was einem Unternehmen (oder auch einer anderen Organisation) hilfreich sei. Damit ist ein relativ konkretes Modell auf dem Wissensmarkt, das in der Lage ist, eigenes Führungshandeln vertiefend und verallgemeinernd zu beschreiben und zu reflektieren, als das Konzept der Führungsstile dies ermöglicht.

In etwas modernerer Weise wählt und fokussiert Sprenger (2012) fünf *»Kernaufgaben« der Führung*:

- Zusammenarbeit organisieren
- Transaktionskosten senken
- Konflikte entscheiden
- Zukunftsfähigkeit sichern
- Mitarbeiter führen

Beide Konzepte sind geeignet, praktizierenden Führungspersonen Hilfe bei Reflexion und erneuter Gestaltung zu bieten. Allerdings tragen sie immer auch den (relativen) Makel mit sich, dass sie sozusagen eher eigener Erfahrung und Abstraktion von Erfahrung entsprungen sind, als dass sie das Ergebnis umfassender und solider empirischer ›Evidenz‹ wären. Aber hier stellt sich ohnehin die Frage, von welcher Art Einsichten und Erfahrung praktisches Führungshandeln letztlich mehr Nutzen haben kann: von forschungsbasierter Evidenz oder von klug geführter Reflexion praktischer Beobachtungen und Erfahrungen.

In einer anderen und eher strukturellen Weise leistet das *Modell von Mintzberg* (2010, S. 24) für Lernende etwas Ähnliches. Es erscheint gut geeignet, die vielfältigen Ebenen und Bereiche deutlich zu machen, auf die Führungshandeln sich in der Praxis beziehen kann/muss. Damit wird zugleich deutlich, dass Führung eine bestimmte Funktion im Kontext einer umfassenderen Unternehmung (Organisation) erfüllt und sich nicht allein auf das eigene Team oder den angestammten Bereich konzentrieren sollte. Modelle werden ja immer so gestaltet, dass sie möglichst viele Aspekte zusammenführend – und dann eben etwas abstrahierend – erfassen, die für relevant gehalten werden. Insofern macht das Modell von Mintzberg sichtbar, dass es für Führungshandelnde innerhalb ›ihrer‹ Einheit eigentlich immer um die Trias Information-Miteinander-Handlung geht, also etwa: Worum

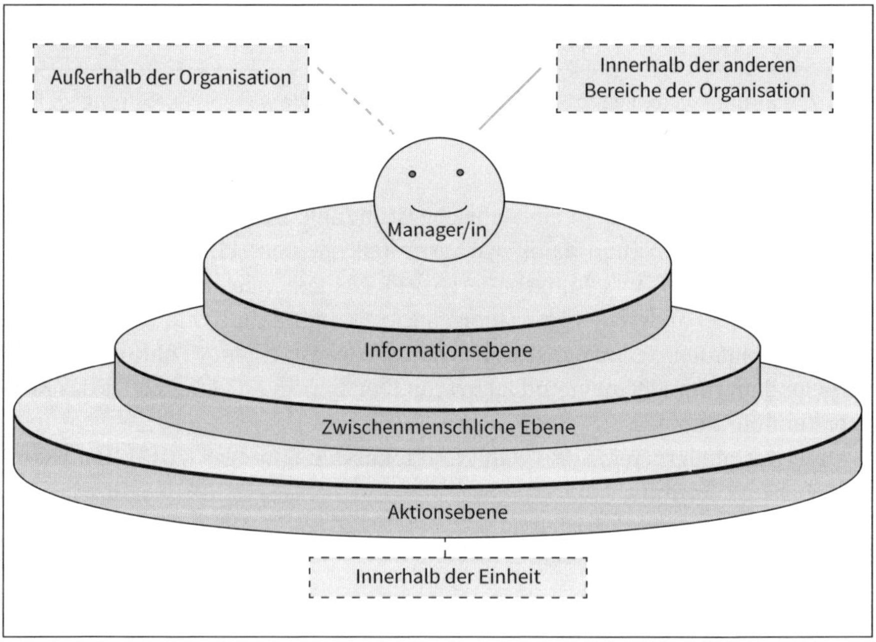

Abb. 3: Führungsmodell nach Mintzberg (2010, S. 71): Perspektiven

geht es? Was wissen wir – oder wer von uns – darüber? Wer braucht welches Wissen/welche Information für eine gelingende Problemlösung? Wie teilen wir Wissen oder geben es weiter? Wie gestalten wir unser Vorgehen gemeinsam/arbeitsteilig? Was tun wir konkret? Wann tun wir es am besten? Mit welchen Folgen/Ergebnissen rechnen wir usw. Dazu kommen ganz andere Ebenen, in denen bzw. von denen beobachtet (und bewertet) wird, was von dort zu sehen ist. Diese können innerhalb oder auch ganz außerhalb des Unternehmens oder der Organisation liegen. Wirksam können sie in der einen oder anderen Weise gleichwohl werden – und sollten deshalb durch Führende zumindest gesehen werden.

Fraglos ist es wichtig, deutlich zu machen, dass es sich hier eben um Modellierungen jeweils einiger Teilaspekte (oder auch Perspektiven) des Bereichs Führung handelt. Es erscheint hilfreich, wenn Lernende auch lernen, souverän und selektiv damit umzugehen und solche Modelle zur genaueren Beschreibung und Reflexion eigener Erfahrungen und Beobachtungen zu nutzen.

Wie und weshalb die Dimension ›Struktur‹ (oder ›Ordnung‹) dennoch zu kurz kommt

Wenn man sich praktisch mit Führung beschäftigt, wird einem manchmal überaus deutlich, dass es sehr wohl eine Rolle spielt, *wer* in welcher *Struktur* (oder *Ordnung*) etwas Bestimmtes tut oder versucht. Ob diese Struktur bzw. Ordnung *passt,* erscheint insbesondere dafür relevant, ob jemand gewillt ist, einer führenden Person zu *folgen.* Nun kommen also die *›Folgenden‹* ins Spiel – nach Grint (2010, S. 2, 98 ff.) letztlich die einzige unangefochtene Größe dafür, wann von Führung überhaupt gesprochen werden kann. Führen kann letztlich nur, wer Folgende hat, schreibt auch Sprenger (u. a. 2014, S. 32). Allerdings werden die konzeptionellen und theoretischen Probleme des Bereichs Führung damit auch nicht wirklich besser oder endgültiger lösbar. Denn: Woran orientieren sich Folgende wirklich? Wie stabil sind sie dabei? Wie berechenbar oder ›irrlichternd‹ können sie dabei vorgehen?

Das folgende (von mir selbst entwickelte) Modell versucht, diese Dimension der Struktur (oder auch der Ordnung) systematisch in die Modellierung von Führung zu integrieren. Es nimmt dabei sowohl praktisch-konkrete Beobachtungen in Organisationen als auch u. a. Forschungsergebnisse auf, die neuerdings aus neurowissenschaftlicher Perspektive wieder beobachtet, untersucht und propagiert werden: von ›folgenden‹ Menschen akzeptierte ›Deals‹ oder ›Ordnungen‹, in denen sie (vielleicht auch nur für gewisse Bedingungen oder Zeitabschnitte) bereit sind, zu folgen, weil sie sich davon einen Nutzen versprechen – und Führung damit faktisch ermöglichen (wie sie etwa Price und van Vugt (2014) wieder in die Führungsforschung und -diskussion einfädeln). Dabei geht es sicherlich nicht allein um physische Merkmale (wie Größe, Stärke, Auftreten usw.) sondern eben auch um die (beobachtete und auch geschätzte) Kompetenz derer, die führen wollen oder sollen sowie darum, wie sie das über eine gewisse Zeit hinweg machen (›Prozess‹). Entscheidend ist dabei, dass der *Perspektive der Folgenden* eine wesentliche selektive Funktion zukommt. Diese muss natürlich nicht immer klug, im Interesse des Unternehmens (oder der Organisation) oder auch berechenbar oder verlässlich sein. Aber sie spielt eine Rolle. Führungs-Personen müssen mit solchen Perspektiven umgehen können, ob sie diese wollen oder nicht – und zwar vor allem dann, wenn sie (im Interesse des Unternehmens/der Organisation) erfolgreich sein wollen. Insofern greifen die Modellierungen von Malik, Sprenger und auch Mintzberg etwas ›kurz‹. Die folgende Modellierung versucht, einige der für wesentlich gehaltenen Gesichtspunkte der o. g. Modelle zu integrieren:

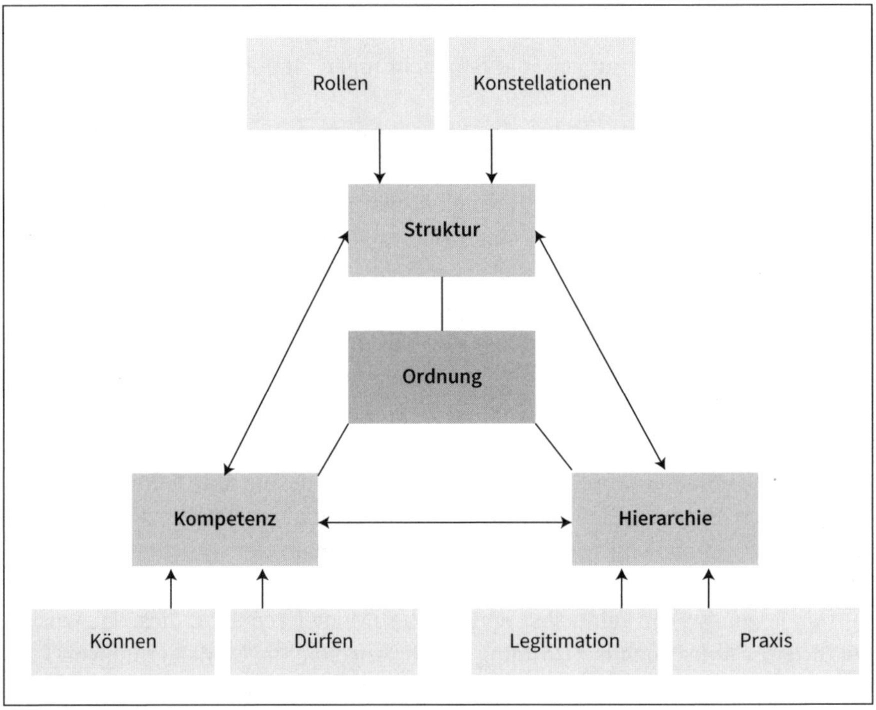

Abb. 4: Führungsmodell nach Wagner (›Tetraeder-Modell‹)

Dieses sogenannte *Tetraeder-* oder auch *Pyramiden-Modell* wird in jeder der drei zentralen Aspekte weiter differenziert, sodass auch seit längerem als sinnvoll akzeptierte Aspekte (wie etwa Aufgabenstellungen, Planungsaspekte, Kontrolle und auch die Bearbeitung von Umfeld-Gesichtspunkten in den Fokus gelangen). Wesentlich ist – und deshalb hat dieses Modell eine zwar stabil erscheinende, im

Kern aber doch ziemlich fragile Form – der Gesichtspunkt, dass Führung immer und grundsätzlich als eine riskante Balance zwischen den Anforderungen der Ordnung, der Kompetenzen und des Prozesses gedacht bzw. konzipiert wird. Führen kann – so gesehen und modelliert – aus vielen Gründen misslingen. Zudem sind Organisationen und Unternehmen danach zu unterscheiden, welche Anteile die drei Kerndimensionen jeweils beanspruchen.

Wie die Entwicklung weitergehen könnte

Was macht Führung in Organisationen besonders? In Unternehmen oder Organisationen eine Führungsaufgabe wahrzunehmen – und das kann auf sehr verschiedenen Ebenen geschehen, bleibt immer dort notwendig, wo es um größere, länger andauernde und strukturierte (also: organisierte) Einheiten geht. Dieses Fazit zieht auch Grint, wenn er schreibt:

> *»On the one hand, we can do without leaders if we want to organize social life through very small-scale and temporary networks, but anything larger or longer-lived seems to require some forms of institutionalized leadership.«*
>
> (Grint 2010, S. 126)

Eine Reihe von Entwicklungen und damit verbundene Fragen berühren Bereiche des Führens und werden die künftige Forschung, Auseinandersetzung und Diskussion in jedem Fall bereichern (müssen):

- Wo und wie lange können sozial-organisatorische Prozesse ohne oder mit einer sehr verteilten Form des Führens gestaltet werden (vgl. dazu die elektronische Zeitschrift *changeX*, in der einige Beispiele in dieser Richtung dargestellt und diskutiert werden).
- Zunehmende Dynamik (Veränderung auf vielen Ebenen und an mehreren Ecken) sowie wachsende Komplexität (was vor allem Berechenbarkeit auf null bringt) führen ziemlich offensichtlich zu Bedarfen für neue Führungs-Konzeptionen und zu wachsender Unklarheit, wer dem wie verantwortlich begegnen (können) soll (vgl. dazu Gebhardt et al. 2015).
- In welchem Ausmaß das Aufteilen von Führung (›distributed leadership‹) eine sinnvolle und auch praktikable Perspektive darstellt, muss – auch jenseits von Stellvertretungs- oder Team-Funktionen – noch genauer beobachtet und untersucht werden.
- Dass Führung vor allem in Organisationen stattfindet, erfordert, dass das Verständnis davon, was Organisationen sind und wie sie ›funktionieren‹ (und sich dabei auch permanent weiterentwickeln), in der Auseinandersetzung mit Führung und Leadership dabei deutlich mehr beachtet wird (vgl. dazu die neueren Publikationen von Dirk Baecker (2003; 2007; 2011) sowie Kühl (2011).

- Führung scheint sich immer mehr in verschiedene ›Spiele‹ (und ›Spiel-Ebenen‹) auszudifferenzieren. Auch hier muss beobachtet werden, wo dies so stattfindet und zu welchen Folgen das führt (vgl. dazu etwa Krusche 2008 sowie weitere systemisch orientierte Beobachterinnen).

Führung in Organisationen und Unternehmen wird auch unter sich verändernden Bedingungen und Rahmensetzungen ein bleibendes und spannendes Phänomen bleiben. Darum und dafür müssen Menschen, die sich daran beteiligen wollen (oder dieses müssen), sich mit vielen Aspekten und Modellierungen auseinandersetzen – praktisch, kritisch, engagiert und entwicklungsoffen.

Literatur

Baecker, D. (2003): Organisation und Management. Frankfurt a. M.: Suhrkamp.

Baecker, D. (2007): Studien zur nächsten Gesellschaft. Frankfurt a. M.: Suhrkamp.

Baecker, D. (2011): Organisation und Störung. Berlin: Suhrkamp.

Blessin, B./Wick, A. (2013): Führen und führen lassen. 7. Aufl., Konstanz: UVK Lucius.

Drucker, P. F. (1995): Die ideale Führungskraft. Die hohe Schule des Managers. Düsseldorf: Econ.

Gebhardt, B./Hofmann, J./Roehl, H. (2015): Zukunftsfähige Führung. Die Gestaltung von Führungskompetenzen und -systemen. Gütersloh: Bertelsmann Stiftung.

Grint, K. (2010): Leadership. A very short introduction. Oxford: Oxford University Press.

Hendry, J. (2013): Management. A very short introduction. Oxford: Oxford University Press.

Krusche, B. (2008): Paradoxien der Führung. Aufgaben und Funktionen für ein zukunftsfähiges Management. Heidelberg: Carl-Auer.

Kühl, S. (2011): Organisationen. Eine sehr kurze Einführung. Wiesbaden: VS.

Malik, F. (2014): Führen, Leisten, Leben. Wirksames Management für eine neue Welt. Frankfurt a. M.: Campus.

Mintzberg, H. (2010): Managen. Offenbach: Gabal.

Price, M./Van Vugt, M. (2014): The evolution of leader-follower reciprocity: the theory of service-for-prestige. In: Frontiers in Human Neuroscience, Juni 2014.

Sprenger, R. K. (2002): Vertrauen führt. Worauf es im Unternehmen wirklich ankommt. Frankfurt a. M.: Campus.

Sprenger, R. K. (2012): Radikal führen. Frankfurt a. M.: Campus.

Sprenger, R. K. (2014): Mythos Motivation. Wege aus einer Sackgasse. Frankfurt a. M.: Campus.

6.3 Kreuz und quer: Top-down-, Bottom-up- und laterale Führung in Organisationen

Alexander Gruber

Das gängige Verständnis von Führung als Top-down-Beziehung vernachlässigt die Unterscheidung zwischen Führung und Hierarchie und versäumt die Möglichkeit, Führungsprozesse jenseits formaler Hierarchien in den Blick zu nehmen. In diesem Beitrag werden neben der formalen Führung der Mitarbeiter durch Vorgesetzte informale Führungsverhältnisse nicht nur von oben nach unten, sondern auch von unten nach oben sowie zur Seite hin beschrieben.

6.3.1 Es führen nicht nur Führungskräfte

Viele Manager, Berater und Führungsspezialisten verstehen *Führung* als Beziehung zwischen Vorgesetzten und Untergebenen. Geführt wird demnach von oben nach unten. Die Führer behalten in dieser Vorstellung den Überblick über ihre Organisationen, Abteilungen, Teams, Gruppen oder Bereiche und deren Ziele. Ihre Funktion ist die Koordinierung der Aktivitäten nachgeordneter Stellen oder Arbeitsbereiche im Sinne des Gesamtziels der Organisation (vgl. Kühl 2011, S. 81 ff.). Dieses gängige Führungsverständnis vernachlässigt jedoch die theoretisch gut vorbereitete Unterscheidung zwischen Führung und Hierarchie und versäumt vor diesem Hintergrund die analytisch wie handlungspraktisch instruktive Möglichkeit, Führungsprozesse von unten nach oben sowie zur Seite in den Blick zu nehmen. Öffnet man aber den Führungsbegriff für Einflussbeziehungen jenseits der Hierarchie, dann führen nicht nur Führungskräfte. Neben der hierarchischen Führung von oben nach unten treten weitere führungswirksame Einflussnahmen zutage, die in Organisationen beobachtet, analysiert und genutzt werden können.

6.3.2 Führung verdeutlicht Verhaltenserwartungen in unklaren Situationen

Statt als Persönlichkeitsmerkmal, als Handlungsstrategie oder als hierarchische Vorgesetzten-Mitarbeiter-Beziehung wird Führung hier im Anschluss an Niklas Luhmann (1964, S. 207) allgemein als Leistung verstanden, die in verschiedenen sozialen Ordnungen erbracht wird. Führung setzt dort an, wo für die Beteiligten zunächst nicht klar ist, wer was zu tun hat und wie man sich richtig verhält. Ihr Kennzeichen ist, dass sie in solchen unklaren und in diesem Sinne problematischen Situationen anerkannte Verhaltenserwartungen verdeutlicht. Wo geschriebene und ungeschriebene Regeln so viel Spielraum lassen, dass offen bleibt, wer sich wie verhalten sollte, kann Führung anstelle geteilter Normen die *Verhaltenskoordinierung* der Beteiligten übernehmen. Die Leistung der Führung besteht dann in der Symbolisierung und Kommunikation der Verhaltenserwartungen an die Beteiligten. Somit hängt Führung nicht an bestimmten Personen oder Tätigkeiten. Sie ist nach Luhmann ein »diffuses soziales Geschehen« (ebd.), bei dem begrifflich offen bleibt, an welcher Stelle, in welche Richtung und durch welche Tätigkeiten sie zustande kommt.

6.3.3 Hierarchische Führung in Organisationen

Organisationen wie Unternehmen, Parteien, Verwaltungen, Universitäten, Schulen, Kirchen und Vereine sind durch hierarchische Kommunikationswege gekennzeichnet. Bei diesen Hierarchien handelt es sich um die offiziellen, formal abgesicherten Führungsstrukturen, die im Organisationsalltag und in vielen Erklärungsansätzen mit Führung schlechthin gleichgesetzt werden. Ihre Anerkennung zählt zu den formalen Erwartungen, denen nachzukommen man sich grundsätzlich bereit erklärt, wenn man einer Organisation beitritt (vgl. Luhmann 1964, S. 208 ff.). Als Angestellte wird man unter anderem dafür bezahlt, dass man die vorgesetzten Führungspositionen als solche akzeptiert. Die formale Hierarchie prinzipiell nicht anzuerkennen wäre mit der Fortsetzung der Mitgliedschaft nicht vereinbar.

Gegenüber Ansätzen, die Führung als unmittelbare und permanente Mitarbeitermotivation kennzeichnen, ist in diesem Zusammenhang einzuwenden, dass Vorgesetzte ihre Mitarbeiter gerade nicht durch besonders eindrucksvolle Ansprachen zur Anerkennung ihrer Führungsansprüche motivieren müssen. Vielmehr können hierarchisch vorgesetzte Führerinnen solche Motivationserwartungen von unten enttäuschen, ohne damit ihre auf Formalisierung zurückgehende Einflussbasis zu gefährden. Gerade die Entlastung formal Vorgesetzter von unmittelbaren Motivationsaufgaben ermöglicht ihnen, sich bei der Erteilung von Anweisungen primär am Organisationszweck zu orientieren (vgl. Luhmann 1964, S. 96 f.).

6.3.4 Informale Führung von oben nach unten

Neben der formal abgesicherten hierarchischen Führungsstruktur existieren in Organisationen tauschartige, informale Führungsbeziehungen. Diese *informalen Führungsverhältnisse* hängen sich an der formalen Hierarchie auf, wirken mit ihr zusammen, laufen ihr teilweise zuwider und verkehren sie in ihr Gegenteil. Organisationen sind auf solche informalen Führungsmöglichkeiten angewiesen, um Anforderungen durchzusetzen, die formal nicht verlangt werden, aber doch entscheidend sein können. Die Zusammenarbeit in Organisationen wird somit teilweise durch *Verhaltenserwartungen* strukturiert, die aus der formalen Vorgesetzten-Mitarbeiter-Hierarchie herausfallen und ihr widersprechen.

Die erste Einflussrichtung, in der informale Führungsansprüche geltend gemacht werden, führt genau wie die formale Hierarchie von oben nach unten; sie betrifft eine zweite Form der Führung von Mitarbeitern durch Vorgesetzte. Obwohl Vorgesetzte darauf verzichten können, die Anerkennung ihrer Mitarbeiter situativ einzuwerben, kommt es im Vorgesetzten-Mitarbeiter-Verhältnis gelegentlich zu *tauschbasierten Führungsmomenten*. Wenn Vorgesetzte Rauchverbote im Dienst nicht durchsetzen, obwohl sie es könnten, illegale Partykeller in einer Behörde ignorieren, in der nach der Schicht das Feierabendbier getrunken wird, den Dienstwagen zur Nutzung freigeben, obwohl die Reise mit der Bahn gemacht werden müsste oder das gemeinsame Mittagessen als dienstliche Bewirtung abrechnen, sichern sie sich mit formal illegalen Mitteln die Achtung und Anerkennung ihrer Mitarbeiter. Im Gegenzug können sie darauf setzen, dass diese Mitarbeiter auch dann mitziehen, wenn es nach offiziellen Regeln und dem Dienstplan nicht verlangt werden könnte. So werden die formalen Regeln der Organisation in ein Tauschgut umfunktioniert. Mitarbeiterinnen bleiben dann vielleicht länger im Büro, um noch dringende Aufgaben zu erledigen; übernehmen noch einen Einsatz, den sie auch der Folgeschicht überlassen könnten; und gewähren Loyalität und Unterstützung von unten auch in Situationen, in denen sich die Vorgesetzten mit Ansagen oder Entscheidungen weit aus dem Fenster lehnen. Während die formal-hierarchische Weisungsbefugnis durch die Entscheidbarkeit und Widerrufbarkeit der Mitgliedschaft in Organisationen abgesichert ist, beruht die informale Führung der Untergebenen auf gegenseitigen Zugeständnissen zwischen Führern und Geführten, auf der Gewährung von Erleichterungen und Vorteilen, die offiziell nicht vorgeschrieben und abverlangt werden können.

6.3.5 Führung von unten nach oben – Unterwachung

Eine zweite informale Führungsvariante führt gegen die formale Hierarchie von unten nach oben. Sie wird von Niklas Luhmann (1969) als »Unterwachung des Vorgesetzten« bezeichnet. Die Mitarbeiter führen ihre hierarchisch Vorgesetzte von unten; sie adressieren eigene Verhaltenserwartungen nach oben. So werden sie z. B. erwarten, dass die Vorgesetzte sie in der Führungsebene und gegenüber der Organisationsspitze interessengemäß vertritt. Die Vorgesetzte verschafft ihrer

Dienstgruppe etwa formelle wie technische Erleichterungen und Annehmlichkeiten, sorgt dafür, dass Mitglieder des eigenen Teams, der eigenen Abteilung oder Dienstgruppe befördert werden, vertritt die Vorschläge und Sichtweisen aus dem eigenen Bereich. Das von unten dagegengesetzte Tauschgut besteht in dem Potenzial, der Vorgesetzten das Leben mit ihrer Führungsrolle zu erleichtern. Kommt sie den Verhaltenserwartungen ihrer Mitarbeiter im Großen und Ganzen nach, kann sie mit Kooperation und Entlastung ihres Vorgesetztenalltags rechnen. Verweigert sie sich aber der Führung von unten, können die nachgeordneten Mitarbeiter ihre Kooperation und ihr ›Mitdenken‹ einstellen und alle auftretenden Entscheidungen und Probleme nach oben durchreichen. Jede Führungskraft wäre in diesem Fall rasch überfordert und würde gezwungen, den Tauschhandel mit ihren Mitarbeiter wieder aufzunehmen. Um ihren eigentlichen Aufgaben nachgehen zu können, müsste sie ihre Mitarbeiter dazu bewegen, die Vielzahl problematischer Entscheidungen wieder selbstständig zu bearbeiten. Die formal-hierarchische Organisationsstruktur wird durch diese nach oben gerichteten Verhaltenserwartungen auf den Kopf gestellt. Dennoch kommen die Führungskräfte ihnen bereitwillig nach. Auf diese Weise generieren sie eigene informale Führungschancen gegenüber den Untergebenen. Konträr zur formalen Hierarchie entwickelt sich somit eine tauschbasierte Führungsstruktur, die Verhaltenserwartungen von unten nach oben transportiert. Sie trägt zur Leistungsfähigkeit von Organisationen bei, kann aber nicht formalisiert und den Organisationsmitgliedern auf dieser Basis auferlegt werden.

6.3.6 Laterales Führen

Die dritte Möglichkeit, in Organisationen jenseits der formalen Hierarchie zu führen, betrifft die Beeinflussung seitlich nebengeordneter Kooperationspartner. Diese seitliche Platzierung von Führungsansprüchen wird auch als »laterales Führen« bezeichnet (Kühl et al. 2004). Sie zielt auf eine Durchsetzung von Verhaltenserwartungen in Situationen, in denen keine formale Hierarchie erkennbar ist oder in denen ein Rückbezug auf die Hierarchie nur wenig Erfolg verspricht. Solche Situationen können zum Beispiel Projekte sein, an denen sich unterschiedliche Bereiche beteiligen, deren Mitglieder nicht hierarchisch über- oder untergeordnet sind; oder Prozesse, in denen sich verschiedene Führungskräfte ohne gegenseitige Weisungsbefugnisse über Abteilungsgrenzen hinweg verständigen müssen. Da in solchen Situationen klare organisationale Über- und Unterordnungen fehlen, greifen laterale Führungsmechanismen, die quer zur formalen Hierarchie wirken. Die Führenden geben ihre eigenen Ziele in solchen Situationen nicht preis, sondern versuchen, die Kooperationspartner durch geschicktes Taktieren und gezielte Kommunikationspraktiken im Sinne der eigenen Interessen zu beeinflussen. Sie analysieren die Eigeninteressen ihrer Kooperationspartner, gleichen sie mit ihren eigenen Interessen ab und brechen verhärtete Fronten durch Machtausübung, Verständigungsversuche und Vertrauensgewinne auf.

Gegenüber der hierarchischen Führung, deren Einflusspotenzial auf der Möglichkeit beruht, die Formalstrukturen einer Organisation zu gestalten und zu verändern, zielt das laterale Führen ebenso wie der Tauschhandel zwischen Untergebenen und Vorgesetzten auf informale Zugeständnisse jenseits formaler Strukturentscheidungen. Zwischen den gleichrangigen, häufig formal voneinander unabhängigen Beteiligten »werden kleine Mechanismen des Gebens und Nehmens etabliert, im Bereich der Informalität angesiedelte Macht-Tauschbörsen eingerichtet oder Verständigungsprozesse jenseits der formal vorgeschriebenen Abstimmungsmechanismen etabliert« (Kühl/Schnelle 2008, S. 6). Auf diese Weise werden tauschförmig ausgehandelte Führungsbeziehungen auch dort etabliert, wo formal-hierarchische Strukturen fehlen und nicht als Orientierungs- und Koordinationshilfe herangezogen werden können.

6.3.7 Führung in vielerlei Richtungen

Die Darstellung unterschiedlicher Führungsmöglichkeiten macht deutlich, dass die formale Hierarchie zwischen Vorgesetzten und Mitarbeitern, auf die sich das Führungsverständnis in vielen Ansätzen beschränkt, nur eine neben anderen Spielarten der Führung darstellt. Führungseinfluss kann in Organisationen auf Basis einer formal-hierarchischen Vorgesetztenposition ausgeübt werden; doch neben dieser Variante gibt es weitere Möglichkeiten, zu führen und sich führen zu lassen. Führungsprozesse finden demnach häufiger und facettenreicher statt, als man anhand des formal abgesicherten Vorgesetztenmodus erkennen kann. Auch informale Führungsbeziehungen erfüllen erfolgskritische Funktionen der Organisation. Vor dem Hintergrund der verschiedenen Führungsmöglichkeiten entsteht der Eindruck, dass Führung innerhalb von Organisationen von vielen Führungslehren vorschnell auf das formale Vorgesetztenhandeln enggeführt wird. Vorgesetzte und Manager nutzen jedoch auch Führungsmöglichkeiten, die sich nicht durch Verweise auf ihre Führungsrollen legitimieren und absichern lassen. Sie setzen auf Einflusstechniken jenseits der offiziellen Hierarchie, um sich bei ihren nachgeordneten Mitarbeitern durchzusetzen. Zudem findet man in Organisationen Führungsbeziehungen vor, die zwar mit der formalen Hierarchie zusammenhängen, aber quer zu ihr liegen oder ihr offizielles, hierarchisches Einflussprinzip auf den Kopf stellen. Angesichts der verschiedenen Führungsvarianten erscheint es für Führungspersonen, -lehrer und -forscher ertragreich, auch informale Beeinflussungen der Mitarbeiter durch ihre Vorgesetzten, laterale Führungsbeziehungen in bereichs- und organisationsübergreifenden Konstellationen sowie die Unterwachung der Vorgesetzten durch ihre Untergebenen zur Kenntnis zu nehmen und in Führungsansätzen und -konzepten zur Geltung zu bringen.

Literatur

Kühl, S. (2011): Organisationen. Eine sehr kurze Einführung. Wiesbaden: VS.

Kühl, S./Schnelle, T. (2008): Laterales Führen – die Rückbindung an die Formalstrukturen von Organisationen. http://archiv.metaplan.de/wp-content/uploads/2013/10/04_Laterales_Fuehren_-_die_Rueckbindung_an_die_Formalstrukturen_von_Organisationen.pdf (Abrufdatum: 16.08.2016).

Kühl, S./Schnelle, T./Schnelle, W. (2004): Führen ohne Führung. In: Harvard Business Manager. 26. Jg.,H. 1, S. 70–79.

Luhmann, N. (1964): Funktionen und Folgen formaler Organisation. Schriftenreihe der Hochschule Speyer, ohne Hg., Band 20. Berlin: Duncker & Humblot.

Luhmann, N. (1969, 2016): Unterwachung. Oder die Kunst, Vorgesetzte zu lenken. In: Ders.: Der neue Chef, hg. von Jürgen Kaube. Berlin: Suhrkamp Insel, S. 90–106.

6.4 Warum Veränderungsprojekte meist auf Führungsebene scheitern und was dagegen getan werden kann

Martina Eberl

6.4.1 Führung und Change

Rasante Veränderungen in der Wettbewerbsumwelt führen dazu, dass Unternehmen sich strategisch immer wieder neu aufstellen müssen. Regelmäßig werden deshalb strategische Programme entwickelt und – typischerweise– entsprechende strategische Projekte auf den Weg gebracht, die mit der Umsetzung des strategischen Plans betraut werden (vgl. Pellegrinelli/Bowman 1994). Strategische Projekte zeichnen sich dadurch aus, dass sie ein besonders hohes und nachhaltiges Potenzial für die Generierung von Wettbewerbsvorteilen aufweisen, häufig über längere Zeiträume implementiert werden, gleichzeitig aber mit entsprechend höheren Risiken und einer (noch) größeren Unsicherheit in Hinblick auf den Erfolg behaftet sind (vgl. Menz et al. 2011). Gleichzeitig scheint sich für die meisten Unternehmen die Umsetzung ihrer Strategien und Ideen deutlich schwieriger zu gestalten als deren Entwicklung.

Dass der erfolgreiche Abschluss von Veränderungsprojekten nicht selbstverständlich ist, belegen die mittlerweile zahlreich vorhandenen Studien zur geringen Erfolgsquote in der Umsetzung von Strategien. So attestieren zwar fast 80 % der Manager ihrem Unternehmen, die richtige Strategie zu haben, aber nur 14 %, dass diese Strategie auch entsprechend umgesetzt wird (vgl. Bucher et al. 2007).

Da die ultimative Verantwortung für die Steuerung strategischer Projekte bei der Führungsebene eines Unternehmens liegt (vgl. Dinsmore/Rocha 2013), scheint es legitim zu sein, dort auch nach den Ursachen für das häufige Scheitern von Veränderungsprojekten zu suchen.

6.4.2 Ursachen auf der Führungsebene für das Scheitern von Veränderungsprojekten

Ein Blick in die klassische Führungs- und Change-Forschung zeigt zunächst, dass die dort vorhandenen Ansätze in der Lage sind, die Vielfalt an Erwartungen und Anforderungen an Führung im Change zu systematisieren und in Modelle zu übersetzen. Man denke hier z. B. an das »*Lewin'sche Veränderungsgesetz*«, das den Führungskräften in Zeiten des Wandels rät, sich an der Schrittfolge des »Auftauens«, der »Mobilisierung« und der »Verstetigung« zu orientieren und über partizipative Techniken die Mitarbeiter an Bord zu holen (vgl. Lewin 1958; Schein 2006), oder an die berühmten acht Schritte erfolgreichen Veränderungsmanagements von John Kotter, der sich ebenfalls an dem Lewin'schen Phasen-Modell orientiert, dabei allerdings viel stärker auf die Visionskraft und Mobilisierung durch die Führung denn auf kollektive Partizipation setzt (vgl. Kotter 1995). Die Anwendung bzw. ›richtige‹ Umsetzung des modellhaften Vorgehens scheint indes größte Schwierigkeiten zu bereiten. Im Folgenden werden deshalb kurz einige Überlegungen zu möglichen Ursachen angestellt.

Überschätzung der Planbarkeit von Veränderungsprojekten

Seit jeher gelten Unsicherheiten und Komplexität als die größten Herausforderungen des Projektmanagements und die Fragestellung, inwiefern Unsicherheiten in der Planung von Veränderungsprojekten berücksichtigt werden können, hat bis heute in keiner Weise an Bedeutung verloren. Im Gegenteil: Die Strategien von vielen Unternehmen erfordern von Umsetzungsprojekten einen Umgang mit viel höheren Unsicherheiten. Diese Unsicherheiten liegen zum einen in den nur teilweise vorhersehbaren Entwicklungen und Reaktionen in der Wettbewerbs- und globalen Umwelt begründet, zum anderen erhöhen Veränderungsprojekte die Komplexität der inneren Sozialdynamik im Unternehmen, da sie naturgemäß vom routinisierten Arbeitsalltag abweichen und diesen bisweilen empfindlich stören. Das Initiieren eines Veränderungsprojektes führt im Ergebnis also dazu, dass die Führungsebene es hier mit einem de facto nicht sicher planbaren Prozesses zu tun hat, der nichtsdestotrotz gesteuert werden muss. Das planerische und sichere Vorgehen der Führungsebene wird um die ungewohnte Anforderung ergänzt, für einen bewussten Umgang mit Unsicherheiten und Überraschungen sorgen zu müssen.

Überfrachtung der Führungsrolle und Wunschdenken

Das heutige Verständnis von Führung ist nach wie vor implizit von der Vorstellung der omnipotenten Führungskraft geprägt, also einem Rollenverständnis, das per Definition alles kann, auf alles eine Antwort weiß und auch alles aushalten kann. Dieses Rollenverständnis ist zum einen das Ergebnis gesellschaftlicher Sozialisationsprozesse, in denen durch Geschichte(n), Medien oder auch Wunschdenken eine Vorstellung über ›gute‹ und ›schlechte‹ Führung entstanden ist. Zum anderen wird im akademischen Bildungssystem nicht selten ein (Selbst-) Bild des Managers vermittelt, welches suggeriert, Unternehmen dann erfolgreich zu führen, wenn Analyse und Planung nur gut genug sind. Vermitteltes Selbstbild und gesellschaftliche Erwartungen zusammen führen dazu, dass es für die Führungskraft eigentlich kaum möglich ist, Unsicherheit oder Unkenntnis einzugestehen – geschweige denn offenzulegen (vgl. Brockner 1992; Brockner et al. 1981).

Das alles wäre nun weniger problematisch, agierten Unternehmen in stabilen Wettbewerbsumfeldern und in verlässlichen Strukturen mit fixierbaren und realistisch abschätzbaren Zielen. Dass dem so nicht ist, liegt auf der Hand, ganz im Gegenteil hat sich die Führungssituation im 21. Jahrhundert stark dynamisiert und flexibilisiert (vgl. Eisenhardt 2002). Kleinere oder größere Veränderungen mit entsprechenden Projekten stehen auf der Tagesordnung und mischen sich mehr und mehr in den vermeintlich routinemäßigen Führungsalltag. Die Folge für die heutige Führungswelt sind widersprüchliche Ziele, unklare Informationsflüsse, wechselnde Führungs-Geführten-Beziehungen, Mehrfachrollen und zahlreiche Entscheidungsarenen, in denen sich eine Führungskraft bewähren soll und *muss* (vgl. Schneider 2002; Floyd/Lane 2000). Ebenso ergeben sich aus der Dynamisierung des Führungsumfeldes aber auch unmittelbare Konsequenzen für die Führungskraft, da klassische Einflusspotenziale wie ›Expertenwissen‹, ›Belohnungs- und Bestrafungsmacht‹ oder ›formale Macht‹ angesichts unsicherer und unklarer Situationen unter Umständen an Wirkmächtigkeit verlieren.

Trotz dieser neuen Situationsmerkmale orientieren sich viele Führungskräfte in ihrem täglichen Führungsverhalten unbewusst an der skizzierten ›Omnipotenz‹-Erwartung, spüren aber gleichzeitig immer häufiger, dass diese Verhaltensmuster nicht mehr funktionieren bzw. zum Scheitern führen. Wagen Führungskräfte dann doch einmal den Schritt aus der Deckung, indem sie die Notwendigkeit für beispielsweise veränderte Rahmenbedingungen eines Change-Projekts oder die Unmöglichkeit der Zielerreichung in den bestehenden Organisationsstrukturen zum Ausdruck bringen, wird den »Mutigen« von der Geschäftsführung entgegengeworfen, dass man als Führungskraft mit den gegebenen Rahmenbedingungen klar kommen müsse… (vgl. Eberl 2015). Die Ironie an diesen Situationen liegt darin begründet, dass eben gerade die aktive(re) Integration der Geschäftsführung in den Implementierungsprozess sehr häufig eine solche Rahmenbedingung darstellt. Die Führungskraft von heute ›soll‹ also mit tradierten Rollenerwartungen und -strukturen zukunftsfähiges Management betreiben, kann dies aber – ceteris paribus – kaum oder gar nicht realisieren.

(Fehl-) Gebrauch partizipativer Führungselemente

Ein ganz anders gelagertes Beispiel zeigt eine stärker individuell begründete Facette der Führungsproblematik in Change-Projekten auf. Berichtet wird von der häufig beobachtbaren Führungssituation, in der es Führungskräfte jedem Recht machen möchten, indem die Mitarbeitenden an anstehenden Entscheidungen in irgendeiner Form beteiligt werden und auf ihre Anliegen eingegangen wird. Es wird damit dem viel beschworenen und hierzulande sozial erwünschten Paradigma »partizipativen« und »personenorientierten« Führungsverhaltens entsprochen, also einem Ansatz, der eben auch durch das Lewin'sche 3-Phasenmodell sowie in der breiten Masse der Change-Management-Literatur als Erfolgsfaktor für erfolgreichen Change gefordert wird (z. B. Hayes 2014; Doppler/Lauterburg 2014).

Das Problem liegt dabei weniger im Konstrukt der partizipativen Gestaltung von Veränderungsprozessen, sondern vielmehr im effektiven (Fehl-) Gebrauch partizipativer Führungselemente. Dieser Gebrauch erfolgt häufig, ohne darüber zu reflektieren, ob, wann und in welcher Form Partizipation tatsächlich gebraucht und gewollt wird. So holt sich eine Führungskraft die Meinungen ihrer Mitarbeiter auch dann ein, wenn die wegweisenden Entscheidungen gar nicht mehr beeinflusst werden können. Oder auf Nachfrage seitens der Mitarbeitenden nach Verantwortlichkeiten für bestimmte Aufgaben wird einer klaren Entscheidung grundsätzlich ausgewichen, um niemanden in seinem Kompetenzfeld zu beschneiden. Obwohl in der Wahrnehmung der Führungskraft alles getan wird, um alles richtig zu machen, führt diese Form der *Scheinpartizipation* eben gerade nicht zu einem ›Unfreezing‹, sondern vielmehr zu Unmut, Unzufriedenheit und Widerstand seitens der Mitarbeitenden.

Oberflächlich betrachtet, handelt es sich hier um ›schlechtes‹, weil nicht erfolgreiches, Führungsverhalten. Bei genauerer Hinsicht offenbart sich aber ein sehr viel tiefer liegendes Dilemma, welches auch treffend als »Schizophrenie des Führens« beschrieben wird (Gebhardt et al. 2015), sich nämlich bewusst oder unbewusst auf die sozial und auch organisationskulturell erwünschte Verhaltensnorm einlassen zu müssen/wollen, gleichzeitig aber an der Darbietung der strukturierenden und Ziele durchsetzenden Führungsaktivitäten beurteilt zu werden.

6.4.3 Was kann dagegen getan werden?

Da eine unmittelbare Veränderung komplexer Gesellschaftsnormen unmöglich ist, bleibt eine Erneuerung des Management- und Führungsbildes in der betriebswirtschaftlichen Ausbildung und Praxis. In Think Tanks und auf wissenschaftlichen Konferenzen ist dies schon auf den Weg gebracht. So wird über »*Future Forms of Leading*« oder »*Post-heroisches Management*« nachgedacht (Jironet/Starren 2013) und auf diese Weise die Ausbildung eines anderen Bildes der ›erfolgreichen‹ Führungskraft angestoßen. In diesem Bild wird der Mythos der ›omnipotenten Führungskraft‹ Stück für Stück entkräftet und Führung in eine Richtung entwickelt, in der man sich auf den Umgang mit Komplexität, Unsicherheit *und* Dynamik versteht. Dies geschieht, indem diese schwierige Aufgabe auch zu einer *Aufgabe der Gesamtorganisation* gemacht wird und entsprechende organisationale Kompetenzen aufgebaut werden (vgl. Schreyögg/Eberl 2015). Eine Dimension dieser Kompetenz behandelt die Frage nach dem Umgang mit Emotionen und Affekten durch die Organisation. Menschen – und das umschließt Geführte genauso wie Führende (hic!) – haben in Zeiten von Unsicherheit und Dynamik typischerweise ein ungleich höheres Bedürfnis nach Sicherheit, Geborgenheit, Wertschätzung und Orientierung. Das bedeutet für die einzelne Führungskraft, aber besonders für die gesamte Organisation, dass sie Möglichkeiten finden muss, genau diesen Bedürfnissen Rechnung zu tragen. Dazu kann die Etablierung einer den Umgang mit Unsicherheit unterstützenden Unternehmenskultur ebenso gehören, wie die Entscheidung, etablierte Belohnungsmechanismen (auch entgegen einem kurzfristigen Gewinnkalkül) nicht sofort zu deaktivieren. Aber auch über die Bereitstellung von Zeit und Raum für das Ausleben bekannter und/oder den Aufbau neuer (Führungs-) Rituale kann die kompetente Organisation Sicherheit und Geborgenheit vermitteln, welche sowohl die Geführten als auch die Führenden für den Umgang mit den dynamischen Anforderungen des postmodernen Wettbewerbs emotional und psychisch stärkt.

6.4.4 Einige Handlungsempfehlungen

Etablierung von Risikokompensationsprozessen im Projektmanagement
Mithilfe eines ergänzenden Prozesses, durch den die Unsicherheiten (intern wie extern) und Schwierigkeiten der Umsetzung von Veränderungsprojekten mit Aufmerksamkeit beobachtet werden, kann sich die Führungsebene in die Lage versetzen, frühzeitig und auf entsprechende Signale zu reagieren. Das planerische Vorgehen wird auf diese Weise um ein agiles Element ergänzt, welches darauf ausgerichtet ist, die unvermeidbaren Überraschungen und Unwägbarkeiten (aber auch Chancen) aufzuspüren und für die Führungsebene steuerbar zu machen. Konkret könnte hier beispielsweise über den Aufbau effektiver Projekt-Governance-Strukturen nachgedacht werden, die die Neutralität in der Bewertung des Projektfortschritts stärken sowie die Führungsebene direkter in die Verantwortung nehmen (vgl. Eberl/Volkenandt 2015).

Kompetenzaufbau im Change Leadership
Zur Übernahme der Führungsrolle in Veränderungsprojekten gehört eine ordentliche Führungsausbildung bzw. die Investition in den Kompetenzaufbau. Auf diesem Wege können (neue und noch unerfahrene) Führungskräfte frühzeitig lernen, wie man Mitarbeiter durch Veränderungen führen kann und wie es eher weniger gelingt. Die häufig zu beobachtende Beförderungspraxis, Führungskräfte ›ins kalte Wasser zu werfen‹, um sich in ihren neuen Positionen zu behaupten, führt leider ebenso häufig dazu, dass sich Führungskräfte zwar an

ihren neuen Mitarbeitern ausprobieren und Erfahrung sammeln können, gleichzeitig aber unabsichtlich ungeschicktes Führungsverhalten an den Tag gelegt wird, weil schlichtweg Unkenntnis über die Führungszusammenhänge im ›Change‹ besteht. Die Folge: In den ohnehin komplexeren und dynamischen Veränderungssituationen wird die Führungssituation eher noch verschärft und die (beidseitige) Spirale geringer Wertschätzung und/oder Akzeptanz erst Recht in Gang gesetzt.

Mit der fundierten begleitenden Ausbildung der Führungskräfte könnte viel gewonnen werden, führt doch die Reflexion auf Führung in Veränderungsprozessen bereits zu einer Sensibilisierung für die Besonderheiten dieser Situation und eröffnet zumindest das Potenzial für die Führungskräfte, informierter und sicherer durch Veränderungsprozesse zu führen.

Aufbau konsistenter Anreizsysteme

Ebenso verhaltensbeeinflussend sind die unternehmensindividuellen Mechanismen der Beanreizung und deren Ausgestaltung. Häufig finden sich in den Verfahren zur Messung von ›Management-Leistung‹ solche Faktoren wieder, die im Dienste plankonformen und eindeutig messbaren Führungsverhaltens stehen und die Erfüllung von Erwartungen würdigen, die ihren Ursprung in der Vergangenheit haben. Zukunftsbezogene Erwartungen, also solche, die an der erfolgreichen Umsetzung eines Veränderungsprojektes hängen und somit bereits heute zu planabweichenden Ergebnissen führen (müssen), spielen dagegen kaum eine Rolle (vgl. Ford/Greer 2005). Genau diese Faktoren, etwa die Berücksichtigung der kompetenten Handhabung von Widersprüchen, Unsicherheiten oder Überraschungen, stellen aber einen mindestens genauso wichtigen Aspekt erfolgreicher Führungsarbeit dar. Dies gilt ganz besonders für die Steuerung von Veränderungen, da diese immer in einem Spannungsfeld von bestehenden und zukünftigen Strukturen erfolgen. Es macht deshalb Sinn, solche Aspekte, die mit der Steuerung und Realisation von Veränderung einhergehen, in der Konstruktion von Anreizsystemen mit einem eigenen Wert zu versehen.

Stärkung der Führungsidentität

Primär auf der Individualebene ansetzend, können Maßnahmen zum Aufbau von Führungskompetenz ergriffen werden, die es den Führungskräften von heute und morgen ermöglichen, Erfahrungen und Techniken im Umgang mit widersprüchlichen Situationen aufzubauen bzw. zu erproben. Dazu gehört das (Wieder-) Erlernen des gezielten Einsatzes des »Nein« ebenso wie die Fähigkeit des aktiven Zuhörens. Letzteres ist eine mittelbare Form der Partizipation, die dazu beiträgt, dass unterschiedliche Meinungen und Erwartungen ›angehört‹ und bei zu treffenden Entscheidungen berücksichtigt werden können, dies aber nicht zwangsläufig müssen (Zuhören ist ungefährlich, aber chancenreich!). Unabhängig davon, in welcher Form Führungskräfte in ihrer neuen Rolle unterstützt werden, kommt es ganz wesentlich darauf an, aus dem reflexartigen Führungsmodus bewusst herauszutreten und die eigene Führungsidentität aktiv stärken zu können.

6.4.5 Fazit

Alles in Allem scheint stattdessen eine andere Form der Auseinandersetzung mit den vielfältigen und naturgemäß auch widersprüchlichen Erwartungen an Führungskräfte gefragt zu sein, bei der das Augenmerk *auch* auf die Besonderheiten der (in der Regel zusätzlich übernommenen) verantwortlichen Steuerung von Veränderungsprozessen liegt. Dabei geht es mittelbar darum, die strukturell verursachte *Überfrachtung von Führung im Change* zu entkräften, unmittelbar aber zunächst darum, Führungskräften einen Raum für die notwendigen Veränderungen im Führungsverhalten zu eröffnen. Dazu gehört im Kern, den Führungskräften und ihrer spannungsgeladenen Führungsarbeit mit Wertschätzung und Aufmerksamkeit zu begegnen sowie einen organisationalen Kontext (etwa über die Abbildung entsprechender Faktoren in den Bewertungs- und Anreizsystemen) zu schaffen, der einen realistischen Umgang mit dem Spannungsfeld zwischen Struktur und Veränderung zumindest erleichtert. Dieser bewusste und gezielte Umgang mit den Anforderungen an Führungsarbeit in Veränderungsprozessen unterstützt bzw. entlastet nicht nur die Führungskraft von dem permanenten Gefühl der Überlastung bzw. unmöglichen Zielerfüllung, sondern kann auf diese Weise die Erfolgsquote bei der Umsetzung strategischer Ziele sowie den damit einhergehenden Wandel erhöhen. In der Folge dürfte dann auch die Wahrnehmung der Leistung von Führungskräften eine positive Wende nehmen. Nicht ein per se anderes Führen ist also gefragt, wohl aber ein *Paradigmenwechsel* im Umgang mit den Erwartungen an Führung!

Literatur

Brockner, J. (1981): Face saving and entrapment. In: Journal of Experimental Social Psychology, 17. Jg., H. 1, S. 68–79.

Brockner, J. (1992): The escalation of commitment to a failing course of action: towards theoretical progress. In: Academy of Management Review, 17. Jg., Nr. 1, S. 39–61.

Bucher, S./Holstein, W. K./Campell, D. (2007): Wie sich Strategien erfolgreich umsetzen lassen. In: io new management, Nr. 12, S. 57–61

Dinsmore, P./Rocha, L. (2013): Enterprise project governance. How to manage projects successfully across the organization. In: Project Management World Journal, Series Article, 2. Jg., Ausgaben 1, 2 und 3.

Doppler, K./Lauterburg, C. (2014): Change Management: Den Unternehmenswandel erfolgreich gestalten. 13. Aufl., Frankfurt a. M.: Campus.

Eberl, M. (2015): Der Kopf auf dem Silbertablett. Zum Mythos der omnipotenten Führungskraft als Change Manager. In: OrganisationsEntwicklung, H. 3/15, S. 76–81.

Eberl, M./Volkenandt, G. (2015): Governance strategischer Projekte. Wie die Umsetzung gelingen kann. In: Zeitschrift Führung + Organisation, Schwerpunkt Projektmanagement reloaded, Heft 4/2015, S. 244–252.

Eisenhardt, K. M. (2002): Has strategy changed? In: MIT Sloan Management Review, 43. Jg., H. 2, S. 88–91.

Floyd, S. W./Lane, P. J. (2000): Strategizing throughout the organization: managing role conflict in strategic renewal. In: Academy of Management Review, 25. Jg., H. 1, S. 154–177.

Ford, M./Geer, B. (2005): The relationship between management control system usage and planned change achievement: An exploratory study. In: Journal of Change Management, 5. Jg., H. 1, S. 29–46.

Gebhardt, B./Hofmann, F./Roehl, H. (2015): Zukunftsfähige Führung. Die Gestaltung von Führungskompetenzen und -systemen. Gütersloh: Bertelsmann Stiftung.

Hayes, J. (2014): The theory and practice of change management. 4. Aufl., London: Macmillan Education.

Jironet, K./Starren, H.(Hrsg) (2013): Leadership – Inspirationen zur Weiterentwicklung des eigenen Führungsstils. Berlin: Knowledge & Trends.

Kotter, J. P. (1995): Leading change: Why transformation efforts fail. In: Harvard Business Review, 73. Jg., H. 2, S. 59–67.

Lewin, K. (1958): Group decision and social changes. In: Maccoby, E. E./Newcomb, T. M./Hartley, E. L. (Hrsg.): Readings in social psychology. New York: Holt, Rinehart & Winston.

Menz, M./Schmid, T./Müller-Stewens, G./Lechner, C. (2011): Strategische Initiativen und Programme. Unternehmen gezielt transformieren. Wiesbaden: Gabler.

Pellegrinelli, S./Bowman, C. (1994): Implementing strategy through projects. In: Long Range Planning, 37. Jg., H. 4, S. 125–132.

Schein, E. H. (2006): From brainwashing to organizational therapy: a conceptual and empirical journey in search of ›systemic‹ health and a general model of change dynamics: a drama in five acts. In: Organization Studies, 27. Jg., H. 2, S. 287–301.

Schneider, M. (2002): A stakeholder model of organizational leadership. In: Organization Science, 13. Jg., H. 2, S. 209–220.

Schreyögg, G./Eberl, M. (2015): Organisationale Kompetenzen. Stuttgart: Kohlhammer.

6.5 Wozu brauchen Führungskräfte überhaupt Beratung?

Frank E. P. Dievernich

Der Titel des Aufsatzes überrascht durchaus, darf doch als gesichert gelten, dass die Beratungsbranche mittlerweile nicht nur einen immens wichtigen Wirtschaftsfaktor darstellt, sondern damit einhergehend auch eine Selbstverständlichkeit in der sie nachfragenden Unternehmens- und Organisationslandschaft darstellt (vgl. Lippold 2015), sodass eine solche Frage doch gar nicht mehr gestellt werden muss. Aber genau darum muss diese Frage so dezidiert formuliert werden, darf doch Beratung kein automatischer Selbstzweck im Kontext von Organisationen und Führungskräften sein. Gerade in Zeiten zunehmender Digitalisierung und Vernetzung, so könnte man meinen, braucht es doch zunehmend weniger Beratung, ist der Zugang zu Wissen, egal, wie spezifisch es ist, doch fast durchweg sichergestellt. Aber auch mit dieser aktuellen Perspektive wird klar, dass Beratung nicht überflüssig wird, ggf. jedoch ihre Formen verändert (vgl. Werth et al. 2016, S. 55 ff.). Gerade das Beispiel der Digitalisierung respektive Big Data wird zeigen, dass trotz zunehmender Informationen entschieden werden muss, auf welche Informationen man sich bezieht und welche Interpretationen man daraus zieht.

6.5.1 Beratung soll die Entscheidungsfunktion unterstützen

Dahinter steckt also die Entscheidungsfunktion, die es nach wie vor auszufüllen gilt. Sie soll nicht abgelöst, jedoch optimiert werden (vgl. z. B. Schoeneberg/Pein 2014, S. 309 ff.; Provost/Fawcett 2013, S. 51 ff.). Genau hier setzt *Beratung* an, ob in modernen digitalen oder klassisch analogen Kontexten. Es geht immer darum, die Entscheidungsfunktion des Managements respektive der Führungskräfte aufrechtzuerhalten, und zwar in zweierlei Hinsicht: Beratung soll Entscheidungen vorbereiten und unterstützen und/oder beim Umsetzen getroffener Entscheidungen helfen.

Zwei Ansatzpunkte der Beratung liegen hier verborgen. Zum einen fokussiert sich Beratung auf personenorientierte Beratung, die in den meisten Fällen als Coaching zu beschreiben ist, und zum anderen auf organisationale Beratung, bei beiden dient das sozio-technische System als zentraler Referenzpunkt, und in beiden Fällen ist der Ansprechpartner die Führungskraft. Steht sie bei erstem Ansatz als Person im Mittelpunkt, so ist sie im zweiten als Verantwortlicher für die Organisation als Rollenträger adressiert. Für beide Perspektiven gilt, dass Beratung eine strukturierende, man könnte auch sagen eine ordnende Funktion hat (vgl. Dievernich/Wolf 2013, S. 246 ff.).

Gerade in der heutigen, komplexen Zeit, die durch eine besondere Dynamik, um nicht von Turbulenz zu sprechen, gekennzeichnet ist, braucht es immer wieder eine strukturierende Perspektive, die unbekannte Themen aufarbeitet oder als bekannt geglaubte Themen neu präsentiert bzw. neu strukturiert. Dabei geht es nicht nur um die Präsentation von Lösungen, sondern in vielen Fällen um die Ausgangslage, um Herausforderungen oder Problemstellungen, die in vielen Fällen aus einem Wust vieler anderer Themen erst einmal profiliert werden müssen. Gerade unklare Gemengelagen bedürfen einer Strukturierung, damit sie anschlussfähig, sprich bearbeitbar gemacht werden können. Es ist ein Leichtes, sich vorzustellen, dass diese Strukturierungsfunktion auf der Ebene des Coachings genauso wie auf der Ebene von Team- oder Organisationsangelegenheiten greift. Ist das erfolgt – im Übrigen wird aus den genannten Argumenten ersichtlich, warum gute Beratung sich viel Zeit für den Anfang, die Auftragsklärung, nimmt bzw. nehmen muss – erfolgt dann die Erarbeitung und Strukturierung von Lösungsansätzen. Diese erfolgen dann in vielen Fällen schneller und unter größerer Eigenleistung des jeweiligen Klienten (Person/Organisation), da sie auf eine durch die Beratung gut strukturierte Ausgangslage aufbauen können.

6.5.2 Beratung muss die Organisation mit sich selbst in Kontakt bringen

Dahinter steht, und das soll die neuartige Hauptaussage dieses Textes werden:

> Beratung hat die Funktion, den Kontakt zu sich selbst, ob Individuum oder Organisation, wieder herzustellen.

In Ansätzen ist bereits bekannt, dass Beratung eine Form des Beziehungsmanagements darstellt (vgl. z. B. Jeschke 2007, S. 591 ff.; Dievernich/Wolf 2014, S. 27 ff.).

Man kann es auch so formulieren: Jede Beratung ist als eine *Intervention* zu verstehen, die einen zwingt, sich mit sich selbst auseinanderzusetzen – um im besten Falle einen Weg gefunden zu haben, wie mit sich in der Zukunft umzugehen ist. Ein Beispiel: Auch wenn das offensichtliche Ziel der Beratung darin liegt, nach einem Verlust von Marktanteilen den Markt besser zu verstehen sowie neue Kundengruppen zu entdecken und anzusprechen, so bedarf es nach erfolgter Analyse und Lösungsgenerierung durch die Beratung einer Organisation, die fähig ist, damit zu arbeiten. Lösungen müssen innerhalb der Organisation anschlussfähig sein, damit sie auch tragen. Um das sicherzustellen, muss die Organisation mit sich selbst in Kontakt gebracht werden; es muss klar sein, was die Organisation im Stande ist zu leisten und was nicht. Eine Beratung, die darauf fokussiert, die Organisation zu verändern, muss sie zunächst einmal verstehen, muss Kontakt zu ihr haben, um das Neue auch implementieren zu können. Das gilt für Führungskräfte in besonderem Maße, sind sie doch für die Organisation verantwortlich und alleine aufgrund der zumeist bestehenden hierarchischen Differenz zu den Mitarbeitenden ggf. eher von diesen entfernt. Wie also eine Organisation führen, wenn man sie nicht oder nur bedingt kennt? Beratung kann einen Beitrag dazu leisten, den Kontakt zwischen Führungskraft und ihrer eigenen Organisation wieder herzustellen, indem sie genau darauf ein Augenmerk legt. Durch geschicktes Fragen, durch andere Perspektiven, als jene, die ohnehin schon in der Organisation oder durch die Führungskraft verfügbar sind, ist es möglich, die Organisation oder eben die Führungskraft wieder mit sich selbst bekannt zu machen. Gerade in der personenorientierten Beratung, vornehmlich im Coaching, wird sehr schnell klar, inwiefern der Berater (Coach) mit dem Klienten an der ›richtigen‹ Lösung arbeitet. Nämlich genau dann, wenn der Klient damit selbst etwas anfangen kann, wenn er plötzlich aus sich selbst heraus aktiviert ist, bestimmte Lösungsansätze voranzutreiben und – gerade bei (inneren wie äußeren) Widerständen – gewillt ist, diese auch umzusetzen. Befindet man sich im Coaching in dieser Phase, dann kann davon ausgegangen werden, dass der Berater mit dem Klient an der ›richtigen‹ Baustelle (vgl. Schreyögg 2008, S. 24 ff.; Dievernich 2013, S. 48 ff.) arbeitet. Meistens bekommt der Coach dann durch den Klienten das Signal, dass sich alles richtig anfühlt, dass man ganz bei sich ist. Hier wird jene Handlungsfähigkeit (wieder) hergestellt, die vorher verloren gegangen zu sein scheint. Genau das gleiche Phänomen ist bei sozialen Systemen wie Teams und Organisationen zu beobachten.

6.5.3 Beratung bedeutet, Zeit zu generieren

Dieses Gelingen verweist auf zwei weitere Funktionen, auf zwei weitere Antworten auf die Frage wozu Beratung: Zum einen brauchen Führungskräfte also Beratung, um die Beobachtungsfunktion auszulagern und damit andere/neue Perspektiven auf sich zu erhalten, mit denen sie weiter arbeiten können. Zum anderen, und das mag eine paradoxe Formulierung sein, benötigen Führungskräfte *Beratung, um Zeit zu schaffen* (siehe erneut Dievernich/Wolf 2013, S. 246 ff.). Sowohl in der personenorientierten Beratung wie auch in der Organisationsberatung bedeutet die Einführung von Beratung, Zeit zu generieren. Im Coaching wird das an jenen Stellen offensichtlich, wo die Führungskraft aus dem Operieren des Alltages rausgezogen wird und sich mit einem Anliegen an einen Coach wendet. Meistens ist zwar ein zeitlicher (Leidens-) Druck vorhanden, jedoch führt der Coach durch bestimmte Fragestellungen, Reflexionen und Momente des Schweigens jene Zeit ein, die die Führungskraft im Arbeitsalltag nicht zu haben meint. Genau das führt bereits zu einer Linderung, da endlich eine Option geschaffen ist, wieder mit sich und eigenen Lösungsoptionen in Berührung zu kommen. Auch auf der Ebene der Organisation ist ein ähnliches Phänomen zu beobachten: Trotz hohen Drucks und der Notwendigkeit, andere Perspektiven durch die Berater zu erhalten, um die Organisation z. B. wieder für den Wettbewerb fit zu machen, kostet es erst einmal Zeit, sich auf die Berater einzulassen. Man definiert Aufgaben, Analysen schließen sich an, bevor die Berater eine in der optimalen Variante maßgeschneiderte Lösung dem Kunden anbieten. Alleine die Entscheidung der Führungskräfte, auf Beratung zu setzen, um sich gewissen Herausforderungen zu stellen, verschafft auf und durch die Legitimationsebene innerhalb der Organisation den Raum und die Zeit, die zuvor nicht vorhanden ist: Ohne dass bereits Lösungen vorhanden sind, reicht es aus, bereits darauf zu verweisen, dass eine Unternehmensberatung eingesetzt ist, die sich des Problems annehmen wird. Und auch in der Zeit, während die Beratung am Analysieren und Aufarbeiten ist, wird Zeit geschaffen, in der Führungskräfte sich anderen Themen und Entscheidungen widmen können. Neben den genannten Gründen, warum Führungskräfte Beratung in Anspruch nehmen, sollen hier noch zwei weitere gewichtige Aspekte genannt werden, die durch das Offensichtliche, nämlich den schlichten Einkauf von Wissen, welches in der Organisation nicht vorhanden ist, oft übersehen werden.

6.5.4 Beratung dient der Emanzipation des Klienten

Wurde eben davon berichtet, dass Führungskräfte Raum, Zeit und neue Perspektiven durch Beratung erhalten, so dient Beratung in vielen Fällen zudem der Emanzipation des Klienten. Man spricht hier auch von *Beratung als Emanzipationsspiel* (vgl. Müller et al. 2006, S. 84 ff.), wenn sie nicht nur einseitig, sondern als wechselseitiger Prozess zwischen Klient und Berater verstanden werden soll. Führungskräften, gerade weil sie herausgehobene Positionen bekleiden, fehlt es oft an dem unverstellten Blick auf unterschiedlichste Sachverhalte der Organisation. Kritik erhalten Führungskräfte nicht selbstverständlich. Stets spielt ein politisches Argument eine Rolle, ob der Kritisierende tatsächlich mit seiner wirklichen Meinung aus der Deckung kommen soll. Führungskräfte beklagen sich nicht selten darüber, dass sie nicht die richtigen respektive vollständigen Informationen erhalten, um entsprechende Entscheidungen zu treffen. Und wenn sie diese erhalten, so empfinden viele Führungskräfte, ist das nicht zeitnah. Diese

Vorsicht, mit denen Führungskräfte, vor allem jene im Topmanagement, behandelt werden, ist zum Teil zu kompensieren, indem sich an Berater gewendet wird, die explizit den Auftrag bekommen, ›Klartext‹ zu reden. Berater haben dann den Auftrag, den Klienten stark zu machen, ihn mit unangenehmen Wahrheiten zu konfrontieren, damit dieser näher an jene ungefilterte und ungeschönte Organisationsrealität heranrücken kann, die ihm ansonsten fehlt. Kurz ist darauf eingegangen worden, dass Beratung immer ein relationales Verhältnis darstellt, das sich als Beratungssystem zwischen dem Beratenden und dem Klienten entwickelt. Ein derart auf Emanzipation ausgerichtetes Verhältnis führt natürlich auch dazu, den Beratenden stark zu machen, indem er ermächtigt ist, das zu kommunizieren, was er auch tatsächlich wahrnimmt. Ein starker Berater wird den Klienten zu einem eigenständigen und starken Klienten entwickeln, wenn die Führungskraft in der Lage ist, das auszuhalten, um dann mit vielfältigen und ungeschminkten Argumenten gegenüber der eigenen Organisation auftreten zu können. Gerade in der heutigen Zeit, die durch eine massive Dynamik und damit auch Schnelligkeit in der Veränderungsfähigkeit ausgezeichnet ist, bedarf es vielfältiger und ungeschminkter Perspektiven, um über ein Repertoire an Handlungsoptionen zu verfügen, die die Führungskraft selbst variabel halten kann. Wenn aus Perspektive der Führungskräfte immer wieder dazu tendiert wird, diese in ›Watte zu bauschen‹, dann braucht es die Emanzipationsfunktion von außen, die dem entgegenwirkt.

6.5.5 Beratung dient der Stärkung der eigenen Argumentation

Schließlich, um nun auf das zweite Argument, warum Führungskräfte Beratung brauchen, zu kommen, muss explizit die politische Ebene angesprochen werden: Führungskräfte nutzen Beratung, um politisch zu agieren (siehe erneut Müller et al. 2006, S. 84 ff.). Dabei ist oft das eben genannte Argument der Emanzipation damit einhergehend, wenn es darum geht, für eine bestimmte Perspektive gute Argumente zu sammeln. Nicht selten werden Beratungsmandate vergeben, um von extern eine als fachmännisch geltende Expertise einzuholen, die zur Stärkung der eigenen Argumentation für oder gegen ein bestimmtes Vorhaben dient. An dieser Stelle werden Beratungen durchaus vom Klienten funktionalisiert eingesetzt. Es ist gerade auch bei unangenehmen Entscheidungen durchaus opportun, Beratungen nicht gerade als Sündenbock, jedoch als Urheber und Verstärker von unangenehmen Entscheidungen zu nutzen. Berater haben also durchaus etwas von politischen Akteuren, die als solche durch die Klienten eingesetzt werden, um ›über die Bande zu spielen‹. Zu guter Letzt darf bei der Innovationsfunktion, die Beratungen ausfüllen, der politische Aspekt nicht vergessen werden.

Beratungen werden durch Führungskräfte oft genutzt, um neue Themen, man könnte zu Beginn auch von Moden sprechen, in die Organisation einzuführen (vgl. Fink/Knoblach 2007, S. 89 ff.). Vielfältige Beispiele sind bekannt: Business Process Reengineering, Just in Time-Logistik und Fertigungen, Kaizen, Unternehmenskultur, Human Capital Management, um nur einige prominente hier zu nennen. Das Politische daran ist, dass das Topmanagement von Unternehmen relativ gefahrlos neue Themen aufgreifen kann, gerade wenn das auch die anderen Unternehmen, ob eigene Kunden oder Konkurrenten, tun, sodass bei einer erfolgreichen Einführung behauptet werden kann, einen wichtigen Trend nicht verpasst zu haben; bei einem Scheitern gilt Ähnliches: Wenn Management-Moden versagen, dann meistens im Kollektiv der Unternehmen. Es ist dann ein Leichtes, die Unternehmensberatungen als Erfinder dieser Moden zu brandmarken. Auch hier, so sei bemerkt, lässt sich das Argument eingeführter Raum und generierte Zeit durch die Beratungen benennen. Inventionen zu generieren und daraus Innovationen zu produzieren bedarf innerhalb der Organisationen Raum und Zeit. Beides ist in auf Effizienz getrimmten Organisationen zumindest im Arbeitsalltag all jener Abteilungen, die nicht direkt in den Innovationsgenerierungsprozess eingebunden sind, wie etwa die Forschungs- und Entwicklungsabteilungen, keine Selbstverständlichkeit (mehr). Unternehmensberatungen bringen nun also den (externen) Raum sowie die entsprechende Zeitressource mit, um Organisationen, wenn nicht mit Innovationen, so doch mit neuen Ideen versorgen zu können; das gilt dann auch für die Führungskräfte, die sich dann mit neuen Ideen (wieder) auseinandersetzen können.

6.5.6 Beratung liefert Kompetenz, die in der Organisation nicht vorhanden ist

Kommen wir am Ende dieses Beitrages zum Anfang und damit zur offensichtlichsten Antwort auf die Frage, wozu Führungskräfte eigentlich Beratung brauchen, zurück: Führungskräfte oder ihre Organisationen benötigen ein Fachwissen, welches in der eigenen Organisation nicht vorhanden ist. Es ist das klassische *Transaktionsspiel,* welches dann vorherrscht: Eine Leistung, eine Kompetenz, die im eigenen Unternehmen nicht zu erhalten ist, wird gegen Bezahlung eingekauft (siehe erneut Müller et al. 2006, S. 84 ff.). Mit am deutlichsten ist dies am Beispiel des Einkaufs von IT-Dienstleistungen oder -Systemen, die die Organisation benötigt, aber nicht besitzt oder eigenständig entwickeln kann. Zudem werden Beratungsdienstleistungen dann eingekauft, wenn die eigene Personaldecke zu dünn ist oder die Stammbelegschaft nicht erweitert werden soll, sodass temporär gewisse Regelaufgaben oder Sonderprojekte (wobei diese meist mit dem Zukauf von tatsächlich fehlenden Kompetenzen zusammenhängen) übernommen werden. Damit können Führungskräfte ein Stück weit eine, was die Personaldecke angeht, atmende Organisation sicherstellen.

Aber auch bei dieser Offensichtlichkeit an Gründen, warum es Beratung braucht, ist das neuartige Argument dieses Textes, nämlich durch Beratung in Kontakt zur eigenen Organisation oder zu sich selbst als Führungskraft zu kommen oder diesen sicherzustellen, nicht beseitigt; es findet sich nämlich auch im reinen Transaktionsspiel wieder. Nur Führungskräfte, die sich bewusst sind, dass der Kontakt zur eigenen Organisation immer wieder neu geknüpft und durch aktives Tun aufrechterhalten werden muss, können in diesem Sinne Beratung als ›Kontakt-Ermöglicher‹ erkennen; das gilt auch dann, wenn durch Beratung Projekte angestoßen werden sollten, die erst einmal in der Organisation kritisch beäugt und als fremd angesehen werden. Manchmal braucht es das aber, soll der Kontakt zur Zukunft in und durch die Organisation aufrechterhalten werden – und dafür sind Führungskräfte ja wohl mindestens verantwortlich. Eine gute Beratung dabei kann ja wohl nicht schaden, sofern man weiß, warum man sich ihrer bemächtigt.

Literatur

Dievernich, F. (2013): Bleib bei Dir! In: Kommunikation und Seminar, 22. Jg., H. 5, S. 48–50.

Dievernich, F./Wolf, P. (2013): Beratung außer-ordentlich. In: Vogel, M. (Hrsg.): Organisation außer Ordnung. Göttingen: Vandenhoeck & Ruprecht, S. 246–261.

Dievernich, F./Wolf, P. (2014): Kreativität für die Consultingbranche. Ohne Beziehungsmanagement kein Wissensmanagement. In: IM + io Magazin für Innovation, Organisation und Management, H. 01/2014, S. 27–32.

Fink, D./Knoblach, B. (2007): Unternehmensberater als Modemacher. In: Nissen, V. (Hrsg.): Consulting Research. Wiesbaden: Deutscher Universitätsverlag, S. 89–108.

Jeschke, K. (2007): Das Beziehungsmanagement professioneller Dienstleistungsunternehmen. In: Gouthier, M./Coenen, C./Schulze, H./Wegmann, C. (Hrsg.): Service Excellence als Impulsgeber. Wiesbaden: Gabler.

Lippold, D. (2015): Perspektiven und Dimensionen der Unternehmensberatung. Wiesbaden: Springer Gabler.

Müller, W./Nagel, E./Zirkler, M. (2006): Organisationsberatung. Heimliche Bilder und ihre praktischen Konsequenzen. Wiesbaden: Gabler.

Provost, F./Fawcett, T. (2013): Data science and its relationship to Big Data and data-driven decision making. In: Big Data, 1. Jg., H. 1, S. 51–59.

Schoeneberg, K./Pein, J. (2014): Entscheidungsfindung mit Big Data – Einsatz fortschrittlicher Visualisierungsmöglichkeiten zur Komplexitätsbeherrschung betriebswirtschaftlicher Sachverhalte im Unternehmen. In: Schoeneberg, K. (Hrsg.): Komplexitätsmanagement in Unternehmen. Wiesbaden: Springer Gabler, S. 309–354.

Schreyögg, A. (2008): Coaching für die neu ernannte Führungskraft. Wiesbaden: VS.

Werth, D./Greff, T./Scheer, A. (2016): Consulting 4.0 – Die Digitalisierung der Unternehmensberatung. In: HMD Praxis der Wirtschaftsinformatik, 53. Jg., H. 1., S. 55–70.

7 Wie der Wandel gestaltet werden kann

Die Anlässe für organisationalen Wandel sind ebenso vielfältig wie die Wege, den Wandel zu gestalten. Angefangen bei Restrukturierungen über den Einsatz von Effizienzprogrammen bis hin zur Organisationsentwicklung: Ausschlaggebend für die Wahl des Veränderungsansatzes ist immer die spezifische Situation, in der sich Organisation und Kontext befinden. Im einen Fall ist es gut und richtig, partizipativ und potenzialorientiert vorzugehen. In einem anderen Fall ist dafür keine Zeit. Führungsentscheidungen müssen rasch umgesetzt werden, um die Organisation zu stabilisieren.

Das Mantra der zukunftsfähigen Organisation in Zeiten kontinuierlicher Veränderung ist dauerhafte Anpassungsfähigkeit. In der Praxis ist das aber leichter gesagt als getan. Kaum eine Organisation, in der im oberen Management vollständige Einigkeit über Anlass und Vorgehen herrscht, kaum eine, in der bestehende Routinen, laufende Prozesse und etablierte Struktur dem Wandel nicht entgegenstehen. Nicht zuletzt handeln die Mitglieder der Organisationen auf der Grundlage von Annahmen, deren Veränderung Zeit braucht. Insbesondere in Zeiten des Wandels brauchen Menschen ein Mindestmaß an Sicherheit und Heimat in der Organisation, um dem Risiko Veränderung angemessen begegnen zu können.

In diesem Kapitel beleuchten wir die wesentlichen Felder kluger Gestaltung. Arjan Kozica und Stephan Kaiser gehen an den Ursprung der intentionalen Gestaltung der Organisation zurück und zeigen Geschichte, Gegenwart und Zukunft der Organisationsentwicklung auf. Auch im digitalen Zeitalter liefert die Organisationsentwicklung Antworten auf die Frage angemessener Organisationsgestaltung. Heiko Roehl umreißt in seinem Beitrag die wichtigsten Praxisaspekte der Organisationsgestaltung. Er zeigt, welche Fehler man bei der Gestaltung des Wandels unbedingt vermeiden sollte und stellt dabei die Relevanz angemessener Führung organisationaler Veränderungsprozesse in den Vordergrund. Matthias Drevs fokussiert auf die Person des Change Managers, der in Veränderungsprozessen ganz unterschiedlichen Verführungen ausgesetzt ist. Sind beratende Akteure des Wandels beispielsweise geneigt, Führungs- und Entscheidungsaufgaben in den zu begleitenden Systemen zu übernehmen, dann entstehen kaum lösbare Dilemmata für das gesamte System. Martin Spilker erläutert in seinem Beitrag die in der

Praxis leider immer wieder unterschätzte Rolle der Organisationskultur. Letztlich entscheidet sich an der Kultur, ob und wie ein Wandel gelingt und die Organisation und ihre Mitglieder auf eine neue, produktivere Ebene gebracht werden können. Kai Romhardt und Markus Plischke schließlich stellen jedwede Gestaltung der Organisation unter das Gebot der Achtsamkeit. In ihrem Beitrag spüren sie dem in den vergangenen Jahren mit atemberaubender Geschwindigkeit popularisierten Konzept aus der buddhistischen Tradition nach und vermitteln einen tiefen Einblick in diese für Mensch, Organisation und Wirtschaft so wertvolle Weltsicht.

7.1 Organisationsentwicklung im Wandel der Zeit – Eigenheiten als Fundament einer zukunftsfähigen Organisationsentwicklung

Arjan Kozica, Stephan Kaiser

7.1.1 Einführung

Organisationen sind heute mit einer zunehmenden Dynamik ihrer institutionellen und technologischen Umwelt konfrontiert, sodass permanente Entwicklung und Veränderung immer wichtigere Faktoren für den langfristigen Erfolg darstellen. Die *Organisationsentwicklung* (OE) gilt als eine Methode, die Organisationen bei derartigen Entwicklungen und Veränderungen begleitet und unterstützt. Dabei werden verhaltenswissenschaftliche Erkenntnisse etwa über die Dynamik von Gruppen gewonnen und praktisch angewandt, um Organisationen effizienter zu gestalten und zugleich deren Lernfähigkeit und Wandelbereitschaft dauerhaft zu erhöhen (vgl. Cummings/Worley 2013; Schiessler 2013). Die theoretischen Ansätze und konzeptionellen Überlegungen der OE haben viele Veränderungsmethoden beeinflusst und einen erheblichen Einfluss darauf, wie heute in Organisationen mit Veränderungen umgegangen wird.

In den letzten Jahren lässt sich jedoch beobachten, dass die Organisationsentwicklung zunehmend unter dem Begriff ›Change Management‹ subsummiert wird. *Change Management* wird damit zu einem Sammelbegriff unterschiedlicher Veränderungsmethoden, der auch die Organisationsentwicklung integriert. Zudem scheinen in den vergangenen Jahren ›systemische‹ Ansätze stärkere Beachtung zu finden, und mit Scrum und Design Thinking werden aktuell Methoden populär, die einen Fokus auf ›agile‹ Projekte und Entwicklungsprozesse legen beziehungsweise die Kreativität bei der Problemlösung erhöhen wollen. Vor diesem Hintergrund wirkt die Organisationsentwicklung als spezifischer Ansatz heutzutage mitunter etwas antiquiert und scheint sich als eigener Ansatz zunehmend aufzulösen.

Angesichts dessen diskutiert der Beitrag, ob und wie die Organisationsentwicklung im Zeitalter erhöhter Komplexität und Dynamik einen eigenen Standpunkt in der Landschaft von Ansätzen gezielter organisationaler Veränderungen behaupten kann. Um die Antwort zu fundieren, werden zunächst die historischen Wurzeln und Grundgedanken der OE aufgegriffen und die Weiterentwicklungen der vergangenen Jahre skizziert. Im Kern des Beitrags stehen dann zwei (künftige) Eigenheiten, die potenziell die OE stark beeinflussen könnten, aber bislang nur teilweise in ihr berücksichtigt werden. Insofern ergeben sich hieraus Ansatzpunkte für Schritte hin zu einer zukunftsfähigen Organisationsentwicklung. Als Fazit zeigt sich, dass eine Organisationsentwicklung, die sich auf ihre wesentlichen Eigenheiten fokussiert, auch weiterhin eine relevante Position im Veränderungsmanagement einnehmen wird.

7.1.2 Historische Wurzeln der Organisationsentwicklung

Weder die Definition noch die Geschichte der Organisationsentwicklung lassen sich eindeutig bestimmen, dafür sind die Ansätze und historischen Bezüge zu vielfältig. Dennoch lässt sich eine Art Ursprung der Organisationsentwicklung identifizieren, und zwar bei Kurt Lewin und seinen Forschungen zu sozialen und gruppendynamischen Faktoren in Organisationen und Kommunen. In zahlreichen Studien und Experimenten (insbesondere den National Training Laboratories und dem Action Research in der Industrie) haben Lewin und seine Schüler in den 30er-, 40er- und 50er-Jahren des 20. Jahrhunderts analysiert, unter welchen Bedingungen Menschen sich und ihre sozialen Kontexte (Organisationen; Kommunen) verändern können (vgl. Marrow 2002; Lewin 1947). Viele dieser Studien wurden als ›*Aktionsforschung*‹ durchgeführt. In dieser damals neu entwickelten Methode setzen sich Wissenschaftler unmittelbar in den sozialen Kontexten (z. B. einer Organisation) mit den Problemen der Akteure auseinander. Die Wissenschaftler sammeln dabei zeitgleich Daten und unterstützen die praktische Problemlösung. Sie werden dadurch zu (externen) Prozessbegleitern, die das Aktionsforschungsprogramm strukturieren und koordinieren, sich inhaltlich aber nur begrenzt in den Prozess einbringen. Damit war der Grundstein für die professionelle Haltung des OE-Beraters in Beratungsprojekten gelegt.

Eine bedeutende Erkenntnis der Forschungen von Lewin und Kollegen war, dass die Beteiligung der Menschen an (intendierten) Veränderungen wesentlich dazu beiträgt, Widerstände abzubauen und erfolgreich Wandelprozesse zu initiieren (vgl. Marrow 2002, S. 231 ff.). Eine weitere Einsicht war, dass gruppendynamische Prozesse für Veränderungen hoch relevant sind. Gezielt durchgeführte nicht-hierarchisch organisierte *Reflexionen* (Selbsteinschätzungen, Feedbacks, Gruppendiskussionen) können das Bewusstsein der Akteure über ihre soziale Umwelt und ihre eigene psychische Innenwelt schärfen und Veränderungen damit positiv beeinflussen. Auch damit wird deutlich, dass Lernen und Weiterentwicklung wesentlich auf eigenen Erfahrungen *(Erfahrungslernen)* basiert, und Veränderungen nur begrenzt erreicht werden, wenn Führungskräfte lediglich sachliche Gründe erläutern.

Die Forschungen Kurt Lewins und seiner Schüler haben wesentlich dazu beigetragen, die Bedeutung der Psychologie im Arbeitskontext und die Beziehung des Einzelnen zu seiner Arbeit zu verstehen. Damit haben sie auch die *Human Relations* (vgl Roethlisberger et al. 2003; Mayo 2003) beeinflusst. Eine zentrale Prämisse der Human Relations ist, dass eine menschenorientierte Führung zu steigender Produktivität führt. Die Human Relations werden zwar (zu Recht) dafür kritisiert, dass sie den Mitarbeiter instrumentell betrachte und die Mitarbeiterorientierung lediglich aus Gründen der Effizienzsteigerung erfolge und nicht aus Eigenwert (vgl. Thompson/McHugh 2009; Grey 2010). Basierend auf den Gedanken der Human Relations rückten dennoch der normative Anspruch, die Arbeit für die Mitarbeiter besser zu gestalten, und damit die *Humanisierung der Arbeit* in den Fokus. In der OE wurden diese Ideen aufgegriffen, und Effizienz und Menschlichkeit wurden als zwei relevante und gleichwertige Ziele der Veränderung postuliert. Königswieser folgend, versprach die OE »statt hierarchischer, d. h. asymmetrischer Beziehungen Gleichheit und Mitbestimmung, d. h. symmetrische Beziehungen« und »versprach dieses Ideal zu realisieren, indem sie die in und für Gruppen funktionellen Interaktionsregeln auf Organisationen übertrug« (Königswieser et al. 2013, S. 66). (Teil-) autonome Arbeitsgruppen, Qualität der Arbeit, Verbesserungen der Ergonomie und Empowerment wurden in diesem Kontext zu zentralen Themen (Cummings/Worley 2013, S. 11 f.). Mit diesem Gedanken wurde die Organisationsentwicklung auch im deutschsprachigen Raum populär und zu einem der meist rezipierten Veränderungsansätze.

7.1.3 Organisationsentwicklung im Zeitalter zunehmender Komplexität

Das Umfeld von Unternehmen wird seit einiger Zeit mit dem Akronym VUCA umschrieben, um damit die folgenden Herausforderung zu skizzieren: Die Welt wird unbeständiger (**V**olatility), unsicherer (**U**ncertainty), komplexer (**C**omplexity) und uneindeutiger (**A**mbiguity) (vgl. Eppler 2015). Vor diesem Hintergrund, der mit zunehmendem ökonomischem Druck einhergeht, traten die normativen Ansprüche, mit denen die OE in den 1970er- und 1980er-Jahren im deutschsprachigen Raum populär wurde und die sich in der Praxis (teilweise) bewährt hatten, in den Hintergrund. Als Konsequenz wurde seit den 1980er-Jahren und bis heute die Organisationsentwicklung zulasten der sozialen Dimension strategischer (1) und pragmatischer (2).

(1) Grundlage der höheren *strategischen Orientierung* ist, dass sich die Organisationsentwicklung weg von inkrementellen Verbesserungen in Gruppen und Teams hin zum Wandel der ganzen Organisation bewegt hat (vgl. Hodges/Gill 2015, S. 201). Damit näherte sich die Organisationsentwicklung dem Change Manage-

ment (vgl. Kotter 2011) an, in dem es primär darum geht, strategische Initiativen der Führung (Restrukturierung, Kostensenkungsprogramme, neue strategische Ausrichtung) umzusetzen. In der Konsequenz scheint, wie Schreyögg und Geiger bemerken, die Organisationsentwicklung mittlerweile »sehr stark mit dem neu abgesteckten Feld des Change Managements verschmolzen« (Schreyögg/Geiger 2015, S. 374) zu sein. Der Eindruck der Annäherung wird durch aktuelle Publikationen verstärkt. So differieren Grossmann et al. (2015) in einer aktuellen Veröffentlichung zur Organisationsentwicklung zunächst zwischen Change Management und Organisationsentwicklung. Change Management folge dabei einer »Logik der Hierarchie«, die Organisationsentwicklung hingegen zeichne sich dadurch aus, dass sowohl »Führung als auch die Mitarbeiter wichtige Rollen im Veränderungsprozess übernehmen« (ebd. S. 11). Im weiteren Verlauf der Publikation wird jedoch deutlich, dass auch in der Organisationsentwicklung den »Führungskräften [...] eine zentrale Rolle« (ebd. S. 43) zukommt, denn sie »setzten die Rahmenbedingungen [...] und setzten neue Lösungen in Kraft. Sie bringen positionelle Macht für die Durchsetzung der Veränderung ein. [...] Führungskräfte entscheiden letztlich, wer in welcher Weise aktiv in den Veränderungsprozess einbezogen werden soll.« (ebd. S. 43). Diese hohe Management-Orientierung wird in vielen Definitionen der Organisationsentwicklung geteilt und bringt sie damit nahe an die strategisch orientierten Change-Management-Ansätze (vgl. Hodges/Gill 2015, S. 202).

(2) Neben der stärkeren Strategieorientierung lässt sich ein zunehmender *Pragmatismus* als zweite Entwicklung der OE in den letzten Jahren ausmachen. Diese Entwicklung lässt sich zusammenfassen als ›gut ist, was funktioniert‹. Damit einher geht weniger normative Überhöhung, aber eine größere Methodenvielfalt. So sind in den letzten Jahren zunehmend Methoden wie Appreciative Inquiry, World Café oder Open Space entstanden (vgl. Hodges/Gill 2015), die Grundgedanken mit der Organisationsentwicklung teilen, wie beispielsweise eine psychologische Haltung (Appreciative Inquiry) oder Partizipation (World Café, Open Space). Allerdings stellen diese Methoden eher einzelne Bausteine dar oder sind sehr spezifisch. Sie entsprechend damit nicht mehr dem Charakter einer breit angelegten Organisationsentwicklung, die einem eigenständigen, theoretisch und normativ unterfütterten Ansatz folgt. Vielmehr bilden die vielfältigen Ansätze eine ›Toolbox‹ an (mehr oder weniger) sinnvollen Interventionen dar, die (ganz pragmatisch) in strategisch orientierte und Topmanagement-gesteuerte Change-Projekte ebenso eingebunden werden können wie in kleinere (teamorientierte) Veränderungsvorhaben.

In den vergangenen Jahren ist es nicht gelungen, die Organisationsentwicklung als Methode zu vereinheitlichen, und zunehmend geht ihr eigenständiges theoretisches Fundament verloren. Vielfach wird daher beklagt, dass sich die Organisationsentwicklung nicht ausreichend professionalisiert hat (vgl. Becker/

Labucay 2012; Freimuth/Barth 2011). Nun muss es sicherlich nicht bedauert werden, dass es durch die methodische Vielfalt und die unterschiedlichen Entwicklungslinien mittlerweile ein großes Handlungsrepertoire gibt, mit dem auf unterschiedliche Situationen in Organisationen reagiert werden kann. Problematisch ist es jedoch, wenn die Organisationsentwicklung keinen eigenständigen Standpunkt mehr aufweist, der als Bezugspunkt dienen kann, das theoretische Fundament und die Methoden weiterzuentwickeln. Nachfolgend werden zwei Eigenheiten der Organisationsentwicklung diskutiert, die das Fundament einer wiedererstarkenden Organisationsentwicklung sein können.

7.1.4 Eigenheiten als Basis einer zukunftsfähigen Organisationsentwicklung

Zentrale These dieses Beitrags ist, dass die Organisationsentwicklung nur dann zukunftsfähig ist, wenn sie sich im Kern auf ihre historisch angelegten wesentlichen Eigenheiten konzentriert und dabei gleichzeitig aktuelle Entwicklungen der Arbeitswelt integriert.

Eigenheit 1: Renaissance der Partizipation in einer digitalen Arbeitswelt
Eine erste These für die OE in der heutigen Zeit lässt sich wie folgt formulieren:

Eine ernsthafte und gleichberechtigte Mitgestaltung der Mitarbeiter an den Veränderungen wird im Zeitalter digitaler Arbeitswelten (wieder) wichtiger!

Die partizipative Gestaltung der Organisation im Sinne einer gleichberechtigten und ernsthaften Mitgestaltung durch die Mitarbeitenden ist ein Kerngedanke der OE, der teilweise verloren gegangen ist. Der eben genannten These folgend, sollte die *partizipative Gestaltung von Veränderungen* nun wieder zu einem der zentralen Themen der OE werden. Grund dafür sind die Digitalisierung sowie der damit verbundene Wertewandel und die veränderten Führungskulturen. So ermöglichen digitale Technologien ein »Arbeiten 4.0« (BMAS 2015), bei dem die Mitarbeiter über digitale Technologien wie soziale Medien, Chats, Weblogs oder Wikis kommunizieren und zusammenarbeiten. Dies wirkt sich darauf aus, wie Mitarbeiter untereinander und mit ihren Führungskräften zusammenarbeiten. So fordern Mitarbeiter vermehrt »Augenhöhe« ein, und Entscheidungen werden immer häufiger im Konsens oder durch demokratische Abstimmungen getroffen (vgl. Sattelberger et al. 2015). Um diese Partizipation zu ermöglichen, nutzen Unternehmen häufig auch technische Systeme. Bei der Synaxon AG, um ein Beispiel zu nennen, werden wichtige Entscheidungen via LiquidFeedback getroffen und jeder Mitarbeiter kann (über ein Wiki) Prozesse und Regeln ohne Rücksprache mit den Vorgesetzten ändern (vgl. Ramge 2012; Roebers/Leisenberg 2010).

Im Kontext dieser aktuellen Entwicklungen, die voraussichtlich die nächsten Jahre prägen werden, fällt eine Ursache weg, die in den vergangenen Jahren dazu geführt hat, dass die OE als eigenständiger Beratungsansatz unkenntlicher geworden ist. Das nachstehende Zitat verdeutlicht dies:

> *»Der aus unserer Sicht entscheidende Grund für das Scheitern der OE-Professionalisierung liegt jedoch darin, dass sie [...] an den Grundfesten einer Führungskultur rüttelte, die für eine Öffnung keinesfalls bereit war.«*
> (Freimuth/Barth 2011, S. 9)

Dass sich nun die ›Grundfesten‹ der Führungskultur doch zu ändern scheinen, bietet für die Organisationsentwicklung eine große Chance. Eine Organisationsentwicklung, die den Partizipationsgedanken in Zeiten des Arbeitens 4.0 (wieder) stärker ernst nimmt, ist insbesondere mit zwei Fragen konfrontiert. Erstens stellt sich die Frage, wie die Organisationsentwicklung die neuen technologischen Möglichkeiten für Partizipation (Wikis, Tools, ...) in das Interventionsrepertoire einbauen kann. Zwar bietet die Digitalisierung zahlreiche Möglichkeiten, die Transparenz und Verfügbarkeit von Informationen zu erhöhen, Entscheidungsinstrumente und Collaborative Tools zu nutzen und Wissensmanagementsysteme in Veränderungsprozesse stärker einzubinden. Wie diese in konkreten OE-Projekten umgesetzt werden können, stellt für die Organisationsentwicklung jedoch ein ›Entwicklungsfeld‹ dar. Hierzu müssen Forschung und Praxis folglich neue und innovative Lösungen entwickeln.

Zweitens muss die Organisationsentwicklung damit umgehen, dass sich im Zuge der Digitalisierung und des Arbeitens 4.0 die Unternehmensgrenzen zunehmend auflösen (vgl. Kaiser/Kozica 2014). Statt einer rigiden und zentralistisch geführten Organisation findet Wertschöpfung vermehrt in Netzwerken, Kooperationen und gemischten Teams mit internen und externen Mitarbeitenden statt. Zudem sind die relevanten Akteure häufig räumlich (weltweit) verteilt. Damit stellen sich für eine wiedererstarkende Partizipation in der Organisationsentwicklung beispielsweise folgende Fragen: Welche (externen) Mitarbeiter oder Akteure in (mehr oder weniger losen) Netzwerken sollen dazu eingeladen werden, die Veränderungsprojekte zu gestalten? Und wie können diese dazu aktiviert werden, sich aktiv beteiligen? Sicherlich keine einfachen Fragen, auf die es bislang in der theoretischen Auseinandersetzung kaum Antworten gibt. Zudem stehen Organisationsentwickler immer öfter vor der Herausforderung, OE-Projekte in der virtuellen Welt zu gestalten. Auch Cummings und Worley (2013, S. 13) stellen fest, die Organisationsentwicklung »will need to manage change processes in cyberspace as well as face-to-face«. Wie das aber konkret gelingen kann, wird bislang kaum diskutiert und es gibt wenige ›Best Practices‹. Eine zukunftsfähige Organisationsentwicklung muss sich daher mit folgenden Fragen beschäftigen: Lassen sich die allgemeinen Erkenntnisse (z. B. zu Gruppendynamik) und Interventionsmethoden der analogen Welt auf virtuell arbeitende Gruppen übertragen? Wie kann Kommunikation und Partizipation in virtuellen Teams gestaltet werden? Und wie gut funktioniert der OE-typische Stuhlkreis im Cyberspace via Skype?

Eigenheit 2: Wandel und Stabilität als Kernthemen der Organisationsentwicklung

Eine zweite These für die OE kann folgendermaßen gefasst werden:

Die OE ist zunehmend mit dem paradoxen Spannungsfeld zwischen Stabilität und Wandel konfrontiert!

Die Balance zwischen Stabilität und Wandel ist seit Beginn der Organisationsentwicklung ein zentrales Thema, war aber insbesondere zu Beginn intuitiv leicht fassbar. Nach Kurt Lewin bedarf ein Veränderungsprozess zunächst Kräften, die den stabilen Zustand aufbrechen (»unfreeze«), um die Bereitschaft für Veränderung zu ermöglichen. Nach einer Phase der Veränderung (»change«) folgt eine Re-stabilisierung (»refreeze«), in der idealerweise neu gelernte Verhaltensweisen gefestigt werden. Dieses schematische Verständnis (dem durchaus komplexe Ideen zugrunde liegen (vgl. Lewin 1947), wird nun seit einiger Zeit kritisch betrachtet. Insbesondere wird darauf verwiesen, dass sich Organisationen im VUCA-Zeitalter ständig wandeln müssen und permanent ›agil‹ den Umweltgegebenheiten anpassen sollen. Die Organisationsentwicklung müsse dies berücksichtigen, indem sie sich vom Veränderungszyklus »Stabilität – Wandel – Stabilität« verabschiede und der Notwendigkeit der permanenten Veränderung Rechnung trage (vgl. Becker/Labucay 2012; Schiessler 2013).

Die Vorstellung einer permanenten Wandeldynamik von Organisationen ist jedoch ebenso einseitig, wie die Vorstellung, Organisationen seien ohne treibende Wandelkräfte in einem stabilen Zustand (»freeze«). Auch in der VUCA-Welt brauchen Organisationen etablierte Handlungsmuster (Routinen), die für (gewisse) Stabilität sorgen, zu Effizienz führen und die Lernen ermöglichen (vgl. Harvey/Denton 1999, S. 905; Kaiser/Kozica 2013). Insbesondere gilt es dabei zu beachten, dass ›Stabilität‹ zunehmend kein Zustand ist, der sich von selbst einstellt, er muss aktiv hergestellt werden. Denn Stabilität darf nicht als absolut statisch betrachtet werden, sondern vielmehr als »dynamisches Gleichgewicht« (Grossmann et al. 2015, S. 10). In diesen Zustand fließen Energien der Akteure, um im Kontext volatiler Umwelten den (aktuellen) Status beizubehalten. Das bedeutet, der stabile Zustand ist zunehmend nicht mehr anstrengungslos, sondern eine aktive Errungenschaft, die der VUCA-Welt abgetrotzt werden muss.

Daraus lässt sich zunächst ableiten, dass Organisationsentwickler reflektiert mit Stabilität und Wandel umgehen müssen. Dazu gehört, wie Becker und Labucay (2012, S. 19) betonen, die Fähigkeit der Organisationsentwicklung, »mit ihren Maßnahmen und Instrumenten dazu beizutragen, dass diese Quadratur der Gleichzeitigkeit von Statik und Dynamik gelingt«. Dem ist grundsätzlich zuzustimmen. Da sich die OE bislang allerdings insbesondere damit beschäftigt hat, wie ›stabile‹ Systeme in Schwingung versetzt werden können, wird es künftig stärker darum gehen, theoretische Überlegungen und Interventionen zu integrieren, die auf ›Stabilität‹ fokussieren.

Hieraus ergeben sich konkrete Anforderungen an das Interventionsrepertoire der Organisationsentwicklung. So braucht es Strategien dafür, wie Unternehmen (bzw. Abteilungen, Mitarbeitern) Phasen der Erholung verschafft werden können, wie Projekte so aufeinander abgestimmt werden, dass die Bereiche nicht überfordert werden und dass die Möglichkeit der Erfahrungsbildung, des Lernens und der Konsolidierung besteht. Ferner ist es erforderlich zu diskutieren, welchen Beitrag die Organisationsentwicklung dazu leisten kann, dass in Organisationen Räume der Konsolidierung und der Verankerung der Lernerfahrungen eröffnet werden.

Der stärkere Fokus auf ›Stabilität‹ in einer zukunftsfähigen Organisationsentwicklung ist sicherlich kontraintuitiv, da Organisationsentwicklung eine *Veränderungs*methode ist. Der damit verbundene »paradoxe Auftrag der OE« (Becker/Labucay 2012), sich um Stabilität und Wandel zu kümmern, ist nach Meinung der Verfasser allerdings eine der zentralen Herausforderungen für die Organisationsentwicklung.

7.1.5 Fazit

Die Organisationsentwicklung hat eine bewegte Geschichte hinter sich und eine aussichtsreiche Zukunft vor sich. Die Kerngedanken der Organisationsentwicklung, die wesentlich durch die Forschungen von Kurt Lewin und Kollegen beeinflusst wurden, haben die theoretischen Vorstellungen über und praktische Handhabung von intentional gesteuerten Veränderungsprozessen wesentlich beeinflusst. Nachdem die Organisationsentwicklung über die Zeit strategischer und pragmatischer geworden ist, droht sie als eigenständige Methode zunehmend unkenntlich zu werden. In diesem Beitrag wird anhand von zwei Thesen argumentiert, dass eine zukunftsfähige Organisationsentwicklung die Grundidee der Partizipation in einer digitalen Arbeitswelt wieder stärken und sich reflektierter als bislang dem paradoxen Verhältnis zwischen Stabilität und Wandel annehmen müsste. Eine Organisationsentwicklung, die sich mit diesen Themen beschäftigt, ist zukunftsfähig und wird wesentlich die Art und Weise prägen, wie in Organisationen Veränderungen gestaltet werden.

Literatur

Becker, M./Labucay, I. (2012): Organisationsentwicklung. Konzepte, Methoden und Instrumente für ein modernes Change Management. Stuttgart: Schäffer-Poeschel.

BMAS (Hrsg.) (2015): Grünbuch Arbeiten 4.0. Arbeit weiter denken. Bundesministerium für Arbeit und Soziales (BMAS). Berlin. http://www.bmas.de/SharedDocs/Downloads/DE/PDF-Publikationen-DinA4/gruenbuch-arbeiten-vier-null.pdf?__blob=publicationFile (Abrufdatum: 09.12.2015).

Cummings, T./Worley, C. G. (2013): Organization development & change. 10. Aufl., Boston (MA): Cengage Learning.

Eppler, M. (2015): Augen auf und durch! Editoral zum Themenschwerpunkt »Komplexität kultivieren. Das VUCA Paradigma im Management«. In: OrganisationsEntwicklung, 4/15, S. 1.

Freimuth, J./Barth, T. (2011): 30 Jahre Organisationsentwicklung. Theorie und Praxis vs. Theorie oder Praxis. In: OrganisationsEntwicklung, H. 4/11, S. 4–13.

Grey, Christopher (2010): A very short, fairly interesting and reasonably cheap book about studying organizations. 2. Aufl., London: Sage.

Grossmann, R./Bauer, G./Scala, K. (2015): Einführung in die systemische Organisationsentwicklung. Heidelberg: Carl-Auer.

Harvey, C./Denton, J. (1999): To come of age. The antecedents of organizational learning. In: Journal of Management Studies, 36. Jg., H. 7, S. 897–918.

Hodges, J./Gill, R. (2015): Sustaining change in organizations. London: Sage.

Kaiser, S./Kozica, A. (2013): Organisationale Routinen. Ein Blick auf den Stand der Forschung. In: OrganisationsEntwicklung, H. 1/13, S. 15–18.

Kaiser, S./Kozica, A. (2014): Über Grenzverschiebungen in der neuen, vernetzten Arbeitswelt. In: Alexander Richter (Hrsg.): Vernetzte Organisation. München: De Gruyter Oldenbourg, S. 7–15.

Königswieser, R./Wimmer, R./Simon, F. B. (2013): Back To The Roots? Die neue Aktualität der (»systemischen«) Gruppendynamik. In: OrganisationsEntwicklung, H. 1/13, S. 65–73.

Kotter, J. P. (2011): Leading Change. Wie Sie Ihr Unternehmen in acht Schritten erfolgreich verändern. München: Vahlen.

Lewin, K. (1947): Frontiers in group dynamics. II. Channels of group life; social planning and action research. In: Human Relations, 1. Jg., H. 2, S. 143–153.

Marrow, A. J. (2002): Kurt Lewin: Leben und Werk. Weinheim: Beltz.

Mayo, E. (2003): The human problems of an industrial civilization. The early sociology of management and organizations, Bd. 6. London: Routledge.

Ramge, T. (2012): Revolution von oben. In: brand eins, Ausgabe 6/2012, S. 62–67.

Roebers, F./Leisenberg, M. (2010): Web 2.0 im Unternehmen. Theorie und Praxis; ein Kursbuch für Führungskräfte. Hamburg: tredition.

Roethlisberger, F. J./Thompson, K./Dickson, W. J. (2003): Management and the worker. The early sociology of management and organizations, Bd. 5. London: Routledge. http://site.ebrary.com/lib/alltitles/docDetail.action?docID=10166514 (Abrufdatum: 03.08.2016).

Sattelberger, T./Welpe, I./Boes, A. (Hrsg.) (2015): Das demokratische Unternehmen. Neue Arbeits- und Führungskulturen im Zeitalter digitaler Wirtschaft. Freiburg: Haufe Lexware.

Schiessler, B. (2013): Die Rolle der Organisationsentwicklung im Change Management. In: Landes, M./Steiner, E. (Hrsg.): Psychologie der Wirtschaft. Wiesbaden: Springer VS, S. 589–611.

Schreyögg, G./Geiger, D. (2015): Organisation. Grundlagen moderner Organisationsgestaltung. Mit Fallstudien. 6. Aufl., Wiesbaden: Springer Gabler.

Thompson, P./McHugh, D. (2009): Work organisations: a critical approach. 4. Aufl., Basingstoke: Palgrave Macmillan.

7.2 Wandel klug gestalten

Heiko Roehl

7.2.1 Gut gemeint

Veränderung allerorten: Digitalisierung, Globalisierung und die Dynamik einer sich rapide wandelnden Welt stellen Mensch, Organisationen und Gesellschaft vor nie dagewesene Herausforderungen. Was gestern noch sicher geglaubt wurde, gilt heute schon nicht mehr. Immer häufiger müssen wir mit Erstaunen feststellen, dass technologischer Fortschritt und gesellschaftlicher Wandel unsere Vorstellungskraft längst hinter sich gelassen haben.

Unternehmen, Verwaltungen, Behörden und Organisationen aller Art sind Teil dieses Wandels. Sie sind sowohl Objekte als auch Akteure dieses Wandels. Sie erfahren Wandel und haben ihn gleichzeitig zu meistern. War vor wenigen Jahren noch die einfache Anpassung an diese sich verändernden Rahmenbedingungen des Wirtschaftens das Gebot der Stunde, so geht es heute viel mehr um ein vorausschauendes, aktiv gestaltendes Handeln zur Bewältigung des Wandels. Dauerhafte strategische Veränderungsfähigkeit zählt. Das ist allerdings leichter gesagt als getan. Wer Organisationen verändert, hat die Aufgabe, Mensch und System zum Aufgeben lieb gewonnener Gewohnheiten zu bewegen. Gewissheiten müssen über Bord geworfen werden, Machtgefüge verschieben sich, die Routinen wehren sich gegen die Veränderung. Und so geht dann auch die Mehrzahl der Change-Projekte in Organisationen schief. Die Gründe hierfür sind ebenso vielfältig wie die Projekte selbst. Mal wird nicht ausreichend kommuniziert, es regt sich Widerstand und das Projekt wird auf unbestimmte Zeit vertagt. Ein anderes Mal steht der Wandel nur für einzelne Eigeninteressen einer Minderheit in der Führungsspitze der Organisation – auf dem Weg zum Erfolg wird er vom Rest der Führung ohne die Angabe näherer Gründe abgesagt. Oder der Wandel findet nur auf dem Papier statt: Der Bericht ist verfasst, eindrucksvolle Präsentationen wurden gemacht, alle Beteiligten stehen vermeintlich geschlossen hinter den formulierten Zielen – aber es ändert sich nichts. Da helfen auch gute Absichten nichts.

7.2.2 Komplexität umarmen

Change Management ist also ein schwieriges Geschäft. Das liegt unter anderem daran, dass es immer parallel auf mehreren Ebenen vonstatten geht, beispielsweise auf Sach-, Beziehungs- und Prozessebene; oder auf Personen- und Organisationsebene; oder auf bewusster und unbewusster Ebene. Es lohnt, sich mit dieser Komplexität anzufreunden und in der Praxis möglichst viele Perspektiven des Wandels in den Blick zu nehmen. Ein rein sachorientiert gesteuerter Veränderungsprozess hat ebenso wenig Erfolgsaussichten wie ein rein beziehungsorientiert organisierter: Im ersten Fall entstehen meist recht eindrucksvolle Konzepte, Studien und Berichte, deren Umsetzung in den Alltag der Organisation aber dann oft schwierig ist. Im zweiten Fall sind die Beteiligten im besten Einvernehmen miteinander. Der Wandel wird gemeinsam getragen, nur fehlt es an klugen inhaltlichen und fachlichen wegweisenden Lösungen, die wirklich zukunftssichernd sind. Um nicht als »geplante Folgenlosigkeit« (Doppler/Lauterburg 2012) zu enden, sollte ein klug gestalteter Veränderungsprozess deshalb eine Reihe von Aspekten berücksichtigen:

- Veränderungsprozesse laufen in der Praxis weitaus weniger planbar ab, als das gemeinhin angenommen wird. Viel wichtiger als Detailplanung sind deshalb die kontinuierliche Überprüfung von Status und Ziel. Eine immer wiederkehrende Standortbestimmung ist erfolgsentscheidend, weil a) das soziale System Organisation erst verstanden wird, wenn es verändert wird, und b) sich das soziale System im Zuge der Veränderung in unvorhersehbarer Weise verändert.
- Es ist üblich, dass sich Eingangsfrage und Problemstellung in wirksamen Veränderungsprozessen über den Prozess hinweg grundlegend ändern. Die Beteiligten lernen die Organisation im Zuge der Veränderung erst richtig kennen und erfahren schrittweise mehr zu den Hintergründen der ursprünglichen Problemstellung. Deshalb ist agiles, schrittweise lernendes Vorgehen im Change angeraten.
- Auch Missstände haben ihre innere Logik. Respekt vor der Organisation und dem, was bisher funktioniert hat, ist ein unabdingbarer Bestandteil einer wirklich anerkennenden Einstellung der Veränderer. Kluge Veränderungsgestaltung bedeutet, die Vergangenheit bis zu einem gewissen Grad zu ehren und sich neugierig voranzutasten.
- Wandel braucht Kommunikation in alle Richtungen. Die Beteiligten gehen meist recht ungnädig mit Desinformation um. Die Löcher in der Textur des Wissens um den Wandel werden in vielen Organisationen mit Paranoia gestopft.
- Organisationen blenden ihre gesellschaftlichen-, kundenbezogenen-, geschichtlichen- und viele andere Kontexte insbesondere in Erfolgsphasen gern aus. Organisationaler Wandel braucht diese Kontexte. Es ist sinnvoll, die Leistungsnehmer der Organisation (Kunden u. Ä.) in die Veränderung einzubeziehen. Sie definieren letztlich den Zweck des Change.
- Voraussetzung für einen wirksamen Veränderungsprozess ist ein Gefühl der Dringlichkeit bei den wichtigsten Entscheidern.

- Kluge Beteiligung ist Voraussetzung dafür, dass alle wichtigen Interessengruppen die Veränderung auch wirklich mitttragen.
- Schaut man mit wertschätzendem Blick auf die Biografie der Organisation als Ganzes, so stellt man meist schnell fest, dass das für wirksame Veränderung notwendige Wissen oft irgendwo im Haus verfügbar war (aber nicht gehört wurde). Es geht also darum, diese Weisheit der Organisation gezielt für die Gestaltung der Zukunft zu nutzen.
- Scheitern und Fehler sind integrale Bestandteile des Wandels. Im wirksamen Change kommt es darauf an, kontinuierlich zu lernen und Widerstände gegen die Veränderung in der Tiefe zu verstehen. Oft liegen im sogenannten Widerstand Antworten auf große Fragen des Wandels verborgen.
- Methoden und Werkzeuge des Change Management sollten nicht die Gestaltungsperspektive dominieren. Viel wichtiger ist ein funktionierender Gesamtansatz. Erst werden Zielsetzungen definiert. Dann kommen die Tools.
- Vorsicht: Selbstüberschätzung und Steuerungsillusionen der Gestalter gefährden den Wandel. Eine grundlegend positive Haltung (bis zur Begeisterung) hingegen ist Pflicht.
- Auch die Veränderer sind Teil der Veränderung. Ein klug gestalteter Prozess geht auch an den Akteuren nicht spurlos vorüber. Ihre – auch persönliche – Veränderung ist Teil des Kalküls.

7.2.3 Holzwege

Die Gestaltung organisationaler Veränderungsprozesse ist kompliziert und voraussetzungsvoll. Daher ist es klug, zu verstehen, wie es nicht funktioniert. In der Praxis bedeutet das Scheitern eines Veränderungsprozesses übrigens oft nicht, dass das Projekt eingestellt wird. Es wird nur dafür gesorgt, dass es wirkungslos bleibt. Die folgenden *zwölf Holzwege des Wandels* sind allesamt praxiserprobt (vgl. Roehl/Haas 2016).

Brüchige Allianz

Organisatorischer Wandel fordert viel Kraft, Mut und Verantwortung von allen Beteiligten. Und er braucht machtvolle Koalitionen, die Veränderung wirklich wollen. Oft sind diese im oberen Management angesiedelt, sie treiben den Change voran und sorgen dafür, dass es weitergeht, auch wenn es holpert.

Fällt diese Allianz der Willigen auseinander, dann versandet der Change oft schnell. Ein klassisches Problem in der Praxis des Veränderungsmanagements sind die brüchigen Allianzen des Wandels, die dann zerbrechen, wenn einzelne Akteure sich nicht mehr genügend engagieren und notwendige Entscheidungen nicht mehr fällen und umsetzen. Die Gründe hierfür sind vielfältig: Man befürchtet eigene Nachteile durch den Wandel. Oder im Verlauf des Prozesses sind Themen auf den Tisch gekommen, die vorher nicht absehbar waren und die nicht mehr mitgetragen werden. Es kann im Team der Verantwortlichen auch zu Differenzen gekommen sein. Oder vieles andere mehr.

Kapazitätsmangel

Für viele Beteiligte ist der Veränderungsprozess zusätzlich zum bereits laufenden Geschäft zu leisten. Er braucht Zeit, Raum und finanzielle Ressourcen im Alltag der Beteiligten. Hinzu kommt, dass der Wandel meist aus einer anderen Rolle der Beteiligten organisiert werden muss als der normale operative Alltag. Hier sind die Akteure zusätzlich für übergeordnete Themen verantwortlich, die über ihre täglichen Aufgaben hinausgehen.

Kann diese Kapazität für den Wandel im Team der Beteiligten und in der Gesamtorganisation nicht aufgebracht werden, dann ist der Change zwar auf dem Papier formuliert und oft mit hehren Zielen ausgerufen – die Umsetzung wird aber nicht gelingen. Die Gründe hierfür liegen meist in einer Unterschätzung des Aufwands, den der Change braucht. Hierzu gehören auch Fehleinschätzungen hinsichtlich der Kosten der Veränderung.

Kompetenzmangel

Veränderungsmanagement ist eine ganz eigene Profession. Einen tief greifenden Wandel der Organisation zu initiieren und zu steuern, erfordert eine ganze Reihe von Kompetenzen, die sich von den Kompetenzen für das professionelle Steuern des Tagesgeschäfts maßgeblich unterscheiden. Kenntnis der Instrumente der Organisationsentwicklung, Verständnis der Machtdynamiken des Change, Aufbau und Steuerung von klugen Architekturen des Change, das Ausloten von Beteiligungsprozessen und viele weitere Wissensbereiche gehören nun mal nicht zum Standardrepertoire des Managements. Wird die Steuerung des Wandels behandelt wie die Steuerung des operativen ›Standardgeschäfts‹ der Organisation, dann besteht die Gefahr, dass wichtige Ereignisse im Wandel falsch gedeutet oder übersehen werden: Aufkommende Konflikte beispielsweise werden in diesem Zusammenhang gern personalisiert, statt sie den sich ändernden Bedingungen des Handelns der Beteiligten zuzuschreiben.

Funktion folgt der Form

Zu den Erfolgsrezepten des organisationalen Wandels gehört es, zunächst die Funktion und dann die Struktur der Organisation zu klären. Die Aufbauorganisation (sichtbar beispielsweise im Organigramm) hat die Aufgabe, den bestmöglichen Rahmen für die Umsetzung der organisationalen Funktionen zu bieten.

Organisationsentwicklung wird häufig als ›Kästchenarbeit‹ missverstanden, bei der bestehende Strukturen zum Ausgangspunkt von Funktionsklärungen genommen werden. Dies geschieht oft, weil die Inhaber und Positionen in den Strukturen als nicht veränderbar eingeschätzt werden. Organisationsstrukturen werden dann um Personen ›herumgebaut‹.

Verantwortungsflucht

Erfolgreicher Wandel geht immer mit der Veränderung von Verantwortungszuschnitten von Personen einher. Menschen müssen neue Verantwortungen übernehmen, andere müssen Verantwortungen abgeben. Mit der Zuschreibung neuer Verantwortungsbereiche und der tatsächlichen Übernahme dieser Verantwortung im Change steht und fällt der Erfolg des gesamten Vorhabens. Verantwortung wird leicht übernommen, solange die mit ihr verbundenen Pflichten nicht deutlich sind. Werden dann aber erst einmal die Last und das Risiko der neu übernommenen Aufgabe spürbar, ergreifen viele Akteure des Wandels die Flucht – oft still und leise, ohne die anderen Beteiligten in Kenntnis zu setzen.

SOS Wandel

In Veränderungsprozessen erhöht sich für alle Beteiligten zunächst die alltäglich in der Organisation zu verarbeitende Komplexität. Die Kommunikations- und Kooperationskosten steigen, und die Beteiligten haben in unübersichtlichen Gemengelagen anspruchsvolle Entscheidungen zu treffen. Insbesondere in Veränderungsprozessen mit hohen Partizipationsgraden taucht häufig das Problem auf, dass der ursprüngliche Sinn und Zweck des Wandels durch die Informationsdichte im Wandel aus dem Blick gerät – die Bäume machen den Wald unsichtbar. Die Beteiligten ertrinken in einem Meer aus selbsterzeugter Komplexität. Grund hierfür ist häufig, den normalen und gewünschten Komplexitätszuwachs (Veränderungsideen, alternative Lösungen, neue Prozesse etc.) zu lange laufen zu lassen, ohne ihn rechtzeitig in Entscheidungen umzumünzen.

Überspannter Bogen

Veränderungsprozesse werden von vielen Beteiligten in Organisationen zunächst als abstrakte und wenig greifbare Prozesse erlebt, in denen für lange Zeit kaum eine Veränderung spürbar den eigenen Arbeitsplatz erreicht. Sei er auch noch so partizipativ aufgesetzt, in der Planung existiert der Change vornehmlich auf Papier. Das Engagement der Menschen im Wandel ist eine Vorleistung, die von begrenzter Dauer ist. Wird dieses Engagement nicht mit sichtbaren, sinnvollen Veränderungen belohnt, versanden die Unterstützung und schließlich der Wandel selbst. Wirksame Veränderungsprozesse haben einen Rhythmus aus regelmäßigen Zusammenkünften der Akteure, an denen Fortschritte für die Beteiligten erlebbar werden. Der Hintergrund für das Fehlen solcher Zeitstrukturen liegt oft in einer übersteigerten Anfangseuphorie. Viele Akteure haben dann die Vorstellung, dass sich der Wandel von selbst einstellt, wenn es alle nur wirklich aus tiefstem Herzen wollen. Mit der Zeit stellt sich dann heraus, dass dies ein Irrtum ist.

Mensch im Mittelpunkt

Organisationsentwicklung sollte stets Mensch *und* Organisation im Auge behalten und auf beiden Ebenen Veränderungen initiieren. Wird die Ebene Mensch vernachlässigt, dann erleben die Mitglieder der Organisation den Wandel als fremdgesteuert, ihre Teilhabe und Motivation sinkt und damit die Wahrscheinlichkeit für das Gelingen des Vorhabens. Denn selbst eine noch so genial designte Organisation wird am Ende auf das Mitwirken ihrer Mitglieder angewiesen sein.

Wird allerdings die Organisationsseite vernachlässigt, dann sind die Folgen nicht minder gravierend. Menschen werden zwar zu Mitspielern im Wandel, sie bemühen sich und sind als Personen veränderungsbereit – allein, der Erfolg will sich nicht einstellen, weil sich die Spielregeln der Organisation nicht ändern. Organisationsentwicklung hat immer auch mit der Gestaltung der systemischen Kontexte der Beteiligten zu tun, also mit den teilweise nicht bewussten, kulturellen, verfahrensbezogenen, strukturellen oder geschäftlichen Regeln, denen Menschen mehr oder weniger bewusst folgen. Im Extremfall steht der Mensch so zentral im Mittelpunkt des Wandels, dass er/sie die ihn umgebenden organisationalen Kontexte als nicht veränderbare Rahmenbedingungen versteht. Das frustriert. So reicht es eben nicht, nur die Menschen und ihre Zusammenarbeit zu entwickeln, weil die Organisation ihren ganz einen Willen hat. Soll der Change gelingen, dann müssen explizite und implizite Regelsysteme thematisiert werden – und zwar so, dass sie im Kreise der Entscheidungsträger tatsächlich nachhaltig verändert werden. Bis zum nächsten Change.

Einsame Spitze

Erfolgreicher Wandel in Organisationen basiert auf einer differenziert abgestimmten Beteiligung der vom Wandel Betroffenen. Auch wenn dies nur selektiv und in Ausschnitten passiert, stellt sich der Erfolg bei der Umsetzung des Vorhabens dann doch schnell ein: Die Betreffenden sind ja bereits zu den wichtigsten Anliegen des Change qua Teilhabe informiert. Werden die Pläne für den Wandel hingegen im Hinterzimmer der Führungsspitze der Organisationen ausgeheckt, ohne wichtige Interessengruppen einzubeziehen, dann steigt die Wahrscheinlichkeit, dass sie später aufwendiger und mit Nachdruck kommuniziert werden müssen. Auch bei organisationspolitisch heiklen Projekten, die mit Arbeitsplatzabbau zu tun haben, ist – bei allem oft notwendigen, vertraulichkeitsbezogenem Taktieren

– eine rechtzeitige Beteiligung geboten. Unverzeihlich ist die sogenannte Pseudo-Partizipation: Wird beteiligt, so sollte das Ergebnis der Beteiligung (etwa die Ideen der Beteiligten) auch sichtbar in die Entscheidungsfindung einbezogen werden. Der wichtigste Grund für solch einsame Entscheidungen der Führungsspitze in Prozessen der Organisationsentwicklung ist die Befürchtung, dass sich der Wandel nicht nach den Vorstellungen der obersten Führungsebene vollzieht, wenn man Beteiligung zuließe. Oder dass schlichtweg Zeit verloren ginge.

Zuviel Gestern, zuviel Morgen

Der Ausgangspunkt von organisationalem Wandel kann sowohl Unzufriedenheit mit dem gegenwärtigen Stand der Dinge sein als auch ein attraktives Zukunftsbild, dem man näher kommen möchte. Oft liegt der Ursprung des Change in beiden Aspekten begründet: Man ist nicht mehr so recht zufrieden mit dem, wie es läuft (beispielsweise in Bezug auf: Zusammenarbeit, Kosten, Umsätze, Marktanteile, Zufriedenheit von Interessengruppen oder Ähnliches) und man hat eine vage Idee, wie es besser gehen könnte (Zielbilder, Benchmarks, Visionen oder Ähnliches). Wird im Prozess des Wandels nun eine dieser beiden Orientierungen zu sehr in den Fokus gestellt, dann kann das erhebliche Auswirkungen auf den Ausgang des Vorhabens haben. Steht die Vergangenheit zu sehr im Fokus, dann dominiert schnell eine ›Weg-von‹-Perspektive. Man müht sich in der Optimierung des Bestehenden ab, ohne recht zu wissen, wie das langfristige Ziel eigentlich aussieht. Hierbei wird auch gern auf die ›Gegner des Wandels‹ geschaut. Wird zu sehr aus der Zukunft heraus gesteuert, dann verliert der Wandel die Bodenhaftung. Eine reine ›Hin-zu‹-Motivation entsteht. Visionäre übernehmen das Ruder. Das etablierte Kerngeschäft der Organisation leidet dann oft. Es wird als gestrig abgetan, ohne seine Relevanz für das Gesamtsystem anzuerkennen.

Macht vergessen

Organisationale Veränderungsprozesse scheitern häufig, weil die sozialen Dynamiken nicht beachtet werden, die im Verborgenen wirken. In den Kaffeeküchen der Organisationen ist der Ausgang des Vorhabens dann längst entschieden, während sich die Akteure mit den Details der Steuerung abmühen. Der Change wird auf der Hinterbühne der Organisation entschieden, was vor dem Vorhang gespielt wird, ist oft nebensächlich. Guter Wandel bezieht die implizite Seite der Organisation ein, es wird gezielt mit den kulturellen Gegebenheiten der Organisation gearbeitet. Die wichtigste Komponente ist dabei das Machtgefüge der Organisation, das auf der Hinterbühne verhandelt wird. Im Wandel entstehen hier oft für die Betreffenden empfindlich spürbare Verschiebungen. Oft wird organisationale Veränderung als Projekt zur Erreichung expliziter Ziele verstanden und ohne Verständnis für die Hinterbühnen der Organisationen gesteuert –

ein Fehler, wie sich im Verlauf des Prozesses dann oft herausstellt. Es ist Aufgabe gut gestalteter Veränderungsprozesse, die Gespräche aus den Kaffeeküchen und Korridoren der Organisation in die Workshop-Räume zu holen, wo sie produktiv werden können.

Nabelschau
Wenn Organisationen sich verändern, dann ist der Blick auf die Innenwelt gerichtet: Geschäftsmodelle, Strukturen und Kompetenzen stehen auf dem Prüfstand. Das ist zunächst gut und richtig so, denn um sich zu verändern, ist eine intensive Beschäftigung mit dem Stand der Dinge in der Organisation angeraten. Diese Innensicht gewinnt in Veränderungsprozessen jedoch oft die Oberhand im Organisationsalltag. Es werden ganze Kaskaden von Sitzungen anberaumt, der Change beherrscht die Tagesordnung und die Köpfe der Akteure. In der Folge leidet dann meist das Tagesgeschäft. Erfolgreiche Veränderungsprozesse beziehen die Außensicht kontinuierlich mit ein und balancieren so Außen- und Innensicht auf den Change. Denn das Umfeld der Organisation verändert sich stetig weiter. Interessengruppen können oft wichtige Beiträge zum Change liefern. Insbesondere gegenwärtige und zukünftige Leistungsnehmer (z. B. Kunden) der Organisation sind wichtige, aber wenig genutzte Impulsgeber.

7.2.4 Führung

Wenn die Organisation in Bewegung ist, wird *Führung* zu Gestaltung von Veränderung. Ebenso wie alle Königswege beginnen und enden auch alle Holzwege des Wandels bei der Führung. Organisationale Gestaltung ist auf eine Führung angewiesen, die sich substanziell von der Führung eines bestehenden Geschäfts unterscheidet. Weit verbreitet ist inzwischen das Diktum, Grundvoraussetzung der Führung von Veränderung sei die Kompetenz der Führung, die richtigen Dinge zu tun – statt die Dinge nur richtig zu tun. Diese ›Am-System-Kompetenz‹ spielt tatsächlich eine wichtige Rolle bei der Führung des Wandels.

Sieht man genau hin, zeigt sich darüber hinaus eine Reihe von *Fähigkeiten der Führungskräfte,* die bislang eher eine untergeordnete Rolle in der Führungsarbeit gespielt haben. Sie waren früher wichtige Zusatzqualifikationen. Heute sind sie das Fundament erfolgreichen Führens. Unsere Praxisarbeit zeigt uns immer wieder, dass es im Wesentlichen sieben Bereiche sind, die diese essenziellen Fähigkeiten beinhalten (Roehl 2015a):

- sich herausziehen können: in der Führungsarbeit zu beliebiger Zeit eine Perspektive einnehmen, die das Gesamtsystem fokussieren kann, statt in Einzelthemen zu agieren

- Change organisieren können: organisationale Veränderung im Einklang mit der Gesamtorganisation gestalten
- Lernen lernen können: die Arbeit an der eigenen persönlichen Entwicklung in den Vordergrund stellen, eigene Ziele und Erwartungen kennen
- zulassen und loslassen können: innere Auslöser für Emotionen erkennen und steuern
- Rollenklarheit herstellen können: die Erwartungen der Organisationen in produktive Übereinkunft mit den eigenen Möglichkeiten und Erwartungen bringen
- mit dem Methodenrepertoire umgehen können: Führung verstehen, Techniken und Praktiken zum Feedback kennen, Instrumente für Teamarbeit, Konfliktgestaltung und Führung handhaben
- Netzwerke bauen können: eigene Netzwerke inner- und außerhalb der Organisation aufbauen, um den unabhängigen Erfahrungsaustausch zu sichern

Besonders herausfordernd erscheint die praktische Umsetzung einer Führungsleistung, die einerseits Veränderungsbereitschaft fördert und Ideen stimuliert, Inspirationsleistung erbringt und Vernetzung und Austausch unterstützt, andererseits aber auch die notwendige Stabilität und Identitätsstiftung im Wandel erlaubt. Die Vorstellung, dass Veränderung nur ›am System‹ geführt werden kann, geht deshalb fehl.

Führung bedeutet im Wandel nämlich auch, das ›Brot- und-Butter-Geschäft‹ des Führens nicht zu vernachlässigen und die Leistungserbringung im Wandel aufrechtzuerhalten. Es geht eben auch darum, Mitarbeitenden und Peers eine inhaltliche Orientierung ›im System‹ (also auf der Leistungsebene der Mitarbeitenden) liefern zu können. Zu wissen, wie bestehende Prozesse, Aufgabenzuschnitte und Rollen funktionieren und wie sie sich verändern sollten sowie den Mitarbeitenden trotz der erheblichen Unsicherheit möglichst konkret und kompetent Wege aufzuzeigen, wie die neue Welt für sie aussehen könnte, schafft die für den Wandel notwendige Sicherheit.

Sicher ist Führung im Wandel anspruchsvoll. Und ebenso sicher bedarf es einer ganz eigenen Kompetenzentwicklung für den Change. Dabei geht es weniger um das »horizontale« Anlagern neuer Kompetenzen, sondern eher um die »vertikale« Reifung der Persönlichkeit (vgl. Kegan/ Laskow Lahey 2009). Womit die Verantwortung für den Wandel wieder dort angekommen wäre, von wo sie ausgehen sollte: bei der Führung selbst.

Literatur und Leseempfehlungen

Doppler, K./Lauterburg, C. (2012): Change Management: Den Unternehmenswandel gestalten. Frankfurt a. M.: Campus.

Gebhardt, B./Hofmann, J./Roehl, H. (2015): Zukunftsfähige Führung. Die Gestaltung von Führungskompetenzen und -systemen. Gütersloh: Bertelsmann Stiftung.

Gerkhardt, M./Frey, D. (2006): Erfolgsfaktoren und psychologische Hintergründe in Veränderungsprozessen. Entwicklung eines integrativen psychologischen Modells. In: OrganisationsEntwicklung, H. 4/05, S. 48–59.

Kegan, R./Laskow Lahey, L. (2009): Immunity to change: how to overcome it and unlock the potential in yourself and your organization. Boston (MA): Harvard Business Review Press.

Kotter, J. P. (1996): Leading change. Boston (MA): Harvard Business School Press.

Meyer, A./Minnemann, D./Schnapp, A. (2016): Rabbit holes: experience-based learning as a critical trigger for fundamental systemic change. Hamburg: White Paper.

Roehl, H. (2014): Zwischen nicht mehr und noch nicht. Organisationale Routinen als Grundlage des Wandels. In: Schmalenbachs Zeitschrift für betriebswirtschaftliche Forschung (zfbf). Zukunftsfähige Unternehmensführung zwischen Stabilität und Wandel, Sonderheft 68/2014, S. 42–51.

Roehl, H. (2015a): Vernünfte. Entscheiden in pluralen Wirklichkeiten. In: Organisations-Entwicklung 2/2015, S. 16–17.

Roehl, H. (2015b): Am Limit. Führung im Unternehmensalltag. Gütersloh: Bertelsmann Stiftung.

Roehl, H./Haas, O. (2016): Der Change-Navigator. Stuttgart: Beltz.

Roehl, H./Winkler, B./Eppler, M./Fröhlich, C. (2012): Werkzeuge des Wandels: Die 30 wirksamsten Tools des Change Managements. Stuttgart: Schäffer-Poeschel.

7.3 Die Verführungen des Change Managers

Matthias Drevs

Wer den Wandel in Organisationen vorantreiben soll, ist Akteur in einem Spiel komplexer sozialer Dynamiken, die vor allem informell und indirekt auf Veränderungsprozesse wirken. Gerade in der Rolle des Change Managers konzentrieren sich die Deutungsansprüche einzelner Akteure über die zukünftige Ausrichtung der Organisation. Der Change Manager selbst enttäuscht oder befriedigt die unterschiedlichsten Stakeholder-Ansprüche in seiner täglichen Arbeit – häufig sogar unbewusst. Vorstände oder Geschäftsführer bedienen sich, in Anlehnung an Kühl und Moldaschl (2010, S. 228 ff.), beispielsweise häufig primär der versteckten Funktion von Change Managern, Sicherheit und Komplexitätsreduktion zu versprechen. Fundierte Change-Prozesse, die zunächst ein tiefes Verständnis über die Organisations-DNA und die Lösungen höherer Ordnungen anstreben, stellen allerdings einen erheblichen Zuwachs an Komplexität in Aussicht. Worin sieht der Change Manager nun selbst seine Funktion und welche Ziele verführen ihn zum Handeln?

Lange Zeit ist die theoretische Diskussion zum Thema Organisationsentwicklung der Versuchung gefolgt, den Change Manager in seiner Rolle als neutralen Veränderungsimpulsgeber zu überhöhen. Der Change Manager selbst ist jedoch aktiver Spieler im Feld mikropolitischer Dynamiken. Theoretisch sollte er reflexive Prozesse initiieren und Organisationen zur Stärkung der eigenen Problemlösungsfähigkeit verhelfen. Auf der praktischen Seite steht er allerdings seinem Auftraggeber gegenüber in der Bringschuld und als externer Berater häufig sogar mit anderen Beratern in einem Wettbewerbsverhältnis. Diese Anforderungen zu harmonisieren, stellt den Change Manager vor Herausforderungen, die nur jenseits seiner theoretischen Fachkompetenzen gelöst werden können. Denn es geht im Change Management nicht nur um die Frage, wie und mit welchen Mitteln der Wandel zu gestalten ist, sondern immer auch darum, wer wie von welchen Veränderungen profitiert. Jeder Akt im Change Management birgt Versuchungspotenziale für den Change Manager, den Spannungsfeldern der unterschiedlichen Zielebenen nicht die notwendige Aufmerksamkeit zu schenken und somit der Versuchung zu unterliegen, nur teiladäquate Lösungen zu liefern. Je nach Kontext variieren diese Spannungsfelder. Dieser Beitrag zielt darauf ab, den informellen Verführungen im Change Management eine höhere Wertigkeit in der theoretischen Diskussion zu schenken, indem zunächst die Startphase und die Durchführung des Change Managements genauer beleuchtet werden.

»But something may be done, that we will not;
And sometimes we are devils to ourselves,
When we will tempt the frailty of our powers,
Presuming on their changeful potency.«

(Shakespeare 1997: Troilus and Cressida (c.1602), Akt IV, Szene 4)

7.3.1 Verführungen während der Startphase

Die offensichtlichen und direkt formulierten Anforderungen an Change Manager spiegeln nicht notwendigerweise die eigentlichen Absichten des Auftraggebers wider. Diese verborgenen Absichten werden von Ameln et al. als sogenannte »hidden agendas« bezeichnet. Sie verstehen darunter (2009, S. 136): »[L]atente Funktionen, die im Beratungssystem nicht zur Sprache kommen, weil sie bewusst aus der Kommunikation ausgeschlossen werden, um erwartete Nachteile im Hinblick auf den Verlauf oder das Ergebnis der Beratung zu vermeiden […].« Für Change Manager (intern wie extern) birgt diese Mehrdimensionalität der Auftragslage die Gefahr, vorschnelle Lösungsvorschläge für die oberflächlichen Ebenen zu generieren, die die Komplexität der Ausgangslage nicht berücksichtigen. Die direkt formulierbaren Mandatierungen sind häufig die logisch erfassbaren und objektiveren Fragestellungen, auf die der Change Manager direkt mit Konzepten und Maßnahmen antworten könnte. Die Hidden Agendas hingegen sind häufig komplexerer Natur, sogar teilweise nicht eindeutig zu versprachlichen und sie umfassen mikropolitische Dimensionen (vgl. Drevs et al. 2015). Die zentrale Versuchung für den Change Manager im Akt der Auftragsklärung ist, explorative und reflexive Dialogrunden mit dem Auftraggeber und den Akteuren der Organisation zu früh für beendet zu erklären. Alle folgenden Veränderungsbemühungen laufen dadurch Gefahr, dass die formellen und verborgenen Mandatierungen konträr zueinander verlaufen, sich nicht gegenseitig bedienen oder dass sich Wirkungspotenziale und Ansehen des Change Managers zersetzen.

Reflexionsfragen für Change Manager während der Auftragsklärung

- Weshalb könnte der Wunsch nach Veränderung gerade zum jetzigen Zeitpunkt kommen?
- Wie kann/können der/die Auftraggeber von den avisierten Veränderungen profitieren?
- Welche Symbolwirkung geht von der Beauftragung des Change Managers aus? Welches Image besitzt der Change Manager?

- Was spricht dafür, die Veränderungen in die Verantwortung des Change Managers zu legen?
- Wie könnten die meisten Stakeholder von Veränderungen profitieren?
- Welche Themen wurden in der Auftragsklärung nicht besprochen?
- Welche Akteure waren bei der Auftragsklärung anwesend, welche abwesend?

7.3.2 Durchführung des Change Managements: verführt zu führen?!

Jenseits der fachlichen Arbeit des Change Managers eröffnen sich für ihn in der konkreten Arbeit im Change Management die Gestaltungs- und Beeinflussungsmöglichkeiten. Da Veränderungsprozesse in Organisationen zunehmend komplexer werden und vor allem in zunehmend agileren Projektstrukturen Führung lateraler wird, ist auch der Change Manager, egal ob extern oder intern, verstärkt führend tätig.

Change Manager, die sich in ihrem Handeln stark an der systemischen Organisationsentwicklungstradition orientieren, sehen in der tieferen *Involviertheit* ihrer selbst, etwa in Form eines Ko-Managements, die Problematik, dass reflexive Prozesse und Lösungen höherer Ordnung weniger möglich sind. Außerdem wird in ihrer Involviertheit auch das Risiko gesehen, von anderen Akteuren als Spieler um Rang und Position wahrgenommen zu werden, wodurch sie selbst zum Problemfeld im Veränderungsprozess werden können. Diese Perspektive birgt jedoch die Gefahr, politische Wirkungsfelder des Change Managers nicht hinreichend zu beachten. Gerade erfahrene und von den Mitarbeitenden der Organisation geachtete Change Manager können durch tiefere Involviertheit wertvolle Entscheidungen zum Gelingen von Veränderungsprozessen beisteuern.

Das zentrale *Spannungsfeld* für Change Manager während der Umsetzungsarbeit liegt in der Versuchung, entweder die eigene Involviertheit zu überhöhen und damit die übergeordneten und organisationsbezogenen Veränderungsziele aus den Augen zu verlieren oder sich der politischen Arena zu entsagen und damit die wesentlichen Wirkungsfelder der eigenen Rolle zu vernachlässigen.

Wie eine harmonisierte Bedienung beider Zielkorridore gestaltet werden kann, ohne den Versuchungen zu verfallen, sich auf politische Grabenkämpfe einzulassen oder überzogene Neutralitätsansprüche zu verfolgen, zeigen die Studien von Boogers-van Griethuisen et al. (2006; 2009). Sie verdeutlichen, dass das politische Agieren von externen Beratern ein zentrales Arbeitsfeld darstellt:

»Indeed, power is a necessary condition for high-quality consulting, while influencing members of the client organization, and thus being politically active, is one of the core responsibilities of consultants.«

(Boogers-van Griethuijsen et al. 2006, S. 325)

Die politische Involviertheit, die insbesondere für interne Change Manager noch stärker gegeben ist, besitzt jedoch klare Grenzen. So konnten die Autoren zeigen, dass vor allem Zwang erzeugende Handlungen wie beispielsweise ›Druck ausüben‹ oder ›Koalitionen bilden‹ keine erhöhte Veränderungsbereitschaft bei den Mitgliedern der Organisationen bewirken konnten. Politisches Geschick, das auch Veränderungsbereitschaft bei den adressierten Akteuren bedingt, führen die Autoren vor allem auf Machtbasen zurück, die nur indirekt und nicht Zwang erzeugend auf andere Personen wirken; Beispiele für Machtbasen sind ›Reputation der Beratungsfirma‹, ›Kontakt zu externen Netzwerken‹ sowie ›zugeschriebene analytische und soziale Fähigkeiten‹ (Boogers-van Griethuijsen et al. 2006, S. 319). Zusammenfassend beschreiben sie ihre Ergebnisse folgendermaßen:

»Only if the consultant manages to be viewed as an expert, who is to be trusted, who has valuable resources at his or her disposal, who has connections in important circles, whose feedback tends to be incisive and so on, will he or she be in a position to do his or her job properly.«

(Boogers-van Griethuijsen et al. 2006, S. 227)

Change Manager, die sich ihrer Führungsrolle bewusst sind, können Veränderungsprozesse somit wirkungsvoll mitsteuern, indem sie ihre Machtbasen zum Tragen bringen und weniger, indem sie direktiv auf die Stakeholder der Veränderungsprozesse einwirken. Da diese Machtbasen nur langfristig aufgebaut und gespielt werden können, ist die Versuchung für Change Manager in Hochbelastungssituationen sicherlich groß, doch eher direkt oder gar nicht zu führen.

Reflexionsfragen für Change Manager zur Klärung der wahrgenommenen Führung

- Welche Beeinflussungsstrategien verwendet der Change Manager überwiegend/gar nicht?
- An welchen Stellen übt er (auch indirekt) Druck auf die Beteiligten im Unternehmen aus?
- Welche Zuschreibungen existieren hinsichtlich seiner Machtbasen?
- Welche seiner Machtbasen sind besonders wichtig im vorliegenden Change-Prozess und könnten stärker gespielt werden?

- Welche Zweifel wurden hinsichtlich seiner Rolle/Position bereits auch indirekt geäußert?
- Wie viel Zeit verbringt er damit, den Change-Prozess zu reflektieren?
- Tragen seine Interventionen derzeit dazu bei, das System zur Selbstständigkeit zu befähigen?
- Sind im System ausreichend Ressourcen vorhanden, die Veränderungsprozesse operativ zu managen? Falls nicht, wie können diese aufgebaut werden?

Literatur

Ameln, F. von/ Kramer, J./Stark, H. (2009): Organisationsberatung beobachtet Hidden Agendas und blinde Flecke. Wiesbaden: VS.

Drevs, M./Hlawatschek, M./Jung, F./Mertens, N./Piescik, C. (2015): Informelle Aufträge in Organisationsentwicklungsprozessen. Eine Analyse mikropolitischer Handlungen im Berater-Klienten-System. In: Mucha, A./Endemann, A./Rastetter, D.: Mikropolitik am Arbeitsplatz. Qualitative Studien zur Anwendung von Taktiken in Unternehmen. Mering: Hampp, S. 69–93.

Boogers-van Griethuijsen, A. I./Emans, B. J. M./Stroker, J. I./Arndt, M. (2006): Twelve foundations for the power position of consultants. In: Vigoda-Gadot, E./Drory, A. (Hrsg.): Handbook of organizational politics. Cheltenham: Edward Elgar, S. 313–327.

Boogers-van Griethuijsen, A. I./ Emans, B. J. M./Stroker, J. I. (2009): Power bases and power use in consultancy. In: Buono, A. F./Poulfelt, F. (Hrsg.): Client-consultant collaboration. Coping with complexity and change. Charlotte (NC): Information Age Publishing, S. 215–229.

Kühl, S./Moldaschl, M. (Hrsg.) (2010): Organisation und Intervention: Ansätze für eine sozialwissenschaftliche Fundierung von Organisationsberatung (Organisation, Intervention, Evaluation). Mering: Hampp.

Shakespeare, W. (1977): The complete works of William Shakespeare. Hertfordshire: Wordsworth Editions, S. 740.

7.4 Renaissance der Organisationskultur?

Martin Spilker

7.4.1 Weniges ist, wie es einmal war

In den letzten Jahren haben sich Arbeitswelt und Unternehmenslandschaft gravierend verändert: Geschäftsmodelle erodieren, Unternehmen stürzen in Transformationskrisen, Kultmarken verschwinden und Start-ups erobern angestammte Märkte und etablierte Branchen. Führungskräfte spüren, wie traditionelle Organisationsstrukturen, Hierarchien und Machtgefüge an Bedeutung verlieren. Partizipation, Co-working, Crowdsourcing, Shared Services – es sind Synonyme für eine moderne Arbeits- und damit Führungskultur. Der Auslöser ist nicht nur die zunehmende Internationalisierung vieler Arbeits-, Produktions- und Kommunikationsprozesse. Der technologische Wandel erfordert von Unternehmen einen permanenten Wandel sowohl ihrer Geschäftsmodelle und Wertschöpfungsketten als auch ihrer Aufbau- und Ablauforganisation – und ihrer Kulturen.

Folgen dieser Entwicklungen sind eine zunehmende Orientierungslosigkeit in den Führungsetagen bei der Festlegung von Strategien und eine hohe Unsicherheit bei den Mitarbeitenden bei gleichzeitiger Notwendigkeit eines kontinuierlichen Change Managements (vgl. Gebhardt et al. 2015). Gibt es aber auch so etwas wie eine Konstante bei Werten, die Unternehmen als Kompass dienen kann? Gibt es ein Maß an Kontinuität in den Strukturen, auf das sich Führungskräfte in diesen Transformationsphasen verlassen kann? Gibt es Grundsätze, die Unternehmen selbst in Krisenzeiten nicht über Bord werfen sollten?

7.4.2 Eine Definition und kurze Geschichte der Unternehmenskultur

Wissenschaftler wie Praktiker sind gleichermaßen auf Spurensuche zu Merkmalen einer Kultur, die herausragende Unternehmensleistungen wie auch eklatantes Missmanagement erklären. Weshalb ist Unternehmenskultur so wichtig? Ed Schein (vgl. Schein 1995) argumentiert, dass die Analyse von Kultur hilft, (1) subkulturelle dynamische Prozesse innerhalb des Unternehmens zu verstehen, (2) unerlässlich ist für ein Verständnis von Wirkungen neuer Technologien auf Unternehmens- und Berufskulturen, (3) als Erklärung für Wechselwirkungen nationaler und ethnischer Gegebenheiten notwendig ist und (4) die Lern-, Veränderungs- und Entwicklungsfähigkeit des Unternehmens unterstützen kann.

Aber was umfasst eigentlich der Begriff Organisationskultur? Ed Schein (vgl. Schein 1995) hat eine Aufstellung von Sachverhalten zusammengetragen, die mit Kultur assoziiert werden:

- wiederkehrende Verhaltensweisen in der Interaktion
- Gruppennormen als implizite Maßstäbe
- bekundete Werte mit artikulierten Prinzipien
- offizielle Philosophien als politische Richtgröße
- Spielregeln als stillschweigend akzeptierte Vorgaben
- Klima durch das Ambiente und Umgangsformen
- verwurzelte Talente durch besondere Fähigkeiten
- Denkgewohnheiten als gemeinsamer kognitiver Rahmen
- gemeinsame Bedeutungen als Übereinkünfte
- Symbole mit Integrationskraft durch Bilder und Gefühle

Die Deutungshoheit von Praktikern hinsichtlich Organisationskultur ist dagegen oftmals kürzer und pragmatischer: »Unternehmenskultur besteht aus der Summe aller Selbstverständlichkeiten, die in einem Unternehmen gelebt werden« (Maucher 2007) oder »The way we do things around here« (Bower 1966). Die Wissenschaft hat sich des Phänomens Organisationskultur verstärkt in den 1950er-Jahren angenommen nach dem erstmaligen Erscheinen des Buches *The Changing Culture of a Factory* von Elliott Jaques im Jahr 1951. Insbesondere nach dem Aufstieg japanischer Unternehmen in die Weltspitze, dem sogenannten Japan-Schock, richtete sich der Blick ab den 1970er-Jahren auf Erfolg versprechende Ansätze zur Gestaltung von Unternehmenskultur. Dabei widmeten sich Wissenschaft und Praxis nicht nur den Besonderheiten asiatischer Unternehmensführung, sondern begannen auch, ›rezepthafte Handlungsanweisungen‹ zu entwickeln (Überblick bei Sackmann 2004 sowie Möltner et al. 2016). Die Unterschiedlichkeit der Konzepte mündet dabei oft in einem Wirrwarr an Begrifflichkeiten und Definitionen. So stehen heute oft Forderungen nach einer Prozesskultur, Netzwerkkultur, Kooperationskultur, Vertrauenskultur, Partnerschaftskultur, (Hoch-) Leistungskultur, Innovationskultur, Start-up-Kultur etc. nebeneinander.

Hilfreich für eine Systematisierung der unterschiedlichen, sich oft überlappenden, manchmal auch widersprechenden Verständnisse, was man eigentlich mit Kultur meint, bleibt dabei eine grundlegende Unterteilung in Metaphernansatz, Variablenansatz und integrativen Ansatz (Überblick bei Sackmann 2004). Einerseits wird dabei die Auffassung vertreten, dass ein Unternehmen Ausdruck einer bestimmten Kultur ist, die durch seine Mitglieder maßgeblich (mit) beeinflusst wird und nur durch eine ganzheitliche Betrachtung interpretativ erschlossen werden kann *(Metaphernansatz)*. Demgegenüber steht die Sicht, Unternehmenskul tur als gestaltbares Element von Unternehmen zu verstehen, das objektiv erfassbar ist *(Variablenansatz)*.

Am besten beschreibt aber wohl der *integrative Ansatz* die Realität in Organisationen (vgl. Schein 2010 und Sackmann 2004), weil er sichtbare Verhaltensweisen und Artefakte auf der obersten Ebene mit unausgesprochenen Grundannahmen auf der tieferen Ebene verbindet. Bildhaft kann dies anhand des Eisberg-Modells dargestellt werden: Es gibt eine sichtbare Spitze mit gelebten Praktiken, Formularen, Architekturen etc. und versteckte Verhaltensmuster, die zum Großteil unter der Oberfläche und daher auf den ersten Blick nicht sichtbar sind. Deshalb machen viele Kultur-Analysen oft auch den Fehler, nicht zwischen offiziellen Verlautbarungen, Leitbildern etc. und der gelebten Unternehmenskultur zu unterscheiden.

Aus diesem Grund setzt eine tiefer gehende Auseinandersetzung mit der Kultur einer Organisation immer ein ganzheitliches Verständnis der Unternehmenskultur voraus. Mitarbeiterbefragung und Datenerhebung sind nur bedingt geeignet, das Panorama einer Unternehmenskultur zu zeichnen. So haben Studien (vgl. u.a. Sackmann 2004) insbesondere mit Interviews in Organisationen verdeutlichen können, was erfolgreiche Unternehmen auszeichnet: die Gewährung unternehmerischer Freiräume durch dezentrale Strukturen, die konsequente Delegation von Verantwortung, die Förderung von Innovationen durch eine Partizipationskultur, die Dialogfähigkeit zwischen den Interessenvertretungen, aber auch eine stabile Führungsstruktur, oft getragen durch solide Eigentümerverhältnisse.

Zehn Jahre später wurden diese Ergebnisse bestätigt (vgl. Möltner et al. 2016). Die Führungsprinzipien der Vergangenheit haben anscheinend nichts an Aktualität und Gültigkeit verloren – im Gegenteil: Die Konzentration auf Kernwerte und deren konsequente Umsetzung, die Zusammenarbeit zwischen Gesellschaftern, Aufsichtsrat, Vorstand und Betriebsrat, die kontinuierliche Förderung von Innovationen sowie der offensive Umgang mit Krisen als Chance für die Weiterentwicklung von Geschäftsmodell und Unternehmenskultur sind Merkmale dieser erfolgreichen, nachhaltigen Führung.

Die Gestaltung der Unternehmenskultur kann also durch die Gestaltung moderner Organisations- und Führungsstrukturen sowie die Einstellungen und das Verhalten der Mitarbeitenden positiv auf unternehmerisches Entscheiden und Handeln und somit auf betriebswirtschaftliche Kennzahlen durchschlagen. Deshalb ist es für die Führung der Zukunft so wichtig, in einer globalen, komplexen und unsicheren Welt die Fähigkeiten ihrer Führungskräfte und Mitarbeitenden zu aktivieren und deren kooperative Zusammenarbeit für den nachhaltigen Unternehmenserfolg zu nutzen (vgl. Möltner/Morner 2013).

7.4.3 Fokus Unternehmenskultur – noch zeitgemäß?

Wer heute zu euphorisch über das Thema Unternehmenskultur spricht, macht sich verdächtig. In Zeiten permanenter Neuerfindung der Organisation wirkt das Konzept behäbig, fast gestrig. In vielen Organisationen uferte die Gestaltung der Unternehmenskultur über viele Jahre hinweg in einer oft identisch klingenden Flut an Leitbildern und Führungsgrundsätzen aus. Leitbilder enthalten oft Werte, die in Organisationen eben gerade *nicht* gelebt werden. Würden sie gelebt, bräuchte man sie nicht extra dokumentieren (vgl. Doppler 2012).

Die Diskussion um die Unternehmenskultur lief viele Jahrzehnte lang unter der Überschrift eines ›weichen‹ Erfolgsfaktors, der sich neben den ›harten‹ Geschäftsfaktoren zu behaupten hatte. Entsprechend war das Instrumentarium der Kulturentwicklung aufgestellt: eher an den Befindlichkeiten der Organisationsmitglieder orientiert als am wirtschaftlichen Erfolg der Gesamtorganisation. So ist die Unternehmenskultur zum Spielfeld wohlmeinender Gutmenschen geworden und manchmal auch zu Kuschelkulturen verkommen: Nett, dass wir darüber geredet haben (vgl. Jäger 2011).

Was ist passiert, dass ein Begriff wie Unternehmenskultur einen solchen Beigeschmack bekommt? Hat sich das Konzept überlebt? Ein wesentlicher Grund hierfür liegt sicher darin, dass sich im Umfeld der Organisationen durch den technologischen Wandel gravierende Veränderungen ergeben haben. Nicht nur, dass durch die Digitalisierung neue Wettbewerber am Schauplatz des (Markt-) Geschehens aufgetaucht sind. Auch die internen Prozesse unterliegen einem Wandel: Plattformen sind die Märkte der Zukunft – Geschwindigkeit wird für viele Organisationen zum vierten Produktionsfaktor. Einmal einen Trend verpasst, ist ggf. schon ein Geschäftsbereich ruiniert oder zwingt dazu, dem aufstrebenden Start-up das Feld zu überlassen. Die Konsequenz vielerorts: keine Zeit für lange Kulturdebatten.

7.4.4 Renaissance der Unternehmenskultur in neuem Gewand

»Die Digitalisierung ist wie das Jüngste Gericht. Alle Branchen und Organisationen werden irgendwann vor dieses Tor treten müssen und gefragt werden: Was habt ihr in den letzten Jahrzehnten für eure Kunden Nutzbringendes gestiftet? Was wisst ihr eigentlich über Eure Kunden?« (Roehl 2014). Ganz unabhängig von den Meinungen zum Ausmaß der technologischen Entwicklungen: Die Digitalisierung in Wirtschaft und Gesellschaft ist längst Realität – man befindet sich durch den technologischen Wandel bereits mitten in einer Zeitenwende.

Durch die technologischen Entwicklungen prallen zwei unterschiedliche mentale Modelle aufeinander: auf der einen Seite eine von hoher Transparenz getriebene und dadurch auf Effizienz getrimmte digitale Welt, auf der anderen Seite sich an Nachhaltigkeit und Verantwortung orientierende Organisationen mit einem auf Partizipation und Teilhabe ausgerichteten Weltbild. Dadurch ergibt sich in vielen Organisationen für die dort beschäftigten Führungskräfte und Mitarbeitenden wie auch für die zu betreuenden Kunden ein *Clash of Cultures.* Spätestens mit der Digitalisierung wird die Unternehmenskultur so vom ›weichen‹ zum ›harten‹ Erfolgsfaktor zukunftsfähiger Unternehmenssteuerung.

Menschen in Organisationen arbeiten in Organisationskulturen, an deren Entstehung, Entfaltung aber manchmal auch Zerstörung sie einen wesentlichen Anteil haben. Kultur entsteht aus einem komplexen Lernprozess, der sich nur teilweise vom Verhalten einer Führungspersönlichkeit beeinflussen lässt. Definitionen betonen oft den Umgang im Unternehmen untereinander mit Bezug auf die bekundeten Werte und unumstößlichen Regeln eines Betriebes. So beschrieb auch der Nestor der Organisationskultur-Forschung Ed Schein (Schein 1995, S. 25) Kultur als »[...] ein Muster gemeinsamer Grundprämissen, das die Gruppe bei der Bewältigung ihrer Probleme externer Anpassung und interner Integration erlernt hat, das sich bewährt hat und somit bindend gilt; und das daher an neue Mitglieder als rational und emotional korrekter Ansatz für den Umgang mit diesen Problemen weitergegeben wird«.

An der definitorischen Grundlage der Unternehmenskultur hat sich seither wenig geändert. Gleichzeitig ist festzustellen, dass die Relevanz des Themas für die Frage des Unternehmenserfolgs mit der Digitalisierung wieder zugenommen hat. Die Debatte wird heute allerdings viel stärker aus strategischer Perspektive geführt – mit direktem Blick auf das Geschäft.

Bei den Bemühungen um eine Transformation von Geschäftsmodellen oder die Vermeidung des Niedergangs einer Kultmarke wurde viele Jahre lang eine Erkenntnis völlig außer Acht gelassen: Erst kommt der kulturelle Verfall, dann erst der wirtschaftliche. Rückgänge von Umsatz und Gewinn, Verluste an Marktanteilen etc. sind oft lediglich Symptome. Die Ursachen für die Probleme könnten also bereits viel früher erkannt werden, schielte man nicht auf Geschäftszahlen, sondern auf die unternehmenskulturellen Haarrisse (vgl. Spilker 2016a). Denn viele der in Schieflage geratenen oder untergegangenen Unternehmen kranken eher an einem Verlust an Kreativität und Dynamik (vgl. Spilker 2016b). Die Gründe:

- Überheblichkeit gegenüber dem Markt, dem Konkurrenten oder dem Kunden
- Verlust an Querdenkertum und die Förderung von Ja-Sagern
- unsachgemäßer Generationenwechsel durch das Festhalten des Patriarchen
- Aufbau von Bürokratie als Daseinsberechtigung der einzelnen Abteilungen

Eine ausgeprägte und produktive Unternehmenskultur ist wichtiger denn je, denn: Produkte und Prozesse kann die Konkurrenz schnell kopieren – eine erfolgreiche Unternehmenskultur nicht. Deshalb steht und fällt die Zukunftsfähigkeit eines Unternehmens heute mit der Fähigkeit der Organisation, sich einfache, aber existenzielle Fragen zu stellen, auf die insbesondere die Führung eine Antwort finden muss:

- Was ist meine Daseinsberechtigung als Organisation in Zeiten der Digitalisierung?
- Was ist unser Unique Selling Proposition (USP) und was sind unsere Kernprodukte?
- Was macht meine Organisation anders oder besser als ihre digitale Konkurrenz?
- Welche Dienstleistungen und Produkte können exklusiv angeboten werden?
- Welche Führungsprinzipien stellen zukünftig Kreativität und Motivation sicher?

Im Zeitalter der Digitalisierung ändern sich viele Spielregeln. Deshalb rückt neben der Debatte um die Folgen von Transparenz und Effizienz auf die Geschäftsmodelle sowie die Optimierung einzelner Arbeits-, Produktions-, Kooperations- und Kommunikationsprozesse eine Herausforderung für Führungskräfte ins Zentrum. der Paradigmenwechsel in vielen Organisationen bei der Gestaltung ihrer Organisationsstrukturen und Führungskulturen.

Über die Optimierung von Wertschöpfungsketten hinaus wird es für Führungskräfte immer wichtiger, sich auf die Arbeitswelt von morgen einzulassen und zukunftsfähige Führungsstrukturen zu etablieren.

7.4.5 Kultur führen

Die Schwierigkeit der Analyse und Gestaltung von Unternehmenskultur besteht vor allem in ihrer Unsichtbarkeit. Unternehmenskultur ist nichts Offenkundiges. Zwar spürt man sie im Erfolgsfall überall im Unternehmen: im Erleben und Verhalten der Organisationsmitglieder, in Führung und Zusammenarbeit oder auch in den Leistungen des Unternehmens. Ed Schein (Schein 1995) unterschied deshalb sichtbare offenkundige Erscheinungsformen, die leicht zu beobachten, aber schwer zu entschlüsseln sind (Sprache, Architektur, Broschüren …) von bekundeten Werten, die – oft durch eine Person als Ursprung – zur »richtigen« oder »falschen« Lösung von Aufgaben nach einem Prozess kognitiver Umwandlung in Werte führten. Und er beschrieb tief verwurzelte, unbewusste Grundprämissen auf der Basis sich durch Wiederholung bewährter Lösungen mit dem Charakter von Selbstverständlichkeiten. Oft verbergen sie sich in Analogie zum Eisberg unter der Oberfläche z. B. in Form von:

- internen Regeln (»Ohne Herrn Müller aus der Rechtsabteilung geht hier gar nichts.«),
- versteckten Anreizen (»Gutes Aussehen ist alles und fördert die Sichtbarkeit.«),
- und Glaubenssätzen (»Das geht hier ja sowieso alles den Bach runter.«).

Es sind gerade diese ungeschriebenen Gesetze einer Organisation, die am Ende Veränderungen verhindern und Organisationen nicht zukunftsfähig werden lassen. Viele Führungskräfte vertrauen dann auch noch auf vermeintlich erfolgreiche und bewährte Instrumente der Vergangenheit, wie z. B. Mitarbeiterbefragungen, Stellenbeschreibungen oder Zielgespräche. Dies erweist sich allzu oft als trügerisch: Denn was, wenn Mitarbeiter sich hinter Stellenbeschreibungen verstecken, Stellenbeschreibungen zur Grundlage vom Dienst nach Vorschrift werden und Mitarbeiterbefragungen genutzt werden, um Führungskräfte bloßzustellen? Es ist ein Blick in den Rückspiegel – sagt aber nichts über den vor der Führung liegenden, zukünftigen Weg voraus. Wirklich relevante kulturelle Faktoren wie Machtsysteme, informelle Kommunikation, Unvernunft oder hartnäckige Widerstände wurden bei der Arbeit an der Kultur früher oft außer Acht gelassen. Heute stehen sie bei der Kultur-Arbeit der Führung im Zentrum. Entsprechend werden sich auch die Anforderungen an die Kompetenzen von Führungskräften ändern. Während bei Mitarbeitern nach wie vor noch die Fachkompetenz (23 %) und die Methodenkompetenz (27 %) dominieren, wird Führungskräften im Vergleich ein höheres Maß an sozialer und persönlicher Kompetenz zugeschrieben. Bereits heute entfallen 31 % auf persönliche Kompetenzen, wie zum Beispiel Werthaltung, Vertrauensaufbau und Empathie, sowie 35 % auf soziale Kompetenzen, wie zum Beispiel Netzwerkfähigkeit oder Coaching, während Fach- und Methodenkompetenz insgesamt nur noch 34 % ausmachen (Hofmann et al. 2015).

Um wirksam zu führen, braucht es den Fit aus Kompetenzen und Persönlichkeit unter Einbeziehung der jeweiligen Führungsbedingungen. Bei einem Blick auch und in die Arbeitswelt von Morgen gilt es, eines zu ergänzen: Es bedarf nicht nur eines ›Mehr‹ an Führung – unter Umständen bedarf es auch einer ›deutlicheren‹ Führung. Damit ist nicht eine Rückkehr zur autoritären Führung gemeint, sondern in erster Linie eine kontextabhängige Führung, denn es geht letztlich um wirksame Führung.

Mal kann es notwendig sein, als Führungskraft ohne Einbindung aller Beteiligten schnell zu entscheiden, während vielleicht am Nachmittag wieder viele Mitarbeitende in den Strategieprozess eingebunden werden können. Immer öfter gilt es, angesichts der Erfordernisse durch Terminvorgaben, Kundenanforderungen oder Prozessgestaltung bei Arbeitszeit-, Beförderungs- oder Fortbildungswünschen nicht unter einen unsinnigen Partizipations- und Permissionsdruck zu geraten. Führungskräfte müssen neben der Handhabung eines guten Konfliktmanagements auch wieder lernen, NEIN zu sagen!

Führungskräfte wie auch Personalabteilungen stoßen mit all den Fragenzeichen zu ihrem Leistungsvermögen, aber auch zur Sinnstiftung des Gesamtunternehmens, zunehmend an ihre eigenen Grenzen (vgl. Roehl 2015 sowie Spilker et al. 2014). Deshalb wird es immer wichtiger, Führungskräfte in dem Spannungsfeld von neuer und alter Welt zu unterstützen. Und für Human-Resources-Abteilungen lautet die Herausforderung. Gebt der Organisation, was sie braucht und nicht was sie will!

Gleichzeitig müssen Mitarbeiter lernen, selbst Verantwortung zu übernehmen und sich mit Kollegen in einer flexiblen Arbeitswelt auseinanderzusetzen. Peer Group Learning und Netzwerke statt nachfrageorientierter Fortbildungskataloge. Und auch die Organisationsentwicklung muss neue Wege gehen: Gruppendynamik und Irritation reichen eben nicht mehr allein in einer Zeit, in der Irritation zum täglichen Erleben der Führungskräfte gehört.

Literatur

Bower, M. (1966): The will to manage. Corporate Success through programmed management. New York: McGraw-Hill Education.

Doppler, K. (2012): Impulsvortrag im Rahmen des »Executive Training 2012« der Bertelsmann-Stiftung.

Gebhardt, B./Hofmann, J./Roehl, H. (2016): Zukunftsfähige Führung. Die Gestaltung von Führungskompetenzen und -systemen. Gütersloh: Bertelsmann Stiftung.

Hofmann, J./Bonnet, P./Schmidt, C./Wienken, V. (2015): Die flexible Führungskraft. Strategien in einer grenzenlosen Arbeitswelt. Gütersloh: Bertelsmann Stiftung.

Jäger, R. (2011): Ausgekuschelt. Unbequeme Wahrheiten für den Chef – Mitarbeiterführung auf dem Prüfstand. Zürich: Orell Füssli.

Jaques, E. (1951): The changing culture of a factory. London: Tavistock (Reprint 2003, Routledge).

Maucher, H. (2007): Management Brevier. Ein Leitfaden für unternehmerischen Erfolg. Frankfurt a. M.: Campus.

Möltner, H./Göke, J./Jung, C./Morner, M. (2016): Neue Perspektiven zum nachhaltigen Erfolg durch Unternehmenskultur. Gütersloh: Bertelsmann Stiftung.

Möltner, H./Morner, M. (2013): Erfolgsrezept Unternehmenskultur?! In: high potential (4), S. 11–12.

Roehl, H. (2014): Impulsvortrag im Rahmen des »Executive Training 2014« der Bertelsmann-Stiftung.

Roehl, H. (2015): Am Limit. Gütersloh: Bertelsmann Stiftung.

Sackmann, S. (2004): Erfolgsfaktor Unternehmenskultur. Mit kulturbewusstem Management Unternehmensziele erreichen und Identifikation schaffen. 6 Best Practice-Beispiele. Wiesbaden: Gabler.

Schein, E. (1995): Unternehmenskultur. Ein Handbuch für Führungskräfte. Frankfurt a. M.: Campus.

Schein, E. (2010): Organizational culture and leadership. San Francisco: Wiley.

Spilker, M./Roehl, H./Hollmann, D. (2014): Die Akte Personal. Warum sich Personalwirtschaft jetzt neu erfinden sollte. Gütersloh: Bertelsmann Stiftung.

Spilker, M. (2016a): Das Zauberwort heißt: Konsequenz! – Warum unternehmenskulturelle Haarrisse so gefährlich sind. Blogbeitrag auf www.creating-corporate-cultures.org. Gütersloh: Bertelsmann Stiftung.

Spilker, M. (2016b): Querdenker in Organisationen – oder: Wie würde es Pippi Langstrumpf heute gehen? Blogbeitrag auf www.creating-corporate-cultures.org. Gütersloh: Bertelsmann Stiftung.

7.5 Die Achtsame Organisation: Mythos oder lebendige Realität?

Erfahrungen aus dem Netzwerk Achtsame Wirtschaft

Kai Romhardt, Markus Plischke

Die Schulung von Achtsamkeit gilt im Buddhismus seit über 2500 Jahren als zentrale Voraussetzung für die Kultivierung von Mitgefühl, innerer Freiheit, ethischem Handeln sowie das Erlangen tiefer Einsichten. Achtsamkeit gilt hier als königlicher Geisteszustand. In den letzten Jahren ist das Achtsamkeitstraining von immer breiteren Kreisen im Westen entdeckt worden. Immer mehr Unternehmen und andere Organisationen setzen es als Mittel zur Stressbewältigung, aber auch als Mittel zu Selbstmanagement, verbesserter Kommunikation oder als Führungsinstrument ein. Schon wird gefragt, wie wir ›achtsame Organisationen‹ schaffen können. Der Artikel zeigt Entwicklungen im Themenfeld auf, definiert zentrale Begriffe und präsentiert Erfahrungen und Einsichten der Fachgruppe »Achtsame Organisation« des Netzwerks Achtsame Wirtschaft e. V. sowie vielfältige Eindrücke, welche die Autoren als Dharmalehrer (Romhardt) und Organisationsberater (Plischke, Romhardt) gesammelt haben. Er ist eine Einladung, sich selbst in Achtsamkeit zu üben und eine sowohl individuelle als auch kollektive Entdeckungsreise zu einem neuen Verständnis organisatorischen Handelns zu starten.

7.5.1 Achtsamkeit – der königliche Geisteszustand

Achtsamkeit heißt, gegenwärtig zu sein und mit ausreichend innerem Raum alles wahrzunehmen, was im gegenwärtigen Augenblick geschieht. Das ist alles andere als einfach. Anfänger in der Übung der Achtsamkeitspraxis sind häufig geschockt, wie intensiv sie sich in der Zukunft verlieren und mit ihren Szenarien, Plänen und Projekten beschäftigt sind – oder sich mit den verpassten Gelegenheiten der Vergangenheit beschäftigen. Achtsamkeit fasziniert, weil sie uns etwas zurückgibt, was wir in unseren beschäftigten, verplanten und Medien-gesättigten Leben vergessen haben: *Leben findet nur in der Gegenwart statt.* Nur in der Gegenwart wird gedacht, gefühlt, wahrgenommen, gesprochen oder gehandelt. Nur in der Gegenwart können wir führen, arbeiten oder planen. Wächst unsere Achtsamkeit, gibt sie uns die Kontrolle über wesentliche Teile unseres Lebens zurück. Wer sich gut um die Gegenwart kümmert, kümmert sich auch gut um die Zukunft. Die Stärkung von Achtsamkeit ist der Ausgangspunkt für einen tief gehenden Entwicklungsprozess, der alle Teile unseres Lebens erfassen kann.

Hier einige *Attribute von Achtsamkeit* aus buddhistischer Perspektive:

- Achtsamkeit ist ein trainierbarer Geisteszustand, der im Buddhismus höchste Wertschätzung genießt und als königlicher Geisteszustand bezeichnet wird.
- Achtsamkeit lässt uns die Realität ohne Verzerrungen und jenseits von Konzepten und Urteilen wahrnehmen. Durch diese unmittelbare Erfahrung der Gegenwart wird es möglich, die Wirklichkeit tief zu berühren.
- Achtsamkeit bildet die Grundlage für tiefer gehende Geistesschulung und Einsichtsmeditation, indem sie Licht in die Wechselwirkungen von körperlichen Prozessen, Denkvorgängen, Emotionen, Empfindungen, Wahrnehmungen und Bewusstseinsinhalten bringt.
- Achtsamkeit führt zusammen mit Konzentration und Sammlung zu Einsicht. Wir erkennen, was wir tagtäglich in Form von Gedanken, Worten und körperlichen Taten in die Welt aussenden und wie diese Handlungen auf uns und andere wirken.
- Achtsamkeit verbindet uns mit unserer persönlichen Realität und macht auch unser Umfeld lebendig. Achtsamkeit führt zu Mitgefühl, Verstehen und Liebe.
- Achtsamkeit schenkt uns einen klaren, ehrlichen Spiegel. Wir erkennen, dass wir uns selber schädigen, wenn wir andere schädigen. Wir erhalten einen ethischen Kompass, ethisches, nicht-schädigendes Handeln wird zunehmend zu einem natürlichen Begleiter der Achtsamkeitspraxis.
- Achtsamkeit wird durch einen lebenslangen Übungsprozess aufgebaut, vertieft und aufrechterhalten und nicht dauerhaft ›errungen‹. Achtsamkeit will kultiviert und lebendig erhalten werden.

Im *Buddhismus* ist Achtsamkeit zudem eines der acht Übungsfelder des *Achtfachen Edlen Pfades,* der eine der Kernlehren des Buddhismus darstellt. Dieser Übungspfad umfasst das »rechte Denken«, »rechte Sprechen«, »rechte Handeln«, die »rechte Anstrengung«, den »rechten Lebenserwerb«, die »rechte Sichtweise« und die »rechte Sammlung«. Achtsamkeit erhellt diese Übungsfelder und steht in hoher Wechselwirkung zu ihnen. Achtsamkeit ist auf Dauer nicht selektiv zu verwirklichen, sondern durchdringt die verschiedensten Lebens- und Handlungsfelder.

Dieser Hinweis ist insofern wichtig, da er aufzeigt, dass gelebte Achtsamkeit immer mit gelebter Ethik einhergeht und in seiner Tiefendimension somit ein ethisches Thema darstellt, das Organisationen in ihren Grundüberzeugungen und Werten verändern kann.

7.5.2 Achtsamkeit: Eine Welle erhebt sich

Im Netzwerk Achtsame Wirtschaft e. V.[6] betrachten wir seit 2004 die Wirkung der Kultivierung von Achtsamkeit auf Wirtschaftsprozesse wie Arbeit, Konsum, den Umgang mit Geld und auf die Ausrichtung und das Agieren von Organisationen. Während wir in den ersten Jahren unseres Wirkens vielerorts auf taube Ohren gestoßen sind, greift die Öffentlichkeit das Thema Achtsamkeit inzwischen massiv auf. So ruft das Magazin TIME die »Mindful Revolution« aus (Englisch mindful = achtsam; vgl. Pickert 2014). Die Washington Post, die Harvard Business Review, der Guardian und auch viele deutsche Magazine wie Spiegel, Focus oder DIE ZEIT sowie das Handelsblatt haben das Thema Achtsamkeit bereits prominent behandelt. Hier weitere Beispiele:

- Der Zukunftsforscher Matthias Horx ruft Achtsamkeit zum neuen Megatrend aus (vgl. Horx et al. 2015).
- Auf dem Weltwirtschaftsforum in Davos ziehen die Workshops zum Thema Achtsamkeit von Jahr zu Jahr in größere Räume um.
- In Großbritannien hat sich in Zusammenarbeit von Unter- und Oberhaus eine »Mindfulness Initiative«[7] gebildet, die vor kurzem im Parlament einen Bericht unter dem Titel *The Mindful Nation* vorgelegt hat. Diese Gruppe um den Parlamentsabgeordneten Chris Ruane meditiert regelmäßig zusammen, agiert fraktions- und kammerübergreifend und untersucht das Potenzial von Achtsamkeit für alle Bereiche der Gesellschaft.
- Die Harvard Medical School reserviert in ihrer Kantine Tische, an denen achtsam und in Stille gegessen werden kann und veröffentlicht Bücher zur Wechselwirkung von Achtsamkeit und Gesundheit (vgl. Thich Nhat Hanh/Cheung 2012).

Die Forschung zum Thema Achtsamkeit explodiert

Neben einer kaum mehr übersehbaren Reihe von Übungsbüchern zur Achtsamkeitspraxis[8] explodiert auch die Forschung zum Thema Achtsamkeit. Neben medizinischen Studien zur Wirkung auf Stress, findet das Thema auch in der Gehirnforschung (vgl. Singer/Ricard 2015) und der Organisationsforschung (vgl. Weick/Putnam 2006) immer mehr Beachtung.

---

6 Das Netzwerk Achtsame Wirtschaft ist ein gemeinnütziger Verein, der das Potenzial der buddhistischen Lehre und Praxis für wirtschaftliche Prozesse untersucht. Hierzu werden pro Jahr um die 160 Veranstaltungen organisiert (siehe www.achtsame-wirtschaft.de).

7 Mehr Infos unter: http://www.themindfulnessinitiative.org.uk

8 Exemplarisch (buddhistisch): Thich Nhat Hanh (2007); exemplarisch (säkular): Kabat Zinn (2013).

Immer mehr Manager und Führungskräfte trauen sich aus der Reserve und teilen öffentlich, wie *Meditation* ihnen dabei hilft, in ihrem herausfordernden Leben, gesammelt, klar und entspannt zu bleiben (vgl. Kohtes/Rosmann 2014). Es grenzte schon an eine Revolution, als sich der ehemalige Vorstandsvorsitzende von BMW, Norbert Reithofer, mit geschlossenen Augen im Manager Magazin 6/2014 zur Meditation ›bekannte‹.

Neben der immer schneller wachsenden Zahl von Meditierenden, die sich in buddhistischen ›Sanghas‹, in christlichen Kontemplationskreisen oder anderen spirituellen Zusammenhängen in die Meditation und Geistesschulung vertiefen, kann man heute die *MBSR-Bewegung* als Speerspitze der säkularen Meditationsbewegung ansehen. Säkular heißt hier stark verkürzt: Meditations- und Achtsamkeitsübung ohne Buddha und ohne religiöse Elemente. MBSR steht für *Mindfulness Based Stress Reduction* und ist ein meditationsbasierter Acht-Wochen-Kurs, der vor über 30 Jahren vom Kardiologen und Molekularbiologen Jon Kabat-Zinn entwickelt wurde. Hunderte klinischer Studien haben die Wirksamkeit dieser Methode bestätigt.

Inzwischen gibt es allein im deutschsprachigen Raum mehr als 400 Lehrer und Lehrerinnen, die als MBSR-LehrerInnen zertifiziert sind. Viele von ihnen dehnen ihr Tätigkeitsfeld immer weiter in klassische Personalentwicklungsthemen wie Führung, Kommunikation oder Arbeitsmethodik aus. Zudem treten immer mehr achtsamkeitsbasierte Unternehmensberatungen und Trainingsanbieter in den Achtsamkeitsmarkt ein, darunter global aufgestellte wie Google »Search Inside Yourself« oder die Kalapa-Akademie im deutschsprachigen Raum.

Als Trainer, Berater und Keynote Speaker habe ich (KR) in den letzten zehn Jahren in über hundert Organisationen als Redner, Trainer und Berater Impulse im Themenfeld gesetzt und beobachte eine zunehmende Offenheit und Vertiefung des Interesses in Konzernen, bei Mittelständlern, aber auch bei Freiberuflern und in NGOs. Meditations-Apps wie *7Mind, Achtsamkeit App* oder *Headspace* sind inzwischen auf Millionen von Smartphones zu finden.

Buddhistischer Zwischenruf: Ist das noch Achtsamkeit?
Für erfahrene Meditierende ist der Aufstieg des Themas Achtsamkeit eine Freude und Zumutung zugleich. Mancher Manager, der noch gestern das klassische Wettbewerbsdenken preiste und aggressives Marketing für fragwürdige Produkte betrieb, legt eine Blitz-Transformation hin und tritt nach dem Besuch eines Achtsamkeitsseminars als Achtsamkeitsexperte auf. Ein Alkoholproduzent, der einige Führungskräfte auf eine Achtsamkeitsschulung gesendet hat, erklärt sich selber zur »achtsamen Organisation«. Die Verheißung, dass Achtsamkeit zu erhöhter Leistungsfähigkeit, Effektivität, Durchhaltevermögen und Stressresistenz führt,

dominiert in ökonomischen Zusammenhängen die klassische Motivation der Achtsamkeitsschulung, die Kultivierung von Sammlung, Einsicht und Weisheit sowie Mitgefühl. Ron Purser, Professor für Management an der San Francisco State University, und David Loy, Zen-Lehrer, weisen in ihrem Artikel *Beyond McMindfulness* auf die Gefahren einer Instrumentalisierung Jahrtausende alter Methoden hin, die aus ihrem ethischen und religiösem Kontext gerissen werden (vgl. Purser/Loy 2013). Die Gefahr, dass Achtsamkeit zum ›Tool‹ für Stressreduktion oder zur Leistungssteigerung degradiert werden kann, wird spätestens dann deutlich, wenn man weiß, dass u. a. das US-amerikanische private Sicherheits- und Militärunternehmen Blackwater achtsamkeitsbasierte Methoden in ihr Trainingsprogramm für Scharfschützen aufgenommen hat.

7.5.3 Achtsamkeit in der Organisation: einige Definitionen

Es existieren offensichtlich sehr unterschiedliche Vorstellungen davon, was Achtsamkeit in Organisationen zum Besseren verändern soll. Wir sehen das Thema Achtsamkeit in der Organisation als ein noch junges Forschungs-, Erfahrungs- und Übungsfeld, das sich mit den Auswirkungen von steigender Achtsamkeit auf alle Bereiche einer Organisation beschäftigt. Im Folgenden möchten wir einige zentrale Begriffe vorstellen, die unsere Arbeit in der Fachgruppe *Achtsamkeit in der Organisation* strukturieren:

Achtsamkeitsmethoden sind Übungspraktiken, mit denen Achtsamkeit trainiert und geübt wird. Ziel ist es, den Geisteszustand der Achtsamkeit zu stärken und immer länger aufrechtzuhalten. Es existiert eine breite Palette von Methoden der Achtsamkeitsschulung, welche individuell oder mit anderen gemeinsam geübt werden können und die beim Aufbau und zur Aufrechterhaltung individueller und kollektiver Achtsamkeit eingesetzt werden können. Bewährte Methoden im Netzwerk Achtsame Wirtschaft sind:

- Sitzmeditation
- Gehmeditation
- Achtsames Atmen
- Tiefes Zuhören
- Achtsamkeitsglocken / A L I
- Arbeitsmeditation
- Muße
- Essmeditation/Achtsames Essen
- Edles Schweigen
- Metta-Meditation
- Tiefenentspannung

- Tiefer Austausch
- Lächeln

Organisationale Achtsamkeit bezeichnet den Grad der kollektiven Achtsamkeit einer Gruppe oder einer Organisation zu einem bestimmten Zeitpunkt sowie über die Zeit hinweg den zu erwartenden, regelmäßig manifestierten Achtsamkeitslevel einer Organisation (Achtsamkeit als prägende Kraft der Organisationskultur).

Die Achtsame Organisation. Dieser Begriff bezeichnet ein Ideal – eine idealtypische Organisation –, in der die organisationale Achtsamkeit zu allen Zeitpunkten, in allen Prozessen und an allen Orten hoch und beständig ist. Organisationen können sich diesem Ideal nur annähern und es als ›Polarstern‹ nutzen, um sich auszurichten und sich selbst im Spiegel zu betrachten. Hierzu setzen sie bewusst individuelle und kollektive Achtsamkeitsmethoden ein, um die organisationale Achtsamkeit zu stärken.

Der Großteil von Unternehmen, die heute Achtsamkeit betreiben, strebt dieses Ideal nicht an. Sie wollen Instrumente der Achtsamkeit wie achtsames Atmen, Innehalten oder Formen der Sitz- und Gehmeditation selektiv nutzen. Häufig sehen sie dabei nicht den Bezug zwischen Ethik und Achtsamkeit. Dominantes Ziel ist es, als Organisation oder als Einzelperson effizienter, effektiver, schneller, konzentrierter, gesünder, erfolgreicher oder entspannter zu werden. Das ist legitim und in vielen Fällen ein wunderbarer Schritt. Eine achtsamkeitsbasierte Wirtschaftsethik ist in dieses Verständnis nicht integriert, sei es sinnstiftend oder orientierend. Organisationen mit einem solchen Achtsamkeitsverständnis betreiben *Achtsamkeit in der Organisation im weiteren Sinne,* sie sehen Achtsamkeit häufig als neues Mittel zu alten Zwecken (Rendite, Schnelligkeit, Effizienz ...).

Nehmen wir Achtsamkeit hingegen als Ausgangspunkt und Fundament unserer organisatorischen Wirklichkeit, können ganz andere, neuartige Organisationsformen entstehen. Wir sprechen hier von *Achtsamkeit in der Organisation im engeren Sinne.* Organisationen, die sich auf einen solchen Prozess einlassen oder ihn als Ziel in ihre Gründungsverfassung aufnehmen, wünschen sich primär, dass ihre Mitglieder mitfühlender, weiser, verständnisvoller, freudiger, gesammelter, freier und sinnvoller in und für die Organisation agieren und ihr wahres Potenzial entfalten. Die Organisation ist Mittel zum Zweck höherer, gemeinwohlfördernder Ziele. Dass ihre Mitglieder auf diesem Wege zudem effektiver, entspannter und gesünder agieren, ist ein schöner und logischer Nebeneffekt. Eine *achtsamkeitsbasierte Wirtschaftsethik* ist in diesen Prozess integriert, sinnstiftend und orientierend.

Nähern wir uns dem erstaunlichen Potenzial von Achtsamkeit für Organisationen, indem wir das buddhistische Kloster *Plum Village* mit den Augen eines Organisationsberaters vorstellen. Plum Village ist eine Organisation, die Achtsamkeit in ihrer DNA trägt und vom bekannten buddhistischen Achtsamkeitslehrer, dem vietnamesischen Zen-Meister Thich Nhat Hanh gegründet wurde. Einige Fakten zum Vorverständnis. Plum Village wurde 1982 in der Dordogne, ca. 80 km von Bordeaux entfernt, gegründet. Heute besteht es aus vier miteinander verbundenen Klöstern, die über 150 Nonnen und Mönche beherbergen und ist damit das größte buddhistische Kloster in Europa. Fast ganzjährig sind Besucher eingeladen, am intensiven Achtsamkeitstraining der Gemeinschaft teilzunehmen.

Ein Organisationsberater in Plum Village: eine Begegnung der besonderen Art

Seit meiner ersten Teilnahme an einem Kurs mit Thich Nhat Hanh auf einem Bauernhof in Norddeutschland wollte ich (MP) nach Plum Village. Jetzt ist es endlich soweit. Ich nehme am Sommer-Retreat in Südfrankreich teil. Schon die Anreise von Wien ist in gewisser Weise eine Geduldsprüfung. Ich entscheide mich für den Weg über Paris. Nach ca. 1,5-tägiger Reise im Kloster angekommen, staune ich über die Ruhe und Gelassenheit, die wie eine Glocke über dem Ort zu liegen scheint, und von mir unmittelbar Besitz ergreift. Das Schild im Eingangsbereich drückt aus, was ich beim Einchecken empfinde: »I have arrived, I am home.«

Nicht nur die Praxis der Achtsamkeit, wegen der ich die weite Reise auf mich genommen habe, beschäftigt mich während dieser Tage. Ich bin fasziniert von der Art und Weise wie dieses Retreat abläuft. Über 800 Teilnehmer, die auf vier Klöster verteilt sind, kommen bei den täglichen Vorträgen von Thich Nhat Hanh zusammen. Bei der anschließenden Gehmeditation durch den Wald und den Pflaumengarten genießt man das Hier und Jetzt. Alles läuft unglaublich friedlich ab. Nach der abschließenden Tasse Tee ist trotz der mehreren hundert Besucher nirgends Abfall zu sehen. Ein ähnliches Erlebnis bei der täglichen Arbeitsmeditation. Ich bin mit anderen Teilnehmern für eine Woche zum Putzen der Toiletten eingeteilt. Im ersten Moment offensichtlich kein Glückslos. Doch dann jeden Tag die gleiche Überraschung: Keine einzige Toilette ist verschmutzt. Zufall? Eines erscheint mir ganz offensichtlich. Die hier Anwesenden verfolgen ein gemeinsames Ziel und teilen eine ähnliche Haltung. Die Passung von individuellen Motiven und dem Sinn und Zweck von Plum Village machen das Zusammenleben erstaunlich einfach und reibungslos. Es braucht nur wenige Prinzipien, um die Organisation und den Ablauf des Retreats sicherzustellen. Im Eingangsbereich des Klosters gibt es ein schwarzes Brett für die wichtigsten Informationen. Es wird auffällig wenig benutzt. Zusätzlich ist jeder Teilnehmer an eine ›Familie‹ von ca. 15 bis 20 Personen angeschlossen. Hier werden die wenigen organisatorischen Fragen geklärt, gemeinsam in Stille gegessen und die Erlebnisse des Tages ausgetauscht. Unterstützt wird das Ganze durch die regelmäßige Praxis der Achtsamkeit. Anfänglich ein wenig

enttäuscht, dass die klassische Sitzmeditation nur einmal am Beginn des Tages auf der Agenda steht, erkenne ich bald, dass die Praxis der Achtsamkeit im alltäglichen Denken und Handeln das eigentliche Ziel ist. Die Nonnen und Mönche unterstützen uns dabei, wo immer es geht.
Das Dharma Sharing, der Austausch zum Vortrag von Thich Nhat Hanh und zu den Erlebnissen vom Tag, wird z. B. von einem jungen Mönch aus Vietnam geleitet. Trotz seiner Jugend bin ich von seiner Ausstrahlung und Wirkung auf die Gruppe beeindruckt. Durch seine Anwesenheit und nur wenige Instruktionen schafft er einen Rahmen, in dem das Sharing in großer Achtsamkeit geschieht. Jeder kommt zu Wort. Alle Teilnehmer sind ganz bei der Sache und teilen berührende Erfahrungen und Einsichten. Welche Qualität unser Austausch jeden Tag hatte, wird mir am vorletzten Tag bewusst als die Gruppe ohne Bruder Phap Hui auskommen muss. Schnell verfallen wir in eine ›Diskussionsrunde‹, ein achtsamer Austausch findet an diesem Tag nicht statt.
Zum Glück gibt es in Plum Village immer wieder Gelegenheiten, zur Achtsamkeit zurückzukehren. Achtsamkeitsglocken erinnern die Gemeinschaft mehrmals am Tag daran, innezuhalten und sich neu auf den Atem zu zentrieren. Bei der Tiefenentspannung in der großen Meditationshalle nach der Mittagspause liegen mehr als 200 Männer, Frauen und Kinder auf dem Rücken und üben sich unter der Anleitung und den Gesängen einer erfahrenen Nonne in der Kunst des Loslassens. Eine Übung die auch bei den Mönchen und Nonnen selbst sehr beliebt zu sein scheint. Immer wieder beobachte ich Brüder und Schwestern dabei, wie sie während des Tages ausgestreckt am Boden liegen und Körper und Geist in Balance bringen.
Ein letztes Highlight meines Aufenthalts ist die Zeremonie zur Annahme der Fünf Achtsamkeitsübungen, einer zeitgemäßen Version der klassischen buddhistischen Ethikprinzipien. Wer will kann sich zu einer oder allen Übungen verpflichten. Die Idee ist, das Prinzip der Achtsamkeit in unserem Alltag zu verankern, zu üben und umzusetzen. Jede der Übungen hat eine individuelle und eine gesellschaftliche Dimension: Übe ich für mich selbst Achtsamkeit in bestimmten Bereichen meines alltäglichen Lebens, wird sich dies entsprechend positiv gestaltend auf meine Umgebung auswirken. Ich entscheide mich für die vierte Übung: »liebevolles Sprechen und tiefes Zuhören«, nicht jedoch bevor ich mich in einem persönlichen Gespräch mit einem Mönch vergewissert habe, dass damit auch gemeint ist, die Dinge, die mich bewegen, klar und deutlich auf den Punkt zu bringen – meine eigentliche Herausforderung.

Wieder zurück in Wien erzähle ich meinen Freunden und Kollegen von meinen Erfahrungen. Als Organisationsberater drängt sich mir die Frage auf, was die Wirtschaft von diesem ›Event‹ lernen kann? Die Mühelosigkeit mit der das Sommer Retreat in Plum Village ›gemanagt‹ und für alle zu einem unvergesslichen Erlebnis wurde, passt nahtlos zu unserer Diskussion über kollektive Formen der Wertschöpfung. Stichworte wie ›agile Organisationsformen‹ oder ›Purpose-Driven Organizations‹ machen in Beraterkreisen und Managementforen die Runde. Für mich ist Plum Village ein lebendiges Beispiel dafür.

Wie achtsam darf es denn sein? Und wie buddhistisch?

Es existieren sehr wenige Organisationen weltweit, welche wie Plum Village die Kultivierung von Achtsamkeit in allen Feldern organisationaler Aktivität und in allen Arbeitsfeldern in den Mittelpunkt stellen. Plum Village unterscheidet sich in zentralen Dimensionen von anderen Organisationen. Wir haben versucht, unsere persönlichen Erfahrungen[9], die Erfahrungen des Netzwerks Achtsame Wirtschaft (insbesondere in Bezug auf das Ideal der achtsamen Organisation) sowie die Erfahrungsberichte vieler Besucher, Mönche und Nonnen, die Plum Village erlebt haben, in der folgenden Tabelle (Abb. 1) zu systematisieren und darzustellen (vgl. Laloux 2014).

Erfahrungen zur Achtsamkeit

Dimensionen	das Ideal einer achtsamen Organisation (Vision)	Beispiel Plum Village
Purpose (Sinn und Zweck)	eine Organisation, die sinnvolle Ziele hat und sinnvolle Tätigkeiten ausführt	• übergeordnetes Ziel: geistiges Wachstum der Organisationsmitglieder – Verfolgung von Zwecken, die dem Gemeinwohl dienen • Erfolgsmaßstab: Erhöhung des Bruttoglücksprodukts, Verringerung und verstehen von Leiden und Problemen • Perspektive auf Glück: individuelles und kollektives Glück sind untrennbar verbunden – ›Inter-Sein‹ • Verhältnis zum Umfeld: Inklusivität • Organisation als Ort der Heilung
Werte	klare Werte und Normen, die sich aus den universellen Erfahrungen der Achtsamkeits- und Meditationspraxis ableiten und als Übungsethik mit konkreten Übungsfeldern ausgedrückt werden	• Fünf Achtsamkeitsübungen als Verkörperung einer buddhistischen Vision einer globalen Spiritualität und Ethik. Im Vordergrund steht die Übung z. B. von liebevollem Sprechen und tiefem Zuhören im Bewusstsein, dass niemand perfekt ist.

9 Kai Romhardt lebte und praktizierte insgesamt zwei Jahre in Plum Village.

Dimensionen	**das Ideal einer achtsamen Organisation (Vision)**	**Beispiel Plum Village**
		• brüderlicher und schwesterlicher Umgang
Entwicklung der Organisation	intuitiv als Leistung des Systems, bestimmt durch den Sinn und Zweck der Organisation	• Auslöser von Aktivitäten: reale Bedürfnisse; Potenzial, Glück zu fördern, Leiden zu lindern • Wachstumspfad: organisch, aus eigener Kraft, eigenfinanziert, ›warmes Geld‹, dana (Spenden)
Organisationsstruktur	selbstorganisierte Teams und dezentrale Entscheidungsprozesse (zugrunde liegendes Menschenbild: mitfühlender, weiser Mensch, der sein Potenzial in der Organisation entfalten soll)	• Dharmateacher-Council (wacht über die Qualität der Meditationspraxis), Care-Taking Council (wacht über die Qualität der Prozesse) • ›Families‹ während des Summer Retreats begleitet von Nonnen oder Mönchen, wo organisatorische Fragen geklärt, gemeinsam in Stille gegessen wird und die Erlebnisse des Tages besprochen werden • Selbstorganisation im Rahmen der Arbeitsmeditation (z. B. beim Kochen für die Gemeinschaft oder dem Putzen der Toiletten und Waschräume)
Führung	Führung durch Vorbild und als Beitrag zum Gemeinwohl, innere Freiheit von Titeln und Macht	• Führung durch: Inspiration, Lehre, Verkörperung von Weisheit, geteilte Einsichts- und Übungsethik • Senioritätsprinzip (Erfahrungstiefe, elder brother/sister in the practice)
Meetings und Koordination	Koordination und Meetings, wenn notwendig; spezielle Praktiken zur Aufrechterhaltung der Achtsamkeit und Bändigung des Egos (Raum, in dem jeder zu Wort kommt)	• z. B. Klärung von organisatorischen Fragen während des Sommer Retreats in der Familie je nach Bedarf • Austausch zu Vorträgen und persönlichen Erfahrungen in achtsamer Rede und durch tiefes Zuhören in der Familie
Konflikte	Raum und Zeit, um Konflikte zu erkennen und anzusprechen; mehrstufiger Konfliktlösungsprozess	Der Neuanfang (beginning anew), meditativer Prozess in dem Raum für Wertschätzung (Blumen gießen), persönliches Empfinden, Ausdruck von Bedauern und Verletzungen besteht
Reflexion und Besinnung	Räume für Stille und Meditation, Achtsamkeit in allen Verrichtungen als Ziel, Rituale des kollektiven Innehaltens	• geleitete und stille Sitzmeditation • Körperübungen • Gehmeditation (in der Gemeinschaft) • Essmeditation

Dimensionen	das Ideal einer achtsamen Organisation (Vision)	Beispiel Plum Village
		• Tiefenentspannung • achtsame Rede und tiefes Zuhören z. B. beim Tee • Achtsamkeitsglocken
Geistesschulung und Selbstführung	Stärkung heilsamer individueller und kollektiver Geisteszustände wie Mitgefühl, Sammlung, Zufriedenheit. Zähmung unheilsamer Geisteszustände wie Ärger, Neid oder Gier	• gezieltes Geistestraining: den Geist schützen und heilsam entwickeln • geistiges Ideal: Weisheit und Achtsamkeit • prägende Geisteszustände: Zufriedenheit, Gelassenheit, Gewaltfreiheit, Großzügigkeit, Mitfreude • geistige Qualitäten: mitfühlend, verstehend, nicht diskriminierend, nondual, wir-orientiert
zeitliche Orientierung	Gegenwart, Hier und Jetzt, »Wer sich gut um die Gegenwart kümmert, kümmert sich gut um die Zukunft.«	• organisches Priorisieren z. B. während der Arbeitsmeditation: Bestimmte Zeit steht zur Verfügung, die Arbeit ist fertig, wenn die Zeit abgelaufen ist. • immer wieder zurück in die Gegenwart durch individuelles und kollektives Innehalten
Verhältnis zur Stille	Stille als Gegenpol zur Dominanz des Wortes	• Glocke der Achtsamkeit z. B. während des Austausches, um sich zu entspannen und sich des Atems bewusst zu werden • Praxis des edlen Schweigens z. B. in der Zeit von der Nachtruhe bis nach dem Frühstück und während der Mahlzeiten
individueller Daseinszweck	Passung von individuellem Daseinszweck sowie Sinn und Zweck der Organisation; Geld verdienen, um an sinnvollen Dingen arbeiten und zum Gemeinwohl beitragen zu können	• Arbeit als Weg, sich besser kennenzulernen, und die wahre Buddha-Natur zu entwickeln • Ideal: einfaches Leben • Maß/Grenzen: rechtes Maß, wahre Bedürfnisse sind befriedigt • Triebfeder: Mitgefühl und Verstehen

Abb. 1: Persönliche Erfahrungen, Erfahrungen des Netzwerks Achtsame Wirtschaft (insbesondere in Bezug auf das Ideal der achtsamen Organisation) sowie die Erfahrungsberichte vieler Besucher, Mönche und Nonnen, die Plum Village erlebt haben (vgl. Laloux 2014)

Gehen wir diese Tabelle durch, sehen wir, dass eine tiefe Praxis der Achtsamkeit sehr weitreichende Nebenwirkungen haben kann. Um es klar zu sagen: Viele Organisationen würden durch den achtsamen Blick auf sich selber in ihren Fundamenten erschüttert werden. Sie würden erkennen, wie und wo ihr Handeln Schaden in der Welt erzeugt. Erkennen wir, dass wir uns selber schaden, indem wir anderen schaden, ändert sich sehr viel und das Tor zu Veränderung öffnet sich. Dieser kraftvolle Einsichts- und Transformationsprozess kann sehr schnell und unmittelbar einsetzen, wenn wir mit der Achtsamkeitspraxis beginnen. Wir werden wach dafür, wie wir selber agieren und wir werden wach dafür, welcher Geist in den Organisationen herrscht, denen wir unsere Lebens- und Tatkraft anvertrauen. Nicht wenige Achtsamkeitspraktizierende entscheiden sich über kurz oder lang, einen neuen Arbeitgeber zu suchen oder etwas Eigenes zu gründen. Oder sie versuchen, ihre Organisationen von innen zu verändern.

Plum Village soll in diesem Artikel nicht idealisiert werden. Auch hier werden ausreichend Fehler gemacht. Auch hier weicht man immer wieder von den eigenen Wertvorstellungen ab und verstrickt sich in Konflikte. Achtsamkeit zu praktizieren heißt nicht, perfekt zu sein, sondern eine hohe Bereitschaft zum tieferen Verstehen seiner selbst und kollektiver Prozesse zu entwickeln.

7.5.4 Wege von Achtsamkeit in die Organisation: Erfahrungen aus dem Netzwerk Achtsame Wirtschaft

In den letzten Jahren haben die Autoren eine Vielzahl von Personen und Organisationen kennengelernt, bei denen eine große Sehnsucht nach Achtsamkeit im engeren und weiteren Sinne spürbar ist. Viele Führungskräfte und Unternehmer sind auf der Suche nach neuen Typen von Unternehmen und Organisationen. Sie suchen Orte, in denen sie im achtsamen Miteinander wirken können und in denen heilsames Wirtschaften möglich ist. Aktuell fahnden viele Journalisten, Wissenschaftler, Berater und Buchautoren nach solchen ›achtsamen Organisationen‹ und suchen nach Erfolgsgeschichten.

Wie kann der Funke der Achtsamkeit von Einzelnen auf Gruppen, ganze Organisationen oder gar die ganze Ökonomie überspringen? Wie kann der Schatz der Achtsamkeitspraxis in Organisationen getragen werden?

Wir möchten zum Abschluss einige Zugänge vorstellen, mit denen wir uns den Themen Achtsamkeit und Achtsamkeit in Organisationen nähern können. Wir beginnen mit der individuellen Vorbereitung, zeigen über Praxisstimmen das Potenzial gelingender Achtsamkeitsübung auf, zeigen einige Beispiele aus Organisationen und enden mit einigen Thesen zum Themenfeld.

Individuelle Vorbereitung und Kultivierung eines achtsamen Arbeitsstils

Die Basis jeder kollektiven Form der Achtsamkeit ist zunächst individuelle Achtsamkeitspraxis, die es geduldig einzuüben gilt.

Der Übungsprozess folgt dabei idealtypisch folgendem Muster:

a) Wir lernen eine Achtsamkeitsmethode kennen (z. B. Gehmeditation).
b) Wir üben diese Methode regelmäßig (allein oder in einer Übungsgemeinschaft).
c) Wir erkennen die positive Wirkung der Übung, erleben positive Erfolge, erfahren Transformation und fassen Vertrauen in die Praxis.
d) Wir beginnen, die Praxis in unsere Arbeit und andere Bereiche unseres Lebens zu integrieren (Praxis jenseits des Meditationskissens).
e) Wir beginnen die Praxis auf Basis unserer eigenen Erfahrung mit anderen zu teilen.

Im Netzwerk Achtsame Wirtschaft haben wir eine ganze Reihe von Methoden ausgewählt, die sich ohne buddhistischen Überbau üben lassen. Regelmäßige stille *Sitzmeditation* stärkt die Fähigkeit zu Sammlung und Konzentration und beruhigt den ruhelosen Geist. *Gehmeditation* lenkt die Aufmerksamkeit auf den aktuellen Schritt statt in die ferne Zukunft und hilft uns, zu erkennen, in welchem Geisteszustand wir uns gerade befinden. *Systematisches Innehalten oder A-L-I* – **A**tmen, **L**ächeln, **I**nnehalten verschafft uns Ruhepausen mitten im Trubel des Alltags, produziert kleine Einsichten und führt immer wieder Körper und Geist zusammen. *Achtsames Essen* und *Fasten* fordern uns auf, genau zu schauen, welchen Input wir in unserem Leben nehmen und ob wir das rechte Maß wahren, sowohl körperlich als auch geistig. Und ob wir würdigen, was den Weg in unser Leben findet und es gut verdauen.

Die Erfahrung zeigt, dass sich die tägliche Arbeit am Computer, am Telefon, in Meetings oder bei der täglichen Denkarbeit, durch Achtsamkeit umfassend ändern kann. Hier stellen wir exemplarisch zwei achtsame Arbeitsprinzipien vor: Impulsdistanz und Extralosigkeit (vgl. Romhardt 2013, S. 56 f.):

Impulsdistanz ist die Fähigkeit, einen körperlichen oder geistigen Impuls klar wahrzunehmen, sein Anschwellen und Abklingen zu beobachten, ohne dem Impuls folgen zu müssen. Impulsdistanz ist die Grundlage für menschliche Freiheit und erlaubt uns, die Folgen einer Tat abzuschätzen und bei klarem Verstand eine Entscheidung zu treffen. Wir werden nicht mitgerissen. Wir müssen nicht reagieren, nur, weil ein Kollege zum wiederholten Male ein Reizwort in den Mund genommen hat. Ein bis drei bewusste Atemzüge können ausreichen, um Distanz zu schaffen und fünf Minuten später freuen wir uns, dass wir nicht reagiert haben.

Extralosigkeit bedeutet, sich ganz auf den Kern einer Aktivität zu konzentrieren. Wir moderieren ein Arbeitstreffen und fragen uns nicht ständig, was in diesem Zusammensein alles schieflaufen könnte und was das wiederum für uns bedeuten könnte. Mark Twain hat einmal sinngemäß gesagt: »The worst things in my life never happened.« Die buddhistische Psychologie sagt: Den größten Teil unserer Probleme schafft der untrainierte Geist sich selber. Extralosigkeit hingegen bedeutet: Wir steigen nicht in negative Emotionen, Gedanken oder Szenarien ein. Ohne Extras werden viele Tätigkeiten einfacher. Wir arbeiten im entspannten Singletasking. Vielen Konflikten wird die Grundlage entzogen, wenn wir aufhören, inkorrekt zu mutmaßen, zu hoffen, zu erwarten oder schlicht nicht voll und ganz bei der Sache zu sein. Durch Extralosigkeit und Singletasking kann sich unser Agieren in Organisationen umfassend verändern.

Es gibt viele weitere achtsame Arbeitsprinzipien und Dutzende von Methoden, Achtsamkeit zu üben[10]. Wichtig ist es, den eigenen Weg zu finden und dann auch zu gehen. Bei der intelligenten Auswahl und Integration passender Methoden der Übungspraxis ins eigene Leben sind erfahrene Achtsamkeits- und Meditationslehrer sowie eine Übungsgemeinschaft sehr hilfreich.

Praxisstimmen und Einsichten von Aktiven aus dem Netzwerk Achtsame Wirtschaft e. V.

»Mir ist klar geworden, dass ich mehr als genug Bedingungen zum Glücklichsein habe.«
»In meiner Firma ermutige ich die Mitarbeiter, ihren Geist zu schulen, ich weiß, dass dies allen nützt.«
»Mir ist bewusst geworden, wie stark Angst und Ärger die Kultur meines Arbeitgebers bestimmen und wie mich das prägt. Etwas muss sich ändern.«
»Ich war ein Dauerdenker, ein Dauerbeurteiler, ein Dauervergleicher. Mir war nicht bewusst, wie viel Stress ich mir und meinem Umfeld damit bereite.«
»Meine Mitarbeiter sagen mir, dass ich geduldiger geworden bin und besser zuhöre. Das bringt eine Menge Entspannung und Klarheit in die tägliche Arbeit.«
»Für mich ist es wunderbar zu erkennen, dass Wirtschaft und Ethik vereinbar sind. Ein Übungsweg, der in meinem Alltag beginnt.«
»Transition, Impulsdistanz, Muße, Singletasking und Extralosigkeit: Diese Arbeitsprinzipien haben mein tägliches Tun fundamental verändert.«

---

10 Im Netzwerk Achtsame Wirtschaft üben wir unter anderem Metta-Meditation, kontinuierliches Achtsames Atmen, Tiefenentspannung, Arbeitsmeditation, Muße, Edles Schweigen, schwierigen Emotionen zulächeln oder Tiefen Austausch. Mehr Infos unter: http://www.achtsame-wirtschaft.de/uebungen-einfuehrung.html.

7.5.5 Abschließende Thesen zur Entwicklung des Themas

1. Die Sehnsucht nach achtsamer Arbeit und achtsamen Organisationen wird weiterwachsen.
2. Meditation und Achtsamkeitstraining werden im Alltag von Organisationen aller Art normaler werden, die esoterische Anmutung wird sukzessive verschwinden.
3. Säkulare Meditationstechniken (ohne religiöse Anbindung) werden sich stark verbreiten.
4. Klassische Organisationsprozesse wie Arbeit, Produktion, Verkauf oder Finanzierung und klassische Tätigkeiten von Organisationen wie Meetings, Strategien, Projekte oder Pläne können mit Achtsamkeit eine erstaunliche Neuausrichtung nehmen.
5. Universitäten öffnen sich immer weiter für das Thema Achtsamkeit auf verschiedenen Ebenen (Achtsamkeit als Forschungsfeld, Gehirnforschung, pädagogische Konsequenzen ...).
6. Die Wirkungen von Achtsamkeit als Management-Tool sind begrenzt, da wir angestrebte Ergebnisse wie Entspannung, Sammlung und Effektivität, langfristig nur durch Mitgefühl, Verstehen, Weisheit und ethisches Handeln verwirklichen können.
7. Tiefer gehende Transformation ist ohne Integration einer Übungsethik nicht wahrscheinlich.
8. Eine erste Enttäuschungswelle wird die Wirksamkeit von Achtsamkeit infrage stellen. Die Ursachen liegen hierbei in übertriebenen Versprechungen, unrealistischen Erwartungen und dem Irrglauben, dass das Licht der Achtsamkeit selektiv zu haben sei und man unangenehme Wahrheiten vermeiden kann.
9. Unternehmer, die ihre Unternehmen in Richtung Achtsamkeit umsteuern und Pioniere, die achtsame Organisationen im engeren Sinne aufbauen, werden aufzeigen, welche Potenziale im achtsamen Wirtschaften liegen. Diese Leuchttürme werden Zeit brauchen, um sich zu entwickeln, können dann aber enorme Strahlkraft entwickeln.

Literatur

Horx, M./Papasabbas, L./Schuldt, C. (2015): Zukunftsreport 2016. Frankfurt a. M.: Zukunftsinstitut.

Laloux, F. (2014): Reinventing organizations. A guide to creating organizations inspired by the next stage of human consciousness. Oxford: Nelson Parker.

Kabat-Zinn, J. (2013): Achtsamkeit für Anfänger. Freiburg: arbor.

Kohtes, P./Rosmann, N. (2014): Mit Achtsamkeit in Führung: Was Meditation für Unternehmen bringt. Stuttgart: Klett-Cotta.

Romhardt, K. (2013): Müheloseres Management durch Achtsamkeit. In: Organisations Entwicklung, H. 2/13, S. 13–17.

Romhardt, K. (2013): Achtsam arbeiten – aber wie? Fünf Freunde auf dem Weg. In: buddhismus aktuell, Ausgabe 4/2013, S. 56–57.

Romhardt, K. (2009): Wir sind die Wirtschaft, Achtsam leben – Sinnvoll handeln. Bielefeld: J. Kamphausen Mediengruppe.

Romhardt, K. und NAW-Team Wirtschaftsethik (2015): Achtsam wirtschaften als Weg. Grundlagen einer angewandten, buddhistisch inspirierten Wirtschaftsethik. http://www.achtsame-wirtschaft.de/tl_files/netzwerk_achtsame_wirtschaft/pdf/NAW_Wirtschaftsethik_V_1_0.pdf (Abrufdatum: 27.04.2016).

Scharmer, O. (2009): Theory U: leading from the future as it emerges. Oakland (CA): Berrett-Koehler.

Thich Nhat Hanh (2007): Ich pflanze ein Lächeln. München: Arkana.

Thich Nhat Hanh (2008): The Art of Power – Die Kunst mit Macht richtig umzugehen. Freiburg: Herder.

Thich Nhat Hanh/Cheung, L. (2012): Achtsam essen – achtsam leben. München: O.W. Barth.

Pickert, K. (2014): The mindful revolution. In: Time Magazine v. 03.02.2014. http://content.time.com/time/magazine/article/0,9171,2163560-1,00.html (Abrufdatum: 03.08.2016).

Purser, R./Loy, D. (2013): Beyond McMindfulness. In: The Huffington Post v. 07.01.2013.

Singer, T./Ricard, M. (2015): Mitgefühl in der Wirtschaft, ein bahnbrechender Forschungsbericht. München: Albrecht Knaus.

Weick, K. E./Putnam, T. (2006): Organizing for mindfulness. Eastern wisdom and western knowledge. In: Journal of Management Inquiry, 15. Jg., H. 3, S. 275–287.

8 Wie man durch Personal- und Teamentwicklung gestalten kann

Organisationen klug gestalten zu wollen, läuft zwangsläufig auf die Frage hinaus, wie das gehen kann? Organisationswissenschaftler erinnern uns nicht nur an die zentralen Organisations-Strukturmerkmale, nämlich Zweck-Mittel-Programme, Gestaltung von Kommunikation und Personalentscheidungen, sondern betonen vor allem auch den Unterschied zwischen ›Vorderbühne‹ und ›Hinterbühne‹ (Bezug auf den Soziologen Erving Goffman), also der formalen Seite, der informalen Seite und der Schauseite von Organisationen (vgl. Kühl/Muster 2016).

Wie man mit dem Dilemma umgeht, dass durch die Lenkung von Aufmerksamkeit (›Licht in das Dunkel‹ bringen wollen) gleichzeitig immer auch Ausblendungen einhergehen (Entstehung sogenannter ›blinder Flecken‹), dazu liefert dieses Kapitel Einblicke.

Wie kann man die Mitarbeiterschaft ›personalentwickeln‹? Was entwickelt sich beim erwachsenen Angestellten (noch) und was nicht? Wie kann ›Organisationskultur‹ entstehen? Wie kann sie verbessert werden? Wie kann sich ein Team seiner selbst bewusst werden?

Die Funktionen des Personals für die Ausrichtung und Steuerung einer Organisation sind essenziell. Angesichts der demografischen Entwicklung ist bereits heute in Organisationen die Rekrutierung von qualifiziertem Nachwuchs zu einer schwierigen Aufgabe geworden, der Umgang mit der Ressource Personal steht vor ganz neuen Herausforderungen. Angesichts der zunehmenden Teamförmigkeit vieler organisatorischer Handlungs- und Entscheidungsprozesse sind verschiedene Aspekte von Teams und Teamarbeit und die gerade in der populären Literatur weit verbreiteten Mythen über Teams und deren Leistungsfähigkeit in den Blick zu nehmen.

Christiane Böckelmann eröffnet das Kapitel und betrachtet Personalentwicklung aus einer Gesellschafts- und Gesundheitsperspektive – sie plädiert für einen Fokus auf Organisationsziele und gleichzeitig die individuellen Entwicklungsziele der Mitarbeitenden – Personalentwicklung ist nicht nur Aufgabe der Personalabteilung… . Karim Fathi blickt auf die Forschung hinsichtlich der Resilienz bei Führungskräften und in der Organisation als solches. Die stark situative Abhängigkeit ermöglicht kaum Verallgemeinerungen, gleichwohl gelingt ihm eine differenzierte Analyse zu Voraussetzungen, Förderung und Wirksamkeit von Resilienz. Brigitte Winkler greift die Anforderungen an und Überforderungen von Führungskräften in ihrer Aufgabenbewältigung auf und gibt mit dem Change Coaching eine Methode an die Hand, die besonders das Wechselspiel zwischen Organisation und Person in den Blick nimmt und auf den Einzelfall bezogene Strategien und Vorgehensweisen entwickeln hilft. Willy C. Kriz greift die Teamkompetenz als Teilkomponente von Systemkompetenz auf und zeigt auf, warum teamkompetenzorientierte Führung für Veränderungsmanagement so wichtig ist.

Literatur

Kühl, S./Muster, J. (2016): Organisationen gestalten. Eine kurze organisationstheoretisch informierte Handreichung. Wiesbaden: Springer VS.

8.1 (Wie) Kann man Personal entwickeln?

Christine Böckelmann

Der Beitrag fächert das Konzept der Personalentwicklung (PE) zunächst unter strategischen und individuellen sowie unter gesellschafts- und gesundheitspolitischen Perspektiven auf und stellt den definitorischen Rahmen für Personalentwicklung in den Kontext der historischen Entwicklung. Nach einer Übersicht über mögliche Instrumente folgt eine Beschreibung der Aufgaben der Personalentwicklung. Abschließend wird der Versuch unternommen, eine zusammenfassende Antwort auf die Frage zu formulieren, wie man Personal entwickeln kann.

8.1.1 Strategische und individuelle Perspektiven

Die Frage, wie man Personal entwickeln kann, mag zunächst eher ›unpersönlich‹ klingen. ›Personal‹ meint denn auch nicht den Einzelnen in seiner individuellen Persönlichkeit. Vielmehr sind mit dem Personal einer Organisation die darin tätigen Menschen »ohne Ansehen der Person« (Neuberger 1994, S. 8) gemeint. Indem sich ein Mensch dazu entschließt, auf einer formalisierten Grundlage innerhalb einer Organisation zu arbeiten, wird er Teil des Personals dieser Organisation, d. h. Teil der Gesamtheit aller Mitarbeitenden. Spricht man von ›Personalentwicklung‹, dann eröffnet sich jedoch ein dynamisches Spannungsverhältnis:

Auf der einen Seite geht es darum, wie sich die Gesamtheit aller Mitarbeitenden entwickeln soll, damit die Ziele einer Organisation erreicht werden können. Wichtige Fragen sind dabei zum Beispiel, welche Kompetenzen in welchen Arbeitsbereichen vorhanden sein müssen oder welche Durchmischung von Teilzeit- und Vollzeitstellen angestrebt wird – Personalentwicklung hat hier eine *strategische Perspektive.* Auf der anderen Seite besteht ›das Personal‹ aus einzelnen Menschen auf ihrem beruflichen und persönlichen Entwicklungsweg mit ihren individuellen Potenzialen, Wünschen sowie den Bedingungen ihres Lebenskontextes. Menschen kann man nicht entwickeln, das können sie nur für sich selber tun – Personalentwicklung hat damit eine genuin *individuelle Perspektive,* indem es darum geht, die einzelnen Mitarbeitenden in ihrer beruflichen Entwicklung im Hinblick auf die Ziele der Organisation zu unterstützen.

Die individuelle Perspektive hat im Verlaufe der letzten Jahrzehnte stark an Bedeutung zugenommen: Im gleichen Ausmaß, wie Routinearbeiten immer mehr von Maschinen übernommen wurden, Menschen anspruchsvolle Tätigkeiten ausführen und die Anzahl an Expertenorganisationen zunimmt, die vor allem von der Innovationsfähigkeit ihrer Mitglieder leben, wird die Frage, wie innerhalb einer Organisation an die individuell vorhandenen Potenziale und Entwicklungswünsche der Einzelnen angeknüpft werden kann, zu einem entscheidenden Erfolgsfaktor. Bedeutsam wird, dass Mitarbeitende ihre Kompetenzen in die Arbeit einbringen können und ihre Lern- und Entwicklungsbereitschaft erhalten bleibt und gefördert wird.

8.1.2 Gesellschafts- und gesundheitspolitische Perspektiven

Das Verhältnis zwischen der Organisation und den einzelnen Mitarbeitenden lässt sich als *rekursives Konstitutionsverhältnis* bestimmen (vgl. Ortmann 2010): Die Mitarbeitenden erzeugen interagierend die Organisation, und umgekehrt wirken ihre Strukturen, Regeln und Ressourcen auf sie ein. Menschen macht allerdings sehr viel mehr aus als das, was sie in eine Organisation einbringen, in der sie arbeitstätig sind. In ihrer Rolle als ›Personal‹ sind bestimmte Kompetenzen gefragt, über die sie verfügen, andere werden nicht abgerufen. Bestimmte individuelle Bedürfnisse werden durch die Arbeit befriedigt, andere nicht. Da Arbeit in unserem Gesellschaftskontext eine herausragende Bedeutung als Quelle für Lebenssinn hat (vgl. z. B. Hofmeister/Hardering 2014; Rosenstiel 2001), sind die Möglichkeiten, die sich einem Menschen als Arbeitnehmer und damit als Teil des Personals bieten, zentral für die Persönlichkeit, deren Entwicklung und deren Gesundheit – Personalentwicklung hat damit auch eine *gesellschafts- und gesundheitspolitische Dimension.*

8.1.3 Entstehung des Konzepts und Definition

Die ersten Formen von Personalentwicklung entstanden im Verlauf der 1970er-Jahre, als man sich im Zuge der Human-Resource-Bewegung mit der besonderen Bedeutung organisatorischer Strukturen für Menschen beschäftigte (vgl. Argyris 1975), aber auch mit der Bedeutung der Menschen für Organisationen und ihren Erfolg. Zunächst wurden vor allem punktuelle Weiterbildungsmaßnahmen organisiert. Da sich der Transfer in die Praxis jedoch oft als unzureichend erwies, wurden zunehmend auch Instrumente der Personalförderung am Arbeitsplatz und der gezielten Gestaltung von Arbeitsstrukturen konzipiert. Seit der Jahrtausendwende wird zudem die Verschränkung von Personalentwicklung und Organisationsentwicklung thematisiert, da Organisationsentwicklung ohne flankierende Personalentwicklungsmaßnahmen nicht erfolgreich sein kann, und umgekehrt auch Personalentwicklung ohne strukturelle Maßnahmen im Sinne von Organisationsentwicklung kaum greift (vgl. z. B. Oechsler 2000).

Definitionen von Personalentwicklung unterscheiden sich vor allem in Bezug auf die Frage, wie umfassend sie den Gegenstandsbereich von Personalentwicklung festlegen. Hentze (1994, S. 315) definiert Personalentwicklung als

> *»[…] eine personalwirtschaftliche Funktion, die darauf abzielt, Belegschaftsmitgliedern aller hierarchischen Stufen Qualifikationen zur Bewältigung der gegenwärtigen und zukünftigen Anforderungen zu vermitteln. Sie beinhaltet die individuelle Förderung der Anlagen und Fähigkeiten der Betriebsangehörigen, insbesondere unter Berücksichtigung der Veränderungen der zukünftigen Anforderungen der Tätigkeiten und im Hinblick auf die Verfolgung betrieblicher und individueller Ziele.«*

Nach Peterke (2006, S. 11) ist Personalentwicklung die »[…] Aufgabe und Disziplin zur Förderung der Unternehmensentwicklung durch gezielte Gestaltung von Lern-, Entwicklungs-, und Veränderungsprozessen.«

Auf der Ebene der konkreten Umsetzung ist Personalentwicklung ein Element des sogenannten *Personalprozesses*. Dieser erstreckt sich von der Gewinnung von Mitarbeitenden über ihre Einführung in einen neuen Arbeitskontext, die Personalentwicklung, die Beurteilung und Honorierung bis zu ihrer Trennung von der Organisation. Wie die einzelnen Schritte des Personalprozesses und damit die Personalentwicklung konkret gestaltet werden, hängt zum einen von den Zielen der Organisation ab (vgl. Abschnitt »Strategische und individuelle Perspektiven«). Zum anderen ist die allgemeine Personalpolitik relevant, d. h. die Normen und Werte, die die Ausgestaltung der gegenseitigen Rechte und Pflichten von Arbeitgeber und Arbeitnehmer prägen (vgl. Böckelmann/Mäder 2007, S. 17 ff.).

8.1.4 Instrumente der Personalentwicklung

Um zu wissen, wie man Personal entwickeln kann, ist ein Überblick über die möglichen Instrumente hilfreich. Eine Strukturierungsmöglichkeit ergibt sich entlang ihrer Nähe bzw. Distanz zum Arbeitsplatz sowie entlang der Frage, in welcher zeitlichen Phase der Zugehörigkeit zu einer Institution oder einem Unternehmen sie eingesetzt werden (für eine nähere Beschreibung vgl. Böckelmann/Mäder 2007):

- Übernahme einer neuen Arbeit – Instrumente, die auf eine neue Tätigkeit vorbereiten oder in diese einführen (PE into the job): Praktika, Einführungsprogramme, systematische Wissens- und Kulturvermittlung zum neuen Arbeitskontext

- Weiterentwicklung am Arbeitsplatz – Instrumente zur Gestaltung der Arbeitstätigkeit (PE on the job): Übertragung der Verantwortung für Projekte, Mitarbeit in Arbeitsgruppen/Ermöglichung von Teamarbeit, Job Enlargement (Übertragung von zusätzlichen Aufgaben mit vergleichbaren Anforderungen), Job Enrichment (Übertragung von erweiterten Verantwortlichkeiten mit erhöhten Anforderungen), Job Rotation (Ermöglichung von Einblicken in andere Arbeitsbereiche)
- Weiterentwicklung im Umfeld des Arbeitsplatzes – Instrumente, die sich auf den aktuellen Arbeitsplatz beziehen (PE ›near the job‹): Einzel- und Gruppencoachings, Teamcoaching, Fachberatung, kollegiale Beratung, Settings zum systematischen Austausch von Wissen und Erfahrungen, Weiterbildungen im Team mit gemeinsamer Entwicklung von Transfermöglichkeiten in den eigenen Arbeitskontext
- Weiterentwicklung außerhalb des Arbeitsplatzes – externe Bildungsangebote (PE ›off the job‹): formale Qualifikationen durch Weiterbildung mit anerkannten Abschlüssen, Tagungen/Kongresse, externe Kurse/Seminare, Assessments
- Übergang in neue Berufs- oder Lebensphasen (PE ›out of the job‹): überlappende Stellenbesetzungen, Workshops zur Weitergabe von Kompetenzen, Ruhestandsvorbereitungsprogramme, gleitende Pensionierung, Outplacement-Beratungen

Insbesondere in wissensintensiven Organisationen kommt den Personalentwicklungsinstrumenten ›on the job‹ eine hohe Bedeutung zu, determinieren doch die fachlichen und rollenspezifischen Herausforderungen eines Arbeitsplatzes in hohem Maße die beruflichen Entwicklungsmöglichkeiten. Generell ist die Entwicklung von spezifischen Kompetenzen weitgehend an Prozesse arbeitsimmanenter Qualifizierung gebunden, verbringt man doch sehr viel mehr Zeit am Arbeitsplatz als zum Beispiel in externen Weiterbildungsveranstaltungen.
Das große Potenzial der Instrumente, die im Umfeld des Arbeitsplatzes angesiedelt sind und sich auf diesen beziehen (›near the job‹), liegt an den im Vergleich zu vorgefertigten externen Bildungsprogrammen sehr viel besseren Transfermöglichkeiten in die Praxis des eigenen Arbeitsplatzes.

8.1.5 Aufgaben der Personalentwicklung und die Bedeutung der direkten Vorgesetzten

Personalentwicklung hat die Aufgabe, die bestmögliche Übereinstimmung zwischen den vorhandenen oder zu entwickelnden Kompetenzen der Mitarbeitenden und den Anforderungen der Arbeitsplätze zu erreichen. Im Hinblick auf aktuelle oder zukünftige Veränderungen der Tätigkeitsinhalte geht es darum, Ressourcen von Mitarbeitenden zu finden, die unter Berücksichtigung der individuellen Wünsche gefördert werden können. In Abstimmung mit den Beteiligten muss festgelegt werden, welche Entwicklungsschritte und Maßnahmen für die einzelnen Mitarbeitenden infrage kommen, und die notwendigen Angebote müssen bereitgestellt bzw. geplant, durchgeführt und evaluiert werden.

Mit diesem Aufgabenspektrum wird deutlich, dass Personalentwicklung nicht allein Sache einer Personalabteilung sein kann. Vielmehr sind die direkten Vorgesetzten von zentraler Bedeutung. Auf der einen Seite erleben sie die Mitarbeitenden in der täglichen Arbeit und sind mit ihnen über ihre berufliche Entwicklung im Gespräch – idealerweise durch regelmäßige Mitarbeitergespräche. Auf der anderen Seite kennen sie anstehende Veränderungen in den Arbeitsfeldern. Damit können sie eine ›Vermittlungsfunktion‹ zwischen den Zielen der Organisation und den aktuellen Kompetenzen der Mitarbeitenden sowie deren Entwicklungswünschen übernehmen und so die Grundlage für eine bedarfsgerechte Personalentwicklung schaffen. Voraussetzung hierfür sind eine konstruktive Beziehung zwischen Vorgesetzten und Mitarbeitenden sowie die Einbindung der Vorgesetzten in die strategische Planung der Organisation.

8.1.6 Fazit: Wie kann man Personal entwickeln?

Erfolgreiche Personalentwicklung ist an den Organisationszielen orientiert, fokussiert aber genauso die individuellen Entwicklungswünsche der Mitarbeitenden. Sie ist mit der Organisationsentwicklung verschränkt und hat sowohl aktuelle als auch zukünftige Anforderungen der Arbeitsplätze im Blick. Damit berücksichtigt sie alle Mitarbeitendengruppen auf allen hierarchischen Stufen und setzt bedarfsgerecht Bildungsangebote, Förder- und Unterstützungsangebote sowie Maßnahmen zur Gestaltung des Arbeitsportfolios ein. Personalentwicklungsinstrumente sollten auf die übrigen Schritte des Personalprozesses sowie auf die allgemeinen Normen und Werte der Personalpolitik abgestimmt sein. Dabei kann Personalentwicklung nicht allein durch eine Personalabteilung geleistet werden. Vielmehr kommt den direkten Vorgesetzten eine Schlüsselfunktion bei der Vermittlung zwischen den Zielen der Organisation, den aktuellen Kompetenzen der Mitarbeitenden sowie deren Entwicklungswünschen zu.

Literatur

Argyris, C. (1975): Das Individuum und die Organisation. Einige Probleme gegenseitiger Anpassung. In: Türk, K. (Hrsg.): Organisationstheorie. Hamburg: Hoffmann und Campe, S. 215–233.

Böckelmann, C./Mäder, K. (2007): Fokus Personalentwicklung. Konzepte und ihre Anwendung im Bildungsbereich. Zürich: Pestalozzianum.

Hentze, J. (1994): Personalwirtschaftslehre. Stuttgart: Haupt.

Hofmeister, H./Hardering, F. (2014): Auf der Suche nach dem Sinn. Die Bedeutung der Arbeit für das Leben. In: Forschung & Lehre, 07/2014, S. 520–522.

Neuberger, O. (1994): Personalentwicklung. 2. Aufl., Stuttgart: Lucius & Lucius.

Oechsler, W. (2000): Personal und Arbeit. 7. Aufl., München: De Gruyter Oldenbourg.

Ortmann, G. (2010): Organisation und Moral. Die dunkle Seite. Weilerswist: Velbrück.

Peterke, J. (2006): Handbuch Personalentwicklung. Berlin: Cornelsen Scriptor.

Rosenstiel, L. v. (2001): Die Bedeutung von Arbeit. In: Schuler, H. (Hrsg.): Lehrbuch der Personalpsychologie. Göttingen: Hogrefe, S. 15–42.

8.2 Was hilft Führungskräften, Resilienz bei sich und im Kollektiv aufzubauen?

Karim Fathi

In Zeiten zunehmender Volatilität, Unvorhersehbarkeit, Komplexität und Ambiguität (VUKA) von Ereignissen etabliert sich das Resilienzkonzept als eine ›Ein-Wort-Antwort‹ zur Entwicklung der Krisenfähigkeit von Individuen, Teams und Organisationen. An der Schnittstelle der Kontexte ›Individuum‹, ›resilienzfördernde Rahmenbedingungen‹ und ›Gesamtorganisation‹ kommt der Führungskraft eine besondere Rolle zu. Doch was bedeutet eigentlich Resilienz in der aktuellen Diskussion? Wie prägt sich Resilienz im Individuum, als resilienzfördernde Rahmenbedingungen und in der Gesamtorganisation aus? Und wie lässt sich Resilienz innerhalb dieser drei Kontexte fördern? Was zeichnen hierbei die Möglichkeiten und Grenzen der Führungskraft aus? Diesen Fragen widmet sich das vorliegende Kapitel.

8.2.1 Was bedeutet Resilienz?

Resilienz übersetzt sich aus dem Lateinischen mit »abprallen« und wird verstanden als die Fähigkeit eines Systems, Krisen durch Rückgriff auf eigene Ressourcen zu meistern und als Anlass für Entwicklungen zu nutzen. Der Begriff wurde von der Werkstofflehre eingeführt und in den 1950er-Jahren von der Psychologie übernommen. Seither erforschen Psychologen, welche Schutzfaktoren zusammentreffen müssen, dass Menschen an Krisensituationen nicht zerbrechen (vgl. Zander 2011). Der bisherige Schwerpunkt galt der Frage, wie sich Kinder, die unter widrigen Bedingungen aufwachsen, dennoch zu reifen und leistungsfähigen Individuen entwickeln können. Angesichts zunehmender psychischer Stresserkrankungen seit den 1980er-Jahren (vgl. Lohmann-Haislah 2012) rückt zunehmend der Blick auf Stressprävention und »vorbeugende Gesundheit« in den Vordergrund. Seit den 1990er-Jahren wird Resilienz auch zunehmend auf den Organisationskontext übertragen.

Insgesamt fällt eine unüberschaubare Vielfalt an Definitionen auf, die Resilienz umschreiben. Gemeinhin wird Resilienz im Hinblick auf mindestens drei unterschiedliche Phasen des Kriseneintritts diskutiert (vgl. Birkmann 2006; Wellensiek 2011):

- *Vorbereitung/Vorbeugung:* auf mögliche Risiken vorbereitet sein, sie einschätzen und ggf. sogar frühzeitig erkennen und verhindern
- *Schutz/Reaktion:* im Falle einer Krise vor deren negativen Auswirkungen geschützt sein, funktionsfähig bleiben und ggf. effektiv auf sie reagieren können

- *Wiederherstellen:* sich von einer Krise schnell erholen können und fähig sein, aus den vergangenen Ereignissen zu lernen

Die Dehnbarkeit des Resilienzbegriffs bleibt eine große Herausforderung – nicht nur hinsichtlich der Frage, was Resilienz in konkreten Situationen auszeichnet, sondern auch, wie sie sich fördern lässt. Im organisationalen Kontext ist eine Unterscheidung von mindestens drei Kontexten sinnvoll, die systemisch durchaus ineinander verschachtelt sind, sich jedoch nicht aufeinander reduzieren lassen.

8.2.2 Wie prägen sich Resilienz und Resilienzförderung im Individuum, in organisationalen Rahmenbedingungen und in der Gesamtorganisation aus?

Individuelle Resilienz

Individuelle Resilienz ist im Vergleich zu den anderen Kontexten eingehend erforscht. Die bisherige Forschung hat sich in mehreren Phasen entwickelt und gilt bei Weitem noch nicht als abgeschlossen. Im Wesentlichen besteht Einigkeit darüber, dass sich resiliente Personen durch bestimmte »Schutzfaktoren« auszeichnen (Cutuli et al. 2008). Im organisationalen Kontext betonen, Diane Coutu zufolge, sämtliche Theorien vor allem drei Faktoren: Akzeptanz, hohe Sinn- und Werteorientierung sowie Improvisationsfähigkeit (vgl. Coutu 2002). Als gesichert gilt auch – und das macht das Konzept der Schutzfaktoren nicht unproblematisch, dass Resilienz situationsspezifisch ist. Demnach können sich Schutzfaktoren in bestimmten Situationen als resilienzfördernd, in anderen als Risiko erweisen (vgl. O'Dougherty et al. 2013). Eine weitere Einschränkung besteht auch in der Hinsicht, dass die Entwicklung von resilienzfördernden Interventionen und ihrer wissenschaftlichen Innovation (die sogenannte dritte Welle der Resilienzforschung) sowie die Evaluation genetischer, epigenetischer und systemischer Zusammenhänge von Resilienz und Resilienzförderung (›vierte Welle‹) noch in den Kinderschuhen steckt.

Im organisationalen Kontext rückt der Blick auf Stressprävention und ›vorbeugende Gesundheit‹ in den Vordergrund. Erheblichen Einfluss auf die Resilienzforschung und -förderung haben auch die von Albert Ellis und Aron T. Beck in den 1950er- und 1960er-Jahren geprägte kognitive Verhaltenstherapie (Reivich/Shatté 2003) sowie die von Martin Seligman im Jahre 1998 begründete Positive Psychologie (Seligman 2011). Darüber hinaus finden sich zahlreiche Nahtstellen und Überlappungen mit anderen Disziplinen, z. B. Aaron Antonovskis (1997) Konzept der Gesundheitsförderung (»Salutogenese«), Traditionen des Meditations- und Achtsamkeitstrainings (vgl. Kabat-Zinn 2013), Yoga (vgl. Linnartz 2015) sowie ressourcenorientierte Ansätze wie das »Human Balance Training« von Sylvia Kéré Wellensiek (2011), um nur einige zu nennen.

Aufgrund der hohen Vielfalt an disziplinären Schnittstellen finden sich in der gegenwärtigen Praxis der *individuellen Resilienzförderung* viele methodische Zugänge. Die Instrumente der kognitiven Verhaltenstherapie und der Positiven Psychologie haben sich vor allem in der Bearbeitung von belastenden Glaubenssätzen bewährt. Diese Disziplinen belegen auch, dass negative Gefühle nicht direkt aus einem objektiven Ereignis resultieren, sondern oft aus unserer Interpretation und Bewertung der Ereignisse. Dies erklärt auch, weshalb Individuen unterschiedlich in objektiv identischen Situationen fühlen. So wird ein Mitarbeiter mit einer selbstbewussten Grundhaltung auf die Kritik seines Vorgesetzten hin anders fühlen und reagieren als ein Mitarbeiter mit wenig Selbstbewusstsein. *Kognitive Resilienztechniken* ermöglichen eine systematische Hinterfragung und Umdeutung stressfördernder Grundhaltungen. Ein anderer Zugang zur Steigerung der eigenen Resilienz besteht in der direkten Bearbeitung der eigenen Gefühle, z. B. durch Atemtechniken aus dem Yoga. Langfristig wirkende, aber zugleich kontinuierliche Praxis erfordernde Ansätze finden sich in unterschiedlichen Traditionen der Meditation bzw. des Achtsamkeitstrainings. Eine andere Tradition arbeitet ressourcenorientiert. Hier geht es darum, systematisch zu reflektieren, welche äußeren und inneren Faktoren Energie entziehen oder liefern und daraus entsprechende Maßnahmen abzuleiten.

Zusammengefasst lassen sich die Dimensionen individueller Resilienz und -förderung wie folgt skizzieren (Abb. 1):

Resilienzdimensionen	Resilienzfördernde Disziplinen
Glaubenssätze/Haltung (Durchhaltevermögen, Lösungsorientierung, Rückschläge umdeuten, realistischer Optimismus etc.)	kognitive Verhaltenspsychologie/Positive Psychologie
Intuition/Achtsamkeit (Impulskontrolle, Gelassenheit, Stressabbau)	Meditation/Yoga
Ressourcen (kurz- und langfristige Strategien, eigene Belastungsgrenzen)	ressourcenorientierte Ansätze/Salutogenese
eigene Netzwerke (Vertrauenspersonen, Freunde, Experten, Unterstützer etc.)	ressourcenorientierte Ansätze
Werte/Sinn	ressourcenorientierte Ansätze/Salutogenese
soziale Kompetenzen (Grenzen setzen können, Konfliktfähigkeit, Empathie, Kommunikationskompetenz)	Empathietraining, Konfliktkompetenz, wertschätzende Kommunikation etc.

Abb. 1: Dimensionen der individuellen Resilienz und resilienzfördernde Disziplinen

Resilienzfördernde Rahmenbedingungen

Welche Rahmenbedingungen in einer Organisation wirken sich resilienzfördernd auf die Mitarbeiter aus? Diese Frage ist relativ wenig erschlossen und ist Gegenstand der relativ jungen ›dritten‹ und ›vierten Welle der Resilienzforschung‹ (vgl. O'Dougherty et al. 2013). In diesem Zusammenhang finden sich mindestens zwei Zugänge zu dieser Frage:

Der *erste Zugang* betont den starken *Einfluss der Führung* auf die Gesundheit (vgl. Rigotti et al. 2014) und mithin die Motivation und Resilienz der Mitarbeitenden (vgl. Drath 2014). Hierzu gehören z. B. die von der Glücksforschung geprägten Ansätze »gesundes Führen« (Ruckriegel et al. 2014) und »Positive Leadership« (Creusen/Eschemann 2012) sowie das aus der Neurologie hervorgegangene »Neuroleadership« (Rock 2007). Ungeachtet ihrer unterschiedlichen disziplinären Verortungen betonen diese Ansätze weitgehend identische Aspekte. Demnach besteht ein enger Zusammenhang zwischen Arbeitszufriedenheit und Höchstleistung. Orientierung liefern hierbei Kenntnisse über die motivationssteigernden Bedürfnisse der Mitarbeitenden (vgl. Rock 2007; Elger 2009).

Der *zweite Zugang* geht über die direkte Kommunikation zwischen Führung und Mitarbeiter hinaus und wirft ein Schlaglicht auf den *Einfluss der Organisationspolitik* auf die individuelle Resilienz der Mitarbeitenden. Typischerweise wird hierbei im betrieblichen Gesundheitsmanagement (BGM) zwischen ›Verhaltens‹- und ›Verhältnisprävention‹ unterschieden. Ersteres beinhaltet Maßnahmen, die auf das Verhalten von Menschen ausgerichtet sind, Letzteres hingegen Maßnahmen, die Arbeitsbedingungen analysieren und verbessern. Das folgende Schaubild (Abb. 2) liefert einen Überblick.

Präventionsbereich **Präventionsansatz**	**Verhältnisprävention**	**Verhaltensprävention**
Vermeidung von Belastungen	Schutz vor Staub, Wärme, Kälte, schädlichen Substanzen, anderen Gefährdungspotenzialen etc.	Raucherentwöhnung, Stressmanagement, Anti-Mobbing-Seminare, Sozialberatung etc.
Aktivierung von Ressourcen	positives Arbeitsklima, räumliche Gestaltung, Unternehmenskultur etc.	Ernährung, Bewegung, Entspannung, Gruppensupport etc.

Abb. 2: Verhaltens- und Verhältnisprävention im BGM

Organisationale Resilienz

Angesichts einer steten Abnahme der Halbwertszeit von Organisationen (vgl. hierzu Kap. 2.2 in diesem Buch), erhält der Bereich der organisationalen Resilienz eine immer höhere Relevanz. *Organisationale Resilienz* wird seit den 1990er-Jahren untersucht und ist damit relativ jung. Sie beinhaltet die beiden zuvor genannten Kontexte und lässt sich zugleich nicht auf diese reduzieren. Dabei stellen sich ähnliche Herausforderungen wie bei der individuellen Resilienz. Eine Herausforderung betrifft eine uneinheitliche Verwendung des Resilienzbegriffs. Während z. B. McCann et al. (2010) eine klare Trennung zwischen organisationaler Resilienz und Agilität postulieren, berücksichtigen andere Ansätze, wie z. B. Müller-Seitz, eine größere Schnittmenge zwischen diesen beiden Begriffen (vgl. Müller-Seitz 2015). Unterschiedlich wird auch mit der Frage umgegangen, ob sich Resilienz nur auf unvorhersehbare Krisen im Sinne von »Black Swans« (Taleb 2010) beziehen oder auch auf antizipierbare. Letzteres wäre nach Müller-Seitz nicht eine Frage von Resilienz, sondern von Risikomanagement (vgl. Müller-Seitz 2015). Eine weitere Herausforderung in der Auseinandersetzung mit organisationaler Resilienz besteht darin, dass sich organisationale Resilienzfaktoren und Strategien der Resilienzförderung nur schwer verallgemeinern lassen. Zwar ermöglichen Kriterien, wie z. B. starke gemeinsame Identität, Unterstützernetzwerk und externe Allianzen, finanzielle Ressourcen (»wide pockets«), klar definierte und gelebte gemeinsame Werte (McCann et al. 2010), eine allgemeine Orientierung. Beispielsweise kann ein Zuviel an Identifizierung mit dem eigenen Wertekern eine Organisation daran hindern, nötige Veränderungen vorzunehmen; ein Zuviel an Anpassungsfähigkeit könnte sie Gefahr laufen lassen, sich zu verlieren. Resilienz und Resilienzförderung prägen sich daher von Organisation zu Organisation und Krise zu Krise unterschiedlich aus.

Unter den derzeit bekanntesten Ansätzen im Zusammenhang mit organisationaler Resilienz gehören die Beiträge von Weick und Sutcliffe (vgl. Weick/Sutcliffe 2001). Sie erforschten die Organisationsstrukturen sogenannter *High Reliability Organizations* (HRO). Gemeint sind damit Organisationen, die in einem unklaren und wechselhaften Krisenumfeld operieren (wie z. B. Militär- oder Feuerwehr), womit sie eine natürliche Inspirationsgrundlage für resiliente Organisationen bieten. Eines von mehreren Kriterien der HROs ist eine Fehlerkultur, die sich nicht auf Schuldzuweisungen beschränkt, sondern aktiv nach Fehlerquellen sucht, um aus ihnen für die Zukunft zu lernen. Weitere Kriterien sind die regelmäßige Auseinandersetzung mit unterschiedlichen Szenarien sowie ein hohes Maß an Eigenverantwortung der Mitarbeitenden (vgl. Weick/Sutcliffe 2001). Andere Ansätze, die im Rahmen von organisationaler Resilienz stark diskutiert werden, sind das von Peter Senge eingeführte Konzept der »lernenden Organisation« (Senge 1990) und das von Chris Agyris und Donald Schön geprägte Konzept des »organisationalen Lernens« (Argyris/Schön 2008). Hier stehen vor allem die Reaktionsfähigkeit der Organisation und ihre Fähigkeit, Informationen aufzunehmen und zu nutzbringendem Wissen zu verarbeiten, im Vordergrund.

8.2.3 Wie kann Führung Resilienz fördern?

Obgleich Resilienz und Führung seit über 60 Jahren eingehend erforscht werden, bleibt die Frage, was resiliente und resilienzfördernde Führung auszeichnet, weitgehend offen. Zumindest lassen sie sich nicht eindeutig verallgemeinern. Gründe dafür liegen vor allem in der hohen Kontext- und Situationsabhängigkeit von effektiver Führung einerseits (vgl. Sohm 2007; Gebhardt et al. 2015) und individueller und organisationaler Resilienz andererseits. Nach heutigem Kenntnisstand deutet sich an, dass erfolgreiche Führung zumindest individuelle Resilienz voraussetzt und beides wiederum eine wichtige Grundlage für kollektive Resilienz sein kann.

8.2.4 Führung und eigene individuelle Resilienz

Einen Grundbaustein moderner Führungskräfteentwicklung stellt *Selbstführung* dar (vgl. Martens 2012). Selbstführung impliziert nicht nur die Fähigkeit, die Wirkung des eigenen Verhaltens auf die Mitarbeiter zu beobachten, zu hinterfragen und ggf. anzupassen. Sie bedeutet auch Achtsamkeit und konstruktiven Umgang mit den eigenen Gefühlen und Gedanken. Dies ist die Domäne der individuellen Resilienz. An dieser Stelle sieht Karsten Drath einen wesentlichen Unterschied zur mentalen Härte. Er postuliert, dass sich viele Führungskräfte, insbesondere im Topmanagement, zwar durchaus durch eine hohe Stressresistenz auszeichnen, die sich in einer mentalen Härte zeige. Doch diese sei, im Vergleich zur Resilienz »unreflektiert« (Drath 2014). Individuelle Resilienz bedeutet Selbstführung – dies impliziert durchaus auch ein Bewusstsein über bzw. ein Zulassen der eigenen Verwundbarkeit. Indem individuelle Resilienz für die eigene Stressanfälligkeit sensibilisiert, liefert sie auch eine wichtige Grundlage zur Einfühlung in die Belastungsgrenzen, Motivationsfaktoren und Bedürfnisse der eigenen Mitarbeitenden. Die Förderung der eigenen Resilienz setzt im Idealfall regelmäßige Selbstevaluation (Wo stehe ich? Lebe ich meine Werte im Alltag? Was gibt mir Energie? Was entzieht mir Energie?) und entsprechende Praxis im Alltag voraus (möglichst tägliche Meditationspraxis, Atemtechniken, ggf. kognitive Techniken, Yoga, Tai Chi etc.).

Führung und individuelle Resilienz bei anderen

Wie bereits dargestellt, besteht ein enger Zusammenhang zwischen Führungsverhalten und der Motivation, Gesundheit und Leistungsfähigkeit der Mitarbeiter. Eine mögliche Orientierungsgrundlage für die Motivationsfaktoren und Bedürfnisse der Mitarbeitenden stellen *Grundbedürfnisse* dar. Das Neuroleadership misst z. B. sechs neurowissenschaftliche Grundbedürfnisse, die zu einer Aktivierung des Belohnungssystems (im sogenannten Nucleus accumbens) beitragen. Zu ihnen gehören Fairness und Angemessenheit (leistungsgerechte Entlohnung), Autonomie und Selbstwirksamkeit (Eigenverantwortlichkeit), Orientierung und Kontrolle (transparente Informationspolitik), Selbstwert und Status (wertschätzender Umgang), Wachstum und Entwicklung, Zugehörigkeit und Verbundenheit (Mitbestimmung) (vgl. Drath 2014). Resiliente Führung setzt daher nicht nur ein hohes Bewusstsein über die eigene Resilienz voraus, sondern auch eine hohe zwischenmenschliche *Empathie*. Diese zu trainieren, setzt ebenfalls kontinuierliche (Selbst-) Praxis voraus – z. B. das Anlegen eines Empathietagebuchs, regelmäßige Trainings, regelmäßige Feedbackgespräche mit den Mitarbeitenden etc.

Führung und organisationale Resilienz

Im aktuellen Diskurs zeichnet sich eine Abkehr vom klassischen Führungskonzept ab, welches vom Leitmotiv der hierarchischen Führung und der ›heroischen Führungskraft‹ geprägt ist – dem allwissenden Spielemacher, der das Wissen der Mitarbeiter bündelt. Diesem Bild steht die *›postheroische‹ Führungskraft* gegenüber, die ihr eigenes Unwissen eingesteht, Kompetenz an die Mitarbeiter delegiert und sie aktiv in Belange der Gesamtorganisation mit einbindet (vgl. Baecker 1994). In diesem Zusammenhang prägen auch nicht-hierarchische, kollektive Steuerungsmodelle die Diskussion. Dies gilt insbesondere für das *Modell der Selbstführung,* wie sie z. B. in den Unternehmen FAVI, Morning Star, Buurtzorg und Semco realisiert ist. Beobachter wie Frédéric Laloux (2014) und Gary Hamel (2008) gehen davon aus, dass das Modell der Selbstführung mit einer höheren organisationalen Resilienz und Ausschöpfung der kollektiven Intelligenz einhergeht. Ob und inwieweit organisationale Resilienz tatsächlich besser in einem Modell der Selbststeuerung realisiert werden kann, ist nach heutigem Kenntnisstand (noch) nicht abschließend gesichert. Fest steht jedoch, dass die richtige Umsetzung eines solchen Modells an viele Voraussetzungen gebunden ist, die von jeher auch hierarchisch geführte resiliente Organisationen auszeichnen. Hierzu gehören z. B. eine stabile Wertebasis und gelebte Mission, ein hoher Zusammenhalt und hohes Commitment der Belegschaft, effiziente Abläufe, Vertrauenskultur, eine hohe intrinsische Motivation sowie hohe fachliche und persönliche Kompetenz (sichergestellt durch regelmäßige und intensive Fortbildungen) der Mitarbeitenden. Im Zusammenhang mit diesen und anderen Faktoren organisationaler Resilienz kommt einer coachend und bedürfnisorientiert ›steuernden‹ Führung eine zentrale Rolle zu. Eine zentrale Herausforderung besteht darin, dass die Führung die resiliente Organisationskultur vorlebt, die wiederum ein hohes Maß an Commitment und intrinsischer Motivation der Mitarbeitenden voraussetzt. Dabei kann das Vorleben resilienter Organisationskultur durchaus mit dem Eingestehen der eigenen ›Nicht-Resilienz‹ einhergehen (was paradoxerweise wiederum ein Merkmal individueller Resilienz ist).

Führen in Krisenzeiten
In diesem Zusammenhang berichtet Laloux beispielsweise in den oben erwähnten Unternehmen FAVI und Buurtzorg von Fällen, in denen die Führungskraft in (teilweise auch existenzbedrohenden) Krisenzeiten, keine einsamen Entscheidungen trifft, sondern im Dialog mit der Belegschaft offen ihre Ratlosigkeit eingesteht und mit ihr gemeinsam geeignete Lösungen entwickelt (Laloux 2014).

Um es zusammenzufassen: Resilienz, Resilienzförderung und resiliente Führung sind in hohem Maße situativ und lassen sich – abgesehen von mehreren abstrakten Orientierungskriterien – kaum verallgemeinern. Eingedenk der Tatsache, dass der Führungs- und Resilienzdiskurs stark vom westlichen Kulturkreis dominiert ist, bleibt auch für die weiterführende Forschung und Praxis offen, ob und inwieweit sich diese Orientierungskriterien kulturübergreifend übertragen lassen – beispielsweise auf die japanische oder chinesische Management- und Organisationskultur.

Literatur

Antonovski, A. (1997): Salutogenese. Zur Entmystifizierung der Gesundheit. Tübingen: dgvt.
Argyris, C./Schön, D. (2008): Die lernende Organisation. Stuttgart: Klett-Cotta.
Baeker, D. (1994): Postheroisches Management. Ein Vademecum. Berlin: Merve.
Birkmann, J. (2006): Measuring vulnerability to natural hazards: towards disaster resilient societies. New York: United Nations University Press.
Coutu, D. (2002): How resilience works. In: Harvard Business Review, Mai 2002. https://hbr.org/2002/05/how-resilience-works (Abrufdatum: 27.04.2016).
Creusen, U./Eschemann, N.-R. (2012): Motivation messen und fördern. Wie Mitarbeiter über sich hinauswachsen. Zürich: Orell Fuessli.

Csíkszentmihályi, M. (2000): Das Flow-Erlebnis. Jenseits von Angst und Langeweile im Tun aufgehen. Stuttgart: Klett-Cotta.

Cutuli, J. J./Herbers, J. E./Lafavor, T. L./Masten, A. S. (2008): Promoting competence and resilience in the school context. In: Professional School Counseling, 12. Jg., H. 2, S. 76–84.

Drath, K. (2014): Resilienz in der Unternehmensführung. München: Haufe-Lexware.

Elger, C. (2009): Neuroleadership: Erkenntnisse der Hirnforschung für die Führung von Mitarbeitern. Freiburg: Haufe-Lexware.

Gebhardt, B./Hofmann, J./Roehl, H. (2015): Zukunftsfähige Führung – Die Gestaltung von Führungskompetenzen und -systemen. Gütersloh: Bertelsmann Stiftung. http://www.bertelsmann-stiftung.de/fileadmin/files/BSt/Publikationen/GrauePublikationen/ZukunftsfaehigeFuehrung_final.pdf (Abrufdatum: 27.04.2016).

Hamel, G. (2008): Das Ende des Managements. Unternehmensführung im 21. Jahrhundert. Berlin: Econ.

Kabat-Zinn, J. (2013): Gesund durch Meditation: Das große Buch der Selbstheilung mit MBSR. München: Knaur MensSana.

Laloux, F. (2014): Reinventing organizations. A guide to creating organizations inspired by the next stage of human consciousness. Oxford: Nelson Parker.

Linnartz, K. (2015): Business Yoga: Mit leichten Übungen zu Leistungssteigerung und Stressabbau. Hilden: Becker Joest Volk.

Lohmann-Haislah, A. (2012): Stressreport Deutschland 2012 – Psychische Anforderungen, Ressourcen und Befinden. Dortmund/Berlin/Dresden: Bundesanstalt für Arbeitsschutz und Arbeitsmedizin.

Martens, A. (2012): Die Lizenz zum Führen. In: managerSeminare, Heft 176, S. 52–59.

McCann, J./Selsky, J./Lee, J. (2010): Building agility, resilience and performance in turbulent environments. In: People & Strategy, 32. Jg., H.3, S. 44–51.

Müller-Seitz, G. (2015): Von Risiko zu Resilienz – zum Umgang mit Unerwartetem aus Organisationsperspektive. In: zfbf Sonderheft, 68. Jg., H. 14., S. 102–122.

O'Dougherty Wright, M./Masten, A. S./Narayan, A. J. (2013): Resilience processes in development: four waves of research on positive adaptation in the context of adversity. In: Goldstein, S./Brooks, R. B. (Hrsg.): Handbook of resilience in children. New York: Springer US, S. 15–37.

Peters, T./Ghadiri, A. (2011): Neuroleadership – Grundlagen, Konzepte, Beispiele. Wiesbaden: Gabler.

Reivich, K./Shatté (2003): The resilience factor. New York: Penguin Random House.

Rigotti, T./Holstad, T./Mohr, G./Stempel, C./Hansen, C./Loeb, C./Isaksson, K./Otto, K./Kinnunen, U./Perko, K. (2014): Rewarding and sustainable healthpromoting leadership. Dortmund: Bundesanstalt für Arbeitsschutz und Arbeitsmedizin.

Rock, D. (2007): Quiet leadership: six steps to transforming performance at work. New York: HarperBusiness.

Ruckriegel, K./Niklewski, G./Haupt, A. (2014): Gesundes Führen mit Erkenntnissen der Glücksforschung. Freiburg: Haufe-Lexware.

Seligman, M. P. (2011): Building resilience. Harvard Business Review, April 2011. https://hbr.org/2011/04/building-resilience (Abrufdatum: 27.04.2016).

Schwartz, D. (2014): Vernunft und Emotion: Die Ellis-Methode – Vernunft einsetzen, sich gut fühlen und mehr im Leben erreichen. Dortmund: Modernes Lernen.

Senge, P. (1990): The fifth discipline: The art and practice of the learning organization. New York: Doubleday.

Sohm, S. (2007): Zeitgemäße Führung – Ansätze und Modelle. Gütersloh: Bertelsmann Stiftung. https://dgfp.de/wissen/personalwissen-direkt/dokument/84197/herunterladen (Abrufdatum: 29.04.2016).

Taleb, N. (2010): The black swan: the impact of the highly improbable. New York: Random House.

Weick, K. E./Sutcliffe, K. M. (2001): Managing the unexpected: assuring high performance in an age of complexity. San Francisco (CA): Jossey-Bass.

Wellensiek, S. K. (2011): Handbuch Resilienz-Training: Widerstandskraft und Flexibilität für Unternehmen und Mitarbeiter. Weinheim: Beltz.

Werner, E. (1977): The Children of Kauai. A longitudinal study from the prenatal period to age ten. Honolulu: University of Hawaii Press.

Zander, M. (2011): Handbuch Resilienzförderung. Wiesbaden: VS.

8.3 Mit dem Beat der Veränderung – Change Coaching als kompetenter Begleiter des Wandels

Brigitte Winkler

Vor dem Hintergrund der in diesem Band schon beschriebenen dynamischen Rahmenbedingungen sind Führungskräfte mehr und mehr gefordert, sich mit den zunehmend komplexen und volatilen Markt- und Kundenanforderungen auseinanderzusetzen und die eigene Organisation darauf auszurichten und weiterzuentwickeln (vgl. Heitger/Serfass 2015). Vielfältige Kommunikations- und Kooperationsformen wie z. B. virtuelle Teams, Projektgruppen und die Zusammenarbeit mit Dienstleistern, Zulieferern und Kooperationspartnern erfordern unterschiedliche Führungs-, Kooperations- und Kommunikationsformate. Und auch die Führung von gut ausgebildeten und selbstbewussten Mitarbeitern mit hohem Selbstständigkeits- und Selbstverwirklichungsmotiv erweist sich für viele Führungskräfte als anspruchsvoll. In diesem bewegten Umfeld einen Reflexions-Raum zum Innehalten bereitzustellen, um die eigene Rolle, Einstellungen und Vorgehensweisen im Veränderungs-Kontext zu sondieren und realistische Handlungsoptionen zu entwickeln, ist die Zielsetzung von *Change Coaching*.

8.3.1 Warum Change Coaching zunehmend an Bedeutung gewinnt

Eigentlich würde man davon ausgehen, dass Führungskräfte und Teams bei der Bewältigung von vielschichtigen Führungs- und Veränderungsherausforderungen mit genügend Beistand aus der eigenen Organisation rechnen könnten. Denn die in Wandelvorhaben handelnden Akteure gut für den Umgang mit Veränderungen zu rüsten, ist für die Entwicklung der Organisation entscheidend. Allerdings sieht die Führungspraxis oft anders aus. Führungskräfte fühlen sich mit der Umsetzung von Veränderungen oftmals allein gelassen. In den letzten Jahren ist vielerorts ein Zustimmungsabbruch bei Veränderungsvorhaben des Senior- und Mittelmanagements, also der Ebenen, die anders als das Topmanagement mit der konkreten Umsetzung von Veränderungsvorhaben betraut sind, zu verzeichnen (vgl. Kyaw/Claßen 2010). Die eigenen Vorgesetzten sind häufig selbst mit komplexen Projektvorhaben beschäftigt und haben kaum Zeit für reflexive Gespräche mit ihren Führungskräften. Bisweilen scheuen sich Führungskräfte auch davor, bei ihren Vorgesetzten Rat zu suchen und diesen zu großen Einblick in Rollenunsicherheiten und Zweifel bezüglich der geplanten Veränderungen einzuräumen. Schließlich ist es für Gehalts- und Bonusentscheidungen wichtig, dass man sich als kompetente und selbstsichere Führungskraft präsentiert. Da ist in vielen Fällen zu große

Offenheit kontraproduktiv. Die Personalabteilung, in immer mehr Organisationen mit knapp bemessenen Ressourcen ausgestattet, ist schon meist mit dem Tagesgeschäft gut ausgelastet und hinkt häufig hinterher, wenn es darum geht, zeitnah zur Veränderungsphase passende Coaching-Maßnahmen aufzusetzen, die einen Reflexionsraum für die Steuerung von Veränderungsmaßnahmen bieten könnten. So bleibt Führungskräften und Teams meist nichts anderes übrig, als ein autodidaktisches sich durch die Veränderung »Hindurchwurschteln« (vgl. Lindblom 1959). Dabei wäre es, wie dieser Artikel zeigt, mit wenig organisatorischem Aufwand möglich, regelmäßige *Reflexionsräume* durch eine erfahrene Change Coaching-Begleitung zu ermöglichen. *Coaching* hat sich in den letzten Jahren innerhalb der wachsenden Beratungsbranche als ein zentrales Beratungsformat etabliert und die aktuellen Entwicklungen und Prognosen deuten darauf hin, dass diese Beratungsform in ihrer Bedeutung noch wachsen wird (vgl. Middendorf 2015; Schermuly et al. 2012; Winkler et al. 2013). Kein anderes Beratungsformat bietet so wie Coaching die Möglichkeit, hoch vertrauensvoll und zugeschnitten auf individuelle Persönlichkeiten und Teamkonstellationen und unter Berücksichtigung der Besonderheiten des speziellen Umfelds, bei Führungs- und Veränderungsfragen zu beraten. Vielfach übernehmen vor dem Hintergrund der beschriebenen organisationalen Restriktionen externe Coaching-Experten die Rolle des Sparringspartners für Führungskräfte in Veränderungsfragen.

Während Coaching in seinen Anfangsjahren häufig das Image hatte, bei ›hoffnungslosen Fällen‹ als letzte Chance für Veränderung anzusetzen, hat es sich als professionelles Beratungsformat vielerorts im Top- und Mittelmanagement etabliert. Die positiven Effekte durch Coaching und der empfundene hohe Nutzen aus Sicht der Coachees (vgl. De Haan/Duckworth 2013, De Haan/Mannhardt 2013; De Haan et al. 2011; Grant, 2014; Theeboom et al. 2014) bewirken mittlerweile eine hohe generelle Akzeptanz von Coaching-Maßnahmen (vgl. Schermuly 2014). Noch weniger findet es bisher jedoch seinen gezielten Einsatz zur Begleitung von Change-Prozessen, obwohl der Nutzen auf der Hand liegt (vgl. Sackmann 2013). Durch Change Coaching im Einzel- und Gruppen-Setting können Führungskräfte, Teams wie auch die gesamte Organisation von einer Begleitung profitieren. Negative Begleiterscheinungen von Veränderungsprojekten können abgefedert und notwendige Kompetenzen und Ressourcen für den Change-Prozess aufgebaut und aktiviert sowie lösungsorientiertes Denken gefördert werden (vgl. Grant 2014). Die Erkundung von Handlungsalternativen und neu aufzubauenden Routinen sowie die kritische Reflexion ihrer Wirkungen in der Praxis beugt der Gefahr vor, in der Konfrontation mit neuen, noch unsicheren Situationen in unreflektierten Aktionismus zu verfallen. Eine Abstimmung der Coaching-Interventionen auf die Besonderheiten der jeweiligen Phase im Veränderungsprozess wirkt sich dabei positiv auf das Coaching-Ergebnis aus (vgl. Sackmann 2013).

Anders als beim klassischen Führungskräftecoaching, bei dem der Fokus auf die Entwicklung spezifischer Kompetenzen der Person gelegt wird, berücksichtigt *Change Coaching* explizit das komplizierte Wechselspiel zwischen Organisation und Person. Führungserfolg entsteht bekanntlich aus komplexen Interaktionen zwischen der Persönlichkeit und des Führungsverhaltens der Führungskraft sowie der Persönlichkeit und des Verhaltens der Mitarbeitenden, beeinflusst durch den spezifischen Führungskontext, sprich der Merkmale des Arbeits- und Stakeholder-Umfelds, in denen Führung stattfindet (vgl. Yukl 2013). Führungskräfte und Coaches müssen diese komplexen Interaktionen im Blick haben, um einschätzen zu können, welche Effekte bestimmte Handlungen in diesem Gesamtsystem erzeugen können und welche Aktivitäten Erfolg versprechend sind. Hier gibt es selten einfache Lösungen ›aus der Schublade‹. Vielmehr ist es notwendig, in Ko-Kreation mit dem/den Coachees auf den Einzelfall abgestimmte Strategien und Vorgehensweisen zu entwickeln. Es versteht sich von selbst, dass Change Coaches dazu ein profundes Verständnis organisationaler Strukturen, ein breites Change Management Know-how und eine ausgeprägte Einschätzungsfähigkeit der Dynamiken von Multi-Stakeholder-Environments mitbringen müssen, verbunden mit diagnostischen Fähigkeiten, die Ressourcen und Entwicklungsfelder der Coachees und des sie umgebenden Veränderungskontextes schnell erfassen zu können, um für den Einzelfall passende Strategien im Umgang mit Veränderungen zu erarbeiten (vgl. Möller/Kottke 2014, Giernalczyk/Lohmer 2012; Winkler 2014).

8.3.2 Welche Themen werden im Change Coaching behandelt?

So vielfältig die Führungs- und Veränderungskontexte sind, so vielfältig sind auch die Anlässe, bei denen Change Coaching einen Mehrwert liefern kann. In der *13. Coaching-Umfrage Deutschland* 2014/2015 von Middendorf (2015) zählten Coaches Organisationsveränderungen sowie Führungs- und Change-Management-Fragen neben dem Coaching zur Übernahme neuer Positionen oder Funktionen zu den zentralen behandelten *Coaching-Themen.*

Change Coaching kann eingesetzt werden, um folgende Themenstellungen zu bearbeiten (vgl. auch Sackmann 2013 und Sulz et al. 2013):

- Eingrenzung der Ziele von Veränderungen und Exploration möglicher Handlungsoptionen mit ihren potenziellen Konsequenzen
- Reflexion der Erwartungen an die Rolle und die Aktivitäten der Führungskraft aus der Perspektive unterschiedlicher Stakeholder (Vorgesetzte, Mitar-

beitende, Kunden, Kollegen unterschiedlicher Abteilungen) und Erarbeitung eines Verantwortungs- und Rollenbewusstseins sowie einer für die Führungssituation stimmigen Führungskonzeption
- Beratung zu einer tragfähigen Change-Architektur für das weitere Vorgehen in einem von der Führungskraft oder mehreren Führungskräften verantworteten Change-Projekt
- Unterstützung bei der Planung und Initiierung von Change-Aktivitäten (Unterstützung bei der Vorbereitung von Meetings, Workshops und Veranstaltungen, Unterstützung beim Design interaktiver und dialogorientierter Gesprächsforen)
- Vorbereitung auf relevante Vorträge und Präsentationen sowie Vorbereitung von Maßnahmen zur Stärkung der Teamarbeit
- Institutionalisierung regelmäßiger ›Boxenstops‹, in denen die Change-Erfolge, aber auch Change-Hindernisse ungeschminkt reflektiert und diskutiert werden können. Regelmäßige Reflexion der aktuellen Situation, schon erreichter Erfolge und notwendiger nächster Schritte
- Vorbereitung erfolgskritischer Gesprächssituationen, die für den Fortgang der Veränderungsmaßnahme besonders relevant sind (z. B. Ressourcenverhandlungen, Management konfliktbeladener Gesprächskonstellationen, Umgang mit Machtkonstellationen und Mikropolitik sowie die Führung von kritischen Mitarbeitergesprächen)
- Erarbeitung einer inneren Haltung, die es möglich macht, sich herausfordernden und komplexen Situationen zu stellen, ohne die eigenen Ressourcen zu überfordern
- Spiegelung und Bearbeitung innerer Widerstände und Blockaden, die Führungskräfte daran hindern, ihre Change-Management-Rolle proaktiv zu leben; Visualisierung expliziter und impliziter Motive
- Je nach Fragestellung: Vermittlung von Burn-out-präventiven Stress- und Selbstmanagementkompetenzen, um in veränderungsintensiven Zeiten weiterhin energetisch und fokussiert agieren zu können
- Unterstützung beim Aufbau und der Pflege von Supportsystemen (z. B. Qualifizierungsmöglichkeiten, Mentoren, Multiplikatoren und Verbündete, Sounding Boards, familiäre Unterstützung)
- Rollenwechselcoaching bei Übernahme neuer Funktionen
- Unterstützung der Entscheidungsfindung bei beruflicher Neuorientierung (Check-up vorhandener Kompetenzen, Motivationen, Potenziale; Karriereberatung)

8.3.3 Methodenspektrum des Change Coachings

Insgesamt ist die Coaching-Forschung als eine noch junge Disziplin nicht so weit, sich einen komprimierten Überblick wirksamer Coaching-Methoden erarbeitet zu haben und damit für die Praxis ausreichend Orientierung zu ermöglichen (vgl. Fietze 2011; Künzli 2013; Lippmann 2013a). In der Praxis stellt das jedoch keine große Einschränkung dar, da erfahrene Coaches eklektisch auf valide Theorien und Interventionen anderer Disziplinen zurückgreifen können, frei nach dem Motto: Alles was wirkt, ist gut. Das *Methodenrepertoire* von Change Coaches sollte daher sehr breit gefächert sein (vgl. Lippmann 2015; Winkler 2013b) und evidenzbasiertes Know-how zur strategischen Planung, Umsetzung, Durchführung und Monitoring von Change-Projekten genauso umfassen (= Change Management Know-how und betriebswirtschaftliches sowie organisationstheoretisches Wissen) wie auch das Wissen um effektive Führungsinterventionen in Veränderungskontexten (Change Leadership Know-how, vgl. Herrmann et al. 2012) oder Maßnahmen, die den Dialog, die Zielausrichtung, das gegenseitige Vertrauen und die Zusammenarbeit in sozialen Systemen fördern. Hier sind Erkenntnisse aus der Sozialpsychologie sowie der Konflikt- und Gruppenforschung hilfreich. Für personenzentrierte Interventionen, die sich vor allem auf die Stärkung von Ressourcen und Strategien im Umgang mit Veränderung konzentrieren, können Coaches ein reichhaltiges Interventionsspektrum anerkannter Theorien und Therapierichtungen nutzen, wie beispielsweise der kognitiven Verhaltenstherapie (z. B. zur Bearbeitung von Change-Blockaden und emotionalen Hürden im Change sowie zur Stresspräventation und Burn-out-Prophylaxe), der Gestalttherapie, des Psychodramas und der Kommunikationspsychologie (z. B. um Gesprächsführungs- und Konfliktmanagementkompetenzen und Strategien im Umgang mit einem komplexen Stakeholder-Umfeld zu erwerben). Sulz et al. (2013) verdeutlichten beispielsweise in ihren zwanzig Schritten des »Strategischen Change Coachings SCC«, wie Musterwechsel und Korrekturen impliziter Überlebensregeln, die der Übernahme neuer Rollen und Routinen im Wege stehen können, verändert werden können. Damit diese neuen Herangehensweisen auch emotional fest verankert werden können, müssen Coaches kognitive und emotive Strategien abwechseln (vgl. Hauke 2013). Da diagnostische Phasen und Interventionen im Coaching sehr eng miteinander verknüpft sind (vgl. auch Schein 2016), hilft Coaches ein profundes diagnostisches Wissen, um den Einsatz organisationsdiagnostischer Methoden oder von solchen, die die Selbstreflexion stimulieren, auf den vorhandenen Kontext und die Motiv- und Kompetenzstrukturen von Coachees abzustimmen (vgl. Müller/Kottke 2014).

Für die Stärkung von Change-relevanten Ressourcen wie Resilienz, Selbstwirksamkeit und Optimismus kann man auf gut untersuchte Ansätze, wie z. B. die

»Broaden-and-Build-Theorie« (Frederickson 2001), die »Positive Psychologie« (Seligman/Csíkszentmihályi 2000), das »Positive Organizational Scholarship«-Konzept (Dutton/Glynn 2008) und den »Positive Organizational Behavior«-Ansatz (Luthans et al. 2006) zurückgreifen (vgl. auch Fiedler/Fendt, S. 48, zu wesentlichen Einzelinterventionen der positiven Psychologie bei Veränderungsvorhaben).

Dieser kurze und nicht umfassende Ausflug in das zur Verfügung stehende Methodenrepertoire für Change Coaching zeigt, wie vielseitig es in der Lage ist, sowohl Gestalter als auch Betroffene von Veränderungen in Wandelsituationen zu unterstützen (vgl. auch Korotov et al. 2011). Ob der Vielzahl der möglichen Interventionen wäre es wünschenswert und für die Praxis sehr hilfreich, wenn die Erforschung effektiver Coaching-Methoden weiter voranschreitet (vgl. Künzli 2009; 2013; Künzli/Stulz 2011).

Die Psychotherapieforschung, die man aufgrund der Parallelen in Methodik und Setting als Nachbardisziplin der Coaching-Forschung betrachten kann, verfügt demgegenüber über fundiertes Forschungswissen und eine lange Forschungstradition. Hier ist es beispielsweise üblich, bei spezifischen Phänomenen und Krankheitsbildern methodisch Therapiepfaden zu folgen, die in Therapiemanualen niedergelegt sind. Greif übertrug die gesicherten und aufgrund ihrer Verallgemeinerbarkeit gut übertragbaren Erkenntnisse zu Wirkfaktoren der Psychotherapieforschung (vgl. Grawe 2004) auf den Coaching-Kontext und entwickelte ein empirisch validiertes Modell zu sieben *Wirkfaktoren* eines erfolgreichen Coaching-Prozesses (siehe Kap. 8.3.4).

Greif (2012) geht davon aus, dass es für erfolgreiche Coachings nicht darauf ankommt, welche Methoden Coaches einsetzen, sondern dass sie sich konsequent an den Wirkfaktoren effektiven Coachings orientieren (vgl. Winkler et al. 2013; Greif 2008; Greif et al. 2012).

8.3.4 Wirkfaktoren eines erfolgreichen Change Coachings

Wirkfaktoren im Coaching (aus Winkler et al. 2013, nach Greif 2008)

1. Wertschätzung und emotionale Unterstützung des Klienten durch Coaches

Empathie, Wertschätzung und individuelle Unterstützung des Coachees dienen dem Aufbau einer förderlichen Coaching-Beziehung (Coaching-Allianz).

2. Affektaktivierung und -kalibrierung

Starke positive und negative Emotionen, die bei Coachees bei Schilderungen auftreten, werden im Coaching nach der Aktivierung verarbeitet und z. B. durch Reflexionsfragen wieder beruhigt, da Affekte nach Kuhl (2001) das bewusst rationale Denken und den Zugang zum Selbst erschweren.

3. ergebnisorientierte Problemreflexion
Eine ausführliche Analyse und Reflexion der Wahrnehmung der Problemsituation durch die Coachees tragen dazu bei, Problemfixierungen aufzulösen und Folgerungen für die Zukunft abzuleiten. Fragetechniken, Rollenspiele und Perspektivenwechsel helfen, das Problem aus mehreren Perspektiven zu betrachten.
4. ergebnisorientierte Selbstreflexion
Von Coaches angeleitete Selbstreflexionsprozesse regen Coachees dazu an, über Werte, besondere Eigenschaften, Stärken und Schwächen, über individuelles Verhalten und Erleben oder persönliche Entwicklungsmöglichkeiten nachzudenken. Diese Reflexionen führen idealerweise zu neuen Erkenntnissen sowie Plänen zur Veränderung von Einstellungen und Verhalten.
5. Zielklärung
Die mit dem Coaching intendierten bewussten und unbewussten Ziele von Coachees herauszuarbeiten, deren Verhaltensauswirkungen zu reflektieren und im gesamten Coaching-Prozess regelmäßig einen Ist-/Sollvergleich vorzunehmen, hilft Zielkongruenzen herzustellen und Veränderungen sichtbar zu machen.
6. Ressourcenaktivierung
Die häufig verwendete Daumenregel ›Hilfe zur Selbsthilfe‹ beinhaltet, dass den Coachees sowohl die internen Ressourcen (z. B. Kompetenzen, Wissen, Erfahrungen, Eigenschaften, Entwicklungspotenziale usw.), aber auch externe Ressourcen (wie z. B. Kollegen, Vorgesetzte, Familie, Freunde, Geld, Ausbildung) bewusst gemacht werden. Ressourcen- und lösungsorientierte Ansätze oder Interventionen der Positiven Psychologie können diesen Prozess unterstützen.
7. Umsetzungsunterstützung
Dieser Wirkfaktor beinhaltet im Coaching die kurzfristige ergebnisorientierte Unterstützung der Coachees bei der Umsetzung. Durch Shadowing oder virtuelle Transfer-Coaching-Maßnahmen begleiten Coaches ihre Coachees in der Umsetzungssituation und reflektieren mit ihnen anschließend ihr Verhalten und das anderer Personen.

8.3.5 Wie können Organisationen Change Coaching effektiver für Wandelvorhaben nutzen?

Von Führungskräften wird derzeit erwartet, dass sie im Management von Veränderungen erfahren sind (vgl. Bohn/Crummenerl 2015). Die Vorbereitung, die sie dafür durch universitäre Ausbildungen oder vonseiten der Organisation erhalten, ist jedoch rudimentär. Dieses Phänomen zeigt sich über alle Berufsgruppen hinweg. So werden z. B. Ärzte und Ärztinnen während ihrer Ausbildungszeit weder ausreichend auf Führungs- noch auf Change-Management-Aufgaben im Krankenhausalltag vorbereitet (vgl. Janning/Schinnenburg 2011), obwohl sie mit diesen ab Beginn ihrer Berufstätigkeit konfrontiert sind. Selbst die Betriebswirtschaftslehre, die die Kerndisziplin angehender Führungskräfte darstellen sollte, bereitet ihre Absolventen nur unzureichend auf Führungs- und Change-Management-Aufgaben vor (vgl. Mintzberg 2004). Freimuth (2016) kritisiert die Ignoranz der Betriebswirtschaftslehre gegenüber systemischen Ansätzen und Sichtweisen auf Organisationen, die gerade für die Steuerung von Wandelvorhaben unentbehrlich sind. Fraglich ist, ob Führungs- und Change-Management-Fähigkeiten in Ausbildungsgängen, die von Personen besucht werden, die noch keine Führungsaufgaben innehaben, überhaupt ›theoretisch‹ vermittelt und erlernt werden können. Viele Führungskräfte können diese Konzepte im wahrsten Sinne des Wortes erst begreifen, wenn sie selbst vor Führungs- und Change-Herausforderungen stehen und nach Handlungsmöglichkeiten suchen. Daher sind Fallsupervisionen, in denen die realen Führungs- und Changemanagement-Herausforderungen der Teilnehmenden besprochen werden, fester Bestandteil von längerfristig angelegten Führungs- und Change-Management-Ausbildungscurricula und werden in der Regel von den Teilnehmenden auch als sehr wertvoll erachtet.

Die Erfahrung der Autorin mit mehr als 750 Workshops zum Thema Führung- und Change Management (CM) zeigt, dass bei Führungskräften häufig ein großer Konsens darüber herrscht, was gutes Change Management ausmacht und dass Kommunikation und Austauschmöglichkeiten zum Change als wichtige Erfolgsfaktoren betrachtet werden (vgl. Bohn/Crummenerl 2015; Capgemini Consulting 2012; Gerkhardt/Frey 2006). Nach eigenen Erfahrungen befragt, sehen viele Führungskräfte in ihrer eigenen Organisation jedoch Defizite darin, wie Change-Projekte gesteuert werden und vermissen Diskussions-Foren, in denen kritische Punkte zur Sprache gebracht werden können, um Fehlentwicklungen gegenzusteuern (vgl. Bohn/Crummenerl 2015). In der Change-Architektur professionell gestalteter Change-Projekte sind zwar regelmäßige Informations-, Qualifizierungs- und Kommunikationsveranstaltungen eingeplant. Oftmals fehlt jedoch die breitflächige Organisation von regelmäßigen Reflexions- und Dialogmöglichkeiten, die genau bei den von der Umsetzung betroffenen Führungskräften und ihren Mitarbeitenden ansetzt und diesen einen festen Rhythmus im ›Beat of Change‹ für die Sondierung des Status quo und die gezielte weitere Ausrichtung der Change-Aktivitäten ermöglicht. Fälschlicherweise gehen viele Organisationen davon aus, dass dieser Prozess durch die Führungskraft in Eigenregie im Alltag gewährleistet werden sollte. Erfahrungen zeigen jedoch, dass diese Reflexionen nur oberflächlich oder gar nicht durchgeführt werden, wenn dem nicht ein strukturierter und durch einen erfahrenen Coach moderierter Rahmen zugrunde liegt.

Individuelle und kollektive Veränderungsprozesse sind häufig eng miteinander verzahnt. So wirkt die im Einzelcoaching geförderte Identitäts- und Rollenfindung einer Führungskraft während einer Reorganisation positiv auf Veränderungsprozesse in der Organisation ein, wenn dadurch die Ausgestaltung des neuen Verantwortungsbereichs aktiver wahrgenommen wird. Auf der anderen Seite müssen aus Change-Projekten resultierende Veränderungen von den Betroffenen verarbeitet werden, um Handlungsfähigkeit wiederzuerlangen. Einzelcoaching-Interventionen können hier der Führungskraft helfen, unterschiedliche Anforderungen zu gewichten, Handlungspläne zu erarbeiten und mentale Bewältigungsstrategien zu erarbeiten (vgl. Winkler et al. 2013).

Nach Fatzer (2012) ist es nicht mehr zeitgemäß, zwischen unterschiedlichen Disziplinen wie Coaching, Supervision und Organisationsentwicklung (OE) zu unterscheiden – auch wenn diese sich historisch aus unterschiedlichen Richtungen entwickelt haben. Die Begleitung von Veränderungs- und Lernprozessen bei Führungskräften, Teams und Systemen erfordert häufig die gezielte Kombination von verschiedenen Interventionsformen, um zu gewünschten Ergebnissen zu kommen. Dazu ist jedoch die Vernetzung der Coaching-Maßnahmen mit den von der Organisation gesteuerten Change-Projekten und deren Beratersystemen wichtig (vgl. Gormley/van Nieuwerburgh 2014). Die Einbettung von Coaching als Maßnahme in eine Veränderungsarchitektur, in der Erkenntnisse aus Coachings zum Veränderungsprozess in Gremien wie Sounding Boards, Steuerungsgruppen, Projektteams rückgespiegelt werden können, sowie Viereckgespräche mit Personalverantwortlichen, Coachee, Coach und nächsthöherer Führungskraft zu Beginn, im Verlauf und am Ende eines Coaching-Prozesses, sind Möglichkeiten, um diese Vernetzung herzustellen. Dass dies zunehmend geschieht, zeigen Praxisberichte von Unternehmen und Coaches (z. B. Harbert-Unterschütz 2011, Dörr et al. 2011, Klaffke 2011, Winkler et al. 2013).

8.3.6 Formen des Change Coachings

Change Coaching kann in Einzel- oder Gruppensettings stattfinden. Während im Einzelcoaching in der Regel der Fokus auf der Führungsperson und deren Einstellungen, Fähigkeiten und Handlungsoptionen im Veränderungskontext liegt, öffnen gruppenbezogene Formate die Möglichkeit, unterschiedliche Perspektiven auf den Veränderungskontext zu richten, Führungs- und Handlungsstrategien im Gruppenkontext auf ihre Wirkungen in der Organisation zu reflektieren und kollektive sowie öffentliche Vereinbarungen zur weiteren Gestaltung der Veränderungsinitiativen zu treffen (vgl. Dierke/Houben 2016; Kets de Vries 2012; Vesso 2015; Ward et al. 2014; Winkler 2013a).

Neben generellen Kommunikations- und Workshop-Maßnahmen, mit denen Unternehmen Veränderungsprojekte begleiten, können Organisationen ihre Führungskräfte und Mitarbeitenden mit folgenden *Change-Coaching-Maßnahmen* (siehe Abb. 1) sehr individuell in regelmäßiger und institutionalisierter Form unterstützen (vgl. auch Lippmann 2013b).

Maßnahme	Ziele
Einzel-Change-Coaching	Im *Einzelcoaching* erhalten Change Manager und von Veränderungen Betroffene individuelle Unterstützung zu Change-relevanten Fragestellungen mit folgenden Zielsetzungen: • Rollenbewusstsein und Gestaltungskraft als Führungskraft stärken • Bearbeitung innerer Konflikte sowie von Unsicherheiten und Change-Blockaden • Stärkung von Kompetenzen und Ressourcen • Vorbereitung auf wesentliche Change-Aufgaben und erfolgskritische Kommunikations- und Verhandlungssituationen • Vorbereitung erfolgskritischer Gesprächssituationen, die für den Fortgang der Veränderungsmaßnahme besonders relevant sind (z. B. Ressourcenverhandlungen, Management konfliktbeladener Gesprächskonstellationen, Umgang mit Machtkonstellationen und Mikropolitik sowie die Führung von kritischen Mitarbeitergesprächen) • Vermittlung von Burn-out-präventiven Stress- und Selbstmanagementkompetenzen • situative Einzelberatung zu Change-relevanten Fragenstellungen des Coachees • Rollenwechselcoaching bei Übernahme neuer Funktionen • Unterstützung der Entscheidungsfindung bei beruflicher Neuorientierung (Check-up vorhandener Kompetenzen, Motivationen, Potenziale sowie Karriereberatung) *Empfehlung zum Setting:* alle 2 bis 3 Wochen eine Session à 1,5 bis 2 Stunden im Verlauf von 6 bis 9 Monaten, mit Vereinbarung von Umsetzungsaufgaben zwischen den Coaching Sessions
Change Coaching eines bestehenden Führungsteams	Regelmäßige Gruppencoaching-Sessions eines bestehenden Management-Teams erlauben es, die Umsetzung und die damit verbundenen Konsequenzen von Wandelvorhaben gezielt zu besprechen und zu monitoren. Die Zielsetzungen des *Gruppencoaching* umfassen folgende Themen: • gemeinsam getragene Change Roadmap entwickeln (was wollen wir wann und wie gemeinsam erreichen?) • unterschiedliche Bereichs-/Abteilungs-/Team-Perspektiven und Problemstellungen erfassen sowie gemeinsam stimmige Lösungen erarbeiten: ›Change-Landkarte‹ • gemeinsame abteilungsübergreifende Maßnahmenplanung (›abgestimmter Change-Prozess‹)

Maßnahme	Ziele
	• gemeinsamen Werte- und Orientierungsrahmen für das Vorgehen im Change erarbeiten als ›Navigationshilfe bei Entscheidungen‹ • regelmäßige Bilanz des Status quo und der Hindernisse im Veränderungsprozess gemeinsam vornehmen • Vertrauen, Gemeinschaftsgefühl und gegenseitigen Support im Führungsteam durch eine offene Dialogkultur stärken. *Empfehlung zum Setting:* alle 3 bis 4 Wochen eine Session à 2 bis 3 Stunden im Verlauf von 6 bis 9 Monaten, mit Umsetzung der vereinbarten Maßnahmen zwischen den Coaching Sessions
Change Coaching als kollegiales Peercoaching	Das Angebot regelmäßig stattfindender moderierter *Peercoachings* bzw. *Intervisionsgruppen* (vgl. Lippmann 2011) für Führungskräfte und Projektmanager unterschiedlicher Bereiche und Abteilungen bietet die Chance, eigene Fälle mit Gleichgesinnten besprechen und Lösungen erarbeiten zu können. Speziell für die Reflexion von (Teil-) Projekten in OE- und Change-Prozessen eignen sich Supervisions- oder Intervisionsgruppen gut (vgl. Häfele 2007) und beinhalten folgende Zielsetzungen: • Besprechung von persönlichen Change-Management-Herausforderungen und Erarbeitung von Lösungsansätzen • Erweiterung der eigenen Change-Management-Kompetenzen durch die Beratung von CM-Fällen anderer Kollegen und Kennenlernen unterschiedlicher Perspektiven • kollegialer Erfahrungsaustausch im Umgang mit schwierigen Situationen, emotionalen Herausforderungen und Change-Hindernissen • Stärkung der Umsetzungsorientierung und Gestaltungskraft durch gegenseitige Anregungen und emotionalen Support der Gruppe • Rückkopplung übergeordneter Handlungsfelder an Change-Projektverantwortliche oder Human Resources (HR), um erkannte strukturelle oder organisationale Problemfelder anzugehen. *Empfehlung zum Setting:* alle 4 bis 6 Wochen eine Session à 3 bis 4 Stunden im Verlauf von 12 Monaten
Integration von Feedbackprozessen in das Change Coaching (z. B. durch das Feedback von Resonanzteams / Sounding Boards oder Befragungen)	In *Resonanzteams* diskutieren die Gestalter eines Veränderungsprozesses mit einer Gruppe von betroffenen Mitarbeitenden über das Change-Vorhaben und dessen Umsetzung und sammeln Ideen für das weitere Vorgehen (vgl. Wiesner/Kohnke 2016). Die Möglichkeit, offen über kritische Themen in Wandelprojekten sprechen zu können oder im Rahmen von Befragungen Gehör zu finden, was gut und was schlecht läuft und welche Verbesserungsmöglichkeiten es gibt, wirkt kathartisch und erleichternd sowohl für die Feedbackgeber als auch für die Gestalter von Change und ermöglicht einen offenen Dialog über Optimierungsmöglichkeiten.

Maßnahme	Ziele
	• Erhebung des bestehenden Status quo und der erlebten Hindernisse im Veränderungsprozess in der Diskussion mit den Resonanzteammitgliedern oder durch Befragungen • Identifikation von Handlungsfeldern • Erarbeitung und Diskussion der Effekte weiterführender Maßnahmen *Empfehlung zum Setting:* ca. 12 Coachingstunden im Verlauf von 12 Monaten, Frequenz: alle 2 bis 3 Monate eine Session à 2 bis 3 Stunden
Change Coaching als Teamcoaching	Werden z. B. im Rahmen von Umstrukturierungsmaßnahmen neue Teamformationen gebildet oder verändern sich die Rollen, Prozesse und Aufgaben in bestehenden Teams, so helfen neben einmalig stattfindenden Teamworkshops bzw. Teamenentwicklungen regelmäßige *Teamcoaching*-Sessions, sich mit den Neuerungen auseinanderzusetzen und sich auf folgende Ziele zu fokussieren: • sich mit den neuen Aufgaben, Prozessen und Rollen aktiv auseinanderzusetzen und ein gemeinsames Verständnis zu entwickeln, wie diese im Alltag gelebt werden sollen • Teammitglieder und ihre Kompetenzen, Verantwortlichkeiten und ihr Aufgabenverständnis besser kennenzulernen • Hindernisse bei der Umsetzung von Veränderungen gemeinsam identifizieren, besprechbar machen und Lösungen finden • über regelmäßige Feedbackprozesse zu Stärken und Verbesserungsmöglichkeiten der Kompetenzen der Teammitglieder und der Teamergebnisse das kollektive Bewusstsein im Team für seine Ressourcen stärken • gemeinsame Ziele und die nächsten Schritte, die für die Umsetzung der Veränderung wichtig sind, verabschieden • Vertrauen, Gemeinschaftsgefühl und gegenseitigen Support im Team durch eine regelmäßige und offene Dialogkultur stärken. *Empfehlung zum Setting:* alle 3 bis 4 Wochen eine Session à 2 bis 3 Stunden im Verlauf von 6 bis 9 Monaten, mit Umsetzung der vereinbarten Maßnahmen zwischen den Coaching Sessions

Abb. 1: Change-Coaching-Maßnahmen

Anders als klassische Weiterbildungsmaßnahmen zum Thema Change Management, deren Effekt häufig verpufft, wenn sie von Teilnehmenden besucht werden, die nicht in ein aktuelles Change-Projekt involviert sind, bieten Change-Coaching-Maßnahmen die Chance, genau an den Anliegen der Teilnehmenden ansetzen zu können. Durch die Regelmäßigkeit des Coachings erhalten Umsetzer von Veränderungen in definierten Zeitabständen die Möglichkeit, den aktuellen Status quo zu reflektieren, bei Schwierigkeiten Lösungsmöglichkeiten zu erarbeiten und die folgenden Change-Aktivitäten gezielt auszurichten. Die Veränderungsarbeit erhält damit einen Rhythmus für die regelmäßige Reflexion und Besprechung des Status quo und bleibt damit sehr nah am ›Beat of Change‹.

Zugegebenermaßen erfordert es vom Coach eine hohe Flexibilität und Methodensicherheit, um auf unterschiedlichste Anliegen adäquat reagieren zu können. Der Transfereffekt ist jedoch durch die kontinuierliche Begleitung über eine längere Zeit und die durch das Format gegebene Praxisnähe als hoch einzuschätzen, auch wenn die Kosten für qualitativ hochwertiges Einzelcoaching im Vergleich zu den Gebühren von Standardseminaren pro Teilnehmer vergleichsweise höher ausfallen, was jedoch bei Gruppencoachings nicht der Fall ist.

8.3.7 Chancen und Grenzen des Change Coachings

Eine wesentliche Kritik der personenzentrierten Einzelberatung beinhaltet, dass nur mit einem Teil des Führungssystems, z. B. der Führungskraft, an Veränderungen gearbeitet wird (vgl. Kühl 2006). Damit werden organisationale Probleme in einen separaten Kommunikationsraum verlagert und es besteht die Gefahr, von der Organisation verursachte und strukturell bedingte (Rollen-) Konflikte zu personalisieren und zu isolieren (vgl. ebd.). Das vertrauensvolle bilaterale Beratungssetting fördert zwar einerseits die Experimentierfreude von Klienten, Probedenken und -handeln zuzulassen und ohne Angst vor Gesichtsverlust auch über eigene Ängste und Limitierungen sprechen zu können. Andererseits besteht das Risiko, dass Coachees ihr Umfeld verzerrt wahrnehmen und damit im Coaching falsche Schlüsse für geeignete Interventionen im System gezogen werden.

Einzelberatung kommt dort an ihre Grenzen, wenn deutlich wird, dass Probleme nur in der Auseinandersetzung und in einem gemeinsamen Lernprozess mit anderen organisationalen Stakeholdern gelöst werden können. Change Coachings in Gruppensettings, aber auch die Integration von Rückmeldungen und Fremdfeedbacks von Kollegen, Mitarbeitenden, Vorgesetzen und anderen relevanten Stakeholdern, z. B. im Rahmen von Befragungen oder Teamcoaching-Sessions, sowie ein begleitendes Shadowing von Coachees, um sie in ihrem Arbeitskontext erleben zu können, kann Coaches und Coachees helfen, ein umfassenderes Bild des Change-Kontexts, in dem sich Coachees bewegen, zu generieren.

Damit Coaching auch organisationale Veränderungsimpulse initiieren kann, sollte es nach Fatzer (2012) so eingesetzt werden, dass eine parallele Entwicklung von Person und System möglich wird. Die Führungskraft befindet sich dabei in ihrer Rolle an der Schnittstelle zwischen Person und System. Coaching ist daher kein Allheilmittel, um Fehlsteuerungen im Change Management oder falsch aufgesetzte Change-Projekte zu heilen. In Kombination mit einem professionellen

Projekt- und Prozessmanagement trägt es jedoch entscheidend zur Stärkung der handelnden Akteure bei.

Coaching und Change Management sind Beratungsfelder, für die HR-Experten die größte zukünftige Wichtigkeit prognostizieren (Schermuly et al. 2012). Für den Coachingerfolg sind Erfahrung, Kreativität, Urteilsvermögen und Interventionsflexibilität bei komplexen Veränderungskontexten der Change Coaches mit von entscheidender Bedeutung. Organisationen erhalten durch Change Coaching ein flexibles Format für eine regelmäßige Begleitung der Umsetzer von Veränderungen, die jegliche Unterstützung erhalten sollten, damit der intendierte Wandel gelingt.

Literatur

Bohn, U./Crummenerl, C. (2015): Superkräfte oder Superteam? Wie Führungskräfte ihre Welt wirklich verändern können. Change Management Studie 2015. https://www.de.capgemini-consulting.com/resource-file-access/resource/pdf/change-management-studie-2015_4.pdf (Abrufdatum: 08.08.2016).

Capgemini Consulting (2012): Digitale Revolution. Ist Change Management mutig genug für die Zukunft? Change Management Studie 2012. https://www.de.capgemini-consulting.com/resource-file-access/resource/pdf/change_management_studie_2012_0.pdf (Abrufdatum: 08.08.2016).

De Haan, E./Duckworth, A. (2013): Signaling a new trend in coaching outcome research. In: International Coaching Psychology Review, 8. Jg., H. 1, S. 6–20.

De Haan, E./Mannhardt, S. (2013): Coachingstudie – Die Zutaten des Erfolgs. In: Training aktuell, August 2013, S. 6–7.

De Haan, E./Culpin, V./Curd, J. (2011): Executive coaching in practice: what determines helpfulness for clients of coaching? In: Personnel Review, 40. Jg., H. 1, S. 24–44.

Dierke, K. W./Houben, A. (2016): Teaming an der Unternehmensspitze. Wirksam intervenieren in Top Management Teams. In: OrganisationsEntwicklung, H. 1/16, S. 24–31.

Dörr, S./Nazlic, T./Knott, M./Winkler, B. (2011): Evaluierung von Veränderungsprojekten, Change Monitoring bei der Swiss Re Germany. In: Personalführung, H. 7/2011, S. 30–36.

Dutton, J. E./Glynn, M. (2008): Positive Organizational Scholarship. In: Cooper, C./Barling, J. (Hrsg.): Handbook of Organizational Behavior. London: Sage, S. 693–712.

Fatzer, G. (2012): Supervision, Coaching und Organisationsentwicklung. In: Eberle, T. S./Spoun, S. (Hrsg.): Durch Coaching Führungsqualitäten entwickeln. Zürich: Versus, S. 31–49.

Fiedler, M./Fendt, L. (2013): Die mentale Fitness stärken. Coachingmethoden der Positiven Psychologie bei Veränderungsvorhaben. In: OrganisationsEntwicklung, H. 3/13, S. 45–50.

Fietze, B. (2011). Chancen und Risiken der Coachingforschung – eine professionssoziologische Perspektive. In: Wegener, R./ Fritze, M./ Loebbert, M. (Hrsg.): Coaching entwickeln. Wiesbaden: Springer VS, S. 24–33.

Frederickson, B. L. (2001): The role of positive emotions in positive psychology: The broaden-and-build theory of positive emotions. In: American Psychologist, 56. Jg., H. 3, S. 218–226.

Freimuth, J. (2016): Saldo Mortale. Betriebswirtschaftliche Vernunft versus systemische Intelligenz. In: OrganisationsEntwicklung, H. 1/16, S. 80–85.

Gerkhardt, M./Frey, D. (2006): Erfolgsfaktoren und psychologische Hintergründe in Veränderungsprozessen. Entwicklung eines integrativen psychologischen Modells. In: OrganisationsEntwicklung, H. 4/06, S. 48–59.

Giernalczyk, T./Lohmer, M. (2012): Das Unbewusste im Unternehmen: Psychodynamik von Führung, Beratung und Change Management. Stuttgart: Schäffer-Poeschel.

Gormley, H./van Nieuwerburgh, C. (2014): Developing coaching cultures: a review of the literature. In: Coaching: An International Journal of Theory, Research and Practice, 7. Jg., H. 2, S. 90–101.

Grant, A. M. (2014): The efficacy of executive coaching in times of organisational change. In: Journal of Change Management, 14. Jg., H. 2, S. 258–280.

Grawe, K. (2004): Neuropsychotherapie. Göttingen: Hogrefe.

Greif, S. (2008): Coaching und ergebnisorientierte Selbstreflexion, Theorie, Forschung und Praxis des Einzel- und Gruppencoachings. Göttingen: Hogrefe.

Greif, S. (2012): Die wichtigsten Erkenntnisse aus der Forschung für die Praxis aufbereitet. In: Wegener, R./Fritze, A./Loebbert, M. (Hrsg.): Coaching entwickeln. Wiesbaden: Springer VS, S. 35–45.

Greif, S./Schmidt, F./Thamm, A. (2012): Warum und wodurch Coaching wirkt. In: Organisationsberatung, Supervision, Coaching, Bd. 19, H. 4, S. 375–390.

Häfele, W. (Hrsg.) (2007): OE-Prozesse initiieren und gestalten. Ein Handbuch für Führungskräfte, Berater/innen und Projektleiter/innen. Bern: Haupt.

Harbert-Unterschütz, S. (2011): Change Coaching in Großunternehmen. Kritischer Erfolgsfaktor für Veränderungsprojekte. In: Organisationsberatung, Supervision, Coaching, Bd. 18, H. 1, S. 81–87.

Hauke, G. (2013): Strategisch Behaviorale Therapie (SBT) Emotionale Überlebensstrategien – Werte – Embodiment. Heidelberg: Springer.

Heitger, B./Serfass, A. (2015): Unternehmensentwicklung. Wissen, Wege, Werkzeuge für morgen. Stuttgart: Schäffer-Poeschel.

Herrmann, D./Felfe, J./Hardt, J. (2012): Transformationale Führung und Veränderungsbereitschaft. In: Zeitschrift für Arbeits- und Organisationspsychologie, 56. Jg., H. 2, S. 70–86.

Janning, E./Schinnenburg, H. (2011): STATUS-Chefarztprofil: Was von Chefärzten in Stellenanzeigen verlangt wird. In: Deutsches Ärzteblatt-Ärztliche Mitteilungen-Ausgabe A, 108. Jg., H. 49, S. 2683.

Kets de Vries, M. (2012): The group coaching conundrum, INSEAD Working Paper No. 2012/53/EFE. http://ssrn.com/abstract=2063730 (Abrufdatum: 27.04.2016).

Klaffke, M. (2011): Coaching von Führungskräften in Change Management Prozessen. In: Organisationsberatung, Supervision, Coaching, Bd. 18, H. 1, S. 5–16.

Korotov, K./Florent-Treacy, E./Kets de Vries, M./Bernard, A. (Hrsg.) (2011): Tricky coaching. Difficult cases in leadership coaching. Basingstoke: Palgrave Macmillan.

Kuhl, J. (2001): Motivation und Persönlichkeit: Interaktionen psychischer Systeme. Göttingen: Hogrefe.

Kühl, S. (2006): Psychiatrisierung, Personifizierung und Personalisierung. Zur personenzentrierten Beratung in Organisationen. In: Organisationsberatung – Supervision – Coaching, 13. Jg., H. 4, S. 391–405.

Künzli, H./Stulz, N. (2011): Individuumsorientierte Coaching-Forschung. In: Birgmeier, B. (Hrsg.): Coachingwissen. Wiesbaden: Springer VS, S. 161–171.

Künzli, H. (2009): Wirksamkeitsforschung im Führungskräfte-Coaching. In: Organisationsberatung, Supervision, Coaching, Bd. 16, H. 1, S. 4–18.

Künzli, H. (2013): Wirksamkeitsforschung im Führungskräftecoaching. In: Lippmann, E. (Hrsg.). Coaching: Angewandte Psychologie für die Beratungspraxis. Heidelberg: Springer, S. 370–385.

Kyaw, F. von/Claßen, M. (2010): Business Transformation – Veränderungen erfolgreich gestalten. Change Management Studie 2010. http://wirkt.de/wp-content/uploads/Change_Management_Studie_2010.pdf (Abrufdatum: 08.08.2016).

Lindblom, C. E. (1959): The science of muddling-through. In: Public Administration Review, 19. Jg. , H. 2, S. 79–88.

Lippmann, E. (2011): Intervisionsgruppen/kollegiale Fallberatung. In: Organisations Entwicklung, H. 2/11, S. 81–86.

Lippmann, E. (2013a): Methoden im Coaching. In: Ders. (Hrsg.): Coaching. Heidelberg: Springer, S. 427–454.

Lippmann, E. (2013 b): Settings. In: Ders. (Hrsg.): Coaching. Heidelberg: Springer, S. 87–106.

Lippmann, E. (2015): Was macht einen Coach zum Coach? Weiterbildung und Qualifizierung. In: Coaching Theorie & Praxis, 1. Jg., H. 1, S. 51–60.

Luthans, F./Avey, J. B./Avolio, B. J./Norman, S. M./Combs, G. M. (2006): Psychological capital development: toward a micro-intervention. In: Journal of Organizational Behavior, 27. Jg., H. 3, S. 387–393.

Middendorf, J. (2015): 13. Coaching-Umfrage Deutschland 2014/2015. Ergebnisbericht für Teilnehmer der Umfrage.

Mintzberg, H. (2004): Managers, not MBAs: a hard look at the soft practice of managing and management development. San Francisco: Berett-Koehler.
Möller, H./Kotte, S. (2014): Diagnostik im Coaching. Heidelberg: Springer.
Sackmann, S. A. (2013): Coaching – das Aspirin für Changeprozesse? In: OrganisationsEntwicklung, H. 3/13, S. 14–19.
Schein, E. (2016): Humble consulting. San Francisco: Mcgraw-Hill Education.
Schermuly, C. C. (2014): Negative effects of coaching for coaches – an explorative study. In: International Coaching Psychology Review, 9. Jg., H. 2, S. 165–180.
Schermuly, C. C./Schröder, T./Nachtwei, J./Kauffeld, S./Gläs, K. (2012): Die Zukunft der Personalentwicklung: eine Delphi-Studie. In: Zeitschrift für Arbeits- und Organisationspsychologie, 56. Jg., H. 3, S. 111–122.
Seligman, M./Csíkszentmihályi, M. (2000): Positive psychology: an introduction. In: American Psychologist, 55. Jg., H. 1, S. 5–14.
Sulz, S./Hauke, G./Kress, B./Graf, C. (2013): Mit den Emotionen gehen. In: OrganisationsEntwicklung, H. 3/13, S. 37–43.
Theeboom, T./Beersma, B./van Vianen, A. E. (2014): Does coaching work? A meta-analysis on the effects of coaching on individual level outcomes in an organizational context. In: The Journal of Positive Psychology, 9. Jg., H. 1, S. 1–18.
Vesso, S. (2015): Strengthening Leader's Impact and Ability to Manage Change Through Group Coaching. In: Dievernich, F. E. P./Tokarski, K. O./Gong, J. (Hrsg.): Change Management and the Human Factor. Cham: Springer International Publishing, S. 91–107.
Ward, G./Van de Loo, E./ten Have, S. (2014): Psychodynamic group executive coaching: a literature review. In: International Journal of Evidence Based Coaching and Mentoring, 12. Jg., H. 1, S. 63–78.
Wiesner/Kohnke (2016): Resonanzteams. In: OrganisationsEntwicklung, H. 1/16, S. 92–99.
Winkler, B. (2013a): Am Wendepunkt. Ein Experten-Gespräch mit Manfred Kets de Vries über die Veränderungskraft von Coaching. In: OrganisationsEntwicklung, H. 3/13, S. 4–14.
Winkler, B. (2013b): Die Zertifizierungsanforderungen zweier Verbände zum Coach und Senior Coach im Vergleich. In: OrganisationsEntwicklung, H. 3/13, S. 34–35.
Winkler, B. (2014): Mit dem Unbewussten arbeiten. Übertragungsphänomene in Beratungsprozessen verstehen und nutzen. In: OrganisationsEntwicklung, H. 1/14, S. 23–27.
Winkler, B./Lotzkat G./Welpe, I. M. (2013): Wie funktioniert Führungskräfte-Coaching? In: OrganisationsEntwicklung, H. 3/13, S. 23–32.
Yukl, G. (2013): Leadership in organizations. Boston: Pearson.

8.4 Teamkompetenz als Schlüssel zur Organisationsentwicklung

Willy C. Kriz

Verschiedene Modelle von Organisationsentwicklung betonen ›Systemdenken‹ und ›Teamlernen‹ als zentrale Merkmale. Ein Beispiel ist das bekannte Konstrukt der ›lernenden Organisation‹, das allerdings in verschiedenen Spielarten existiert (vgl. Senge 1990; Argyris/Schön 1999; Kim 1993). Diese systemische Perspektive ist auch Kennzeichen für das Konstrukt ›Systemkompetenz‹ (vgl. Kriz 2000). Da Teamkompetenz als Teilkomponente von Systemkompetenz begriffen wird (vgl. Kriz/Gust 2003), soll in diesem Kurzbeitrag auch Systemkompetenz kurz dargestellt werden. Das Konstrukt der Teamkompetenz (vgl. Kriz/Nöbauer 2008) wird hier aber ausführlicher thematisiert und begründet, warum diese Teilkomponente für die Organisationsentwicklung von zentraler Bedeutung ist.

8.4.1 Allgemeine Definition und Formen von Kompetenzen

Die Herausforderungen des Managements komplexer Situationen und der Gestaltung von Organisationen begründen die Notwendigkeit von ›Kompetenzen‹. Der Kompetenzbegriff wird im modernen Verständnis auch selbst ›systemisch‹ verstanden. Es geht dabei wesentlich um eine selbstorganisierte und situationsspezifische Auseinandersetzung des Menschen mit den Herausforderungen seiner Umwelt. *Kompetenzen* sind Fähigkeiten zum selbstorganisierten Handeln in offenen Problem- und Entscheidungssituationen (vgl. Erpenbeck/Rosenstiel 2003). Kompetenzen befähigen Menschen zur Bewältigung von Anforderungen, die inhaltlich im Vorhinein nicht bestimm- und prognostizierbar sind. Entsprechend spielen Kompetenzen dort eine große Rolle, wo es – insbesondere auch in Organisationen – um die strategische Planung und Entwicklung in Zeiten erheblicher Unsicherheit geht.

Es existiert eine Vielzahl von Versuchen, Kompetenzen zu klassifizieren. Ein systematisches Konzept von Erpenbeck und Sauer (2000) geht davon aus, dass sich *selbstorganisiertes Handeln* auf die Person selbst, in inhaltlicher oder methodischer Hinsicht auf Gegenstände, die es zu erfassen und zu verändern gilt, auf andere Menschen und auf die Handlungen selbst bezieht. Aus dieser Perspektive ergibt sich die Klassifikation in 1) personale Kompetenz, 2) fachliche und methodische Kompetenz, 3) sozial-kommunikative Kompetenz und 4) aktivitäts- und umsetzungsorientierte Kompetenz.

8.4.2 Definition und Teilaspekte von Systemkompetenz

Systemkompetenz – als Kompetenz im Umgang mit komplexen dynamischen Systemen – ist mit dem o. g. Kompetenzbegriff in Übereinstimmung, da sich Systemkompetenz auf ein selbstorganisiertes Handeln und Entscheiden bei der Bewältigung von komplexen Aufgaben- und Problemstellungen bezieht (vgl. Kriz 2000, 2006). Bei Systemkompetenz in Organisationen geht es u. a. darum, dass Menschen in komplexe Systeme eingreifen und Organisationen nachhaltig gestalten. Dabei existieren meist keine a priori bekannten optimalen Handlungsstrategien. Diese Strategien müssen vielmehr von den Entscheidungsträgern flexibel in handlungsoffenen Situationen dem dynamischen Umfeld angepasst und gemeinsam mit den betroffenen Mitarbeitern und Stakeholdern (weiter-) entwickelt werden.

Systemkompetenz bezieht sich somit auf eine *systemorientierte Gestaltung* von Lebenswelten und Anforderungssituationen, die erfordert, dass wegen der Komplexität und Vernetzung und wegen der Dynamik und Intransparenz von Situationen gleichzeitig mehrere Sichtweisen und Merkmale betrachtet werden. Systeme, deren Elemente und Wechselwirkungen, Systemgrenzen, Ziele und Teilziele für die Systemgestaltung usw. sollten daher idealerweise in heterogenen Teams mit maximal möglicher Perspektivenvielfalt analysiert und gemeinsam (re-) konstruiert werden. Geeignete Lösungsalternativen werden ebenfalls von solchen Teams geplant und umgesetzt.

Systemkompetenz wird entsprechend der o. g. Klassifikation von Kompetenzen in mehrere Teilkomponenten differenziert (u. a. personale, sozial-kommunikative, fachlich-methodische und aktivitäts- und umsetzungsorientierte Systemkompetenz; vgl. Kriz/Gust 2003). Bei allen Teilaspekten spielt die *Bereitschaft und Fähigkeit zur Reflexion* (individuell und im Team) als Voraussetzung für die reflexive Selbstorganisation des Handelns eine wichtige Rolle (basierend auf der »reflexiven Selbstorganisation« nach Schneewind/Schmidt 2002).

8.4.3 Teamkompetenz als sozial-kommunikative Systemkompetenz

Aus der Erkenntnis folgend, dass Menschen in Organisationen in eine ebenfalls komplexe soziale Interaktionsdynamik eingebunden sind, rückt insbesondere Teamkompetenz in den Fokus, wenn es um die Organisationsgestaltung geht. *Teamkompetenz* bezieht sich vor allem auf die kollektive Kompetenz des sozialen Systems selbst und ist nicht einfach nur eine individuelle Fähigkeit eines Menschen. Daher reicht es nicht aus, einfach mehrere ›teamfähige‹ Mitarbeitende auszuwählen, denn das ergibt noch lange kein kompetentes Team. Notwendig sind in diesem Zusammenhang soziales Wissen (z. B. Wissen über gruppendynamische Phänomene, Entscheidungsformen in Teams usw.) und soziale Kompetenzen, die Teams bei der Gestaltung von Organisationsprozessen unterstützen. Besonders relevant sind dabei das empathische Wahrnehmen sozialer Beziehungen, Bedürfnisse und Interessenlagen und die Bereitschaft und Fähigkeit, eigenes Wissen mitzuteilen.

Was in einer Situation angemessen erscheint, ist dabei meist gar nicht a priori vorgegeben, sondern abhängig von der Interpretation der Situation durch die beteiligten Personen. So ist beispielsweise das Geben und Nehmen von Feedback durchaus eine wichtige Komponente in Teams und die einzelnen Mitglieder sollten ihre Fertigkeiten, Feedback angemessen zu gestalten, durchaus entwickeln. Trotzdem ist das Geben und Nehmen von Feedback nicht per se ein Zeichen von Teamkompetenz. In einer Krisensituation sind z. B. ›autoritäres‹ Führungsverhalten, schnelles Eingreifen und Befehle angemessener, als kooperativ-demokratische und zeitintensive Diskussionen oder einander Feedback zu geben. Teamkompetenz bedeutet daher eine *situative Rollen- und Beziehungsgestaltung* und eine fortwährende kollektiv stimmige Anpassung der Kommunikations- und Handlungsprozesse in Organisationen (vgl. Kriz/Nöbauer 2008).

Für Teamkompetenz ist es wesentlich, dass empfundene Unstimmigkeiten, die Angemessenheit von Verhalten sowie die gemeinsame Einschätzung der Situation (auch rückblickend) immer wieder zum Thema gemeinsamer *Reflexion* im Team gemacht werden. Führungskräfte sollten Reflexionsprozesse daher nicht verhindern, sondern gezielt fördern und dabei auch das eigene stimmige oder unstimmige Verhalten in ihrer Führungsrolle kritisch hinterfragen und die eigene Beziehungsgestaltung mit den Mitarbeitenden im Dialog weiterentwickeln. Diese Haltung ist insbesondere auch bei Veränderungen des Systems durch Organisationsentwicklung ein Schlüssel zum Erfolg (vgl. Auinger/Kriz 2012).

Teamführung bedeutet hier u. a., durch Moderation eine Reflexion in Gang zu halten, die auf den beiden Dimensionen »Task-Reflexivity« (Arbeitsziele und Prioritätensetzung, Wege zur Zielerreichung und Kontrolle, Arbeitsorientierung, definierte Verantwortlichkeiten, Informationsaustausch, Koordinierung der Arbeit usw.) und »Social-Reflexivity« (Zusammenhalt und Teamklima, gemeinsame Verantwortungsübernahme, Methoden der Konfliktlösung, Unterstützung und Kooperation) nach West (1994) beruht. Ein solcher reflektierender Dialog greift auch das Spannungsverhältnis von zweckrationaler und emotionaler Zusammengehörigkeit von Menschen in Organisationen auf. Wie schon die auf Max Weber (1922) zurückgehende Diskussion der Differenz zwischen »Vergemeinschaftung« (soziale Beziehungen beruhen auf emotionaler Zusammengehörigkeit) und »Vergesellschaftung« (soziale Beziehungen basieren auf zweckrational begründetem Interessenausgleich) zeigt, existieren in Organisationen grundlegend unterschiedliche ›Logiken‹ hinsichtlich der Gestaltung des Handelns. Reflektierender Dialog von Führenden und Geführten generiert situativ angemessenes und teilweise gemeinsam verantwortetes Gestalten von Organisationen. Hierbei ist auf das Herstellen einer immer wieder temporär sinnstiftenden Balance zwischen emotionaler Zusammengehörigkeit und rationalem Interessensaustausch zu achten (vgl. Kriz 2016).

Veränderungsmanagement kann heute nur in Teams gelingen. Dabei wird es zunehmend wichtig, dass Führungsaufgaben miteinander geteilt werden und dass die Teammitglieder sich ggf. sogar in Führungsrollen abwechseln. Diese »laterale Führung« (Kühl et al. 2004) ist insbesondere bei der gemeinsamen Systemanalyse- und Gestaltung gerade wegen der Komplexität, Dynamik, Intranzparenz und Ungewissheit von Situationen vielfach der adäquate Zugang. Dies bedeutet vernetzte und partizipativ generierte Entscheidungen. Erfolgreiche Veränderungen im Team zu gestalten, heißt auch, jeweils zur Situation passende Methoden des »group model building« (Vennix 1996) zu kennen und einsetzen zu können. Dazu zählt u. a. die Befähigung, mittels systemdynamischer Simulation, Szenariotechniken, Planspielen und Modellierungstechniken Systeme als komplexe multirelationale Wirkungsgefüge abzubilden, Entscheidungsalternativen zu generieren und mögliche Auswirkungen von Veränderungen in Organisationen zu simulieren (vgl. Ballin 2006; Kriz 2007).

Die für Teamkompetenz notwendige *Kommunikation* und Kooperation können Menschen allerdings nur dann erfolgreich gestalten, wenn sie einander vertrauen. Vertrauen, Wahrhaftigkeit und Verlässlichkeit sind die Faktoren, die in sozialen Systemen unabdingbar sind, wenn das ohnehin hohe Ausmaß an Komplexität nicht unangemessen reduziert und trivialisiert werden soll (vgl. Nida-Rümelin 2011). Die Kommunikation im Team und in Organisationen muss insofern ehrlich sein, als jeder Gesprächspartner seine eigenen Äußerungen selbst ernst meint und nicht permanent andere Ziele verfolgt, als die kommunizierten. *Kongruenz* bedeutet, dass sich verbale und nonverbale Kommunikation und das tatsächliche Handeln nicht ständig widersprechen dürfen. Durch *Vertrauen* sind Organisationen und ihre Mitglieder in der Lage, Veränderungssituationen mit hoher Komplexität und Ungewissheit emotional aufzufangen und handlungsfähig zu bleiben. Vertrauen von Geführten attribuiert Führenden Autorität und Charisma und generiert Akzeptanz unterschiedlicher hierarchischer Positionen und Machtmittel. Die teamkompetenzorientierte Führung stellt Handlungsspielräume für die selbstorganisierte partizipative Entwicklung von Organisationen, Aufgaben- und Rollenverständnissen und der Organisationskultur bereit

Literatur

Argyris, C./Schön, D. A. (1999): Die lernende Organisation. Stuttgart: Klett-Cotta.

Auinger, F./Kriz, W. C. (2012): Veränderungssituationen meistern. Planspiele fördern Change-Fähigkeiten von Führungskräften. In: Inovator, Ausgabe 21, S. 6–10.

Ballin, D. (2006): Szenarienentwicklung beim systemorientierten Management. In: Wilms, F. E. (Hrsg.): Szenariotechnik. Vom Umgang mit der Zukunft. Bern: Haupt, S. 9–38.

Erpenbeck, J./Rosenstiel, L. von (2003): Handbuch Kompetenzmessung. Stuttgart: Schäffer-Poeschel.

Erpenbeck, J./Sauer, J. M. (2000): Das Forschungs- und Entwicklungsprogramm. »Lernkultur Kompetenzentwicklung«. In: Arbeitsgemeinschaft Qualifikations-Entwicklungs-Management (Hrsg.): Kompetenzentwicklung 2000: Lernen im Wandel – Wandel durch Lernen. Münster: Waxmann, S. 289–331.

Kim, D. H. (1993): The link between individual an organizational learning. In: Sloan Management Review, 35. Jg., H. 1, S. 37–50.

Kriz, W. C. (2000): Lernziel Systemkompetenz. Planspiele als Trainingsmethode. Göttingen: Vandenhoeck & Ruprecht.

Kriz, W. C. (2006): Kompetenzentwicklung in Organisationen mit Planspielen. In: SEM/RADAR Zeitschrift für Systemdenken und Entscheidungsfindung im Management, 5. Jg., H. 2, S. 73–112.

Kriz, W. C. (2007) (Hrsg.): Planspiele für die Organisationsentwicklung. Schriftenreihe: Wandel und Kontinuität in Organisationen (Bd. 8). Berlin: WBV.

Kriz, W. C. (2016 in Druck): Systemkompetenz für die Führung in Veränderungsprozessen. In: Geramanis, O./Hermann, K. (Hrsg.): Führen in ungewissen Zeiten. Impulse, Konzepte und Praxisbeispiele. Wiesbaden: Springer Gabler.

Kriz, W. C./Gust, M. (2003): Mit Planspielmethoden Systemkompetenz entwickeln. In: Zeitschrift für Wirtschaftspsychologie, 10. Jg., H. 1, S. 12–17.

Kriz, W. C./Nöbauer, B. (2008): Teamkompetenz. Konzepte, Trainingsmethoden, Praxis. Mit einer Materialsammlung zu Teamübungen, Planspielen und Reflexionstechniken. 4. erweiterte Aufl. Göttingen: Vandenhoeck & Ruprecht.

Kühl, S./Schnelle, T./Schnelle, W. (2004): Führen ohne Führung. Harvard Business Manager, Heft 1/2004, S. 70–79.

Nida-Rümelin, J. (2011): Die Optimierungsfalle: Philosophie einer humanen Ökonomie. München: Irisiana.

Schneewind, K. A./Schmidt, M. (2002): Systemtheorie in der Sozialpsychologie. In: Frey, D./Irle, M. (Hrsg.): Theorien der Sozialpsychologie, Bd. 3. Bern: Huber, S. 126–156.

Senge, P. M. (1990): The fifth discipline. The art & Practice of the learning organization. New York: Doubleday.

Vennix, A. M. J. (1996): Group model building. Facilitating team learning using system dynamics. Chichester: John Wiley & Sons.

Weber, M. (1922): Wirtschaft und Gesellschaft. Tübingen: Mohr.

West, M. A. (1994): Effective teamwork. Chichester: John Wiley & Sons.

9 Wie sich organisatorische Qualität sichern lässt

Dass Qualität für Menschen schon lange ein bedeutsames Thema ist, wird wohl nicht bestritten: Wollten Menschen schon immer aus Selbstachtung ›gute Arbeit‹ verrichten, entwickelte sich das Qualitätsthema durch den zunehmenden Warenverkehr und die mittelalterlichen Zünfte. Im explizit organisationsrelevanten Kontext zählen zu den Meilensteinen das Taylor'sche Scientific Management (Anfang des letzten Jahrhunderts), die statistischen Qualitätsmethoden (1930er-Jahre) und Prozess-Kontrollen (1960er-Jahre). Sodann wurde die Qualitätsdiskussion zunächst durch die Themen QM-Regelkreise, Qualitätszyklen und -zirkel über das Total Quality Management und QM-Normen bestimmt, bis es auffiel, dass über das Qualitätsmanagement (QM) Ersatzhandlungen ›organisiert‹ werden, weil dem Aufbau von Rationalitäts-Fassaden mehr Aufmerksamkeit gewidmet wurde als dem ursprünglich eigentlichen Anliegen selbst (vgl. die aus neoinstitutionalistischer Sicht pointierte Kritik am QM).

Heißt das: Zurück auf START? Also nochmals gründlich und grundsätzlich klären: Was ist eigentlich ›Qualität‹ und warum ist Qualität eine ›gute Frage‹? Wie kann man Qualität messen? Was ist der Unterschied von Input, Output und Outcome? Wie kann eine organisationale Veränderung qualitätsgesichert werden? Was sind Merkmale und Unterschiede zwischen Wirkung und Erfolg?

Dem Qualitätsmanagement in Organisationen wird also weiterhin eine zentrale Rolle beigemessen – zahlreiche Verfahren und Instrumente der Qualitätssicherung sind in Organisationen etabliert, Zertifizierungen liegen vor – nachhaltige und strategische Erfolgssicherung sind Zielsetzung eines klug gestalteten Qualitätsmanagements.

Rainer Zech wirft eingangs dieses Kapitels einen kritischen Blick auf die Entwicklungen im Qualitätsmanagement und fordert anstelle einer Standardisierung von Prozessen und der Standardisierung des Managements der Prozesse eine Rückbesinnung auf gute Qualität zur Förderung eines demokratischen Zusammenlebens in einer derzeit leistungs- und erfolgsfixierten Gesellschaft – und gibt dafür Hinweise auf Voraussetzungen und Gestaltungsmöglichkeiten. Karl Leutschaft wirft einen Blick auf die Managementkonzepte der Zukunft und entwickelt aus dem Blick auf den Lösungsbedarf der Megatrends heraus Empfehlungen für das künftige Management von Organisationen, das, so die These, weniger auf inkrementelle Organisationsentwicklung als auf radikale Innovationen gerichtet sein wird. Ariane Witter blickt in das konkrete Qualitätsmanagement in Organisationen, stellt unterschiedliche Konzepte vor, blickt auf die Verbindung zur Führungsaufgabe und ermöglicht einen Einblick in die zahlreichen Tools des Qualitätsmanagements. Das Kapitel schließt mit einem Überblick über Folgen und Gefahren von Qualitätsmanagement von Joachim Merchel, der dafür plädiert, Qualitätsmanagement zur Irritation und Reflexion differenziert nach Aufgabe bzw. Situation einer Organisation einzusetzen.

9.1 Qualitätsentwicklung als Organisationsentwicklung und Professionalisierung[11]

Rainer Zech

9.1.1 Qualitätsmanagement ohne Qualität

Qualitätsentwicklung hat eine lange Tradition, die bis in die Frühzeit handwerklicher Produktion zurückreicht. Sennett (2008) hat in seiner Studie über das Handwerk gezeigt, dass es ein dauerhaftes menschliches Grundbestreben gibt, eine Arbeit um ihrer selbst Willen gut zu machen. Er sieht dieses Bedürfnis der Arbeitenden nicht nur bei Handwerkern, sondern ebenfalls bei Programmiererinnen, Ärzten, Künstlerinnen, Lehrern oder Laborantinnen etc. Gute Arbeit zu machen und einen sinnvollen Beitrag für die Gemeinschaft zu leisten, erfüllt die Einzelnen mit Stolz. Deshalb entwickeln Berufsgruppen oder Professionen auch eigene Standards, ethische Maßstäbe und Qualitätsanforderungen. Was allerdings gegenwärtig unter Qualitätsmanagement in der DIN/ISO Variante den Zertifizierungsmarkt beherrscht, hat damit nicht viel zu tun, denn es geht bei diesem sogenannten Qualitätsmanagementsystem zwar um *Management,* aber nicht um die *Qualität* von Arbeit und deren Produkten.

Das liegt – wie Ortmann (2010, S. 220) aufgezeigt hat – erstens an einer dreifachen Verschiebung und Ersetzung: 1) von qualitativen Standards für die *Substanz von Leistungen* hin zu der Standardisierung der Leistungs*prozesse,* 2) von den tatsächlichen organisationalen Abläufen hin zur Standardisierung des *Managements* dieser Prozesse, 3) schließlich vom tatsächlichen Management zu dessen *Dokumentation.* Ortmann kritisiert also, dass nicht mehr die Qualität der Leistung, sondern die Qualität der Dokumentation des Managements der Leistungsprozesse im Fokus der ISO steht. Es geht also um ein *Verfahren der Normierung betrieblicher Abläufe.* Um Mängel und Abweichungen aufzudecken und zukünftig zu vermeiden, wird ein System der möglichst lückenlosen Kontrolle eingeführt, das einer regelmäßigen prüfenden Zertifizierung durch externe Instanzen anhand präskriptiver Normen unterzogen wird.

Zweitens arbeitet dieses Zertifizierungssystem *ohne einen substanziellen Qualitätsbegriff.* Die Beurteilung von Qualität wird vielmehr auf die Kunden verschoben. Qualität mit der Befriedigung von Kundenbedürfnissen gleichzusetzen unterstellt, dass die Kunden ohne Weiteres wüssten, welche Qualität gute Qualität ist. Dass die Frage der Bestimmung von Ergebnisqualität nicht inhaltlich bestimmt,

11 Ausführlicher wird das Thema dieses kurzen Aufsatzes behandelt in Zech 2015.

sondern auf die Kunden und deren Beurteilung oder auf die Bewertung des finanziellen Ertrags verschoben wird, und dass es vor allem um die effiziente Gestaltung von Produktionsprozessen geht, liegt in der Logik einer Wirtschaft, der es vor allem auf den möglichst großen Verkauf von Waren und Dienstleistungen ankommt – egal, ob diese wirklich gebraucht werden oder nicht. Es geht eben nicht um die Produktion von guter Qualität für eine lebenswerte Gesellschaft, sondern um die verfahrensförmige Anpassung des Produktionsprozesses und der Produzenten an die Logik des Kapitalverwertungsprozesses. Das liegt – wie Luhmann (1974, S. 208) festgestellt hat – daran, dass unsere Wirtschaft nicht der immanenten Logik des Bedarfs, sondern der Bedarf der immanenten Logik der Wirtschaft folgt. Wenn man also Arbeit nicht unter Qualitätsgesichtspunkten einer vernünftigen Bedarfsbefriedigung betrachtet, sondern rein ökonomisch denkt, ist ein solches Qualitätsmanagement folgerichtig. Mit Qualität von Arbeitsbedingungen für die Beschäftigten und einem guten Leistungsergebnis im Interesse einer nachhaltigen Bedarfsdeckung einer guten Gesellschaft hat dies nichts zu tun. Aber genau hier muss die Qualitätsdiskussion ansetzen. Ohne eine gefüllte Vorstellung eines guten Lebens in einer gerechten Gesellschaft macht das Managen von Qualität keinen Sinn.

9.1.2 Gute Qualität für eine gerechte Gesellschaft

Die wesentliche Qualität, um die sich alles dreht, ist die eines gelungenen Lebens in einer gerechten Gesellschaft. Erst von dieser Position aus lässt sich die Qualität aller anderen Dinge, Prozesse und Verhältnisse bestimmen, also die Qualität von Arbeit und die der produzierten Produkte und der konzipierten Dienstleistungen. Eine solche Qualitätseinstellung erfordert ein radikales Umdenken in unserer leistungs- und erfolgsfixierten Gesellschaft, für die Fortschritt immer noch durch ein materielles Wachstum definiert ist, das Natur und gesellschaftliche Kohäsion zerstört. Eine gute Qualität hat stattdessen alles das, was ein demokratisches Zusammenleben fördert, die Menschen in ihren Fähigkeiten entwickelt, ihnen gerechte Verwirklichungschancen in der Gesellschaft zur Verfügung stellt und die uns umgebende Natur erhält und pflegt.

Ein gutes organisationales Qualitätsmanagement würde zur Grundlage haben, dass wir zunächst bestimmen, was wir wirklich brauchen. Wir können dies mit Rawls (1979) Grundgüter oder mit Skidelsky/Skidelsky (2013) Basisgüter nennen. Auf jeden Fall geht es um unverzichtbare Grundbedürfnisse aller. Auf dieser Basis wären die Eigenschaften – also die Qualität – der Produkte und Dienstleistungen zu bestimmen, die in dieser Hinsicht förderlich sind. Schließlich wäre die Art der Arbeitsverhältnisse zu gestalten, die eine menschenwürdige Produktion von lebensdienlichen Produkten und Dienstleistungen ermöglichen. Qualität gibt es also nicht an sich, sondern nur für uns, und zwar in doppelter Hinsicht: für uns als Arbeitende und für uns als Gebrauchende.

9.1.3 Die Logik des Gelingens

Qualität ist – von seiner lateinischen Herkunft her – eigentlich ein neutraler Begriff und meint nur Eigenschaft oder Merkmal. In unserem Zusammenhang erschien es daher sinnvoll, ein Adjektiv hinzuzufügen und von *guter* Qualität zu sprechen. Von der Wortbedeutung her sind *das Gute* und *das Gelingen* Geschwister. Das altgriechische »to eu« kann sowohl als das Gute wie auch als das Gelingen übersetzt werden. Gute Qualität verweist also auf gutes Gelingen. Das Gute ist das gelungene Leben in einer gerechten Gesellschaft (vgl. Aristoteles 1995). Das Gelingen verweist allerdings stärker als das Gute auf den Aspekt der Handlungsfähigkeit der Individuen, also darauf, dass sie das Gute selbst in der Hand haben.

Dass das Gelingen in der modernen Gesellschaft so wenig Anerkennung findet, liegt vielleicht an deren Erfolgsvernarrtheit, vermutet Schulze (2006, S. 182). Auf jeden Fall ist der Unterschied zwischen Erfolg und Gelingen eklatant. Das Herkunftswörterbuch des Duden (2001, S. 264) erklärt *gelingen* mit »glücken, gedeihen«. Es bedeutet ursprünglich »leicht oder schnell vonstatten gehen«. Damit ist es etwas ganz anderes als *Erfolg*, der von der Wortherkunft als ein Hinterher, der Ausgang, die Wirkung, die Folge von etwas bestimmt ist. Erfolg bedeutet, dass man etwas geschafft hat, vielleicht aus Folgsamkeit, jedenfalls geht es um das Erreichen eines äußerlichen Zieles. Das ist für Karrieren nicht unbedeutend, aber deshalb noch keine gute Arbeit. Das Gelingen bezieht das Subjekt ein, ist ein Glücken, ein Vermögen menschlicher Handlungsfähigkeit, das sich selbstbestimmte oder doch zumindest überzeugt zugestimmte Ziele gesetzt hat.

Eine Bedingungsanalyse des Gelingens rückt auf jeden Fall die menschliche Handlungs-, Reflexions- und Entscheidungsfähigkeit ins Zentrum. Wenn Qualität, wie wir gerade sahen, das menschliche Vermögen des Gelingens ist, gelingt ein Leben, wenn es Lebensziele hat, die in Werten begründet sind, die nicht nur für den Einzelnen, sondern für die Gemeinschaft als Ganze von Bedeutung sind. Die Gelingensfähigkeit entspricht dem Niveau der individuellen Handlungsfähigkeit. Unterstellt, dass Handlungsfähigkeit das erste menschliche Lebensbedürfnis ist (vgl. Holzkamp 1983, S. 243), dann ist die Tatsache, dass eine Handlung gelungen ist, der wesentliche Indikator für entwickelte Kompetenzen des Handelnden. Gelingen heißt auf jeden Fall, seiner eigenen Lebens- und Arbeitsbedingungen mächtig, nicht fremden Bestimmungen ausgeliefert zu sein, nicht austauschbar, nicht nur ein Beliebiger zu sein. Gelingen lassen können ist Professionalität.

9.1.4 Voraussetzungen gelingender Qualitätsentwicklung

Ein gelungenes Leben und Arbeiten hängt nun aber strukturell nicht in der Luft, sondern braucht absichernde institutionelle Bedingungen. Qualitätsarbeit entfaltet sich nicht von allein in einem sozialen und ökonomischen Vakuum. Gute Arbeit als Prozess und Ergebnis ist daher nicht voraussetzungslos und unter allen Bedingungen gleichermaßen möglich. Sie erfordert eine Vorstellung darüber, wofür das Ergebnis der Arbeit gut sein soll, und eine diesbezügliche Entwicklungszeit, die nicht beliebig betriebswirtschaftlich auf Effizienz ›getunt‹ werden kann. Sie erfordert zudem Kooperationsverhältnisse, die nicht unter Wettbewerbsdruck stehen. Gute Arbeit als Prozess und Ergebnis braucht als Voraussetzung gute *Qualifikation* und gute *Organisation*. Damit Qualitätsentwicklung von Arbeit gelingt, müssen individuelle, interaktionelle, organisationale und gesellschaftliche Voraussetzungen erfüllt sein:

Zu den *individuellen Voraussetzungen* gehört zwingend ein *Qualitätsethos*. Die Arbeitenden müssen Qualität an sich anstreben. Sie müssen durch die Art, wie sie ihre Arbeit verrichten, zeigen, dass ihnen an den Menschen, für die und mit denen sie arbeiten, und an den Produkten und Dienstleistungen, die sie erbringen, etwas liegt. Dies ist ein Zeichen ihrer Professionalität.

Die *interaktionellen Voraussetzungen* bestehen im Wesentlichen in *gelungenen Kooperationsformen,* die in einem realen Gemeinsamen eines guten gesellschaftlichen Zusammenlebens und einer nachhaltigen Zukunftsentwicklung für die kommenden Generationen begründet ist. Es drückt sich in den angestrebten Zielen, aber auch in den Formen der Zusammenarbeit aus.

Die *organisationalen Voraussetzungen* bestehen in der *Konzeptions-, Prozess- und Strukturqualität* der Unternehmen, die sich schlussendlich in der *Ergebnisqualität* ihrer Produkte und Dienstleistungen widerspiegeln muss. Qualität besteht in diesen Kontexten nicht darin, dass man irgendwelche Verfahren einführt, Prozesse standardisiert und die Arbeitenden dann an diese Verfahren anpasst. Qualität besteht hier im Kern darin, dass reflektiert und begründet produziert wird, was der Gesellschaft und den Menschen nutzt.

Die *gesellschaftlichen Voraussetzungen* spielen selbstverständlich eine besondere Rolle. In einer Gesellschaft, deren Ökonomie auf unkontrolliertem Wachstum und rücksichtsloser Ausbeutung der fossilen und humanen Ressourcen beruht und die die Zerstörung der Umwelt deshalb in Kauf nimmt, ist Qualität nur von nachrangiger Bedeutung. Eine nachhaltig wirtschaftende Gesellschaft ist die entscheidende Voraussetzung dafür, dass dauerhaft und nachhaltig die Qualität der Produkte und Dienstleistungen, aber auch der Arbeits- und Lebensformen an erster Stelle steht.

Gute Qualität von Produkten und Dienstleistungen kann es also nur geben, wenn die vereinigten Produzenten im Diskurs mit den vereinigten Nutzern die Bedingungen guter Arbeit selbst bestimmen und wenn sie den Herstellungsprozess von Produkten und Dienstleistungen als konkurrenzlosen Kooperationsprozess gestalten, in dem sich auch die fachlichen und sozialen Fähigkeiten der Arbeitenden entfalten und weiterentwickeln können.

9.1.5 Fazit

Erst in einer vom Verwertungszwang befreiten Gesellschaft, deren Wirtschaft dem Bedarf und nicht der Bedarf der Wirtschaft folgt, kann Qualitätsentwicklung ihren eigentlichen Zweck realisieren: die Schaffung humaner Arbeitsbedingungen und die Herstellung von nachhaltigen Produkten und Dienstleistungen für eine zukunftsorientierte demokratische Gesellschaft. *Qualitätsentwicklung* wäre dabei 1) *Organisationsentwicklung* als Gestaltung guter Arbeitsbedingungen und 2) *Professionalisierung* als Entfaltung der fachlichen und sozialen Kompetenzen der Arbeitenden. Vorgriffe auf den befreiten Zustand einer humanen und nachhaltigen Qualitätsentwicklung sind indessen auch den gegenwärtigen herrschenden Verhältnissen abzuringen.[12]

Literatur

Aristoteles (1995): Nikomachische Ethik. Philosophische Schriften in sechs Bänden, Band 3. Hamburg: Felix Meiner.

Duden (2001): Das Herkunftswörterbuch. Mannheim: Bibliographisches Institut.

Holzkamp, K. (1983): Grundlegung der Psychologie. Frankfurt a. M.: Campus.

Luhmann, N. (1974): Wirtschaft als soziales System. In: Ders.: Soziologische Aufklärung. Aufsätze zur Theorie sozialer Systeme. Band 1. 4. Aufl., Opladen: Westdeutscher Verlag, S. 204–231.

Ortmann, G. (2010): Organisation und Moral: Die dunkle Seite. Weilerswist: Velbrück.

Rawls, J. (1979): Eine Theorie der Gerechtigkeit. Frankfurt a. M.: Suhrkamp.

Schulze, G. (2006): Die Sünde. Das schöne Leben und seine Feinde. München: Carl Hanser.

Sennett, R. (2008): Handwerk. Berlin: Berlin Verlag.

Skidelsky, R./Skidelsky, E. (2013): Wie viel ist genug? Vom Wachstumswahn zu einer Ökonomie des guten Lebens. München: Antje Kunstmann.

12 Unter anwendungspraktischen Gesichtspunkten vgl. Zech 2014.

Zech, R. (2014): Kundenorientierte Qualitätstestierung für soziale Dienstleistungsorganisationen. Leitfaden für die Praxis. Hannover: Expressum.

Zech, R. (2015): Qualitätsmanagement und gute Arbeit. Grundlagen einer gelingenden Qualitätsentwicklung für Einsteiger und Skeptiker. Wiesbaden: Springer Fachmedien.

9.2 Welche Managementkonzepte sind langfristig erfolgreich?

Karl Leutschaft

Diese Frage stellte ich einem befreundeten Geschäftsführer und erfahrenen Konzernmanager. Er antwortete zunächst mit einer Gegenfrage. »Was verstehst du unter Managementkonzepten? Sind das solche Dinge wie Business Process Reengeneering oder Total Quality Management (TQM)?« »Ja, so etwas meine ich.« sagte ich. Seine Antwort: »Keine, denn alle paar Monate treiben die Berater eine neue Sau durchs Dorf. Kaum hat man verstanden, was das eine Modewort bedeuten soll, oder man hat vielleicht gerade ein neues Konzept eingeführt und schon kommt das nächste Buzzword um die Ecke. Und schon wieder werden die gleichen Fragen gestellt – gerade von jungen Kollegen: Brauchen wir das auch? Sollen oder müssen wir das auch machen?«

Mit dieser etwas harschen Antwort sind wir direkt in das Zentrum der Diskussion um Managementkonzepte gestoßen. Viele einschlägige Publikationen gehen auf folgende Punkte ein:

- Es wird festgestellt, dass ein einheitliches Verständnis oder eine verbindliche Definition des Begriffs ›Managementkonzept‹ fehlt.
- Es wird darauf verwiesen, dass die Themen durch die Wissenschaft und insbesondere durch die Beraterzunft getrieben werden.
- Man weist darauf hin oder beklagt gar, dass die Konzepte einer gewissen Denk-Mode unterliegen und stellt mehr oder weniger kurze Lebenszyklen fest.

9.2.1 Aktueller Stand der Diskussion

Sehen wir uns die Punkte einzeln an.

a) Für die folgenden Betrachtungen wollen wir, in Anlehnung an Hofmann und Süß, unter *Managementkonzepten* folgendes verstanden wissen (vgl. Hofmann 2002, S. 6; Süß 2009, S. 29):

Managementkonzepte
Managementkonzepte sind geistige Konstrukte, welche praktische Erfahrungen systematisch interpretieren und generalisieren und daraus grundlegende Gestaltungs- und Handlungsempfehlungen für das Management in Organisationen ableiten. Ihre Hauptkennzeichen sind:

- *Anwendungsnähe.* Sie richten sich an Praktiker.
- *empirische Relevanz.* Wissenschaftliche Fundierung ist eher zweitrangig.
- Sie beinhalten *Methoden* und *Instrumente* zur Umsetzung der Empfehlungen.

---

b) Angesichts der in der Definition erläuterten Eigenart von Managementkonzepten, ist es nicht verwunderlich, dass diese der Wissenschaft und vor allem der Beratungspraxis entstammen, stellen diese Bereiche doch bedeutende ›Wissens-Attraktoren‹ und ›Wissens-Generatoren‹ dar. Es ist auch nicht zu verhehlen, dass Managementkonzepte zudem wichtige Akquise-Instrumente beziehungsweise strategische Geschäftsfelder für Unternehmensberater darstellen.
c) Wenn es möglich ist, im Rückblick auf das 20. Jahrhundert, ein Buch mit dem Titel *Die 100 wichtigsten Management-Konzepte* (Hindle 2001) zu schreiben, dann ist das genügend empirische Evidenz für die Vielfalt dieser Konstrukte und lässt erahnen, dass sich viele nicht lange halten konnten.

Die Lebensdauer selbst ist bereits ein Indikator für den Erfolg eines Managementkonzepts. Andere Indikatoren könnten beispielsweise die räumliche Diffusion oder die Einsatzhäufigkeit und die Zufriedenheit der Unternehmen mit dem jeweiligen Konzept sein. Die internationale Unternehmensberatung Bain & Company untersucht seit 20 Jahren den Einsatz der weltweit wichtigsten Managementmethoden und -techniken und publiziert regelmäßig die Ergebnisse im *Management Tools & Trends Report.* Gemäß der neuesten Studie von 2013 (vgl. Rigby/Bilodeau 2013, S. 10) gehören Customer Relationship Management, Strategisches Management und Change Management zu den am häufigsten eingesetzten Konzepten mit der größten Zufriedenheit aufseiten der Unternehmenspraxis. Auch sind diese Konzepte seit Jahrzehnten im Einsatz und können daher als die wohl langfristig erfolgreichsten Managementkonzepte gelten. Leider bietet die Diffusionsforschung keinerlei Merkmalslisten, um den Erfolg von Konzepten ex ante abschätzen zu können. Eines jedoch ist eindeutig: Für die Dauer und Häufigkeit des Einsatzes ist die Tauglichkeit eines Konzeptes zur Lösung der Praxisprobleme entscheidend. Da der Blick in den Rückspiegel wenig hilfreich ist, wollen wir einen Blick nach vorne, in die Zukunft richten und uns von dorther der aufgeworfenen Frage nach erfolgreichen Managementkonzepten nähern. Eine Skizze der künftigen Praxisprobleme, für die Lösungsansätze gefunden werden müssen, wird uns den Weg weisen.

9.2.2 Anforderungen an künftige Managementkonzepte

Es ist mit großer Wahrscheinlichkeit so, dass die Praxisprobleme der Zukunft inhaltlich bzw. thematisch sehr stark mit den Megatrends zu tun haben werden, denn diese Entwicklungen betreffen den wirtschaftlichen Kern Deutschlands und der anderen bedeutenden Industrienationen. Einige dieser Entwicklungen und die Fragen, die sie aufwerfen, seien hier kurz umrissen (vgl. dazu ZukunftsInstitut 2015).

Urbanisierung (vgl. dazu United Nations 2014)
Weltweit leben immer mehr Menschen in den Städten und das bei einer kontinuierlich steigenden Zahl der Gesamtbevölkerung. Es wird erwartet, dass die Stadtbevölkerung im Jahr 2030 etwa 62 % der Weltbevölkerung ausmachen wird. Infolgedessen wird das Wachstum der Megastädte fortschreiten, und es werden neue Megastädte entstehen. Das wiederum macht erhebliche Innovationen im Bereich der Ver- und Entsorgung dieser Orte notwendig, denn die heutigen Technologien sind für ganz andere Ressourcen- und Klimabedingungen entwickelt worden (beispielsweise reichliche Verfügbarkeit von Wasser) als sie dort herrschen werden. Unsere Unternehmen, die Investitionsgüter für diese Bereiche herstellen, müssen, um weiterhin im Markt bleiben zu können, nicht nur die technologischen Innovationen stemmen, sondern auch neue Formen der Kooperation mit anderen Technologie-Firmen, Verwaltungen etc. finden, denn diese Aufgaben lassen sich nur durch ganzheitliches, systemisches Denken und Handeln lösen. Gleiches gilt für die Sicherstellung der Mobilität in diesen Städten. Heute schon sinkt die Durchschnittsgeschwindigkeit in zentralen Bereichen der Megastädte auf 5 km/h. Wer hier nur einzelne Verkehrsträger – wie z. B. Autos oder Busse – und keine Mobilitäts-Lösungen anbieten kann, wird sehr bald seine führende Position in der Industrie verlieren. Damit wird deutlich, dass wir Managementkonzepte brauchen die u. a. Antworten auf folgende Fragen geben:

- Wie können Innovationsnetzwerke so geschaffen und geformt werden, dass sie wertvolle, relevante Systemlösungen für die Kunden hervorbringen?
- Wie können die Chancen und Risiken in solchen Innovationsnetzwerken ausbalanciert werden?
- Welche Änderungen der Geschäftsmodelle sind in solchen Umfeldern notwendig und wie können sie gelingen?

Demografie und Wertvorstellungen (vgl. Singh 2014)
In den klassischen Industrienationen wird sich der Anteil der Menschen, die älter als 50 Jahre sind, deutlich erhöhen. Ab 2060 werden sie in Deutschland mit etwa 52 % die Mehrheit bilden. Das hat zum einen mit der geringen Reproduktionsrate zu tun, ist aber auch auf die steigende Lebenserwartung zurückzuführen. Es ist zu erwarten, dass die künftigen Senioren nicht die klassischen Rentner-Rollen einnehmen, sondern sich am Arbeits- und Gesellschaftsleben beteiligen werden. Auch die Werte und Lebensstile verändern sich zum Teil radikal. Stand in der Vergangenheit das ›Haben‹ im Vordergrund wird zukünftig eher das ›Sein‹ die Kompassnadel in der Lebensplanung ausrichten. Status und Lebensqualität werden sich weniger an den Dingen, die jemand besitzt, bemessen, sondern eher an der individuell verfügbaren Zeit und der Sinnhaftigkeit der Lebensführung. Man arbeitet nicht mehr nur, um Geld zu verdienen. Arbeit wird immer mehr als das angesehen, was sie sein kann: Das wichtigste Mittel der Selbstverwirklichung, Selbstentwicklung und des Selbstausdrucks. In Bezug auf diesen Themenkreis braucht es Managementkonzepte, die beispielsweise Antworten auf folgende Fragen geben:

- Wie können Arbeitsinhalte, Arbeitszeiten und Arbeitsformen so gestaltet werden, dass sie den Erwartungshaltungen nach Sinn und Flexibilität entgegenkommen, und was bedeutet all das für die Führung von Organisationen?
- Wie müssen Strukturen und Prozesse aussehen um ›Silverager‹ und ›Junge Wilde‹ in fruchtbare Zusammenarbeit zu bringen?
- Welche ›Karrieren‹ kann man Menschen anbieten, die keine klassische Karriere machen wollen und eher mit Biografien aufwarten, die durch Brüche und Neuanfänge gekennzeichnet sind?

Umwelt, Nachhaltigkeit und Ressourcen (vgl. Praeger 2014)
Sterbende Tropenwälder und schwindende Artenvielfalt haben früher nur Wenige wirklich betroffen gemacht. Heute sind Umweltveränderungen spürbar durch die Belastungen, die sie mit sich bringen. So zum Beispiel nehmen die Extremwetterlagen zu, und die Feinstaubkonzentration in vielen Großstädten beträgt teilweise mehr als das Zehnfache des Grenzwertes der Weltgesundheitsorganisation. Weltweit steuern die Gesetzgeber diesen Entwicklungen entgegen, beispielsweise durch den Erlass von Grenzwerten und harte Eingriffe in den Verkehr. Auch die Kunden üben explizit oder implizit durch ihr Kaufverhalten zunehmend Druck auf die Unternehmen aus und fordern, den Aspekt der Nachhaltigkeit entlang der gesamten Wertschöpfungskette zu berücksichtigen – beispielsweise durch ethisch

korrekte Produktion oder die freiwillige Einführung strenger Umweltstandards. Gleichzeitig stehen wir vor einem weltweit anhaltenden Boom, der den Energiebedarf in den nächsten 15 Jahren um weitere 40 % ansteigen lassen wird (vgl. Klingholz 2010). Das führt zwangsläufig zu höheren Kosten für Energie und Rohstoffe. Hier sind kreative Lösungen zum Beispiel im Sinne von geschlossenen Rohstoff-Kreisläufen (vgl. McDonough/Braungart 2002) gefragt, denn wir können es uns nicht erlauben, Rohstoffressourcen weiterhin wie bisher zu verschwenden. Deswegen braucht es Managementkonzepte, die beispielsweise Antworten auf folgende Fragen geben:

- Wie können die sich verändernden gesetzlichen Rahmenbedingungen und das nachhaltige Konsumverhalten zu strategischen Chancen umgewandelt werden?
- Was genau bedeutet die gleichzeitige Orientierung an wirtschaftlichen, ökologischen und gesellschaftlichen Zielen für das Managementhandeln und wie kann der Interessenausgleich zwischen den unterschiedlichen Stakeholdern gelingen?
- Wie müssen Wertschöpfungsketten gestaltet sein, um geschlossene Rohstoffkreisläufe möglich zu machen?

Dieses sind nur einige wenige Beispiele für die bevorstehenden Herausforderungen, für die das Management Lösungen und Antworten – Managementkonzepte eben – suchen wird.

Chancen und Herausforderungen für die Organisationsentwicklung

Im Grunde genommen geht es um tief greifende Innovationen auf allen möglichen Gebieten. Es sind Produkt- und Dienstleistungs-Innovationen, Struktur- und Prozess-Innovationen, Vertriebs- und Geschäftsmodell-Innovationen sowie Ressourcen- und Wertschöpfungsketten-Innovationen erforderlich. Viele Industrien müssen sich im Prinzip neu erfinden. Das ist eine riesige Chance für die *Organisationsentwicklung*, da der Umgang mit Veränderungen und deren Gestaltung in ihrem Fokus steht. Die weitere Entwicklung der Organisationsentwicklung wird aber auch sehr spannend, denn die Natur der anstehenden Veränderungen bringt auch große Herausforderungen mit sich. Organisationsentwicklung ist eher evolutionär ausgerichtet und daher tendenziell langsam, was die Gestaltung von Veränderungen anbelangt. Sie ist in ihrer heutigen Ausprägung und mit ihrem heutigen Instrumentarium perfekt geeignet, inkrementelle Innovationen voranzu bringen. Das, was uns bevorsteht, ist eher revolutionärer Natur, denn die notwendigen Innovationen müssen radikal sein und könnten stellenweise einen disruptiven Charakter haben. In vielen Bereichen werden wir zudem einer zunehmenden Beschleunigung der Ereignisse ausgesetzt sein, die sich aus Technologie-Sprüngen, dem Entstehen neuer Wettbewerber und sich verändernden Marktregeln ergeben wird. Das bedeutet, dass für diese tief greifenden Innovationen weniger Zeit als bisher zur Verfügung stehen wird. Es ist meines Erachtens für die Organisationsentwicklung wichtig, dieses Beschleunigungs-Dilemma zu lösen und ihr Instrumentarium diesbezüglich auszubauen.

In einer inkrementellen Innovations-Welt ist es möglich, ganze Organisationssysteme schrittweise von einem Ist-Zustand in einen neuen Zustand zu überführen. In einer Welt der radikalen Innovationssprünge müssen in bestimmten Subsystemen andere Geschwindigkeiten gefahren werden und auch andere Spielregeln herrschen. So ist es schon aus Gründen der Risikominimierung notwendig, dass ein Teilbereich der Organisation sich weiterhin um die angestammten Kunden und Märkte kümmert, während andere Teilbereiche mit neuen Produkten, Verfahren und Geschäftsmodellen experimentieren. Wie solche Subsysteme gestaltet, miteinander gekoppelt und von einem Operationsmodus in den anderen überführt werden können, ist noch völlig offen. Selbst dort, wo man in den radikalen Innovationsmodus übergegangen sein wird – es also Bereiche gibt die sich durch Unruhe, Chaos und Sprunghaftigkeit auszeichnen, muss es auch Bereiche geben, die eher durch Ruhe, Routine und Beständigkeit gekennzeichnet sind. Auch für diese Ausdifferenzierung von Subsystemen braucht die Organisationsentwicklung Ansätze und Gestaltungsempfehlungen für die Praxis.

Es geht also um nicht weniger als um die Innovierung der Art wie wir Innovieren. Hier ist meines Erachtens der bedeutendste Engpassfaktor der Praxis zu verorten. Managementkonzepte, denen es gelingt, aus wissenschaftlichen Erkenntnissen und praktischen Erfahrungen grundlegende Gestaltungs- und Handlungs-Empfehlungen zur Innovierung des Innovations-Managements abzuleiten, werden langfristig erfolgreich sein.

Literatur

Hindle, T. (2001): Die 100 wichtigsten Management-Konzepte. München: Econ.

Hofmann, E. (2002): »Neue« Managementkonzepte – Entwicklungszüge, Eigenschaften, Erfolgsausprägungen und Integrationsdimensionen. In: Stölzle, W./Gareis, K. (Hrsg.): Integrative Management- und Logistikkonzepte. Wiesbaden: Gabler, S. 3–38.

Klingholz, R. (2010): Energie. Hrsg. v. Berlin-Institut für Bevölkerung und Entwicklung. http://www.berlin-institut.org/online-handbuchdemografie/umwelt/energie.html (Abrufdatum: 17.08.2015).

McDonough, W./Braungart, M. (2002): Cradle to cradle – remaking the way we make things. New York: North Point Press.

Praeger, J. (2014): Das Zeitalter der Industrie: Globale Umweltveränderungen; Eine Art Zusammenfassung – und die Suche nach den Ursachen. http://www.oekosystem-erde.de/html/globale-aenderungen.html (Abrufdatum: 17.08.2015).

Rigby, D./Bilodeau, B. (2013): Management Tools & Trends 2013. http://www.bain.com/Images/BAIN_BRIEF_Management_Tools_%26_Trends_2013.pdf (Abrufdatum: 17.08.2015).

Singh, S. (2014): Top 20 Global Mega Trends and Their Impact on Business, Cultures and Society. Hrsg. v. Frost&Sullivan. https://www.google.de/url?sa=t&rct=j&q=&esrc=s&source=web&cd=1&cad=rja&uact=8&ved=0CCIQFjAAahUKEwi3ruu9p7DHAhUI7RQKHXniCB0&url=http%3A%2F%2Fwww.frost.com%2Fprod%2Fservlet%2Fcpo%2F213016007&ei=E-3RVffYDojaU_nEo-gB&usg=AFQjCNF0oTV3MkB-9QIu6RpWrF9Bo6J6ljA&bvm=bv.99804247,d.d24 (Abrufdatum: 17.08.2015).

Süß, S. (2009): Die Institutionalisicrung von Managementkonzepten: Diversity-Management in Deutschland. Mering: Rainer Hampp.

ZukunftsInstitut (Hrsg.) (2015): Megatrends Übersicht. https://www.zukunftsinstitut.de/dossier/megatrends (Abrufdatum: 17.08.2015).

United Nations (Hrsg.) (2014): World Urbanisation Prospects. United Nations – Department of Economic and Social Affairs – Population Division. http://esa.un.org/unpd/wup/ (Abrufdatum: 17.08.2015).

9.3 Strategien des Qualitätsmanagements

Ariane Witter

In den 1990er-Jahren war Qualitätsmanagement (QM), damals hieß es noch Qualitätssicherung, in der deutschen Unternehmenslandschaft eine eigenständige, noch junge Disziplin. Die Luft- und Raumfahrtindustrie befruchtete die Automobilindustrie und diese wiederum drängte ihre Zulieferer, präventive QM-Methoden in ihre Organisationen einzuführen. Es folgten Initiativen wie ›Quality First‹ und ›Null-Fehler-Strategien‹. Schauen wir uns die Strukturen heutiger Unternehmen an, so finden wir häufig dezentralisierte Ansätze des Managements von Qualität. Die Rolle des Qualitätsmanagement-Beauftragten hat sich zum Qualitätsmanagement-Berater gewandelt. Heute geht Qualität alle Schlüsselpersonen im Unternehmen an, alle Bereiche müssen Akteure sein. Im Folgenden erhalten Sie einen Überblick über die Erfolgsfaktoren eines ganzheitlichen ›modernen‹ Qualitätsmanagements.

9.3.1 Ganzheitliches Qualitätsmanagement nutzt die Potenziale der Mitarbeitenden

Total Quality Management

Die meisten Menschen verbinden mit *Qualitätsmanagement* die Standardisierung und das Denken in Prozessen. So hat es viele Jahre die DIN ISO 9000 ff. propagiert. Für die Zertifizierung wurden die Prozesse, Leitlinien und Arbeitsanweisungen ordentlich nach der Norm formuliert und im QM-Handbuch dokumentiert. Ob die Prozesse gut waren oder nicht, wurde nicht geprüft. Obwohl in Prozessen geschrieben wurde, waren viele Organisationen weit entfernt von einer prozessorientierten Denkweise: Was bedeutet, wegzukommen von der bereichsweisen Optimierung und sich hinzubewegen zu einer interdisziplinären Verantwortung für den gesamten Prozess. Dieses kommt gefühlt einer Revolution gleich – mindestens aber bedeutet es, einen kulturellen Veränderungsprozess anzustoßen.

Das haben heute viele Unternehmen bereits erkannt, unterstützt z. B. durch den japanischen Ansatz des Kaizen, durch die Philosophie des Total Quality Managements und durch die bemerkenswerte Initiative der Gründerorganisationen der European Foundation for Quality Management (EFQM).

Das Excellence-Modell berücksichtigt die drei Säulen des Total Quality Managements: *Prozessorientierung, Kundenorientierung* und *Mitarbeiterorientierung*. Darüber hinaus ist im Modell sowohl die Messung des Unternehmenserfolgs verankert als auch der auf Basis dieser Ergebnisse eingeleitete Lernprozess.

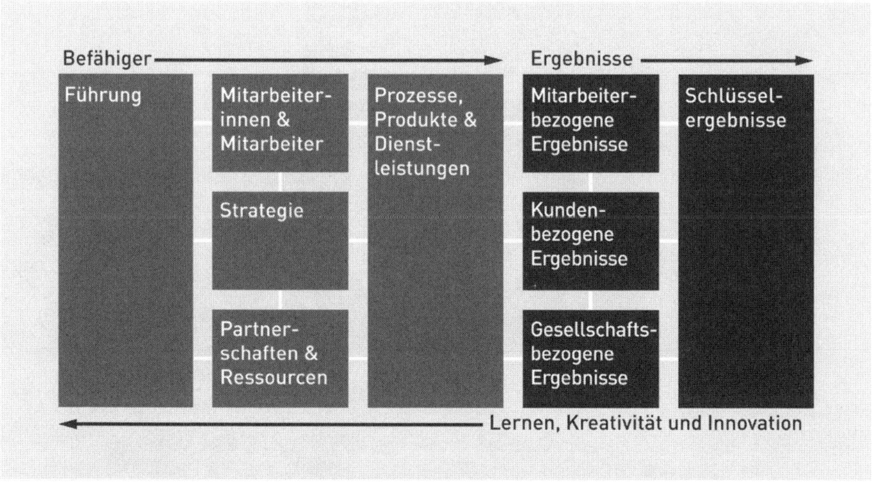

Abb. 1: Ganzheitliches Qualitätsmanagement mit dem EFQM-Excellence-Modell (vgl. European Foundation for Quality Management 2013)

In Bezug auf Mitarbeiterorientierung wird den Mitarbeitenden auf der Seite der ›Befähiger‹, gepaart mit dem Thema Führung, großes Gewicht gegeben.

9.3.2 Die lernende Organisation im Fokus ist der Garant für eine nachhaltige Unternehmensentwicklung

Der Kontinuierliche Verbesserungsprozess (KVP)

Der zurückzulegende Weg von der ›Technik‹, Qualität herauszuprüfen bis zum Qualitätsniveau in Peter Senges lernender Organisation (vgl. Senge/Klostermann 2011), ist lang. Aus QM-Sicht liegt das Geheimnis bei allem, was getan wird, in einer strukturierten, geplanten und standardisierten Vorgehensweise.

Wissen und Innovationen systematisch zu managen, sind hierfür die Fundamente. Managen bedeutet hier, das Rad von Deming (vgl. Deming 1982) permanent zu drehen: *Ziele definieren, Strategie ableiten und Maßnahmen planen, umsetzen, evaluieren und ggf. den Kurs korrigieren.* Doch so einfach ist es leider nicht. Organisationen sind komplex – die Zusammenhänge vernetzt und nicht immer transparent. So bedarf es neben der Ordnung auch der Unordnung, ungewöhnlicher Vorgehensweisen und Methoden, wie z. B. Spinnerworkshops, Querdenker, Visionäre. Manchmal muss man sich auch bewusst verirren, um den richtigen Weg zu finden.

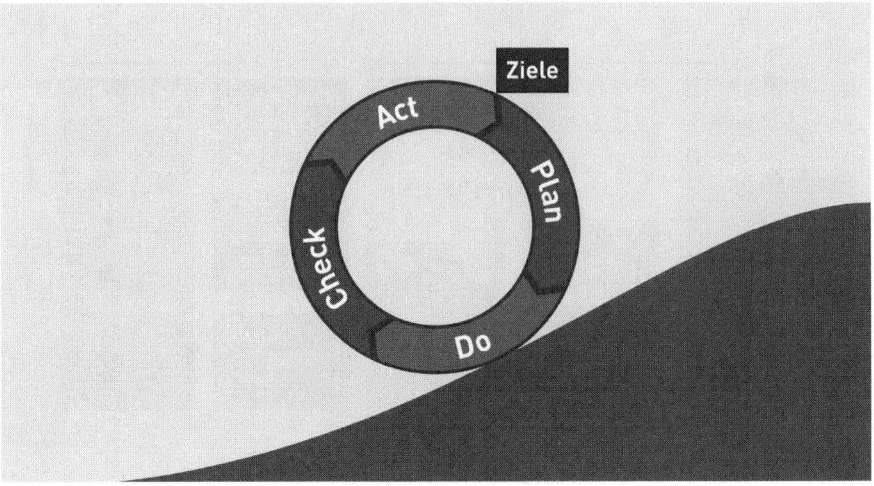

Abb. 2: Permanente Reflexion mit dem Rad von Deming (vgl. Deming 1982)

9.3.3 Vertrauen als Schlüsselfaktor für ein mitarbeiterorientiertes Führungsverständnis

Transformationale Führung

Wer kennt es nicht, das Eisbergmodell? Oberhalb der Wasseroberfläche tauchen die Probleme auf. Unterhalb liegt jedoch der weitaus größere Brocken: die Ursachen dieser Probleme. Diese gilt es zu lösen – aber wie?

Transformationale Führung heißt das Zauberwort, oder anders ausgedrückt: Der Weg ist, das eiskalte Wasser zu erwärmen – durch Vertrauen, Wertschätzung und gute Kommunikation können die *Potenziale eines Teams* genutzt werden. Es bedeutet, eine Führungskultur zu leben, in der die Mitarbeitenden gerne Verantwortung übernehmen können.

Das ist die Theorie und funktioniert nicht sofort mit allen Mitarbeitenden. Ein wesentlicher Erfolgsfaktor liegt in der richtigen Personalauswahl und in der Chance der Mitarbeitenden, sich entfalten zu können. Die Führungskraft ist gefordert, diesen Weg fördernd zu begleiten, z. B. durch regelmäßiges Feedback. Zwingend ist es dabei, Leitplanken zu setzen, die den Rahmen vorgeben und die Richtung weisen. Um dabei die individuellen Unterschiede der Mitarbeitenden zu berücksichtigen, haben Hersey, Blanchard und Johnson ein Führungsmodell entwickelt, das den Reifegrad des jeweiligen Mitarbeiters berücksichtigt (vgl. Hersey et al. 2012). Aufgabenbezogene Fähigkeiten und die Motivation fließen mit ein in die Einschätzung, welcher Führungsstil situativ optimal ist.

Mitarbeiterorientierung kann in diesem Kontext auch bedeuten, die Akteure in der Organisation genauso nach ihrer Meinung zu befragen wie die Kunden, und zwar regelmäßig und systematisch. Dabei bietet sich auch gut die Möglichkeit, das Rad von Deming zu drehen und Führung zu validieren. Die Ergebnisse können mit den Mitarbeitenden diskutiert und Verbesserungen abgeleitet werden. Es verwundert an dieser Stelle nicht, dass die nachhaltige Umsetzung der Maßnahmen mit der Zufriedenheit der Befragten korreliert.

Abb. 3: Potenzialorientierte Führungskultur lässt ›Eisberge schmelzen‹

Genauso wie die Mitarbeiter, so können auch andere ›Stakeholder‹ des Unternehmens eine wichtige Ressource darstellen. Auch hier ist zu entscheiden, wie ›warm das Wasser‹ sein soll. Wird z. B. das herkömmliche Kunden-Lieferanten-Verhältnis gepflegt oder strebt das Unternehmen partnerschaftliche Beziehungen an, in denen es zu einer Win-Win-Situation für beide Parteien kommt?

9.3.4 Führung muss sich dem Strategieprozess stellen

Die Management-Konferenz

Die größte Herausforderung einer Organisation ist, das langfristige Überleben sicherzustellen. Eine der Aufgaben, die sich Führung stellen muss, ist: Wie gewährleiste ich, dass alle in eine Richtung marschieren und in welche Richtung? Für Letzteres kann ein Blick auf die Evolution helfen. Die Organisation muss widrige Umstände als Chance betrachten. Je agiler das System ist, desto wahrscheinlicher das Überleben. Für Führungskräfte bedeutet dies, den Blick stets auch nach außen zu richten, Veränderungen wahrzunehmen und diese in Form von Zielen in die Organisation zu tragen – womit wir wieder bei der ersten Frage der gemeinsamen Richtung wären. Das EFQM-Modell verlangt, Ergebnisse in Form von *Kennzahlen* transparent zu machen. Es sind *Indikatoren,* die Entwicklungstendenzen erkennbar machen. Kennzahlen sind jedoch nur Mittel zum Zweck: Sie spiegeln den Istzustand wider und fördern die Auseinandersetzung um den richtigen Weg, den alle gemeinsam gehen sollen. Ein wesentliches Instrument für Führung ist an dieser Stelle die *Management-Konferenz.* Der Runde Tisch, an dem regelmäßig die Strategie für das kommende Jahr festgelegt wird und die vergangenen Maßnahmen mithilfe der Kennzahlen evaluiert werden.

Führung steht an dieser Stelle auch für Schwerpunkte legen. Es kann nie alles gleichzeitig getan werden. In der Regel sind die Ressourcen begrenzt. ›*Weniger ist*

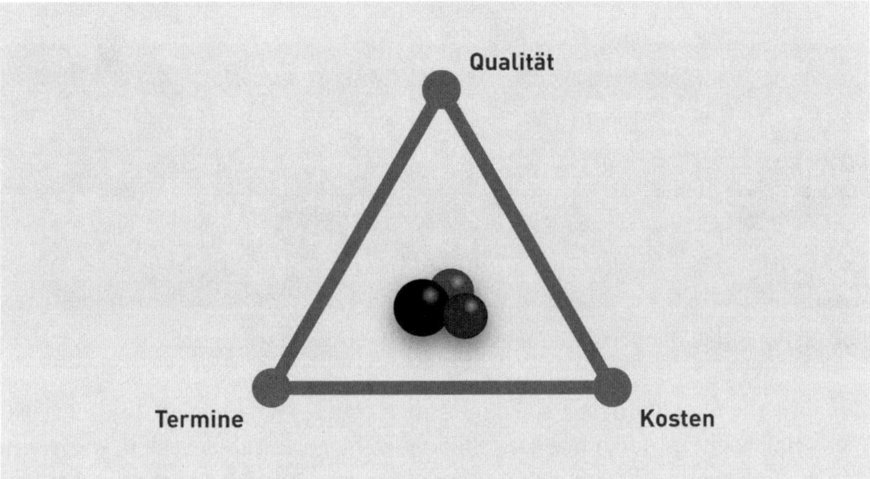

Abb. 4: Strategische Balance finden mithilfe des Qualitätsdreiecks

mehr‹ sollte ein Leitprinzip für die Management-Konferenz sein. Lieber wenige, richtig ausgewählte Maßnahmen und diese nachhaltig verfolgt, als viele Maßnahmen und kaum eine umgesetzt. ›Weniger ist mehr‹ kann auch bedeuten: weniger Aktionismus – mehr Gelassenheit. So wie in Leo Tolstois *Krieg und Frieden:* Tolstoi beschreibt die Figur des General Kutusow als Antiheld, der durch seine besonnenen Entscheidungen (z. B. in der Schlacht von Borodino den Rückzug zu befehlen) die Kräfte der russischen Armee im Krieg gegen Napoleon gebündelt hat.

9.3.5 Ohne Fleiß kein Preis – die Prozesse spiegeln das Know-how des Unternehmens wider

Ein *QM-Handbuch,* in dem die Philosophie des Unternehmens, seine Konzepte und Prozesse dargestellt sind, ist eine wesentliche Wissensbasis für das Unternehmen. Leider verschwindet es oft in der Schublade von Führungskräften, und die Aktualität entspricht dem Datum der Erstellung. Damit dies nicht geschieht, gibt es zwei Wege: Erstens sind bei der Erstellung des Handbuches möglichst viele Mitarbeitende zu beteiligen, und das ›Projekt‹ ist in die Unternehmensziele zu integrieren. Zweitens sollten die Möglichkeiten moderner Datenverarbeitung genutzt werden. Eine Benutzeroberfläche für das Handbuch sorgt für die notwendige Kontaktbequemlichkeit (Access), erhöht somit die Akzeptanz und bietet jedem die Chance, auf das *Wissen des Unternehmens* schnell und komfortabel zurückzugreifen.

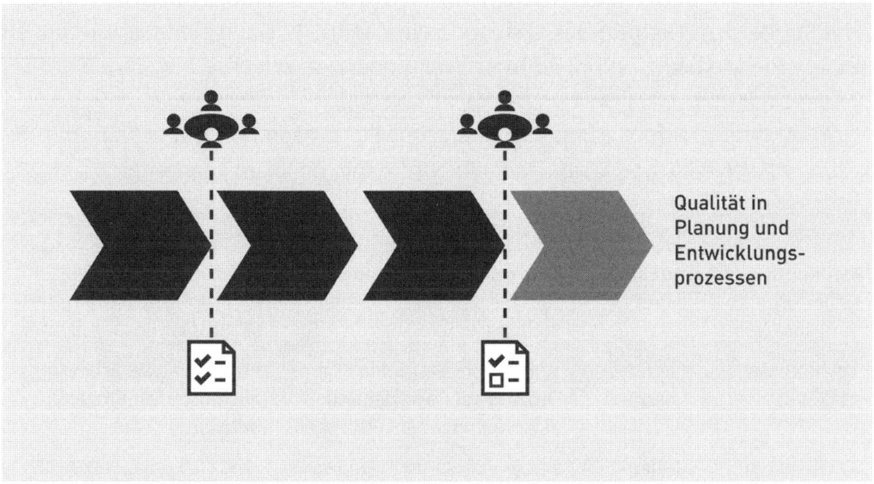

Abb. 5: Das Kommunikationsformat ›Quality Gate‹ unterstützt die Einhaltung der Prozesse

Um sicherzustellen, dass die Prozesse auch gelebt werden, ist das Format der ›*Quality Gates*‹ eine bewährte Methode. Alle Beteiligten eines Prozesses treffen sich an festgelegten Meilensteinen am runden Tisch. Erst wenn alle bis zu diesem Zeitpunkt geforderten Aufgaben entsprechend einer Checkliste erfüllt sind, darf der Prozess weitergeführt werden.

9.3.6 Hofnarr und Coach – die Rolle des QMB …

Der Name ist Programm. Als *Qualitätsmanagement-Beauftragter* (QMB) ist man der arme Wicht, dem die Aufgabe zufällt, für Qualität zu sorgen. *Go to Gemba* hingegen meint: Gehe dorthin, wo das Geschehen ist, da, wo Wertschöpfung entsteht, denn nur da kann Qualität entstehen. Alle anderen Orte im Unternehmen sind dazu da, die Kernprozesse zu unterstützen. So muss der QMB zum QMD (QM-*Dienstleister*) transformieren: Sachverhalte spiegeln, Methoden einsetzen, die Kultur des modernen QM vermitteln, Wissenstransfer fördern, Führungskräfte und Multiplikatoren coachen – all das können Aufgaben eines QM-Dienstleisters sein. Und zwar auf allen Ebenen des EFQM-Excellence-Modells.

9.3.7 Nie ohne Methodik

Eine Stärke der Disziplin des QM sind seine Tools. Für alle Herausforderungen gibt es eine Methode, ob präventiv wirkend oder zur Verbesserung aktueller Probleme eingesetzt.

Alle Methoden haben eines gemeinsam. Sie nutzen das *Know-how und die Vielfalt aller Beteiligten.* Grundsätzlich wird dabei im Team gearbeitet.

Thema	Methode	Ergebnis	Elemente
Der Kontinuierliche Verbesserungsprozess	Qualitätszirkel	eine priorisierte Lösung für eine definierte Problemstellung	Mitarbeiterbeteiligung, Paretoprinzip, strukturierter Problemlösungsprozess
Lerntransfer	Lessons Learnt	Konzept für den zukünftigen Prozess auf Basis der Reflexion vergangener Leistungen	PDCA-Analyse, Erfahrungsaustausch der Prozessbeteiligten
Transformationale Führung	Rollenreflexion	Ressourcenbetrachtung einer Führungskraft und ihrer Rolle als Motor, Partner und Coach	MPC Führungsmatrix
Strategieprozess	Management-Konferenz	Zielvereinbarungen für einen zukünftigen Zeitraum	Review der Unternehmenskenngrößen zur Bewertung der vergangenen Aktivitäten, Paretoanalyse zur gezielten Fokussierung zukünftiger Schwerpunkte
Qualität in Planungs- und Entwicklungsprozessen	Quality Gate	Qualitätscheck durch alle Prozessbeteiligten vor einem Meilenstein	vorher definierte Qualitätsanforderungen in Form einer Checkliste

Abb. 6: Beispiele für Tools und ihre Anwendung

Die am häufigsten gestellten Fragen (FAQ) zum Modell der EFQM

Worin unterscheiden sich EFQM und DIN/ISO 9000 ff.?
Werfen wir einen Blick auf die hinter den Modellen stehende Philosophie, so ist der Unterschied inzwischen nur noch marginal. Das Total Quality Management manifestiert sich in beiden Leitlinien. Die Führerschaft des EFQM ist dennoch erkennbar in Form des Anspruches, vorauszugehen, radikaler zu denken. Dies zeigt sich zum Beispiel bei der Einführung des Begriffes »Agility« mit der Revision 2013 (vgl. EFQM 2013). Es ist ein Begriff, der nicht in einem Wort übersetzt werden kann. »Managing with agility« fordert die Führungskräfte heraus, ihre Verantwortungsbereiche aktiv zu entwickeln und sie fit bzw. schnell zu machen für den ›permanenten Wandel‹.
Eine wesentlichere Differenz wird allerdings erkennbar innerhalb der Umsetzung in die Unternehmenspraxis. Im Rahmen der Zertifizierung nach *DIN/ISO 9000 ff.* wird auf die *Erfüllung der Norm* hin geprüft. Die Ergebnisse »bestanden«, »bestanden mit Auflagen« und »nicht bestanden« ähneln der Ampelsystematik eines Quality Gates, und damit bescheinigt das Zertifikat die durch die Norm formulierten Mindestanforderungen
Ein Unternehmen, das nach *EFQM* arbeitet, stellt sich hingegen dem *Wettbewerb der gesamten europäischen Unternehmenslandschaft*. Ein Ranking im Rahmen der Punkteskala des European Excellence Awards gibt Aufschluss, wo die Organisation steht. Die Gutachter sind im Unterschied zur Zertifizierung aktive, ehrenamtliche Führungskräfte aus unterschiedlichen Branchen. Ein weiterer Unterschied zeigt sich im Weg zur ›Excellence‹. Der erste Schritt bei EFQM ist die Selbstbewertung: Zu jedem Modul gibt es anhand von Teilkriterien einen Fragenkatalog, der die Selbsteinschätzung der eigenen Organisation – unabhängig von externen Beratern – möglich macht.

Inwieweit steht die Qualität der Prozesse im Fokus?
50 % der Module des Modells stehen unter der Überschrift »Ergebnisse«. Es sind dies die aus den Befähiger-Kriterien generierten »Zahlen-Daten-Fakten«. Mitarbeiterbezogene, kundenbezogene, gesellschaftsbezogene Ergebnisse sowie die die jeweilige Organisation charakterisierenden Schlüsselergebnisse werden bewertet. Ein Unternehmen im oberen Drittel der Punkteskala der EFQM-Bewertung weist über Jahre hinweg einen positiven Trend der definierten Kennzahlen auf.
Ergebnisorientierte Kennzahlen sind beispielsweise: Leistungsfähigkeit aus Kundensicht, Flexibilitätsgrad, Anzahl der Neukunden, Mitarbeiterzufriedenheitsindex, Anteil erfolgreich umgesetzter Ideen, Umweltinvestitionen, erhaltene Auszeichnungen, finanzielle Kennzahlen, Erfolgsquote von Projekten, Verbesserungsquote, Anteil der fehlerfreien Leistungen, … . Darüber hinaus

führt die konsequente Einforderung des externen Vergleiches mit den Besten zu einer überproportionalen Qualitätssteigerung – und ist damit Garant für die Weiterentwicklung der Organisation.

Welche Vorteile bietet das EFQM?
Das Modell der EFQM ist ein *Reifegradmodell,* das einer Vision folgt. Die Vision ist ›Excellence‹ in allen Facetten der Kriterien des Modells. Der Fokus liegt auf Struktur und Unternehmenskultur sowie den Ergebnissen, die allesamt ineinanderfließen müssen. Die Möglichkeit der Standortbestimmung und von Leitplanken für den zu beschreitenden Weg sind die hervorzuhebenden Pluspunkte dieses Modells. Lernen und Reifen werden methodisch gefördert. Der Benefit ist: kontinuierliche Verbesserung der Prozesse (schneller, besser, kundenorientierter), zwingend nachweisbare positive Entwicklungstrends, qualifiziertes Feedback im Rahmen des Bewertungsverfahrens, wirtschaftlicher Nutzen, permanentes Benchmarking mit den Besten, Marktvorteile durch Prestigezuwachs bei Nominierung/Auszeichnung etc.

Wie verortet sich EFQM im Vergleich zu anderen Methoden des QM?
Das EFQM-Modell ist ein Programm, das alle Unternehmensbereiche betrifft und ebenso alle Stakeholder fokussiert. Voraussetzung ist daher, dass es *deckungsgleich mit der Unternehmensphilosophie* ist – am besten 1:1. QM-Methoden, wie z. B. FMEA, Nutzwertanalyse, KVP², unterstützen eine strukturierte Vorgehensweise und das interdisziplinäre Lösen von Herausforderungen. Sie können auch nur in Teilen der Organisation oder innerhalb von Teams

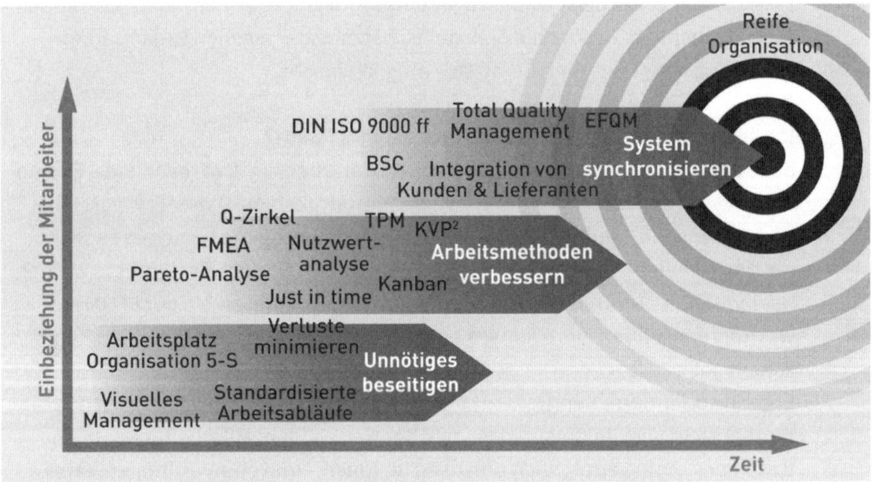

Abb. 7: Eine ›Reife Organisation‹ wird nur über die Synchronisation des Gesamtsystems erreicht

angewendet werden. Zur Erreichung des Zieles einer ›Reifen Organisation‹ muss das gesamte System synchronisiert werden. Bekanntlich führen viele Wege nach Rom. Das EFQM-Modell jedoch kann auf dem Weg dorthin eine zentrale Rolle spielen.

Was sind die Kernelemente des EFQM?
Vereinfacht lassen sich die Schwerpunkte des EFQM-Modells folgendermaßen charakterisieren:

1. *umfassendes Qualitätsverständnis:* Der Fokus liegt auf Produkt-, Prozess- *und* Organisationsentwicklung. Damit sind die Mitarbeiter und Führungskräfte automatisch mit im Boot.
2. *organisationales Lernen:* Die Ergebnisse werden gemessen, und der (Lern-) Erfolg muss nachgewiesen werden.
3. *Drehen des Deming'schen Verbesserungsrades:* Veränderungen werden konsequent durch die Phasen Vorgehen (Plan), Umsetzung (Do), Bewertung (Check) und Verbesserung (Act) geleitet.
4. *Best-Practice-Kultur:* Fehler dürfen gemacht werden, Erfahrungen (positive und negative) werden jedoch verbreitet *und* nach ›Best Practice‹ wird aktiv gesucht, sowohl intern als auch extern.
5. *unternehmerische Verantwortung:* Lebendig wird dieses Schlagwort durch den nachhaltigen Umgang mit allen Ressourcen – mit Fokus auf Umwelt, Material *und* Mensch.

Wie fange ich an?
Am Anfang stehen die Selbstbewertung und die Planung des Vorgehens in der eigenen Organisation. Es ist wichtig, die Selbstbewertung nicht im Elfenbeinturm – sondern mit geeigneten Methoden (Workshops etc.) unter der Beteiligung der Mitarbeitenden und Führungskräfte durchzuführen. Darüber hinaus gilt es, die Fähigkeit zu erwerben, Weiterentwicklungen auf organisationaler Ebene als Projekte professionell zu gestalten. Wer seine Aktivitäten für den Wettbewerb vermarkten möchte, kann die Stufen »Verpflichtung zu Excellence« und »Anerkennung für Excellence« – außerhalb des Awards – erklettern. Zu jedem Kriterium des Modells ist im ersten Schritt zu beschreiben, wie der spezifische Weg der eigenen Organisation aussieht (Nachweise) und wie die Befragten diesen im Vergleich zum Optimum einschätzen (Skala).

Für wen eignet sich das EFQM?
Die *›History of Past Winners‹* zeigt die Spanne der Unternehmen auf, die sich seit Beginn der EFQM im oberen Drittel der Skala qualifiziert oder den Award gewonnen haben. Exzellente Organisationen finden sich in allen Größenkategorien, branchenübergreifend – im Non-Profit und Profit-Bereich. Die Erfahrun-

gen aus der Beratungspraxis stützen die Erkenntnis, dass sowohl kleine Organisationen als auch Konzerne das Modell ›gewinnbringend‹ nutzen können. Je nach Branche ist aus Wettbewerbsgründen oft die DIN/ISO 9000 ff. verpflichtend anzuwenden. So kann hier das EFQM-Modell gut in einer zweiten Stufe zur Weiterentwicklung der Organisation eingesetzt werden. Für kleinere Organisationen kann auch die Selbstbewertung einen besseren Zugang zu einem modernen Qualitätsbewusstsein darstellen, da dem Modell nicht der Ruf des Bürokratismus vorauseilt.

Wohin geht die Reise?
Seit Jahrzehnten sind Unternehmen gefordert, sich immer schneller zu entwickeln. Oft können sie im Wettbewerb nur bestehen, wenn sie Wachstum generieren, das schneller als der Markt ist. Dieses äußere Wachstum muss mit einem inneren Entwicklungsprozess einhergehen. Für TQM- bzw. EFQM-geführte Unternehmen sind die drei Säulen Prozess-, Kunden- und Mitarbeiterorientierung selbstverständlich. Dennoch gilt es hier, in der Ausgestaltung dieser Leitlinien ein neues Niveau zu erreichen. Kundenorientierung bedeutet längst nicht mehr nur zu wissen, was der Kunde wünscht. Global agierende Unternehmen gehen heute sogar soweit, ihre Struktur auf die der Kunden auszurichten. In Bezug auf die Mitarbeiter geht der Trend dahin, die Eigenverantwortung der Mitarbeitenden im Alltag nicht nur zu propagieren, sondern tatsächlich zu stärken und ihr unternehmerisches Denken zu fördern und zu fordern.
Agilität in Großunternehmen ist schwierig umzusetzen, ohne radikal neu zu denken. Die Software-Industrie hat mit dem Thema ›Agiles Projektmanagement‹ gezeigt, dass es geht, einen starren Entwicklungsprozess kundenorientiert umzugestalten. Warum dann nicht auch starre Organisationsprozesse verändern?

Literatur

Deming, W. E. (1982). Quality, productivity, and competitive position. Cambridge (MA): MIT.

Herrmann, J./Fritz, H. (2011). Qualitätsmanagement – Lehrbuch für Studium und Praxis. München: Carl Hanser.

Hersey, P./Blanchard, K. H./Johnson, D. E. (2012): Management of organizational behavior. 10. Aufl., London: Pearson.

Pfeifer, T./Schmitt, R. (2014). Masing Handbuch Qualitätsmanagement. 6. Aufl., München: Carl Hanser.

Rudert, B./Kiefer, B. (2013). Qualitätsmanagement – Mit Mindmaps einfach und effektiv. 2. Aufl., Hannover: Vincentz Network.

Senge, P. M./Klostermann, M. (2011). Die fünfte Disziplin: Kunst und Praxis der lernenden Organisation. 11. Aufl., Stuttgart: Schäffer-Poeschel.

European Foundation for Quality Management – EFQM (2013): Das EFQM Modell für Excellence (2013). http://www.shop.efqm.org/publications/efqm-excellence-model-2013/ (Abrufdatum: 28.04.2016).

9.4 Worum geht es eigentlich beim Qualitätsmanagement? Zur Kritik an Sinndefiziten in der Praxis des Qualitätsmanagements

Joachim Merchel

Dass in einer Organisation Qualitätsmanagement betrieben wird, gehört mittlerweile zu den selbstverständlichen Anforderungen, die an eine Organisation gerichtet werden und denen sich eine Organisation stellen muss, wenn sie nicht nachdrücklich ihre Legitimation gefährden will. Die Anforderungen zum Qualitätsmanagement (QM), die in der Güterproduktion ihren Ausgang nahmen, haben sich deutlich ausgeweitet auf andere Organisationsbereiche: Auch im medizinischen Bereich, bei sozialen Dienstleistungen oder im Bildungsbereich werden Organisationen mit der Anforderung zum Qualitätsmanagement konfrontiert, der sie sich nur noch bedingt entziehen können (vgl. u. a. Hensen 2016, Merchel 2013, Deutsche Gesellschaft für Qualität 2014 und 2016, Dubs 2013). Die Anforderungen, Qualitätsmanagement zu betreiben, werden über gesetzliche Bestimmungen (u. a. in den Büchern des Sozialgesetzbuchs), über Auflagen bei der Finanzierung und über politische Programme an die Organisationen herangetragen und darüber hinaus von politisch-administrativen Akteuren und in einflussreichen Segmenten der Öffentlichkeit zum Teil sehr deutlich artikuliert. Für die Organisationen besteht die Erwartung der Umwelt, dass sie sich gezielt mit Fragen der Qualität und der ›Qualitätssicherung‹ auseinandersetzen sowie durch planvolles Handeln das Erzeugen von Qualität nicht personellen Zufälligkeiten innerhalb der Organisation überlassen. Den institutionalisierten Erwartungen der Umwelt, dass eine Organisation das Thema ›Qualität‹ explizit bearbeitet und systematisierte Aktivitäten zur Gewährleistung eines gewissen Maßes an Qualität unternimmt, muss Rechnung getragen werden, wenn man sich nicht dem Risiko eines Legitimationsverlusts aussetzen will (vgl. Walgenbach 2014; Walgenbach/Beck 2000). Hinzu kommt, dass ›Qualität‹ eine ›mächtige Formel‹ mit unabweisbarer legitimatorischer Bedeutung darstellt: Obwohl der Begriff in seinem Ursprung bedeutungsoffen ist (Beschaffenheit eines Gegenstands oder eines Vorgangs), wird er in der Regel mit einem hoch positiv aufgeladenen semantischen Gehalt verwendet, sodass keine Organisation und kein Managementakteur es sich leisten kann, sich gegen die Anmutung zu stellen, systematisch und offensiv an der ›Qualität‹ zu arbeiten.

9.4.1 Sinndefizite beim QM in Organisationen: Umgangsweisen und Folgen

Nicht immer kann davon ausgegangen werden, dass (a) den Akteuren innerhalb der Organisation (Leitungspersonen oder auch Qualitätsbeauftragte) ausreichend deutlich ist, mit welcher Intention sie die Organisation mit QM-Prozessen überziehen, und (b) ob den Organisationsmitgliedern, die ›Objekt‹ der QM-Bemühungen sind, der Sinn des zu praktizierenden Qualitätsmanagements ausreichend vermittelt bzw. mit ihnen ausreichend erörtert wird, welchen Sinn sie dem Qualitätsmanagement zuschreiben und wie sie es dementsprechend praktisch ausgestalten wollen. Diese eher implizite Ausrichtung an den institutionalisierten Erwartungen der Umwelt prägt dann die QM-Aktivitäten in einer Weise, dass die Entwicklung und kontinuierliche Aufrechterhaltung einer in der Organisation kommunizierten Sinnhaftigkeit von Qualitätsmanagement an den Rand gedrängt werden. Ein äußerliches Zeichen solcher Vorgänge liegt in der Umdefinition von sonst anders benannten Prozessen zu Prozessen des Qualitätsmanagements und damit in der partiellen Entkoppelung der Ebenen des Redens und des Handelns (vgl. Walgenbach 2014, S. 317 f.; Meyer/Rowan 2009, S. 48 ff.): So werden u. a. Prozesse der Personalentwicklung zu Bestandteilen des Qualitätsmanagements, weil es dabei doch ›irgendwie‹ um Qualifikation geht, Teamgespräche werden in die Nähe von ›Qualitätszirkeln‹ gerückt, kollegiale Beratungen von Problemen und Supervisionen werden ebenso zu Formen der Evaluation umetikettiert wie Teile der Verfahrenslogik des Controllings, Gespräche mit Klienten und Kunden werden zur Qualitätsevaluation u. a. m. Auf diese Weise öffnet man sich auf der semantischen Ebene der Qualitätsanforderung, ohne sich jedoch dem Sinn dieser Anforderungen zu stellen. Im Laufe der Zeit sind die Organisationsakteure selbst davon überzeugt, dass sie ›irgendwie‹ Qualitätsmanagement betreiben, ohne sich darüber bewusst zu sein, worin sein Sinn liegt und wie sich dementsprechend die Intention eines Qualitätsmanagements von den Logiken anderer Managementfelder unterscheidet. Die semantische Offenheit des Qualitätsbegriffs lässt solche Prozesse der Umetikettierung und die Entkoppelung von Reden und Handeln zu oder lädt sogar geradezu dazu ein.

Die problematischen Effekte einer mangelnden Ausrichtung des Qualitätsmanagements an der Sinnhaftigkeit und am Diskurs darüber sowie die Folgen einer – wenig diskutierten – Ausrichtung an den ›üblichen Mustern‹ des Qualitätsmanagements (Verfahrensstandardisierungen, sogenanntes Prozessmanagement, Konstruktion von ›QM-Handbüchern‹ etc.) lassen sich in vielen Organisationen beobachten:

- Es vollzieht sich eine äußerliche Routinisierung des Handelns, statt sich an dem Sinn von durch Qualitätsmanagement festgelegten Verfahrensregeln auszurichten. Die Orientierung an den standardisierten Verfahren wird wichtiger als die Reflexion darüber, worin die Bedeutung der jeweiligen Verfahrensregeln liegt und ob dementsprechend im Einzelfall eine strikte Einhaltung eines Verfahrensstandards angemessen ist.

- Dementsprechend erleben die Organisationsmitglieder ihr Handeln als legitim, wenn sie Verfahrensregeln einhalten, und weniger dann, wenn sie eine fachliche Angemessenheit und eine situationsspezifische Flexibilität reflektieren und begründen können. Es entsteht eine ›Mentalität der Absicherung‹ statt einer ›Mentalität des professionsbasierten Begründens‹.
- Es bildet sich eine Tendenz zur Überregulierung und Bürokratisierung heraus. Organisationsmitglieder suchen Orientierung in Standards und rufen nach Standardisierungen für Situationen, für die sie solche nicht ausreichend vorfinden. Gleichzeitig empfinden sich andere Organisationsmitglieder vorwiegend als Ausführungsorgane bürokratisierter Regelungen und weniger als Fachkräfte, die eine spezifische berufliche Anforderung mit professionellen Vorgehensweisen und Maßstäben zu bearbeiten haben. Ferner kann es zu Situationen kommen, in denen so umfangreiche Regelwerke existieren, dass Mitarbeiter den Überblick verlieren und einzelne Verfahrensstandards nicht mehr ausreichend den Situationen zuordnen können, die sie zu bewältigen haben.
- Informelle Handlungsspielräume, die für die Bearbeitung von in Prozessen auftauchenden Problemen funktional und notwendig sind, weil sie den Organisationsmitgliedern Kreativitätsspielräume eröffnen, werden reduziert. Informales Wissen lässt sich eben nicht ausreichend in ›Standards‹ überführen. Ein stark formalisiertes Qualitätsmanagement enthält die Gefahr, dass widersprüchliche Anforderungen und ungewöhnliche Situationen nicht mehr adäquat informell bearbeitet werden (können) (vgl. Kühl 2015, S. 81 ff.). Ungewöhnliche und nicht genau vorhersehbare Anforderungen, die z. B. für soziale Dienstleistungen typisch sind (Merchel 2015, S. 65 ff.; Dunkel 2011), lassen sich eben nicht prospektiv in eindeutige Verfahrensstandards fassen.
- Organisationsmitglieder erleben Qualitätsmanagement als einen Modus ausgeweiteter Kontrolle und weniger als eine Unterstützung und als eine Ermöglichung guter Leistungserbringung. Mit der Ausweitung und Ausdifferenzierung von Regelungen in QM-Handbüchern erweitern sich die Optionen verhaltensbezogener Kontrolle von einzelnen Organisationsmitgliedern und Gruppen innerhalb der Organisation.
- Es besteht die Gefahr, dass Audits und Zertifizierungen nicht als Lernanlässe gestaltet werden, sondern als formalisierte Überprüfungen, bei denen man ›gut dastehen‹ muss und dieses ›gut Dastehen‹ primär von einem Nachweis ausgeht, dass man Verfahrensstandards entwickelt hat und dass die Ausrichtung

des Handelns an diesen Verfahrensregeln nachgewiesen wird. Das Überstehen des Audits und der Erwerb eines Zertifikats erfolgen weniger in Prozessen des organisationalen Lernens, sondern münden dann in eine ›Siegerurkunden-Mentalität‹, bei der man sich über die Zuerkennung einer ›Siegerurkunde‹ freut und erst beim Nahen des nächsten Audits in das ›Training zum erneuten Erwerb der Siegerurkunde‹ eintritt.

Die knappe Skizzierung mag sehr zugespitzt erscheinen, jedoch ist die eine oder andere Tendenz deutlich bei Organisationen zu erkennen, in denen Reflexionen zur Sinnhaftigkeit des Qualitätsmanagement und zu den daraus abzuleitenden methodischen Konsequenzen umgangen werden oder in denen der Aspekt ›Sinnhaftigkeit‹ im Laufe der Praktizierung von Qualitätsmanagement allmählich zerbröselt.

9.4.2 Wenn der Umgang mit Sinndefiziten noch einigermaßen gut geht ...

Wenn in solchen Konstellationen, bei denen die Sinnhaftigkeit und der organisationale Zweck von Qualitätsmanagement nicht oder kaum kommuniziert und reflektiert werden, das Qualitätsmanagement noch mit einem relativen Nutzen realisiert wird, es also noch einigermaßen ›gut verläuft‹, dann entstehen zwei Realitätsebenen:

- die Ebene des »Schaufensters« (Kühl 2011, S. 136 ff.), auf der Verfahrensstandards in einem begrenzten Umfang definiert und Prozesse beschrieben werden und die nach außen so vorzeigbar ist, dass die Umwelt ihre Erwartungen als im Grundsatz erfüllt ansehen kann und die Organisation somit das erforderliche Maß an Legitimität zugesprochen bekommt;
- die Ebene des Handelns der Organisationsakteure bei der Leistungserstellung, auf der die Handelnden die Verfahrensstandards als eine grobe Orientierung interpretieren und akzeptieren, aber sich problem- und situationsbezogen informelle Spielräume erhalten, in denen sie spezielle Anforderungen flexibel und situationsadäquat bewältigen können und diese Informalität von der Leitungsebene als im Grundsatz funktional interpretiert und implizit akzeptiert wird.

Dies setzt aber voraus, dass innerhalb der Organisation die Umsetzung der Verfahrensstandards nur halbherzig überprüft wird oder dass informell differenziert wird zwischen einigen basalen Verfahrensstandards, die unbedingt einzuhalten sind und deren Einhaltung transparent überprüft wird, und anderen Verfahrensstandards, denen eine geringere Bedeutung zugeordnet wird und die daher weniger drängend in den Aufmerksamkeitsfokus der Handelnden gebracht werden.

Aber auch in solchen Konstellationen wird die Sinnfrage nicht explizit bearbeitet: Es findet keine kontinuierliche oder lediglich eine marginale Kommunikation zu den Fragen statt: Zu welchem Zweck wird in der Organisation Qualitätsmanagement betrieben? Welchen Sinn ordnen wir den QM-Prozessen zu? Mit welchen QM-Verfahren kommen wir dieser von uns konturierten Sinnhaftigkeit am ehesten nahe? Welchen Aufwand müssen wir beim Qualitätsmanagement betreiben, um uns unseren organisationsspezifischen Sinn-Erwartungen an Qualitätsmanagement auf der Handlungs- und Effektebene anzunähern? In Konstellationen mangelnder expliziter Kommunikation über den organisationsspezifischen Sinngehalt von Qualitätsmanagement setzt sich die oben skizzierte Differenzierung günstigenfalls im Alltag durch. Der praktizierte Sinn von Qualitätsmanagement auf den beiden genannten Realitätsebenen wird durch die Handlungsweisen verschiedener Beteiligter ›irgendwie‹ allmählich herausgebildet, geformt und – wenn es gut geht – einigermaßen am Leben gehalten.

9.4.3 Perspektive: Produktive Gestaltungsoptionen für QM durch Erzeugen von ›Sinnhaftigkeit‹

Gegenüber einer solchen Form des allmählich und implizit herausgebildeten Sinns von Qualitätsmanagement, der aber weitgehend eher zufälligen Prozessen zuzurechnen ist, ist für einen relativ hohen Grad an expliziter Sinnverständigung zu plädieren – insbesondere aus drei Gründen:

- Qualitätsmanagement erfordert Aufwand und bindet Ressourcen der Organisation. Dies erfordert insbesondere dann eine Rechenschaft darüber, welche Zweckerwartungen den QM-Methoden zugrunde gelegt werden, wenn das Ressourcenmanagement in der Organisation an eng gehandhabte und unmittelbar (in genauen Controllingprozessen) geprüfte Wirtschaftlichkeitsmaßstäbe gebunden ist. Sinn und angezielter Nutzen müssen transparent verdeutlicht werden, um in der Breite der Organisationsmitglieder Akzeptanz für diese Ressourcenverwendung erzeugen zu können.
- Wenn Qualitätsmanagement nicht bei ›totem Material‹ (QM-Handbuch) im Regal enden will, muss es gelebt werden. Dazu bedarf es der aktiven Mitwirkung der Organisationsmitglieder. Das kann nicht hervorgerufen werden ohne Motivationsbildung durch Sinnerzeugung, und zwar im differenzierenden Bezug auf die unterschiedlichen Handlungsbereiche der Organisationsmitglieder.

- Qualitätsmanagement als erlebte Ausweitung von Kontrolle oder als Mittel zur disziplinierenden Bewertung stößt auf Widerstand und wird so Gegenstand und Werkzeug mikropolitischer Interventionen, da es sich bestens für solche mikropolitisch motivierten Aktionen eignet. Seine mikropolitische Relevanz ist Ausdruck der dem Qualitätsbegriff inhärenten Bewertungsdimension: Mit der Bewertung geht eine soziale Dynamik der Auseinandersetzung um Zuschreibungen, der sozialen Anerkennung, der Bedeutung von Prozessen und der diese Prozesse verantwortenden Akteure, der Breite oder Eingrenzung von Handlungsspielräumen etc. einher. Bewertungskriterien und in der Organisation gelebte Bewertungstabus geraten in die Debatte mit der Folge, dass Personen mit ihren Interessen und Einflusssphären davon profitieren oder sich benachteiligt fühlen können (vgl. Merchel 2013, S. 175 ff.; Bücker-Gärtner 1998). Die Mikropolitik-Belastung von Qualitätsmanagement kann grundsätzlich nicht vermieden werden, aber die in ihm enthaltene mikropolitische Dramatik kann begrenzt werden durch eine offene kooperative Sinnerzeugung.

Die Perspektive zur Herbeiführung produktiver Optionen im Qualitätsmanagement heißt also: Sinnhaftigkeit in der Organisation erzeugen! Das wird nur möglich durch die Ankoppelung an die Leitungspersonen (auf den unterschiedlichen Leitungsebenen) und an die weiteren Mitarbeiter. Die Leitungsakteure müssen ein Bewusstsein entwickeln für den Stellenwert der Sinndimension und markieren, mit welchem Sinnverständnis sie Qualitätsmanagement belegen, mit diesen Markierungen in die organisationsinterne Kommunikation gehen und dann kontinuierlich in den verschiedenen QM-Prozessen die entsprechenden Signale aussenden.

Inhaltlich lassen sich zwei generelle (grob typisierte) unterschiedliche Ausrichtungen bei der Sinnzuschreibung an QM unterscheiden (vgl. Merchel 2013, S. 142 ff.):

a) *Reduktion von Komplexität,* indem durch standardisierte Aufgabendefinitionen und Abläufe die Möglichkeit von individuellen Entscheidungen eingeschränkt wird. Qualitätsmanagement wird genutzt zur Erzeugung von »Entscheidungsprämissen« (Simon 2007, S. 70 ff.) bzw. die Art des QM wird selbst zu einer »Entscheidungsprämisse«. In dieser Variante stehen insbesondere folgende Sinnaspekte im Mittelpunkt: organisationale Festlegung vermeintlich ›guter‹ Prozessabläufe, den Organisationsmitgliedern Orientierung für ihr Handeln vermitteln, Erwartungen an die Organisationsmitglieder transparent machen und Verbindlichkeit hinsichtlich der unterschiedlichen Prozesselemente der Leistungserbringung herstellen, relative Einheitlichkeit im Handeln wahrscheinlicher machen, organisationale Schnittstellen ins Bewusstsein heben und bewältigbar machen, Verlässlichkeit der Leistungserbringung nach innen und außen gewährleisten.

b) *Erweiterung von Komplexität* durch das Erzeugen und das organisationale Verankern von Reflexionsimpulsen im Hinblick auf vorangegangene Prozesse und Ergebnisse. Qualitätsmanagement dient hier zur Erzeugung von Irritationen, zur reflektierten und – wenn es methodisch klug eingesetzt wird – maßvollen, d. h. in der Organisation verarbeitbaren Destabilisierung. Qualitätsmanagement wird genutzt und gestaltet als ein Instrument zur methodisch strukturierten Beobachtung und (diskursiven) Bewertung der Qualitätsmaßstäbe, die in einer Organisation zur Geltung gebracht werden, und der Güte von Prozesselementen und Ergebnissen, die innerhalb der Organisation gestaltet werden und nach außen wirken. Qualitätsmanagement wird zu einem Irritations- und Reflexionsmodus, mit dessen Hilfe die Organisation ihr Wissen über die eigene Organisation erweitert und organisationale Lernprozesse anstoßen kann (vgl. Wolf/Hilse 2014; Merchel 2015 S. 142 ff.).

Beide Sinn-Ausrichtungen für Qualitätsmanagement haben ihre Bedeutung für die Organisationsgestaltung. Sie sollten

- je nach Logik eines Handlungsfeldes austariert werden (Leitformel: Je administrativer der Charakter der Aufgaben ist, um die es beim Qualitätsmanagement geht, desto eher sind Verfahrensstandardisierungen sinnvoll, je stärker die Aufgaben auf einen interaktiven – mit Leistungsadressaten zu bewältigenden – Kern der Tätigkeit zielen, desto eher werden evaluative und damit komplexitätserweiternde QM-Methoden angemessen sein).
- je nach Situation bzw. Zustand einer Organisation differenzierend gehandhabt werden (eher ›chaotische‹ Organisationen benötigen stärker standardisierende Verfahren als Organisationen mit einem hohen Grad an Professionalität der Organisationsmitglieder und mit relativ eingespielten Modalitäten der Leistungserbringung und der Kooperation).

Es bedarf einer guten Beobachtung (insbesondere durch Leitungspersonen und QM-Beauftragte), wie sich die Sinnhaftigkeit verschiedener QM-Methoden und QM-Prozesse im Alltag der Organisation verändert, wie die Organisationsakteure im Alltag den Sinn von Qualitätsmanagement erleben bzw. ihm Sinn zusprechen und wie die Akteure, die QM-Verfahren in ihrer Praxis anwenden, Prozesse und Effekte der Anwendung erleben und im Handeln verarbeiten. Zu beachten ist, dass die Beobachtung zur Handhabung der *Verfahrensstandards* nicht verkürzt werden sollte auf den Grad der Umsetzung. Verfahrensstandards bedürfen einer grundlegenderen evaluativen Bewertung. Denn bei ihrer Festlegung standen mindestens zwei Hypothesen im Hintergrund: dass die festgelegten Verfahren überhaupt im Alltag der Organisation realisierbar seien und dass die bei der Festlegung gewünschten Effekte beim Praktizieren der Verfahrensstandards tatsächlich einträten. Mit diesen Hypothesen wurde ein bestimmter Sinn in die Verfahrensstandards gelegt, dessen Tragfähigkeit im Handeln der Akteure systematisch beobachtet, also evaluiert werden sollte. Damit wird deutlich, dass auch bei den komplexitätsreduzierenden Verfahren des Qualitätsmanagements wiederum komplexitätserweiternde Beobachtungsmodalitäten einbezogen werden müssten, um den je spezifischen organisationalen Sinngehalt des Qualitätsmanagements aufrechterhalten und weiterentwickeln zu können. Komplexitätsreduktion und Komplexitätserweiterung sind gleichermaßen Bestandteile eines ›guten Qualitätsmanagements‹.

Literatur

Bücker-Gärtner, H. (1998): Qualitätsmanagement. In: Heinrich, P./Schulz zur Wiesch, J. (Hrsg.): Wörterbuch zur Mikropolitik. Opladen: Leske + Budrich, S. 221–223.

Deutsche Gesellschaft für Qualität e. V. (Hrsg.) (2014): Qualitätsmanagement für Hochschule. Das Praxishandbuch. München: Carl Hanser.

Deutsche Gesellschaft für Qualität e. V. (Hrsg.) (2016): Qualitätsmanagement in der sozialen Dienstleistung. Nützlich – lebendig – unterstützend. Weinheim: Beltz.

Dubs, R. (2013): Qualitätsmanagement. In: Buchen, H./Rolff, H.-G. (Hrsg.): Professionswissen Schulleitung. 3. Aufl., Weinheim: Beltz, S. 1206–1270.

Dunkel, W. (2011): Arbeit in sozialen Dienstleistungsorganisationen: die Interaktion mit Klienten. In: Evers, A./Heinze, R. G./Olk, T. (Hrsg.): Handbuch Soziale Dienste. Wiesbaden: Springer VS, S. 187–205.

Hensen, P. (2016): Qualitätsmanagement im Gesundheitswesen. Wiesbaden: Springer Gabler.

Kühl, S. (2011): Organisationen. Eine sehr kurze Einführung. Wiesbaden: Springer VS.

Kühl, S. (2015): Sisyphos im Management. Die vergebliche Suche nach der optimalen Organisationsstruktur. 2. Aufl., Frankfurt a. M.: Campus.

Merchel, J. (2013): Qualitätsmanagement in der Sozialen Arbeit. 4. Aufl., Weinheim: Beltz Juventa.

Merchel, J. (2015): Management in Organisationen der Sozialen Arbeit. Weinheim: Beltz Juventa.

Meyer, J. W./Rowan, B. (2009): Institutionalisierte Organisationen. Formale Struktur als Mythos und Zentrum. In: Koch, S./Schumann, M. (Hrsg.): Neo-Institutionalismus in der Erziehungswissenschaft. Wiesbaden: Springer VS, S. 28–56.

Simon, F. B. (2007): Einführung in die systemische Organisationstheorie. Heidelberg: Carl-Auer.

Walgenbach, P. (2014): Neoinstitutionalistische Ansätze in der Organisationstheorie. In: Kieser, A./Ebers, M. (Hrsg.): Organisationstheorien. 7. Aufl., Stuttgart: Kohlhammer, S. 295–345.

Walgenbach, P./Beck, N. (2000): Von statistischer Qualitätskontrolle über Qualitätssicherungssysteme hin zum Total Quality Management – Die Institutionalisierung eines neuen Managementkonzepts. In: Soziale Welt, 51. Jg., H. 3, S. 325–354.

Wolf, P./Hilse, H. (2014): Wissen und Lernen. In: Wimmer, R./Meissner, J. O./Wolf, P. (Hrsg.): Praktische Organisationswissenschaft. 2. Aufl., Heidelberg: Carl-Auer.

10 Wie sich organisatorische Umwelten gestalten lassen

In der systemtheoretisch begründeten Organisationswissenschaft ist das Verhältnis System/Umwelt konstitutiv: Ein System entsteht u. a. auch dadurch, dass es sich von seiner Umwelt abgrenzt. Was gehört zu einem System? Was gehört nicht zum System, also zur Umwelt? Wie ist das Verhältnis einer Organisation zu ihrer Umwelt? Wie stellt sie sich nach außen dar? Wie wird sie wahrgenommen? Wie nimmt sie an der Außengrenze Kontakt zu den umliegenden Organisationen auf? Wie entstehen dauerhafte Beziehungen in den Außenraum? Wie können gemeinsame Vorhaben und Projekte gezielter und erfolgreicher umgesetzt werden? Was braucht es für eine Hochzeit zweier Organisationen?

Im Blick auf Organisationen lassen sich nach Schreyögg (2003, S. 309 f.) formale Dimensionen von Umwelt (Umweltkomplexität, Umweltdynamik und Umweltdruck) von informalen Dimensionen (globale Umwelt, Aufgabenumwelt, Interessengruppen) unterscheiden. Ganz praktisch wird diese kategoriale Sichtweise, wenn man sich vorstellt, dass Organisationen auch immer mit zufriedenen, sich beschwerenden oder gar gegen die Organisation klagenden Kunden, Teilnehmern und Abnehmern zu tun haben und sich mit der Erfüllung oder Nichterfüllung von extern gesetzten Vorgaben, Standards und Kontrollen auseinandersetzen müssen.

Die in Organisationen spürbar zunehmende Komplexität an Aufgaben und erforderlichen Kompetenzen verlangt mehr und mehr nach einer professionellen Zusammenarbeit und Gestaltung von Kooperationen, wie auch die Frage der eigenen Darstellung ihrer Leistungen, Produkte und deren Kommunikation an Bedeutung gewinnt. Die aktive Gestaltung organisatorischer Umwelten wird dadurch zunehmend wichtiger, die Zeiten, in denen sich eine Organisation auf sich selbst konzentrieren konnte, sind längst vorbei – die heutige Ausgangslage in unserer Gesellschaft erfordert einen Blick in das größere (das organisationale Umfeld enthaltende) System, das Kooperationspartner, Akteure, Regionen in die Gestaltungsfragen mit einbezieht. Vor diesem Hintergrund stehen zwei Perspektiven im Mittelpunkt dieses Kapitels: einerseits der Blick auf Marke und Marketing als Gestaltungsraum der eigenen Leistung, ebenso wie auf die Beziehung zum und die Austauschprozesse mit dem Kunden, und andererseits der Blick auf organisationsübergreifende Varianten der Zusammenarbeit in transorganisationalen Prozessen.

So gibt der Beitrag von Markus Lemmens zunächst einen Überblick über Zielsetzung und Gestaltung eines Marketingprozesses, um das eigene Handeln aus der Perspektive des Gegenübers zu beleuchten und in einem dem Strategieprozess ähnlichen Verfahren zu einer Markenbildung zu kommen, die eine wesentliche Aufgabe des Organisationsmanagements darstellt. Lars Debbert setzt sich sodann intensiv mit der Marke und deren Kommunikation im Multichannel auseinander und gibt Einblicke, wie sich die Begegnung von Mensch und Marke klug gestalten lässt, denn: Ohne Emotion keine Entscheidung beim Kunden – starke Marken brauchen Stringenz und Relevanz ihrer Botschaften. Andreas Huber beleuchtet Kooperationen und Netzwerke und stellt die These auf, dass, je erfolgreicher externe Kooperationen gemanagt werden, desto anpassungsfähiger und damit umso überlebensfähiger ist eine Organisation. Der Beraterblick richtet sich dabei auf den Grad der Organisiertheit sowie Intensität, Art und Integrationsreife einer Kooperation. Brigitte Schwinge und Claus Pakleppa blicken auf die transorganisationale Prozesssteuerung und den Bedarf der Schaffung einer transorganisationalen Identität als Basis für das Gelingen einer transorganisationalen Zusammenarbeit. Die Berater-Perspektive einer lernenden Haltung ist hierfür unabdinglich. Otto Scharmer und Katrin Käufer schließen dieses Kapitel mit ihrem Beitrag zur Frage, wie die kollektive Gestaltung gesellschaftlicher Rahmenbedingungen in multiorganisationalen Innovationsprozessen ganz praktisch gelingen kann. Auf der Grundlage der Theory U zeigen sie die wichtigsten Ansatzpunkte für systemische Öffnung als Voraussetzung für disruptive Veränderung.

Literatur

Schreyögg, G. (2003): Grundlagen moderner Organisationsgestaltung. 4. Aufl., Wiesbaden: Gabler.

10.1 Wie kann eine Organisation Marketing zum internen und externen Dialog sowie zum Markenaufbau nutzen? Definition – Prozess – Praxis

Markus Lemmens

Marken faszinieren. Marken orientieren. Marken kosten (Geld). Der Aufbau und die Pflege des Herstellernachweises, wie eine Marke technisch auch genannt wird, kann für Organisationen ein Weg sein, zu einer Sichtbarkeit, Profilierung und Einzigartigkeit zu gelangen. Klar ist dabei zunächst: Organisationen können vom Einsatz des Führungsinstrumentes Marketing profitieren. Dies zu erreichen, muss ein strukturierter Prozess in der am Marketingaufbau interessierten Einrichtung eingerichtet werden. Ebenso gilt aber auch: Mit dem Begriff Marketing, der an Privatmärkte erinnert, haben es Organisationen oft schwer. Denn sie wirken häufig als *Not-for-Profit-Einrichtungen* (NfP) und müssen demzufolge Aufgaben gerecht werden, die nicht primär dem Geschäftszweck der Gewinnerzielung zur Existenzsicherung entsprechen. Das aber hat das Marketing, aus der Betriebswirtschaft kommend, letztlich im Sinn. Gleichwohl sollten Organisationen die Chancen nutzen, die in einem Marketing für sie liegen. Denn dem Marketing innewohnende Haltungen, Vorgehensweisen und Instrumente können reflektiert und auf den Not-for-Profit-Bereich angemessen übertragen werden. Gelingt diese adäquate Interpretation und Zuspitzung, kann über eine gewisse Entwicklungszeit im Prozess eines Organisationsmarketings sogar die Herausbildung einer Marke gelingen. Und eine Marke wiederum dient der Orientierung derjenigen, die Leistungen dieser Organisation in Anspruch nehmen (wollen).

Die Arbeitshypothese zu Beginn einer Arbeit an einem *Organisationsmarketing* lautet: Organisationen unterschätzen – gerade weil sie häufig gemeinnützig ausgerichtet sind und deshalb weit entfernt von (betriebs- und volkswirtschaftlich verfassten) Märkten agieren – die Möglichkeiten, die ein Marketing bietet. Alle Organisationen, insbesondere Not-for-Profit-Einrichtungen, können ihre internen und externen Dialoge aber mittels Marketing wirkungsvoll verbessern, dadurch ihre Angebote und Leistungen erfolgreich weiterentwickeln sowie damit zur eigenen Existenzsicherung beitragen. Und dieser Prozess eines Marketings ist im Gesamtsystem NfP-Organisationsmanagement problemlos erlernbar. Vor allem Einrichtungen in Bildung, Forschung und öffentlich finanzierten Inkubatoren haben dies in Deutschland über die vergangenen 15 Jahre beispielhaft bewiesen (vgl. Lemmens et al. 2016).

10.1.1 Eckpunkte und Definition

Die Definition der *Organisation* – die für diesen Beitrag leitend ist – sieht mit dem Organisationsbegriff (erstens) die besondere Form eines sozialen Gebildes verbunden, das sich zum Beispiel von anderen Formen wie Netzwerken, Familien, Interessenbewegungen oder Gruppen abgrenzt. Organisationen haben (zweitens) einen Zweck, eine Aufgabe, bestimmte Ziele zu verfolgen. Die mitwirkenden Personen in Organisationen müssen sich diesen inhaltlich-kulturellen Zielen stellen und diese teilen; damit ist auch ein potenzielles Ausscheiden der Personen aus der Organisation möglich. Schließlich verfügen (drittens) Organisationen über Hierarchien, die zur Durchsetzung von Entscheidungen genutzt werden.

Durch die drei Ingredienzen erstens Sozialgebilde, zweitens Zweckbestimmung und drittens Hierarchiestruktur läge es nahe, von einem bereits vielfach entwickelten professionellen Marketingmanagement in Organisationen ausgehen zu können. Denn wenn sich eine Organisation über diese drei entscheidenden Merkmale klar wird und sie im Rahmen eines Reflexionsprozesses turnusgemäß regelmäßig aktualisiert, dann erfüllt sie bereits wesentliche Anforderungen, die zu einer professionellen Marketingpraxis gehören. Aber dem ist nicht so. Die häufig vorzufindende Praxis in Organisationen sieht eher so aus: In einem zeitlich aufwendigen Strategieprozess werden die Ziele der Organisation erarbeitet und festgehalten. Diese Ziele werden oft zu einem Leitbild formuliert und mit diesem Vorgehen wird zeitgleich eine Strategie entwickelt, die dann über entsprechende Maßnahmen in die Praxis umgesetzt wird; die Botschaften der Organisation werden in diesem Prozess mittels der gängigen Kommunikationsinstrumente (Werbung, Public Relation, Pressearbeit) in die Zielgruppen vermittelt. Geprüft wird schließlich, ob die Maßnahmen in den Zielgruppen ankommen. Das Ergebnis dieser Wirkungsmessung beeinflusst dann wiederum die künftige Auswahl oder den Einsatz der Kommunikationsinstrumente. Diese Abfolge ist richtig, entspricht aber in letzter Konsequenz noch nicht einem Marketing.

10.1.2 Marketing ist eine Führungsphilosophie

Ausgangslage: *Marketing* gehört zu den in der Wirtschaft erprobten und erfolgreichen Instrumenten der Unternehmensführung. Marketing ist im Kern einer *Führungsphilosophie* vergleichbar, die in einem Unternehmen und auch einer Not-for-Profit-Organisation bewusst entwickelt und gepflegt werden muss. Aus dem internen und externen Dialog – den das Marketing strukturiert auf- und ausbaut – handelt eine Firma und Organisation dann aus der Kenntnis ihrer Kunden und Anspruchsgruppen heraus (vgl. Becker 1998).

Das ›Gegenüber‹ der Kunden oder Anspruchsnehmer wird immer in die Betrachtung der eigenen Leistungen (Produkte, Dienstleistungen oder Expertenwissen) einbezogen. Was benötigt meine Zielgruppe? – ist die Leitfrage. Und nicht: Wie kann ich meine (bereits) entwickelten Angebote bestmöglich absetzen? Mit einer ›Pull-Perspektive‹ wird sichergestellt, dass die Erwartungen derer, die die eigenen Leistungen in Anspruch nehmen, bekannt sind und bei der Herstellung eines Produktes oder der Entwicklung einer Dienstleistung berücksichtigt werden. Dadurch werden Fehler vermieden, die zu Leistungen und Angeboten führen, die kein Kunde wünscht oder benötigt. Diese Fehlstellung geschieht demgegenüber besonders dann, wenn eine Organisation die ›Push-Perspektive‹ einnimmt: Aus der eigenen Experten-Wahrnehmung heraus, was wohl das Beste für die jeweils zu erfüllende Aufgabe sei, werden in diesem Fall Angebote und Leistungen entwickelt, die nicht aus der ›Perspektive des Gegenübers‹ entstehen, sondern überwiegend aus dem Kompetenz- und Erfahrungshintergrund der handelnden Organisation. Das Marketing verhindert eine solche Fehlhaltung. Damit nimmt das Marketing eine wichtige *Navigatoren-Rolle* in NfP-Einrichtungen ein.

Vielen Leitungsebenen einer Organisation (Verwaltung, Interessenverband, Schule, Hochschule, gemeinnütziges Krankenhaus) oder eines Unternehmens gehen die Begriffe Marketing, Presse- und Öffentlichkeitsarbeit sowie Kommunikation leicht über die Lippen. Nicht selten werden die Begriffe sogar synonym verwendet, was zu Missverständnissen führt. Eine Differenzierung ist aber wichtig, denn sie erfüllen unterschiedliche Funktionen. Das bedeutet definitionsgemäß: Operativ setzt das Marketing mittels der verfügbaren Kommunikationsinstrumente die Botschaften um und erreicht damit eine beabsichtigte Wirkung in den Zielgruppen. Aus der Analyse dieser Wirkungen werden dann wieder – und hier liegt der entscheidend weitergehende Schritt des Marketings über die Kommunikation hinaus – Konsequenzen für die Organisation abgeleitet, die das Potenzial zur Änderung der Einrichtung (Prozesse, Leistungen, Angebote, Kultur) haben.

Die Unterscheidung zwischen Presse- und Öffentlichkeitsarbeit/Kommunikation und Marketing fällt demzufolge so aus:

- *Öffentlichkeitsarbeit* möchte beispielsweise im Sinne der öffentlichen Organisation oder des privaten Unternehmens ein gewünschtes Bild, ein Image über sich selbst, innerhalb der für sie interessanten Teil-Öffentlichkeit(en) aufbauen und pflegen.
- *Pressearbeit* richtet sich direkt an Medien oder an der medialen Arbeit ausgerichtete Vermittlungsformen (was zum Beispiel auch von Bloggern übernommen wird). Diese Mittler bringen dann die Botschaften in die Zielgruppen – somit kann über eine Pressearbeit nur mittelbar über die Stellvertreter (in diesem Falle die Redakteure der Medien) kommuniziert werden.

- *Kommunikation* ist die allen diesen Tätigkeiten zugrunde liegende Aktivität, mit der der Austausch oder die Weitergabe von Informationen betrieben wird.
- *Marketing* ist schließlich eine Form der Führung von Organisationen – öffentlich verfassten wie privat strukturierten –, bei der grundlegend das eigene Handeln an den Erwartungen und Bedürfnissen der Kunden (das können begrifflich Anspruchs-, Ziel- oder Bezugsgruppen sein) ausgerichtet wird. Damit erhebt das Marketing den internen und externen Dialog mit seinen Kunden zum Prinzip des eigenen Handelns. Mittels eines strukturierten Prozesses können die erforderlichen Marketingschritte nachvollziehbar und transparent gesetzt werden. Das Marketing nutzt seine Instrumente (zum Beispiel: die 7 Ps, siehe unten), um unmittelbar ohne Filter mit seinen Kunden, Verbrauchern oder Stakeholdern zu kommunizieren. Das Marketing empfiehlt der Leitung einer Firma oder Organisation einen Wechsel hinsichtlich ihrer Leistungen oder Produkte, sofern die ermittelten Ergebnisse durch Kontakt zu den Zielgruppen dies nahelegen. Damit bringt das Marketing eine Kraft in die Einrichtung hinein, die zu einem Wandel der Organisation führen kann. Marketing setzt die jeweiligen Leitungsebenen in die Lage, sachgerechte Entscheidungen zum Wohl der eigenen Einrichtung zu treffen.

10.1.3 Übergabe des Staffelstabes: von Strategie bis Marketing

Unklar bleibt häufig, wie die Leistungen in einer Organisation von der Führung, die die Ziele festlegt und den Strategieprozess verantwortet, bis zum Marketing zusammenhängen (vgl. Berger et al. 2016). Ungenügende Differenzierung macht es schwer, die Aufgaben der einzelnen Führungs- und Steuerungsebenen nachvollziehen zu können. Häufig wird Kritik geäußert, dass unter verschiedenen Blickwinkeln (Strategieprozess, Projektmanagement, Marketing, Kommunikation) immer wieder die gleichen Schritte absolviert würden: So stünde in einem Strategieprozess die Zielreflexion und die Organisation der Ablaufschritte ebenso an, wie in einem Marketingprozess nach den Aufgaben einer Organisation und den Stufen zur deren Realisierung gefragt würde. Das ist richtig und falsch zugleich. Die Wiederholung der zu hinterfragenden Kriterien (Welche Ziele haben wir? Welche Leistungen bieten wir an?) kann ermüden, das ist richtig. Sie dient aber gleichzeitig der steten Reflexion dieser wichtigen Fragen auf den unterschiedlichen Organisationsebenen. Sofern die Ergebnisse dann in einem transparenten Prozess ermittelt und festgehalten werden, kann die jeweils folgende Reflexions- und Planungsphase darauf aufbauen. Die idealtypische Annahme (Abb. 1) zeigt deshalb, wie der ›Staffelstab‹ innerhalb einer Organisation weitergetragen wird und welche inhaltliche Klärung auf welcher Ebene idealtypisch erfolgen sollte.

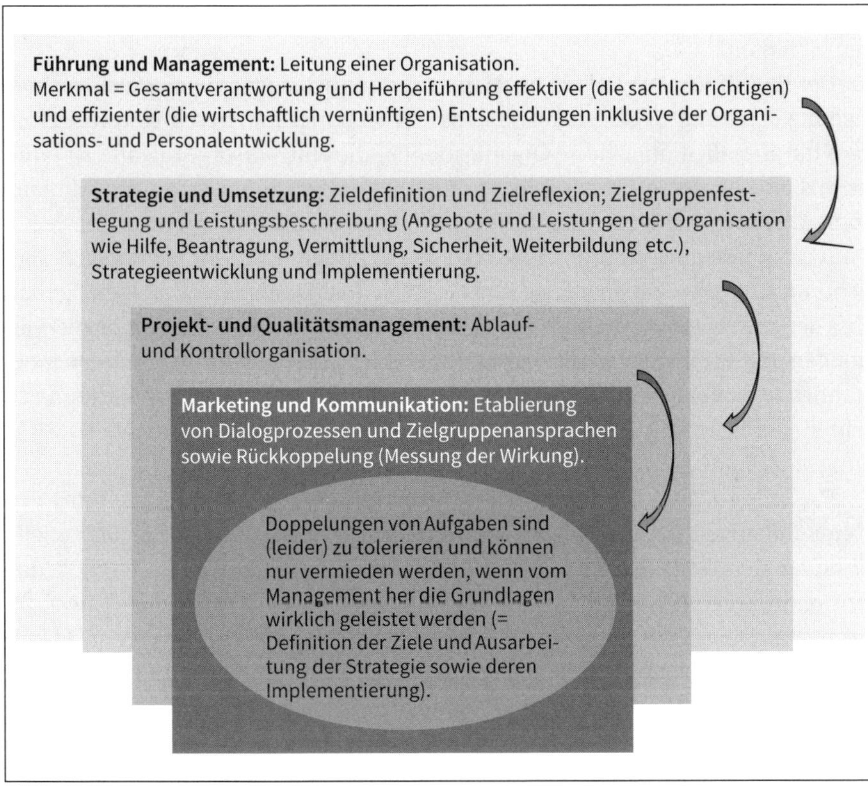

Abb. 1: Alle Ebenen stehen in einem Wechselverhältnis, das macht das Hinterfragen der erzielten Ergebnisse von der nachfolgenden Ebene sinnvoll. Die für das Marketing Verantwortlichen müssen regelmäßig in der Organisationspraxis feststellen, dass die vorangegangenen Ebenen nicht immer ausreichend klar die Ziel- und Maßnahmendefinition vorgenommen haben. Das führt zu der vielfach kritisierten Wiederholung von Reflexionen und dazu, dass das Marketing als wenig distinkt oder nur als ›alter Wein in neuen Schläuchen‹ angesehen wird.

10.1.4 Von den 4Ps zu den 7Ps

Mit der dem Marketing innewohnenden prinzipiellen Führungsphilosophie, die stets aus der Perspektive des Gegenübers (der Mittelgeber, Stakeholder, Bezugsgruppen, Kunden) die eigenen Leistungen der Organisation reflektiert, ist eine qualitative Verbesserung zur Herstellung von Produkten oder der Bereitstellung von Dienstleistungen verbunden. Übertragen auf Organisationen können unter Marketing zunächst alle Aktivitäten einer Verwaltung, eines Amtes, eines Vereines oder einer kirchlichen Gemeinde gelten, die dazu führen, erstens Kunden zu finden und zweitens diese Kunden durch optimale Befriedigung ihrer Erwartungen zu halten.

Der Begriff *Kunde* wird als Bezeichnung vorgeschlagen, die die Austauschbeziehung (Leistung-Gegenleistung/finanzielle Honorierung) beschreibt. Insbesondere für öffentlich finanzierte Organisationen, die eine Vorsorgeaufgabe zu erfüllen haben und deren Leistung nicht direkt oder nicht in vollständigem Umfang vom Anspruchsnehmer (Alternativbegriff zum Kundenbegriff) ›bezahlt‹ wird, kann der Kundenbegriff problematisch sein. In diesem Fall wird die jeweilige Einrichtung zu prüfen haben, ob sie ihre Organisationskultur soweit ausgeprägt hat, dass der an privatwirtschaftlich verfassten Märkten orientierte Kundenbegriff verstanden und verwendet werden kann. Empfohlen wird, auf die dem Kunden innewohnende Beziehung zwischen Leistung, Inanspruchnahme und Honorierung zu achten und bei Kritik am Kundenbegriff im Hinblick hierauf alternative Bezeichnungen zu finden.

Marketing plant grundlegend den Dialog mit den Bezugsgruppen, führt den kommunikativen Austausch praktisch durch und misst schließlich die erzielte Wirkung der eingesetzten Maßnahmen. Marketing verantwortet folglich den Gesamtprozess. Hilfsmittel zum Aufbau eines eigenen Marketings sind die sogenannten P. Die *›4 P-Struktur‹* ist weltweit bekannt. Man spricht von einem (1) Produkt, von dem auszugehen ist; dieses hat einen (2) Preis, es wird (3) kommunikativ vertreiben (Promotion) und letztlich wird das Produkt durch ein (4) Placement (Distribution) im jeweiligen Markt platziert. Der Supermarkt ist ein sinnfälliges Beispiel: Ort, Produkte, Kunden, Preise und Kommunikation (begleitende Werbung) treffen hier aufeinander.

Mit dem Aufkommen der Dienstleistungen in Wirtschaftstätigkeiten wurden die ›4 klassischen Ps‹ um weitere drei zu den nunmer *›7 Ps‹* ergänzt, was insbesondere für die Tätigkeiten vor NfP-Organisationen einen großen Vorteil bringt. Denn deren Leistungen haben im überwiegenden Teil immateriellen Charakter und darauf stellen die erweiterten Ps ab. Abb. 2 zeigt auf einen Blick die Bedeutung der 7 Ps.

Das Marketing hat demzufolge die Aufgabe, diese Eigenschaften der Organisation so zu formulieren, dass sie von den Zielgruppen verstanden werden. Ohne dass zu Beginn der Marketingarbeiten bereits im umfassenden Maße an den späteren Siegeszug der Dienstleistungen gedacht werden konnte, lag dem ›P‹ des Produktes immer eine Öffnung inne, die heute sehr gut für den immateriellen Charakter der Dienstleistung verwendet werden kann. Denn während Produkte ›haptisch‹ sind – also eine Form und autonome Funktion unabhängig von der menschlichen Fähigkeit, diese Produkte zu nutzen, aufweisen (das Automobil zum Beispiel funktioniert technisch auch ohne das menschliche Vermögen, dieses zu lenken), ist eine *Dienstleistung* nur im Mitwirken des jeweiligen Leis-

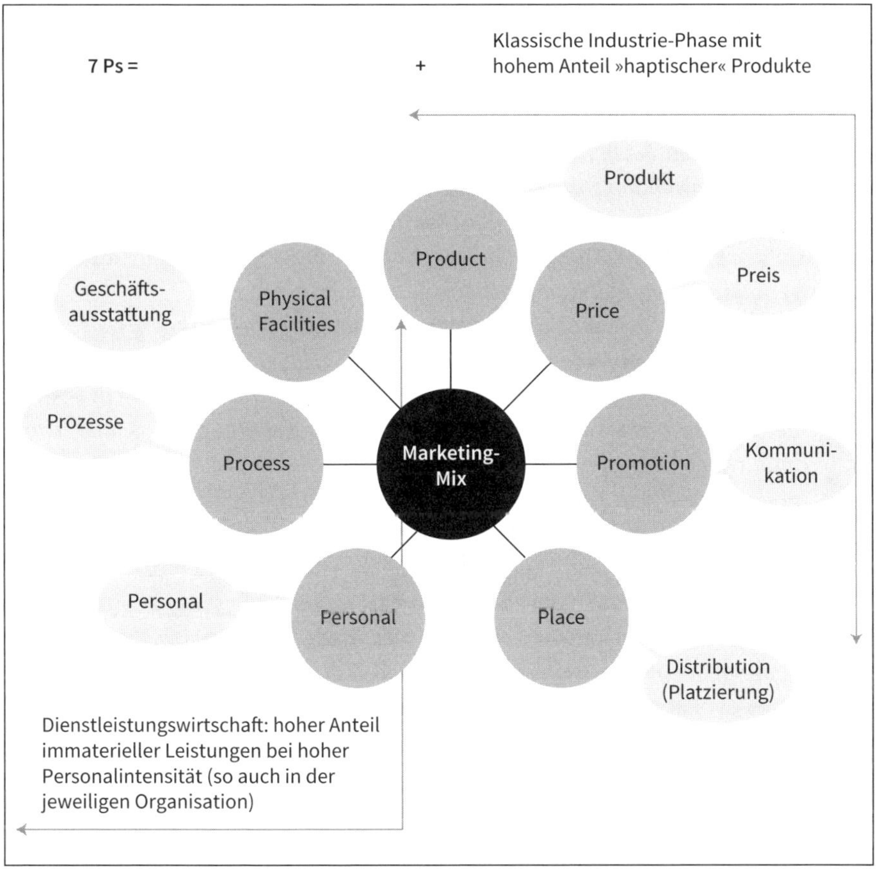

Abb. 2: Die 7 Ps der Grafik von Gert A. Hoepner (vgl. Hoepner 2015) dienen im Alltag einer Organisation als Schrittfolge, mit der eine Beantwortung der Fragen möglich ist: Was ist unser Produkt? Wie teuer ist die jeweilige Leistungserbringung? In welchem räumlichen Umfeld werden die Leistungen erbracht? Mit welchem kompetenten Personal kann gearbeitet werden?

tungsnehmers existent. Das bedeutet: Der überwiegend immaterielle Wert der Dienstleistung wird durch das Mit-Machen des Kunden erst realisiert. Beispiel: In Lehr- und Lernkontexten wird ein Lehrer, Dozent, Consultant nur dann erfolgreich agieren können, wenn ihr/ihm gelingt, die Lernenden zur Aktivität zu bewegen; sie müssen das vermittelte Wissen verinnerlichen und anwenden. Erst darin zeigt sich der Erfolg der Vermittlungsleistung des Lehrers, die dann die Grundlage für eine Honorierung (zum Beispiel Sprachkurs, erfolgreich bestandene Prüfung) abgibt.

Gert A. Hoepner führt grundlegend zur 7 P-Struktur aus (Hoepner 2015):

»Aus den klassischen 4 P des Marketings entwickelten zahlreiche Autoren erweiterte Systeme. Eine häufige Zahl sind die 7 Ps. Sie beziehen sich vor allem auf Dienstleistungen. Sie finden jedoch auch in den klassischen Bereichen des Produktmarketings Anwendung, da dort der Service immer mehr an Bedeutung gewinnt und über diesen Weg die Aspekte von Dienstleistungen auch dort an Bedeutung gewinnen. Bei Dienstleistungen und Angeboten im Service sind weitere Aspekte für eine erfolgreiche Vermarktung wichtig:

- **Person** *(siehe Personal als Marketing-Mix-Bereich). Die Personen, welche die Dienstleistung erbringen, haben einen erheblichen Einfluss auf die Wahrnehmung der Qualität durch den Kunden. Ein unfreundlicher und schlecht gekleideter Vertreter eines Logistikunternehmens bewirkt eine negative Qualitätsanmutung der Transportdienstleistung. Obwohl die Päckchen pünktlich und unbeschädigt den Empfänger erreichen, zweifelt der Auftraggeber aufgrund des Erscheinungsbildes daran. Siehe hierzu auch unten Physical Evidence.*
- **Process** *(siehe Prozess-Politik der Leistungserstellung). Der Prozess der Leistungserstellung besitzt ebenfalls einen erheblichen Einfluss auf die Kundenzufriedenheit. Nur zufriedene Kunden werden wiederkaufen und sich positiv über das Angebot äußern (siehe Mund-zu-Mund-Propaganda).*
- **Physical-Facilities** *(auch Physical-Environment genannt) (siehe Ausstattungs-Politik) oder auch Physical-Evidence (ähnlich der Ausstattungs-Politik, jedoch zielt es mehr darauf ab, gegenständliche Beweise für die Servicequalität zu geben. Dies bezieht die Ausstattungs-Politik mit ein. Siehe Physical-Evidence). Das beste Essen in einer unangenehmen Umgebung schmeckt nicht. Die Ausstattung des Lokals wirkt sich auf die Wahrnehmung der Qualität einer Dienstleistung aus. Gleichzeitig nimmt der Kunde die Ausstattung als einen Anhaltspunkt, im Vorfeld auf die Qualität zu schließen (Physical-Evidence).«*

10.1.5 Stufen des Marketings

In NfP-Organisationen hat das Marketing die Aufgabe, den internen Dialog zwischen den Bereichen Ressourcen (Recht, Finanzen, Controlling), Human Resources (Rekrutierung, Bindung, Entwicklung und Netzwerkpflege des Personals) und Organisation (Verfahren, Abläufe, Entscheidungsprozesse, Entstehung und Verfeinerung des Wissens, Leistungserbringung) zu gestalten.

Nach außen werden den Zielgruppen gegenüber die aus diesem internen Dialog ableitbaren Angebote vermittelt. Jeder angesprochene Adressat muss für sich beantworten können, welchen Wert für ihn eine Zusammenarbeit mit der Einrichtung X oder dem Verein Y hat. Die Beschreibung eines Marketings klingt theoretisch also einfach. Doch wie beginnt dieser Prozess intern und extern? Die Abbildung 3 zeigt das idealtypische Vorgehen:

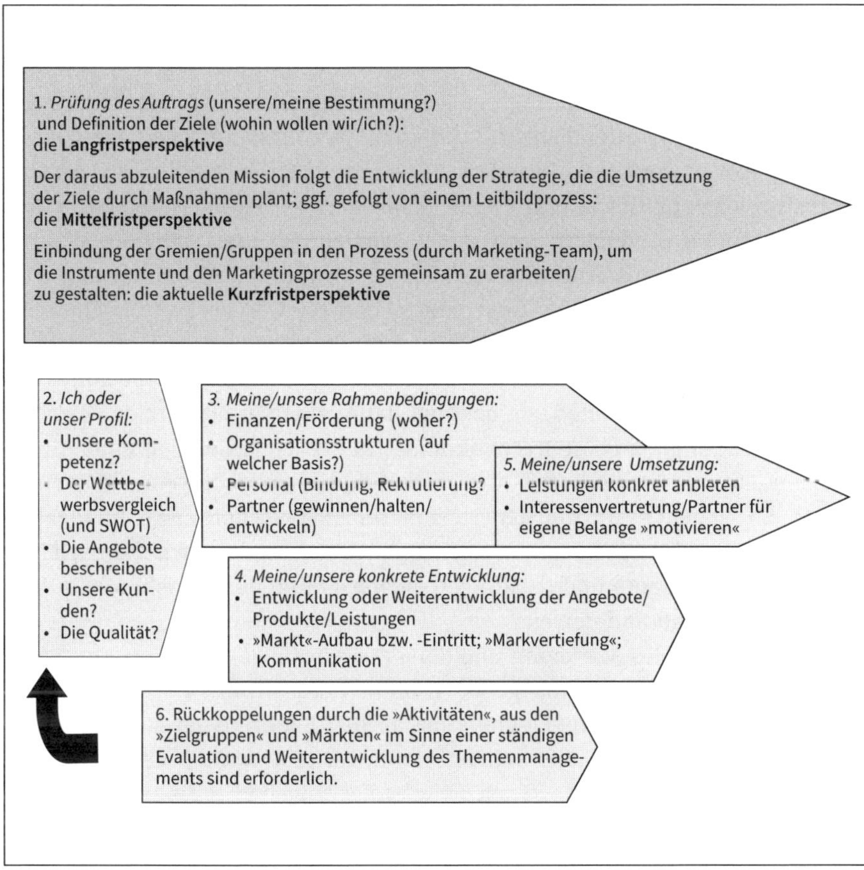

Abb. 3: Die Stufen des Marketings

Zunächst hat jede Einrichtung einen Auftrag, sozusagen eine Daseinsberechtigung, mit auf den Weg bekommen. In der *Mission* ist dieser Auftrag niedergelegt. Daraus entwickelt die Leitung der Einrichtung in einem internen offenen und viele Gruppen einbindenden Diskussionsprozess eine *Vision*, die anzeigt, wohin die langfristige Entwicklung führen soll. Aus der Mission und Vision folgt mit den abzuleitenden Zielen die *Strategie:* Hiermit werden die großen Schritte skizziert, die zur operativen Umsetzung des Auftrages (Mission) mittels konkreter Maßnahmen notwendig sind. Unterhalb der Strategie sind die für die periodisch eingeteilten Phasen (Budget-, Geschäfts- oder Haushaltsjahr) erforderlichen Unterziele aufgeführt. Hierbei ist eine große Individualität je Einrichtung möglich. Das Marketing hat in der Konzeption des Managements einer Einrichtung somit eine verbindende Rolle zu erfüllen: es koppelt die großen Ziele mit den operativen Schritten – man könnte auch sagen: Das Marketing bringt die ›PS auf die Straße‹.

Extern – also außerhalb einer Organisation – sind sogenannte Austauschprozesse und deren Konsequenzen für das Marketing zu hinterfragen. Einen sehr weiten und für die Beleuchtung der externen Dimension des Marketings vor allem in vorwiegend öffentlich strukturierten Wirkungsbereichen nach wie vor wichtigen Ansatz vertritt Karl Alewell (vgl. Alewell 1995): Er sieht im Marketing ein Instrument zur Gestaltung von Austauschprozessen verschiedenster Art. Die Organisation produziert nach seiner Darstellung unter anderem Wissen, Ausbildung, Technologietransfer, Aufklärung, Schulung, Betreuung und Vorsorge von Bedarfsgruppen. Im Gegenzug sichert die Gesellschaft die Finanzierung der NfP-Projekte/-Organisationen und nimmt die Leistungen ab. Problem jedoch: Die Gesellschaft hat nur ein mangelhaftes Verständnis für die *umfassenden Organisationstätigkeiten,* sie benötigt daher eine Vermittlung der Zweck-/Mittelverwendung, da Ressourcenvolumina (in der Regel Geld, ehrenamtliches Engagement) auch dauerhaft bewilligt beziehungsweise eingebracht werden müssen. Somit geht es um die Steuerung dieser Austauschprozesse. Im Idealfall vermittelt genau das Organisationsmarketing ein Verständnis zwischen den Produzenten der Angebote und Leistungen einerseits und den Abnehmern aufseiten der Gesellschaft andererseits.

Ein professionelles Marketing funktioniert demzufolge besonders gut, wenn eine Mischung aus Programmangebot (Erfüllung des institutionellen Auftrages/Mission) einerseits und eine Orientierung an den Bedürfnissen am Markt, den Kunden, den Abnehmern etc. andererseits angestrebt wird. Liegt eine solche Beziehung vor, die zu angemessenen Schlussfolgerungen über die anzubietenden Leistungen der Organisation führt, dann kann von einer sogenannten *adäquaten Nachfrageorientierung* im Sinne eines richtig verstandenen Organisationsmarketings gesprochen werden (vgl. Sargeant 1999).

10.1.6 Marketing und Marke

Da Dienstleistungen als Produkte – nur ohne materiellen Charakter – zu verstehen sind (so auch Trommsdorff/Steinhoff 2007), kommt der Marke einer Einrichtung, die Dienstleistungen anbietet, eine wichtige Rolle zu. Ob ein Versprechen, das eine qualitativ überzeugende wissensintensive Dienstleistung einer NfP-Organisation abgibt, auch wirklich den Erwartungen entspricht, kann nicht vor der Inanspruchnahme der Leistung geprüft werden. Die ›Probefahrt‹ (wie mit dem

Auto) im übertragenen Sinn gibt es beim Test der Dienstleistung nur in beschränktem Umfang. Deshalb ist die *Markenbildung* eine der wesentlichen Aufgaben, die ein Organisationsmarketing erfüllen muss.

Wenn nun das Marketing bei Wissensprodukten die Aufgabe hat, ein *Leistungsversprechen* abzugeben, dann setzt die Marke und ihre Ausprägung für Organisationen das notwendige Signal gegenüber den Zielgruppen, weil die Marke aus Sicht der Kunden eine ›Entlastungsfunktion‹ hat. Sie – die Kunden – vertrauen ihr, denn sie wissen, was unter der Marke als Qualitätssiegel zu erwarten ist: So bietet zum Beispiel eine bestimmte Hochschule eine herausragende Studienqualität an oder hält attraktive Modelle zur Förderung von Mitarbeiterkarrieren bereit, die im Vergleich mit anderen Einrichtungen überzeugen. Diese Leistungsversprechen werden dann einer Marke abgenommen und nicht in jedem Fall vor oder beim Eingehen der Beziehung vom Kunden intensiv geprüft. Sollte das Vertrauen jedoch enttäuscht werden, ist die daraus resultierende Aversion zählebig. Es dauert entsprechend lange, bis die Marke wieder positiv im Sichtfeld der Kunden platziert ist. Dieser Prozess bindet viele Ressourcen.

Eine Marke erfüllt zunächst drei Funktionen: 1. gilt sie als Markierung oder Herstellernachweis, 2. begründet sie Rechte und Pflichten und 3. formt sie ein Bild im Kopf der Kunden (Image). Auf dem Weg zu einer Marke, die nicht über Nacht entsteht, können verschiedene Strategien verfolgt werden: Die Einzelmarke verbindet eine Leistung mit einem Versprechen. Das klassische Beispiel ist *Coca Cola*, Begründung einer Markenfamilie – aus deutschem Konsumkontext bietet die Marke *Nivea* eine ähnliche Bandbreite.

10.1.7 Fazit

Marketing ist ein Instrument des Organisationsmanagements. Da das Management die Aufgabe hat, NfP-Organisationen einerseits *effizient* (= optimaler Einsatz/Verwendung der finanziellen Mittel) und *effektiv* (= die für die Organisation richtigen und wirkungsvollen Entscheidungen treffen) zu führen, um nachhaltig die Existenz zu sichern sowie andererseits den Auftrag der Organisation zu wahren (= Erfüllung von Grundlagenaufgaben jenseits einer Profitorientierung), kommt der adäquaten Ausprägung des Managements eine herausragende Rolle zu. Diese sogenannte *Adäquanz* liegt in der Verbindung betriebswirtschaftlicher Kriterien *mit* der Erfüllung spezifischer organisationaler Verpflichtungen. Das Marketing muss auch dieser Anforderung entsprechen. Dies geschieht dadurch, dass ein Marketingprozess in NfP-Organisationen transparent und intern kommuniziert, aufgebaut oder vertieft wird. Hierbei werden die Schrittfolgen klar definiert und nach Erfüllung bewertet. Nach und nach entsteht ein sogenanntes Navigationssystem, das die Organisation mit den für sie wichtigen Kunden (-gruppen) im regelmäßigen Austausch hält. Dadurch wird erreicht, dass der institutionelle Auftrag der Organisation mit den Trends in den Märkten oder den Wertvorstellungen innerhalb der Bezugsgruppen abgeglichen werden und unter Umständen angepasst werden kann. Diese Rückkoppelung aus den Märkten in die Organisation hinein, die das Marketing organisiert und verantwortet, hat das Potenzial, die Einrichtung und deren Leistungsangebote auch zu verändern.

Das Organisationsmarketing wird – so das Fazit – bei der Zukunftsgestaltung der Einrichtungen immer wichtiger werden. Das Marketing gestaltet die Austauschprozesse. Es trägt zur Existenzsicherung und Weiterentwicklung entscheidend bei. Ein zum Auf- und Ausbau eines Organisationsmarketings erforderlicher Prozess (Abb. 3) kann als Stufen des Marketings intern Vertrauen aufbauen und damit die Unterstützung fördern.

Literatur

Alewell, K. (1995): Wissenschaftsmarketing. In: Tietz, B./Köhler, R./Zentes, J. (Hrsg.): Handwörterbuch des Marketing. Stuttgart: Schäffer-Poeschel, S. 2776–2790.

Becker, J. (1998): Marketing-Konzeption. Grundlagen des strategischen und operativen Marketing-Managements. 6. Aufl., München: Vahlen.

Roland Berger/Institute of Management University of St. Gallen. (Hrsg.) (2016): Think act beyond mainstream. Revealing the chief strategist's hidden value. Chief Strategy Officer Study 2016. http://newsletters.rolandberger.com/public/a_6050_lTJkh/file/data/281_Roland_Berger_TAB_Chief_Strategist_Officer_20160113.pdf (Abrufdatum: 28.04.2016).

Hoepner, G. A (2015): 7Ps des Marketing-Mix. https://www.wirtschaftswiki.fh-aachen.de/index.php?title=7Ps_des_Marketing-Mix (Abrufdatum: 20.11.2015).

Lemmens, M./Horváth, P./Seiter, M. (2016): Wissenschaftsmanagement – Handbuch und Kommentar (im Druck), Bonn: Lemmens.

Sargeant, A. (1999): Marketing Management for Nonprofit Organizations. Oxford: Oxford University Press.

Trommsdorff, V./Steinhoff, F. (2007): Innovationsmarketing. München: Vahlen.

10.2 Wenn der Markenkern mit der Umwelt in Berührung kommt und erlebbar wird

Lars Debbert

Ein Markenmodell ist deskriptiv und damit abstrakt. Das ist das Gegenteil von Erlebnis, welches immer direkt und konkret ist. Hier steckt die Herausforderung der *Erlebbarmachung einer Marke*: Ein theoretisches Konstrukt muss eine Persönlichkeit entfalten, um stark und relevant am Markt aufzutreten.

10.2.1 Die Marke muss in das Relevant Set der Menschen gelangen

Die Umwelt soll die Marke passend zu den Produkten und Dienstleistungen, welche diese hervorbringt, erleben, erlesen und erfahren. Dazu braucht es Mut. Mut, die meist interpretationsoffenen beschreibenden Begriffe einer Marke, wie z. B. Faszination, Präzision, Innovation etc., konkret und eindeutig werden zu lassen. Eine Übersetzung von theoretisch zu real. Das Übersetzungsprogramm dahinter ist folglich nicht ganz einfach, da es aus einem freien Assoziationsraum ein konkretes Erlebnis ableiten muss. Dies gilt sowohl für die interne Seite einer Organisation als auch für die Welt außerhalb der Organisation. Innerhalb der Organisation muss das Management, das Marketing, die Produktentwicklung etc. die Marke und ihre Werte konkret verstehen und in den von ihnen verantworteten Maßnahmen, Aktionen und Schöpfungen transportieren. Durch diese Aktionen wird die Marke nach außen und nach innen erlebbar.

Die Menschen draußen, welche die Produkte und Dienstleistungen der Marke als für sie relevant einstufen sollen, müssen die Marke relevant und interessant finden. Die Marke muss folglich in das *Relevant Set* der Menschen gelangen.

Dies ist nicht über das reine Kennzeichnen der eigenen Produkte und Dienstleistungen mit dem eigenen Markenkennzeichen (Logo) zu erreichen. Der aufgeklärte und bestens informierte Konsument bzw. Entscheider von heute erwartet weit mehr als das Logo des Herstellers. Hier wirkt eine vielschichtige Wahrnehmungskette bei der Markenpräferenzbildung eines jeden Einzelnen: Die Marke mit ihren Produkten und Dienstleistungen muss die Beste am Markt sein, sie muss möglichst nachhaltig oder zumindest gut sein, sie muss in die eigene Lebenswelt und das eigene Umfeld passen, sie muss einem zuhören und sie muss von anderen empfohlen werden, um nur einige Punkte dieser vielschichtigen Matrix zu nennen. Die alte Produzentenlogik, die es ausreichend fand zu sagen, das beste Produkt zu machen und den Rest sich ergeben zu lassen, hat keine Bedeutung mehr. Dies ist lediglich die selbstverständliche Grundlage aller Aktivitäten. Der Kunde ist König; sie oder er entscheidet an den vielfältigen Kontaktpunkten mit der Marke über deren Erfolg.

10.2.2 Die Kommunikation von Marken ist vielschichtiger geworden

Somit wären wir bei der *Kommunikation von Marken* mit ihren Produkten und Dienstleistungen. Die schöne klare Welt der klassischen Werbung für ein relativ homogenes williges Publikum gibt es heute nicht mehr. Das Publikum ist deutlich inhomogener und in seinen Wünschen und Bedürfnissen fraktaler geworden. Die alte Werbewelt, bestehend aus schönen Bildern und knackigen Headlines, die einem breiten Publikum entgegengerufen wurden, wird durch eine vielschichtige und vor allem vernetzte Welt abgelöst. »Wir sagen, was Du gut findest« war die schöne alte Welt der Kommunikation, in der die Konzerne und Firmen erzählten und das Publikum folgte. »Wir wissen was wir wollen, aber überzeuge uns« ist heute der Tenor des in beide Seiten offenen Gesprächs zwischen Marke und Publikum. Dieser Dialog ist aber nur interessant, wenn die Marke ein spannender Gesprächspartner mit Haltung und Charakter ist. Die Marke muss folglich ihr *Markenversprechen* an allen Berührungspunkten des Publikums als dauerhafte Bestätigung erfüllen. Also, liebe Marke, sei interessant, sei relevant, sei stark, sei echt!

Wie schon erwähnt, werden die Kontaktpunkte, an denen das Treffen zwischen dem Publikum und der Marke stattfindet, nicht weniger; ganz im Gegenteil werden es kontinuierlich mehr. Hier eine kurze Liste der Treffpunkte von Marken und Menschen ohne Anspruch auf Vollständigkeit: Werbung, Retail & Offices, Website & Apps, Social Media, Live-Erlebnis, Kundenservice, Packaging & POS-Präsentation, Sponsoring & Testimonials, Firmensitz, Flagshipstores & Showrooms etc. Hier ist das Wort der Zeit ›*Cross-Channel*‹.

Die Definition des Erlebnisses zwischen Publikum und Marke muss klar sein, damit die Wahl der Kontaktpunkte mit der Marke klar wird. Dem Publikum muss also ein nahtloses Erleben der Marke ermöglicht werden. Es gilt, das Treffen zwischen der Marke und dem Publikum in sich schlüssig zu orchestrieren. Wie jedes gute Stück hat jedes Kommunikationsstück seine eigenen Instrumente und braucht gute Musiker und einen guten Dirigenten. Hier gilt es, mit einem Netzwerk von Profis in den jeweiligen Bereichen zu arbeiten. Um in der schönen Analogie des Orchesters zu bleiben, schließt sich hier ein weiterer wichtiger Punkt an: Alle Instrumente müssen möglichst nahtlos miteinander verbunden sein – und dies nicht nur in der Kommunikation sondern auch im Warenfluss und im Service. Heute ist die Marke die Summe aller bestmöglich vernetzten Kontaktpunkte.

Um hier nicht in bloßen Aktionismus beim Bespielen der Vielzahl von Kanälen zu verfallen, sollte sich jeder, der eine Marke führt, auf die grundlegende

Antriebskraft eines jeden Menschen besinnen: die *Emotion*. Denn wie wir aus der Hirnforschung wissen, gibt es ohne Emotionen keine Entscheidungen und somit auch keine Markenpräferenz. Aus diesem einfachen menschlichen Grunde ist die unmittelbare Begegnung zwischen Menschen und Marken so elementar. Gestützt von echter Begeisterung ist die reale Begegnung der Schlüssel zum erfolgreichen Markenaufbau und der nachhaltigen Markenaktivierung. Manche Dinge haben glücklicherweise auch in digitalen Zeiten Bestand!

Schauen wir mit diesem Wissen auf die notwendigen Fokuspunkte der Markenentwicklung und Markenführung. Hier gilt es, sich stärker denn je in das Publikum hineinzuversetzen und sich aus der Sicht des Konsumenten die relevanten Fragen zu stellen.

Beantworten Sie aus der jeweiligen Perspektive des Publikums folgende Fragen:

- *Glaube ich das?*
  Der aufgeklärte Konsument wird in jedem Fall nachprüfen und nachfragen.
- *Ist das wichtig für mich?*
  In der Zeit der Reizüberflutung durch die Omnipräsenz von Inhalten, Informationen und Kommunikation sind die Kategorien der Menschen zwischen wichtig und unwichtig in ihren unterschiedlichen Lebensentwürfen extrem differenziert.
- *Passiert das in meiner Lebenswelt?*
  Die Lebenswelten werden vielschichtiger und fraktaler. Marken und ihre Dienstleistungen und Produkte müssen in diese Welten passen.
- *Möchte ich davon berichten?*
  Wir leben in einer Welt, in der Erlebnisse die neue Währung sind. Hier sollte das Erlebnis mit den digitalen und den realen Freunden teilbar sein.
- *Hat es mich berührt?*
  Bin ich emotional angesprochen? Hat es mir Freude bereitet oder ein gutes Gefühl ausgelöst? Emotionen sind der Schlüssel zu Entscheidung und Treue.

10.2.3 Wie kann die Marke in ein echtes Erlebnis übersetzt werden?

Markenaufbau und Markenpflege basiert folglich auf Erlebnissen mit der Marke und ihren Produkten und Dienstleistungen. Erfolgreiche Marken bauen auf einer klaren Haltung auf und bieten Lösungen und Inhalte an, welche die Bedürfnisse unserer Zeit bedienen. Wie kann nun das Erlebnis einer Marke real erlebbar gemacht werden; also in den realen Raum übertragen werden?

Für diese Übersetzungsleistung der Marke in das echte Erlebnis hat sich im Laufe der Jahrzehnte die Anzahl der Parameter vergrößert. Das hat die Strukturierung von markenkongruenten Erlebnissen zwar komplexer gemacht, aber auch besser und relevanter. Die Definition von *Markenerlebnissen* im Raum entwickelt sich von der Bauanleitung für Markenräume im Sinne eines Lego-Baukastens hin zu weiter gefassten Leitlinien und zum Teil sogar gestalterisch offenen Manifesten. Diese Entwicklung zeigt die Wichtigkeit der Relevanz von Markenerlebnissen für die angesprochenen Zielgruppen. Durch die Fraktalisierung von Zielgruppen und dem sich schnell wandelnden Zeitgeist müssen sich Markenerlebnisse, wenn diese relevant für das Publikum sein sollen, ebenfalls anpassen. Hieraus ergibt sich ein Spagat zwischen dem Anspruch der Marke, sich selbst treu zu bleiben und dem Anspruch nach Relevanz für die Zielgruppen in ihrem jeweiligen Umfeld.

Eine gute Guideline kann dies leisten. Ein gutes Manifesto auch. Jedoch nur, wenn bei den Mitarbeitern und Externen ein tiefes Verständnis für die Persönlichkeit der Marke vorherrscht. Je weniger definiert die Übersetzung des Markencharakters in den Erlebnisraum ist, desto wichtiger sind das tiefe Wissen und die kreative Exzellenz der einzelnen Bearbeiter. Ein ergebnisoffenes Manifesto, welches lediglich einen Anspruch definiert, erfordert eine deutlich höhere Kompetenz der Bearbeiter einer Organisation im Innen- sowie im Außenverhältnis. Eine klassische Bauanleitung hingegen stellt deutlich weniger Anspruch an die Umsetzenden, da hier im klar gesetzten Rahmen lediglich angepasst und umgesetzt wird. Hier ist ein Markenerlebnis im Raum standardisiert und selbstähnlich, unabhängig von Anlass und Publikum, was im Sinne der Qualitätssicherung sicherlich Vorteile bietet, im Sinne der Relevanz der Marke aber sicherlich auch Gefahren beinhaltet.

Definieren wir nun ein relevantes Markenerlebnis im realen Raum. Eine erlebbare *Corporate Identity* sollte sich als zeitgemäßes Markenerlebnis immer aus den Hauptelementen der Markenkennzeichnung, der Markenarchitektur und des Markenprogramms zusammensetzen.

Die *Markenkennzeichnung* ist hierbei als das klassische Branding mit dem Logoeinsatz, der Farbwelt und der Typografie der Marke als auch ihrer Bildwelt zu verstehen; folglich eine Übertragung des klassischen Corporate Designs in den Raum. Die *Markenarchitektur* des Markenraumes wird mit den Gestaltungselementen Baukörper, Grundriss, Fassade, Materialien, Einrichtung, Sound und Beleuchtung beschrieben. Das *Markenprogramm* wiederum ist definiert als Live-Programm des Markenerlebnisses mit dem Erlebnis- und Serviceangebot vor Ort, dem Kundenservice und den Protagonisten der Marke vor Ort, Markenbotschafter im Sinne von Mitarbeitern, Angestellten, Verkaufspersonal, Fans, Entertainern etc. Es geht darum, den Raum, das Erlebnis und die Inhalte im Sinne der Marke und des Publikums bestmöglich zu komponieren.

Diese Kompositionen haben je nach Kontext unterschiedliche Facetten, wobei der Absender immer klar und erkennbar sein muss. Folglich haben unterschiedliche Markenauftritte der Marke wie z. B. der Retail, die eigenen Büroräume, Messen, Sponsoring Events oder ein Mitarbeiter-Incentive unterschiedliche Ausprägungen nach Anforderungen und Erwartungen der unterschiedlichen Zielgruppen. Trotzdem basieren diese auf der gleichen Gestaltungstonalität und dem gleichen Anspruch an Programm und Inhalt. Das Erlebnis muss immer den Charakter der Marke erfahrbar werden lassen.

Starke Marken werden von den Konsumenten immer nur als so wertvoll angesehen, wie die Stringenz und Relevanz Ihrer Botschaften, Produkte, Dienstleistungen und Erlebnisse. Eine gute Marke kann deshalb immer nur so stark sein wie Ihre internen und externen Macher.

10.3 Kooperationen, Netzwerke und Fusionen – Was passiert jenseits der Organisationsgrenze und was kann Beratung beitragen?

Andreas Huber

10.3.1 Nicht die stärkste, sondern die anpassungsfähigste Organisation überlebt

»Es ist nicht die stärkste Spezies einer Art, die überlebt und auch nicht die intelligenteste, sondern diejenige, die am besten auf Veränderungen reagieren kann.«

(Megginson 1963, S. 4)

Die Arbeitswelt ist durch technische und soziale Entwicklungen einem ständigen Wandel unterworfen. Durch die breite Einführung digitaler Medien hat sich der Kommunikationsfluss zusätzlich beschleunigt und multipliziert: So ist es heute möglich, gleichzeitig mehrere Geschäftspartner in die Kommunikation einzubinden und zeitnah und ortsunabhängig zu informieren. Das hat Vorteile (Verfügbarkeit) und Nachteile (ein Zuviel an Information). Auf die Arbeit hat das insofern Auswirkungen, als das klassische ›Innen‹ und ›Außen‹ eines Teams, einer Gruppe oder einer Organisation durch die neuen Medien durchlöchert bzw. aufgelöst wird. Heutzutage werden (Projekt-) Teams immer häufiger eher nach fachlicher Anforderung zusammengestellt und weniger nach Abteilungsgesichtspunkten. Das Ergebnis sind Matrix-(Projekt)-Organisationen, bei denen sich fachliche und administrative Zuständigkeiten bisweilen kreuzen.

Dieser Artikel beschäftigt sich damit, welchen Beitrag Beratung im weiten Feld der Zusammenarbeit und des Kooperierens leisten kann. Im Fokus liegen dabei insbesondere diejenigen Anlässe der Zusammenarbeit, die außerhalb der organisatorischen Grenzen einer Organisation liegen. Die vielen Formen und Erscheinungsweisen innerbetrieblicher Zusammenarbeit oder auch ›normaler‹ Aufgabenerfüllung einer Organisation (wie etwa Logistik, Vertrieb, Recruiting usw.) sind hier ausdrücklich nicht umfasst. Hier geht es insbesondere um *neue Kooperationsvorhaben* mit externen Geschäftspartnern, um *Netzwerkaktivitäten* oder andere Formen strukturierter und/oder spontaner Zusammenarbeit in Projekten und Initiativen. Der Autor stellt die folgende These auf: Je erfolgreicher eine Organisation im Management von externen Kooperationen ist, umso anpassungsfähiger ist sie. Und je anpassungsfähiger sie ist, umso überlebensfähiger ist sie.

10.3.2 Besonderheiten bei der Begleitung von Kunden mit Kooperationsvorhaben

Im Innern einer jeden Organisation bildet sich im Laufe der jeweiligen Firmengeschichte eine mehr oder weniger detaillierte Aufbau- und Ablauforganisation aus, mittels derer es der Organisation in der Regel besser möglich ist, die eigentliche Aufgabe zu erfüllen als ohne diese Strukturierung. Wenn es sich hingegen um neue oder ungewöhnliche Aufgaben handelt, bei der eigene Ressourcen, Fähigkeiten oder Ideen nicht ausreichen, dann kann es sinnvoll sein, mit anderen/zusätzlichen Organisationen zu kooperieren. So haben sich unsere Vorväter zusammengetan, um besser ein Mammut erlegen zu können. Der einzelne Jäger oder die kleine Gruppe konnte alleine Hasen und Rehe jagen, aber für echtes Großwild brauchte es auch eine größere Jagdgesellschaft. Dieses Bild lässt sich gut auf große Projekte übertragen: das Autobahnmautsystem Toll-Collect ist von einem großen Konsortium, bestehend aus mehreren großen Konzernen, entwickelt und umgesetzt worden. Der Kooperationsaufwand der Zusammenarbeit war ausgesprochen groß.

Sobald jedoch eine Aufgabe bzw. ein Projekt über die eigenen organisationalen Grenzen hinausgeht, gelten andere (soziale) Gesetze wie innerhalb der bisherigen Gruppe/Gemeinschaft. Das Besondere an der überorganisationalen Zusammenarbeit ist, dass sie einerseits die Grenzen der eigenen Organisation überwindet, aber dort andererseits meistens noch keine (Management-) Strukturen vorfindet. So sehr man sich innerhalb einer organisierten Institution in ›geordneten Strukturen‹ befindet, so sehr befindet man sich außerhalb der Institutionen eben in zunächst ungeordneten und ›ungemanagten‹ Bereichen.

Dies hat jedoch erhebliche Auswirkungen auf die handelnden Akteure, denn Regeln und Machtgefüge, die innerhalb der eigenen Organisation wirksam sind, gelten außerhalb dieser meist nicht mehr. Durch eine mehr oder weniger differenzierte Ablauf- und Aufbauorganisation versucht eine Organisation normalerweise, die Komplexität der Arbeit und des Miteinanders zu reduzieren. In einem überorganisationalen Raum wirken diese Strukturierungshilfen nur sehr bedingt. Ein Akteur kann sich also in der Regel nicht auf vertraute Abläufe und Strukturen oder ausgehandelte Machtverhältnisse und Entscheidungsabläufe verlassen. Daher sind Akteure bei Kooperationsvorhaben in der Regel ein klein wenig verunsichert und auch vorsichtiger, weil eben zunächst wenig bis keine Regeln und wenig Sicherheit vorhanden ist.

Für die Beratung und Begleitung der *überorganisationalen Kooperationsvorhaben* bedeutet dies wiederum, dass mehr Aufmerksamkeit auf die Etablierung der Zusammenarbeit, den Aufbau von Vertrauenskapital und den Aushandlungsprozess der Entscheidungsmacht an sich gerichtet werden muss als bei der innerorganisationalen Beratung. Im *Fokus der Beratung* sollte daher die Erarbeitung von Regeln für die Zusammenarbeit und damit die Wiederherstellung der Sicherheit stehen. Die Etablierung von dauerhaften Aufbau- und Ablauforganisationen im Bereich überorganisationaler Kooperation stellt einen Sonderfall dar (regionale Körperschaften, Clustermanagement, Joint-Venture, Fusionen usw.).

Im Folgenden soll eine Übersicht (Abb. 1) gegeben werden zu Gemeinsamkeiten und Unterschieden der Beratung innerhalb oder außerhalb von Organisationen:

	innerhalb einer Organisation	**außerhalb einer Organisation**
Vorhandensein von Aufbau- und Ablaufstrukturen	hoher Grad an Strukturiertheit	niedriger Grad an Strukturiertheit
Arbeitsmodus	ausführend/arbeitend	suchend/entwickelnd
Entscheidungsfindung	durch Hierarchie und Delegation	durch kooperatives Aushandeln in der Gruppe
Steuerungsmodus	Management (Hierarchie)	Governance (Aushandlung)
Beratungsbedarf des Kunden	Verbesserung bestehender Strukturen und Begleitung beim Veränderungsprozess	Entwicklung/Aufbau von Strukturen und Regeln und Begleitung beim Aushandlungsprozess
Beratungsmodus	eher Experte für organisatorische Einzelfragen	eher Moderator des Aushandlungsprozesses
Beraterkompetenzset	Fachwissen, Optimierungserfahrung, Managementkompetenz, Change Agent	Vermittler, Business Development, Regelentwickler, Entrepreneur

Abb. 1: Gemeinsamkeiten und Unterschiede der Beratung innerhalb und außerhalb von Organisationen

10.3.3 Was erwarten sich Kooperationspartner von der Zusammenarbeit

Kooperationen sollen und müssen nützlich sein, um dauerhaft zu überleben. Ein Netzwerk, bei dem die Teilnehmenden nicht wissen, was der gemeinsame Vorteil ist, wird zerfallen. Eine Mammut-Jagdgruppe wird ohne Mammuts zerfallen. Die Akteure einer Kooperation erwarten sich eine oder mehrere Synergien. Sind diese nicht vorhanden oder abzusehen, wird die Kooperation zerfallen. Ein Teilnehmer einer Kooperation oder eines Netzwerkes erwartet sich einen strategischen, taktischen oder operativen Vorteil durch die Kooperation.

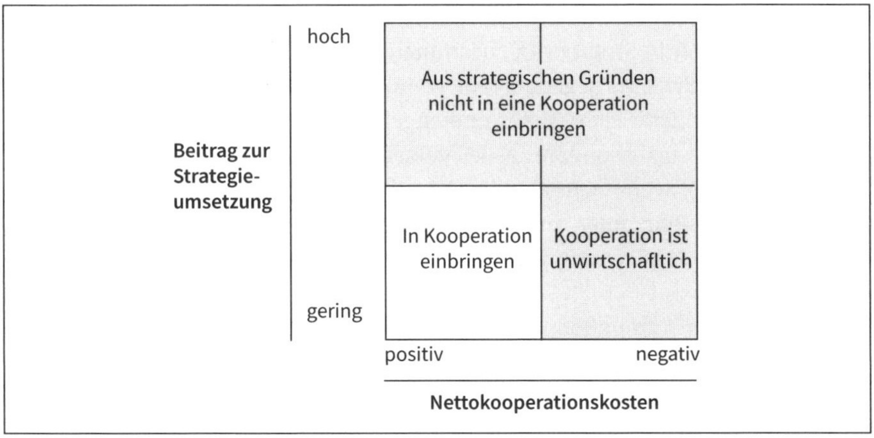

Abb. 2: Aufwand für die Realisierung der Synergiegewinne (Kooperationskosten) (nach Seiter 2013, S. 94)

Synergieeffekte wiederum können in drei Dimensionen auftreten:

- vertikale Synergie
- horizontale Synergie
- laterale Synergie

Eine *horizontale Synergie* liegt dann vor, wenn sich mehrere gleichartige Organisationen zusammenschließen und so allein durch ihre Größe ein stärkeres Markt- bzw. Politikgewicht erhalten (vgl. Baum 2011, S. 11 ff.). Diese Synergie entsteht durch die Bündelung mehrerer Leistungen eines Produktsortiments bzw. einer Wertschöpfungskette zweier Organisationen. Der Infrastrukturkonzern HERA in der Region Romagnia zwischen Bologna und Rimini ist ein Beispiel dafür: Hier haben alle Kommunen der Region ihre Eigenbetriebe Strom, Wasser, Gas etc. in den gemeinsamen HERA-Konzern zusammengeführt. Innerhalb der jeweiligen Sparten hat also eine horizontale Konzentration stattgefunden.

Durch die Bündelung mehrerer unterschiedlicher und sich ergänzender Leistungen können *vertikale Synergien* erschlossen werden. Aufgrund etwa der Nachbarschaft und Ähnlichkeit von Aufgaben, Sektoren bzw. Branchen können Organisationen zusammen versuchen, durch eine Verbesserung der Schnittstellenübergänge entlang der Prozesskette vertikale Synergiepotenziale zu erschließen. Dabei kann dann nicht nur der Doppelaufwand reduziert werden wie bei der horizontalen Synergie, sondern auch der Schnittstellenaufwand insgesamt. Ein Beispiel dafür ist die Region Empoli in Italien: Dort wurden sämtliche Gesundheits- und Sozialbetriebe (Krankenhäuser, Alten- und Kinderheime, Kindergärten, Sozialstationen etc.) im Besitz von Region, Kreis und Kommunen in eine neue Körperschaft in Streubesitz zusammengeführt.

Eine *laterale Synergie* liegt dann vor, wenn sich ergänzende Produktsortimente bzw. unterschiedliche Sparten zusammengeführt werden. Das Ziel der Synergie kann dabei etwa insbesondere in der gemeinsamen Nutzung von Vertrieb und Marketing liegen, wenn z. B. eine Bank und eine Versicherung nah beieinander liegende bzw. aufeinander aufbauende Dienstleistungen gemeinsam anbieten. Meist wird es eine Mischung verschiedener Synergieerwartungen und -hoffnungen geben.

Immer wieder starten Kooperationen mit dem Wunsch, eine oder mehrere dieser Synergien realisieren zu wollen. Dieses erklärte Ziel scheitert jedoch nicht selten an der Wirklichkeit des Kooperationsalltags, denn um eine Synergie finden und realisieren zu können, bedarf es zunächst eines Kooperationserstaufwandes. So findet man überall halblebendige Netzwerke oder Kooperationsvorhaben, die aufgrund von überzogenen Synergieerwartungen oder von Partikularinteressen mehr existieren als gedeihen.

Die folgenden Fragen sollten sich Beratende stellen bevor sie ein Mandat übernehmen, in dem es um Netzwerkpflege, Kooperationsaufbau oder Fusionsanbahnung geht:

- Was sollte gemeinsam besser gehen als alleine und warum? (ursprünglicher Anlass und tatsächliche Realität der Zusammenarbeit)
- Wer will warum mit wem kooperieren? (Interessenlagen, Nutzenerwartungen und Positionen der einzelnen Akteure)
- Wie arbeiten die Partner miteinander? (Arten und Formen der Kooperation)
- Wie soll die Zusammenarbeit aufgebaut werden und im Alltag ablaufen? (Verhandlungen und Abstimmung über die Art und Intensität der Zusammenarbeit)
- Wie kann die Zusammenarbeit dauerhaft gelingen? (Vertrauen als Währung und Verträge als Helfer bei Konflikten)
- Wie kann man herausfinden, ob eine Kooperation erfolgreich ist? (Ziel- und Erwartungsmonitoring)

Werden diese Fragen früh genug von den Kooperationswilligen gestellt bzw. durch den Beratenden angeregt und die Diskussion begleitet, dann besteht eine gute Chance, dass ein reifes und nachhaltiges Kooperationsfeld entsteht. Allzu oft sind jedoch die echten Ziele (Synergiehebung, Machtvergrößerung, Effizienzsteigerung usw.) selbst den Akteuren nur diffus bekannt. Oder es werden aus umsetzungspolitischen Gründen die Chancen und Synergiegewinne euphorisch dargestellt bzw. der Aufwand kleingeredet (jede Zusammenarbeit kostet zunächst Aufwand und Ressourcen, bevor die erwünschten Synergieeffekte eintreten, das mussten etwa die Gründungsgewerkschaften der ver.di feststellen; weiterführend: Clauss (2013, S. 304 ff.) unterscheidet transaktionale Governance, relationale Governance und plurale Governance). Oft besteht bei den Akteuren auch ein Informations- und Erfahrungsdefizit im Hinblick auf das gemeinsame Vorhaben. Und in fast allen Fällen sind sich die handelnden Personen zu wenig bewusst, dass ein intensives gegenseitiges Kennenlernen vor jeder ›Familiengründung‹ stehen sollte. Hier besteht zumeist großer Beratungsbedarf. Für den erfahrenen Organisationsberater ist das ein ideales Betätigungsfeld.

Im Folgenden werden *zwei Betrachtungsdimensionen* eingeführt, die dem Berater bei der Vorbereitung von Kooperations- und Fusionsprojekten oder auch bei der Analyse und Auswahl angemessener Interventionen im Projektverlauf helfen können:

1. Grad an Institutionalisierung und Organisiertheit der Kooperation
2. Intensität, Art und Integrationstiefe der angestrebten Kooperation

10.3.4 Dimension ›Institutionalisierungsgrad‹: Jede Organisation hat eine individuelle Geschichte und ist bei ihrer Gründung aus einer Kooperationsidee heraus entstanden

Jede Organisation hat eine individuelle Historie und damit eine Kooperationsgeschichte, die mit einer menschlichen Biografie durchaus vergleichbar ist: Es haben sich zwei (oder mehr) Parteien zusammengetan und sich wechselseitig sympathisch gefunden und schrittweise kennengelernt. Nach einer anfänglichen Phase des gegenseitigen Kennenlernens beschlossen die Parteien, gemeinsam eine Unternehmung zu starten. Nach einer Weile des gemeinsamen Entwickelns gingen die Gründer mit einer Idee schwanger (Erschaffung eines Automobils, Verbesserung der sozialen Absicherung der Bevölkerung, Organisation des wöchentlichen Fußballspielens). Diese Idee wurde nach einer gewissen Reifungszeit konkreter und gewissermaßen als ein gemeinsames Vorhaben geboren (Aufbau einer Autoproduktion, Erarbeitung von Sozialgesetzen, Gründung eines Sportvereins). Je nachdem, ob diese noch junge Idee auf ein geeignetes und wachstumsförderndes Milieu traf (Automobil um 1900 = schwierig, Internetfirma um 2001 = schwierig) entwickelte sich die noch junge Zusammenarbeitsidee mehr und mehr zu einem größeren Vorhaben. Wenn die Umweltbedingungen passten und ein Drang nach Größenwachstum vorhanden war, zog das Vorhaben mehr und mehr Interessierte an, die der Meinung waren, dass es sich um eine gute Idee handelt.

Mit der Zeit entwickelte sich eine differenzierte Organisation mit einer spezifischen Aufbau- und Ablauforganisation und einer definierten organisationalen Außengrenze. So entstanden – aus einer kleinen Idee heraus – die Institutionen, Organisationen, Unternehmen und Konzerne (vgl. Priddat 2010, S. 15 ff.)

Jede Interessengruppe, jedes Netzwerk, jede Institution und jede Organisation ist aus einer *Idee der Zusammenarbeit* heraus entstanden. Der Grad der Organisiertheit dieser Zusammenarbeitsidee ist eine Funktion von Umweltbedingungen und Handlungsimpuls der Gründerpersönlichkeiten. Wenn alle Faktoren passten, konnte sich die Idee so verdichten, dass daraus eine Institution bzw. Organisation wurde, die über die Zeit gewachsen ist.

Je komplexer dabei die Zusammenarbeit wurde, umso mehr mussten die beteiligten Personen arbeitsteilig kooperieren. Diese zunehmende Differenzierung der Arbeitsteilung ist mit zunehmender Organisationsgröße zu beobachten. So sehr wie am Anfang bei etwa der Gründung eines Sportvereins der Spielspaß im Vordergrund stand, so wird eine spezifische Arbeitsteilung notwendig, wenn der vor hundert Jahren einmal klein gegründete Sportverein nun Bundesligaführer ist und als Sportkonzern einen Millionenumsatz pro Jahr bewältigen muss. Oder der früher einmal als kleiner Verein auf gegenseitige Hilfe gegründete Autoclub, der mittlerweile Milliardenumsätze hat. Beide Beispielorganisationen sind aus einer Idee zu einer ausgewachsenen Organisation geworden. Bei dem Versuch, ihre Ziele zu erreichen, haben sie aber schrittweise eine ausdifferenzierte und spezialisierte Aufbau- und Ablauforganisation etabliert.

Mit anderen Worten: jede Organisation war am Anfang ein ›immaterieller Gedankenfunke‹, der sich verdichtet und realisiert hat bis hin zu einer geformten Organisation mit allen Ausprägungen. Dieser Betrachtungsansatz der stufenweisen Entwicklung von Organisationen ist einer der zwei wichtigen Ansätze für diesen Artikel. Man könnte ihn auch den ›Institutionalisierungs- oder Lebenszyklusansatz‹ oder ›*Organisationsverdichtungsansatz*‹ nennen.

Hier sei angemerkt, dass der Vergleich der menschlichen Biografie mit der Entwicklung einer Organisation noch weitergeführt werden kann: Wie Menschen neigen Organisationen bei falschem Ernährungsverhalten zu Übergewicht (etwa einem überbordenden Overhead) oder Sklerotisierungen (etwa einer gewissen Übersteuerung zum Beispiel bei Reisekostenabrechnungen und anderen administrativen Prozessen). Wie bei Menschen kann es auch zu Trennungen, Neuverheiratungen oder neuer Familienplanung kommen. Es kann auch Tochter- und Enkelfirmen geben. Es ist ratsam, die ganze Bandbreite menschlicher biografischer Ereignisse heranzuziehen und zu schauen, welche davon auf eine Situation einer Firma anwendbar sind. Dies hilft in der Beratungssituation, die spezifische Situation eines Mandantensystems besser zu verstehen.

10.3.5 Richtung des Kooperationsimpulses: Top-down oder Bottom-up

Ein ebenfalls beachtenswerter Aspekt ist die Entstehung und Richtung eines *Kooperationsimpulses*. Dieser Impuls kann aus einer bestehenden, übergeordneten Institution kommen (Top-down bzw. politisch motiviert) oder sich aus einer bestehenden Kooperation ausbreiten (Bottom-up bzw. evolutionär). Je mehr Top-down eine Kooperation ist, umso mehr wird Wert auf Steuerung, Erfolgskontrolle und Legitimation gelegt. Je mehr Bottom-up eine Kooperation ist, umso mehr wird erfahrungsgemäß der Moderations- und Aushandlungsprozess im Vordergrund stehen. Dies hat Auswirkungen auf die Auswahl der Beratungstools und des Interventionsdesigns.

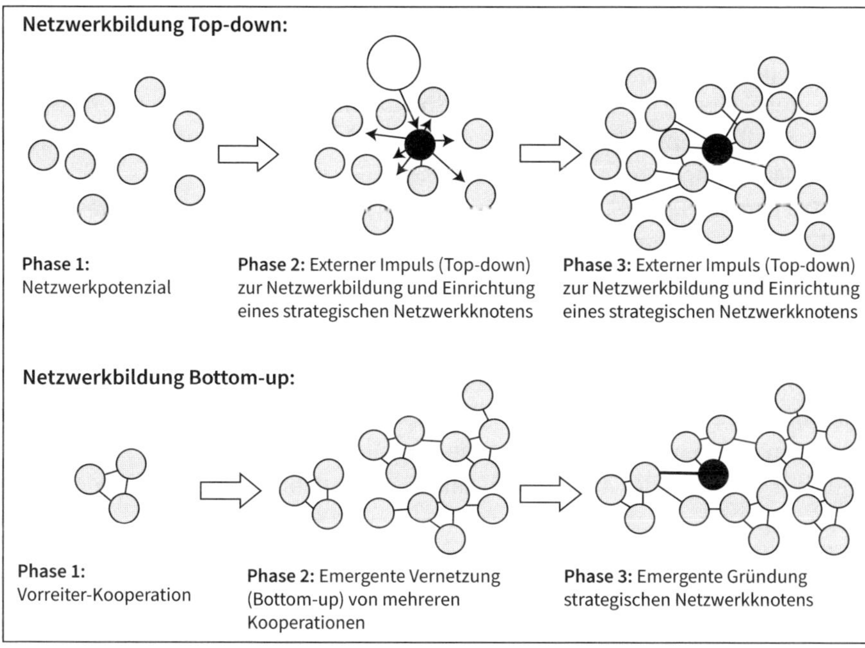

Abb. 3: Richtung des Kooperationsimpulses am Beispiel der Netzwerkbildung (nach Bauer-Wolf et al. 2007, S. 15)

10.3.6 Dimension ›Kooperationsintensität‹: Die gewählte Form der Zusammenarbeit bestimmt Aufwand und möglichen Erfolg

Der zweite wichtige Betrachtungsansatz in diesem Artikel ist die ›*Kooperationsintensität*‹: in welchem Bereich und wie intensiv wollen die Kooperationspartner zusammenarbeiten? Handelt es sich eher um eine spontane und wenig strukturierte Ad-hoc-Zusammenarbeit oder ist geplant, dass mehrere Organisationen etwa ein Joint-Venture für die Erbringung gemeinsamer Dienstleistungen gründen? Beide Arten kann man als ›Kooperation‹ bezeichnen. Sehr häufig wird der Beratende im Beratungsprozess feststellen, dass die unterschiedlichen Kooperationspartner sehr unterschiedliche Bilder mit dem Begriff Kooperation verbinden. Manche meinen damit eher die Verabredung, sich gelegentlich auszutauschen (Informationskooperation), andere wollen Ressourcen gemeinsam nutzen und wieder andere wollen eine Institution etablieren. Am Beispiel der Fußballfreunde kann man das erläutern: Zu Beginn wollen einige Freunde Fußball spielen. Sie verabreden sich immer sonntags zum Spielen. Jeder bringt mal einen Ball mit. Über die Zeit überlegt sich die Gruppe, dass es unpraktisch ist und bestimmt die Personen, die immer den Ball mitbringen und die provisorischen Tore aufbauen sollen. Daraus entwickelt sich vielleicht die Anschaffung einer kleinen Hütte zur Aufbewahrung der Spielgeräte und die Ernennung eines Sportwartes. Über die Zeit entwickelt sich aus der Gruppe Fußballfreunde ein Fußballverein mit Statuten, Vereinsheim und eigenen Plätzen und – im Fall des Bundesligavereins – auch ein Wirtschaftsbetrieb.

In der späten Phase *Institutionalisierung* hat sich eine ›normale‹ Organisation gebildet. In der frühen Phase waren die Sportsfreunde jedoch noch am Suchen, wie genau sie die Spielfreude ausleben und sich das Treffen und Spielen einfacher machen können. In dieser Suchphase befinden sich viele Kooperationen. Soll die Zusammenarbeit formalisiert werden? Welche Art der Regeln braucht es? Wie funktioniert die Entscheidungsfindung? Lohnt sich die Gründung einer Organisation oder reicht die spontane Form der Zusammenarbeit? Welche Vorteile bringt eine Formalisierung und Strukturierung der Zusammenarbeit? Sollte eine gemeinsame Ausgründung der Aufgabe stattfinden oder reicht es, wenn nur die Aufgabe gemeinsam erbracht wird?

Zur Analyse könnte der Beratende zum Beispiel folgende Unterscheidung der *Intensitätsgrade* anwenden (Abb. 4):

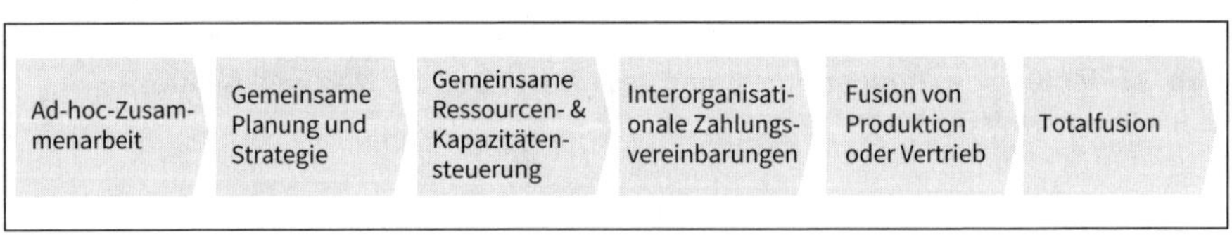

Abb. 4: Intensitätsgrade von Kooperationsvorhaben (eigene Darstellung)

Bei dieser Einteilung steigt der Grad an Verbindlichkeit und auch notwendiger Formalisierung zwischen den Organisationen immer weiter an. Die interorganisationale Zahlungsvereinbarung – in Kommunen etwa bei gemeinsamen Gewerbegebieten vorzufinden – ist dabei die intensivste Kooperationsform, bei der noch nicht zwei oder mehr Organisationen bzw. Teile davon verschmolzen werden.

Soll die Zusammenarbeit noch weiter institutionalisiert oder verstetigt werden, kommt es oft zur Gründung von Joint-Ventures oder es wird über Teil- und Komplettfusionen nachgedacht. Bei einem *Joint Venture* werden diejenigen Arbeitsteile ausgegliedert, bei denen man hofft, dass Größen- oder Mengenvorteile oder andere strategische Vorteile durch die gemeinsame Erbringung der Aufgabe entstehen. Der Beratende hat an dieser Stelle die Aufgabe, die Kooperation dabei zu beraten, die richtige Kooperationsform und Integrationstiefe zu finden und die dafür notwendigen Veränderungs- und Aufbauschritte zu gehen.

Die nachfolgende Heuristik (Abb. 5) kann dem Beratenden helfen, die möglichen und notwendigen Handlungen besser zu bestimmen:

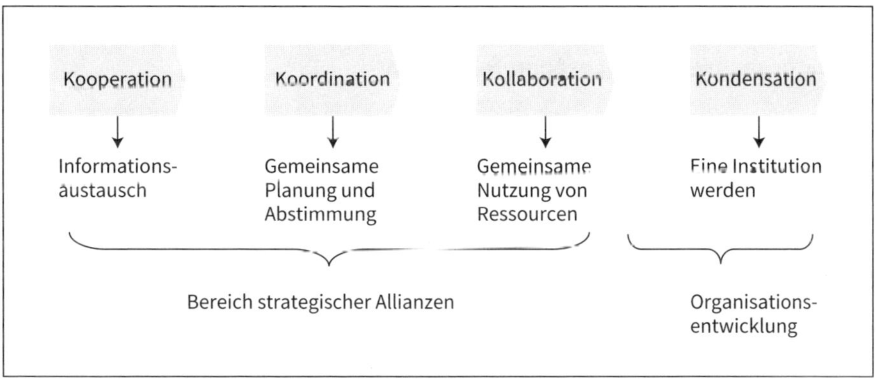

Abb. 5: Formen der Zusammenarbeit bei Kooperationsvorhaben

Die einzugehenden Kooperationen können dabei zunächst gemäß dem oben genannten Zusammenarbeitsmodell von der informellen Kooperation bis hin zu einer organisationalen Verschmelzung/Fusion reichen. Gleich, um welche Art von Zusammenarbeit es sich handelt, stets wird man versuchen, Synergien durch die Kooperation zu realisieren. Derartige Synergiepotenziale sind aber seltsame ›Gesellen‹: Wenn es um die Konkretisierung geht, entwickeln sie sich nicht selten zu flüchtigen und unsicheren Hoffnungen, die etwa an der Realität einer veralteten IT-Infrastruktur, einem starren Dienstrecht oder schlechter Presse scheitern. Oft entpuppen sich die kurzfristig erhofften Einsparungen als nicht realisierbar. Gleichzeitig waren gerade diese kurzfristigen Einsparungs- oder Zusammenarbeitsmöglichkeiten einer der Hauptbestandteile der Diskussion, ob eine formelle Kooperation gegründet werden soll oder nicht. Hier liegt ein hohes Frustrationspotenzial für die beteiligten Akteure verborgen. Jeder Beratende solcher Prozesse sollte daher besonders aufmerksam sein und das zu begleitende Kooperationsvorhaben entsprechend begleiten. Enttäuschbare Erwartungen frühzeitig zu identifizieren und zu kanalisieren gehört zu den wichtigen Fertigkeiten eines Kooperationsberaters. Der Beratende sollte versuchen, ein Erlebnis der Gemeinsamkeit sowie Erfolgserlebnisse zu ermöglichen. Die Begleitung einer überorganisationalen Kooperationsarena bedarf einer besonderen Beratungshaltung. Die notwendigen Beraterfähigkeiten sollten mehr als nur üblich Fairness, Strukturierungsfähigkeit, Moderationsfähigkeit und Ambiguitätstoleranz sein. Die Beratung überorganisationaler Kooperationsarrangements erfordert Erfahrung im Umgang mit Mehrebenenkomplexität. Eine der wichtigsten Kompetenzen ist hierbei neben der fachlichen Grundausbildung eine gehörige Portion Resilienz gegenüber mehrdeutigen Situationen.

Literaturnachweis und Leseempfehlungen

Bauer-Wolf, S./Payer, H./Scheer, G. (Hrsg.) (2007): Erfolgreich durch Netzwerkkompetenz. Handbuch für Regionalentwicklung. Wien: Springer Vienna.

Baum, H. (2011): Morphologie der Kooperation als Grundlage für das Konzept der Zwei-Ebenen-Kooperation. Wiesbaden: Gabler.

Clauss, T. (2013): Strategische Zusammenarbeit mit Zulieferern. Empirische Befunde zur Governance im Kontext von Zielsetzung und Beziehung. Wiesbaden: Springer Gabler.

Jene, S. (2015): Die faire Verteilung von Effizienzgewinnen in Kooperationen. Eine kritische Analyse der Eignung des τ-Werts und des χ-Werts. Wiesbaden: Springer Gabler.

Knack, R. (2006): Wettbewerb und Kooperation. Wettbewerberorientierung in Projekten radikaler Innovation. Wiesbaden: Deutscher Universitätsverlag.

Krabs, W. (2005): Von Nicht-Kooperation zu Kooperation. In: Ders.: Spieltheorie. Dynamische Behandlung von Spielen. Wiesbaden: Vieweg + Teubner, S. 107–128.

Megginson, L. C. (1963): Lessons from Europe for American Business. In: Southwestern Social Science Quarterly, 44. Jg., H. 1, S. 3–13.

Priddat, B. (2010): Organisation als Kooperation. Wiesbaden: VS.

Scherle, N. (2006): Bilaterale Unternehmenskooperationen im Tourismussektor. Ausgewählte Erfolgsfaktoren. Wiesbaden: Gabler.

Schilcher, C./Will-Zocholl, M./Ziegler, M. (Hrsg.) (2012): Vertrauen und Kooperation in der Arbeitswelt. Wiesbaden: VS.

Schreyögg, G./Sydow, J. (Hrsg.) (2007): Kooperation und Konkurrenz. Wiesbaden: Gabler.

Seiter, M. (2013): Handlungsfeld 4 – Kooperation mit Externen – Wie binden wir Externe in das Dienstleistungsgeschäft ein. In: Ders.: Industrielle Dienstleistungen. Wiesbaden: Springer Gabler, S. 91–107.

Staar, H. (2010): Auch im Netzwerk tobt das Leben – zur Relevanz mikropolitischer Prozesse in virtuellen Kooperationsverbünden. In: Gruppendynamik und Organisationsberatung, 41. Jg., H. 4, S. 305–330.

Sydow, J. (Hrsg.) (2010): Management von Netzwerkorganisationen. Wiesbaden: Springer Gabler.

Wieck, U. (2015): Zusammenarbeit fördern, Kooperation im Team – ein praxisorientierter Überblick für Führungskräfte. Wiesbaden: Springer Gabler.

10.4 Beratung und Prozessbegleitung in der transorganisationalen Zusammenarbeit und bei Multi-Stakeholder-Initiativen

Claus-Bernhard Pakleppa, Brigitte Schwinge

Die zentrale Rolle transorganisationaler Prozesssteuerung und Koordination ist ein blinder Fleck bei vielen Akteuren und in den Systemen selber. Dieser Beitrag umreißt einige der Perspektiven, Fähigkeiten und Methoden-Kenntnisse, die aus unserer Erfahrung notwendig sind, um transorganisationale Prozesse für alle Beteiligten anschlussfähig zu beraten und zu begleiten. Transorganisationale Beratung kann das System dabei unterstützen, Abstimmungskosten durch eine bewusste Vergemeinschaftung der Ziele und Vorgehensweisen langfristig zu senken. Dabei sollten sich die Berater sowohl als Studierende des spezifischen Systems und seiner Besonderheiten, als Anwälte für das höhere Ziel des Projektes wie auch als Experten für Prozessbegleitung verstehen.

10.4.1 Chancen und Herausforderungen transorganisationaler Projekte

Viele Organisationen, Unternehmen und Einzelpersonen suchen heute nachhaltige Lösungen, um konstruktiv über Organisationsgrenzen hinweg zu agieren. Denn Herausforderungen können oftmals gemeinsam besser bewältigt werden. Eine verstärkte transorganisationale Zusammenarbeit in vielen Feldern ist der zunehmenden Komplexität der Umwelt, einer veränderten Arbeitsteilung und den veränderten Wettbewerbsbedingungen geschuldet, die sich im Zuge der Globalisierung und der Digitalisierung entwickelt haben. *Transorganisationale Projekte* sind durch Strukturen und Prozesse ohne klar definierte Grenzen gekennzeichnet. Sie umfassen diverse Branchen und Organisationen. Die Projekte sind häufig dynamisch, veränderungsintensiv und »jenseits der Kontrolle einzelner Einheiten« (Motamedi 2010, S. 45). Inhaltlich geht es zum Beispiel darum, dass bisher nicht wirklich miteinander kooperierende Akteure (Wirtschaft, Nichtregierungsorganisationen (NROs), Verbände, Regierung …) aus einem produzierenden Sektor gemeinsam versuchen, nachhaltige Wirtschaftspraktiken für diesen Sektor zu entwickeln und verbindlich zu vereinbaren. Andere Beispiele sind Entsende- und Empfänger-Organisationen für internationale Freiwillige, die sich im Rahmen einer NRO-Dachorganisation auf verbindliche Regeln für die Zusammenarbeit einigen wollen (vgl. hier Schwinge/Pakleppa 2012) oder Unternehmen, die sich in einem Konsortium zusammenschließen müssen, weil sie nur so die geforderte

Leistung auch erbringen können, um eine Ausschreibung zu gewinnen oder einen Auftrag abwickeln zu können. Weitere Beispiele für transorganisationale Projekte finden sich im Bereich von Public Private Partnerships oder Bildungsprojekten zwischen Städten, Schulträgern und NROs.

Transorganisationale Projekte bringen besondere Chancen, aber auch besondere Herausforderungen mit sich. Sie sind oftmals durch eine freiwillige Beteiligung von Akteuren charakterisiert, die gegenseitig nicht oder kaum weisungsbefugt sind. Aufgrund ihres i.d.R. informellen Charakters und der Synergieeffekte, die durch die Kooperation entstehen können, bieten transorganisationale Projekte einerseits die Chance, Ziele flexibel, gemeinschaftlich und jenseits horizontaler Machtverhältnisse zu entwickeln und zu erreichen.

Andererseits verfolgen die beteiligten Organisationen und ihre Stakeholder oftmals unterschiedliche Interessen und eigene Teilziele, haben divergierende Erwartungen und Bedürfnisse an das Projekt und verhalten sich unter Umständen offen oder verdeckt kompetitiv. Insbesondere die *Steuerung und Koordination* transorganisationaler Projekte bringt daher eine Vielzahl von Herausforderungen mit sich. Sie kann nicht über Anweisungen erfolgen, sondern muss über die Gestaltung kooperativen Handelns erreicht werden. Von den Stakeholdern und insbesondere von den internen Treibern des Prozesses muss viel Zeit und Energie aufgewandt werden, bis alle Beteiligten an einem Strang ziehen. Transorganisationale Projekte haben *hohe Abstimmungskosten*. Diese Kosten entstehen bereits in der Anbahnungsphase und bei der Aufnahme der Kontakte zu den potenziellen Beteiligten. Sie fallen bei der Verständigung und der gesamten Kommunikation der Stakeholder untereinander an – nicht zuletzt beim Treffen von verbindlichen Entscheidungen und Vereinbarungen. Und sie steigen besonders dann, wenn im Rahmen der gemeinsamen Verständigung (naturgemäß) Interessenkonflikte zur Sprache kommen oder aber Missverständnisse auftreten. Das kann dazu führen, dass Entscheidungen entweder aktionistisch und unter Zeitdruck oder aber verzögert getroffen werden. Teilweise berühren solche Entscheidungen dann nicht das eigentliche Problem oder führen zu Scheinlösungen. Konflikte und Irritationen können darüber hinaus dazu führen, dass Schuldige gesucht oder aber das gesamte Projekt infrage gestellt wird. Akteure, denen die Prozesse in solchen Fällen zu komplex, zu aufwendig oder zu wenig zielführend erscheinen, brechen teilweise weg, während sich engagierte Treiber des Prozesses in ermüdenden Alleingängen aufreiben.

Die Herausforderungen transorganisationaler Vorhaben werden unserer Erfahrung nach häufig durch ein offen thematisiertes bzw. unterschwellig wirksames

Silo-Denken[13] vieler Akteure bedingt. Vorrangig wird dabei aus der eigenen individuellen und/oder organisationalen Perspektive und Interessenlage heraus gedacht und gehandelt anstatt aus der Perspektive des gesamten Systems. Bei vielen Akteuren fehlt ein Bewusstsein bzw. die Akzeptanz für die Notwendigkeit, im transorganisationalen System auch eine transorganisationale Identität – zusätzlich zur Identität der Herkunftsorganisation – entwickeln zu müssen.

Ein konstruktiver Umgang mit diesen Herausforderungen lässt sich unserer Erfahrung nach besser unterstützen, wenn der Entwicklung einer *gemeinsamen* Werte- und Verhaltensbasis aller Beteiligter ausreichend Zeit und Aufmerksamkeit gegeben wird.

10.4.2 Aufgaben transorganisationaler Beratung: Unterstützung beim Aufbau einer transorganisationalen Organisationskultur

Transorganisationale Beratung ist angesichts der sich verändernden Welt ein wachsender Beratungszweig. Aber was braucht es, um transorganisationale Systeme und Projekte unter solchen Bedingungen erfolgreich zu beraten und zu begleiten, und welche Kompetenzen sind hierfür erforderlich? Welche Beraterhaltung ist zentral?

Als Berater Student des Systems statt Lehrer für das System sein

Motamedi (2010) betont angesichts der Komplexität transorganisationaler Systeme und Projekte die hohe Bedeutung einer *lernenden Haltung* der Berater und Prozessbegleiter. Er zeigt auf, dass transorganisationale Berater zunächst vor der schwierigen Aufgabe stehen, das System mit seinen unterschiedlichen Stakeholdern und offenen Grenzen überhaupt zu durchschauen bevor sie sich an die Aufgabe machen können, die Stakeholder bei einer gemeinsamen Ausrichtung im Sinne einer ideologischen Zusammenführung zu unterstützen.

Scharmer (2007) zufolge sollte nicht nur der Berater eine lernende Haltung einnehmen, sondern das ganze System muss lernen, sich selber als System zu erkennen und wahrzunehmen, bevor nachhaltige Lösungen gemeinsam entwickelt werden können. Der von ihm beschriebene *U-Prozess* legt besonderen Wert auf eine Prozessgestaltung, die es auch den Stakeholdern eines transorganisationalen Projekts ermöglicht, zunächst zusammen Lernende zu sein, die das System

---

13 vgl. dazu z. B. Jenewein/Heidbrink/Heuscheler (2014). Die Autoren halten eine Überlastungssituation bei der Arbeit innerhalb von Unternehmen und Organisationen angesichts steigender Komplexität für eine zentrale Ursache des Silo-Denkens. Die Arbeit in transorganisationalen Systemen und Multi-Stakeholder-Settings erhöht die Komplexität unserer Auffassung nach nochmals.

mit seinen Chancen und Herausforderungen gemeinsam *begreifen*[14], bevor sie einen gemeinschaftlichen Willen und übereinstimmende Ziele formulieren und diese umsetzen.

Anwalt des transorganisationalen Systems und Experte für Prozessbegleitung
In transorganisationalen Projekten wird jedoch die Relevanz der Rolle interner oder externer Prozessgestalter bzgl. Steuerung, Koordination und Moderation häufig unterschätzt bzw. gar nicht erst erkannt oder (unbewusst) sabotiert, da die Akteure fürchten, ihre Partikularinteressen nur zu erreichen, wenn sie selbst den Prozess in ihrem Sinne beeinflussen können. Unserer Auffassung nach sind diese Aspekte geradezu ein blinder Fleck des Systems bzw. vieler Akteure in solchen Projekten. Die Projekte werden zwar auf der Sachebene gut geplant, doch die Ebene der Prozess- und Beziehungsgestaltung wird häufig zu wenig berücksichtigt. Auch die Gestaltung der Regeln der Zusammenarbeit wird angesichts der vermeintlich wichtigeren Aufgabe der inhaltlichen Arbeit zurückgestellt.

Transorganisationale Beratung kann die Stakeholder dabei unterstützen, den Blick immer wieder auf das größere Ganze, die Klärung der transorganisationalen Identität(en) und die Entwicklung einer gemeinsamen Win-Win-Perspektive zu richten. Sie kann aus einer überparteilichen Haltung heraus die Zusammenarbeit der unterschiedlichen Interessengruppen unterstützen, sodass Handlungsfelder und Ziele klarer definiert, nachhaltiger vergemeinschaftet und so langfristig besser erreicht werden können.

In der Rolle der Prozessbegleitung tragen transorganisationale Berater dazu bei, dass gemeinsame sowie unterschiedliche Erwartungen und Bedürfnisse thematisiert und Win-Win-Situationen identifiziert werden sowie die transorganisationale Kultur und Identität konstruktiv gestaltet werden kann. Dabei ist eine Unterstützung und ggf. Sensibilisierung für die folgenden Aspekte unserer Erfahrung nach hilfreich:

- Installation und aktive Gestaltung einer Steuerungsebene
- wenn möglich, auch für die Installation einer koordinierende Ebene/Rolle
- Sicherstellung einer angemessenen Information und Einbindung der Entscheider
- Etablierung und ggf. Moderation von Dialog-Formaten für die Stakeholder.[15]

14 Begreifen ist hier wörtlich gemeint: Über Skulpturierungsübungen kann z. B. das System gemeinsam modelliert und ›begriffen‹, bevor es um die Formulierung von Maßnahmen geht.

15 Dazu steht ein breites Spektrum vielfach erprobter (Moderations- und Groß-) Gruppenmethoden und -techniken zur Verfügung, mit denen gruppendynamische Prozesse mit vielen Teilnehmern zugleich gestaltet werden können, z. B. World Café, Open Space, Zukunftswerkstatt, Appreciative Inquiry. Für eine umfassende Darstellung vgl. z. B. Weber (2005).

Transorganisationale Projekte umfassen häufig eine Vielzahl *wechselnder Stakeholder*. Noch stärker als in der Teamentwicklung mit einer überschaubaren Anzahl von Mitgliedern sollte daher im gesamten Prozess auch die Gruppendynamik im Blick behalten werden. Transorganisationale Beratung sollte dabei immer davon ausgehen, dass sich unterschiedliche und insbesondere neu hinzukommende Stakeholder ggf. auf unterschiedlichen Verständnis- und Durchdringungsebenen befinden. Daher sollte sie Prozesse so unterstützen, dass alle Beteiligten auch immer wieder neu an Bord geholt werden.

Darüber hinaus halten wir es für zentral, die Treiber des Projektes dafür zu sensibilisieren, folgende *Phasen* im Projekt bewusst und dialogorientiert zu gestalten.

1. Insbesondere die rechtzeitige und dialogische Gestaltung des *Start-Punktes*, der ›Stunde Null‹, mit allen Beteiligten gemeinsam bietet viele Chancen für eine langfristig gute Kooperation. Hier ist es unserer Erfahrung nach hilfreich,
   - wenn sowohl die ideellen als auch die faktischen Inhalte (Bedürfnisse, Werte, Vision, Aufgaben, Ziele) thematisiert, gemeinsam ausgehandelt und abgestimmt werden,
   - die Beziehungen und Verantwortlichkeiten (gewünschte Rollen, Regeln, Kommunikation, Rituale) geklärt werden sowie
   - die Entwicklung einer gemeinsamen Vision für das Projekt, die in möglichen schwierigen Situationen später als gemeinsamer ›mentaler Anker‹ dienen kann.

   All dies erspart im späteren Projektverlauf viele Abstimmungskosten.
2. Eine weitere wichtige Phase betrifft das Aushandeln eines mit allen Stakeholdern abgestimmten *Regelwerkes*. Verbindlichkeit schafft hier die Erstellung einer schriftlichen Policy zur Regelung der Zusammenarbeit. Der eigentliche Prozess des Aushandelns ist in einem transorganisationalen Projekt sehr zeitaufwendig, doch er trägt dazu bei, Orientierung und mehr Verlässlichkeit zu schaffen. Die gemeinsame Abstimmung der Policy gelingt umso besser und zielführender je klarer und ›tiefer‹ die Vision und Ziele des Projektes im Vorfeld gemeinschaftlich erarbeitet wurden. Zweckdienlich ist die Policy jedoch erst dann, wenn sie als ein lebendiges Regelwerk auch tatsächlich gelebt wird.
3. Auch im Anschluss an eine gemeinsame Startphase sollten dauerhaft immer wieder Freiräume und Zeiten für Dialoge und die Etablierung einer *Dialogkultur* zur Weiterentwicklung der gemeinsamen Basis der Interessengruppen und ihrer Vertreter geschaffen werden.

10.4.3 Fazit

Die Rolle der internen oder externen transorganisationalen Prozessbegleitung ist anspruchsvoll, geht es doch darum, das ganze System zu befähigen, die systemeigenen Ressourcen und Potenziale zu aktivieren. Die Beratung unterstützt aus einer überparteilichen Haltung heraus das System dabei, seine Ziele zu definieren und zu erreichen. Die in diesem Zusammenhang fast naturgemäß entstehenden Konflikte unter den Stakeholdern müssen dabei vom Berater (aus)gehalten und unter Berücksichtigung gruppendynamischer Prozesse sensibel moderiert werden. Dazu brauchen transorganisationale Berater ein Repertoire von Methoden zur Begleitung von Einzelpersonen, Teams und Großgruppen, das sie situativ und flexibel einsetzen können. Angesichts der Komplexität transorganisationaler Systeme und ihrer Kontexte ist unserer Auffassung nach dabei eine vom Berater immer wieder bewusst eingenommene Haltung des *Nicht-Wissens* hilfreich, um in der Lage zu sein aus einer lernenden statt aus einer wissenden Perspektive heraus ›für das System‹ zu denken. Eine Frage, die die Beratung sich selber und den Stakeholdern immer wieder stellen sollte, lautet: »Wie können – auf der Basis der gemeinsamen Vision – Ziele so entwickelt und erreicht werden, dass das Potenzial der Beteiligten optimal genutzt wird, ohne dass diese sich überfordern und aufreiben?«

Literatur

Jenewein, W./Heidbrink, M./Heuscheler, F. (Hrsg.) (2014): Begeisterte Mitarbeiter: Wie Unternehmen ihre Mitarbeiter zu Fans machen. Stuttgart: Schäffer-Poeschel.

Motamedi, K. (2010): Über Branchen, Kulturen und Organisationen hinweg... Die Stärke organisationaler Beratung. In: OrganisationsEntwicklung, H. 2/10, S. 45–52.

Weber, S. (2005): Rituale der Transformation. Großgruppenverfahren als pädagogisches Wissen am Markt. Wiesbaden: Springer VS.

Scharmer, C. O. (2007): Theory U. Leading from the future as it emerges. The social technology of presencing. Cambridge (MA): The Society for Organizational Learning.

Schwinge, B./Pakleppa C. (2012): Research based recommendations for enhancing mutual satisfaction and success in international voluntary service. In: SAGE Net Deutschland e. V. (Hrsg.): International volunteering in Southern Africa: Potential for change? Bonn: Scientia Bonnensis.

10.5 Kollektive Gestaltung gesellschaftlicher Rahmenbedingungen: multiorganisationale Innovation

Otto Scharmer, Katrin Käufer

Organisationen sind heute für die kleinen Probleme oft zu groß und für die großen Probleme oft zu klein. Zu groß heißt, dass die Organisation von dem lokalen Kontext, zum Beispiel der Kundenbeziehung oder der Region aufgrund ihrer Größe zu weit entfernt ist. Die Antwort auf dieses Problem sind vielfältige Formen von Dezentralisierung, z. B. der Dezentralisierung von Entscheidungsprozessen. Zu klein heißt, dass die zentralen Zukunftsherausforderungen, mit denen z. B. sich Führungsteams von Unternehmen heute konfrontiert sehen – Digitalisierung, Klimawandel, Energiewende etc. –, unmöglich als Einzelunternehmen zu beantworten sind. Vielmehr verlangen diese Herausforderungen neue Formen und Felder der Kooperation, in denen unterschiedliche Stakeholder über die Grenzen von Unternehmen, Regierung, Wissenschaft und Zivilgesellschaft zusammengebracht und über Dialog- und Prototyping-Formate in gemeinsame Prozesse gebracht werden. Kernpunkt dieser neuen organisationsübergreifenden Plattformen ist es, den Beteiligten zu ermöglichen, die eigene Sicht der Dinge *(Ego-system* View) durch die Perspektive der jeweils anderen zu erweitern *(Eco-system* View), um in diesem Austausch neue Ideen zu generieren, die in vielfältigen Prototyping-Projekten experimentell erprobt werden.

In diesem Beitrag argumentieren wir, dass, um in der VUCA-Welt erfolgreich agieren zu können, Unternehmen aktiv an der kollektiven Gestaltung gesellschaftlicher Rahmenbedingungen mitwirken müssen. Hierbei geht es nicht um die engstirnige und kurzsichtige Durchsetzung von vermeintlichen Industrie-Interessen (wie dies beispielsweise seitens der deutschen Automobilindustrie gegenüber den willfährigen Ministerien in Berlin und Brüssel zu besichtigen ist, siehe der jüngste VW-Abgas-Skandal), sondern um die aktive Teilnahme an Schlüsselprojekten gesellschaftlicher Innovation (Energiewende, nachhaltige Mobilität, Integration von Migranten, Erneuerung des Bildungswesens, Industrie 4.0 etc.).

Die Forderung nach einer Öffnung gegenüber den relevanten gesellschaftlichen Kontexten ist nicht neu. Aber nie war sie strategisch so essenziell für unternehmerische und gesellschaftliche Erneuerungsprozesse wie angesichts der Herausforderungen, vor denen unsere Gesellschaft heute steht. Der Grund dafür ist einfach: In Phasen der Disruption, das heißt in Phasen von bruchartigen Veränderungen, ist eine Vernetzung in die relevanten Kontexte oft der entscheidende Mechanismus, um zeitnah handlungs-, verwandlungs- und innovationsfähig zu sein. In Phasen von relativer Stabilität ist dies weniger der Fall. Und dass wir uns gegenwärtig in einer Phase von extremer Volatilität und diskontinuierlicher Veränderung befinden, ist vielleicht die einzige Zustandsbeschreibung, der derzeit die meisten Führungskräfte weltweit ohne Zögern zustimmen würden.

Die Frage ist wie? Wie kann diese Form von gesellschaftlicher Kooperation praktisch werden?

Die Erfahrung zeigt, dass allein das Zusammenbringen unterschiedlicher Stakeholder noch lange nicht garantiert, dass die resultierende Interaktion in irgendeiner Weise produktiv oder zielführend ist. Oftmals ist das Gegenteil der Fall: Wir sehen in diesem Aufeinandertreffen von unterschiedlichen Stakeholdern das wohlbekannte Abspulen alter Muster der Kommunikation.

Der folgende Beitrag fasst (a) unsere praktischen Lernerfahrungen aus 15 Jahren Multi-Stakeholder-Prozessen zusammen und stellt sie (b) in einen Kontext institutioneller Evolution.

10.5.1 Der Kernprozess von multi-organisationaler Innovation

Unsere Erfahrungen mit Multi-Stakeholder-Prozessen lassen sich in den unten stehenden Punkten zusammenfassen. Jeder Punkt bezieht sich auf eine der fünf Phasen des U-Prozesses (Abb. 1).

1. *Co-initiating:* **Eine gemeinsame Intentionsbildung** muss alle Kernpartner umfassen, die sich gegenseitig brauchen, um die Funktionsweise eines Systems zu ändern. Der Erfolg des Gesamtprozesses ist oft eine Funktion der *Shared Ownership* an der Plattform, die die Stakeholder zusammenbringt, und der ihr zugrunde liegenden Intention. Um diese Shared Ownership zu ermöglichen, muss die Beschreibung des Problems und des intendierten Zieles für andere Sprachen, Werte und Sichtweisen offen sein. Beispiel: Stakeholder-Dialoge
2. *Co-sensing:* **Gemeinsame Wahrnehmung** ist die Grundlage für gemeinsames Denken und Ko-Kreativität. In dem Moment, wo die Stakeholder ihren jeweils eigenen institutionellen Bubble verlassen und beginnen, das System von den Rändern her aus den Augen der eher marginalisierten Stakeholder zu sehen, beginnen sich die mentalen Modelle, die oft auf dem Primat von Silo-Perspektiven (Ego-system View) basieren, in Richtung einer mehr systemischen Sichtweise (Eco-system View) zu öffnen. Beispiel: Lernreisen an die Peripherie des Systems
3. *Co-inspriring:* **Gemeinsame Willensbildung** betrifft die am wenigsten sichtbare Dimension von Führung und Veränderung. Gemeinsame Willensbildung heißt, die tieferen Kraftquellen der eigenen Kreativität und Inspiration wieder

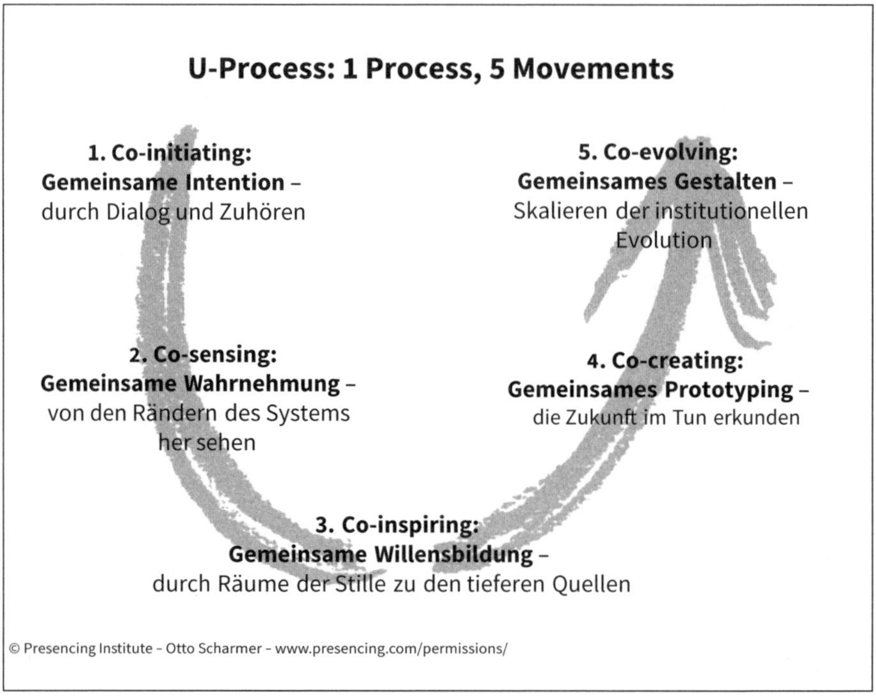

Abb. 1: Die fünf Phasen des U-Prozesses

zugänglich zu machen – sowohl auf individueller wie auch auf kollektiver Ebene. Wann immer eine Begegnung auf dieser Ebene gelingt, entstehen unzerstörbare Beziehungen zwischen den Beteiligten, die über Jahrzehnte hinweg positiven Impact generieren. Beispiel: Raum der Stille

4. *Co-creating:* **Gemeinsames Prototyping** erkundet die Zukunft im experimentellen Erproben, im gemeinsamen Tun. Ein Prototyp ist kein Pilot, keine Realisierung einer fertigen Idee. Ein Prototyp ist eine spielerische Erkundung einer Idee, die man im Tun untersucht und weiterentwickelt. Prototyping erfordert einen experimentier- und fehlerfreundlichen Kontext, der oft durch einen diesbezüglichen physischen Raum am besten zu bewerkstelligen ist. Beispiel: Design Thinking
5. *Co-evolving:* **Gemeinsames Gestalten** betrifft das Weiterentwickeln und Skalieren der erfolgreichsten Prototyping-Ideen – und erfordert im Allgemeinen einen Parallelprozess, der das Topmanagement der beteiligten Institutionen in den Erneuerungsprozess eintauchen lässt, um hieraus die Inspiration und das Vorbild für die nächste Phase der institutionellen Veränderung zu schöpfen. Beispiel: Parallelstrukturen des Lernens für das Team at the Top

Die fünf Lernerfahrungen betreffen die fünf Phasen des U-Prozesses, der als ein Beispiel für einen neuen *Cross-organisationalen Kernprozess der Innovation* gesehen werden kann.

10.5.2 Innovation in Infrastrukturen

Der oben genannte Kernprozess multi-organisationaler Innovation kann nicht nachhaltig sein, wenn er nicht durch entsprechende Innovation von parallelen Infrastrukturen gestützt und gehalten wird. Zwei Ebenen sind hierbei zentral:

1. **Institutionale Innovationen von Infrastrukturen,** die die entsprechenden neuen Lernräume und Innovationsplattformen für unternehmensübergreifende Veränderungsprozesse zur Verfügung stellen:
   a) *Infrastrukturen für gemeinsame Wahrnehmungen und systemisches Sehen:* das heißt Infrastrukturen, die Entscheidungsträgern helfen, ihren Job und ihr System aus der Sicht der anderen Stakeholder wahrnehmen zu lernen.
   b) *Infrastrukturen für gemeinsame Willensbildung und schöpferischen Dialog:* Entscheidungsträgern zu helfen, die tieferen Quellen der individuellen und systemischen Erneuerung zu aktivieren und generativ praktisch zu machen.
   c) *Infrastrukturen für gemeinsames Prototyping,* das heißt, für die Erkundung der Zukunft im experimentellen Tun.
2. **Plattformen und Räume, die die individuellen Öffnungsprozesse unterstützen:** der U-förmige Kernprozess von Innovation verlangt, um funktionsfähig zu sein, ein neues mentales ›Operating System‹, das letztlich auf der Öffnung aller drei Ebenen unternehmerischer (und menschlicher) Intelligenz basiert:
   a) *Open Mind:* Die Öffnung des Denkens im Erkunden
   b) *Open Heart:* Die Öffnung des Herzens im Erspüren
   c) *Open Will:* Die Öffnung des Willens in der Vergegenwärtigung zukünftiger Potenziale

Beispiele für die oben genannten Innovationen in Infrastrukturen, das heißt für die Integration von systemischer und institutioneller Öffnung mit der Leadership-Arbeit im Sinne der Aktivierung aller drei Ebenen der menschlichen Intelligenz finden sich an vielen Orten, obschon häufig erst in Anfangsstadien.

Ein Beispiel aus unserer eigenen Praxis ist das *MITx u.lab,* das 2015 als ein Online-Experiment zu der Frage begann, ob sich MOOCs (Massive Open Online Courses) mit der Aktivierung der tieferen Ebenen der menschlichen und unternehmerischen Intelligenz verbinden lassen. Das Ergebnis war, dass sich bereits im ersten Jahr 75.000 Teilnehmer aus 185 Ländern eingefunden haben, die sich als ein weltweites *Innovation Eco-system* in 600 Hubs und in mehr als 1.000 Coaching Circles komplett selbst organisieren, um im Kontext einer von den Lernenden selbst gesetzten Intention durch die fünf Stadien des U-Prozesses durchzugehen.

Institutionelle Öffnung: Während wir im alten Teaching-Modus diejenigen sind, die für unsere 60 bis 70 Teilnehmenden die entsprechenden Lernumwelten zentral zur Verfügung stellen, sehen wir im neuen Modus eine radikale Dezentralisierung der Lernräume, die an 600 Orten lokal bzw. in mehr als 1.000 Coaching Circles virtuell hergestellt werden. Hierbei haben wir Anfänge von allen drei der oben genannten Infrastrukturen gesehen: zahllose Erkundungsreisen, Empathy Walks, Stakeholder Interviews und Learning Journeys, um die eigene Rolle und das eigene System aus den Augen der anderen (marginalisierten) Stakeholder zu sehen; individuelle, gemeinsame, und globale Achtsamkeitsübungen, das heißt Momente der intentionalen Stille, die die gesamte Gemeinschaft von Veränderungsmachern weltweit für jeweils 90 Minuten zusammenbringen, um die tieferen Kraftquellen der Erneuerung zu aktivieren; und viele hundert Prototyping-Initiativen, in denen meist lokale Veränderungsmacher und Partner neue Formen der Kooperation im Tun erkunden.

Individuelle Öffnung: In der Umfrage zum Abschluss des u.labs beschrieben 60 % der Teilnehmenden ihre Erfahrung als »inspirierend« und »Augen öffnend« und weitere 33 % als »life changing«. Das heißt, eine nicht unwesentliche Gruppe der Teilnehmenden hat einen Transformationsprozess erfahren, der es ihnen erlaubt, mit sich, mit anderen und mit den systemischen Zusammenhängen anders umzugehen.

Ohne diese individuelle Transformationserfahrung wäre keiner der weiter oben angedeuteten systemischen Erneuerungsprozesse denkbar und realisierbar gewesen. In Schottland, beispielsweise, nahmen im ersten u.lab sechs Teilnehmer von der schottischen Regierung teil (die zunächst keinen Kontakt untereinander hatten). Gegen Ende des u.labs trafen diese verschiedenen Gruppen sich und stellten fest, dass sie alle zunächst durch einen eher persönlichen Veränderungsprozess durchgegangen waren, der sie jedoch alle zu derselben Schlussfolgerung geleitet hat: im Herbst das u.lab für alle Mitglieder der schottischen Regierung – und auch für deren NGO-Partner in den Gemeinden zugänglich zu machen. Das Ergebnis war, dass im Herbst dann über 1.000 Menschen in Schottland das u.lab benutzt haben, um einen Asset-based-Community-Development (ABCD)-Prozess in die Realisierung zu bringen, aus dem dann die vielfältigsten Veränderungsinitiativen hervorgegangen sind. Da viele dieser Veränderungsinitiativen lokal und selbstorganisiert sind, braucht es, um systemisch-institutionelle Transformation zu realisieren, oft noch eine zweite Intervention, die den großen Institutionen dabei hilft, sich von einer Binnenorientierung klassischer Prägung zu einer Umstülpung in Richtung des umgebenden Ökosystems weiterzuentwickeln.

Konklusion: Disruption verlangt systemische Öffnung. Systemische Öffnung verlangt institutionelle Umstülpung, das heißt, den Abbau von vertikalen internen Hierarchiestrukturen und den Aufbau von horizontalen Feldern der ko-kreativen Kooperation mit den Partnern des umgebenden Ökosystems. Dies wiederum braucht einen neuen Kernprozess, der es den Beteiligten erlaubt, sich von den *Rändern des Systems* her sehen zu lernen und aus den Grenzen der eigenen Organisation herauszutreten *(Ego*-system Awareness*)*, um das System als Ganzes zu sehen und von hier aus innovativ tätig zu werden *(Eco*-system Awareness*)*. Dies wiederum ist nur möglich, wenn die tieferen Ebenen menschlicher und unternehmerischer Intelligenz aktiviert sind. Das u.lab zeigt, dass die Umstülpung von alten in neue Formen der Organisation nicht nur punktuell, sondern massiv skalierbar sein kann.

Literatur

Scharmer, C. O. (2016): Theory U: Leading from the emerging future. 2. Aufl., San Francisco (CA): Berrett-Koehler.

11 Stichwortverzeichnis

Autorenverzeichnis

Herausgeber

Prof. Dr. Heiko Roehl hat in Berlin, Bologna und Bielefeld Psychologie, Betriebswirtschaft und Soziologie studiert und ist Diplompsychologe und promovierter Soziologe. Er war fünf Jahre für die Zukunftsforschung der Daimler-Benz AG in Berlin und Paolo Alto (CA) tätig und arbeitete dort zu unterschiedlichen Aspekten organisierter Wertschöpfung. Anschließend unterstützte er fünf Jahre den Aufbau der Nelson Mandela Stiftung vor Ort in Johannesburg/Südafrika im Auftrag des Bundesministeriums für Wirtschaftliche Zusammenarbeit und Entwicklung. Im Anschluss war er fünf Jahre für die Unternehmensorganisation im Stab für Unternehmensentwicklung der Deutschen Gesellschaft für internationale Zusammenarbeit (GIZ) in Eschborn verantwortlich. In den folgenden Jahren baute er die Internationale Führungsakademie des Bundesministeriums für Wirtschaftliche Zusammenarbeit und Entwicklung auf und leitete diese.
Heiko Roehl ist Autor zahlreicher Publikationen im Themenkreis Organisation/Führung/Veränderungsmanagement und Mitherausgeber der Zeitschrift *OrganisationsEntwicklung.* Er ist außerdem Honorarprofessor an der Albert-Ludwigs-Universität in Freiburg/Br. und lehrt »organization studies« an der Universität Hildesheim.
Heiko Roehl lebt und arbeitet als geschäftsführender Gesellschafter der Kessel und Kesssel GmbH und als Partner von Die Denkbank in Berlin. Schwerpunkt seiner Arbeit ist die Begleitung von Organisationen in tief greifender Veränderung.
E-Mail: hr@heikoroehl.de

Prof. Dr. phil. habil. Herbert Asselmeyer ist Hochschullehrer für Organisationspädagogik an der Stiftung Universität Hildesheim und Direktor der Führungskräfteschule »organization studies«.
Zu seinen Schwerpunkten in Forschung, Lehre und Beratung gehörten zum einen Personal- und Organisationsentwicklung sowie Interventionsstrategien auf den Handlungsebenen Individuum, Gruppen/Teams, Gesamtorganisationen; zum anderen geht es um Entwicklung, Steuerung und Koordination von ›Lernprozessen‹ in Kommunen/Regionen und Netzwerken. Als Berater hat er Organisations- und Regionalentwicklungen im In- und Ausland (Osteuropa) unterstützt.
E-Mail: herbert@asselmeyer.de

Autorinnen und Autoren

Dr. Jens Aderhold, Innovare Institut – Innovation anders machen. Praxis- und Forschungsschwerpunkte von Jens Aderhold sind: Arbeit an einem neuen Innovationsparadigma, funktionale Elitetheorie, Bildungskonzept für digitale Moderne, Innovationsmanagement, Theorien, Methoden und Tools für Netzwerkbildung und -management sowie Beratung, Social Media und Organisationsentwicklung.
E-Mail: inno-vare@mail.de

Prof. Dr. Maja Apelt ist Professorin für Organisations- und Verwaltungssoziologie an der Universität Potsdam. Sie lehrt u. a. zu Organisationstheorien, zu qualitativen Methoden der Organisationsforschung, zu Gewalt in und von Organisationen sowie zum Verhältnis von Organisation und Geschlecht. Aktuelle Forschungsprojekte beziehen sich auf die Kooperation im Netzwerk Flughafen, auf die Konstruktion der ›Anderen‹ in männlich dominierten Organisationen und zur Frage, welchen Einfluss die Transformation einer ostdeutschen Universität auf die Identitätskonstruktion ihrer Mitarbeiter hat.
E-Mail: maja.apelt@uni-potsdam.de

Fabian Bahm, Dipl.-Kfm., ist Partner bei Die Denkbank – Engelke, Minx & Partner. Nach dem Studium der Wirtschaftswissenschaften an der FU Berlin war er u. a. tätig für die Abteilung Naher/Mittlerer Osten der Bankgesellschaft Berlin AG und für die Konzernrevision der Daimler AG. Seit 2007 begleitet er Verbesserungs- und Entwicklungsprozesse in unterschiedlichsten Organisationen und deren Führungssystemen. Für DIA CONSULT – Deutsche Ingenieur Allianz arbeitet er in internationalen Projekten im Energiesektor.
E-Mail: bahm@die-denkbank.de

Dr. Torsten Bergt (1979) studierte nach einer Tischlerausbildung Holzingenieurwesen sowie Sozial- und Organisationspädagogik. Während des Studiums beschäftigte er sich mit Forschungsprojekten zum Möbelrecycling, zur Qualitätssicherung im Piano- und Flügelbau, arbeitete im Bereich der Markt- und Meinungsforschung und konzipierte ein Online-Qualitätsmanagement-Handbuch, welches zur Masterarbeit »Sinn und Unsinn von Qualitätsmanagement-Handbüchern« inspirierte. Nach dem Studium folgte eine Beschäftigung am Institut für Sozial- und Organisationspädagogik an der Stiftung Universität Hildesheim. Dort lehrte er zu dem Themengebiet »Wandel in und von Organisationen«. Von 2009 bis 2012 arbeitete er als Dekanatsgeschäftsführer des Fachbereichs 3 »Sprach- und Informationswissenschaften« und ist seit 2012 Qualitätsmanager an der Stiftung Universität Hildesheim. 2013 Promotion mit summa cum laude zum Dr. phil. an der Stiftung Universität Hildesheim mit dem Titel »Schnell wachsende Organisationen – Zur Mannigfaltigkeit einer begrifflichen Einheit«.
E-Mail: bergtt@uni-hildesheim.de

Prof. Dr. Christine Böckelmann, Psychologin und Psychotherapeutin sowie Master Hochschulmanagement. Christine Böckelmann hat Führungsfunktionen an verschiedenen Hochschulen in der Schweiz und Deutschland wahrgenommen (u. a. Generalsekretärin der Pädagogischen Hochschule Nordwestschweiz; Rektorin der Pädagogischen Hochschule Karlsruhe) und ist aktuell Direktorin der Hochschule für Wirtschaft Luzern. Ihre Lehr- und Forschungsschwerpunkte sind: Arbeitsplatz Hochschule, Personalmanagement und Organisationsentwicklung in Bildungsinstitutionen, berufsbezogene Beratungskonzepte und Coaching für Führungspersonen.
E-Mail: christine.boeckelmann@psychologie.ch

Lars Debbert hat Architektur und Immobilienökonomie in Deutschland und den USA studiert und arbeitet seit 2004 im Spannungsfeld zwischen Markenkommunikation und Architektur. In interdisziplinären Teams erarbeitet er Architekturen, Inhalte und Programme für den Handel, Unternehmensstandorte, Wohnimmobilien, die Touristik sowie die räumliche Markenkommunikation. Lars Debbert ist neben verschiedenen Unternehmens- und Projektbeteiligungen geschäftsführender Gesellschafter im Bereich Konzept & Kreation bei der NEST ONE GmbH.
E-Mail: debbert@nest-one.com

Prof. Dr. Frank E. P. Dievernich, ist Präsident der Frankfurt University of Applied Sciences (FRA-UAS). Zuvor war er Professor für Organisation, Führung und Personal an der Hochschule Luzern – Wirtschaft sowie Co-Studiengangsleiter des EMBA Luzern. Er studierte Betriebswirtschaftslehre und Soziologie in München und promovierte zum Thema »Das Ende der Betriebsblindheit« an der Universität Witten/Herdecke in Wirtschaftswissenschaft. Er war Post-Doc an der Freien Universität Berlin im durch die Deutsche Forschungsgemeinschaft (DFG) geförderten »Pfadkolleg«. Weitere berufliche Stationen: Professor für Unternehmensführung an der Berner Fachhochschule, leitende Managementfunktion bei der Unternehmensberatung Kienbaum sowie bei der Deutschen Bahn AG. Er ist ausgebildeter systemischer Businesscoach und Lehrtrainer für systemisches Businesscoaching. Zudem verfügt er über eine Grundausbildung in systemischer Familientherapie. Forschungsschwerpunkte sind: HR- und Change Management, Consulting, Innovation, Digitalisierung sowie Emotions- und Intuitionsforschung. Er hat zahlreiche Publikationen zu den Themen Organisation und Management verfasst und ist Kolumnist der Zeitschrift *Bilanz*.
E-Mail: frank.dievernich@hsl.fra-uas.de

Matthias Drevs ist seit 2011 Berater, Coach und Projektmanager in diversen Change Projekten und fester strategischer Partner der Kessel und Kessel GmbH. Seine Arbeitsschwerpunkte liegen in der Leitung des Projektmanagements in unternehmensweiten Veränderungsprozessen, in der engen Begleitung von Schlüsselpersonen, Teams und Arbeitsgruppen in strategischen Konzeptions- und Umsetzungsphasen sowie in der Durchführung von Kultur-, Aufgaben- und Engpassdiagnosen. Aktuell begleitet er Mandanten mit besonders tief greifenden Veränderungsthemen (Firmenauflösung/Fusionsprozess). Matthias Drevs studierte an der Universität Hamburg, der Leuphana Universität Lüneburg und der Naruto University in Japan zu den Themen Soziologie, Psychologie, Pädagogik, Philosophie, BWL und Arbeitsrecht. Sein Masterstudium in Human Resource Management schloss er mit dem Thema: »Theorie und Praxis der Organisationsentwicklung« ab. Darüber hinaus besitzt Matthias Drevs eine Coaching und Beraterausbildung in Transaktionsanalyse.
E-Mail: matthias.drevs@kesselundkessel.de

Prof. Dr. Martina Eberl ist seit 2010 Professorin für Allgemeine Betriebswirtschaftslehre, insbesondere Management und Organisation an der Hochschule für Wirtschaft und Recht Berlin. Darüber hinaus trägt sie die akademische Leitung für den MBA Studiengang »Change Management« am Institut für Management Berlin (IMB). Ihre derzeitigen Forschungsschwerpunkte sind »Führungsformen der Zukunft«, »Strategieumsetzung und Governance« sowie »Organisationale Kompetenzen«.
E-Mail: martina.eberl@hwr-berlin.de

Prof. Dr. Roland Eckert ist Professor an der FOM Hochschule für Oekonomie und Management und ausgewiesener Experte in Fragen der Geschäftsmodell- und Strategieentwicklung sowie in der Umsetzung von strategischen Veränderungsprogrammen. Er hat in den letzten Jahren eine Mehrzahl von Büchern und Beiträgen zum Thema Geschäftsmodellentwicklung, Organisationsentwicklung und strategische Programme mit besonderem Fokus auf den digitalen Hyperwettbewerb veröffentlicht. Roland Eckert hat mehr als 18 Jahre in leitenden Positionen für namhafte internationale Beratungsunternehmen gearbeitet und eigene Geschäftsbereiche geleitet. Er hat als Verantwortlicher Projekte und Programme bei großen Fusionen, strategischen Restrukturierungen und ganzheitlichen Performance-Verbesserungsprogrammen geführt. Seine Klienten umfassten Großunternehmen und auch mittelständische Unternehmen verschiedener Branchen.
E-Mail: roland.eckert@fom.de

Prof. Lutz Engelke, Gründer von TRIAD Berlin, realisiert in Berlin und einer Dependance in Shanghai weltweit neue Formate und transformiert dabei Räume und Prozesse im Grenzgebiet zwischen Wissenschaft, Kunst und Wirtschaft. Studien der Literaturwissenschaften, Psychologie, Publizistik und Filmwissenschaften bilden seinen wissenschaftlichen Background (FU Berlin, Cornell University, USA). Die 1994 gegründete Kreativagentur TRIAD Berlin vereint mittlerweile rund 220 Mitarbeiter aus unterschiedlichen Berufen, Generationen und Kulturkreisen. Mit TRIAD Berlin hat Engelke preisgekrönte Themen- und Erlebniswelten, Expo-Pavillons, Ausstellungen, Markenauftritte, Unternehmenswelten und Events konzipiert und realisiert. Als künstlerischer Gesamtleiter war Lutz Engelke maßgeblich am Erfolg des chinesischen Themenpavillons *Urban Planet* auf der Weltausstellung 2010 in Shanghai beteiligt. Lutz Engelke ist Mitgründer und Partner von Die Denkbank sowie

Honorarprofessor im Fachbereich Design der FH Potsdam. EXPLORE – PLAY – TRANSFORM ist Teil seiner kreativen Methode. Sein Credo: Mehr Fantasie wagen.
E-Mail: engelke@triad.de

Dr. Karim Fathi ist als Berater, Coach, Trainer, Dozent und Forscher zu den Themen Resilienzförderung, Konflikttransformation, Kompetenzmanagement und transdisziplinäre Methodenentwicklung tätig. Er ist Partner von Die Denkbank, der GRUNDIG AKADEMIE, Projektleiter Resilienz an der Steinbeis Hochschule Berlin und Gründungspartner der Akademie für Empathie sowie geschäftsführender Gesellschafter des Kompetenzzentrums PROTECTIVES.
E-Mail: fathi@die-denkbank.de

Peter Flume studierte Allgemeine Rhetorik an der Universität Tübingen. Seit 1989 ist er unter dem Namen RhetoFlu als selbständiger Trainer und Berater im Mittelstand und für zahlreiche Großunternehmen tätig. Er trainiert dort Mitarbeiter und Führungskräfte in den Bereichen Rhetorik, Präsentation, Führung und Verhandlung. 1997 gründete er zusammen mit einer Gruppe von Pädagogen und Schauspielern ein Unternehmenstheater und dehnte damit seine Beratertätigkeit in Richtung Change-Prozesse aus. Außerdem holte er zusammen mit seinen Partnern im Jahr 2002 den Gesamtsieg beim Internationalen Deutschen Trainingspreis (BDVT) sowie Gold in der Kategorie Vertrieb. Ende 2009 gründete er die RhetoFlu GmbH mit der die verschiedenen Theater- und Inszenierungsansätze weitergeführt und um neue Konzepte im Bereich Film und Hörspiel erweitert wurden. Peter Flume hat einen Lehrauftrag an der Universität Hildesheim im Rahmen des Studiengangs »organization studies« für das Fach »Kreative Techniken und Inszenierungen«.
E-Mail: info@rhetoflu.com

Birgit Gebhardt führt Trends und Strömungen zu plausiblen Vorstellungen von Zukunft zusammen. Im Auftrag der Körber Stiftung entwickelte die gelernte Journalistin in ihrem Buch *2037 – Unser Alltag in der Zukunft* (Hamburg 2011) ein Lebensszenario unserer Gesellschaft in 25 Jahren und regte damit Diskussionen an, die u. a. der ZEIT-Verlag für Lesungen nutzte. Als Geschäftsführerin des Unternehmens Trendbüro verantwortete sie fünf Jahre lang das branchenübergreifende Projektgeschäft des Beratungsunternehmens für gesellschaftlichen Wandel, dem sie von

2001 bis 2012 angehörte. 2010 veranlasste sie die Konzeption und Implementierung eines neuen Trend- und Wissensmanagements (We°) auf Social-Media-Kommunikationsprinzipien. Die Social Business Software war die Umsetzung einer Forschungsarbeit zur vernetzten Arbeitskultur, die 2012 in die Studie *NEW WORK ORDER* mündete. Mit ihrem eigenen Netzwerk berät sie seit Oktober 2012 bekannte und neue Kunden auf ihren Wegen in die vernetzte Arbeitskultur. 2014 erschien ihre Vertiefungsstudie *NEW WORK ORDER-Organisationen im Wandel* zum Thema Organisation und Führung und im Herbst 2016 die *NEW WORK ORDER-Studie Kreative Lernwelten*. Birgit Gebhardt ist seit 2012 Mitglied der Expertenkommission der Bertelsmann-Stiftung mit dem Fokus »Arbeits- und Lebensperspektiven in Deutschland« und wirkt in der Arbeitsgruppe »Future of Work« an der jährlichen Zukunftsstudie des Münchner Kreises mit. Sie arbeitete mit am Chancenpapier *Content &Technology* (2013) zur digitalen Wertschöpfung, das auf dem Nationalen IT-Gipfel 2014 veröffentlicht wurde.
E- Mail: info@birgit-gebhardt.com

Prof. Dr. Harald Geißler, studierte Erziehungswissenschaft, promovierte 1976, habilitierte sich 1985 und wurde 1985 an die Helmut-Schmidt-Universität Hamburg für das Fach Erziehungswissenschaft insbesondere Berufs- und Betriebspädagogik berufen. Er leitet dort am Management Development Center das Competence Center Coaching mit den beiden Schwerpunkten Coaching-Gutachten und Virtuelles Coaching. Im Zusammenhang mit seinen Forschungsschwerpunkten Organisationslernen und Coaching betreute er eine Vielzahl an Projekten der Führungskräfte- und Organisationsentwicklung. Er ist Autor des Lehrbuchs *Organisationspädagogik* und (Mit-) Herausgeber der Sammelbände *E-Coaching* und *E-Coaching und Online-Beratung*.
E-Mail: Harald.Geissler@hsu-hh.de

Dr. Hans Geißlinger, Dipl. Soziologe, Dipl. Sozialpädagoge, Studium der Pädagogik, Soziologie, Politik und Philosophie in München, Paris und Berlin; Forschungsschwerpunkte: Kultursoziologie, Kommunikationswissenschaften und Konstruktivismus; Lehrtätigkeit an der Freien Universität Berlin und der Humboldt Universität zu Berlin. Geschäftsführer der STORY DEALER A.G. Berlin und der Story Factory EXPEDERE GbR. Veröffentlichungen zu Themen der Lernkultur und des kulturellen Wandels. Praxisfelder: Entwicklung und Realisierung sozialer Interventionen zur Veränderung

von Unternehmenskulturen, Organisationsstrukturen und Führungsverhalten; Vorträge, Seminare und Bildungsarbeit.
E-Mail: hans.geisslinger@gmx.de

Alexander Gruber studierte Soziologie in Bochum und Bielefeld. Er arbeitet als Unternehmensberater für die Firma Metaplan, lehrt an der Fakultät für Soziologie der Universität Bielefeld und ist außerdem im Fachgebiet Führungslehre der Deutschen Hochschule der Polizei tätig. Seine Themenschwerpunkte sind Organisationsstrukturen und -prozesse, Strategieentwicklungen und Steuerungssysteme. Er arbeitet an einem organisationssoziologischen Dissertationsprojekt.
E-Mail: AlexanderGruber@metaplan.com

Alexander Gutbrod ist seit 2005 bei Continental, seit 2010 dort Leiter Corporate Project Management. In dieser Konzernfunktion ist er zuständig für die Infrastruktur des Projektmanagements bei Continental von der Rollengestaltung und Ausbildung der Projektmanager über die Prozessstrukturen im Projektmanagement bis hin zu IT-Tools und Reportingsystemen. Continental ist in den letzten 15 Jahren u.a. durch Zukäufe schnell gewachsen. Eine besondere Aufgabe ist es daher, als Zentralfunktion in einer geeigneten Balance Standards zu setzen.
E-Mail: alexander.gutbrod@continental-corporation.com

Andreas Huber ist Diplom-Ingenieur und tätig als Strategie- und Organisationsberater im öffentlichen wie im privaten Sektor. Neben Prozessen zur Veränderung und Neuausrichtung von Organisationen begleitete er in den letzten Jahren unter anderem Kooperationsprozesse in einem Landkreis, Fusionsprozesse mehrerer Pharmakonzerne und Industriekonzerne, eine deutsche Hochschulfusion und weitere Kooperations- und Fusionsvorbereitungen und Durchführungen in großen Organisationen. Er lebt und arbeitet in Freiburg und Berlin.
E-Mail: ah@publicone.com

Prof. Dr. Stephan Kaiser hat an der Universität Regensburg und an der University of Wales, Swansea, Betriebswirtschaftslehre studiert und an der Wirtschaftswissenschaftlichen Fakultät Ingolstadt der Kath. Universität Eichstätt-Ingolstadt promoviert und sich habilitiert. Er ist Inhaber des Lehrstuhls für Personalmanagement und Organisation sowie Vorstand im Institut für Entwicklung zukunftsfähiger Organisationen an der Universität der Bundeswehr München. Die Schwerpunkte seiner Forschung liegen in den Bereichen Personal, Organisation und Strategie. Aus seiner Forschung sind bisher über 200 Publikationen hervorgegangen. Ein besonderes Anliegen ist ihm der Wissenschaft-Praxis-Transfer. Hierzu leitet er den Arbeitskreis »Unternehmensführung« der Schmalenbachgesellschaft e. V. und ist Vorstand im »Zentrum für Forschung und Praxis zukunftsfähiger Unternehmensführung«. In der Unternehmenspraxis ist er als Aufsichtsrat, wissenschaftlicher Beirat, Berater und Dozent tätig.
E-Mail: Stephan.Kaiser@unibw.de

Dr. Katrin Käufer ist Präsidentin des »Presencing Institute« und wissenschaftliche Mitarbeiterin im »Community Innovators Lab (CoLab)« im Department of Urban Studies and Planning des Massachusetts Institute of Technology (MIT). Der Fokus ihrer Forschungsarbeit umfasst die Themen Leadership, Organizational Change und Value-based Banking. Katrin Kaeufer erwarb ihren MBA an der Universität Witten/Herdecke, wo sie auch promovierte. Sie hat sowohl mit kleinen und mittleren als auch mit global agierenden Unternehmen, Non-Profit-Organisationen und der Weltbank zusammengearbeitet, ebenso wie mit dem United Nations Development Program in New York. Darüber hinaus ist sie Mitbegründerin des Presencing Institute und Leiterin des Bereichs Lernen und Wissen der Global Alliance for Banking on Values (GABV).
E-Mail: kaeufer@mit.edu

Dr. Wilfried Kerntke ist Berater für Unternehmens- und Organisationsentwicklung, Führungskräfte-Coach und Organisationsmediator. Seine Arbeitsschwerpunkte sind Vorstandsberatung, Unterstützung von Aufsichtsräten, Konfliktbehandlung – in und zwischen Organisationen und Unternehmen in Europa, aber auch in Asien, Mittelamerika und Afrika, weiterhin Systemdesign für Konfliktmanagement sowie Verhandlungsbegleitung. Wilfried Kerntke war von 2000 bis 2007 Vorstandsvorsitzender

des deutschen Bundesverbands Mediation und ist Ko-Präsident von World Wide Negotiation mit Sitz in Paris. Er ist akkreditiert beim Justizministerium der Republik Italien für die Vermittlung in internationalen Wirtschaftskonflikten.
E-Mail: kerntke@inmedio.de

Prof. Dr. Arjan Kozica hat an der Universität der Bundeswehr München Wirtschafts- und Organisationswissenschaften studiert, über eine Arbeit zum Thema »Personalethik« promoviert und sich 2016 mit einer kumulativen Arbeit zum Thema »Paradoxien in Organisationen« habilitiert. Er war als Fach- und Führungskraft mehrere Jahre in der Bundeswehr tätig, unter anderem als wissenschaftlicher Referent und Dozent an der Führungsakademie der Bundeswehr (Hamburg). Seit September 2015 ist er als Professor für Organisation und Leadership an der ESB Business School (Reutlingen) tätig. Schwerpunkte seiner Forschung sind organisationstheoretische Fragen (z. B. institutionelle Komplexität, Routinen, Identität, Wandel), sowie Personalmanagement (z. B. Digitalisierung in der Arbeitswelt). Dabei liegt ein Fokus auf wissensintensiver Arbeit und Professional Service Firms.
E-Mail: arjan.kozica@reutlingen-university.de

Prof. Dr. Willy Christian Kriz, ist Diplompsychologe und seit 2005 Professor für Führung und Organisationsentwicklung an der Fachhochschule Vorarlberg (Österreich). Er ist Autor/Herausgeber von 14 Büchern und von rund 200 Fachbeiträgen sowie Editor in Chief des *Journal Simulation & Gaming*. Er ist zudem Gründer und Fachbeiratsmitglied des Verbandes für Planspielmethoden in Deutschland, Österreich und Schweiz, war 12 Jahre Vorstandsmitglied (Executive Board) der ISAGA (internationaler Fachverband für Simulations- und Planspielmethoden) und zweimal Präsident der ISAGA, sowie von 2004–2013 Gründungsdirektor der ISAGA Summerschool für Planspielentwicklung. Willy C. Kriz ist außerdem in der Führungskräfte- und Teamentwicklung, in der Organisationsberatung sowie als Entwickler von Planspielen für Change- und Projektmanagement und für kundenspezifische Entscheidungssimulationen und Szenariotechniken tätig. Seine Arbeitsschwerpunkte sind: Führungskräfte-, Team- und Organisationsentwicklung; Training von System- und Teamkompetenz; Planspiel- und Simulationsmethoden; Hochschuldidaktik; Evaluation von Trainings- und Bildungsmaßnahmen.
E-Mail: willy.kriz@fhv.at

Prof. Dr. Stefan Kühl, Soziologe und Historiker, Prof. für Organisationssoziologie an der Universität Bielefeld. Er arbeitet als Organisationsberater für die in Quickborn (bei Hamburg), Versailles und Princeton ansässige Firma Metaplan vorrangig für Ministerien, Verwaltungen, Unternehmen und halbstaatliche Entwicklungshilfeorganisationen. Stefan Kühl ist Autor zahlreicher Publikationen im Themenfeld Organisation.
E-Mail: stefan.kuehl@uni-bielefeld.de

Prof. Dr. Harm Kuper, ist Dipl.-Pädagoge und Univ.-Prof. für Weiterbildung und Bildungsmanagement an der Freien Universität Berlin. Forschungsschwerpunkte sind die Bildungsbeteiligung Erwachsener, Bildungsberichterstattung und Organisationen im Bildungssystem.
E-Mail: harm.kuper@fu-berlin.de

Dr. Markus Lemmens ist seit 1996 Geschäftsführender Gesellschafter der Lemmens Medien GmbH mit dem Schwerpunkt Bildung, Forschung, Technologie; zudem ist er aktiver Gesellschafter in der KBHF GmbH am KIT, Karlsruhe Institut für Technologie (seit 2011), die auf die Fusionsenergie spezialisiert ist. Seit Ende 2013 ist Markus Lemmens neben den Standorten Bonn und Berlin als Verleger und Korrespondent für Lemmens Medien in New York tätig und baut seit Januar 2016 zudem das Liaison Office Nordamerika für die Universitäten Freiburg, KIT Karlsruhe, Basel, Straßburg und Haute Alsace am Standort New York auf. Er ist auch Lehrbeauftrager für Wissenschaftsmanagement, Forschungs- und Wissenschaftsmarketing an der Universität Hildesheim (seit 2008), Universität Bern (seit 2012) und der Universität Ulm (seit 2013). Markus Lemmens studierte Politik- und Rechtswissenschaft.
Email: lemmens@lemmens.de

Dr. Karl Leutschaft ist selbstständiger Strategie- und Change-Berater. Davor baute er im Silikon Valley ein eigenes Unternehmen im Bereich der nachhaltigen Konsumgüter auf. Seine Erfahrungen, die er als Unternehmer in den USA gewonnen hat, setzt er im Mittelstand und in Konzernen ein. Er unterstützt seine Klienten mit einer Kombination aus kaufmännischem Wissen, Führungserfahrung und Technikverständnis. Innovation, unternehmerisches Denken und Nachhaltigkeit stehen im Fokus sei-

nes Beratungsansatzes. Für sein Herzensanliegen, die nachhaltige Wirtschaft, engagiert er sich auch ehrenamtlich, beispielsweise als Wirtschaftsrat der deutschen Umweltstiftung.
E-Mail: karl@leutschaft.de

Prof. Dr. Fredmund Malik ist Wissenschaftler, Autor, Advisor und Educator in System- und Komplexitätsmanagement. In über 40 Jahren Forschung entwickelte er neue systembasierte Denk- und Managementsysteme, die das Funktionieren von Organisationen grundlegend verbessern und teilweise revolutionieren. Nach dem Studium der Wirtschafts- und Sozialwissenschaften, Systemtheorie, Kybernetik, Informationstheorie und Wissenschaftsphilosophie promovierte er 1974 in St. Gallen über komplexe Systeme und habilitierte 1978 mit einer Arbeit über die Strategie des Managements komplexer Systeme. Von 1974 bis 2004 war er Dozent und Professor für General Corporate Management, Governance und Leadership an der Universität St. Gallen, Schweiz, und Gastprofessor an der Wirtschaftsuniversität Wien von 1992 bis 1998. Darüber hinaus fungierte er als Direktionsmitglied des Instituts für Betriebswirtschaftslehre an der Universität St. Gallen. Für die Ausweitung und Verstärkung seiner Forschungen für system-kybernetische Governance- und Managementsysteme sowie für deren praktische Anwendung gründete Malik 1984 das Malik Institute St. Gallen, dessen Verwaltungsratspräsident er ist. Mit internationalen Niederlassungen und globalen Partnerschaften gehört das Institut seither zu den führenden Wissensorganisationen für systemisches Denken und kybernetische Governance-, Leadership- und Managementlösungen. Er ist auch Gründer und Chairman des Malik Institute für Komplexitätsmanagement, Governance und Leadership.
E-Mail: info@mzsg.ch

Prof. Dr. Joachim Merchel, Fachhochschule Münster, Fachbereich Sozialwesen. Joachim Merchel lehrt »Organisation und Management in der Sozialen Arbeit« und ist Leiter des weiterbildenden Master-Studiengangs »Sozialmanagement«.
E-Mail: jmerchel@fh-muenster.de

Prof. Dr. Eckard Minx war nach dem Studium der Wirtschafts- (Diplom-Volkswirt, Dipl.-Kaufmann) und Rechtswissenschaften (Dr. rer. pol.) an der FU Berlin zunächst als Mitarbeiter im internationalen Anlagenbau (Saudi-Arabien und Algerien) tätig und ab 1980 bei der Daimler-Benz AG (Forschungsgruppe Berlin). Von 1992 bis 2009 war Eckard Minx Leiter der Forschung »Gesellschaft und Technik« in Berlin, Palo Alto (CA) und Kyoto (Japan). Seit 2008 ist er Vorsitzender des Vorstands der Daimler und Benz Stiftung sowie Geschäftsführender Gesellschafter von Die Denkbank – Engelke, Minx & Partner.
E-Mail: minx@die-denkbank.de

Dr. Reinhart Nagel ist Autor verschiedener Fachbücher und Partner der osb International Consulting AG. Seine Beratungsschwerpunkte sind die Begleitung von Strategieentwicklungsprozessen und deren Verankerung im Unternehmen sowie die Gestaltung und Implementierung des Organisationsdesigns. Lehrtätigkeit an verschiedenen Hochschulen. Als Autor veröffentlichte er u. a. Bücher zur systemischen Strategieentwicklung und zum Organisationsdesign.
E-Mail: reinhart.nagel@osb-i.com

Claus-Bernhard Pakleppa begleitet seit über 20 Jahren Einzelpersonen, Teams, Unternehmen und Organisationen als Prozessbegleiter, Berater, Trainer und Coach. Erste Impulse dafür erhielt er im Studium der Ethnologie, Pädagogik und Politik in Köln und Heidelberg und später in seiner Weiterbildung zum systemischen Coach und Berater. Zu seinen Arbeitsschwerpunkten zählen die Moderation und Begleitung von Entwicklungs- und Veränderungsprojekten, z. B. in Bezug auf die aktive Gestaltung von Unternehmenskultur und vom Common Ground der Zusammenarbeit und die Begleitung von Multi-Stakeholder-Prozessen. 2006 gründete Claus-Bernhard Pakleppa p4d | partnership for development GmbH in Bonn und führt die GmbH seitdem als geschäftsführender Gesellschafter.
E-Mail: pakleppa@p-4-d.org.

Markus Plischke, Mag. rer. soc. oec., ist selbstständiger Organisationsberater, Trainer und Coach. Er war u. a. als Manager der Unternehmensberatung Cap Gemini Ernst & Young sowie als Principal der Beratergruppe Neuwaldegg tätig. Markus Plischke studierte Betriebswirtschaftslehre mit den Schwerpunkten Unternehmungsführung und Organisation und verfügt über Zusatzausbildungen als systemischer Berater und Coach. Er ist aktiv in der Fachgruppe »Achtsamkeit in der Organisation (AiO)« im Netzwerk Achtsame Wirtschaft e. V. und praktiziert seit vielen Jahren Meditation.
E-Mail: mapli@co-an.com

Dr. Kai Romhardt (lic. oec. HSG) ist Wirtschaftswissenschaftler, Autor, Unternehmerberater und autorisierter Dharmalehrer in der Tradition des Zen-Meisters Thich Nhat Hanh. In seinen Vorträgen, Seminaren, Retreats und seinen sechs Büchern vermittelt er den achtsamen Umgang mit Konsum, Arbeit, Geld, Wissen und Zeit und veröffentlichte u. a. die Titel *Wissen managen*, *Slow down your Life* und *Wir sind die Wirtschaft*. Er ist Vorsitzender und Gründer des Netzwerks Achtsame Wirtschaft e. V. (NAW), das seit 2004 die Potenziale von Achtsamkeit und buddhistischer Lehre und Praxis für die Wirtschaft erschließt. Das NAW organisiert pro Jahr über 160 Veranstaltungen und ist mit Regional- und Initiativgruppen in über 20 Städten aktiv ist.
E-Mail: info@romhardt.de

Otto Scharmer ist Senior Lecturer am Massachusetts Institute of Technology (MIT), hat eine Professur im Rahmen des »Thousand Talents Program« an der Tsinghua Universität in Peking, und er ist Mitbegründer des »Presencing Institute«. Darüber hinaus leitet er das MIT IDEAS Programm für branchenübergreifende Innovation in China und Indonesien. Otto Scharmer ist Autor von *Theorie U* und Koautor von *Leading from the Emerging Future. From Ego-System to Eco-System Economics*. Er ist darüber hinaus Mitbegründer des 2015 gegründeten *MITx u.lab*, eines Massive Open Online Course (MOOC), der während des ersten Jahres bereits 75.000 registrierte Teilnehmer verzeichnete.
Für seine Lehrtätigkeit wurde Otto Scharmer vom MIT mit dem *Jamieson Prize for Excellence in Teaching* (2015) ausgezeichnet, und 2016 erhielt er den *European*

Leonardo Corporate Learning Award für den Beitrag von *Theory U* zur Zukunft von Management und Lernen.
E-Mail: scharmer@mit.edu

Prof. Dr. Christiane Schiersmann ist seit 1990 Professorin für Weiterbildung und Beratung am Institut für Bildungswissenschaft der Universität Heidelberg. Aktuelle Schwerpunkte in Forschung und Lehre: Analyse und Gestaltung der Beratung von Personen, Teams und Organisationen, Strategien und Instrumente der Kompetenzerfassung von Beratern und Weiterbildnern, Qualitätsmanagement, Leiterin des berufsbegleitenden Masterstudiengangs »Berufs- und organisationsbezogene Beratungswissenschaft, Koordinatorin des europäischen Netzwerks von Beratungsstudiengängen »Network for Innovation in Career Guidance and Counselling in Europe« (NICE), stellvertretende Vorsitzendes des Nationalen Forums Beratung (nfb) (2009–2015), Vice-President des Netzwerks Europäischer Beratungsforscher/innen European Society for Vocational Designing and Career Counseling (ESVDC).
E-Mail: schiersmann@ibw.uni-heidelberg.de

Dr. Brigitte Schwinge verfügt über 20 Jahre Erfahrung in den Bereichen Organisationsentwicklung, qualitative Wirkungsforschung und Beratung. Nach ihrem Studium der Ethnologie, pädagogischen Psychologie und Islamwissenschaften promovierte Sie im Bereich Wirtschaftsethnologie zum Thema Kooperationsbeziehungen bei Landwirten in Namibia. Für Kunden aus der Privatwirtschaft führte sie während ihrer langjährigen Tätigkeit als Projektleiterin Markt- und Medienwirkungsforschungen durch. Als ausgebildete Beraterin und Coach begleitet sie organisationale Entwicklungsprozesse durch Aktionsforschung, qualitative Wirkungsanalysen, (Team-) Coaching und Moderation. Seit 2010 ist Brigitte Schwinge Gesellschafterin von p4d | partnership for development GmbH in Bonn.
E-Mail: schwinge@p-4-d.org

Martin Spilker ist Mitglied des Führungskreises der Bertelsmann Stiftung und seit 1996 Persönlicher Referent von Frau Liz Mohn. Er arbeitete zudem über Jahre eng mit Bertelsmann-Nachkriegsgründer Reinhard Mohn zu Fragen der Führung, Organisationskultur und Tarifpolitik zusammen und übernahm ab 2004 auf seinen Wunsch auch die Leitung des Kompetenzzentrums »Führung und Unternehmenskultur« der

Bertelsmann Stiftung. Im Laufe seiner Karriere arbeitete er für einige Unternehmen. 1980 begann er als stellvertretender Einkaufsleiter bei Poppe & Potthoff GmbH & Co. Von 1987 bis 1988 arbeitete er als Führungskräfte-Trainee des Vertriebsvorstandes der Victoria-Versicherungs-AG in Düsseldorf bevor er dann 1988 als Persönlicher Referent des Geschäftsführers der Bertelsmann Stiftung nach Gütersloh wechselte.
Martin Spilker studierte Volks- und Betriebswirtschaft, Wirtschaftsgeschichte und Wirtschaftspsychologie an der Universität-Gesamthochschule Paderborn und an der Universität Klagenfurt und errang den Abschluss des Diplom-Volkswirtes. 2013 veröffentlichte er u. a. in einer Autorengemeinschaft das Buch *Die Akte Personal.* Er schreibt regelmäßig mit Professor Heiko Roehl Leitartikel für die Zeitschrift *side step.*
E-Mail: spilker.consult@gmail.com

Prof. Dr. Erwin Wagner hat über 30 Jahre das »Zentrum für Fernstudium und Weiterbildung« der Universität Hildesheim geleitet (später »Center for Lifelong Learning«), dort die Weiterbildung und Beratung gefördert und arbeitet als Forscher wie als Dozent für Organisation und Bildung an dieser wie an fünf weiteren Hochschulen in Deutschland. Zudem wirkt er als Berater – insbesondere für die Bereiche Führen und Projektmanagement – für verschiedene Unternehmen und andere Organisationen.
E-Mail: wagner@uni-hildesheim.de

Dr. Rob Wiechern studierte Wirtschaftswissenschaften an der Universität Witten/Herdecke, anschließend mehrjährige Tätigkeiten am Management Zentrum Witten (MZW) sowie in der Society & Technology Research Group der Daimler AG in Berlin. Er ist beratend tätig als Partner der Unternehmensberatung Die Denkbank zu Fragen von Führung, Strategie, Organisationsentwicklung und Internationalisierung und lehrt im Master-Studiengang »organization studies« der Stiftung Universität Hildesheim.
E-Mail: wiechern@die-denkbank.de

Dr. Doris Wilhelmer ist Innovationsforscherin und systemische Organisationsberaterin am AIT-Austrian Institute of Technology GmbH. Einer ihrer Schwerpunkte ist die Entwicklung und Umsetzung maßgeschneiderter ›Architekturen‹ zur Vernetzung von Akteuren aus Wirtschaft, Forschung, Zivilgesellschaft und Politik im Rahmen partizipativer, komplementärer Foresight-Prozesse (EU, national, regional und Städte). Sie ist Magister der Philosophie und hat im Rahmen ihrer Dissertation »Erinnerung an eine bessere Zukunft« 2008 den neuartigen Ansatz einer komplementären Innovationsberatung entwickelt, den sie in der Folge konzeptionell auf transorganisationale Zukunftsprozesse (Foresight) ausgeweitet hat. Dieser Ansatz verknüpft ›State-of-the-art‹- Methoden von Strategieentwicklung und Foresight mit dem Experten-Know-how und Interventionsmethoden der systemischen Organisationsentwicklung. Ihre mehrjährigen Managementerfahrungen in Dienstleistungsunternehmen und zahlreiche Ausbildungen (OE, Gruppendynamik, Familientherapie, Strukturaufstellungen etc.) ermöglichen es ihr bei der Arbeit mit Großgruppen, Symposien und Workshops eine gute und zieldienliche Balance zwischen sozialen, emotionalen und inhaltlichen Interventionen zu finden.
E-Mail: Doris.Wilhelmer@ait.ac.at

Prof. Dr. Rudolf Wimmer ist Professor für Führung und Organisation am Institut für Familienunternehmen der Universität Witten/Herdecke. Seit 2013 ist er zudem Vizepräsident dieser Universität. Rudolf Wimmer ist außerdem Mitbegründer der osb, Gesellschaft für systemische Organisationsberatung, sowie Partner der osb international AG. Darüber hinaus ist er Mitglied in Aufsichtsräten verschiedener Familienunternehmen sowie Autor einer Vielzahl von Publikationen zu Fragen von Beratung, Leadership und Organisation.
E-Mail: rudolf.wimmer@osb-i.com

Dr. Brigitte Winkler ist geschäftsführende Partnerin von A47 Consulting, Beratung für Unternehmensentwicklung und Managementdiagnostik in München. Sie hat über 20 Jahre Erfahrung in leitenden Personal- und Beratungsfunktionen im In- und Ausland und ist als Organisationsentwicklerin wie auch als Eignungsdiagnostikerin, Supervisorin, Mediatorin und als Senior Coach zertifiziert. In ihrer Beratungstätigkeit in Organisationen, als Dozentin und Coach verschiedener Hochschulen und Kliniken und als Mitherausgeberin der Zeitschrift *OrganisationsEntwicklung* befasst sie sich

besonders mit der erfolgreichen Gestaltung von Führungsherausforderungen in veränderungsintensiven Kontexten.
E-Mail: brigitte.winkler@a47-consulting.de

Dr. Ariane Witter, Dr. Ing. Maschinenbau, M.A. of organization studies, TQM-Assessorin. Ariane Witter ist Qualitätsmanagerin mit Leib und Seele. Sie ist Verfechterin einer modernen Qualitätsphilosophie, die den gesamtheitlichen Ansatz des Total Quality Managements verwirklicht. Als Qualitätscoach der DB Netz AG berät sie heute Führungskräfte und Multiplikatoren in Strategie- und Umsetzungsprojekten. Als Unternehmensberaterin für Qualitätsmanagement und Organisationsentwicklung hat sie in zahlreichen Groß- und mittelständischen Unternehmen ihren ›Fußabdruck‹ hinterlassen. Die Herausforderungen ihrer Kunden der Automobil- und Zulieferindustrie verlangten stets innovative Lösungen. Ihre Spezialität: Adaptierung von Methoden aus der Produktion in Servicebereiche und die nachhaltige Umsetzung von Konzepten in die Organisation. Stets nimmt sie die aktuellen Trends in ihr Beratungs-Portfolio auf. Ihre Tätigkeiten als Vorsitzende eines Wissensnetzwerkes und Dozentin geben ihr die notwendigen Impulse. Der Wechsel von ›In-Verantwortung stehen – innerhalb einer Organisation‹ – und ihrer zehnjährigen ›Beratungsprofession – außerhalb von Organisationen‹ hat ihren Erfahrungsschatz geprägt.
E-Mail: Ariane.Witter@360grad.net

Prof. Dr. oec. Hans A. Wüthrich, Inhaber des Lehrstuhls für Internationales Management am Institut für zukunftsfähige Organisationen der Universität der Bundeswehr in München, Privatdozent an der Universität St. Gallen. Managementforscher, Buchautor und Coach sowie Mit-Initiant des universitären Forschungsprojekts Musterbrecher®.
E-Mail: hans.wuethrich@unibw.de

Prof. Dr. Rainer Zech, Geistes- und Sozialwissenschaftler, ist Geschäftsführer der ArtSet® Forschung Bildung Beratung GmbH. Er ist Entwickler der Lerner- und Kundenorientierten Qualitätsentwicklung für Organisationen der personenbezogenen sozialen Dienstleistung sowie Mitglied des Editorial Board der Zeitschrift *Gruppe. Interaktion, Organisation (GIO)*. Seine Forschungsschwerpunkte und Veröffentlichungen liegen in den Bereichen Arbeit, Organisation, Qualität, Beratung, Innovation, Bildung und Persönlichkeit.
E-Mail: kontakt@artset.de